CAX工程应用丛书

AutoCAD 2016中文版室内设计应用案例精解

张日晶 编著

清華大學出版社
北京

内 容 简 介

本书以 AutoCAD 2016 为工具，通过住宅、别墅、办公室间、休闲娱乐空间案例，详细讲述了如何使用 AutoCAD 进行室内设计图和效果图的绘制。

全书共分为 8 章，第 1 章介绍室内设计制图的准备知识，详细介绍了室内设计的基本知识以及设计制图时的要求及规范；第 2 章介绍二维绘图命令，AutoCAD 提供了大量的绘图工具，可以帮助用户完成二维图形的绘制；第 3 章介绍编辑命令，二维图形编辑操作配合绘图命令的使用可以进一步完成复杂图形对象的绘制工作；第 4 章介绍辅助功能实例；第 5 章介绍住宅室内设计综合实例；第 6 章介绍别墅室内设计综合实例；第 7 章介绍办公空间室内设计综合实例；第 8 章介绍休闲娱乐空间设计综合实例。本书内容由浅入深，实例丰富有趣，对读者进行 CAD 室内绘图有很好的指导作用。

本书既适合本、专科高等院校环境艺术、室内设计等专业的入门教程，也可以作为相关教育培训机构的教材。

图书在版编目（CIP）数据

AutoCAD 2016 中文版室内设计应用案例精解 / 张日晶编著. —北京：清华大学出版社，2017
（CAX 工程应用丛书）
ISBN 978-7-302-45529-5

Ⅰ.①A… Ⅱ.①张… Ⅲ.①室内装饰设计－计算机辅助设计－AutoCAD 软件 Ⅳ.①TU238-39

中国版本图书馆 CIP 数据核字（2016）第 277341 号

责任编辑：夏毓彦
封面设计：王 翔
责任校对：闫秀华
责任印制：杨 艳

出版发行：清华大学出版社
网 址：http://www.tup.com.cn，http://www.wqbook.com
地 址：北京清华大学学研大厦 A 座 邮 编：100084
社 总 机：010-62770175 邮 购：010-62786544
投稿与读者服务：010-62776969，c-service@tup.tsinghua.edu.cn
质 量 反 馈：010-62772015，zhiliang@tup.tsinghua.edu.cn
印 装 者：三河市春园印刷有限公司
经 销：全国新华书店
开 本：190mm×260mm 印 张：24.25 字 数：621 千字
（附光盘 1 张）
版 次：2017 年 1 月第 1 版 印 次：2017 年 1 月第1 次印刷
印 数：1～3500
定 价：69.00 元

产品编号：064163-01

前言

室内设计作为目前蓬勃发展的一门学科，融合了建筑工程与美术设计两大学科的设计艺术精华。现实的工程设计项目中，完整的室内设计包含室内设计施工图和效果图两部分，二者各有侧重，又相辅相成，共同组成室内设计的完整过程。

本书特色

（1）专业性强

本书是作者总结多年的设计经验及教学的心得体会，精心编著，力求全面、细致地展现AutoCAD 2016在室内设计应用领域的各种功能和使用方法。

（2）实例丰富

本书中引用的住宅、别墅、办公空间和休闲娱乐空间设计案例，经过作者精心提炼和改编，不仅保证读者能够学好知识点，更重要的是能够帮助读者掌握实际的操作技能，并通过实例的演练，找到一条学习AutoCAD室内设计的捷径。

（3）涵盖面广

本书在有限的篇幅内，包罗了AutoCAD常用的功能以及常见的室内设计讲解，涵盖了室内设计的准备知识、AutoCAD绘图基础知识以及制图规范和要求。有本书在手，就能够做到AutoCAD室内设计知识全精通。

（4）突出技能提升

先进行必要的基础知识讲解，再通过住宅、别墅、办公空间、休闲娱乐空间等实例讲解巩固所学知识。

三、本书光盘

（1）51段大型高清多媒体教学视频（动画演示）

为了方便读者学习，专门制作了51段多媒体教学视频（动画演示），读者可以先看视频，像看电影一样轻松愉悦地学习本书内容。

（2）4套AutoCAD绘图技巧、快捷命令速查手册等辅助学习资料

本书赠送了AutoCAD绘图技巧大全、快捷命令速查手册、常用工具按钮速查手册、AutoCAD 2016常用快捷键速查手册等多种电子文档，方便读者使用。

（3）多套图纸设计方案及长达9小时同步教学视频

为了帮助读者拓展视野，本光盘特意赠送两套设计图纸集、图纸源文件、视频教学文件（总长9个小时）。

（4）全书实例的源文件和素材

光盘中包含实例和练习实例的源文件和素材，读者可以安装AutoCAD 2016软件，打开并使用它们。

四、本书服务

有关本书的最新信息、疑难问题、图书勘误等内容，我们将及时发布到网站上，请读者朋友登录www.sjzswsw.com，找到该书后留言，我们会逐一答复。

五、作者团队

本书主要由张日晶编写，胡仁喜、孟培、康士廷、王敏、刘昌丽、王玮、李亚莉、王艳池、闫聪聪、王培合、王义发、王玉秋、杨雪静、卢园等也参与了部分章节的编写，在此一并表示感谢。

虽然作者几易其稿，但由于时间仓促加之水平有限，书中纰漏与失误在所难免，恳请广大读者登录网站www.sjzswsw.com或联系 win760520@126.com 批评指正。也欢迎加入三维书屋图书学习交流群QQ：379090620交流探讨。

编　者

2016年11月

目录

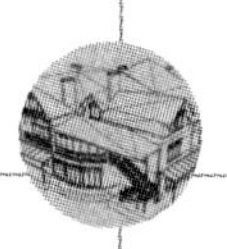

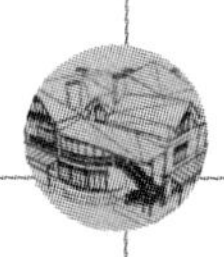

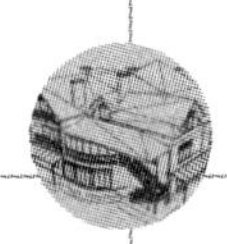

第 1 章

室内设计制图的准备知识

知识导引

本章将简要讲述室内装饰及其装饰图设计的一些基本知识，包括室内设计的内容、室内设计中的几个要素以及室内设计的创意与思路等，同时介绍了室内设计制图基本知识。此外，还提供了一些公共建筑和住宅建筑的工程案例供读者学习和欣赏。

内容要点

- 室内设计制图基本知识
- 室内装饰设计欣赏

1.1 室内设计基本知识

在进行室内设计之前，首先要对室内设计有个大体的了解，包括设计前的准备工作，设计过程中应该考虑到的因素，如空间布局、色彩和材料及家具的陈设等。

1. 设计前的准备工作

（1）明确设计任务及要求：功能要求、工程规模、装修等级标准、总造价、设计期限及进度、室内风格特征及室内氛围趋向、文化内涵等。

（2）现场收集第一手资料：收集必要的相关工程图样，查阅同类工程的设计资料或现场参观学习同类工程，获取设计素材。

（3）熟悉相关标准、规范和法规的要求，熟悉定额标准，熟悉市场的设计收费惯例。

（4）与业主签订设计合同，明确双方责任、权利及义务。

（5）考虑与各工种协调配合的问题。

2. 两个出发点和一个归宿

室内设计力图满足使用者各种物质上的需求和精神上的需求。在进行室内设计时，应注意两个出发点：一个出发点是室内环境的使用者；另一个出发点是既有的建筑条件，包括建筑空间情况、配套的设备条件（水、暖、电、通信等）及建筑周边环境特征。一个归宿是创造良好的室内环境。

第一个出发点是基于以人为本的设计理念提出的。对于装修工程，小到个人、家庭，大到一个集团的全体职员，都是设计师服务的对象。有的设计师比较倾向于表现个人艺术风格，而忽略了这一点。从使用者的角度考察，应注意以下几个方面：

（1）人体尺度。考察人体尺度，可以获得人在室内空间里完成各种活动时所需的动作范围，作为确定构成室内空间的各部分尺度的依据。在很多设计手册中都有各种人体尺度的参数，读者在需要时可以查阅。然而，仅仅满足人体活动的空间是不够的，确定空间尺度时还需考虑人的心理需求空间，它的范围比活动空间大。此外，在特意塑造某种空间意象时（如高大、空旷、肃穆等），空间尺度还要做相应地调整。

（2）室内功能要求、装修等级标准、室内风格特征及室内氛围趋向、文化内涵要求等。一方面设计师可以直接从业主那里获得这些信息，另一方面设计师也可以就这些问题给业主提出建议或与业主协商解决。

（3）造价控制及设计进度。室内设计要考虑客户的经济承受能力，否则将无法实施。如今生活工作的节奏比较快，把握设计期限和进度，有利于按时完成设计任务、保证设计质量。

第二个出发点在于仔细把握现有的建筑客观条件，充分利用其有利因素，局部纠正或规避不利因素。

3. 空间布局

在进行空间布局时，一般要注意动静分区、洁污分区、公私分区等问题。动静分区就是指相对安静的空间和相对嘈杂的空间应有一定程度的分离，以免互相干扰。例如，在住宅里，餐厅、厨房、客厅与卧室相互分离；在宾馆里，客房部与餐饮部相互分离等。洁污分区，也叫干湿分区，指的是诸如卫生间、厨房这种潮湿环境应该与其他清洁、干燥的空间分离。公私分区是针对空间的私密性问题提出来的，空间要体现私密、半私密、公开的层次特征。另外，还有主要空间和辅助空间之分。主要空间应争取布置在具有多个有利因素的位置上，辅助空间布置在次要位置上。这些是对空间布置上的普遍看法，在实际操作中则应具体问题具体分析，做到有理有据、灵活处理。

室内设计师直接参与建筑空间的布局和划分的机会较小。大多情况下，室内设计师面对的是已经布局好了的空间。比如在一套住宅里，起居室、卧室、厨房等空间和它们之间的连接方式基本上已经确定；再如写字楼里办公区、卫生间、电梯间等空间及相对位置也已经基本确定。于是，室内设计师在把握建筑师空间布局特征的基础上，需要亲自处理的是更微观的空间布局。比如住宅里，应如何布置沙发、茶几、家庭影视设备，如何处理地面、墙面、顶棚等构成要素以完善室内空间；再如将一个建筑空间布置成快餐店，应考虑哪个区域布置为就餐区、哪个区域布置为服务台、哪个区域布置为厨房、如何引导流线等。

4. 室内色彩和材料

（1）室内环境的色彩主要反映为空间各部件的表面颜色，以及各种颜色相互影响后的视觉感受，它们还受光源（天然光、人工光）的照度、光色和显色性等因素的影响。

（2）仔细结合材质、光线研究色彩的选用和搭配，使之协调统一，有情趣、有特色，能

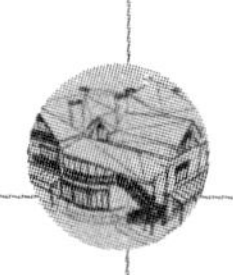

够突出主题。

（3）考虑室内环境使用者的心理需求、文化倾向和要求等因素。

（4）材料的选择，须注意材料的质地、性能、色彩、经济性、健康环保等问题。

5．室内物理环境

（1）室内光环境。室内的光线来源于两个方面：一方面是天然光；另一方面是人工光。天然光由直射太阳光和阳光穿过地球大气层时扩散而成的天空光组成。人工光主要是指各种电光源发出的光线。

尽量争取利用自然光满足室内的照度要求，在不能满足照度要求的地方辅助人工照明。一般情况下，一定量的直射阳光照射到室内，有利于室内杀菌和人的身体健康，特别是在冬天；在夏天，炙热的阳光射到室内会使室内迅速升温，时间长了会使室内陈设物品褪色、变质等，所以应注意遮阳、隔热问题。

照明设计应注意以下几个因素：①合适的照度；②适当的亮度对比；③宜人的光色；④良好的显色性；⑤避免眩光；⑥正确的投光方向。除此之外，在选择灯具时，应注意其发光效率、寿命及是否便于安装等因素。目前国家出台的相关照明设计标准中规定有各种室内空间的平均照度标准值，许多设计手册中也提供了各种灯具的性能参数，读者可以参阅。

（2）室内声环境。室内声环境的处理主要包括两个方面：一方面是室内音质的设计，如音乐厅、电影院、录音室等，目的是提高室内音质，满足应有的听觉效果；另一方面是隔声与降噪，旨在隔绝和降低各种噪声对室内环境的干扰。

（3）室内热工环境。室内热工环境由室内热辐射、室内温度、湿度、空气流速等因素综合影响。为了满足人们舒适、健康的要求，在进行室内设计时，应结合空间布局、材料构造、家具陈设、色彩、绿化等方面综合考虑。

6．室内家具陈设

家具是室内环境的重要组成部分，也是室内设计需要处理的重点之一。在选购和设计家具时，应该注意以下几个方面：

（1）家具的功能、尺度、材料及做工等。

（2）形式美的要求，宜与室内风格、主题协调。

（3）业主的经济承受能力。

（4）充分利用室内空间。

室内陈设一般包括各种家用电器、运动器材、器皿、书籍、化妆品、艺术品及其个人收藏等。处理这些陈设物品，宜适度、得体，避免庸俗化。

7．室内绿化

绿色植物常常是生机盎然的象征，把绿化引进室内，有助于塑造室内环境。常见的室内绿化有盆栽、盆景、插花等形式，一些公共室内空间和一些居住空间也综合运用花木、山石、水景等园林手法来达到绿化的目的，如宾馆的中庭设计等。

绿化能够改善和美化室内环境，功能灵活多样。可以在一定程度上改善空气质量、改善人的心情，也可以利用它来分隔空间、引导空间、突出或遮掩局部位置。

进行室内绿化时，应注意以下因素：

（1）植物是否对人体有害。注意植物散发的气味是否对身体有害，或者使用者对植物的气味是否过敏，有刺的植物不应让儿童接近等。

（2）植物的生长习性。注意植物喜阴还是喜阳、喜潮湿还是喜干燥、常绿还是落叶等习性，以及土壤需求、花期、生长速度等。

（3）植物的形状、大小和叶子的形状、大小、颜色等。注意选择合适的植物和合适的搭配。

（4）与环境协调，突出主题。

（5）精心设计、精心施工。

8. 室内设计制图

不管多么优秀的设计思想都要通过图样来传达。准确、清晰、美观的制图是室内设计不可缺少的部分，对能否中标和指导施工起着重要的作用，更是设计师必备的技能。如图 1-1 所示为某个住宅项目装饰方案效果图；如图 1-2 所示为某个住宅项目装饰平面施工图。

图 1-1　住宅装饰方案效果图

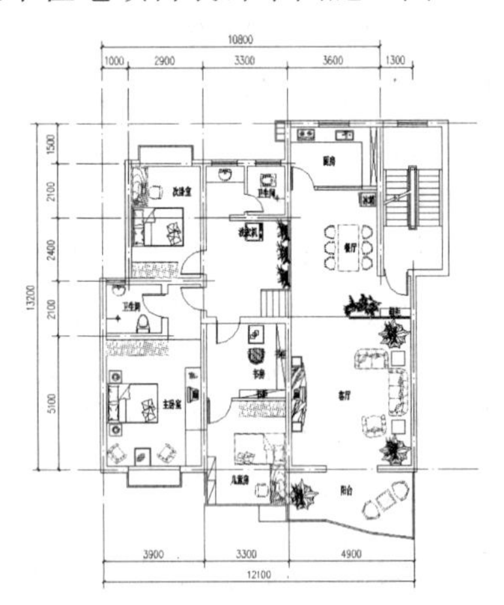

图 1-2　住宅装饰平面施工图

1.2　室内设计制图基本知识

室内设计图样是交流设计思想、传达设计意图的技术文件，是室内装饰施工的依据，所以应该遵循统一的制图规范，在正确的制图理论及方法指导下完成，否则就会失去图样的意义。

1.2.1　室内设计制图的要求及规范

1. 图幅、图标及会签栏

图幅即图面的大小。根据国家标准规定，按照图面长和宽的大小确定图幅的等级。室内设计常用的图幅有 A0（也称 0 号图幅，其余类推）、A1、A2、A3 及 A4，每种图幅的长宽尺寸见表 1-1，表中的尺寸代号意义如图 1-3 和图 1-4 所示。

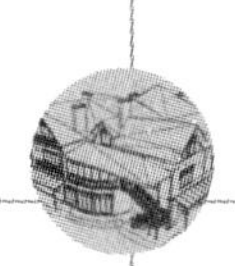

表1-1　图幅标准　（单位：mm）

尺寸代号 \ 图幅代号	A0	A1	A2	A3	A4
b×l	841×1189	594×841	420×594	297×420	210×297
c	10			5	
a	25				

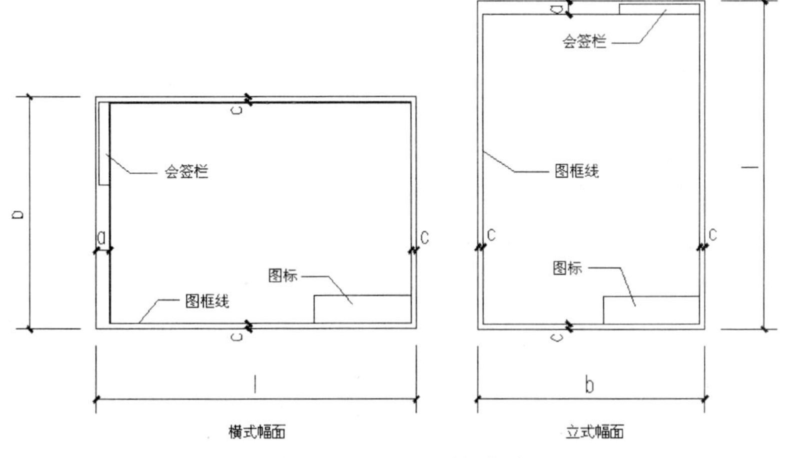

图 1-3　A0～A3 图幅格式

图标即图纸的图标栏，包括设计单位名称、工程名称、签字区、图名区、图号区等内容。一般图标格式如图 1-5 所示，如今不少设计单位采用自己个性化的图标格式，但是仍必须包括这几项内容。会签栏是为各工种负责人审核后签名用的表格，包括专业、姓名、日期等内容，具体内容根据需要设置，如图 1-6 所示为其中的一种格式。对于不需要会签的图样，可以不设此栏。

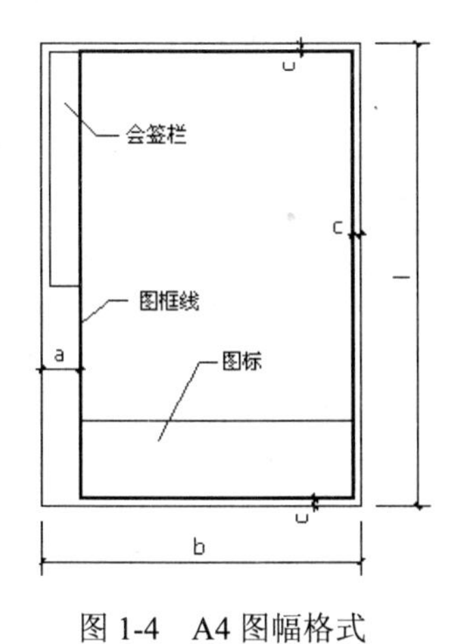

图 1-4　A4 图幅格式

设计单位名称	工程名称区	图号区
签字区	图名区	

180　40(30,50)

图 1-5　图标格式

（专业）	（实名）	（签名）	（日期）

图 1-6　会签栏格式

2. 线型要求

室内设计图主要由各种线条构成，不同的线型表示不同的对象和不同的部位，代表着不同的含义。为了图面能够清晰、准确、美观地表达设计思想，工程实践中采用了一套常用的线型，并规定了它们的使用范围，常用线型见表 1-2。在 AutoCAD 2016 中，可以通过“图层”中“线型”“线宽”的设置来选定所需线型。

标准实线宽度 b=0.4mm~0.8mm。

提 示

3. 尺寸标注

在对室内设计图进行标注时，要注意以下标注原则：

（1）尺寸标注应力求准确、清晰、美观大方。同一张图样中，标注风格应保持一致。

（2）尺寸线应尽量标注在图样轮廓线以外，从内到外依次标注从小到大的尺寸，不能将大尺寸标在内，而小尺寸标在外，如图 1-7 所示。

（3）最内的一条尺寸线与图样轮廓线之间的距离不能小于 10mm，两条尺寸线之间的距离一般为 7mm～10mm。

（4）尺寸界线朝向图样的端头距图样轮廓的距离应≥2mm，不宜直接与之相连。

（5）在图线拥挤的地方，应合理安排尺寸线的位置，但不宜与图线、文字及符号相交；可以考虑将轮廓线用作尺寸界线，但不能作为尺寸线。

表1-2　常用线型

名称	线型		线宽	适用范围
线	粗		b	建筑平面图、剖面图、构造详图被剖切截面的轮廓线；建筑立面图、室内立面图外轮廓线；图框线
	中		0.5b	室内设计图中被剖切的次要构件的轮廓线；室内平面图、顶棚图、立面图、家具三视图中构配件的轮廓线等
	细		≤0.25b	尺寸线、图例线、索引符号、地面材料线及其他细部刻画用线
虚线	中		0.5b	主要用于构造详图中不可见的实物轮廓
	细		≤0.25b	其他不可见的次要实物轮廓线

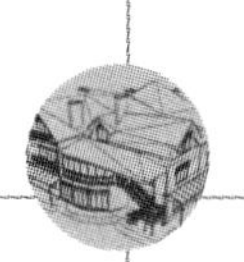

（续表）

名称	线型		线宽	适用范围
点画线	细	—— - —— - —— - ——	≤0.25b	轴线、构配件的中心线、对称线等
折断线	细	——\/——	≤0.25b	省略画图样时的断开界线
波浪线	细	～～～	≤0.25b	构造层次的断开界线，有时也表示省略画出时的断开界线

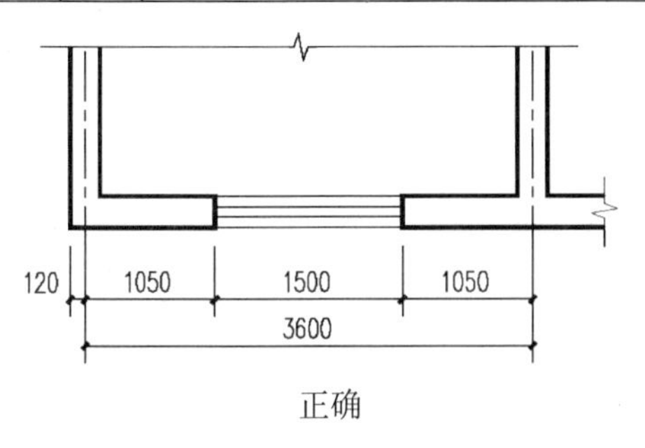

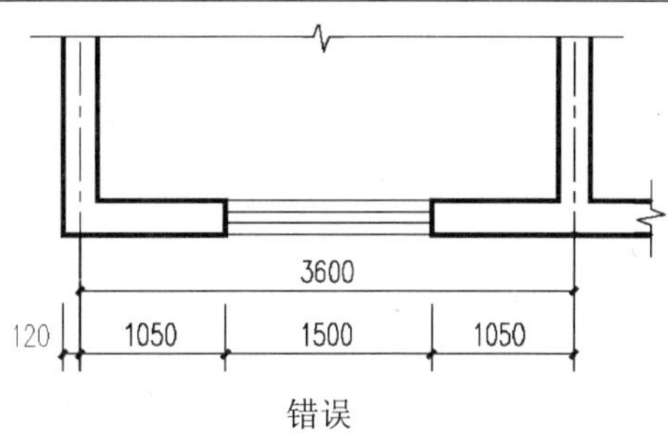

图 1-7　尺寸标注正误对比

（6）对于连续相同的尺寸，可以采用“均分”或“（EQ）”字样代替，如图 1-8 所示。

图 1-8　相同尺寸的省略

4．文字说明

在一幅完整的图样中，无法用图线表示的地方就需要进行文字说明，如材料名称、构配件名称、构造做法、统计表、图名等。文字说明是图样内容的重要组成部分，制图规范对文字标注中的字体、文字大小等也做了一些具体规定。

（1）一般原则：字体端正、排列整齐、清晰准确、美观大方，避免过于个性化的文字标注。

（2）字体：一般标注推荐采用仿宋字，标题可用楷体、隶书、黑体字等。例如：

仿宋：室内设计（小四）室内设计（四号）室内设计（二号）

黑体：室内设计（四号）室内设计（小二）

楷体：室内设计（四号）室内设计（二号）

隶书：室内设计（三号）室内设计（一号）

字母、数字及符号：0123456789abcdefghijk% @ 或

0123456789abcdefghi jk%@

（3）文字大小：标注的文字高度要适中。同一类型的文字采用同一大小的字。较大的字用于较概括性的说明内容，较小的字用于较细致的说明内容。

（4）字体及大小的搭配注意体现层次感。

5．常用图示标志

（1）详图索引符号及详图符号。室内平、立、剖面图中，在需要另设详图表示的部位标注一个索引符号，以表明该详图的位置，这个索引符号就是详图索引符号。详图索引符号采用细实线绘制，圆圈直径为 10mm，如图 1-9 所示。如图 1-9（d）~（g）所示用于索引剖面详图，当详图就在本张图样时，采用如图 1-9（a）所示的形式；详图不在本张图样时，采用如图 1-9（b）～（g）所示的形式。

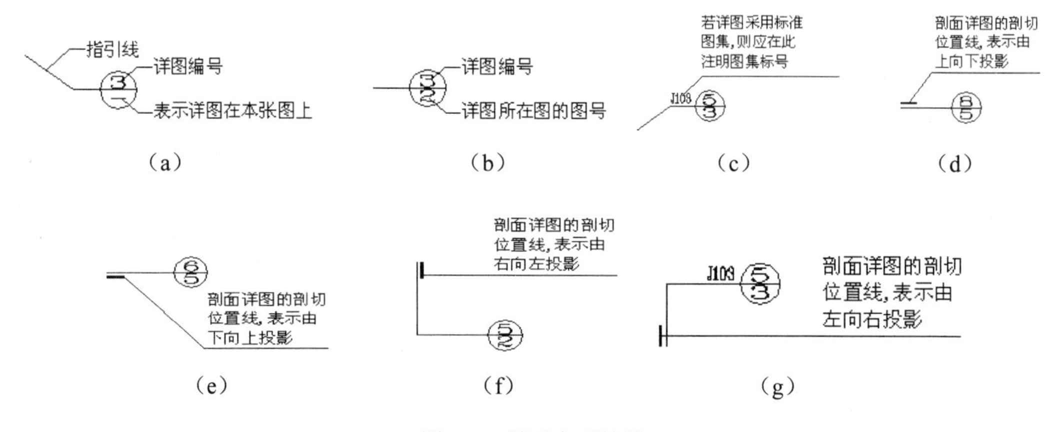

图 1-9　详图索引符号

详图符号即详图的编号，用粗实线绘制，圆圈直径为 14mm，如图 1-10 所示。

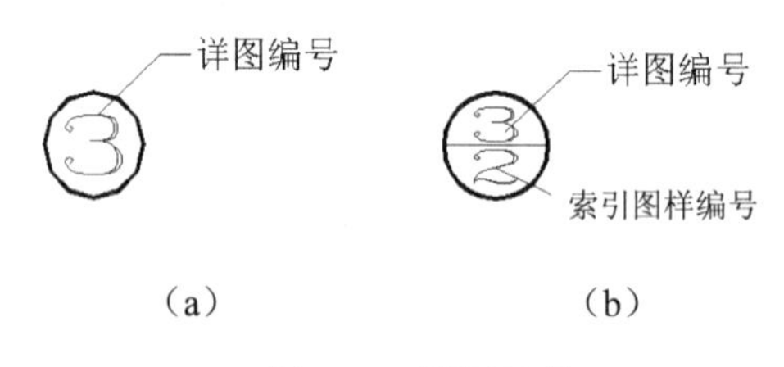

图 1-10　详图符号

（2）引出线。由图样引出一条或多条线段指向文字说明，该线段就是引出线。引出线与水平方向的夹角一般采用 0°、30°、45°、60°、90°，常见的引出线形式如图 1-11 所示。如图 1-11（a）～（d）所示为普通引出线，如图 1-11（e）～（h）所示为多层构造引出线。使用多层构造引出线时，应注意构造分层的顺序要与文字说明的分层顺序一致。文字说明可以放在引出线的端头（如图 1-11（a）～（h）所示），也可放在引出线水平段之上（如图 1-11（i）所示）。

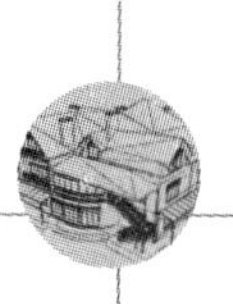

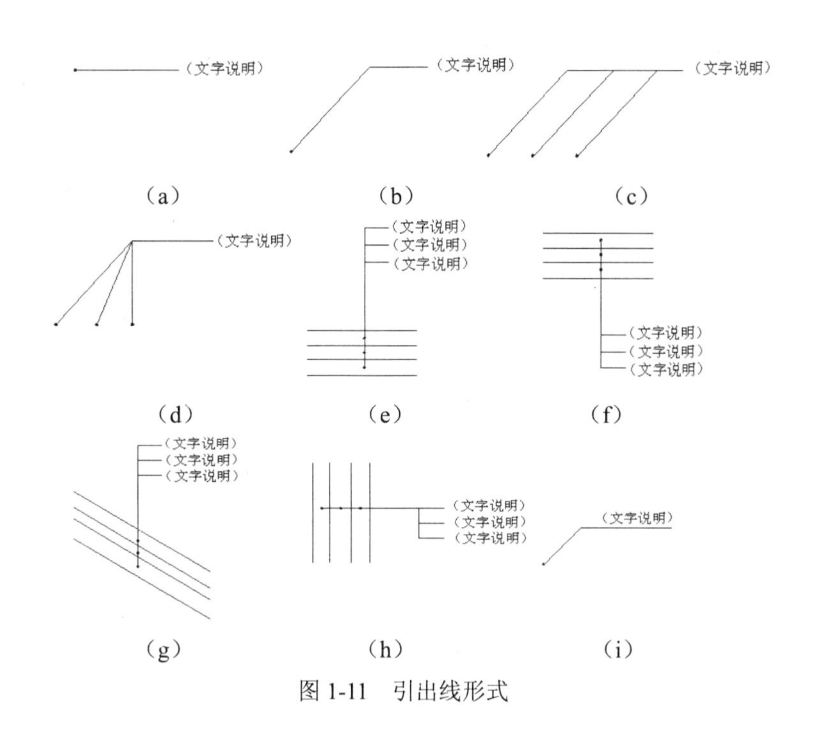

图 1-11　引出线形式

6．常用材料符号

常用的材料符号为内视符号。在房屋建筑中，一个特定的室内空间领域总存在竖向分隔（隔断或墙体）界定。因此，根据具体情况，就有可能绘制一个或多个立面图来表达隔断、墙体及家具、构配件的设计情况。内视符号标注在平面图中，包含视点位置、方向和编号 3 个信息，建立平面图和室内立面图之间的联系。内视符号的形式如图 1-12 所示，图中立面图编号可用英文字母或阿拉伯数字表示，黑色箭头的指向表示立面的方向；如图 1-12（a）所示为单向内视符号，如图 1-12（b）所示为双向内视符号，如图 1-12（c）所示为四向内视符号，A、B、C、D 顺时针标注。

为了方便读者查阅，在这里也将其他常用符号及其意义进行归整，如表 1-3 所示。

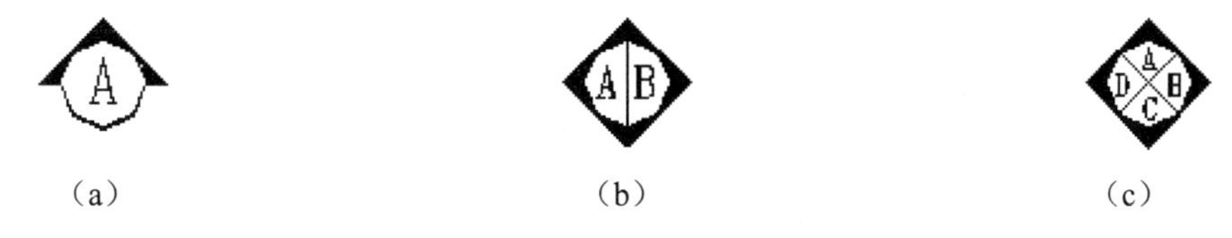

图 1-12　内视符号

表1-3　室内设计图常用符号图例

符号	说明	符号	说明
3.600 3.600	标高符号，线上数字为标高值，单位为 m 下面一种在标注位置比较拥挤时采用	i=5%	表示坡度

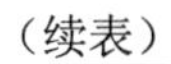
（续表）

符号	说明	符号	说明
1 1	标注剖切位置的符号，标数字的方向为投影方向，“1”与剖面图的编号“3-1”对应	2 2	标注绘制断面图的位置，标数字的方向为投影方向，“2”与断面图的编号“3-2”对应
	对称符号。在对称图形的中轴位置画此符号，可以省画另一半图形		指北针
	楼板开方孔		楼板开圆孔
@	表示重复出现的固定间隔，如“双向木格栅@500”	Φ	表示直径，如Φ30
平面图 1:100	图名及比例	1 1:5	索引详图名及比例
	单扇平开门		旋转门
	双扇平开门		卷帘门
	子母门		单扇推拉门
	单扇弹簧门		双扇推拉门
	四扇推拉门		折叠门
	窗	上	首层楼梯
下	顶层楼梯	上 下	中间层楼梯

室内设计图中，经常应用材料图例来表示材料，在无法用图例表示的地方，也采用文字说明。为了方便读者查阅，将常用的图例汇集到表1-4中。

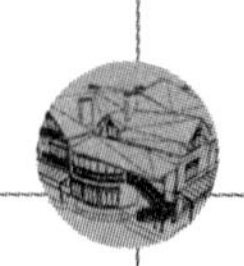

表1-4　常用材料图例

材料图例	说明	材料图例	说明
	自然土壤		夯实土壤
	毛石砌体		普通砖
	石材		砂、灰土
	空心砖		松散材料
	混凝土		钢筋混凝土
	多孔材料		金属
	矿渣、炉渣		玻璃
	纤维材料		防水材料上下两种，根据绘图比例大小选用
	木材		液体，须注明液体名称

7．常用绘图比例

（1）平面图：1:50、1:100 等。

（2）立面图：1:20、1:30、1:50、1:100 等。

（3）顶棚图：1:50、1:100 等。

（4）构造详图：1:1、1:2、1:5、1:10、1:20 等。

1.2.2　室内设计制图的内容

一套完整的室内设计图主要包括平面图、顶棚图、立面图、构造详图和透视图。下面简述各种图样的概念及内容。

1．室内平面图

室内平面图是以平行于地面的切面在距地面 1.5mm 左右的位置将上部切去而形成的正投影图。室内平面图中应表达的内容有：

（1）墙体、隔断及门窗、各空间大小及布局、家具陈设、人流交通路线、室内绿化等；若不单独绘制地面材料平面图，则应该在平面图中表示地面材料。

（2）标注各房间尺寸、家具陈设尺寸及布局尺寸，对于复杂的公共建筑，则应标注轴线编号。

（3）注明地面材料名称及规格。

（4）注明房间名称、家具名称。

（5）注明室内地坪标高。

（6）注明详图索引符号、图例及立面内视符号。

（7）注明图名和比例。

（8）若需要辅助文字说明的平面图，还要注明文字说明、统计表格等。

2．室内顶棚图

室内设计顶棚图是根据顶棚在其下方假想的水平镜面上的正投影绘制而成的镜像投影图。顶棚图中应表达的内容有：

（1）顶棚的造型及材料说明。

（2）顶棚灯具和电器的图例、名称规格等说明。

（3）顶棚造型尺寸标注、灯具、电器的安装位置标注。

（4）顶棚标高标注。

（5）顶棚细部做法的说明。

（6）详图索引符号、图名、比例等。

3．室内立面图

以平行于室内墙面的切面将前面部分切去后，剩余部分的正投影图即室内立面图。主面图中应表达的内容有：

（1）墙面造型、材质及家具陈设在立面上的正投影图。

（2）门窗立面及其他装饰元素立面。

（3）立面各组成部分尺寸、地坪吊顶标高。

（4）材料名称及细部做法说明。

（5）详图索引符号、图名、比例等。

4．构造详图

为了放大个别设计内容和细部做法，多以剖面图的方式表达局部剖开后的情况，这就是构造详图。构造详图中应表达的内容有：

（1）以剖面图的绘制方法绘制出各材料断面、构配件断面及其相互关系。

（2）用细线表示出剖视方向上看到的部位轮廓及相互关系。

（3）标出材料断面图例。

（4）用指引线标出构造层次的材料名称及做法。

（5）标出其他构造做法。

（6）标注各部分尺寸。

（7）标注详图编号和比例。

5．透视图

透视图是根据透视原理在平面上绘制出能够反映三维空间效果的图形，它与人的视觉空间感受相似。室内设计常用的绘制方法有一点透视、两点透视（成角透视）和鸟瞰图 3 种。

透视图可以通过人工绘制，也可以应用计算机绘制，它能直观表达设计思想和效果，故

也称作效果图或表现图，是一套完整的设计方案不可缺少的部分。

1.3　室内装饰设计欣赏

他山之石，可以攻玉。多看多交流有助于提高设计水平和鉴赏能力，所以在进行室内设计前，先来看看别人的设计效果图。

室内设计要美化环境是无可置疑的，但如何达到美化的目的，有不同的手法：

（1）用装饰符号作为室内设计的效果。

（2）现代室内设计的手法，即在满足功能要求的情况下，利用材料、色彩、质感、光影等有序地布置。

（3）空间分割。组织和划分平面与空间，这是室内设计的一个主要手法。利用该设计手法，巧妙地布置平面和利用空间，有时可以突破原有的建筑平面、空间的限制，满足室内需要。在另一种情况下，设计又能使室内空间流通、平面灵活多变。

（4）民族特色。在表达民族特色方面，应采用设计手法，使室内充满民族韵味，而不是利用民族符号、文字的堆砌。

（5）其他设计手法。如突出主题、人流导向、制造气氛等都是室内设计的手法。

室内设计人员往往先拿到的是一个建筑的外壳，这个外壳或许是新建的，或许是老建筑，设计的魅力就是在原有建筑的各种限制下做出最理想的方案。下面将列举一些公共空间和住宅室内装饰效果图，以供在室内装饰设计中学习和参考。

1.3.1　公共建筑空间室内设计效果欣赏

1．大堂装饰效果图，如图 1-13 所示。

2．餐馆装饰效果图，如图 1-14 所示。

图 1-13　大堂装饰效果图

图 1-14　餐馆装饰效果图

3．电梯厅装饰效果图，如图 1-15 所示。

4．商业展厅装饰效果图，如图 1-16 所示。

5．店铺装饰效果图，如图 1-17 所示。

6．办公室装饰效果图，如图 1-18 所示。

图 1-15　电梯厅装饰效果图

图 1-16　商业展厅装饰效果图

图 1-17　店铺装饰效果图

图 1-18　办公室装饰效果图

1.3.2　住宅建筑空间室内装修效果欣赏

1．客厅装饰效果图，如图 1-19 所示。

2．门厅装饰效果图，如图 1-20 所示。

图 1-19　客厅装饰效果图

图 1-20　门厅装饰效果图

3．卧室装饰效果图，如图 1-21 所示。

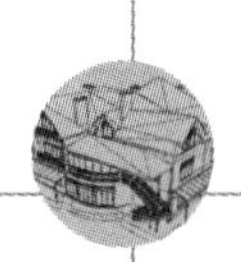

4. 厨房装饰效果图，如图 1-22 所示。

图 1-21　卧室装饰效果图

图 1-22　厨房装饰效果图

5. 卫生间装饰效果图，如图 1-23 所示。
6. 餐厅装饰效果图，如图 1-24 所示。

图 1-23　卫生间装饰效果图

图 1-24　餐厅装饰效果图

7. 玄关装饰效果图，如图 1-25 所示。
8. 细部装饰效果图，如图 1-26 所示。

图 1-25　玄关装饰效果图

图 1-26　细部装饰效果图

第 2 章

二维绘图命令

知识导引

二维图形是指在二维平面空间中绘制的图形，AutoCAD 提供了许多二维绘图命令，利用这些命令可以快速完成某些图形的绘制。本章主要讲解点、直线、圆和圆弧、椭圆和椭圆弧，平面图形、图案填充、多段线、样条曲线和多线的绘制与编辑。

内容要点

- 线类、圆类、平面图形命令
- 图层命令、精确绘图命令
- 点、多段线、样条曲线等命令。

2.1 直线功能的应用——窗户实例

直线类命令包括直线、射线和构造线，这几个命令是 AutoCAD 中最简单的绘图命令。本节将通过一个绘制窗户的实例来重点学习直线命令，具体的绘制流程图如图 2-1 所示。

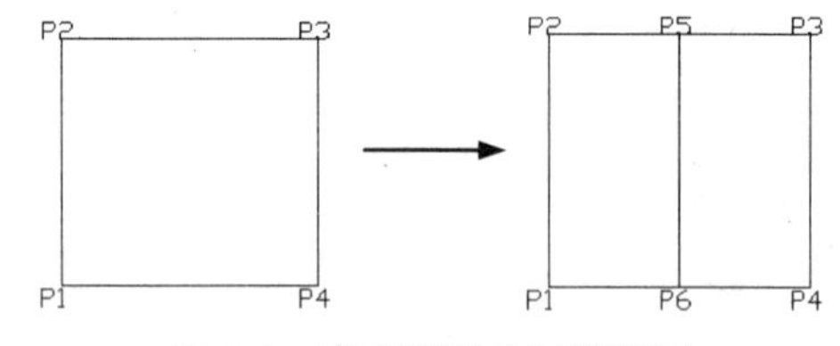

图 2-1 窗户图形绘制流程图

2.1.1 相关知识点

【执行方式】

- 命令行：LINE
- 菜单：绘图→直线

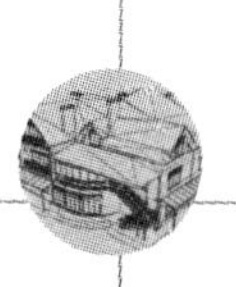

- 工具栏：绘图→直线
- 功能区：默认→绘图→直线

【操作步骤】

命令行中提示与操作如下：

命令：LINE↙

指定第一点：(输入直线段的起点，用鼠标指定点或者给定点的坐标)

指定下一点或[放弃(U)]：(输入直线段的端点，也可以用鼠标指定一定角度后，直接输入直线的长度)

指定下一点或 [放弃(U)]：(输入下一直线段的端点，输入选项“U”表示放弃前面的输入；单击鼠标右键或按Enter键，结束命令)

指定下一点或[闭合(C)/放弃(U)]：(输入下一直线段的端点，或输入选项“C”使图形闭合，结束命令

【选项说明】

（1）若按 Enter 键响应“指定第一点：”的提示，系统会把上次绘线（或弧）的终点作为本次操作的起始点。若上次操作为绘制圆弧，按 Enter 键响应后，则会绘制出通过圆弧终点并与该圆弧相切的直线段，该线段的长度由鼠标在屏幕上指定的一点与切点之间线段的长度来确定。

（2）在“指定下一点”的提示下，用户可以指定多个端点，从而绘制出多条直线段。但是，每一条直线都是一个独立的对象，可以进行单独的编辑操作。

（3）绘制两条以上直线段后，若采用输入选项“C”响应“指定下一点”的提示，系统会自动连接起始点和最后一个端点，从而绘制出封闭的图形。

（4）若采用输入选项“U”响应提示，则擦除最近一次绘制的直线段。

（5）若设置正交方式（单击状态栏上的“正交”按钮），只能绘制水平直线或垂直线段。

（6）若设置动态数据输入方式（单击状态栏上的“DYN”按钮），则可以动态输入坐标或长度值。下面的命令同样可以设置动态数据输入方式，效果与非动态数据输入方式类似。除了特别需要，以后不再强调，只按非动态数据输入方式输入相关数据。

2.1.2 操作步骤

绘制如图 2-2 所示的简单窗户图形。

单击“默认”选项卡“绘图”面板中的“直线”按钮，绘制图形。命令行中提示与操作如下：

命令：l↙（LINE命令的缩写，AutoCAD支持这种命令的缩写方式，其效果与完整命令名一样）

LINE 指定第一点：120,120↙（即P1点）

指定下一点或 [放弃(U)]：120,400↙（即P2点）

指定下一点或 [放弃(U)]：420,400↙（即P3点）

指定下一点或 [闭合(C)/放弃(U)]：420,120↙（即P4点）

指定下一点或 [闭合(C)/放弃(U)]：C↙

```
指定下一点或 [闭合(C)/放弃(U)]: ↙（结果如图 2-3 所示）
命令: ↙（直接回车表示重复执行上次命令）
LINE 指定第一点: 270,400↙（即 P5 点）
指定下一点或 [放弃(U)]: 270,120↙（即 P6 点）
指定下一点或 [放弃(U)]: ↙
```

最终结果如图 2-3 所示。

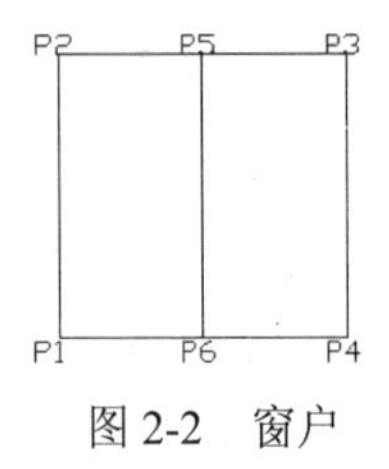

图 2-2　窗户

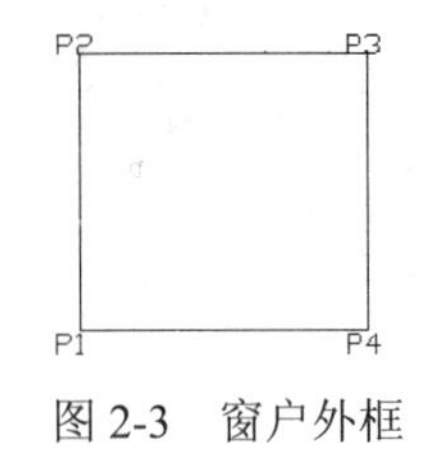

图 2-3　窗户外框

一般每个命令都有 3 种执行方式，这里只给出了命令行执行方式，其他两种执行方式的操作方法与命令行执行方式相同。

2.1.3　拓展实例——标高符号

读者可以利用上面所学的直线命令的相关知识，完成室内设计制图中常用的标高符号的绘制，如图 2-4 所示。

Step 01　单击“默认”选项卡“绘图”面板中的“直线”按钮，绘制水平直线，如图 2-5 所示。

图 2-4　标高符号　　　　图 2-5　绘制直线

Step 02　单击“默认”选项卡“绘图”面板中的“直线”按钮，以如图 2-6 所示点 3 为起点，点 2 为终点绘制斜向 45° 直线。

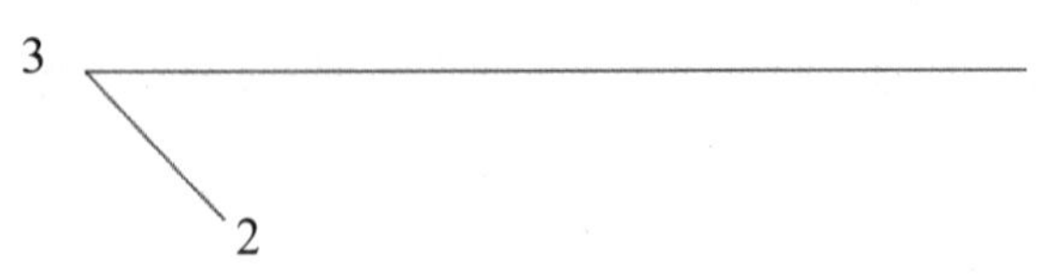

图 2-6　绘制斜向直线

Step 03　单击“默认”选项卡“绘图”面板中的“直线”按钮，以点 2 为直线起点，点 1 为直线终点绘制斜向直线，完成标高的绘制，如图 2-4 所示。

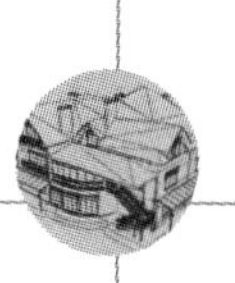

2.2　圆功能的应用——圆餐桌实例

圆是最简单的曲线图形。本节将通过一个绘制圆餐桌的实例来重点学习圆命令，具体的绘制流程图如图 2-7 所示。

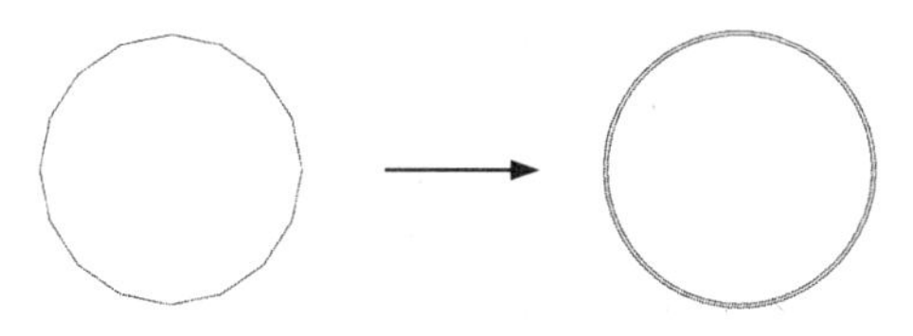

图 2-7　圆餐桌绘制流程

2.2.1　相关知识点

【执行方式】

- 命令行：CIRCLE
- 菜单：绘图→圆
- 工具栏：绘图→圆
- 功能区：默认→绘图→圆

【操作步骤】

```
命令：CIRCLE↙
指定圆的圆心或 [三点(3P)/两点(2P)/ 切点、切点、半径(T)]：(指定圆心)
指定圆的半径或 [直径(D)]：(直接输入半径数值或利用鼠标指定半径长度)
指定圆的直径 <默认值>：(输入直径数值或利用鼠标指定直径长度)
```

【选项说明】

（1）三点(3P)：用指定圆周上三点的方法绘制圆。

（2）两点(2P)：指定直径的两端点绘制圆。

（3）切点、切点、半径(T)：按先指定两个相切对象，然后指定半径长度的方法绘制圆。如图 2-8 所示为以“相切、相切、半径”方式绘制圆的各种情形（其中加黑的圆为最后绘制的圆）。

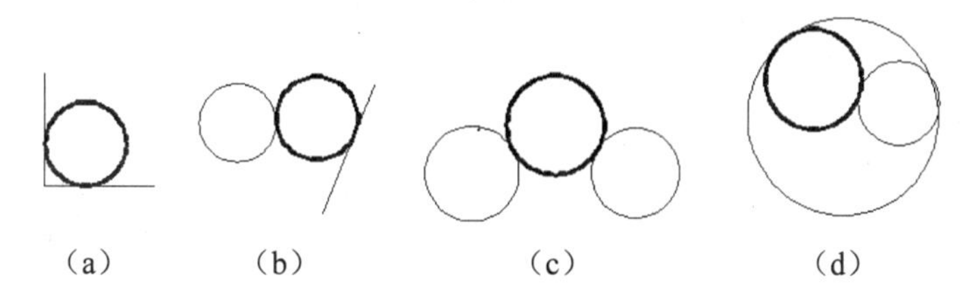

图 2-8　圆与另外两个对象相切的各种情形

单击“绘图”工具栏中的“圆”按钮，菜单中多了一种“相切、相切、相切”的方法，当选择此选项时（如图 2-9 所示），系统提示：

```
指定圆上的第一个点： _tan 到：（指定相切的第一个圆弧）
指定圆上的第二个点： _tan 到：（指定相切的第二个圆弧）
指定圆上的第三个点： _tan 到：（指定相切的第三个圆弧）
```

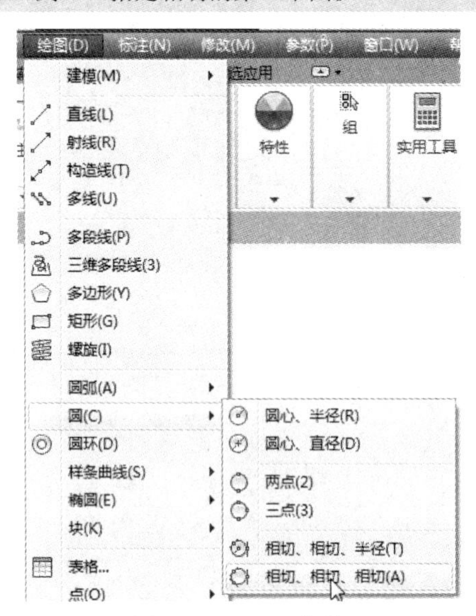

图 2-9　“圆“菜单

2.2.2　操作步骤

绘制如图 2-10 所示的圆餐桌。

Step 01　单击“默认”选项卡“绘图”面板中的“圆”按钮⊙，绘制圆。命令行中提示与操作如下：

```
命令： CIRCLE↙
指定圆的圆心或 [三点(3P)/两点(2P)/ 切点、切点、半径(T)]： 100,100↙
指定圆的半径或 [直径(D)]： 50↙
效果如图 2-11 所示
```

Step 02　重复“圆”命令，以(100,100)为圆心，绘制半径为 40 的圆。

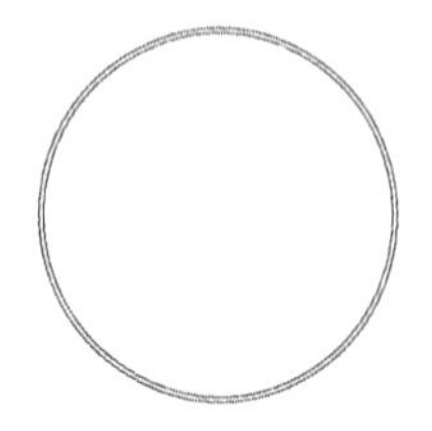

图 2-10　圆餐桌

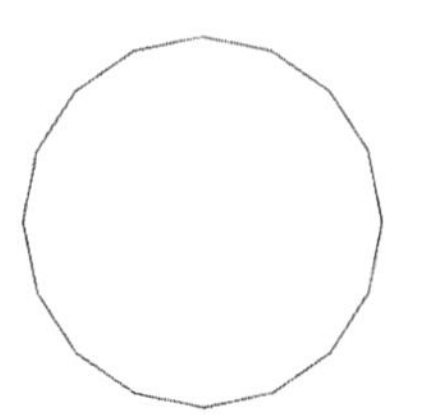

图 2-11　绘制圆

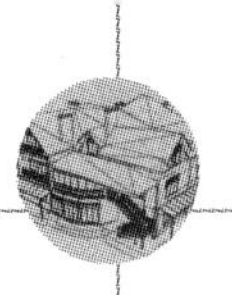

2.2.3　拓展实例——擦背床

读者可以利用上面所学的圆命令的相关知识完成擦背床的绘制，如图 2-12 所示。

Step 01　单击“默认”选项卡“绘图”面板中的“矩形”按钮，绘制擦背床外轮廓，如图 2-13 所示。

Step 02　单击“默认”选项卡“绘图”面板中的“圆”按钮，在上一步绘制的矩形内绘制一个圆形，完成擦背床的绘制。

图 2-12　绘制擦背床

图 2-13　绘制矩形

2.3　圆弧功能的应用——椅子实例

圆弧是圆的一部分，在工程造型中，圆弧的使用比圆更普遍。本节将通过一个绘制椅子的实例来重点学习圆弧命令，具体的绘制流程图如图 2-14 所示。

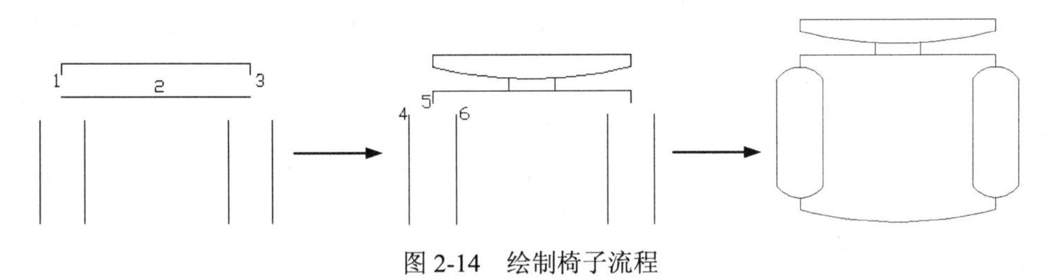

图 2-14　绘制椅子流程

2.3.1　相关知识点

【执行方式】

- 命令行：ARC（缩写名：A）
- 菜单：绘图→弧
- 工具栏：绘图→圆弧
- 功能区：单击“默认”选项卡 “绘图”面板中的 “圆弧”下拉按钮

【操作步骤】

```
命令：ARC↙
指定圆弧的起点或 [圆心(C)]：(指定起点)
指定圆弧的第二点或 [圆心(C)/端点(E)]：(指定第二点)
指定圆弧的端点：(指定端点)
```

【选项说明】

（1）利用命令行的方式绘制圆弧时，可以根据系统提示选择不同的选项，具体功能和“绘图”→“圆弧”子菜单中提供的 11 种方式相似。这 11 种方式如图 2-15 所示。

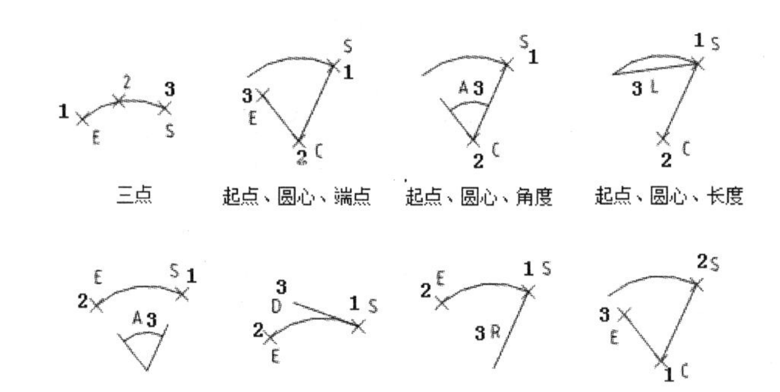

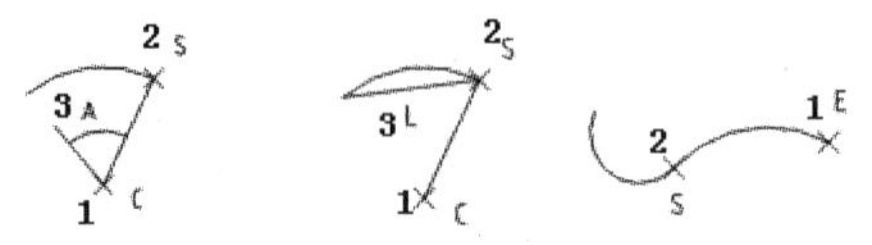

图 2-15　11 种绘制圆弧的方法

（2）需要强调的是，“继续”方式绘制的圆弧与上一线段圆弧相切，将继续绘制圆弧，因此提供端点即可。

2.3.2　操作步骤

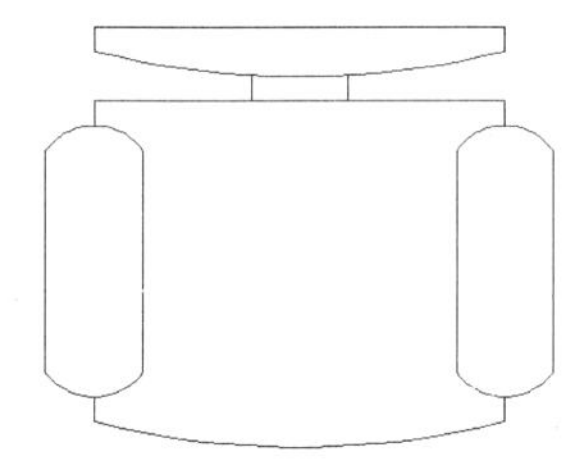

图 2-16　绘制椅子

绘制如图 2-16 所示的椅子。

Step 01　单击“默认”选项卡“绘图”面板中的“直线”按钮，绘制椅子初步轮廓，如图 2-17 所示。

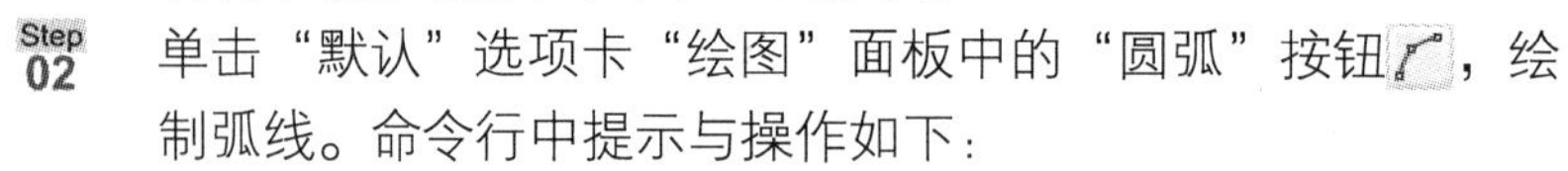

Step 02　单击“默认”选项卡“绘图”面板中的“圆弧”按钮，绘制弧线。命令行中提示与操作如下：

```
命令：ARC↙
指定圆弧的起点或 [圆心(C)]：(用鼠标指定左上方竖线段端点 1，如图 2-17 所示)
指定圆弧的第二点或 [圆心(C)/端点(E)]：(用鼠标在上方两竖线段正中间指定端点 2)
指定圆弧的端点：(用鼠标指定右上方竖线段端点 3)
```

Step 03　单击“默认”选项卡“绘图”面板中的“直线”按钮，绘制直线。

Step 04　利用同样的方法，在圆弧上指定一点为起点向下绘制另一条竖线段。再以图 2-17 中 1、3 两点下面的水平线段的端点为起点各向下绘制两条竖直线段。

Step 05　利用同样方法，绘制扶手位置的三段圆弧，如图 2-18 所示。最后完成图形如图 2-16 所示。

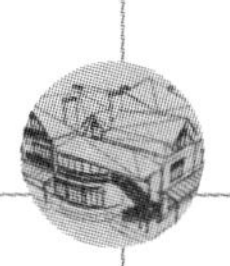

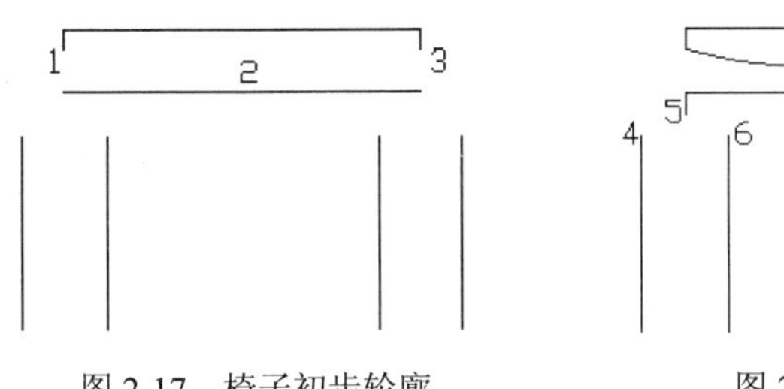

图 2-17　椅子初步轮廓　　　　图 2-18　绘制过程

2.3.3　拓展实例——梅花形桌面

读者可以利用上面所学的圆弧命令的相关知识完成梅花形桌面的绘制，如图 2-19 所示。

Step 01　单击“默认”选项卡“绘图”面板中的“圆弧”按钮，以如图 2-19 所示的 P1 点为圆弧起点，P2 点为圆弧终点绘制一段圆弧，如图 2-20 所示。

Step 02　同理绘制剩余圆弧，完成梅花形桌面的绘制。

图 2-19　绘制梅花形桌面　　　　图 2-20　绘制圆弧

2.4　椭圆与椭圆弧功能的应用——水盆实例

椭圆是圆的一种变形图形，给人以美感，在室内设计中，常见各种椭圆造型。本节将通过一个绘制水盆的实例来重点学习椭圆和椭圆弧命令，具体的绘制流程图如图 2-21 所示。

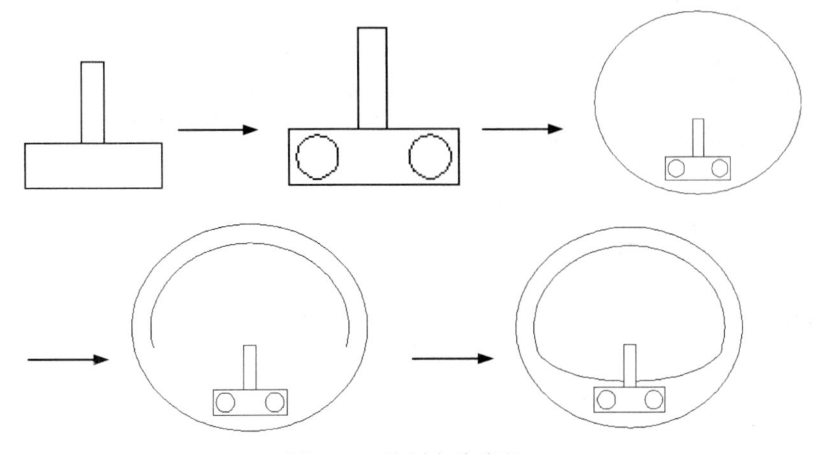

图 2-21　绘制水盆流程

2.4.1 相关知识点

【执行方式】

- 命令行：ELLIPSE
- 菜单：绘图→椭圆→圆弧
- 工具栏：绘图→椭圆 或 绘图→椭圆弧
- 功能区：默认→绘图→圆弧下拉菜单

【操作步骤】

```
命令：ELLIPSE↙
指定椭圆的轴端点或 [圆弧(A)/中心点(C)]:指定轴端点 1，如图 2-22（a）所示。
指定轴的另一个端点:指定轴端点 2，如图 2-22（a）所示。
指定另一条半轴长度或 [旋转(R)]:
```

【选项说明】

（1）指定椭圆的轴端点：根据两个端点定义椭圆的第一条轴。第一条轴的角度确定了整个椭圆的角度。第一条轴既可定义椭圆的长轴也可定义短轴。

（2）旋转(R)：通过绕第一条轴旋转圆来创建椭圆。相当于将圆绕椭圆轴翻转一个角度后的投影视图。

（3）中心点(C)：通过指定的中心点创建椭圆。

（4）圆弧(A)：该选项用于创建一段椭圆弧。与“工具栏：绘图→椭圆弧”功能相同。其中第一条轴的角度确定了椭圆弧的角度。第一条轴既可定义椭圆弧长轴也可定义椭圆弧短轴。选择该项，系统继续提示：

```
指定椭圆弧的轴端点或 [中心点(C)]:（指定端点或输入 C）
指定轴的另一个端点:（指定另一端点）
指定另一条半轴长度或 [旋转(R)]: （指定另一条半轴长度或输入 R）
指定绕长轴旋转的角度:
指定起始角度或 [参数(P)]:（指定起始角度或输入 P）
指定端点角度或 [参数(P)/夹角(I)]:
```

其中各选项含义如下：

（1）角度：指定椭圆弧端点的两种方式之一，光标与椭圆中心点连线的夹角为椭圆端点位置的角度，如图 2-22（b）所示。

（2）参数(P)：指定椭圆弧端点的另一种方式，该方式同样是指定椭圆弧端点的角度，通过以下矢量参数方程式创建椭圆弧：

$$p(u) = c + a* \cos(u) + b* \sin(u)$$

其中 c 是椭圆的中心点，a 和 b 分别是椭圆的长轴和短轴。u 为光标与椭圆中心点连线的夹角。

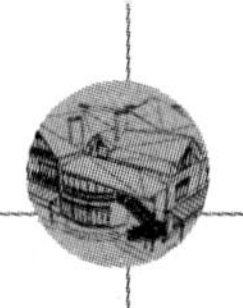

（3）夹角(I)：定义从起始角度开始的包含角度。

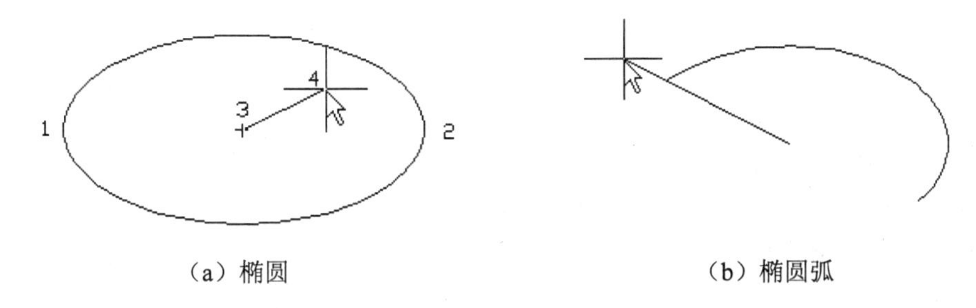

（a）椭圆　　（b）椭圆弧

图 2-22　椭圆和椭圆弧

2.4.2　操作步骤

绘制如图 2-23 所示的水盆。

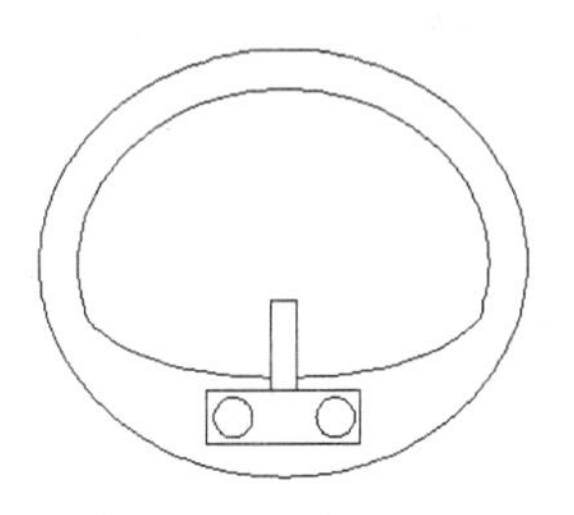

图 2-23　绘制水盆

Step 01 单击“默认”选项卡“绘图”面板中的“直线”按钮，绘制水龙头图形，如图 2-24 所示。

Step 02 单击“默认”选项卡“绘图”面板中的“圆”按钮，绘制两个水龙头旋钮，如图 2-25 所示。

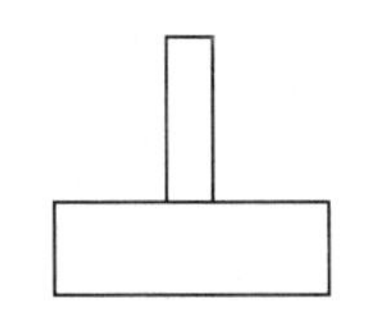

图 2-24　绘制水龙头

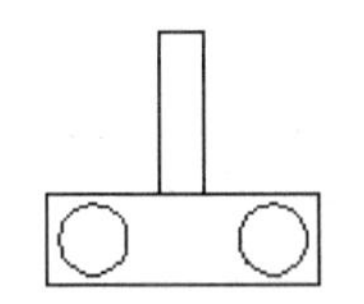

图 2-25　绘制旋钮

Step 03 单击“默认”选项卡“绘图”面板中的“椭圆”按钮，绘制脸盆外沿，命令行中提示与操作如下：

```
命令: _ellipse↙
指定椭圆的轴端点或 [圆弧(A)/中心点(C)]：(用鼠标指定椭圆轴端点)
指定轴的另一个端点：(用鼠标指定另一端点)
指定另一条半轴长度或 [旋转(R)]：(用鼠标在屏幕上拉出另一半轴长度)
结果如图 2-26 所示
```

Step 04 单击“默认”选项卡“绘图”面板中的“椭圆”按钮，绘制脸盆部分内沿，命令行中提示与操作如下：

```
命令：_ellipse↙
指定椭圆的轴端点或 [圆弧(A)/中心点(C)]：-A↙
指定椭圆弧的轴端点或 [中心点(C)]：C↙
指定椭圆弧的中心点：(捕捉上一步绘制的椭圆中心点)
指定轴的端点：(适当指定一点)
指定另一条半轴长度或 [旋转(R)]：R↙
指定绕长轴旋转的角度：(用鼠标指定椭圆轴端点)
指定起始角度或 [参数(P)]：(用鼠标拉出起始角度)
指定端点角度或 [参数(P)/夹角(I)]：(用鼠标拉出终止角度)
结果如图 2-27 所示
```

Step 05 单击“默认”选项卡“绘图”面板中的“圆弧”按钮，绘制脸盆内沿其他部分。

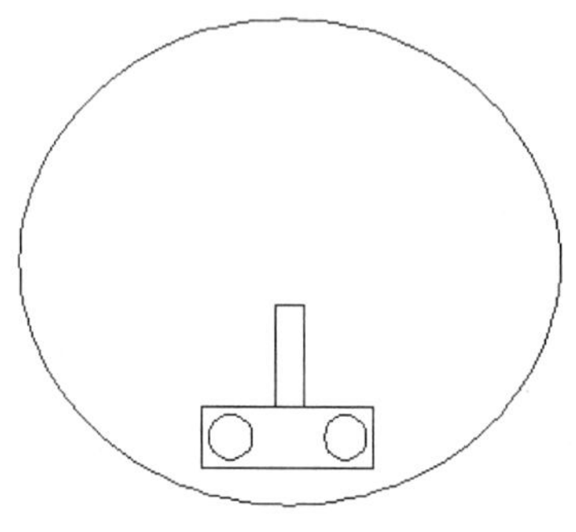

图 2-26　绘制脸盆外沿

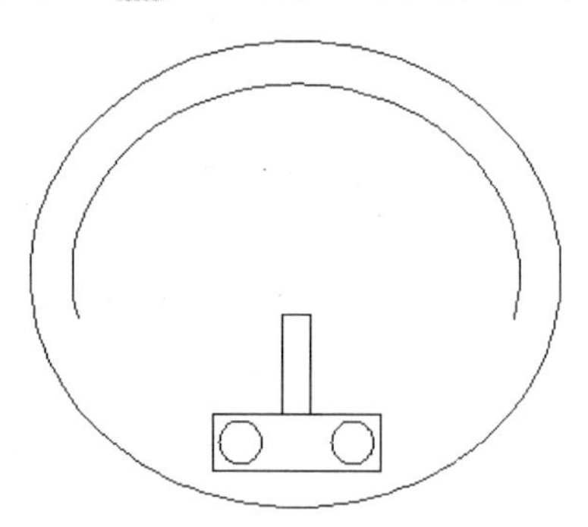

图 2-27　绘制脸盆部分内沿

2.4.3　拓展实例——马桶

读者可以利用上面所学的椭圆与椭圆弧命令的相关知识完成马桶的绘制，如图 2-28 所示。

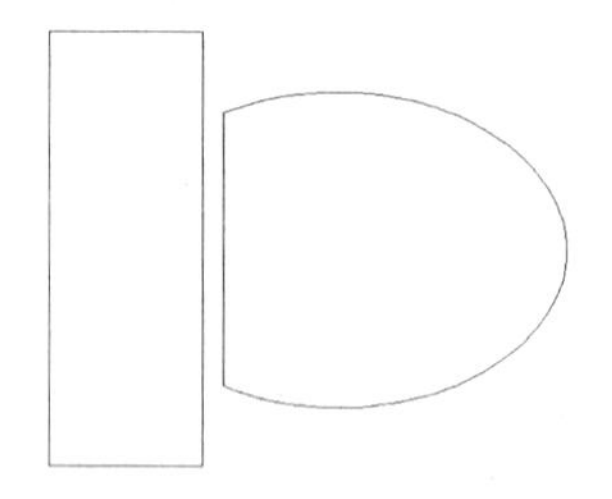

图 2-28　绘制马桶

Step 01 单击“默认”选项卡“绘图”面板中的“矩形”按钮，绘制一个矩形，如图 2-29 所示。

Step 02 单击“默认”选项卡“绘图”面板中的“椭圆弧”按钮，在矩形右侧绘制一段椭圆弧，如图 2-30 所示。

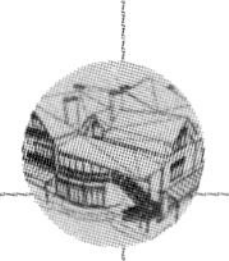

Step 03　单击“默认”选项卡“绘图”面板中的“直线”按钮╱，封闭椭圆弧。

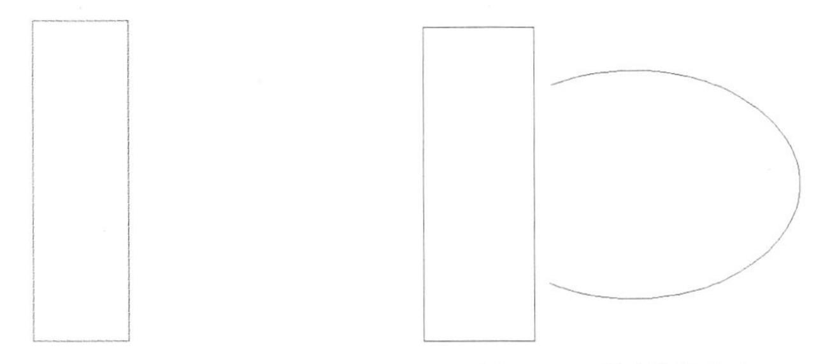

图 2-29　绘制矩形　　　　图 2-30　绘制椭圆弧

2.5　图层设置功能的应用——水池实例

AutoCAD 中的图层就如同在手工绘图中使用的重叠透明图纸，可以使用图层来组织不同类型的信息。本节将通过一个绘制水池的实例来重点学习图层设置相关的功能，具体的绘制流程图如图 2-31 所示。

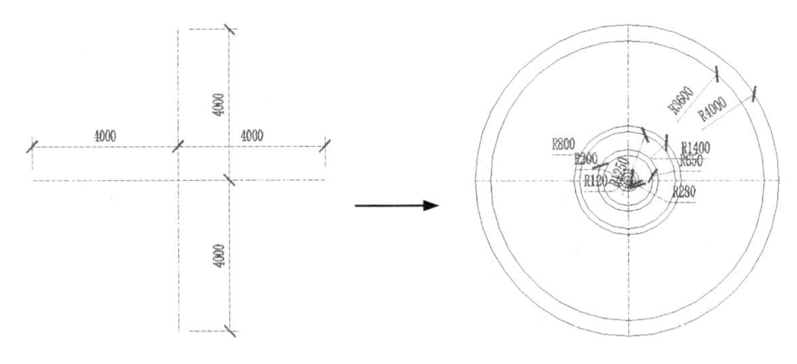

图 2-31　水池绘制流程图

2.5.1　相关知识点

新建的 CAD 文档中只能自动创建一个名为“0”的特殊图层。默认情况下，图层 0 将被指定使用 7 号颜色、CONTINUOUS 线型、默认线宽及 NORMAL 打印样式，并且不能被删除或重命名。通过创建新的图层，可以将类型相似的对象指定给同一个图层使其相关联。例如，可以将构造线、文字、标注和标题栏置于不同的图层上，并为这些图层指定通用特性。通过将对象分类放到各自的图层中，可以快速有效地控制对象的显示及对其进行更改。

【执行方式】

- 命令行：LAYER
- 菜单：格式→图层
- 工具栏：图层→图层特性管理器。
- 功能区：默认→图层→图层特性或视图→选项板→图层特性。

执行上述操作之一后，系统弹出“图层特性管理器”对话框，如图 2-32 所示。单击“图层特性管理器”对话框中的“新建图层”按钮，建立新图层，默认的图层名称为“图层 1”，可以根据绘图需要，更改图层名。在一个图形中可以创建的图层数量及在每个图层中可以创建的对象数量是无限的，图层最长可使用 255 个字符的字母数字命名。图层特性管理器按名称的字母顺序排列图层。

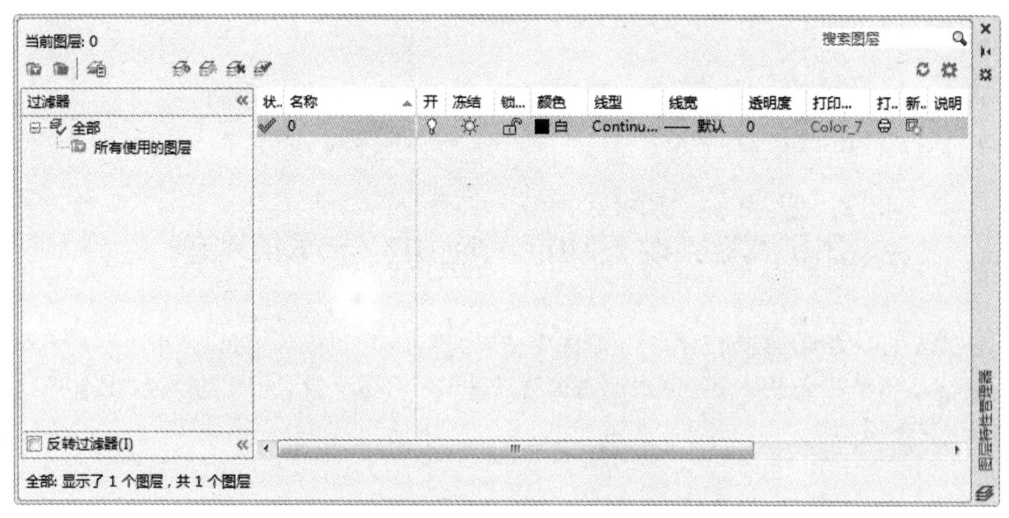

图 2-32 “图层特性管理器”对话框

提 示

如果要建立多个图层，无需重复单击“新建”按钮。更有效的方法是：在建立一个新的图层“图层 1”后，更改图层名，在其后输入逗号“,”，这样系统会自动建立一个新图层“图层 1”，更改图层名，再输入一个逗号，又一个新的图层建立了，可以依次建立各个图层。也可以按两次 Enter 键，建立另一个新的图层。

在每个图层属性设置中，包括图层名称、关闭/打开图层、冻结/解冻图层、锁定/解锁图层、图层线条颜色、图层线条线型、图层线条宽度、图层打印样式及图层是否打印 9 个参数。下面将分别讲述如何设置这些图层参数。

（1）设置图层线条颜色

在工程图中，整个图形包含多种不同功能的图形对象，如实体、剖面线、尺寸标注等，为了便于直观地区分它们，就有必要针对不同的图形对象使用不同的颜色，如实体层使用白色、剖面线层使用青色等。

要改变图层的颜色时，单击图层所对应的颜色图标，弹出“选择颜色”对话框，如图 2-33 所示。它是一个标准的颜色设置对话框，可以使用“索引颜色”“真彩色”和“配色系统”3 个选项卡中的参数来设置颜色。

图 2-33　“选择颜色”对话框

（2）设置图层线型

线型是指作为图形基本元素的线条的组成和显示方式，如实线、点划线等。在许多绘图工作中，常常以线型划分图层，为某一个图层设置适合的线型。在绘图时，只需将该图层设为当前工作层，即可绘制出符合线型要求的图形对象。

单击图层所对应的线型图标，弹出“选择线型”对话框，如图 2-34 所示。默认情况下，在“已加载的线型”列表框中，系统只添加了 Continuous 线型。单击“加载”按钮，弹出“加载或重载线型”对话框，如图 2-35 所示，可以看到 AutoCAD 提供了许多线型，选择所需的线型，单击“确定”按钮，即可把该线型加载到“已加载的线型”列表框中，可以按住 Ctrl 键选择几种线型同时加载。

图 2-34　“选择线型”对话框

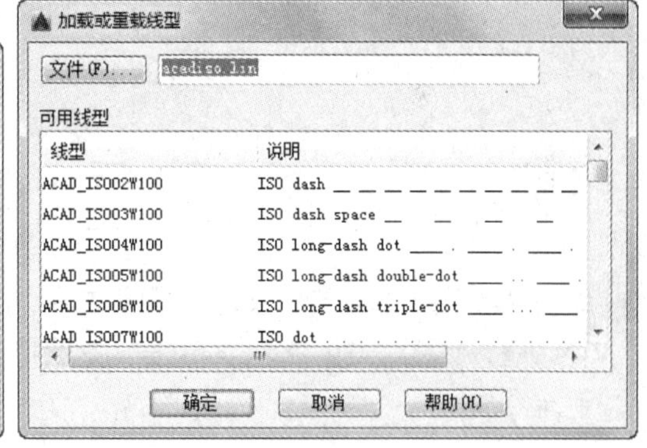

图 2-35　“加载或重载线型”对话框

（3）设置图层线宽

线宽设置就是改变线条的宽度。利用不同宽度的线条表现图形对象的类型，可以提高图形的表达能力和可读性，例如绘制外螺纹时大径使用粗实线，小径使用细实线。

单击“图层特性管理器”对话框中图层所对应的线宽图标，弹出“线宽”对话框，如图 2-36 所示。选择一个线宽，单击“确定”按钮完成对图层线宽的设置。

图层线宽的默认值为 0.25mm。在状态栏为“模型”状态时，显示的线宽与计算机的像素有关。线宽为 0 时，显示为一个像素的线宽。单击状态栏中的“显示/隐藏线宽”按钮 +，显示的图形线宽与实际线宽成比例，如图 2-37 所示，但线宽不随着图形的放大或缩小而变化。

线宽功能关闭时，不显示图形的线宽，图形的线宽均为默认宽度值显示。可以在“线宽”对话框中选择所需的线宽。

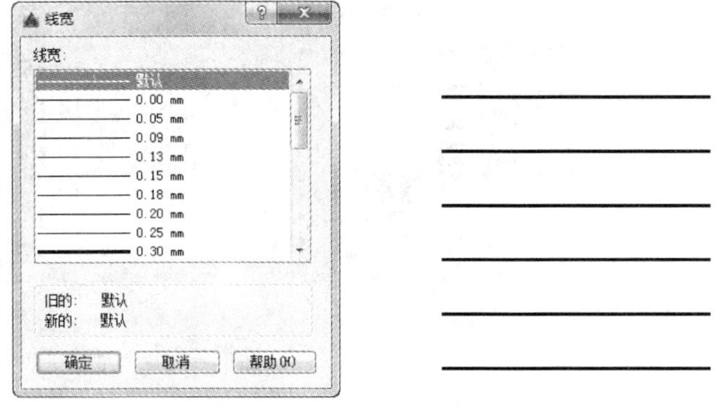

图 2-36 “线宽”对话框

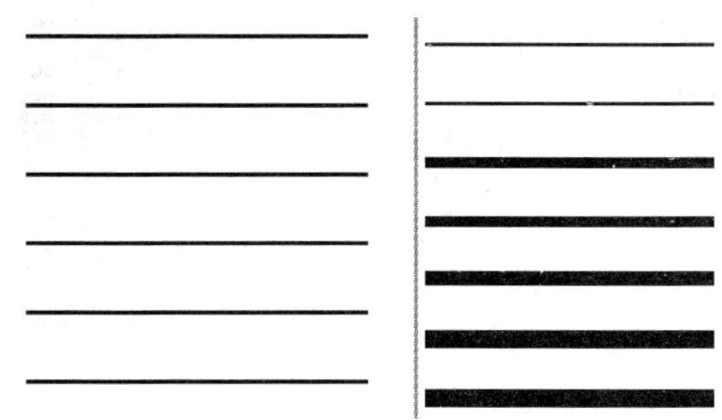

图 2-37 线宽显示效果

2.5.2 操作步骤

绘制如图 2-38 所示的水池。

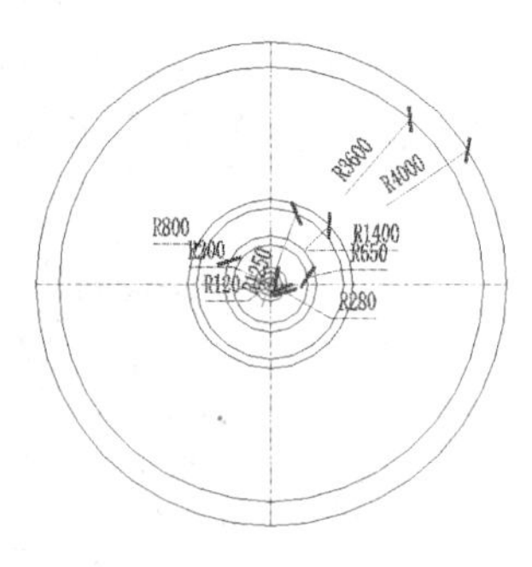

图 2-38 水池

Step 01 单击“默认”选项卡“图层”面板中的“图层特性”按钮，弹出“图层特性管理器”对话框，如图 2-39 所示。单击“图层特性管理器”对话框中的“新建图层”按钮，新建图层。

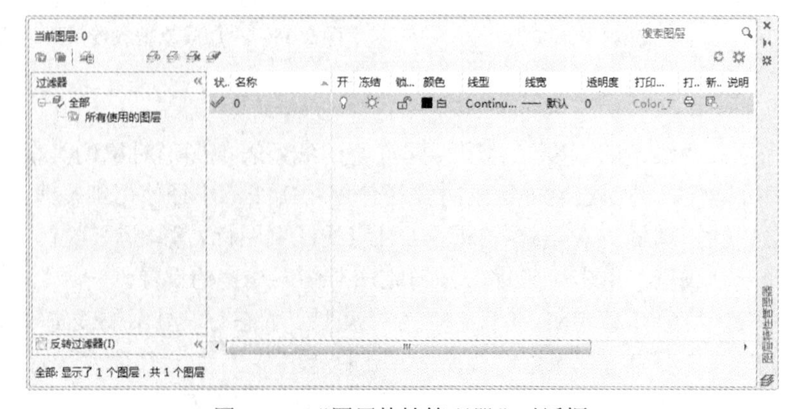

图 2-39 “图层特性管理器”对话框

Step 02 新建图层的名称默认为“图层 1”，将其修改为“中心线”，颜色设置为红色，线型修改为 CENTER2。并分别设置其他 3 个图层：“标注尺寸”“轮廓线”和“文字”，设置好的图层如图 2-40 所示。

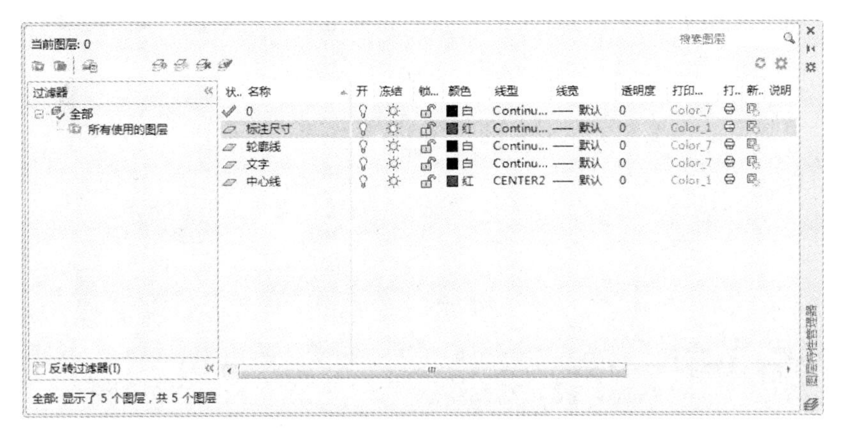

图 2-40　水池图层设置

Step 03 把“中心线”图层设置为当前图层。单击“默认”选项卡“绘图”面板中的“直线”按钮，绘制一条长为 8000 的水平直线。重复“直线”命令，以大约中点位置为起点向上绘制一条长为 4000 的垂直直线；重复“直线”命令，以中点为起点向下绘制一条长为 4000 的垂直直线，如图 2-41 所示。

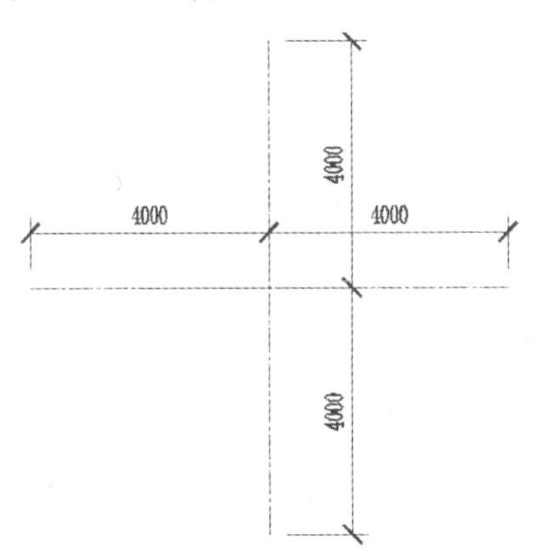

图 2-41　喷泉顶视图定位中心线绘制

Step 04 把“轮廓线”图层设置为当前图层。单击“默认”选项卡“绘图”面板中的“圆”按钮，绘制圆，命令行中提示与操作如下：

```
命令: CIRCLE
指定圆的圆心或 [三点(3P)/两点(2P)/切点、切点、半径(T)]: （指定中心线交点）
指定圆的半径或 [直径(D)]: 120
```

Step 05 重复“圆”命令，绘制同心圆，圆的半径分别为 200、280、650、800、1250、1400、3600、4000。

2.5.3 拓展实例——管道

读者可以利用上面所学的图层命令的相关知识完成管道的绘制，如图 2-42 所示。

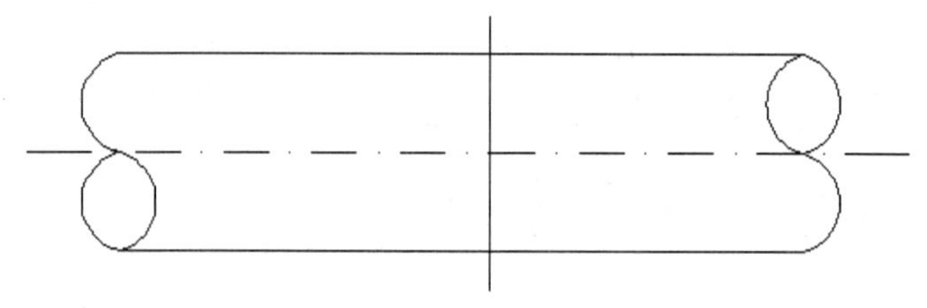

图 2-42 管道

Step 01 单击“默认”选项卡“图层”面板中的“图层特性”按钮，打开“图层特性管理器”对话框，新建“中心线层”和“轮廓线层”两个图层，如图 2-43 所示。

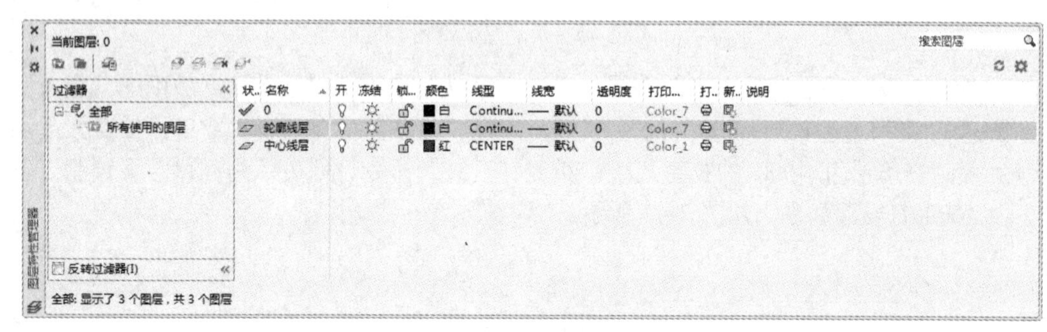

图 2-43 新建图层

Step 02 单击“默认”选项卡“绘图”面板中的“直线”按钮，绘制中心线，如图 2-44 所示。

图 2-44 绘制中心线

Step 03 单击“默认”选项卡“绘图”面板中的“直线”按钮和“圆弧”按钮，绘制外轮廓线，完成管道的绘制。

2.6 精确绘图功能的应用——吧凳实例

在绘制图形时，可以使用直角坐标和极坐标精确定位点，但是有些点（如端点、中点等）的坐标是未知的，要想精确指定这些点很难，有时甚至是不可能的。AutoCAD 提供了辅助定位工具，使用这类工具，我们可以很容易地在屏幕中捕捉到这些点，并进行精确绘图。本节将通过一个绘制吧凳的实例来重点学习精确绘图功能的应用，具体的绘制流程图如图 2-45 所示。

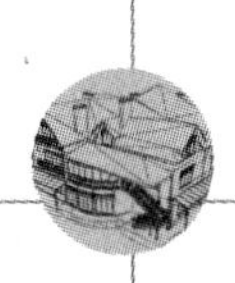

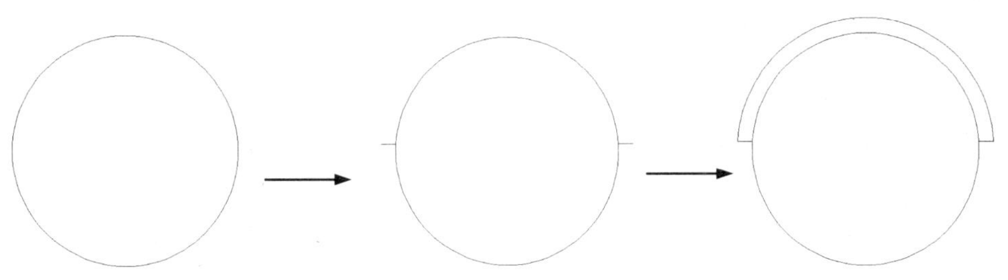

图 2-45　吧凳绘制流程图

2.6.1　相关知识点

1．栅格

AutoCAD 的栅格由有规则点的矩阵组成，延伸到指定为图形界限的整个区域。使用栅格与在坐标纸上绘图十分相似，利用栅格可以对齐对象并直观显示对象之间的距离。如果放大或缩小图形，可能需要调整栅格间距，使其更适合新的比例。虽然栅格在屏幕上是可见的，但它并不是图形对象，因此不会被打印成图形中的一部分，也不会影响在何处绘图。可以单击状态栏上的“栅格”按钮或按 F7 键打开或关闭栅格。

【执行方式】

- 命令行：DSETTINGS（或 DS，SE 或 DDRMODES）
- 菜单栏：工具→绘图设置
- 快捷菜单：右击“栅格”按钮→设置

【操作步骤】

执行上述命令之一，系统打开“草图设置”对话框，如图 2-46 所示。

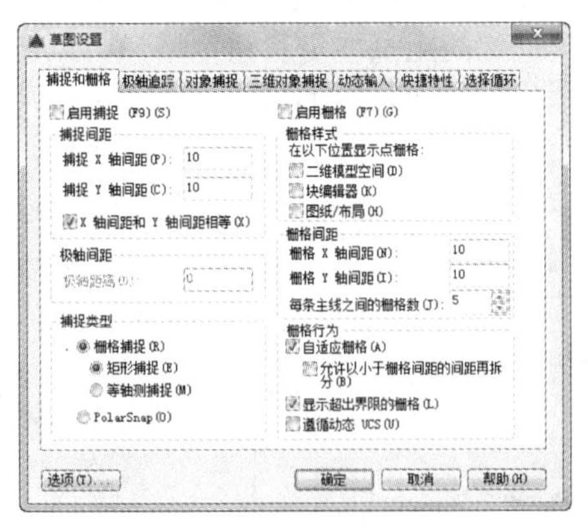

图 2-46　“草图设置”对话框

如果需要显示栅格，可在该对话框中勾选“启用栅格”复选框。在“栅格 X 轴间距”文本框中输入栅格点之间的水平距离，单位为 mm。如果要使用相同的间距设置垂直和水平分布的栅格点，按 Tab 键，否则在“栅格 Y 轴间距”文本框中输入栅格点之间的垂直距离。

另外，可以通过 GRID 命令设置栅格，功能与“草图设置”对话框类似，这里不再赘述。

提 示

如果栅格的间距设置得太小，当进行“打开栅格”操作时，AutoCAD 将在文本窗口中显示“栅格太密，无法显示”的信息，而不在屏幕上显示栅格点。

2．捕捉

捕捉是指 AutoCAD 可以生成一个隐含分布于屏幕上的栅格，这种栅格能够捕捉光标，使得光标只能落到其中的一个栅格点上。捕捉可分为“矩形捕捉”和“等轴测捕捉”两种类型。默认设置为“矩形捕捉”，即捕捉点的阵列类似于栅格，如图 2-47 所示。用户可以指定捕捉模式在 X 轴方向和 Y 轴方向上的间距，也可以改变捕捉模式与图形界限的相对位置。与栅格的不同之处在于：捕捉间距的值必须为正实数；捕捉模式不受图形界限的约束。“等轴测捕捉”表示捕捉模式为等轴测模式，此模式是绘制正等轴测图时的工作环境，如图 2-48 所示。在“等轴测捕捉”模式下，栅格和光标十字线成为绘制等轴测图时的特定角度。

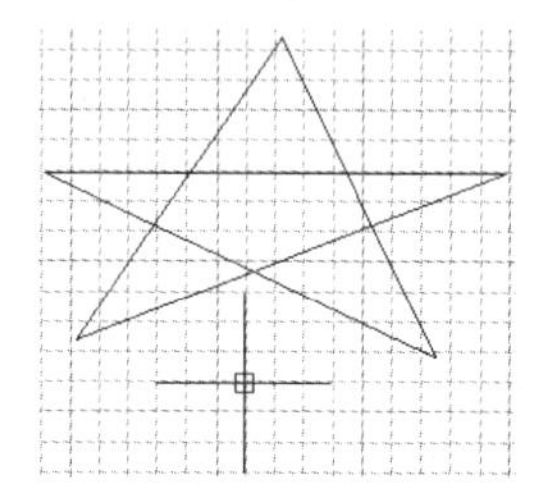

图 2-47　“矩形捕捉”实例

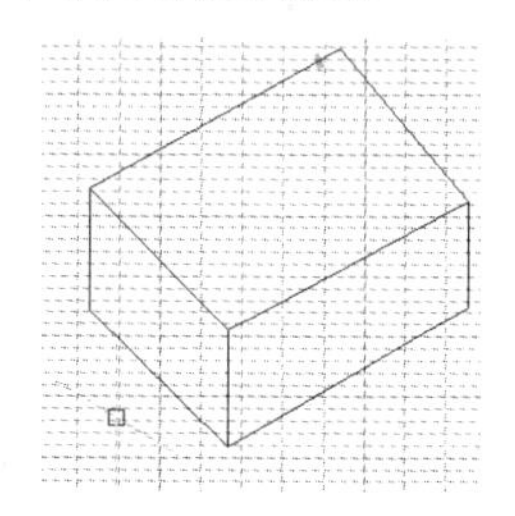

图 2-48　“等轴测捕捉”实例

3．极轴捕捉

极轴捕捉是在创建或修改对象时，按事先给定的角度增量和距离增量来追踪特征点，即捕捉相对于初始点且满足指定的极轴距离和极轴角的目标点。

极轴追踪设置主要是设置追踪的距离增量和角度增量，以及与之相关联的捕捉模式。这些设置可以通过“草图设置”对话框中的“捕捉和栅格”选项卡与“极轴追踪”选项卡来实现，如图 2-49 和图 2-50 所示。

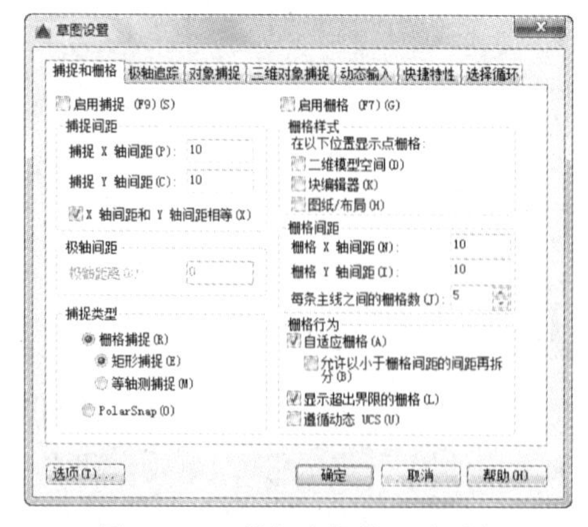

图 2-49　“捕捉和栅格”选项卡

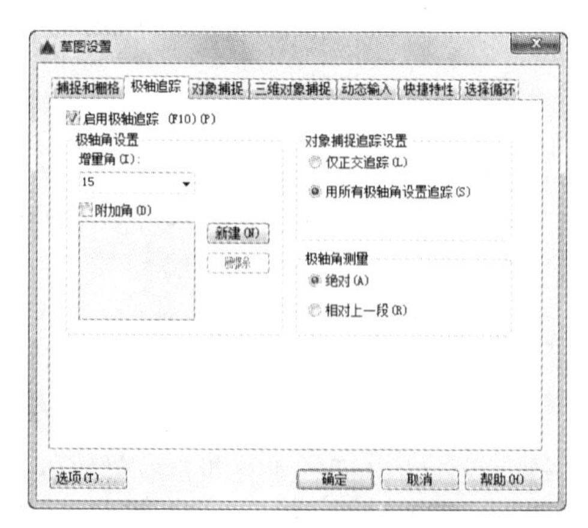

图 2-50　“极轴追踪”选项卡

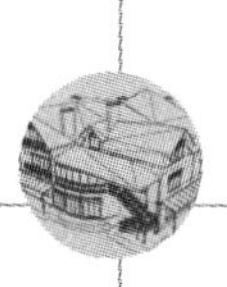

（1）设置极轴距离

如图 2-49 所示，在“草图设置”对话框的“捕捉和栅格”选项卡中，可以设置极轴距离（单位“mm”）。绘图时，光标将按指定的极轴距离增量进行移动。

（2）设置极轴角度

如图 2-50 所示，在“草图设置”对话框的“极轴追踪”选项卡中，可以设置极轴角增量角。设置时，可以选择下拉列表中的 90、45、30、22.5、18、15、10 和 5 度的极轴角增量，也可以直接输入指定其他任意角度。光标移动时，如果接近极轴角，将显示对齐路径和工具栏提示。例如，若极轴角增量设置为 30°，光标移动 90° 时显示的对齐路径，如图 2-51 所示。

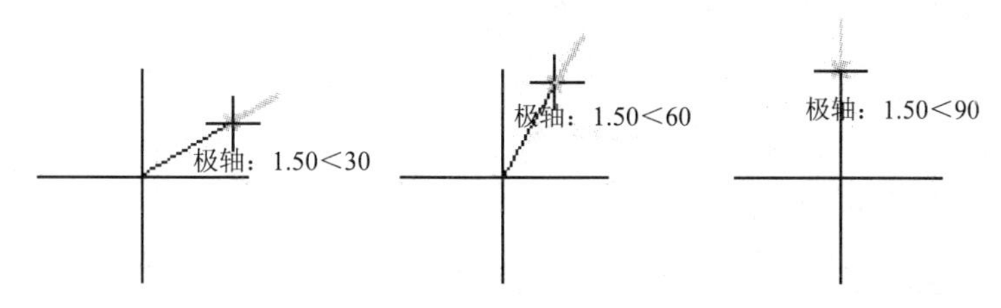

图 2-51　设置极轴角度实例

（3）对象捕捉追踪设置

用于设置对象捕捉追踪的模式。如果选择“仅正交追踪”选项，则当使用追踪功能时，系统仅在水平和垂直方向上显示追踪数据；如果选择“用所有极轴角设置追踪”选项，则当使用追踪功能时，系统不仅可以在水平和垂直方向显示追踪数据，还可以在设置的极轴追踪角度与附加角度所确定的一系列方向上显示追踪数据。

（4）极轴角测量

用于设置测量极轴角的角度所采用的参考基准，“绝对”是相对水平方向逆时针测量，“相对上一段”则是以上一段对象为基准进行测量。

（5）附加角

对极轴追踪使用列表中的任何一种附加角度。“附加角”复选框同样受 POLARMODE 系统变量控制，附加角列表同样受 POLARADDANG 系统变量控制。

4. 对象捕捉

AutoCAD 给所有的图形对象都定义了特征点，对象捕捉是指在绘图过程中，通过捕捉这些特征点，迅速准确地将新的图形对象定位在现有对象的确切位置上，例如圆的圆心、线段中点或两个对象的交点等。在 AutoCAD 2016 中，可以通过单击状态栏中“对象捕捉”按钮，或者在“草图设置”对话框的“对象捕捉”选项卡中选择“启用对象捕捉”单选按钮，来完成启用对象捕捉功能。

“对象捕捉”工具栏如图 2-52 所示。在绘图过程中，当系统提示需要指定点的位置时，可以单击“对象捕捉”工具栏中相应的特征点按钮，再把光标移动到要捕捉对象的特征点附近，AutoCAD 会自动提示并捕捉到这些特征点。例如，用直线连接一系列圆的圆心，可以将“圆心”设置为执行对象捕捉的选项。如果有两个捕捉点落在选择区域，AutoCAD 将捕捉离光标中心最近的符合条件的点。还有可能指定点时需要检查哪一个对象捕捉有效，例如在指定位置有多个对象捕捉符合条件，在指定点之前，按 Tab 键可以遍阅所有可能的点。

图 2-52　“对象捕捉”工具栏

（1）对象捕捉快捷菜单

当需要指定点位置时，还可以按住 Ctrl 键或 Shift 键，单击鼠标右键，打开对象捕捉快捷菜单，如图 2-53 所示。在该菜单上一样可以选择某一选项执行对象捕捉，把光标移动到要捕捉对象的特征点附近，即可捕捉到这些特征点。

（2）使用命令行

当需要指定点位置时，在命令行中输入相应特征点的关键字，然后把光标移动到要捕捉对象的特征点附近，即可捕捉到这些特征点。对象捕捉特征点的关键字如表 2-1 所示。

表2-1　对象捕捉特征点的关键字

模式	关键字	模式	关键字	模式	关键字
临时追踪点	TT	捕捉自	FROM	端点	END
中点	MID	交点	INT	外观交点	APP
延长线	EXT	圆心	CEN	象限点	QUA
切点	TAN	垂足	PER	平行线	PAR
节点	NOD	最近点	NEA	无捕捉	NON

对象捕捉不可单独使用，必须配合其他绘图命令一起使用。仅当 AutoCAD 提示输入点时，对象捕捉才生效。如果试图在命令提示下使用对象捕捉，AutoCAD 将显示出错信息。

对象捕捉只影响屏幕上可见的对象，包括锁定图层、布局视口边界和多段线上的对象。不能捕捉不可见的对象，如未显示的对象、关闭或冻结图层上的对象或虚线的空白部分。

5. 自动对象捕捉

在绘制图形的过程中，使用对象捕捉的频率非常高，如果每次在捕捉时都要先选择捕捉模式，将使工作效率大大降低，出于此种考虑，AutoCAD 提供了自动对象捕捉模式。单击“草图设置”对话框中的“对象捕捉”选项卡，选中“启用对象捕捉”复选框，可以调用自动捕捉，如图 2-54 所示。如果启用自动捕捉功能，当光标距指定的捕捉点较近时，系统会自动捕捉这些特征点，并显示出相应的标记及捕捉提示。

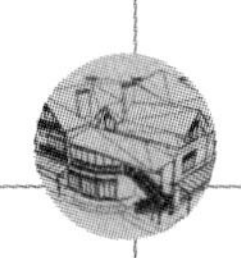

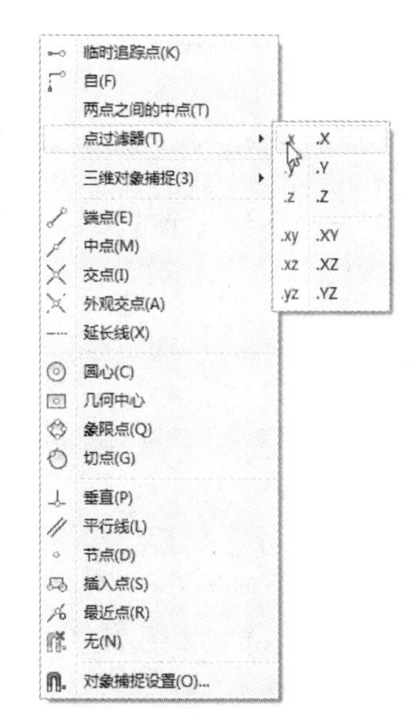

图 2-53　“对象捕捉”快捷菜单

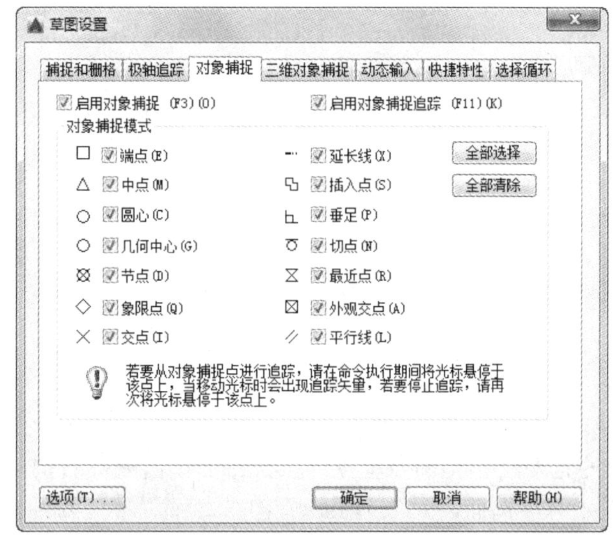

图 2-54　“对象捕捉”选项卡

用户可以设置经常使用的捕捉方式，一旦设置了捕捉方式后，在每次运行时，所设置的目标捕捉方式就会被激活，而不是仅对一次选择有效。当同时使用多种方式时，系统将捕捉距光标最近，同时又满足多种目标捕捉方式之一的点。当光标距要获取的点非常近时，按下 Shift 键将暂时不获取对象点。

6．正交绘图

正交绘图模式，即在命令执行过程中，光标只能沿 X 轴或 Y 轴移动。所有绘制的线段和构造线都将平行于 X 轴或 Y 轴，因此它们相互成 90° 相交，即正交。使用正交绘图，不但对绘制水平和垂直线非常有用，特别是绘制构造线时经常使用，而且当捕捉模式为等轴测模式时，它还迫使直线平行于 3 个等轴测图形中的一个。

设置正交绘图可以直接单击状态栏中的“正交”按钮，或者按 F8 键，相应地会在文本窗口中显示开/关提示信息。也可以在命令行窗口中输入“ORTHO”命令，执行开启或关闭正交绘图。

“正交”模式将光标限制在水平或垂直（正交）轴上。因为不能同时打开“正交”模式和极轴追踪，所以“正交”模式打开时，AutoCAD 会关闭极轴追踪。如果再次打开极轴追踪，AutoCAD 将关闭“正交”模式。

2.6.2 操作步骤

绘制如图 2-55 所示的吧凳。

Step 01 单击“默认”选项卡“绘图”面板中的“圆”按钮⊘，绘制一个适当大小的圆，如图 2-56 所示。

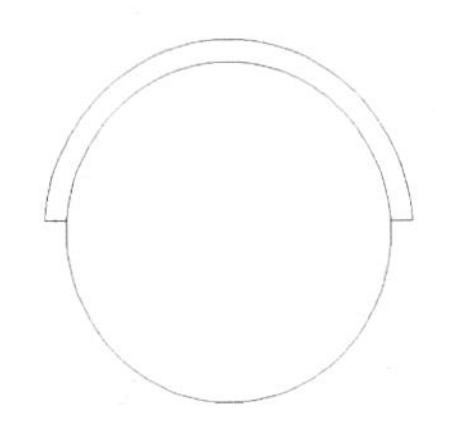

图 2-55 绘制吧凳

图 2-56 绘制圆

Step 02 在状态栏上的“对象捕捉”按钮□上单击鼠标右键，弹出快捷菜单，如图 2-57 所示。选择“对象捕捉设置”选项，弹出“草图设置”对话框，设置如图 2-58 所示。

图 2-57 右键快捷菜单

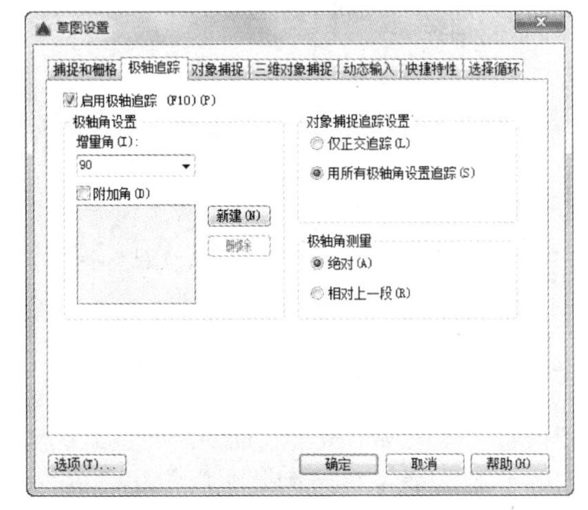

图 2-58 “草图设置”对话框

Step 03 单击“对象捕捉追踪”按钮∠和“正交”按钮∟。单击“默认”选项卡“绘图”面板中的“直线”按钮╱。命令行中提示与操作如下：

命令：LINE↙

指定第一点：（用鼠标在刚才绘制的圆弧上左上方捕捉一点）↙

指定下一点或 [放弃(U)]：（水平向左适当指定一点）↙

指定下一点或 [放弃(U)]：↙

命令：LINE↙

指定第一点：（用鼠标捕捉到刚绘制的直线右端点，向右拖动鼠标，拉出一条水平追踪线，如图 2-59 所示，捕捉追踪线与右边圆弧的交点）↙

指定下一点或 [放弃(U)]：（水平向右适当指定一点，使线段的长度与刚绘制的线段长度大概相等）↙

指定下一点或 [放弃(U)]：↙

绘制结果如图 2-60 所示

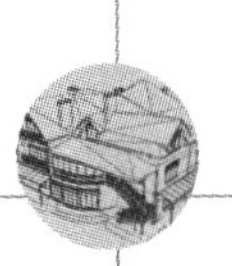

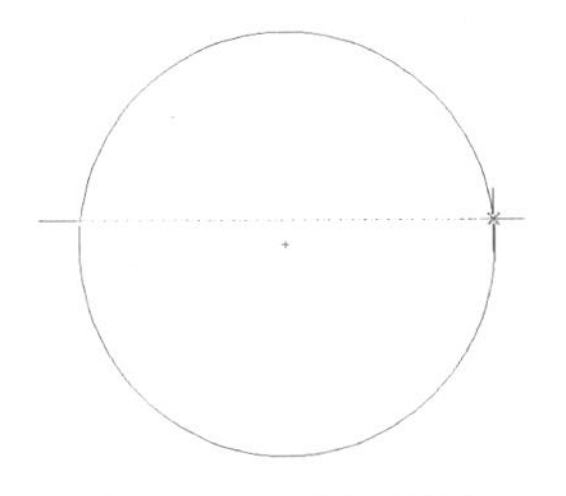

图 2-59　捕捉追踪

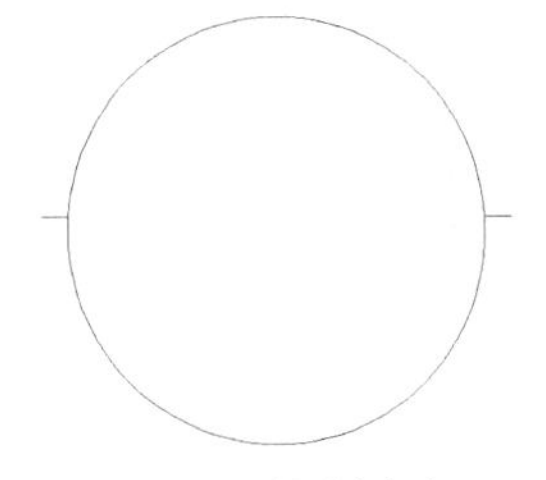

图 2-60　绘制线段

Step 04　单击“默认”选项卡“绘图”面板中的“圆弧”按钮，命令行中提示与操作如下：

```
命令：_arc↙
指定圆弧的起点或 [圆心(C)]：(指定右边线段的右端点) ↙
指定圆弧的第二个点或 [圆心(C)/端点(E)]：e↙
指定圆弧的端点：(指定左边线段的左端点) ↙
指定圆弧的圆心或 [角度(A)/方向(D)/半径(R)]：(捕捉圆心) ↙
绘制结果如图 2-55 所示
```

提示：绘制圆弧时，注意圆弧的曲率是遵循逆时针方向的，所以在选择指定圆弧两个端点和半径模式时，需要注意端点的指定顺序或指定角度的正负值，否则有可能导致圆弧的凹凸形状与预期的相反。

2.6.3　拓展实例——管道泵

读者可以利用上面所学的精确绘图命令的相关知识完成管道泵的绘制，如图 2-61 所示。

Step 01　单击“默认”选项卡“绘图”面板中的“圆”按钮，绘制一个圆，如图 2-62 所示。

Step 02　单击“默认”选项卡“绘图”面板中的“直线”按钮，绘制图形剩余部分，完成管道泵的绘制。

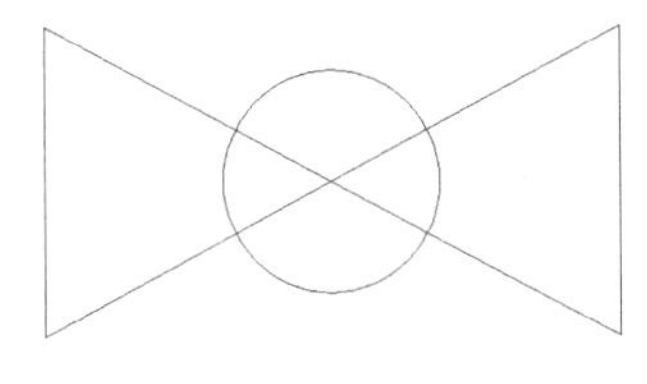

图 2-61　管道泵符号

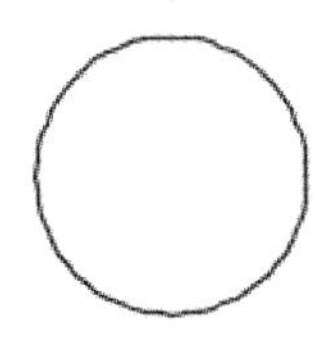

图 2-62　绘制圆

2.7　矩形功能的应用——办公桌

矩形是最简单的封闭直线图形。本节将通过一个简单的室内设计单元——办公桌的绘制过程来重点学习矩形命令，具体的绘制流程图如图 2-63 所示。

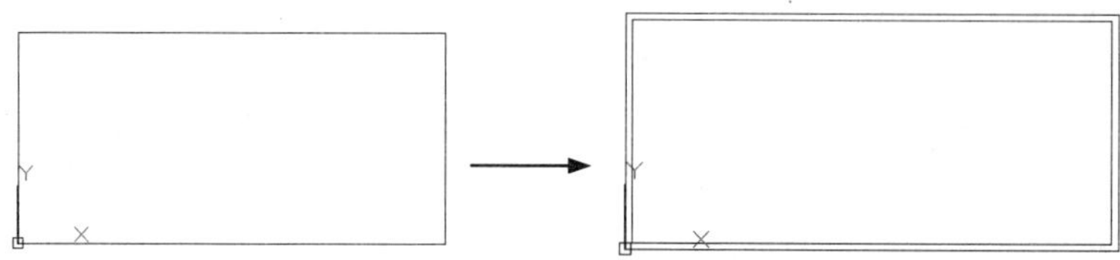

图 2-63 办公桌绘制流程

2.7.1 相关知识点

【执行方式】

- 命令行：RECTANG（缩写名：REC）
- 菜单：绘图→矩形
- 工具栏：绘图→矩形
- 功能区：默认→绘图→矩形

【操作步骤】

```
命令：RECTANG↙
指定第一个角点或 [倒角(C)/标高(E)/圆角(F)/厚度(T)/宽度(W)]:
指定另一个角点或 [面积(A)/尺寸(D)/旋转(R)]:
```

【选项说明】

（1）第一个角点：通过指定两个角点确定矩形，如图 2-64（a）所示。

（2）倒角(C)：指定倒角距离，绘制带倒角的矩形（如图 2-64（b）所示），每一个角点的逆时针和顺时针方向的倒角可以相同，也可以不同，其中第一个倒角距离是指角点逆时针方向倒角距离，第二个倒角距离是指角点顺时针方向倒角距离。

（3）标高(E)：指定矩形标高（Z 坐标），即把矩形绘制在标高为 Z，和 XOY 坐标面平行的平面上，并作为后续矩形的标高值。

（4）圆角(F)：指定圆角半径，绘制带圆角的矩形，如图 2-64（c）所示。

（5）厚度(T)：指定矩形的厚度，如图 2-64（d）所示。

（6）宽度(W)：指定线宽，如图 2-64（e）所示。

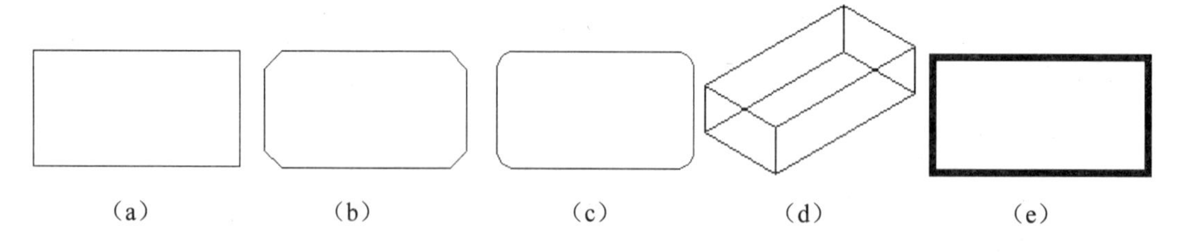

图 2-64 绘制矩形

（7）尺寸(D)：使用长和宽创建矩形。第二个指定点将矩形定位在与第一角点相关的 4 个位置之一内。

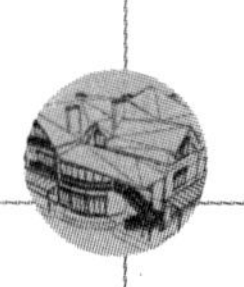

（8）面积（A）：指定面积和长或宽创建矩形。选择该项，系统提示：

```
输入以当前单位计算的矩形面积 <20.0000>:  （输入面积值）
计算矩形标注时依据 [长度(L)/宽度(W)] <长度>:（回车或输入 W）
输入矩形长度 <4.0000>: （指定长度或宽度）
```

指定长度或宽度后，系统自动计算另一个维度并绘制出矩形。如果矩形被倒角或圆角，则长度或宽度在计算中会考虑此设置，如图 2-65 所示。

（9）旋转（R）：旋转所绘制的矩形角度。选择该项，系统提示：

```
指定旋转角度或 [拾取点(P)] <135>:  （指定角度）
指定另一个角点或[面积(A)/尺寸(D)/旋转(R)]:（指定另一个角点或选择其他选项），如图 2-66 所示
```

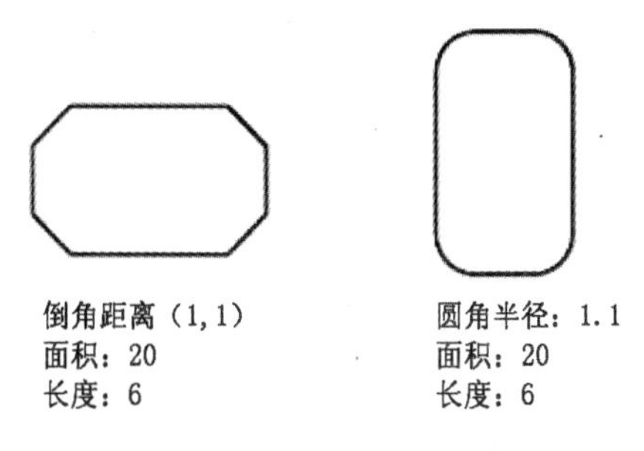

图 2-65　按面积绘制矩形

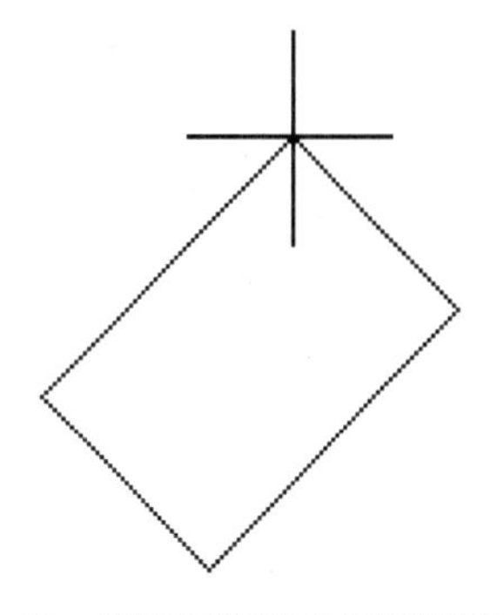

图 2-66　按指定旋转角度创建矩形

2.7.2　操作步骤

绘制如图 2-67 所示的办公桌。

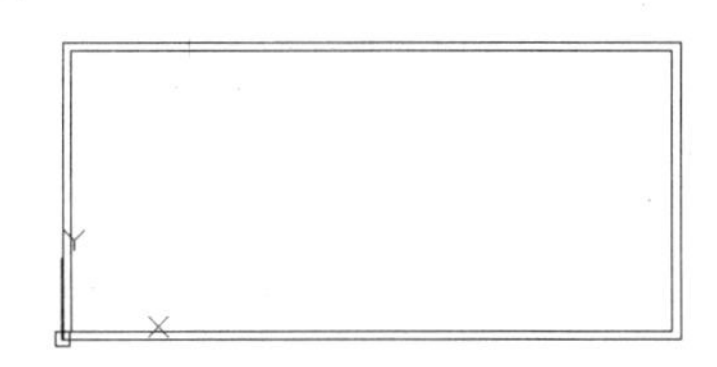

图 2-67　绘制办公桌

Step 01　在命令行中输入“LIMITS”命令，设置图幅。命令行中提示与操作如下：

```
命令: LIMITS↙
重新设置模型空间界限:
指定左下角点或 [开(ON)/关(OFF)] <0.0000,0.0000>:  0,0↙
指定右上角点 <420.0000,297.0000>: 297,210↙
```

Step 02　单击“默认”选项卡“绘图”面板中的“直线”按钮，指定坐标点（0，0）、（@150，0）、（@0，70）、（@-150，0）和 C，绘制外轮廓线，结果如图 2-68 所示。

Step 03 单击"默认"选项卡"绘图"面板中的"矩形"按钮，绘制内轮廓线。命令行中提示与操作如下：

```
命令：RECTANG↙
指定第一个角点或 [倒角(C)/标高(E)/圆角(F)/厚度(T)/宽度(W)]: 2,2↙
指定另一个角点或 [面积(A)/尺寸(D)/旋转(R)]: @146,66↙
结果如图 2-67 所示
```

Step 04 单击"快速访问"工具栏中的"保存"按钮，保存图形。命令行中提示与操作如下：

```
命令：SAVEAS↙  （将绘制完成的图形以"办公桌.dwg"为文件名保存在指定的路径中）
```

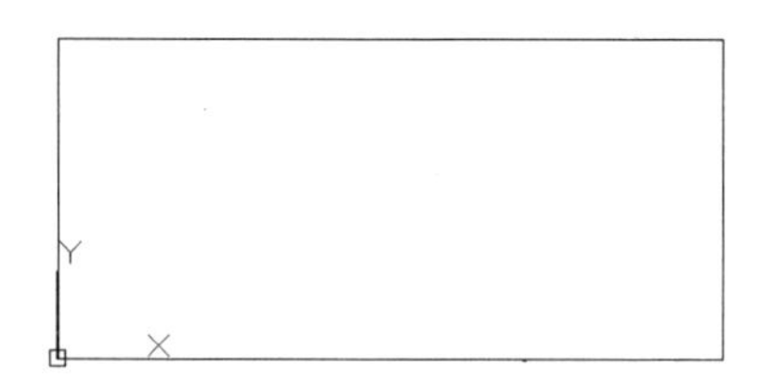

图 2-68　绘制轮廓线

2.7.3　拓展实例——边桌

读者可以利用上面所学的矩形命令相关知识完成边桌的绘制，如图 2-69 所示。

Step 01 单击"默认"选项卡"绘图"面板中的"矩形"按钮，绘制一个矩形，如图 2-70 所示。

Step 02 单击"默认"选项卡"绘图"面板中的"直线"按钮和"圆弧"按钮，完成边桌的绘制。

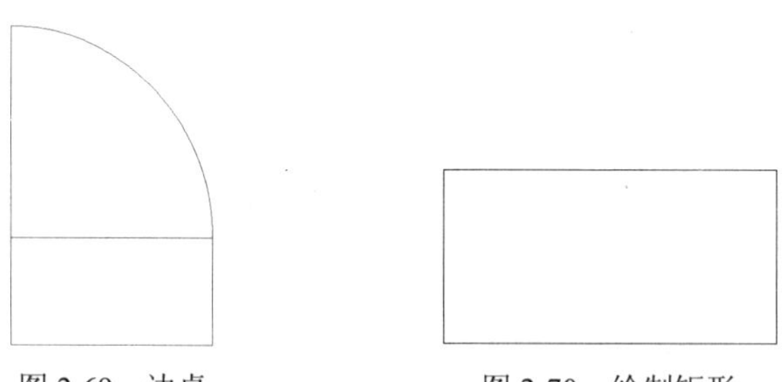

图 2-69　边桌　　图 2-70　绘制矩形

2.8　多边形功能的应用——卡通造型

正多边形是相对复杂的一种平面图形，人类曾经为准确找到手动绘制正多边形的方法而长期求索。伟大数学家高斯为发现正十七边形的绘制方法而引以为毕生的荣誉，以致他的墓碑被设计成正十七边形。现在利用 AutoCAD 可以轻松绘制任意边的正多边形。本节将通过一个

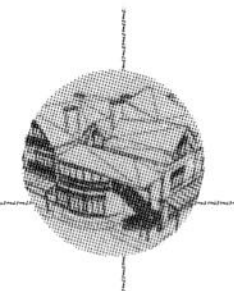

简单的室内设计单元——卡通造型的绘制过程来重点学习多边形命令，具体的绘制流程图如图 2-71 所示。

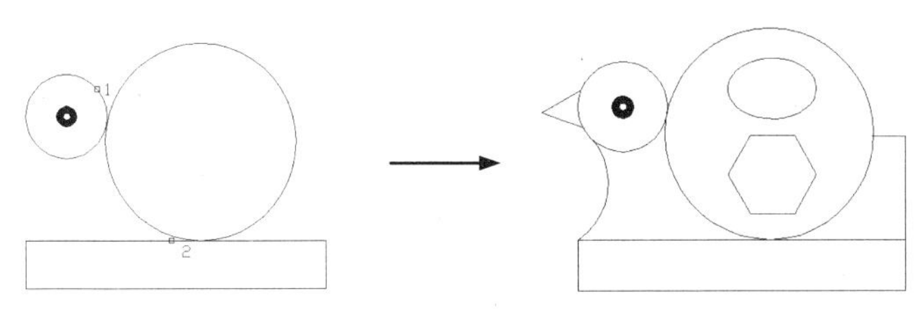

图 2-71　卡通造型流程图

2.8.1　相关知识点

【执行方式】

- 命令行：POLYGON
- 菜单：绘图→多边形
- 工具栏：绘图→多边形
- 功能区：默认→绘图→多边形

【操作步骤】

命令：POLYGON↙

输入侧边数 <4>：（指定多边形的边数，默认值为 4）

指定正多边形的中心点或 [边(E)]：　（指定中心点）

输入选项 [内接于圆(I)/外切于圆(C)] <I>：（指定是内接于圆或外切于圆，I 表示内接如图 2-72（a），C 表示外切如图 2-72（b）

指定圆的半径：（指定外接圆或内切圆的半径）

【选项说明】

如果选择“边”选项，则只要指定多边形的一条边，系统就会按逆时针方向创建该正多边形，如图 2-72（c）所示。

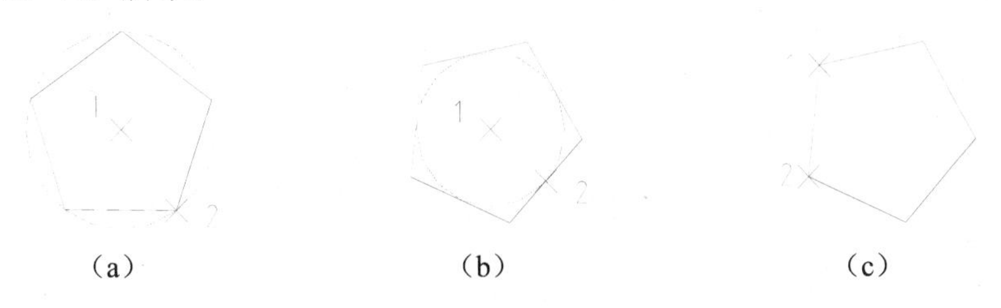

（a）　　（b）　　（c）

图 2-72　绘制正多边形

2.8.2 操作步骤

绘制如图 2-73 所示的卡通造型。

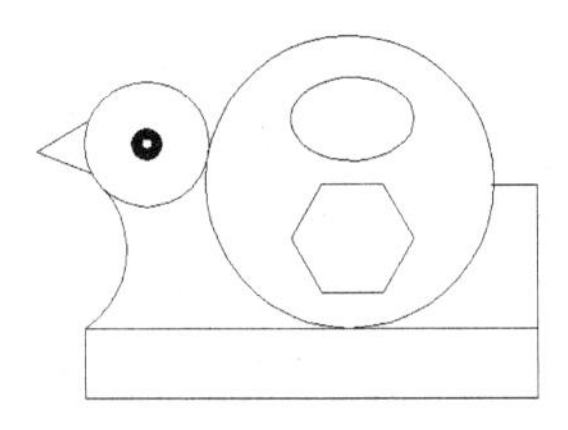

图 2-73　绘制卡通造型

Step 01 单击“默认”选项卡“绘图”面板中的“圆”按钮⊙，在左边绘制圆心坐标为（230，210），圆半径分别为 30、7.5 和 2.5 的同心圆。继续单击“默认”选项卡“绘图”面板中的“图案填充”按钮（此命令会在以后章节中详细讲述），打开“图案填充创建”选项卡，选择“SOLID”图案，如图 2-74 所示；单击“拾取点”按钮，进行填充，结果如图 2-75 所示。

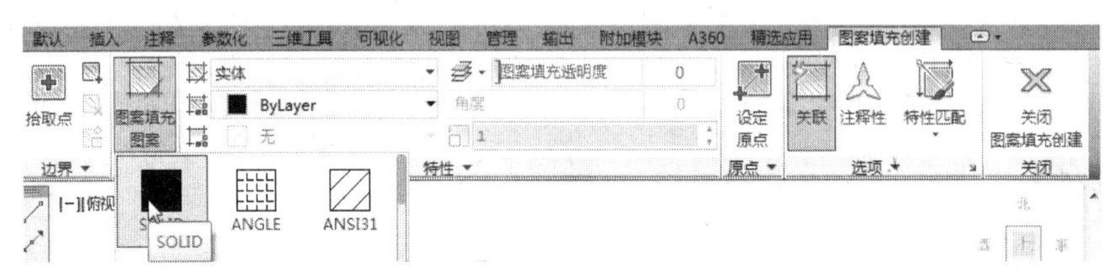

图 2-74　“图案填充创建”选项卡

Step 02 单击“默认”选项卡“绘图”面板中的“矩形”按钮□，绘制矩形。命令行中提示与操作如下：

```
命令：RECTANG↙
指定第一个角点或 [倒角(C)/标高(E)/圆角(F)/厚度(T)/宽度(W)]: 200,122↙ （矩形左上角点坐标值）
指定另一个角点: 420,88↙（矩形右上角点的坐标值）
```

Step 03 单击“默认”选项卡“绘图”面板中的“圆”按钮⊙，采用“相切、相切、半径”方式，绘制与图 2-76 中点 1，点 2 相切，半径为 70 的大圆；单击“默认”选项卡“绘图”面板中的“椭圆”按钮○，绘制中心点坐标为（330，222），长轴的右端点坐标为（360，222），短轴的长度为 20 的小椭圆；单击“默认”选项卡“绘图”面板中的“多边形”按钮⬠，绘制中心点坐标为（330，165），内接圆半径为 30 的正六边形。对于多边形的操作，命令行提示与操作如下：

```
命令: _polygon ↙
输入侧面数 <4>: 6
指定正多边形的中心点或 [边(E)]: 330,165
输入选项 [内接于圆(I)/外切于圆(C)] <I>: I（指定为内接于圆）
指定圆的半径: 30
```

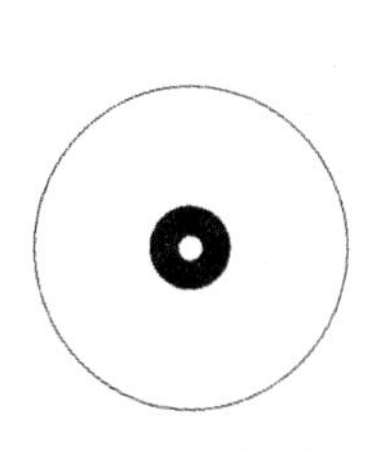

图 2-75　填充图形

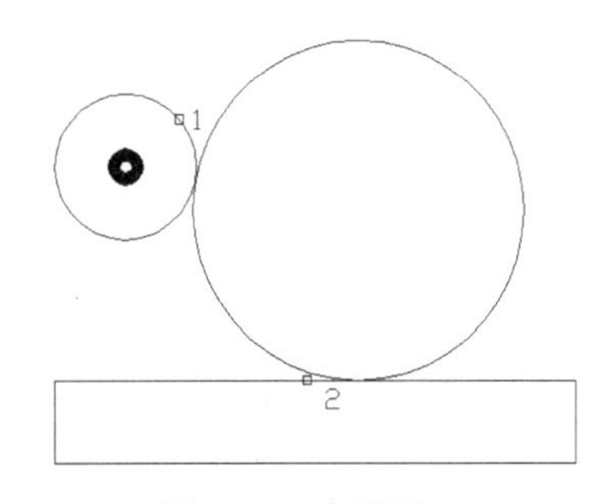

图 2-76　步骤图

Step 04 单击“默认”选项卡“绘图”面板中的“直线”按钮，绘制端点坐标分别为（202，221），（@30<-150），（@30<-20）的折线；单击“默认”选项卡“绘图”面板中的“圆弧”按钮，绘制起点坐标为（200，122），端点坐标为（210，188），半径为 45 的圆弧。

Step 05 单击“默认”选项卡“绘图”面板中的“直线”按钮，绘制端点坐标为（420，122），（@68<90），（@21.66<180）的折线，结果如图 2-73 所示。

2.8.3　拓展实例——八角凳

读者可以利用上面所学的多边形命令的相关知识完成八角凳的绘制，如图 2-77 所示。

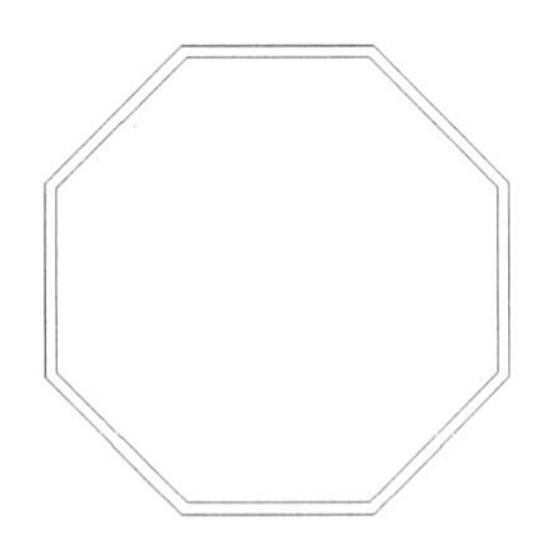

图 2-77　八角凳

Step 01 单击“默认”选项卡“绘图”面板中的“多边形”按钮，绘制一个适当大小的八边形，如图 2-78 所示。

Step 02 单击“默认”选项卡“绘图”面板中的“多边形”按钮，绘制另一个适当大小的同心八边形，完成八角凳的绘制。

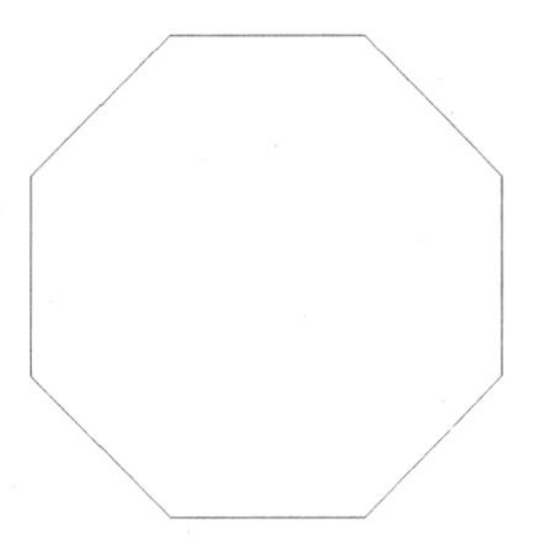

图 2-78　八边形

2.9 点功能的应用——桌布

点在 AutoCAD 中有多种不同的表示方式，用户可以根据需要进行设置，也可以设置等分点和测量点。本节将通过一个简单的室内设计单元——桌布的绘制过程来重点学习点相关命令，具体的绘制流程图如图 2-79 所示。

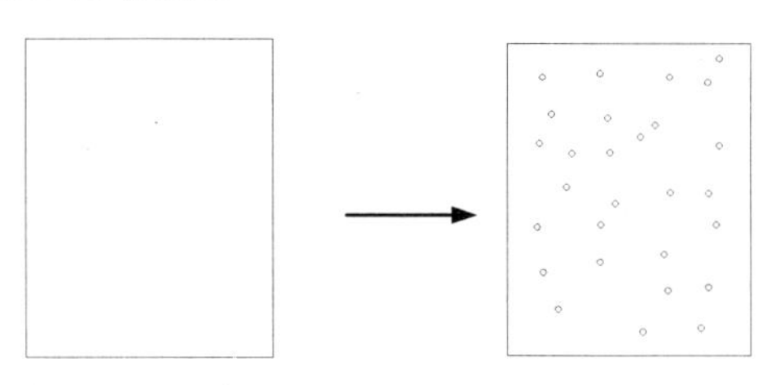

图 2-79 绘制桌布流程图

2.9.1 相关知识点

1. 绘制点

【执行方式】

- 命令行：POINT
- 菜单：绘图→点→单点或多点
- 工具栏：绘图→点
- 功能区：默认→绘图→多点

【操作步骤】

```
命令：_point
当前点模式： PDMODE=0 PDSIZE=0.0000
指定点：(指定点所在的位置)
```

【选项说明】

（1）通过菜单方法操作时（如图 2-80 所示），“单点”选项表示只输入一个点，“多点”选项表示可输入多个点。

（2）可以打开状态栏中的“对象捕捉”开关设置点捕捉模式，帮助用户拾取点。

（3）点在图形中的表示方式共有 20 种。可通过命令 DDPTYPE 或拾取菜单：格式→点样式，弹出“点样式”对话框来设置，如图 2-81 所示。

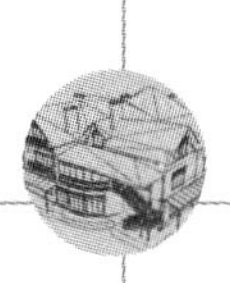

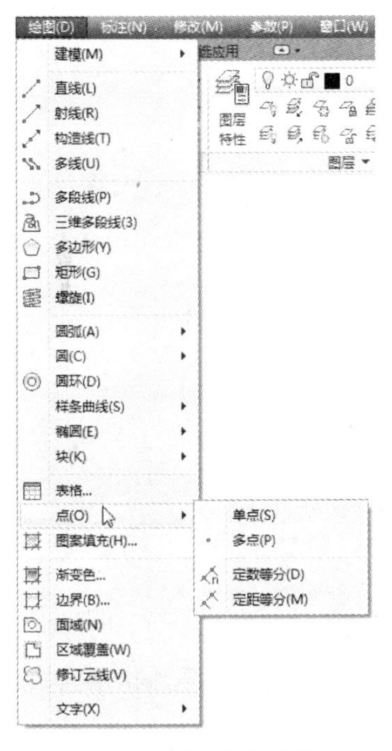

图 2-80　“点”子菜单

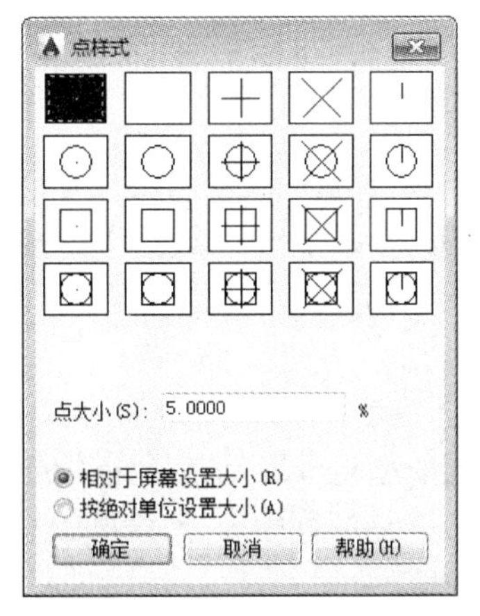

图 2-81　“点样式”对话框

2. 等分点

【执行方式】

- 命令行：DIVIDE（缩写名：DIV）
- 菜单：绘图→点→定数等分
- 功能区：默认→绘图→定数等分

【操作步骤】

```
命令：DIVIDE↙
选择要定数等分的对象：(选择要等分的实体)
输入线段数目或 [块(B)]：(指定实体的等分数，绘制结果如图 2-82(a))
```

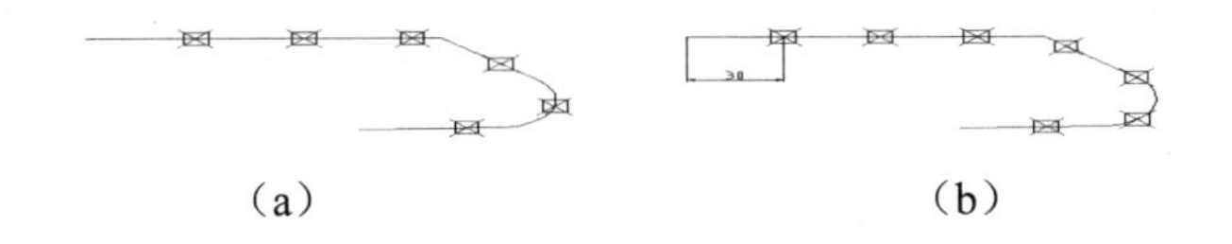

（a）　　（b）

图 2-82　绘制等分点和测量点

【选项说明】

（1）等分数范围为 2～32767。

（2）在等分点处，按当前点样式设置绘制出等分点。

（3）在第二提示行中选择“块(B)”选项时，表示在等分点处插入指定的块（BLOCK）。

3. 测量点

【执行方式】

- 命令行：MEASURE（缩写名：ME）
- 菜单：绘图→点→定距等分
- 功能区：默认→绘图→定距等分

【操作步骤】

```
命令:MEASURE↙
选择要定距等分的对象:(选择要设置测量点的实体)
指定线段长度或 [块(B)]:(指定分段长度，绘制结果如图 2-82 (b) 所示)
```

【选项说明】

（1）设置的起点一般是指指定线的绘制起点。

（2）在第二提示行中选择“块(B)”选项时，表示在测量点处插入指定的块，后续操作与上节等分点类似。

（3）在等分点处，按当前点样式设置绘制出等分点。

（4）最后一个测量段的长度不一定等于指定分段长度。

2.9.2 操作步骤

绘制如图 2-83 所示的桌布。

Step 01 选择菜单栏中的“格式”→“点样式”命令，在弹出的“点样式”对话框中选择“○”样式，如图 2-84 所示。

Step 02 绘制轮廓线。单击“默认”选项卡“绘图”面板中的“直线”按钮，绘制桌布外轮廓线。命令行中提示与操作如下：

```
命令: _line ↙
指定第一点: 100,100↙
点无效。(这里之所以提示输入点无效，主要是因为分隔坐标值的逗号不是在西文状态下输入的)
指定第一点: 100,100↙
指定下一点或 [放弃(U)]: 900,100↙
指定下一点或 [放弃(U)]: @0,800↙
指定下一点或 [闭合(C)/放弃(U)]: u↙
指定下一点或 [放弃(U)]: @0,1000↙
指定下一点或 [闭合(C)/放弃(U)]: @-800,0↙
指定下一点或 [闭合(C)/放弃(U)]: c↙
绘制结果如图 2-85 所示
```

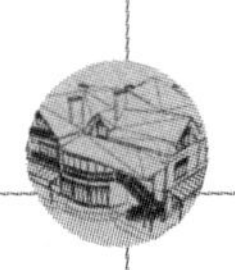

Step 03　单击“默认”选项卡“绘图”面板中的“多点”按钮 ·，绘制桌布内装饰点。命令行中提示与操作如下：

```
命令：point↙
当前点模式： PDMODE=33  PDSIZE=20.0000
指定点：（在屏幕上单击）
绘制结果如图 2-86 所示
```

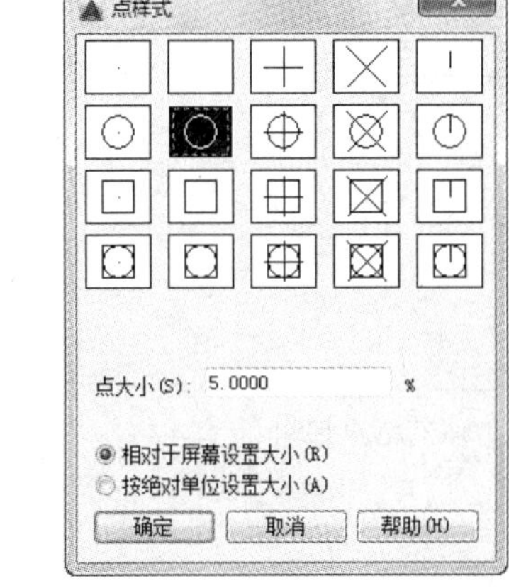

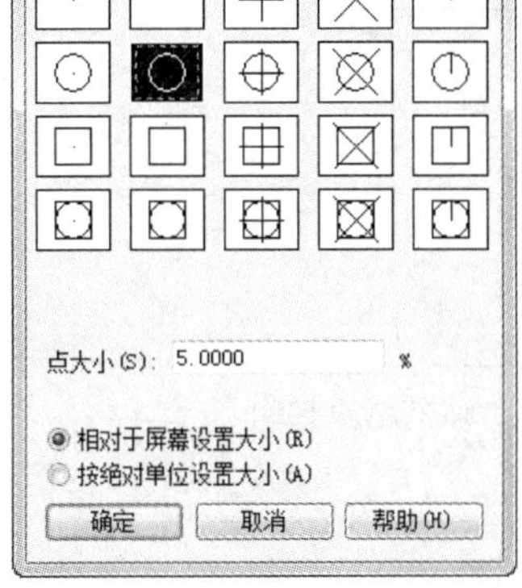

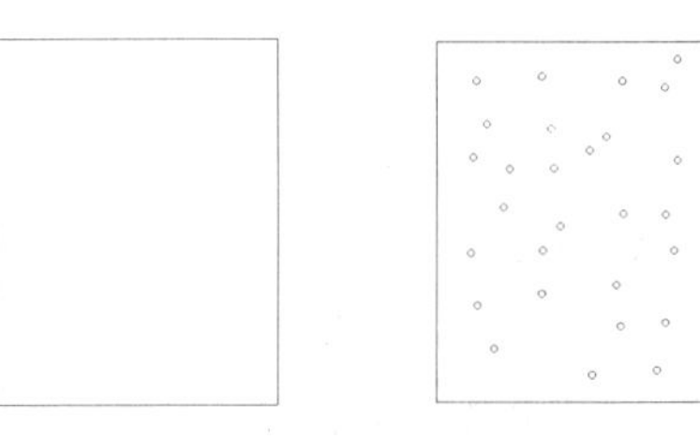

图 2-83　绘制桌布　　图 2-84　设置点样式　　图 2-85　绘制外轮廓线　　图 2-86　桌布

2.9.3　拓展实例——楼梯

读者可以利用上面所学的点相关命令相关知识完成楼梯的绘制，如图 2-87 所示。

Step 01　单击“默认”选项卡“绘图”面板中的“矩形”按钮、“直线”按钮，绘制楼梯外边缘线，如图 2-88 所示。

Step 02　单击“默认”选项卡“绘图”面板中的“定数等分”按钮，将竖直直线等分为八段，如图 2-89 所示。

Step 03　单击“默认”选项卡“绘图”面板中的“直线”按钮，连接等分点，继续按键盘上的 Delete 键，删除等分点完成楼梯的绘制。

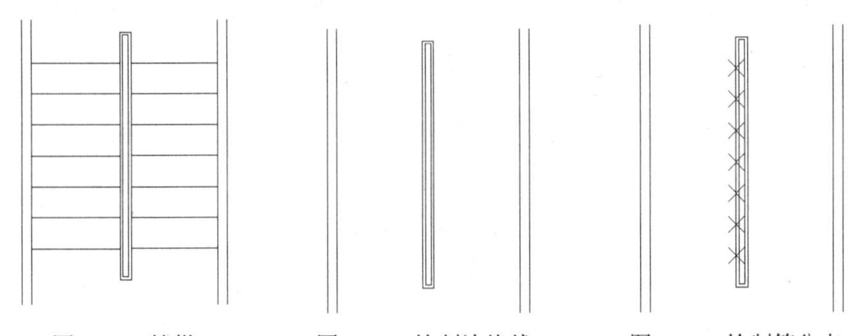

图 2-87　楼梯　　图 2-88　绘制边缘线　　图 2-89　绘制等分点

2.10 多段线功能的应用——古典酒樽

多段线是一种由线段和圆弧组合而成的，不同线宽的多线，这种线由于其组合形式多样，线宽变化，弥补了直线或圆弧功能的不足，适合绘制各种复杂的图形轮廓。本节将通过一个简单的室内设计单元——古典酒樽的绘制过程来重点学习多段线相关命令，具体的绘制流程图如图 2-90 所示。

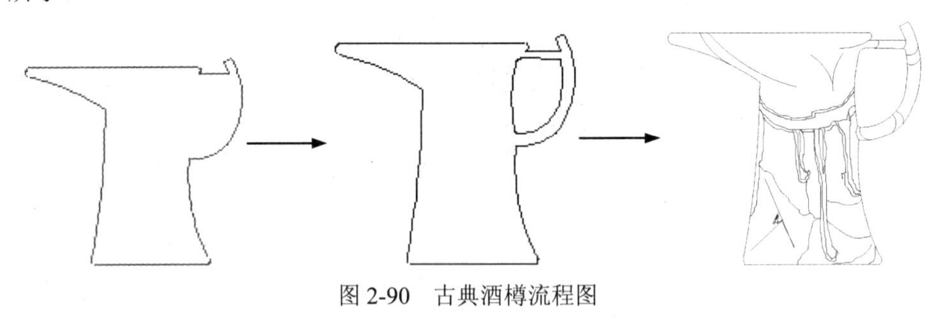

图 2-90 古典酒樽流程图

2.10.1 相关知识点

【执行方式】

- 命令行：PLINE（缩写名：PL）
- 菜单：绘图→多段线
- 工具栏：绘图→多段线
- 功能区：默认→绘图→多段线

【操作步骤】

```
命令：PLINE↙
指定起点：(指定多段线的起点)
当前线宽为 0.0000
指定下一个点或 [圆弧(A)/半宽(H)/长度(L)/放弃(U)/宽度(W)]：(指定多段线的下一点)
```

【选项说明】

多段线主要由连续的不同宽度的线段或圆弧组成，如果在上述提示中选择“圆弧(A)”，则命令行提示：

```
指定圆弧的端点或[角度(A)/圆心(CE)/闭合(CL)/方向(D)/半宽(H)/直线(L)/半径(R)/第二个点(S)/放弃(U)/宽度(W)]：
```

绘制圆弧的方法与“圆弧(A)”命令相似。

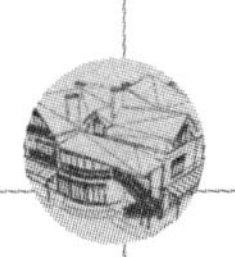

2.10.2　操作步骤

绘制如图 2-91 所示的古典酒樽图案。

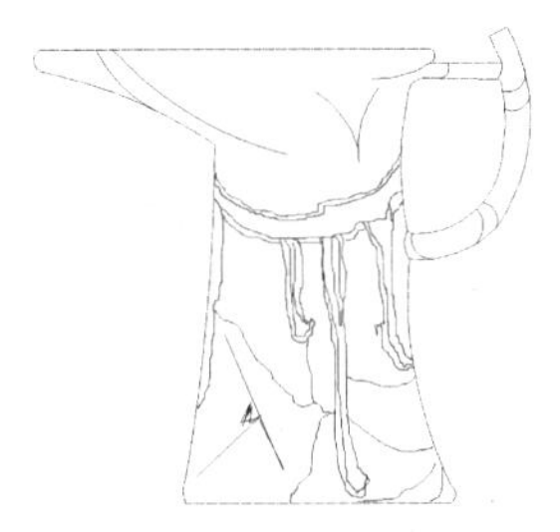

图 2-91　古典酒樽

Step 01　单击“默认”选项卡“绘图”面板中的“多段线”按钮，绘制外部轮廓。命令行中提示与操作如下：

```
命令：_pline↙
指定起点：0,0
当前线宽为 0.0000
指定下一个点或 [圆弧(A)/半宽(H)/长度(L)/放弃(U)/宽度(W)]：a↙
指定圆弧的端点(按住 Ctrl 键以切换方向)或[角度(A)/圆心(CE)/方向(D)/半宽(H)/直线(L)/半径(R)/第二个点(S)/放弃(U)/宽度(W)]：s↙
指定圆弧上的第二个点：-1,5↙
指定圆弧的端点：0,10↙
指定圆弧的端点(按住 Ctrl 键以切换方向)或[角度(A)/圆心(CE)/闭合(CL)/方向(D)/半宽(H)/直线(L)/半径(R)/第二个点(S)/放弃(U)/宽度(W)]：s↙
指定圆弧上的第二个点：9,80↙
指定圆弧的端点：12.5,143↙
指定圆弧的端点(按住 Ctrl 键以切换方向)或[角度(A)/圆心(CE)/闭合(CL)/方向(D)/半宽(H)/直线(L)/半径(R)/第二个点(S)/放弃(U)/宽度(W)]：s↙
指定圆弧上的第二个点：-21.7,161.9↙
指定圆弧的端点：-58.9,173↙
指定圆弧的端点(按住 Ctrl 键以切换方向)或[角度(A)/圆心(CE)/闭合(CL)/方向(D)/半宽(H)/直线(L)/半径(R)/第二个点(S)/放弃(U)/宽度(W)]：s↙
指定圆弧上的第二个点：-61,177.7↙
指定圆弧的端点：-58.3,182↙
指定圆弧的端点(按住 Ctrl 键以切换方向)或[角度(A)/圆心(CE)/闭合(CL)/方向(D)/半宽(H)/直线(L)/半径(R)/第二个点(S)/放弃(U)/宽度(W)]：l↙
指定下一点或 [圆弧(A)/闭合(C)/半宽(H)/长度(L)/放弃(U)/宽度(W)]：100.5,182↙
指定下一点或 [圆弧(A)/闭合(C)/半宽(H)/长度(L)/放弃(U)/宽度(W)]：a↙
指定圆弧的端点(按住 Ctrl 键以切换方向)或[角度(A)/圆心(CE)/闭合(CL)/方向(D)/半宽(H)/
```

直线(L)/半径(R)/第二个点(S)/放弃(U)/宽度(W)]: s↙
指定圆弧上的第二个点: 102.3,179↙
指定圆弧的端点: 100.5,176↙
指定圆弧的端点(按住 Ctrl 键以切换方向)或[角度(A)/圆心(CE)/闭合(CL)/方向(D)/半宽(H)/直线(L)/半径(R)/第二个点(S)/放弃(U)/宽度(W)]: l↙
指定下一点或 [圆弧(A)/闭合(C)/半宽(H)/长度(L)/放弃(U)/宽度(W)]: 129.7,176↙
指定下一点或 [圆弧(A)/闭合(C)/半宽(H)/长度(L)/放弃(U)/宽度(W)]: 125,186.7↙
指定下一点或 [圆弧(A)/闭合(C)/半宽(H)/长度(L)/放弃(U)/宽度(W)]: 132,190.4↙
指定下一点或 [圆弧(A)/闭合(C)/半宽(H)/长度(L)/放弃(U)/宽度(W)]: a↙
指定圆弧的端点(按住 Ctrl 键以切换方向)或[角度(A)/圆心(CE)/闭合(CL)/方向(D)/半宽(H)/直线(L)/半径(R)/第二个点(S)/放弃(U)/宽度(W)]: s↙
指定圆弧上的第二个点: 141.3,149.3↙
指定圆弧的端点: 127,109.8↙
指定圆弧的端点(按住 Ctrl 键以切换方向)或 [角度(A)/圆心(CE)/闭合(CL)/方向(D)/半宽(H)/直线(L)/半径(R)/第二个点(S)/放弃(U)/宽度(W)]: s↙
指定圆弧上的第二个点: 110.7,99.8↙
指定圆弧的端点: 91.6,97.5↙
指定圆弧的端点(按住 Ctrl 键以切换方向)或[角度(A)/圆心(CE)/闭合(CL)/方向(D)/半宽(H)/直线(L)/半径(R)/第二个点(S)/放弃(U)/宽度(W)]: s↙
指定圆弧上的第二个点: 93.8,51.2↙
指定圆弧的端点: 110,3.6↙
指定圆弧的端点(按住 Ctrl 键以切换方向)或[角度(A)/圆心(CE)/闭合(CL)/方向(D)/半宽(H)/直线(L)/半径(R)/第二个点(S)/放弃(U)/宽度(W)]: s↙
指定圆弧上的第二个点: 109.4,1.9↙
指定圆弧的端点: 108.3,0↙
指定圆弧的端点(按住 Ctrl 键以切换方向)或[角度(A)/圆心(CE)/闭合(CL)/方向(D)/半宽(H)/直线(L)/半径(R)/第二个点(S)/放弃(U)/宽度(W)]: l↙
指定下一点或 [圆弧(A)/闭合(C)/半宽(H)/长度(L)/放弃(U)/宽度(W)]: c↙
绘制结果如图 2-92 所示

Step 02 单击“默认”选项卡“绘图”面板中的“多段线”按钮，绘制把手，如图 2-93 所示。命令行中提示与操作如下：

命令: _pline↙
指定起点: 97.3,169.8↙
当前线宽为 0.0000
指定下一个点或 [圆弧(A)/半宽(H)/长度(L)/放弃(U)/宽度(W)]: 127.6,169.8↙
指定下一点或 [圆弧(A)/闭合(C)/半宽(H)/长度(L)/放弃(U)/宽度(W)]: a↙
指定圆弧的端点(按住 Ctrl 键以切换方向)或[角度(A)/圆心(CE)/闭合(CL)/方向(D)/半宽(H)/直线(L)/半径(R)/第二个点(S)/放弃(U)/宽度(W)]: s↙

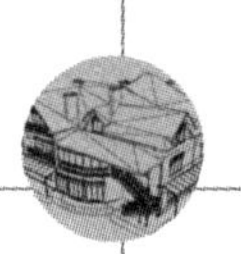

```
指定圆弧上的第二个点: 131,155.3↙
指定圆弧的端点: 130.1,142.2↙
指定圆弧的端点(按住 Ctrl 键以切换方向)或[角度(A)/圆心(CE)/闭合(CL)/方向(D)/半宽(H)/直线(L)/半径(R)/第二个点(S)/放弃(U)/宽度(W)]: s↙
指定圆弧上的第二个点: 119.5,117.9↙
指定圆弧的端点:94.9,107.8↙
指定圆弧的端点(按住 Ctrl 键以切换方向)或[角度(A)/圆心(CE)/闭合(CL)/方向(D)/半宽(H)/直线(L)/半径(R)/第二个点(S)/放弃(U)/宽度(W)]: s↙
指定圆弧上的第二个点:92.7,107.8↙
指定圆弧的端点:90.8,109.1↙
指定圆弧的端点(按住 Ctrl 键以切换方向)或[角度(A)/圆心(CE)/闭合(CL)/方向(D)/半宽(H)/直线(L)/半径(R)/第二个点(S)/放弃(U)/宽度(W)]: s↙
指定圆弧上的第二个点:88.3,136.3↙
指定圆弧的端点:91.4,163.3↙
指定圆弧的端点(按住 Ctrl 键以切换方向)或[角度(A)/圆心(CE)/闭合(CL)/方向(D)/半宽(H)/直线(L)/半径(R)/第二个点(S)/放弃(U)/宽度(W)]: s↙
指定圆弧上的第二个点:93,167.8↙
指定圆弧的端点:97.3,169.8↙
指定圆弧的端点(按住 Ctrl 键以切换方向)或[角度(A)/圆心(CE)/闭合(CL)/方向(D)/半宽(H)/直线(L)/半径(R)/第二个点(S)/放弃(U)/宽度(W)]: ↙
```

Step 03 用户可以根据自己的喜好，在酒杯上添加自己喜欢的图案，如图 2-94 所示。

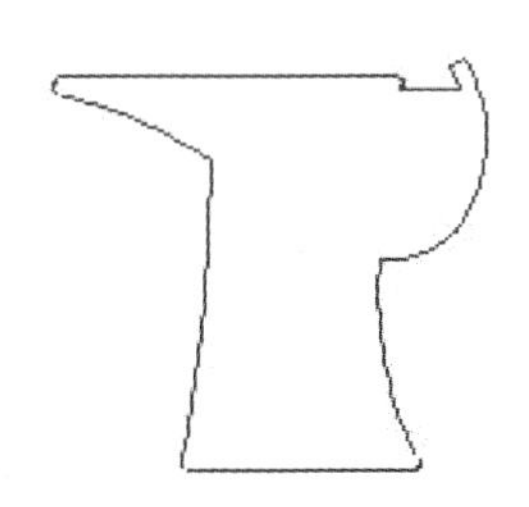

图 2-92　绘制外部轮廓

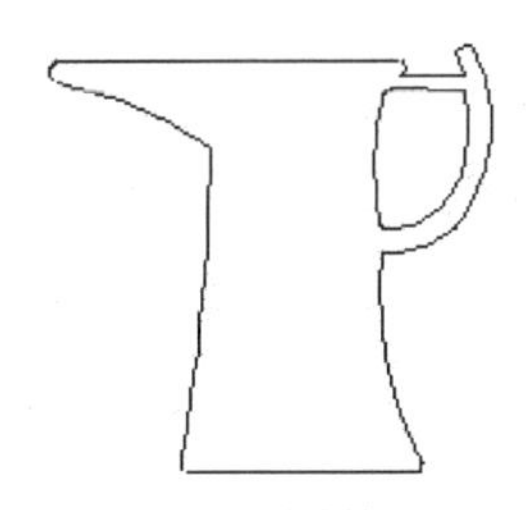

图 2-93　绘制把手

图 2-94　酒杯

2.10.3　拓展实例——鼠标

读者可以利用上面所学的多段线命令相关知识完成鼠标的绘制，如图 2-95 所示。

Step 01 单击“默认”选项卡“绘图”面板中的“多段线”按钮，绘制鼠标轮廓线，如图 2-96 所示。

Step 02 单击“默认”选项卡“绘图”面板中的“直线”按钮，绘制图形内部线段，完成鼠标的绘制。

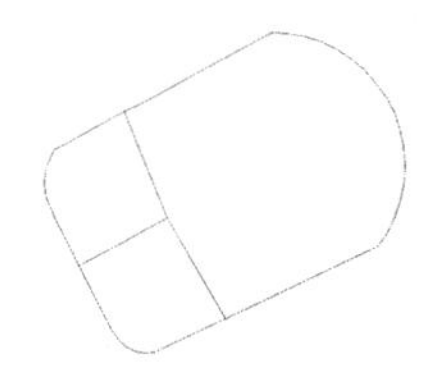

图 2-95　鼠标

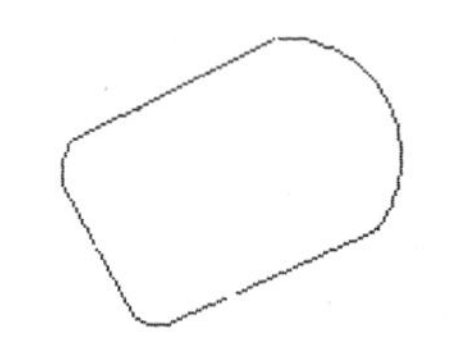

图 2-96　绘制鼠标轮廓

2.11　样条曲线功能的应用——软管淋浴器

样条曲线可用于创建形状不规则的曲线。本节将通过一个简单的室内设计单元——软管淋浴器的绘制过程来重点学习样条曲线相关命令，具体的绘制流程图如图 2-97 所示。

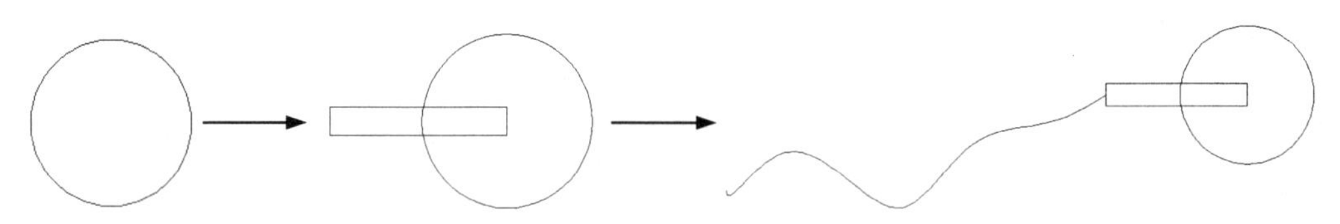

图 2-97　软管淋浴器绘制流程

2.11.1　相关知识点

【执行方式】

- 命令行：SPLINE
- 菜单：绘图→样条曲线
- 工具栏：绘图→样条曲线
- 功能区：默认→绘图→样条曲线拟合或（样条曲线控制点）

【操作步骤】

```
命令：SPLINE↙
当前设置：方式=拟合　　节点=弦
指定第一个点或 [方式(M)/节点(K)/对象(O)]：(指定样条曲线的起点)
输入下一个点或：[起点切向(T)/公差(L)]：(输入下一个点)
输入下一个点或 [端点相切(T)/公差(L)/放弃(U)]：(输入下一个点)
输入下一个点或 [端点相切(T)/公差(L)/放弃(U)/闭合(C)]：
```

【选项说明】

（1）方式(M)：控制是使用拟合点还是使用控制点来创建样条曲线。选项会因用户选择的是使用拟合点创建样条曲线的选项还是使用控制点创建样条曲线的选项而异。

①拟合(F)：通过指定拟合点来绘制样条曲线。更改“方式”将更新 SPLMETHOD 系统变量。

②控制点(CV)：通过指定控制点来绘制样条曲线。如果要创建与三维 NURBS 曲面配合

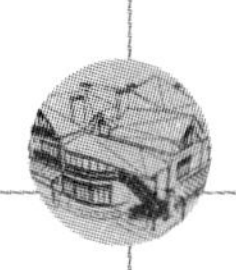

使用的几何图形，该方法为首选。更改“方式”将更新 SPLMETHOD 系统变量。

（2）节点(K)：指定节点参数化，它会影响曲线在通过拟合点时的形状（SPLKNOTS 系统变量）。

①弦：使用代表编辑点在曲线上位置的十进制数点进行编号。

②平方根：根据连续节点间弦长的平方根对编辑点进行编号。

③统一：使用连续的整数对编辑点进行编号。

（3）对象(O)：将二维或三维的二次或三次样条曲线拟合多段线转换为等价的样条曲线，然后（根据 DELOBJ 系统变量的设置）删除该多段线。

（4）起点切向(T)：定义样条曲线的第一点和最后一点的切向。

如果在样条曲线的两端都指定切向，可以输入一个点或使用“切点”和“垂足”对象捕捉模式使样条曲线与已有的对象相切或垂直。如果按 Enter 键，AutoCAD 将计算默认切向。

（5）公差(L)：指定距样条曲线必须经过的指定拟合点的距离，公差应用于除起点和端点外的所有拟合点。

（6）端点相切(T)：停止基于切向创建曲线，可通过指定拟合点继续创建样条曲线，选择“端点相切”后，将提示用户指定最后一个输入拟合点的最后一个切点。

（7）放弃(U)：删除最后一个指定点。

（8）闭合(C)：通过将最后一个点定义为与第一个点重合并使其在连接处相切，闭合样条曲线。指定一点来定义切向矢量，或者使用“切点”和“垂足”对象捕捉模式使样条曲线与现有对象相切或垂直。

2.11.2　操作步骤

绘制如图 2-98 所示的软管淋浴器符号。

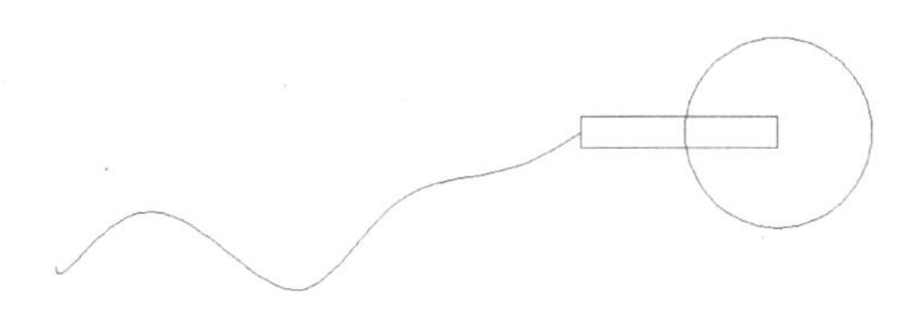

图 2-98　绘制软管淋浴器符号

Step 01 单击“默认”选项卡“绘图”面板中的“圆”按钮，在图形适当位置任选一点为圆心，绘制一个半径为 140 的圆，如图 2-99 所示。

Step 02 单击“默认”选项卡“绘图”面板中的“矩形”按钮，在上一步绘制的圆图形上任选一点为矩形起点，绘制一个 295×45 的矩形，如图 2-100 所示。

图 2-99　绘制圆　　　　图 2-100　绘制矩形

Step 03 单击“默认”选项卡“绘图”面板中的“样条曲线拟合”按钮，以上一步绘制的矩形左边竖直线中点为样条曲线起点，绘制连续的样条曲线。命令行中提示与操作如下：

```
命令：_spline↙
当前设置：方式=拟合    节点=弦
指定第一个点或 [方式(M)/节点(K)/对象(O)]：↙（适当指定一点）
输入下一个点或 [起点切向(T)/公差(L)]：↙（适当指定一点）
输入下一个点或 [端点相切(T)/公差(L)/放弃(U)/闭合(C)]：↙（适当指定一点）
输入下一个点或 [端点相切(T)/公差(L)/放弃(U)/闭合(C)]：↙（适当指定一点）
输入下一个点或 [端点相切(T)/公差(L)/放弃(U)/闭合(C)]：↙（适当指定一点）
输入下一个点或 [端点相切(T)/公差(L)/放弃(U)/闭合(C)]：↙
最终结果如图 2-98 所示
```

2.11.3 拓展实例——雨伞

读者可以利用上面所学的样条曲线命令相关知识完成雨伞的绘制，如图 2-101 所示。

图 2-101　雨伞

Step 01 单击“默认”选项卡“绘图”面板中的“圆弧”按钮，绘制伞外框；单击“默认”选项卡“绘图”面板中的“样条曲线拟合”按钮，绘制伞的底边，如图 2-102 所示。

Step 02 单击“默认”选项卡“绘图”面板中的“圆弧”按钮，绘制伞面辐条，如图 2-103 所示。

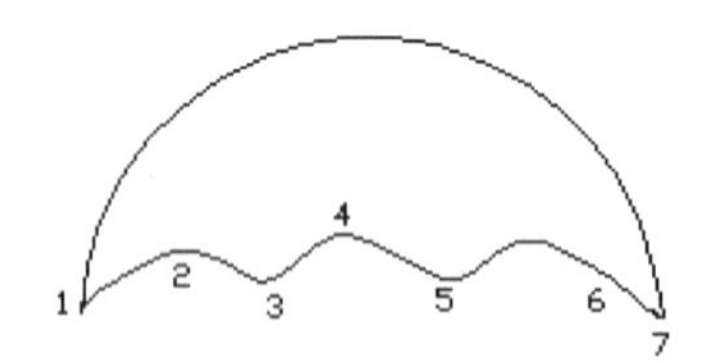

图 2-102　绘制伞的底边

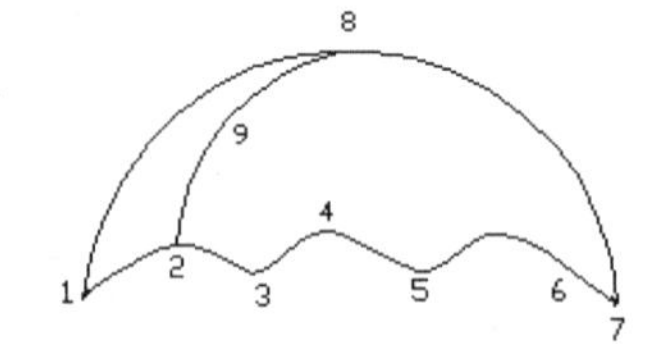

图 2-103　绘制伞面辐条

Step 03 单击“默认”选项卡“绘图”面板中的“多段线”按钮，绘制伞顶和伞把，完成雨伞的绘制。

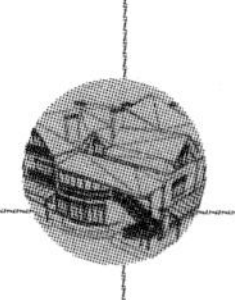

2.12　多线功能的应用——墙体

多线是一种复合线，由连续的直线段复合组成。这种线的优点就是能够提高绘图效率，保证图线之间的统一性。本节将通过一个简单的室内设计单元——墙体的绘制过程来重点学习多线相关命令，具体的绘制流程图如图 2-104 所示。

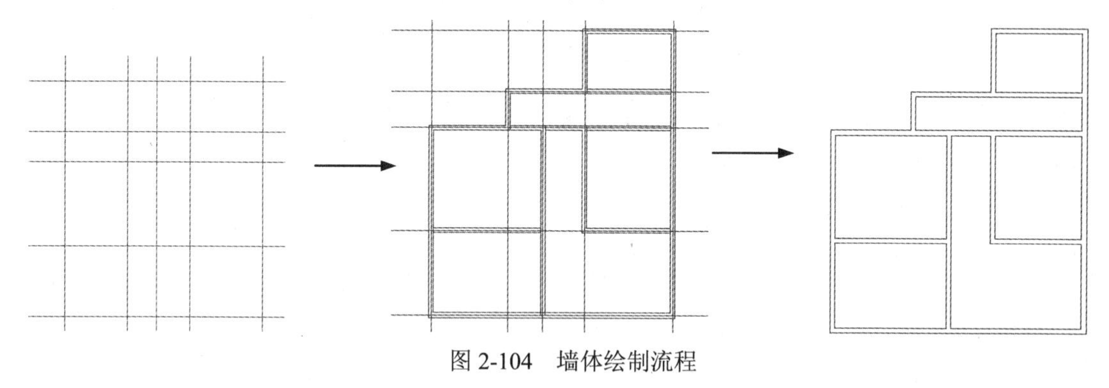

图 2-104　墙体绘制流程

2.12.1　相关知识点

1. 绘制多线

【执行方式】

- 命令行：MLINE
- 菜单：绘图→多线

【操作步骤】

命令：MLINE↙

当前设置：对正 = 上，比例 = 20.00，样式 = STANDARD

指定起点或 [对正(J)/比例(S)/样式(ST)]：(指定起点)

指定下一点：（给定下一点）

指定下一点或 [放弃(U)]：（继续给定下一点绘制线段。输入“U”，则放弃前一段的绘制；单击鼠标右键或按回车键 Enter，结束命令）

指定下一点或 [闭合(C)/放弃(U)]：（继续给定下一点绘制线段。输入“C”，则闭合线段，结束命令）

【选项说明】

（1）对正（J）：该项用于给定绘制多线的基准。共有 3 种对正类型：“上”“无”和“下”。其中，“上（T）”表示以多线上侧的线为基准，依次类推。

（2）比例（S）：选择该项，要求用户设置平行线的间距。值为零时，平行线重合；值为负时，多线的排列倒置。

（3）样式（ST）：该项用于设置当前使用的多线样式。

2. 定义多线样式

【执行方式】

命令行：MLSTYLE。

执行上述命令后，系统打开如图2-105所示的“多线样式”对话框。在该对话框中，用户可以对多线样式进行定义、保存、加载等操作。下面通过定义一个新的多线样式来介绍该对话框的使用方法。欲定义的多线样式由3条平行线组成，中心轴线和两条平行的实线相对于中心轴线上、下各偏移0.5，其操作步骤如下：

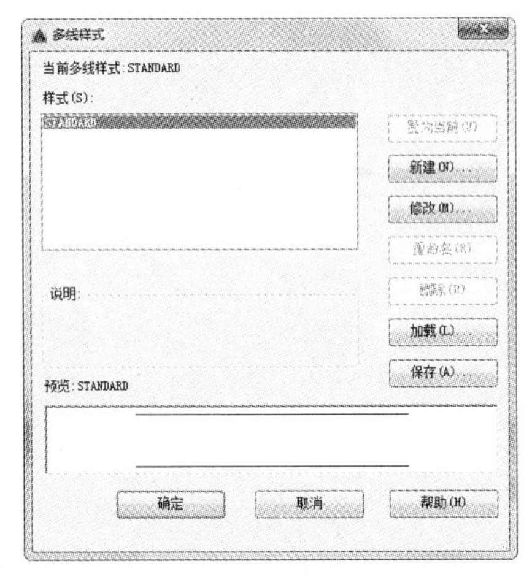

图2-105 “多线样式”对话框

Step 01 在“多线样式”对话框中单击“新建”按钮，系统打开“创建新的多线样式”对话框，如图2-106所示。

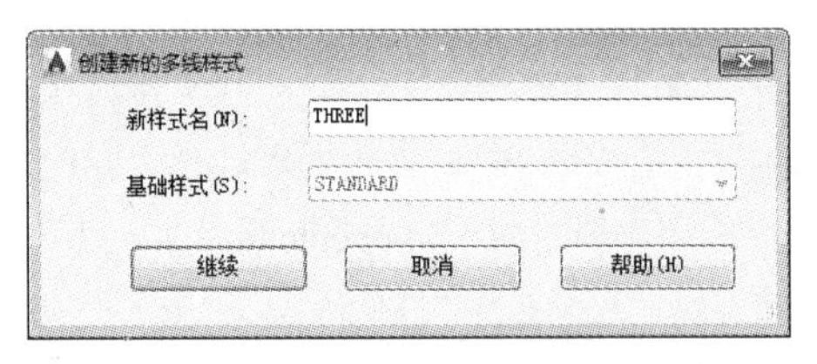

图2-106 “创建新的多线样式”对话框

Step 02 在“创建新的多线样式”对话框的“新样式名”文本框中输入THREE，单击“继续”按钮。

Step 03 系统打开“新建多线样式”对话框，如图2-107所示。

Step 04 在“封口”选项组中可以设置多线起点和端点的特性，包括直线、外弧、内弧及角度。

Step 05 在“填充颜色”下拉列表框中可以选择多线填充的颜色。

Step 06 在“图元”选项组中可以设置组成多线元素的特性。单击“添加”按钮，可以为多线添加元素；反之，单击“删除”按钮，为多线删除元素。在“偏移”文本框中可以设置选中元素的位置偏移值。在“颜色”下拉列表框中可以为选中的元素选择颜色。单击“线型”按钮，系统打开“选择线型”对话框，可以为选中的元素设置线型。

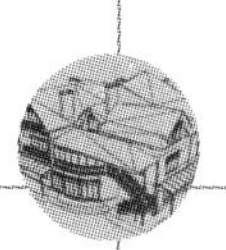

Step 07 设置完毕后，单击“确定”按钮，返回到如图 2-105 所示的“多线样式”对话框。在“样式”列表中会显示刚设置的多线样式名，选择该样式，单击“置为当前”按钮，则将刚设置的多线样式设置为当前样式，下面的预览框中会显示所选的多线样式。

Step 08 单击“确定”按钮，完成多线样式的设置。

Step 09 如图 2-108 所示为按设置后的多线样式绘制的多线。

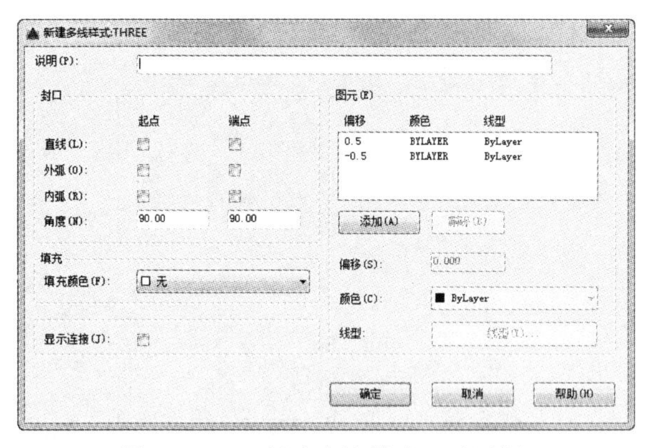

图 2-107　“新建多线样式”对话框

图 2-108　绘制的多线

3. 编辑多线

【执行方式】

- 命令行：MLEDIT
- 菜单：修改→对象 →多线

【操作步骤】

执行上述命令后，打开“多线编辑工具”对话框，如图 2-109 所示。

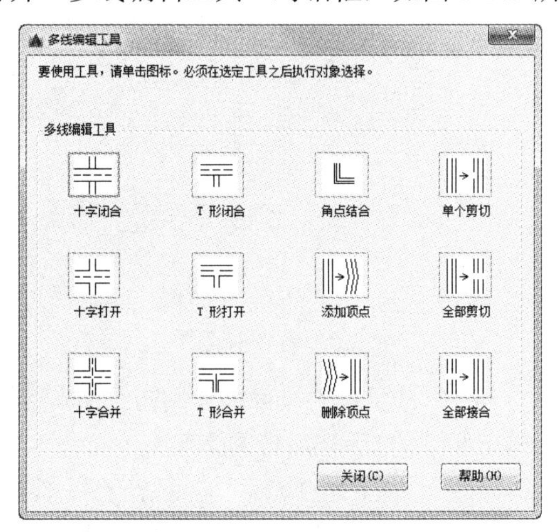

图 2-109　“多线编辑工具”对话框

利用该对话框，可以创建或修改多线的模式。对话框中分 4 列显示了示例图形。其中，第一列管理十字交叉形式的多线，第二列管理 T 形多线，第三列管理拐角接合点和节点，第四列管理多线被剪切或连接的形式。

选择某个示例图形，然后单击“确定”按钮，就可以调用该项编辑功能。

下面以“十字打开”为例介绍多线编辑方法：把选择的两条多线进行打开交叉。选择该选项后，出现如下提示：

> 选择第一条多线：（选择第一条多线）
> 选择第二条多线：（选择第二条多线）
> 选择完毕后，第二条多线被第一条多线横断交叉。系统继续提示：
> 选择第一条多线：

可以继续选择多线进行操作。选择“放弃（U）”功能会撤消前次操作。操作过程和执行结果如图 2-110 所示。

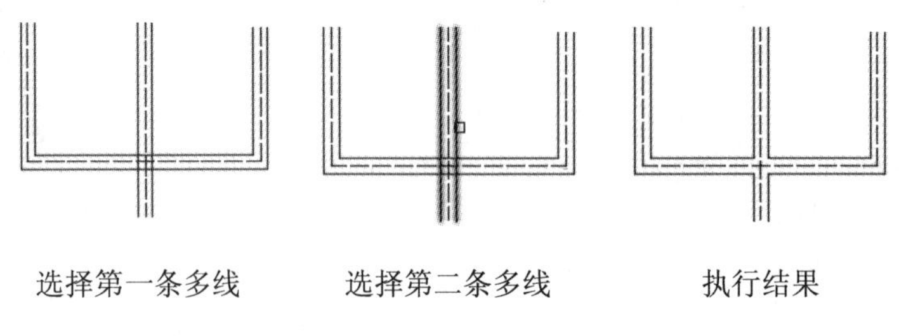

选择第一条多线　　选择第二条多线　　执行结果

图 2-110　多线编辑过程

2.12.2　操作步骤

绘制如图 2-111 所示的墙体图形。

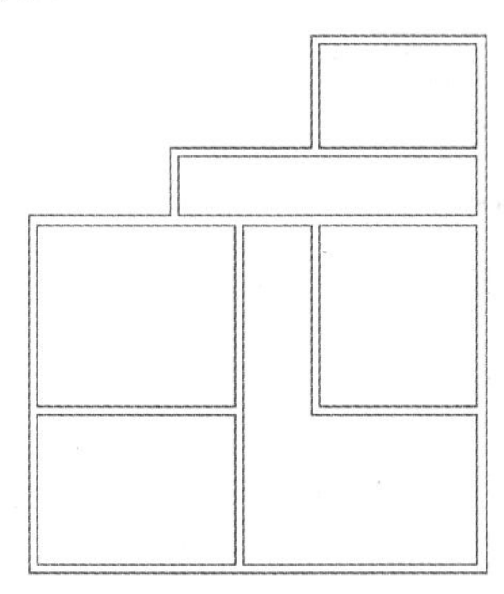

图 2-111　绘制墙体

Step 01 单击“默认”选项卡“绘图”面板中的“直线”按钮，绘制出一条水平直线和一条竖直直线，组成“十”字交叉线，如图 2-112 所示。

Step 02 单击“默认”选项卡“修改”面板中的“偏移”按钮（此命令会在以后详细讲述），将绘制的水平构造线依次向上偏移 4800、5100、1800 和 3000，如图 2-113 所示。

Step 03 继续单击“默认”选项卡“修改”面板中的“偏移”按钮，选择竖直直线，依次向右偏移，偏移距离依次是 3900、1800、2100 和 4500，结果如图 2-114 所示。命令行中的提示与操作如下：

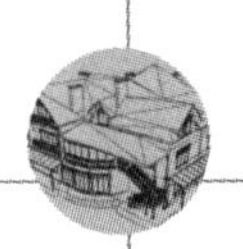

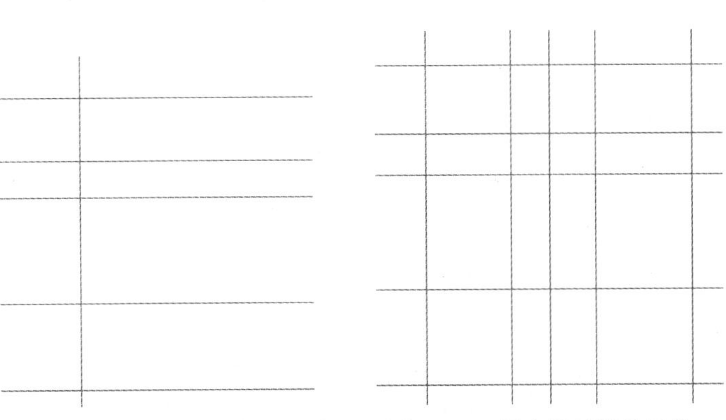

图 2-112　“十”字构造线　　图 2-113　水平方向的主要辅助线　　图 2-114　居室的辅助线网格

```
命令: _offset
当前设置: 删除源=否　图层=源　OFFSETGAPTYPE=0
指定偏移距离或 [通过(T)/删除(E)/图层(L)] <通过>: 4800（输入偏移距离）
选择要偏移的对象，或 [退出(E)/放弃(U)] <退出>:（选择水平直构造线）
指定要偏移的那一侧上的点，或 [退出(E)/多个(M)/放弃(U)] <退出>:（指定偏移方向）
选择要偏移的对象，或 [退出(E)/放弃(U)] <退出>:
命令: OFFSET
当前设置: 删除源=否　图层=源　OFFSETGAPTYPE=0
指定偏移距离或 [通过(T)/删除(E)/图层(L)] <48.0000>: 5100（输入偏移距离）
选择要偏移的对象，或 [退出(E)/放弃(U)] <退出>:（选择上步偏移的水平构造线）
指定要偏移的那一侧上的点，或 [退出(E)/多个(M)/放弃(U)] <退出>:（指定偏移方向）
选择要偏移的对象，或 [退出(E)/放弃(U)] <退出>:
命令: OFFSET
当前设置: 删除源=否　图层=源　OFFSETGAPTYPE=0
指定偏移距离或 [通过(T)/删除(E)/图层(L)] <51.0000>: 1800（输入偏移距离）
选择要偏移的对象，或 [退出(E)/放弃(U)] <退出>:（选择上步偏移的水平构造线）
指定要偏移的那一侧上的点，或 [退出(E)/多个(M)/放弃(U)] <退出>:（指定偏移方向）
选择要偏移的对象，或 [退出(E)/放弃(U)] <退出>:
命令: OFFSET
当前设置: 删除源=否　图层=源　OFFSETGAPTYPE=0
指定偏移距离或 [通过(T)/删除(E)/图层(L)] <18.0000>: 3000（输入偏移距离）
选择要偏移的对象，或 [退出(E)/放弃(U)] <退出>:（选择上步偏移的水平构造线）
指定要偏移的那一侧上的点，或 [退出(E)/多个(M)/放弃(U)] <退出>:（指定偏移方向）
选择要偏移的对象，或 [退出(E)/放弃(U)] <退出>:
命令: OFFSET
当前设置: 删除源=否　图层=源　OFFSETGAPTYPE=0
指定偏移距离或 [通过(T)/删除(E)/图层(L)] <30.0000>: 3900（输入偏移距离）
选择要偏移的对象，或 [退出(E)/放弃(U)] <退出>:（选择竖直构造线）
指定要偏移的那一侧上的点，或 [退出(E)/多个(M)/放弃(U)] <退出>:（指定偏移方向）
```

```
选择要偏移的对象，或 [退出(E)/放弃(U)] <退出>:
命令: OFFSET
当前设置: 删除源=否  图层=源  OFFSETGAPTYPE=0
指定偏移距离或 [通过(T)/删除(E)/图层(L)] <39.0000>:  1800（输入偏移距离）
选择要偏移的对象，或 [退出(E)/放弃(U)] <退出>:（选择上步偏移的竖直构造线）
指定要偏移的那一侧上的点，或 [退出(E)/多个(M)/放弃(U)] <退出>:（指定偏移方向）
选择要偏移的对象，或 [退出(E)/放弃(U)] <退出>:
命令: OFFSET
当前设置: 删除源=否  图层=源  OFFSETGAPTYPE=0
指定偏移距离或 [通过(T)/删除(E)/图层(L)] <18.0000>:  2100（输入偏移距离）
选择要偏移的对象，或 [退出(E)/放弃(U)] <退出>:（选择上步偏移的竖直构造线）
指定要偏移的那一侧上的点，或 [退出(E)/多个(M)/放弃(U)] <退出>:（指定偏移方向）
选择要偏移的对象，或 [退出(E)/放弃(U)] <退出>:
命令: OFFSET
当前设置: 删除源=否  图层=源  OFFSETGAPTYPE=0
指定偏移距离或 [通过(T)/删除(E)/图层(L)] <21.0000>:  4500（输入偏移距离）
选择要偏移的对象，或 [退出(E)/放弃(U)] <退出>:（选择上步偏移的竖直构造线）
指定要偏移的那一侧上的点，或 [退出(E)/多个(M)/放弃(U)] <退出>:（指定偏移方向）
```

Step 04 选择菜单栏中的“格式”→“多线样式”命令，系统打开“多线样式”对话框，在该对话框中单击“新建”按钮，系统打开“创建新的多线样式”对话框，在该对话框的“新样式名”文本框中输入“墙体线”，单击“继续”按钮。系统打开“新建多线样式”对话框，进行如图 2-115 所示的设置。

Step 05 选择菜单栏中的“绘图”→“多线”命令，绘制多线墙体。命令行中提示与操作如下：

```
命令: MLINE↙
当前设置: 对正 = 上，比例 = 20.00，样式 = STANDARD
指定起点或 [对正(J)/比例(S)/样式(ST)]:  S↙
输入多线比例 <20.00>:  1↙
当前设置: 对正 = 上，比例 = 1.00，样式 = STANDARD
指定起点或 [对正(J)/比例(S)/样式(ST)]:  J↙
输入对正类型 [上(T)/无(Z)/下(B)] <上>:  Z↙
当前设置: 对正 = 无，比例 = 1.00，样式 = STANDARD
指定起点或 [对正(J)/比例(S)/样式(ST)]:（在绘制的辅助线交点上指定一点）
指定下一点:（在绘制的辅助线交点上指定下一点）
指定下一点或 [放弃(U)]:（在绘制的辅助线交点上指定下一点）
指定下一点或 [闭合(C)/放弃(U)]:（在绘制的辅助线交点上指定下一点）
指定下一点或 [闭合(C)/放弃(U)]:C↙
```

Step 06 重复“多线”命令，根据辅助线网格绘制多线，绘制结果如图 2-116 所示。

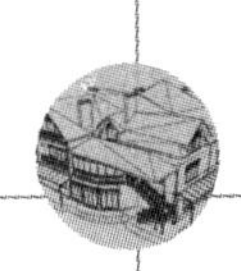

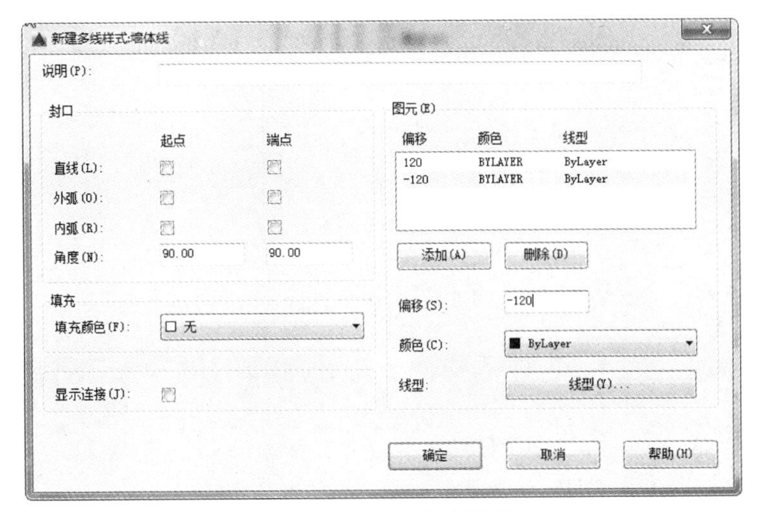

图 2-115　设置多线样式

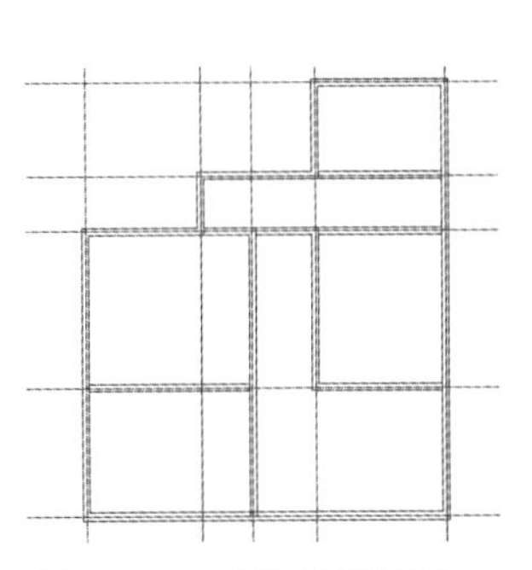

图 2-116　多线绘制结果

Step 07 选择菜单栏中的“修改”→“对象”→“多线”命令，系统打开“多线编辑工具”对话框，如图 2-117 所示。选择其中的“T 形合并”选项，确认后，命令行中提示与操作如下：

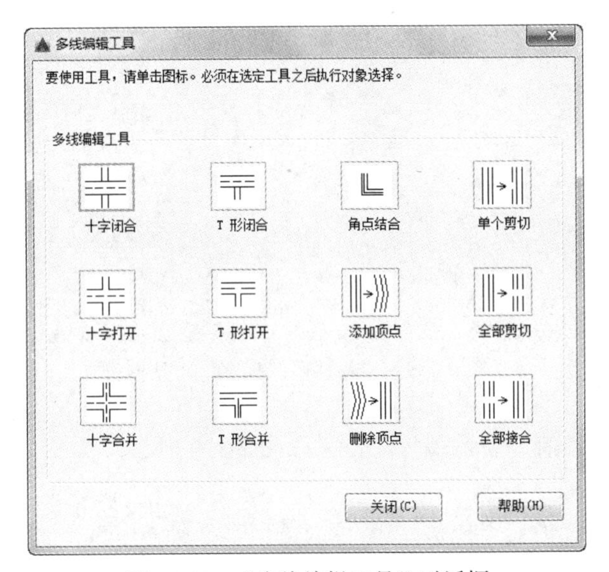

图 2-117　“多线编辑工具”对话框

```
命令：MLEDIT↙
选择第一条多线：(选择多线)
选择第二条多线：(选择多线)
选择第一条多线或 [放弃(U)]：(选择多线)
选择第一条多线或 [放弃(U)]：↙
```

Step 08 重复“多线编辑”命令，继续进行多线编辑，编辑的最终结果如图 2-111 所示。

2.12.3 拓展实例——户型图

读者可以利用上面所学的多线命令相关知识完成户型图的绘制，如图 2-118 所示。

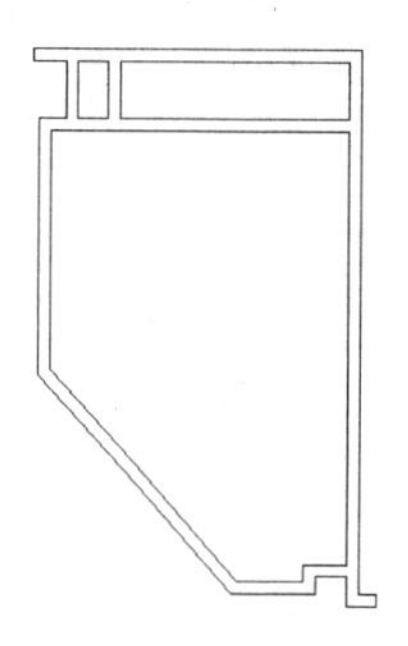

图 2-118 户型图

Step 01 利用多线样式设置墙体样式，如图 2-119 所示。

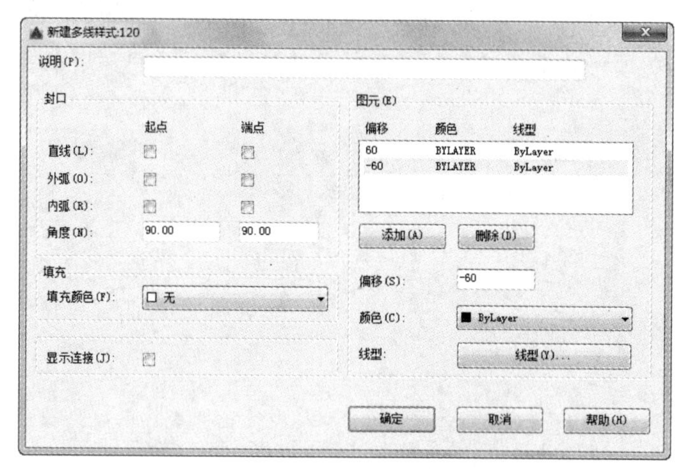

图 2-119 “新建多线样式”对话框

Step 02 利用多线命令绘制户型图墙体，结果如图 2-118 所示。

第3章

编辑命令

知识导引

二维图形编辑操作配合绘图命令的使用可以进一步完成复杂图形对象的绘制工作，并可使用户合理安排和组织图形，保证作图准确，减少重复，因此，对编辑命令的熟练掌握和使用有助于提高设计和绘图的效率。本章主要介绍以下内容：复制类命令，改变位置类命令，删除、恢复类命令，改变几何特性类编辑命令和对象编辑命令等。

内容要点

- 删除及恢复类命令、复制命令
- 改变位置类命令
- 改变几何特性类命令
- 对象编辑

3.1　复制功能的应用——办公桌一

复制命令是最简单的二维编辑命令。本节将通过一个简单的室内设计单元——办公桌的绘制过程来重点学习复制命令，具体的绘制流程图如图3-1所示。

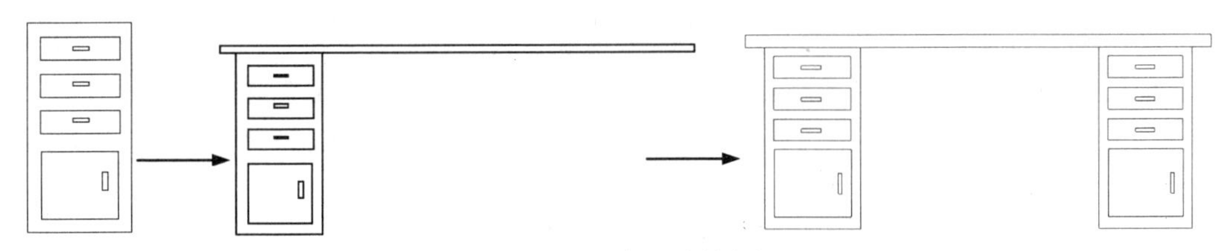

图3-1　办公桌一绘制流程

3.1.1 相关知识点

【执行方式】

- 命令行：COPY
- 菜单：修改→复制
- 工具栏：修改→复制
- 功能区：默认→修改→复制

【操作步骤】

```
命令：COPY↙
选择对象：（选择要复制的对象）
```

利用前面介绍的对象选择方法选择一个或多个对象，按 Enter 键结束选择操作。系统继续提示：

```
当前设置： 复制模式 = 多个
指定基点或 [位移（D）/模式（O）] <位移>：（指定基点或位移）
指定第二个点或 [阵列（A）] <使用第一个点作为位移>：
指定第二个点或 [阵列（A）/退出（E）/放弃（U）] <退出>：
```

【选项说明】

（1）指定基点：指定一个坐标点后，AutoCAD 2016 把该点作为复制对象的基点，并提示：

```
指定第二个点或 [阵列(A)] <使用第一个点作为位移>：
```

指定第二个点后，系统将根据这两点确定的位移矢量把选择的对象复制到第二点处。如果此时直接按 Enter 键，即选择默认的“使用第一个点作为位移”，则第一个点被当作相对于 X、Y、Z 的位移。例如，如果指定基点为（2，3）并在下一个提示下按 Enter 键，则该对象从它当前的位置开始在 X 方向上移动 2 个单位，在 Y 方向上移动 3 个单位。复制完成后，系统会继续提示：

```
指定第二个点或 [阵列(A)/退出(E)/放弃(U)] <退出>：
```

这时，可以不断指定新的第二点，从而实现多重复制。

（2）位移：直接输入位移值，表示以选择对象时的拾取点为基准，以拾取点坐标为移动方向纵横比移动指定位移后确定的点为基点。例如，选择对象时拾取点坐标为（2，3），输入位移为 5，则表示以（2，3）点为基准，沿纵横比为 3:2 的方向移动 5 个单位所确定的点为基点。

（3）模式：控制是否自动重复该命令。该设置由 COPYMODE 系统变量控制。

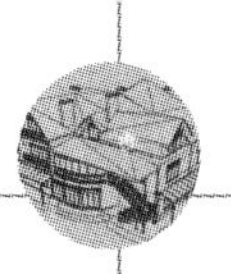

3.1.2　操作步骤

绘制如图 3-2 所示的办公桌一。

图 3-2　办公桌一

Step 01　单击“默认”选项卡“绘图”面板中的“矩形”按钮，在合适的位置绘制矩形，如图 3-3 所示。

Step 02　单击“默认”选项卡“绘图”面板中的“矩形”按钮，在合适的位置绘制一系列的矩形，结果如图 3-4 所示。

Step 03　单击“默认”选项卡“绘图”面板中的“矩形”按钮，在合适的位置绘制一系列的矩形，结果如图 3-5 所示。

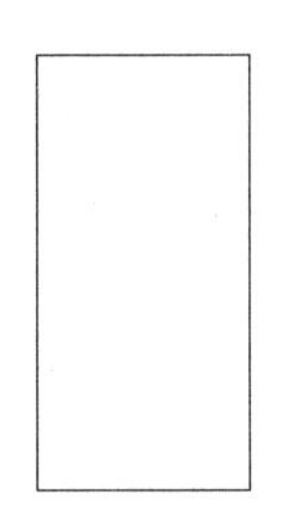

图 3-3　绘制矩形 1

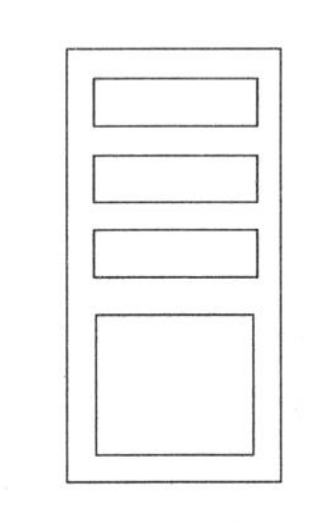

图 3-4　绘制矩形 2

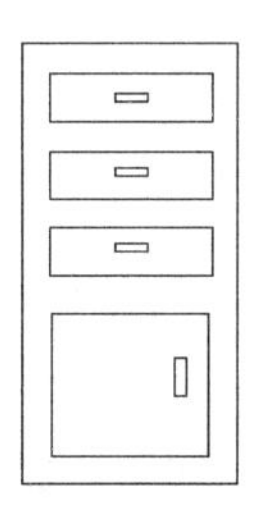

图 3-5　绘制矩形 3

Step 04　单击“默认”选项卡“绘图”面板中的“矩形”按钮，在合适的位置绘制矩形，结果如图 3-6 所示。

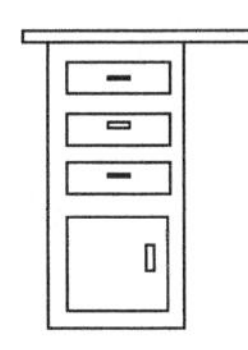

图 3-6　绘制矩形 4

Step 05　单击“默认”选项卡“修改”面板中的“复制”按钮，将办公桌左边的一系列矩形复制到右边，完成办公桌的绘制。命令行中提示与操作如下：

```
命令：copy↙
选择对象：(选取左边的一系列矩形)
选择对象：↙
当前设置： 复制模式 = 多个
指定基点或 [位移(D)/模式(O)] <位移>：(在左边的一系列矩形上，任意指定一点)
指定第二个点或 [阵列(A)] <使用第一个点作为位移>：(弹出状态栏上的“正交”开关功能，指定适
```

当位置的一点）

指定第二个点或 [阵列(A)/退出(E)/放弃(U)] <退出>:↙

结果如图 3-2 所示

3.1.3 拓展实例——洗手台

读者可以利用上面所学的复制命令相关知识完成洗手台的绘制，如图 3-7 所示。

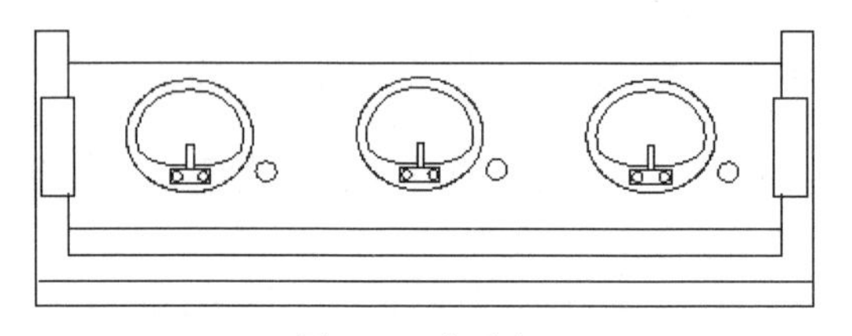

图 3-7 洗手台

Step 01 单击“默认”选项卡“绘图”面板中的“直线”按钮和“矩形”按钮，完成洗手台外轮廓的绘制，如图 3-8 所示。

图 3-8 绘制洗手台外轮廓

Step 02 单击“默认”选项卡“绘图”面板中的“圆”按钮和“圆弧”按钮，绘制洗手盆，如图 3-9 所示。

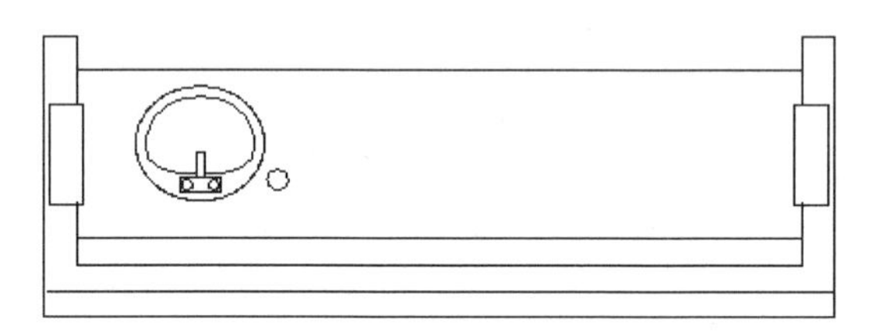

图 3-9 绘制洗手盆

Step 03 单击“默认”选项卡“修改”面板中的“复制”按钮，复制洗手台上的洗手盆，完成洗手台的绘制。

3.2 偏移功能的应用——单开门

偏移对象是指保持选择对象的形状，在不同的位置以不同的尺寸大小新建一个对象。本节将通过一个简单的室内设计单元——单开门的绘制过程来重点学习偏移命令，具体的绘制流程图如图 3-10 所示。

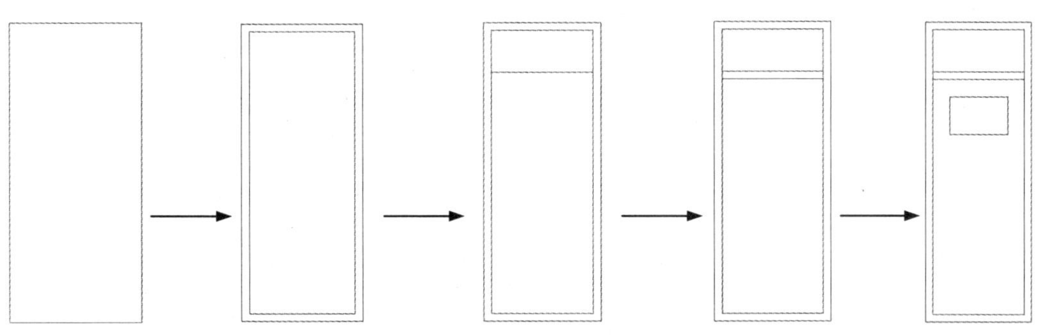

图 3-10　单开门绘制流程

3.2.1　相关知识点

【执行方式】

- 命令行：OFFSET
- 菜单：修改→偏移
- 工具栏：修改→偏移
- 功能区：默认→修改→偏移

【操作步骤】

```
命令： OFFSET↙
当前设置：删除源=否　图层=源　OFFSETGAPTYPE=0
指定偏移距离或 [通过(T)/删除(E)/图层(L)] <通过>:（指定距离值）
选择要偏移的对象，或 [退出(E)/放弃(U)] <退出>:（选择要偏移的对象。回车会结束操作）
指定要偏移的那一侧上的点，或 [退出(E)/多个(M)/放弃(U)] <退出>:（指定偏移方向）
选择要偏移的对象，或 [退出(E)/放弃(U)] <退出>:
```

【选项说明】

（1）指定偏移距离：输入一个距离值，或按 Enter 键使用当前的距离值，系统把该距离值作为偏移距离，如图 3-11（a）所示。

（2）通过(T)：指定偏移的通过点。选择该选项后出现如下提示：

```
选择要偏移的对象或 <退出>:（选择要偏移的对象。回车会结束操作）
指定通过点:（指定偏移对象的一个通过点）
```

操作完毕后，系统根据指定的通过点绘出偏移对象，如图 3-11（b）所示。

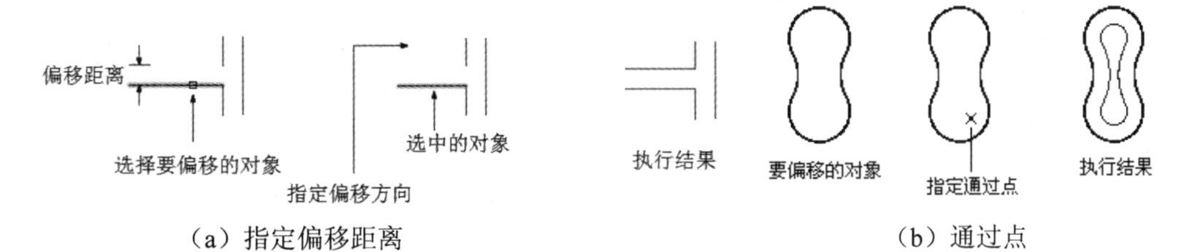

（a）指定偏移距离　　（b）通过点

图 3-11　偏移选项说明（一）

（3）删除(E)：偏移源对象后将其删除，如图 3-12（a）所示。选择该项，系统提示：

```
要在偏移后删除源对象吗？ [是(Y)/否(N)] <当前>：（输入 y 或 n ）
```

（4）图层(L)：确定将偏移对象创建在当前图层上还是源对象所在的图层上，这样就可以在不同图层上偏移对象。选择该项，系统提示：

```
输入偏移对象的图层选项 [当前(C)/源(S)] <当前>：（输入选项）
```

如果偏移对象的图层选择为当前层，偏移对象的图层特性与当前图层相同，如图 3-12（b）所示。

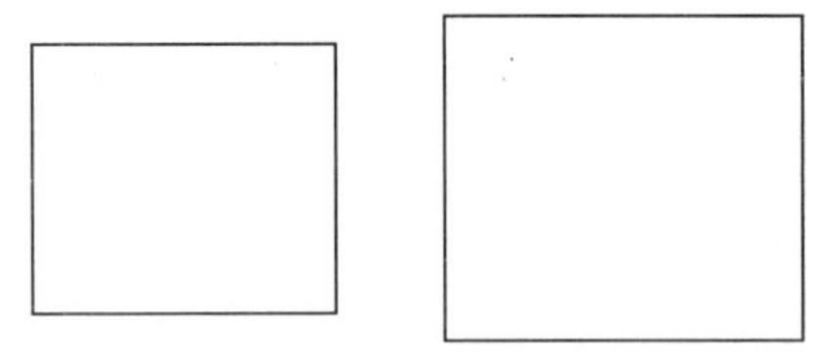

（a）删除源对象

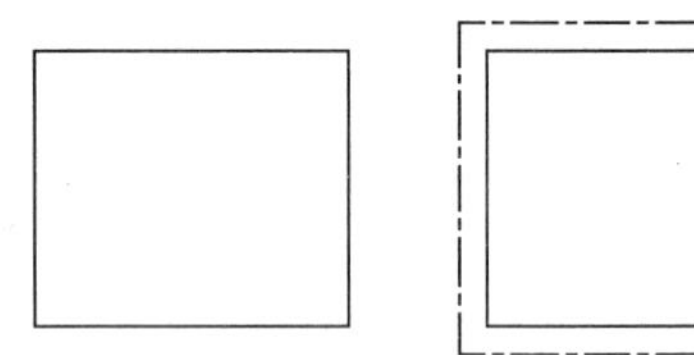

（b）偏移对象的图层为当前层

图 3-12　偏移选项说明（二）

（5）多个(M)：使用当前偏移距离重复进行偏移操作，并接受附加的通过点，如图 3-13 所示。

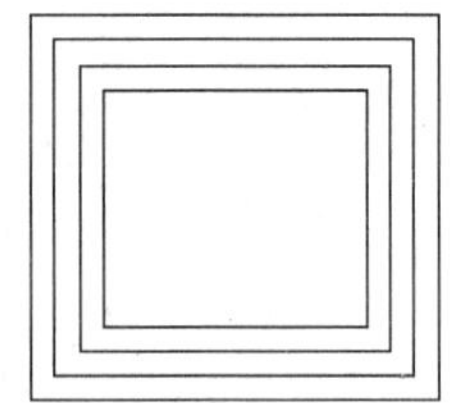

图 3-13　偏移选项说明（三）

提　示

AutoCAD 2016 中，可以使用“偏移”命令对指定的直线、圆弧、圆等对象进行定距离偏移复制。在实际应用中，常利用“偏移”命令的特性创建平行线或等距离分布图形，效果同“阵列”。默认情况下，需要指定偏移距离，再选择要偏移复制的对象，然后指定偏移方向，以复制出对象。

3.2.2　操作步骤

绘制如图 3-14 所示的单开门。

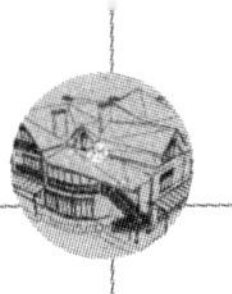

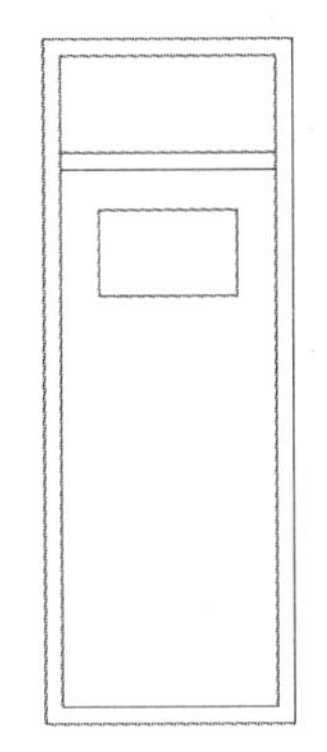

图 3-14　绘制单开门

Step 01 单击“默认”选项卡“绘图”面板中的“矩形”按钮，绘制角点坐标分别为（0,0）和（@900,2400）的矩形，结果如图 3-15 所示。

Step 02 单击“默认”选项卡“修改”面板中的“偏移”按钮，将上一步绘制的矩形进行偏移操作。命令行中提示与操作如下：

```
命令：_offset↙
当前设置：删除源=否　图层=源　OFFSETGAPTYPE=0
指定偏移距离或 [通过(T)/删除(E)/图层(L)] <通过>:60↙
选择要偏移的对象，或 [退出(E)/放弃(U)] <退出>:（选择上述矩形）
指定要偏移的那一侧上的点，或 [退出(E)/多个(M)/放弃(U)] <退出>:（选择矩形内侧）
选择要偏移的对象，或 [退出(E)/放弃(U)] <退出>:↙
结果如图 3-16 所示
```

Step 03 单击“默认”选项卡“绘图”面板中的“直线”按钮，绘制端点坐标分别为（60,2000）和（@780,0）的直线，结果如图 3-17 所示。

Step 04 单击“默认”选项卡“修改”面板中的“偏移”按钮，将上一步绘制的直线向下偏移，偏移距离为 60，结果如图 3-18 所示。

Step 05 单击“默认”选项卡“绘图”面板中的“矩形”按钮，绘制角点坐标分别为（200,1500）和（700,1800）的矩形，绘制结果如图 3-14 所示。

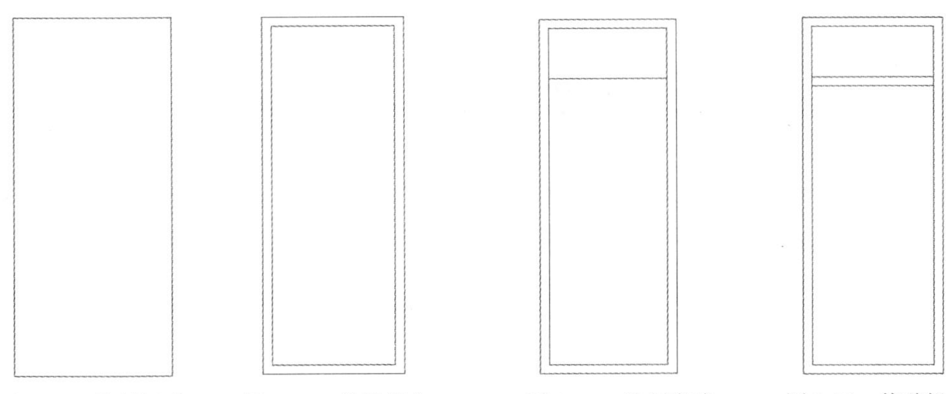

图 3-15　绘制矩形　　图 3-16　偏移操作　　图 3-17　绘制直线　　图 3-18　偏移操作

3.2.3 拓展实例——液晶显示器

读者可以利用上面所学的偏移命令相关知识完成液晶显示器的绘制，如图 3-19 所示。

图 3-19 液晶显示器

Step 01 单击“默认”选项卡“绘图”面板中的“矩形”按钮，绘制显示器屏幕外轮廓，如图 3-20 所示。

Step 02 单击“默认”选项卡“修改”面板中的“偏移”按钮，偏移出显示屏区域轮廓线，如图 3-21 所示。

图 3-20 绘制外轮廓

图 3-21 偏移轮廓线

Step 03 单击“默认”选项卡“绘图”面板中的“直线”按钮、“圆”按钮和“多段线”按钮，完成剩余部分的绘制。

3.3 镜像功能的应用——盥洗池

镜像对象是指把选择的对象围绕一条镜像线作对称复制。镜像操作完成后，可以保留原对象也可以将其删除。本节将通过一个简单的室内设计单元——盥洗池的绘制过程来重点学习镜像命令，具体的绘制流程图如图 3-22 所示。

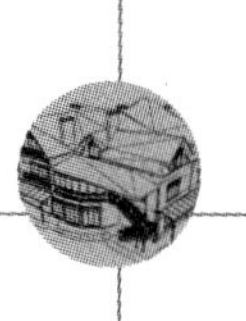

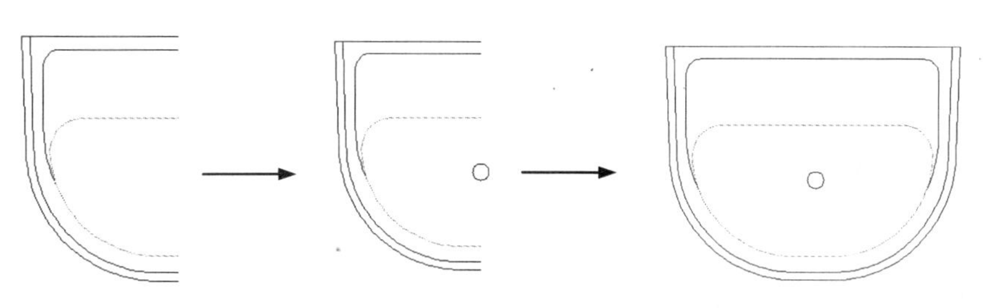

图 3-22　盥洗池绘制流程

3.3.1　相关知识点

【执行方式】

- 命令行：MIRROR
- 菜单：修改→镜像
- 工具栏：修改→镜像
- 功能区：默认→修改→镜像

【操作步骤】

```
命令：MIRROR↙
选择对象：（选择要镜像的对象）
指定镜像线的第一点：（指定镜像线的第一个点）
指定镜像线的第二点：（指定镜像线的第二个点）
要删除源对象吗？[是(Y)/否(N)] <N>：（确定是否删除原对象）
```

这两点确定一条镜像线，被选择的对象以该线为对称轴进行镜像。包含该线的镜像平面与用户坐标系统的XY平面垂直，即镜像操作工作在与用户坐标系统的XY平面平行的平面上。

3.3.2　操作步骤

绘制如图 3-23 所示的盥洗池。

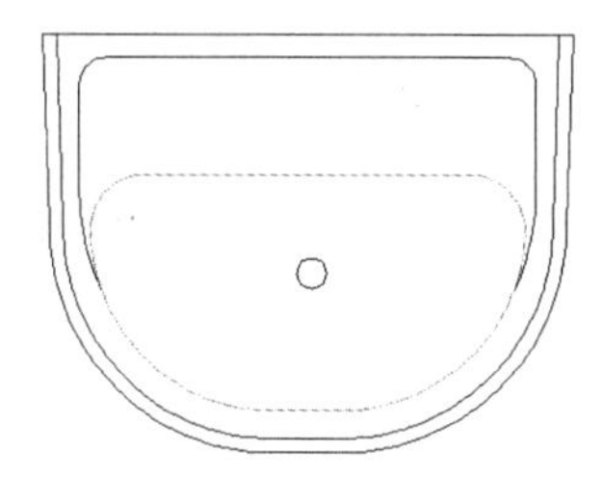

图 3-23　盥洗池

Step 01　单击“默认”选项卡“图层”面板中的“图层特性”按钮，打开“图层特性管理器”对话框，新建以下 3 个图层。

- “1”图层，颜色为绿色，其余属性为默认；
- “2”图层，颜色为黑色，其余属性为默认；
- “3”图层，颜色为黑色，其余属性为默认。

Step 02 将“3”图层置为当前图层，单击“默认”选项卡“绘图”面板中的“多段线”按钮，绘制多段线。命令行中提示与操作如下：

```
命令：_pline↙
指定起点：0,255↙
当前线宽为 0.0000
指定下一个点或 [圆弧(A)/半宽(H)/长度(L)/放弃(U)/宽度(W)]：-294,255↙
指定下一个点或 [圆弧(A)/半宽(H)/长度(L)/放弃(U)/宽度(W)]：-287,50↙
指定下一点或 [圆弧(A)/闭合(C)/半宽(H)/长度(L)/放弃(U)/宽度(W)]：a↙
指定圆弧的端点(按住 Ctrl 键以切换方向)或[角度(A)/圆心(CE)/闭合(CL)/方向(D)/半宽(H)/直线(L)/半径(R)/第二个点(S)/放弃(U)/宽度(W)]：s↙
指定圆弧上的第二个点：-212.8,-123.2↙
指定圆弧的端点：-37,-191↙
指定圆弧的端点(按住 Ctrl 键以切换方向)或[角度(A)/圆心(CE)/闭合(CL)/方向(D)/半宽(H)/直线(L)/半径(R)/第二个点(S)/放弃(U)/宽度(W)]：l↙
指定下一点或 [圆弧(A)/闭合(C)/半宽(H)/长度(L)/放弃(U)/宽度(W)]：27,-191↙
指定下一点或 [圆弧(A)/闭合(C)/半宽(H)/长度(L)/放弃(U)/宽度(W)]：↙
命令：_pline↙
指定起点：-279,255↙
当前线宽为 0.0000
指定下一个点或 [圆弧(A)/半宽(H)/长度(L)/放弃(U)/宽度(W)]：-272,50↙
指定下一点或 [圆弧(A)/闭合(C)/半宽(H)/长度(L)/放弃(U)/宽度(W)]：a↙
指定圆弧的端点(按住 Ctrl 键以切换方向)或[角度(A)/圆心(CE)/闭合(CL)/方向(D)/半宽(H)/直线(L)/半径(R)/第二个点(S)/放弃(U)/宽度(W)]：-202.2,-112.6↙
指定圆弧的端点(按住 Ctrl 键以切换方向)或[角度(A)/圆心(CE)/闭合(CL)/方向(D)/半宽(H)/直线(L)/半径(R)/第二个点(S)/放弃(U)/宽度(W)]：-37,-176↙
指定圆弧的端点(按住 Ctrl 键以切换方向)或[角度(A)/圆心(CE)/闭合(CL)/方向(D)/半宽(H)/直线(L)/半径(R)/第二个点(S)/放弃(U)/宽度(W)]：l↙
指定下一点或 [圆弧(A)/闭合(C)/半宽(H)/长度(L)/放弃(U)/宽度(W)]：27,-176↙
指定下一点或 [圆弧(A)/闭合(C)/半宽(H)/长度(L)/放弃(U)/宽度(W)]：↙
```

Step 03 将“2”图层置为当前图层，重复“多段线”命令，绘制多段线。命令行中提示与操作如下：

```
命令：↙
PLINE 指定起点：0,230↙
当前线宽为 0.0000
```

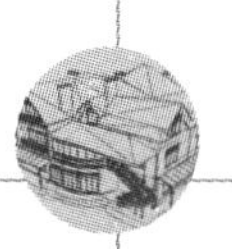

```
指定下一个点或 [圆弧(A)/半宽(H)/长度(L)/放弃(U)/宽度(W)]: -224,230↙
指定下一点或 [圆弧(A)/闭合(C)/半宽(H)/长度(L)/放弃(U)/宽度(W)]: a↙
指定圆弧的端点(按住 Ctrl 键以切换方向)或[角度(A)/圆心(CE)/闭合(CL)/方向(D)/半宽(H)/直线(L)/半径(R)/第二个点(S)/放弃(U)/宽度(W)]: -245.2,221.2↙
指定圆弧的端点(按住 Ctrl 键以切换方向)或[角度(A)/圆心(CE)/闭合(CL)/方向(D)/半宽(H)/直线(L)/半径(R)/第二个点(S)/放弃(U)/宽度(W)]: -254,200↙
指定圆弧的端点(按住 Ctrl 键以切换方向)或 [角度(A)/圆心(CE)/闭合(CL)/方向(D)/半宽(H)/直线(L)/半径(R)/第二个点(S)/放弃(U)/宽度(W)]: l↙
指定下一点或 [圆弧(A)/闭合(C)/半宽(H)/长度(L)/放弃(U)/宽度(W)]: -254,85↙
指定下一点或 [圆弧(A)/闭合(C)/半宽(H)/长度(L)/放弃(U)/宽度(W)]: a↙
指定圆弧的端点(按住 Ctrl 键以切换方向)或[角度(A)/圆心(CE)/闭合(CL)/方向(D)/半宽(H)/直线(L)/半径(R)/第二个点(S)/放弃(U)/宽度(W)]: -247,30.8↙
指定圆弧的端点(按住 Ctrl 键以切换方向)或 [角度(A)/圆心(CE)/闭合(CL)/方向(D)/半宽(H)/直线(L)/半径(R)/第二个点(S)/放弃(U)/宽度(W)]: -228.6,-20.4↙
指定圆弧的端点(按住 Ctrl 键以切换方向)或[角度(A)/圆心(CE)/闭合(CL)/方向(D)/半宽(H)/直线(L)/半径(R)/第二个点(S)/放弃(U)/宽度(W)]: ↙
```

Step 04 将“3”图层置为当前图层，重复“多段线”命令，绘制多段线。命令行中提示与操作如下：

```
命令: _pline↙
指定起点: 0,105↙
当前线宽为 0.0000
指定下一个点或 [圆弧(A)/半宽(H)/长度(L)/放弃(U)/宽度(W)]: -181.9,105↙
指定下一点或 [圆弧(A)/闭合(C)/半宽(H)/长度(L)/放弃(U)/宽度(W)]: a↙
指定圆弧的端点(按住 Ctrl 键以切换方向)或[角度(A)/圆心(CE)/闭合(CL)/方向(D)/半宽(H)/直线(L)/半径(R)/第二个点(S)/放弃(U)/宽度(W)]: -225,86.7↙
指定圆弧的端点(按住 Ctrl 键以切换方向)或[角度(A)/圆心(CE)/闭合(CL)/方向(D)/半宽(H)/直线(L)/半径(R)/第二个点(S)/放弃(U)/宽度(W)]: -241.8,42.9↙
指定圆弧的端点(按住 Ctrl 键以切换方向)或[角度(A)/圆心(CE)/闭合(CL)/方向(D)/半宽(H)/直线(L)/半径(R)/第二个点(S)/放弃(U)/宽度(W)]: -37,-146↙
指定圆弧的端点(按住 Ctrl 键以切换方向)或[角度(A)/圆心(CE)/闭合(CL)/方向(D)/半宽(H)/直线(L)/半径(R)/第二个点(S)/放弃(U)/宽度(W)]: l↙
指定下一点或 [圆弧(A)/闭合(C)/半宽(H)/长度(L)/放弃(U)/宽度(W)]: 0,-146↙
指定下一点或 [圆弧(A)/闭合(C)/半宽(H)/长度(L)/放弃(U)/宽度(W)]: ↙
绘制结果如图 3-24 所示
```

Step 05 单击“默认”选项卡“绘图”面板中的“圆”按钮，绘制圆心坐标为（0，0），半径为 16 的圆，绘制结果如图 3-25 所示。

Step 06 单击“默认”选项卡“修改”面板中的“镜像”按钮，命令行中提示与操作如下：

```
命令: _mirror↙
选择对象: (除圆外的所有图形)↙
找到 28 个
选择对象: ↙
指定镜像线的第一点: 0,0↙
指定镜像线的第二点: 0,10↙
是否删除源对象? [是(Y)/否(N)] <N>:↙
绘制结果如图 3-23 所示
```

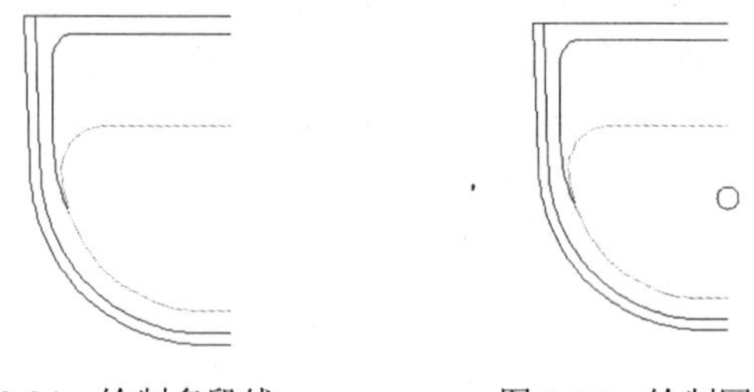

图 3-24　绘制多段线　　　　图 3-25　绘制圆

3.3.3　拓展实例——办公桌二

读者可以利用上面所学的镜像命令相关知识完成办公桌二的绘制，如图 3-26 所示。

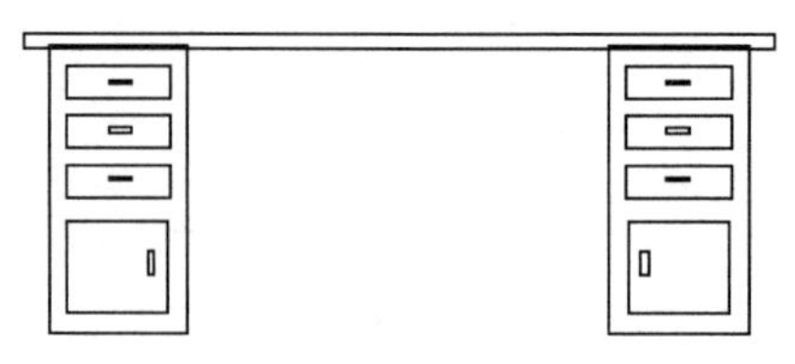

图 3-26　办公桌二

Step 01　单击“默认”选项卡“绘图”面板中的“矩形”按钮，绘制一系列矩形，如图 3-27 所示。

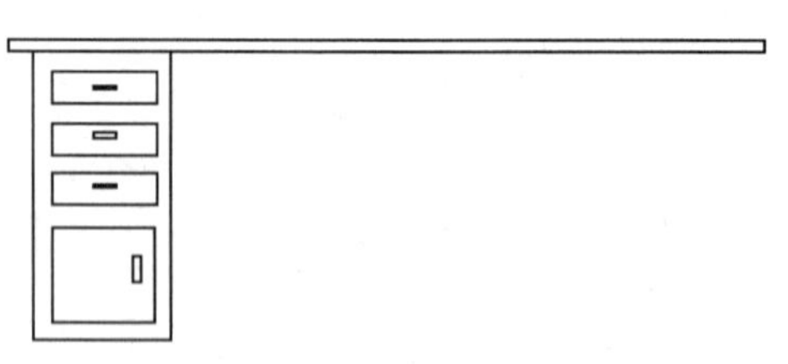

图 3-27　绘制矩形

Step 02　单击“默认”选项卡“修改”面板中的“镜像”按钮，将绘制的一系列矩形进行竖直镜像。

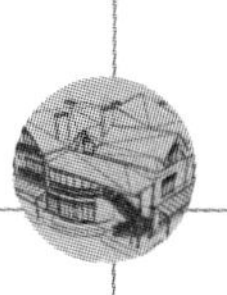

3.4　阵列功能的应用——VCD 播放机

建立阵列是指多重复制选择的对象并把这些副本按矩形、环形或指定路径排列。本节将通过一个简单的室内设计单元——VCD 播放机的绘制过程来重点学习阵列命令，具体的绘制流程图如图 3-28 所示。

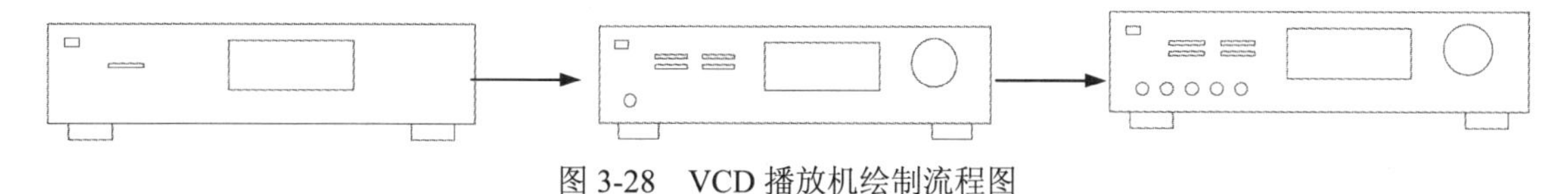

图 3-28　VCD 播放机绘制流程图

3.4.1　相关知识点

把副本按矩形排列称为建立矩形阵列，把副本按环形排列称为建立极阵列。建立极阵列时，应该控制复制对象的次数和对象是否被旋转；建立矩形阵列时，应该控制行和列的数量以及对象副本之间的距离。AutoCAD 2016 中提供了 ARRAY 命令建立阵列。利用该命令可以建立矩形阵列、极阵列（环形）和路径阵列。

【执行方式】

- 命令行：ARRAY
- 菜单：修改→阵列
- 工具栏：修改→矩形阵列，修改→路径阵列，修改→环形阵列
- 功能区：默认→修改→矩形阵列/路径阵列/环形阵列

【操作步骤】

```
命令：ARRAY↙
选择对象：（使用对象选择方法）
输入阵列类型[矩形（R）/路径（PA）/极轴（PO）]<矩形>:
```

【选项说明】

（1）矩形(R)：将选定对象的副本分布到行数、列数和层数的任意组合。选择该选项后出现如下提示：

```
选择夹点以编辑阵列或 [关联(AS)/基点(B)/计数(COU)/间距(S)/列数(COL)/行数(R)/层数(L)/退出(X)] <退出>：（通过夹点，调整阵列间距、列数行数和层数；也可以分别选择各选项输入数值）
```

（2）路径(PA)：沿路径或部分路径均匀分布选定对象的副本。选择该选项后出现如下提示：

```
选择路径曲线：（选择一条曲线作为阵列路径）
选择夹点以编辑阵列或 [关联(AS)/方法(M)/基点(B)/切向(T)/项目(I)/行(R)/层(L)/对齐项目(A)/Z 方向(Z)/退出(X)] <退出>：（通过夹点，调整阵行数和层数；也可以分别选择各选项输入数值）
```

（3）极轴(PO)：在绕中心点或旋转轴的环形阵列中均匀分布对象副本。选择该选项后出现如下提示：

```
指定阵列的中心点或 [基点(B)/旋转轴(A)]：(选择中心点、基点或旋转轴)
选择夹点以编辑阵列或[关联(AS)/基点(B)/项目(I)/项目间角度(A)/填充角度(F)/行(ROW)/层(L)/旋转项目(ROT)/退出(X)]<退出>：(通过夹点，调整角度，填充角度；也可以分别选择各选项输入数值)
```

提　示

阵列在平面作图时有3种方式，可以在矩形或环形（圆形）阵列或路径中创建对象的副本。对于矩形阵列，可以控制行和列的数目以及它们之间的距离。对于环形阵列，可以控制对象副本的数目并决定是否旋转副本。对于路径阵列，可以控制项目将均匀地沿路径或部分路径分布。

3.4.2 操作步骤

绘制如图3-29所示的VCD播放机。

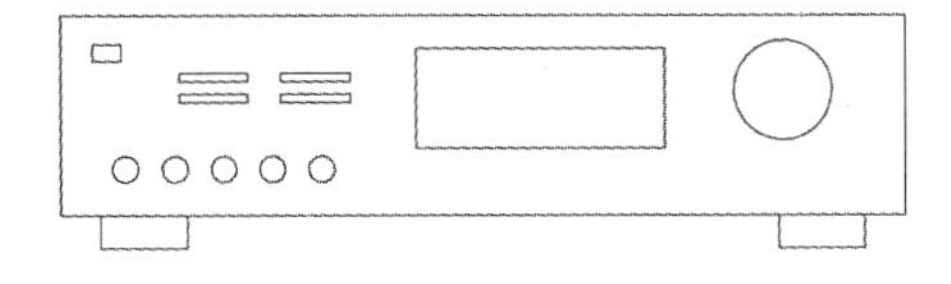

图3-29　绘制VCD播放机

Step 01 单击“默认”选项卡“绘图”面板中的“矩形”按钮□，绘制角点坐标分别为{（0，15）、（396，107）}{（19.1，0）、（59.3，15）}{（336.8，0）、（377，15）}的3个矩形，如图3-30所示。

Step 02 单击“默认”选项卡“绘图”面板中的“矩形”按钮□，绘制角点坐标分别为{（15.3，86）、（28.7，93.7）}{（166.5，45.9）、（283.2，91.8）}{（55.5，66.9）、（88，70.7）}的3个矩形，绘制结果如图3-31所示。

Step 03 单击“默认”选项卡“修改”面板中的“矩形阵列”按钮器，选择上述绘制的第二个矩形为阵列对象，输入行数为2，列数为2，行间距为9.6，列间距为 47.8，效果如图3-32所示。命令行提示与操作如下：

```
命令：_arrayrect
选择对象：(选择上部绘制的矩形)
类型 = 矩形　关联 = 否
选择夹点以编辑阵列或 [关联(AS)/基点(B)/计数(COU)/间距(S)/列数(COL)/行数(R)/层数(L)/退出(X)] <退出>：AS
创建关联阵列 [是(Y)/否(N)] <否>：N
选择夹点以编辑阵列或 [关联(AS)/基点(B)/计数(COU)/间距(S)/列数(COL)/行数(R)/层数(L)/退出(X)] <退出>：R
```

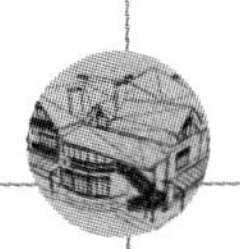

```
输入行数数或 [表达式(E)] <3>: 2
指定行数之间的距离或 [总计(T)/表达式(E)] <9.0883>: 9.6
指定行数之间的标高增量或 [表达式(E)] <0>:
选择夹点以编辑阵列或 [关联(AS)/基点(B)/计数(COU)/间距(S)/列数(COL)/行数(R)/层数(L)/退出(X)] <退出>: COL
输入列数数或 [表达式(E)] <4>: 2
指定列数之间的距离或 [总计(T)/表达式(E)] <15.7414>: 47.8
选择夹点以编辑阵列或 [关联(AS)/基点(B)/计数(COU)/间距(S)/列数(COL)/行数(R)/层数(L)/退出(X)] <退出>:
```

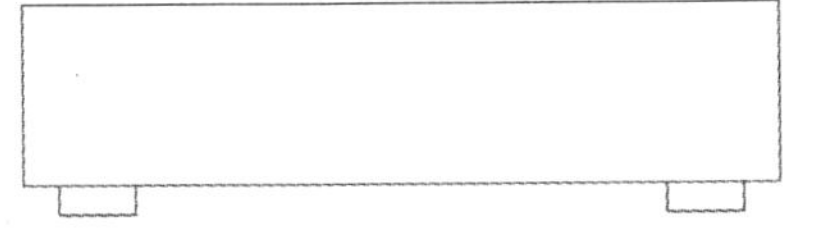

图 3-30　绘制矩形

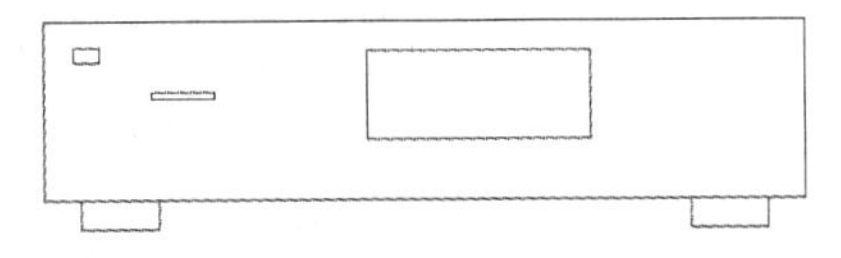

图 3-31　绘制矩形

Step 04 单击“默认”选项卡“绘图”面板中的“圆”按钮，绘制圆心坐标为（30.6，36.3），半径为 6 的圆。

Step 05 单击“默认”选项卡“绘图”面板中的“圆”按钮，绘制圆心坐标为（338.7，72.6），半径为 23 的圆，如图 3-33 所示。

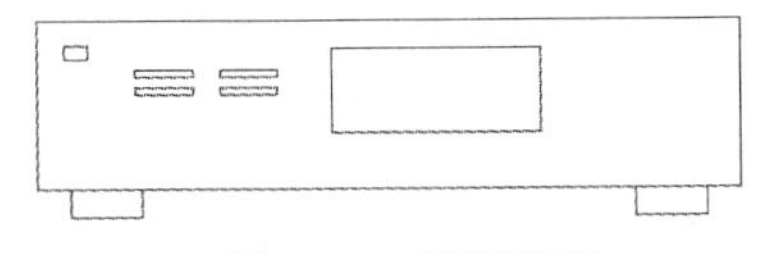

图 3-32　阵列处理

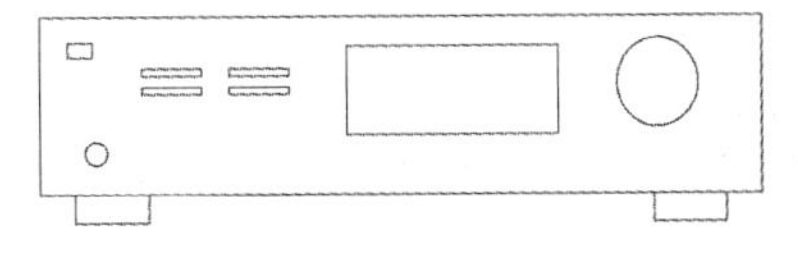

图 3-33　绘制圆

Step 06 单击“默认”选项卡“修改”面板中的“矩形阵列”按钮，选择上述步骤中绘制的第一个圆为阵列对象，输入行数为 1，列数为 5，列间距为 23，结果如图 3-29 所示。

3.4.3　拓展实例——行李架

读者可以利用上面所学的阵列命令相关知识完成行李架的绘制，如图 3-34 所示。

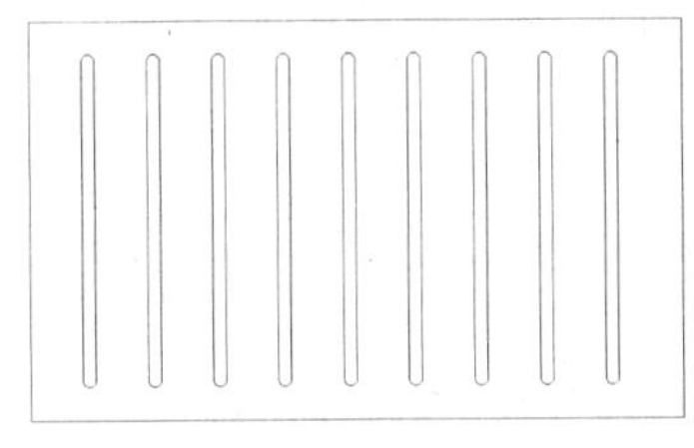

图 3-34　行李架

Step 01 单击“默认”选项卡“绘图”面板中的“矩形”按钮，绘制行李架外轮廓及内部初始矩形，如图 3-35 所示。

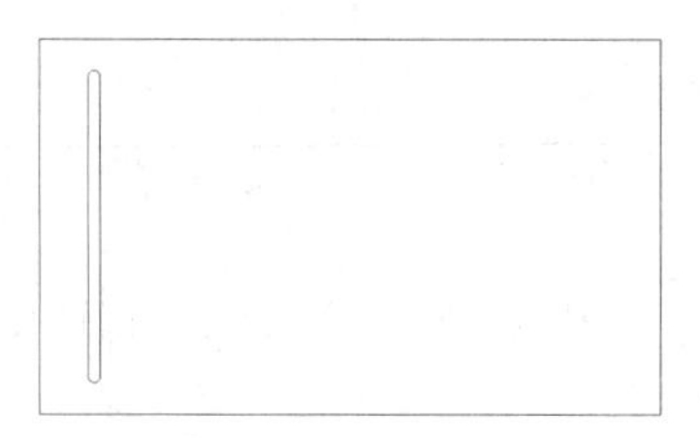

图 3-35　绘制矩形

Step 02 单击“默认”选项卡“修改”面板中的“矩形阵列”按钮，对上一步绘制的矩形进行阵列，完成行李架的绘制。

3.5　移动功能的应用——组合电视柜

移动命令是按照指定要求改变当前图形或图形某部分的位置。本节将通过一个简单的室内设计单元——组合电视柜的绘制过程来重点学习移动命令，具体的绘制流程图如图 3-36 所示。

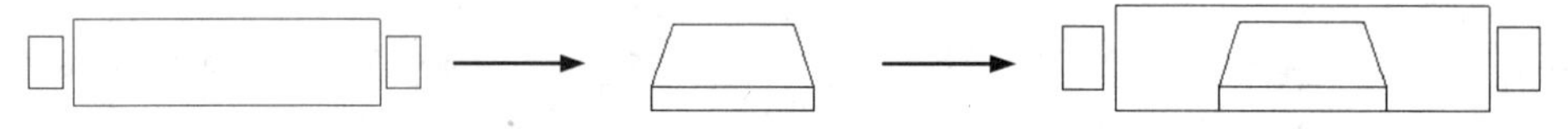

图 3-36　绘制组合电视柜流程图

3.5.1　相关知识点

【执行方式】

- 命令行：MOVE
- 菜单：修改→移动
- 快捷菜单：选择要复制的对象，在绘图区域右击鼠标，从弹出的快捷菜单中选择“移动”命令。
- 工具栏：修改→移动
- 功能区：默认→修改→移动

【操作步骤】

```
命令：MOVE↙
选择对象：（选择对象）
```

利用前面介绍的对象选择方法选择要移动的对象，按回车键结束选择。系统继续提示：

```
指定基点或位移：（指定基点或移至点）
指定基点或 [位移(D)] <位移>：（指定基点或位移）
指定第二个点或 <使用第一个点作为位移>：
```

命令选项功能与“复制”命令类似。

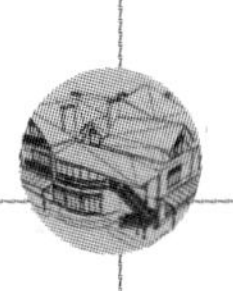

3.5.2　操作步骤

绘制如图 3-37 所示的组合电视柜。

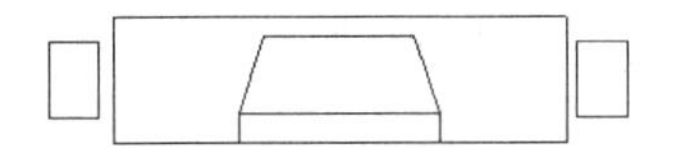

图 3-37　绘制组合电视柜

Step 01　打开源文件/第 3 章/电视柜图形，如图 3-38 所示。

Step 02　打开源文件/第 3 章/电视图形，如图 3-39 所示。

图 3-38　电视柜图形

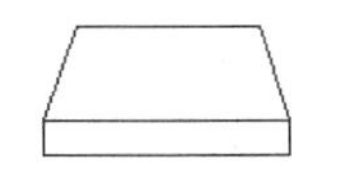

图 3-39　电视图形

Step 03　单击“默认”选项卡“修改”面板中的“移动”按钮，以电视图形外边的中点为基点，电视柜外边中点为第二点，将电视图形移动到电视柜图形上。命令行中提示与操作如下：

```
命令：MOVE↙
选择对象：（选择电视图形）
选择对象：↙
指定基点或 [位移(D)] <位移>：(指定电视图形外边的中点)
指定第二个点或 <使用第一个点作为位移>：(选取电视图形外边的中点到电视柜外边中点)
绘制结果如图 3-37 所示
```

3.5.3　拓展实例——餐厅桌椅

读者可以利用上面所学的移动命令相关知识完成餐厅桌椅的绘制，如图 3-40 所示。

Step 01　单击“默认”选项卡“绘图”面板中的“圆”按钮，绘制圆形桌面，如图 3-41 所示。

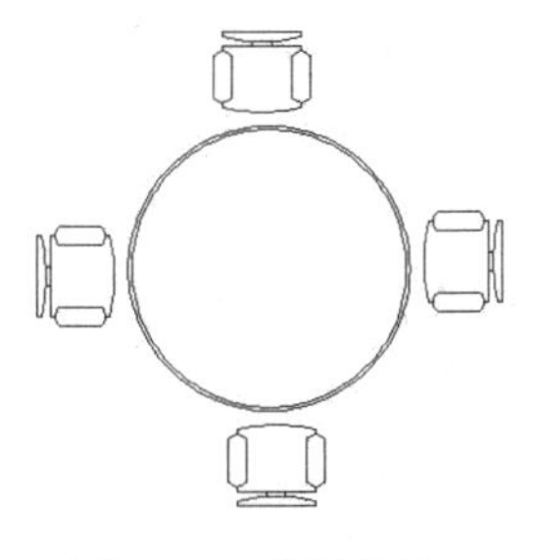

图 3-40　餐厅桌椅

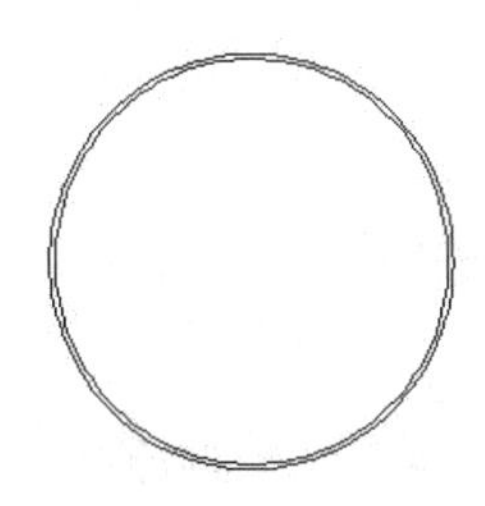

图 3-41　绘制圆

Step 02　单击“默认”选项卡“修改”面板中的“移动”按钮，选择已有的椅子图形进行移动复制，如图 3-40 所示。

3.6 旋转功能的应用——电脑

旋转命令也是典型的改变位置类命令。本节将通过一个简单的室内设计单元——电脑的绘制过程来重点学习旋转命令，具体的绘制流程图如图 3-42 所示。

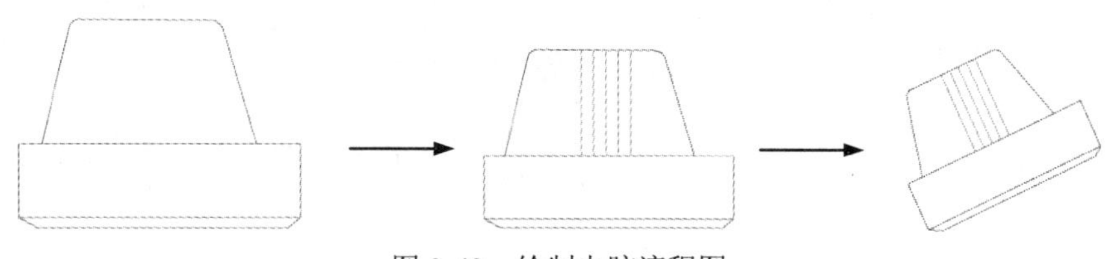

图 3-42 绘制电脑流程图

3.6.1 相关知识点

【执行方式】

- 命令行：ROTATE
- 菜单：修改→旋转
- 快捷菜单：选择要旋转的对象，在绘图区域右击鼠标，从弹出的快捷菜单选择“旋转”命令。
- 工具栏：修改→旋转
- 功能区：默认→修改→旋转

【操作步骤】

```
命令：ROTATE↙
UCS 当前的正角方向： ANGDIR=逆时针  ANGBASE=0
选择对象：（选择要旋转的对象）
指定基点：（指定旋转的基点。在对象内部指定一个坐标点）
指定旋转角度，或 [复制(C)/参照(R)] <0>：（指定旋转角度或其他选项）
```

【选项说明】

（1）复制(C)：选择该项，旋转对象的同时保留原对象。

（2）参照(R)：采用参考方式旋转对象时，系统提示：

```
指定参照角 <0>：（指定要参考的角度，默认值为 0）
指定新角度：（输入旋转后的角度值）
```

操作完毕后，对象被旋转至指定的角度位置。

提 示

可以利用拖动鼠标的方法旋转对象。选择对象并指定基点后，从基点到当前光标位置会出现一条连线，移动鼠标选择的对象会动态地随着该连线与水平方向夹角的变化而旋转，按 Enter 键后确认旋转操作，如图 3-43 所示。

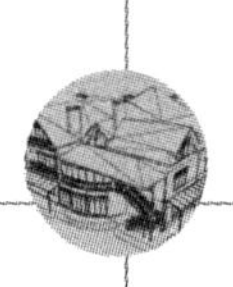

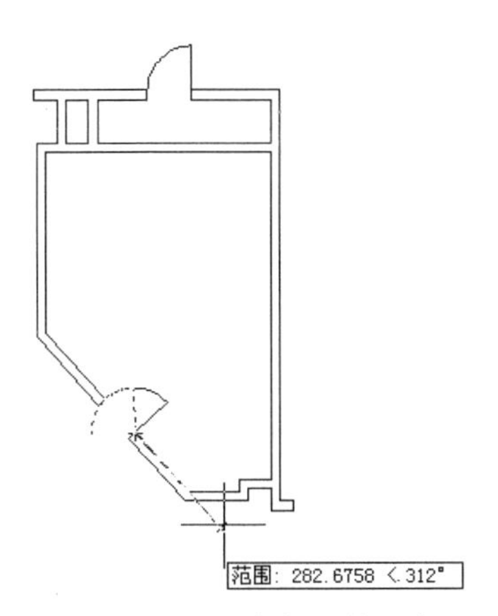

图 3-43　拖动鼠标旋转对象

3.6.2　操作步骤

绘制如图 3-44 所示的电脑。

Step 01 单击"默认"选项卡"图层"面板中的"图层特性"按钮，打开"图层特性管理器"对话框，新建以下两个图层：

- "1"图层，颜色为红色，其余属性为默认；
- "2"图层，颜色为绿色，其余属性为默认。

Step 02 将"1"图层置为当前图层，单击"默认"选项卡"绘图"面板中的"矩形"按钮，绘制角点坐标为（0，16），（450，130）的一个矩形，结果如图 3-45 所示。

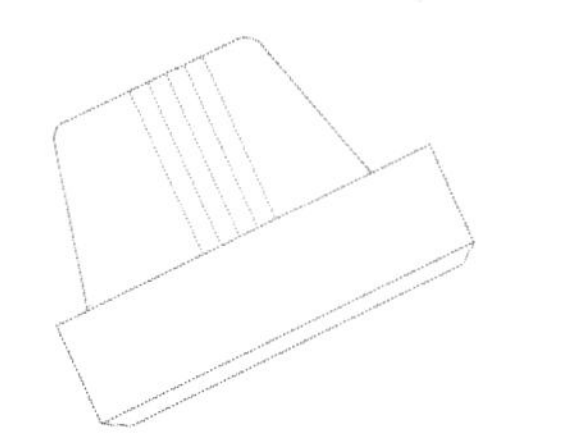

图 3-44　绘制电脑　　　图 3-45　绘制矩形

Step 03 单击"默认"选项卡"绘图"面板中的"多段线"按钮，绘制电脑外框。命令行中提示与操作如下：

```
命令: _pline↙
指定起点: 0,16↙
当前线宽为 0.0000
指定下一个点或 [圆弧(A)/半宽(H)/长度(L)/放弃(U)/宽度(W)]: 30,0↙
指定下一点或 [圆弧(A)/闭合(C)/半宽(H)/长度(L)/放弃(U)/宽度(W)]: 430,0↙
指定下一点或 [圆弧(A)/闭合(C)/半宽(H)/长度(L)/放弃(U)/宽度(W)]: 450,16↙
指定下一点或 [圆弧(A)/闭合(C)/半宽(H)/长度(L)/放弃(U)/宽度(W)]: ↙
命令: pline↙
```

指定起点：37,130↙

当前线宽为 0.0000

指定下一个点或 [圆弧(A)/半宽(H)/长度(L)/放弃(U)/宽度(W)]：80,308↙

指定下一个点或 [圆弧(A)/闭合(C)/半宽(H)/长度(L)/放弃(U)/宽度(W)]：a↙

指定圆弧的端点(按住 Ctrl 键以切换方向)或[角度(A)/圆心(CE)/闭合(CL)/方向(D)/半宽(H)/直线(L)/半径(R)/第二个点(S)/放弃(U)/宽度(W)]：101,320↙

指定圆弧的端点(按住 Ctrl 键以切换方向)或[角度(A)/圆心(CE)/闭合(CL)/方向(D)/半宽(H)/直线(L)/半径(R)/第二个点(S)/放弃(U)/宽度(W)]：l↙

指定下一点或 [圆弧(A)/闭合(C)/半宽(H)/长度(L)/放弃(U)/宽度(W)]：306,320↙

指定下一点或 [圆弧(A)/闭合(C)/半宽(H)/长度(L)/放弃(U)/宽度(W)]：a↙

指定圆弧的端点(按住 Ctrl 键以切换方向)或[角度(A)/圆心(CE)/闭合(CL)/方向(D)/半宽(H)/直线(L)/半径(R)/第二个点(S)/放弃(U)/宽度(W)]：326,308↙

指定圆弧的端点(按住 Ctrl 键以切换方向)或[角度(A)/圆心(CE)/闭合(CL)/方向(D)/半宽(H)/直线(L)/半径(R)/第二个点(S)/放弃(U)/宽度(W)]：l↙

指定下一点或 [圆弧(A)/闭合(C)/半宽(H)/长度(L)/放弃(U)/宽度(W)]：380,130↙

指定下一点或 [圆弧(A)/闭合(C)/半宽(H)/长度(L)/放弃(U)/宽度(W)]：↙

绘制结果如图 3-46 所示

Step 04 将“2”图层置为当前图层，单击“默认”选项卡“绘图”面板中的“直线”按钮，绘制坐标点为（176，130）（176，320）的一条直线，结果如图 3-47 所示。

Step 05 单击“默认”选项卡“修改”面板中的“矩形阵列”按钮，选择阵列对象为步骤（4）中绘制的直线，将行数设为 1，列数设为 5，列间距设为 22，结果如图 3-48 所示。

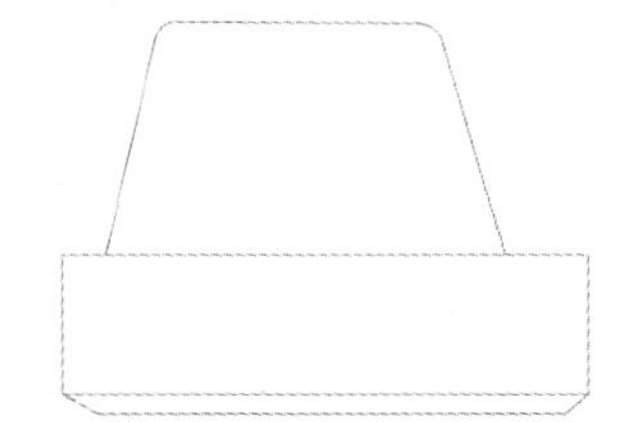
图 3-46　绘制多段线

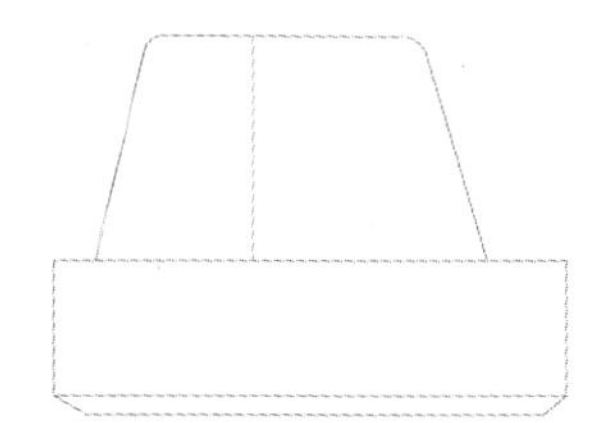
图 3-47　绘制直线

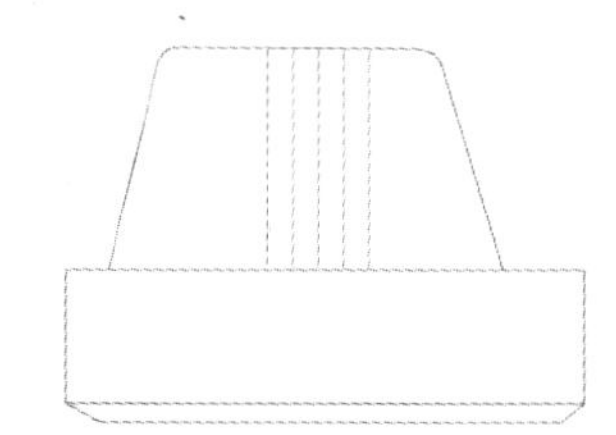
图 3-48　阵列结果

Step 06 单击“默认”选项卡“修改”面板中的“旋转”按钮，以（0，0）为基点，将电脑旋转 25°，如图 3-44 所示。命令行中提示与操作如下：

命令：_rotate↙

UCS 当前的正角方向：ANGDIR=逆时针　ANGBASE=0

选择对象：all↙找到 8 个

选择对象：↙

指定基点：0,0↙

指定旋转角度，或 [复制(C)/参照(R)] <0>：25↙

3.6.3　拓展实例——接待台

读者可以利用上面所学的旋转命令相关知识完成接待台的绘制，如图 3-49 所示。

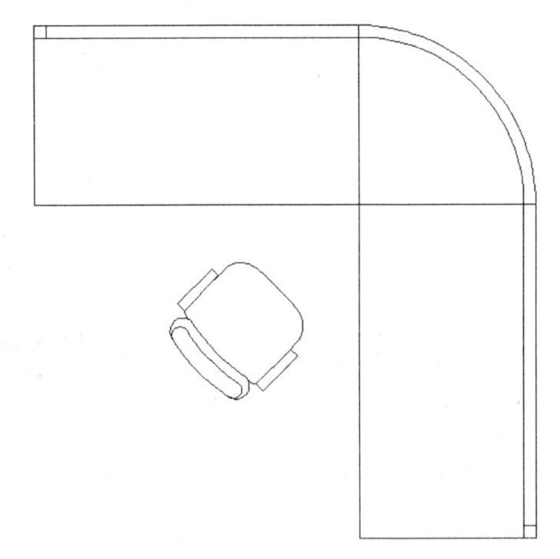

图 3-49　接待台

Step 01　打开“源文件/第 3 章/椅子”图形，将文件另存为“接待台.dwg

Step 02　单击“默认”选项卡“绘图”面板中的“直线”按钮和“矩形”按钮，绘制桌面图形，如图 3-50 所示。

Step 03　单击“默认”选项卡“修改”面板中的“镜像”按钮，将桌面进行镜像处理，如图 3-51 所示。

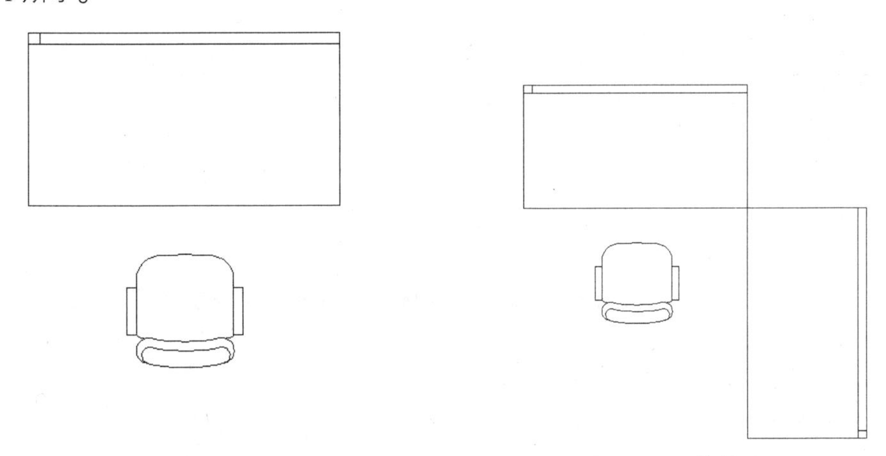

图 3-50　绘制桌面　　　　图 3-51　镜像处理

Step 04　单击“默认”选项卡“绘图”面板中的“圆弧”按钮，绘制两段圆弧，如图 3-52 所示。

Step 05　单击“默认”选项卡“修改”面板中的“旋转”按钮，旋转绘制的办公椅，如图 3-53 所示。

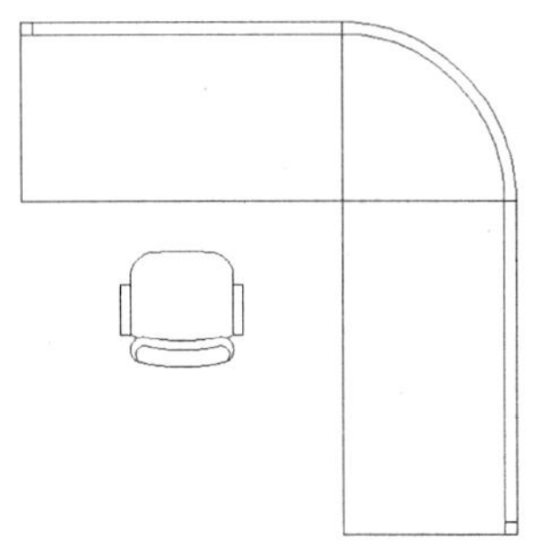

图 3-52　绘制圆弧

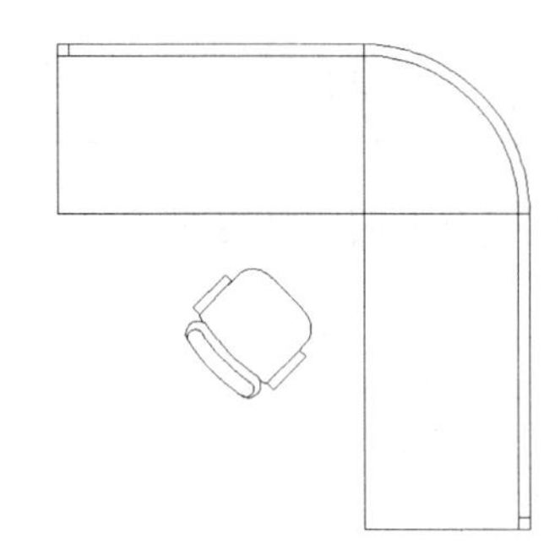

图 3-53　接待台

3.7　缩放功能的应用——装饰盘

缩放命令是改变图形局部比例大小的命令。本节将通过一个简单的室内设计单元——装饰盘的绘制过程来重点学习缩放命令，具体的绘制流程图如图 3-54 所示。

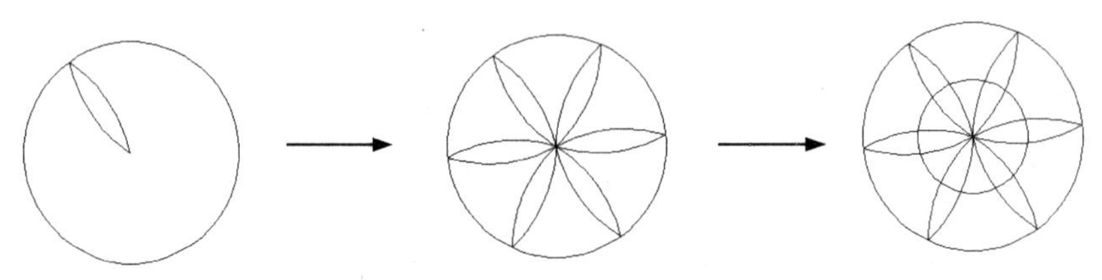

图 3-54　绘制装饰盘流程图

3.7.1　相关知识点

【执行方式】

- 命令行：SCALE
- 菜单：修改→缩放
- 快捷菜单：选择要缩放的对象，在绘图区域右击鼠标，从弹出的快捷菜单中选择“缩放”命令。
- 工具栏：修改→缩放
- 功能区：默认→修改→缩放

【操作步骤】

```
命令：SCALE↙
选择对象：(选择要缩放的对象)
指定基点：(指定缩放操作的基点)
指定比例因子或 [复制（C）/参照（R）]<1.0000>:
```

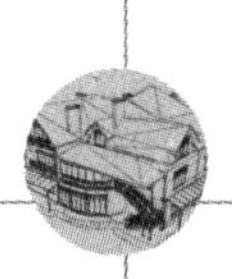

【选项说明】

（1）采用参考方向缩放对象时：系统提示：

```
指定参照长度 <1>：（指定参考长度值）
指定新的长度或 [点(P)] <1.0000>：（指定新长度值）
```

若新长度值大于参考长度值，则放大对象；否则，缩小对象。操作完毕后，系统以指定的基点按指定的比例因子缩放对象。如果选择“点(P)”选项，则指定两点来定义新的长度。

（2）可以利用拖动鼠标的方法缩放对象：选择对象并指定基点后，从基点到当前光标位置会出现一条连线，线段的长度即为比例大小。移动鼠标选择的对象会动态地随着该连线长度的变化而缩放，按 Enter 键会确认缩放操作。

（3）选择“复制(C)”选项：可以复制缩放对象，即缩放对象时，保留原对象，这是 AutoCAD2016 新增的功能，如图 3-55 所示。

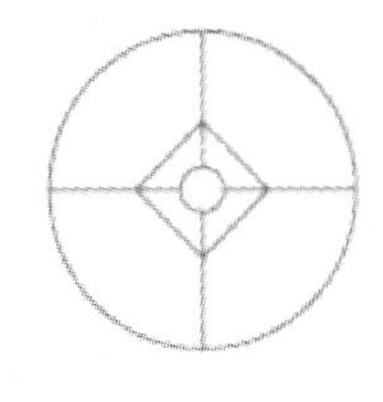

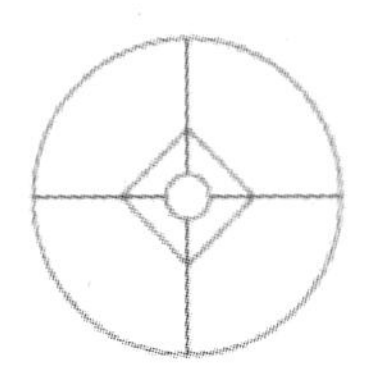

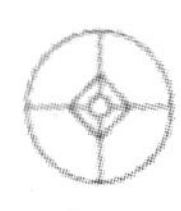

图 3-55　复制缩放

3.7.2　操作步骤

绘制如图 3-56 所示的装饰盘。

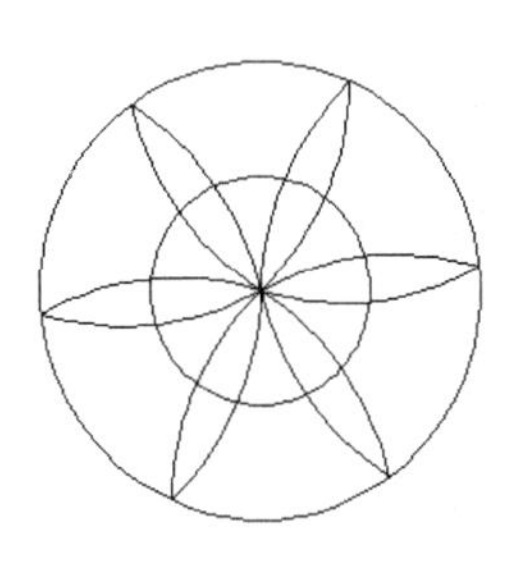

图 3-56　绘制装饰盘

Step 01　单击“默认”选项卡“绘图”面板中的“圆”按钮，绘制一个圆心坐标为（100，100）半径为 200 的圆作为盘外轮廓线，如图 3-57 所示。

Step 02　单击“默认”选项卡“绘图”面板中的“圆弧”按钮，绘制花瓣，如图 3-58 所示。

Step 03　单击“默认”选项卡“修改”面板中的“镜像”按钮，镜像花瓣，如图 3-59 所示。

Step 04　单击“默认”选项卡“修改”面板中的“环形阵列”按钮，以花瓣为对象，以圆心为阵列中心点阵列花瓣，如图 3-60 所示。

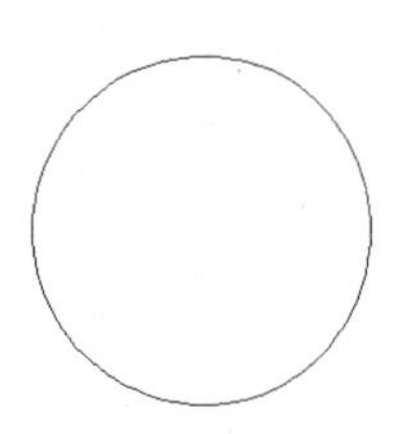
图 3-57 绘制圆形

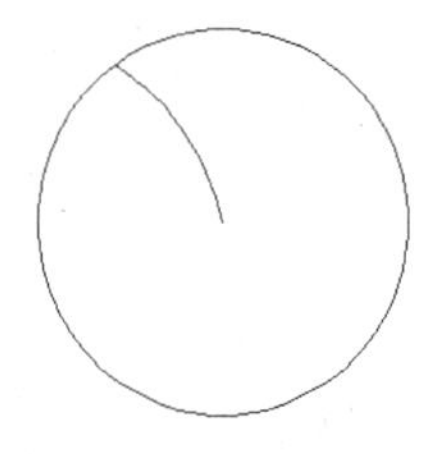
图 3-58 绘制花瓣

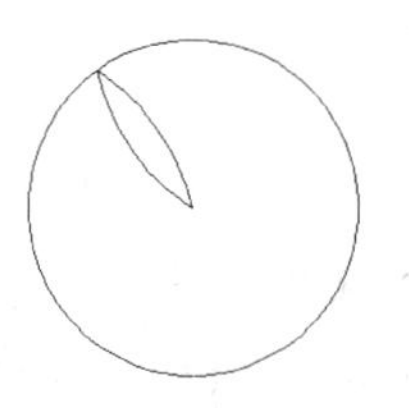
图 3-59 镜像花瓣线

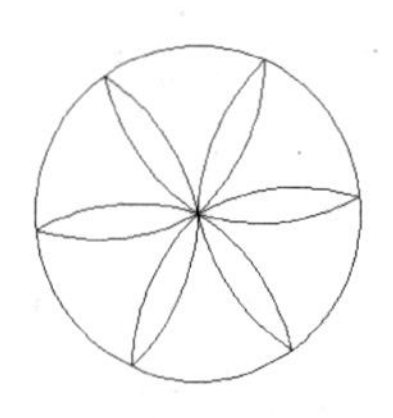
图 3-60 阵列花瓣

Step 05 单击“默认”选项卡“修改”面板中的“缩放”按钮，缩放一个圆作为装饰盘内装饰圆。命令行中提示与操作如下：

```
命令：SCALE↙
选择对象：(选择圆)
指定基点：(指定圆心)
指定比例因子或 [复制(C)/参照(R)]<1.0000>: C↙
指定比例因子或 [复制(C)/参照(R)]<1.0000>:0.5↙
绘制结果如图 3-56 所示
```

3.7.3 拓展实例——子母门

读者可以利用上面所学的缩放命令相关知识完成子母门的绘制，如图 3-61 所示。

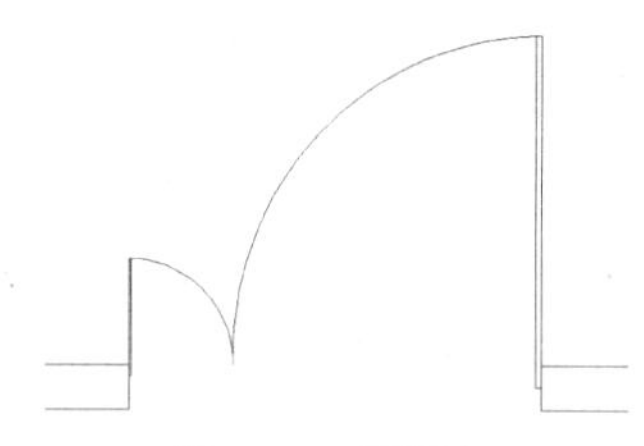
图 3-61 子母门

Step 01 利用所学知识绘制双扇平开门，如图 3-62 所示。

Step 02 单击“默认”选项卡“修改”面板中的“缩放”按钮，缩放左侧门图形，结果如图 3-61 所示。

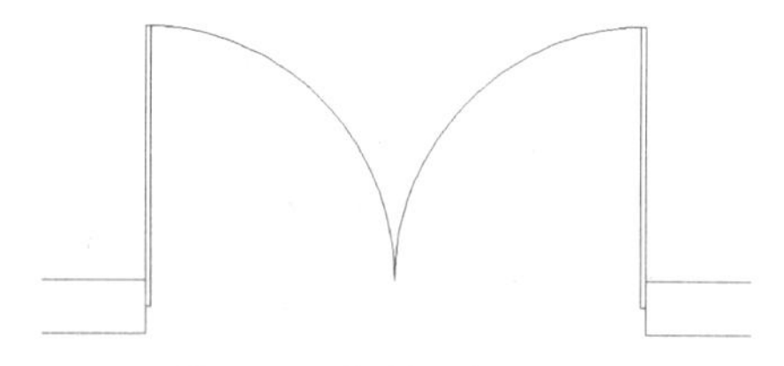
图 3-62 绘制双扇平开门

3.8 修剪功能的应用——灯具

修剪命令是 AutoCAD 中最常用也是最重要的编辑命令。本节将通过一个简单的室内设计

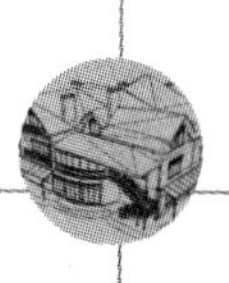

单元——灯具的绘制过程来重点学习修剪命令，具体的绘制流程图如图 3-63 所示。

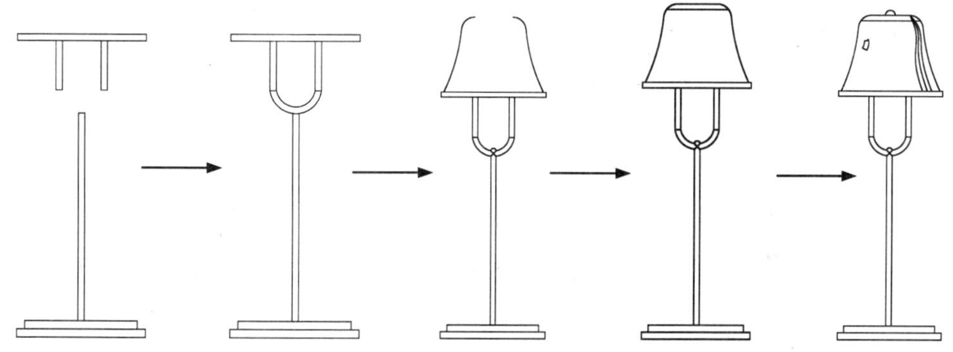

图 3-63 绘制灯具流程图

3.8.1 相关知识点

【执行方式】

- 命令行：TRIM
- 菜单：修改→修剪
- 工具栏：修改→修剪
- 功能区：默认→修改→修剪

【操作步骤】

```
命令：TRIM↙
当前设置:投影=UCS，边=无
选择剪切边...
选择对象或 <全部选择>:（选择用作修剪边界的对象）
回车结束对象选择，系统提示：
选择要修剪的对象，或按住 Shift 键选择要延伸的对象，或[栏选(F)/窗交(C)/投影(P)/边(E)/删除(R)/放弃(U)]:
```

【选项说明】

（1）选择对象：如果按住 Shift 键，系统就自动将“修剪”命令转换为“延伸”命令。“延伸”命令将在下节介绍。

（2）选择“边”选项：可以选择对象的修剪方式。

①延伸(E)：延伸边界进行修剪。在该方式下，如果剪切边没有与要修剪的对象相交，系统会延伸剪切边直至与对象相交，然后再修剪，如图 3-64 所示。

②不延伸(N)：不延伸边界修剪对象。只修剪与剪切边相交的对象。

（3）栏选(F)”：系统以栏选的方式选择被修剪对象，如图 3-65 所示。

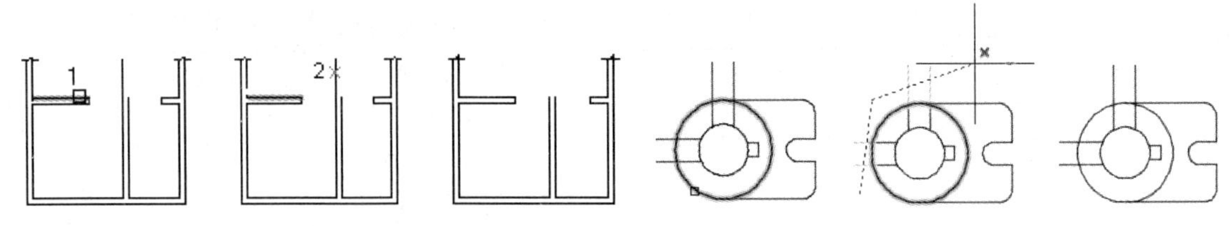

图 3-64　延伸方式修剪对象　　　　　图 3-65　栏选修剪对象

（4）窗交(C)：系统以窗交的方式选择被修剪对象，如图 3-66 所示。

（5）被选择的对象可以互为边界和被修剪对象：此时系统会在选择的对象中自动判断边界。

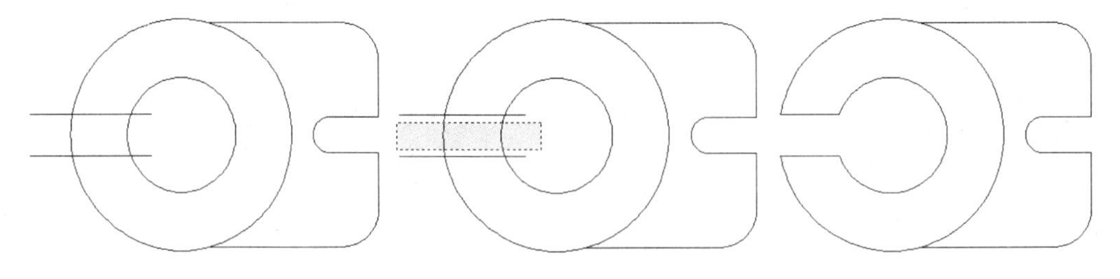

图 3-66　窗交选择修剪对象

3.8.2　操作步骤

绘制如图 3-67 所示的灯具。

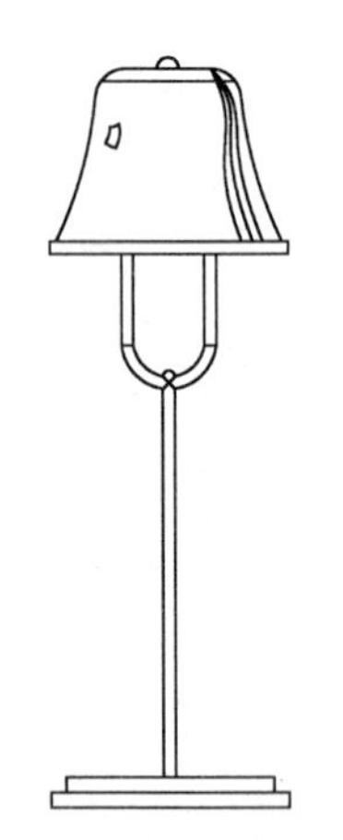

图 3-67　绘制灯具

Step 01 单击“默认”选项卡“绘图”面板中的“矩形”按钮，绘制轮廓线；单击“默认”选项卡“修改”面板中的“镜像”按钮，使轮廓线左右对称，如图 3-68 所示。

Step 02 单击“默认”选项卡“绘图”面板中的“圆弧”按钮和“修改”面板中的“偏移”按钮，绘制两条圆弧，端点分别捕捉到矩形的角点上，绘制的下面的圆弧中间一点捕捉到中间矩形上边的中点上，如图 3-69 所示。

Step 03 单击“默认”选项卡“绘图”面板中的“直线”按钮和“圆弧”按钮，绘制灯柱上

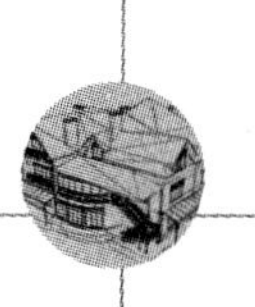

的结合点，如图 3-70 所示。

Step 04 单击“默认”选项卡“修改”面板中的“修剪”按钮，修剪多余图线。命令行中提示与操作如下：

```
命令: _trim↙
当前设置:投影=UCS，边=延伸
选择修剪边...
选择对象或<全部选择>:（选择修剪边界对象）↙
选择对象:（选择修剪边界对象）↙
选择对象: ↙
选择要修剪的对象，或按住〈Shift〉键选择要延伸的对象，或 [投影(P)/边(E)/放弃(U)]:（选择修剪对象）↙
修剪结果如图 3-71 所示
```

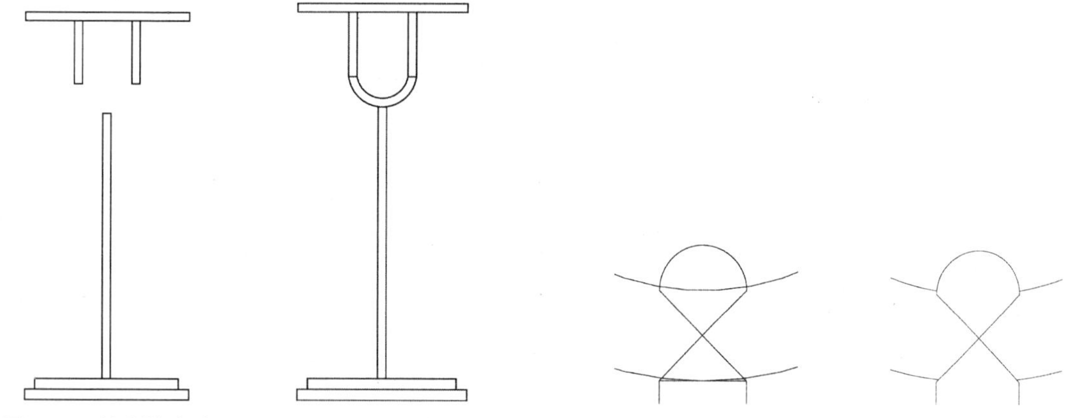

图 3-68　绘制轮廓线　　图 3-69　绘制圆弧　　图 3-70　绘制灯柱上的结合点　　图 3-71　修剪图形

Step 05 单击“默认”选项卡“绘图”面板中的“样条曲线拟合”按钮和“修改”面板中的“镜像”按钮，绘制灯罩轮廓线，如图 3-72 所示。

Step 06 单击“默认”选项卡“绘图”面板中的“直线”按钮，补齐灯罩轮廓线，直线端点捕捉对应样条曲线端点，如图 3-73 所示。

Step 07 单击“默认”选项卡“绘图”面板中的“圆弧”按钮，绘制灯罩顶端的突起，如图 3-74 所示。

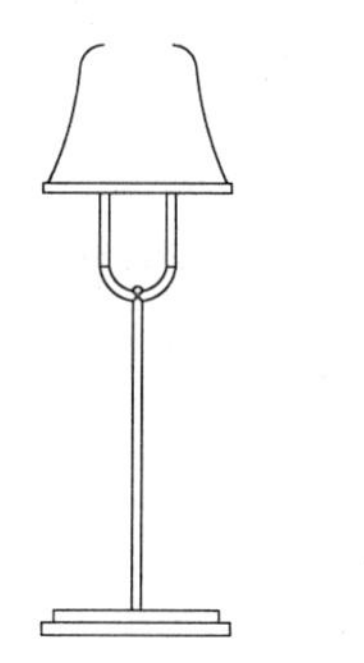

图 3-72　绘制灯罩轮廓线

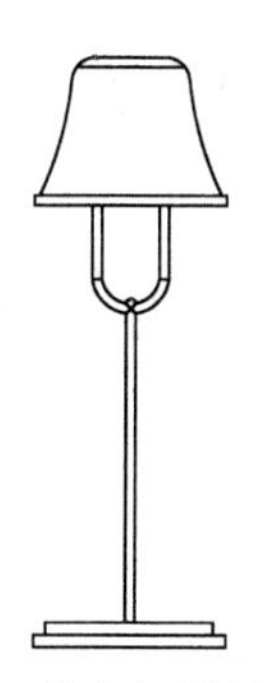

图 3-73　补齐灯罩轮廓线

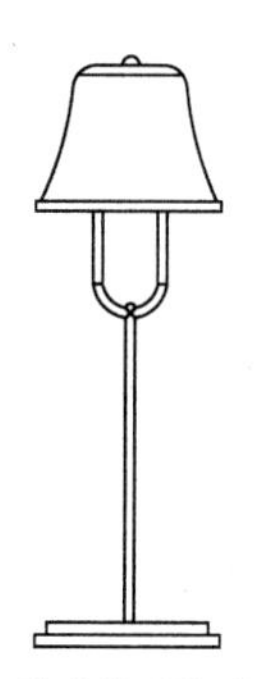

图 3-74　绘制灯罩顶端的突起

Step 08 单击“默认”选项卡“绘图”面板中的“样条曲线拟合”按钮，绘制灯罩上的装饰线，最终结果如图 3-67 所示。

3.8.3 拓展实例——单人床

读者可以利用上面所学的修剪命令相关知识完成单人床的绘制，如图 3-75 所示。

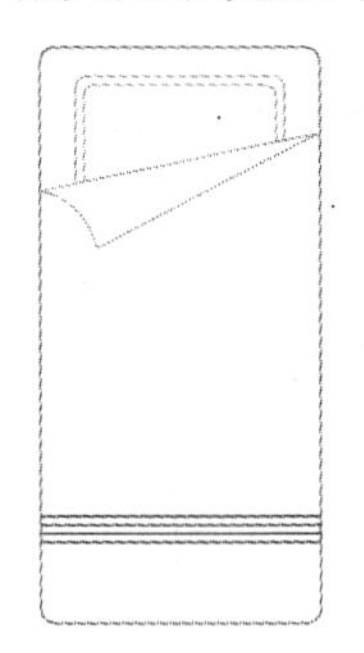

图 3-75 单人床

Step 01 单击“默认”选项卡“绘图”面板中的“矩形”按钮和“直线”按钮，绘制基本轮廓，如图 3-76 所示。

Step 02 单击“默认”选项卡“修改”面板中的“矩形阵列”按钮，阵列直线，如图 3-77 所示。

Step 03 利用所学知识对图形进行细节处理，如图 3-78 所示。

Step 04 单击“默认”选项卡“修改”面板中的“修剪”按钮，对细部图形进行修剪处理，结果如图 3-75 所示。

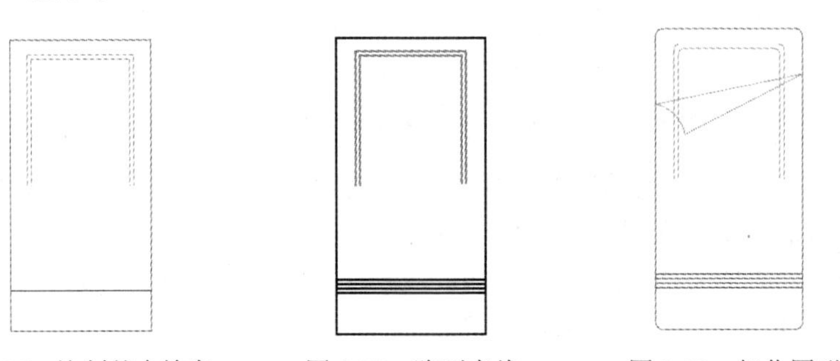

图 3-76 绘制基本轮廓　　图 3-77 阵列直线　　图 3-78 细化图形

3.9 延伸功能的应用——窗户

延伸对象是指延伸对象直至到另一个对象的边界线。本节将通过一个简单的室内设计单元——窗户的绘制过程来重点学习延伸命令，具体的绘制流程图如图 3-79 所示。

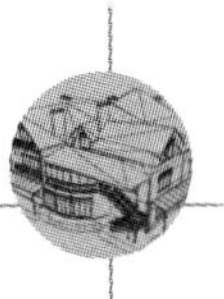

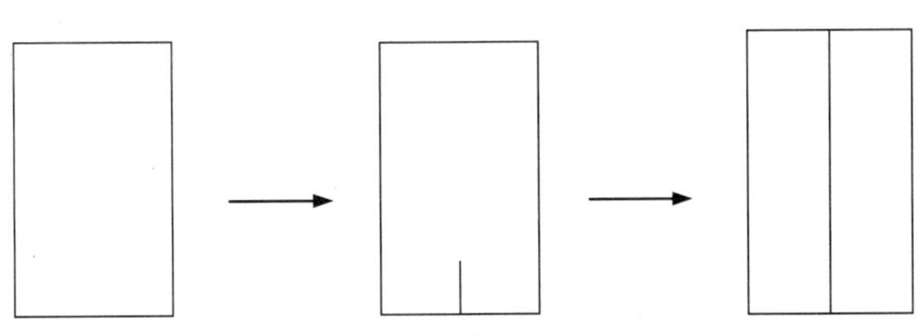

图 3-79　绘制窗户流程图

3.9.1　相关知识点

【执行方式】

- 命令行：EXTEND
- 菜单：修改→延伸
- 工具栏：修改→延伸--/
- 功能区：默认→修改→延伸--/

【操作步骤】

```
命令：EXTEND↙
当前设置:投影=UCS，边=无
选择边界的边...
选择对象或 <全部选择>:（选择边界对象）
```

此时可以选择对象来定义边界。若直接按 Enter 键，则选择所有对象作为可能的边界对象。

系统规定可以用作边界对象的对象有：直线段、射线、双向无限长线、圆弧、圆、椭圆、二维和三维多义线、样条曲线、文本、浮动的视口、区域。如果选择二维多义线作为边界对象，系统会忽略其宽度而把对象延伸至多义线的中心线。

选择边界对象后,系统继续提示:

```
选择要延伸的对象，或按住 Shift 键选择要修剪的对象，或[栏选(F)/窗交(C)/投影(P)/边(E)/放弃(U)]:
```

【选项说明】

如果要延伸的对象是适配样条多义线，则延伸后会在多义线的控制框上增加新节点。如果要延伸的对象是锥形的多义线，系统会修正延伸端的宽度，使多义线从起始端平滑地延伸至新终止端。如果延伸操作导致终止端宽度可能为负值，则取宽度值为 0，如图 3-80 所示。

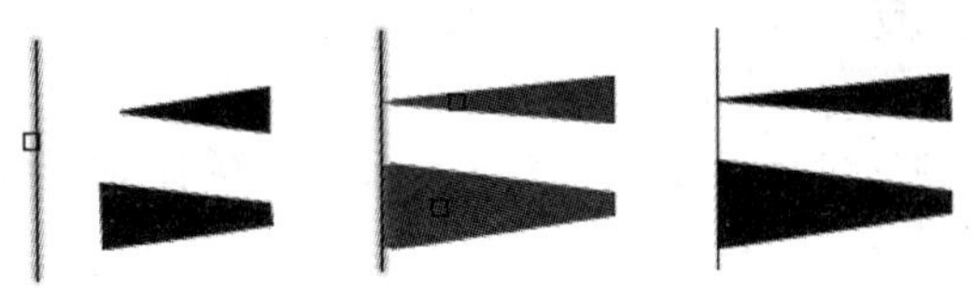

图 3-80　延伸对象

选择对象时，如果按住 Shift 键，系统就自动将“延伸”命令转换成“修剪”命令。

3.9.2 操作步骤

绘制如图 3-81 所示的窗户。

图 3-81 绘制窗户

Step 01 单击“默认”选项卡“绘图”面板中的“矩形”按钮，绘制角点坐标分别为（100，100），（300，500）的矩形作为窗户外轮廓线，如图 3-82 所示。

Step 02 单击“默认”选项卡“绘图”面板中的“直线”按钮，绘制坐标为（200，100），（200，200）的直线分割矩形，如图 3-83 所示。

图 3-82 绘制矩形

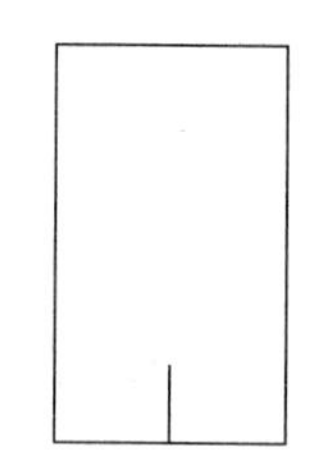

图 3-83 绘制窗户分割线

Step 03 单击“默认”选项卡“修改”面板中的“延伸”按钮，将直线延伸至矩形最上面的边。命令行中提示与操作如下：

```
命令: _extend↙
当前设置:投影=UCS，边=无
选择边界的边...
选择对象或 <全部选择>: （拾取矩形的最上边）
选择要延伸的对象，或按住 Shift 键选择要修剪的对象，或[栏选(F)/窗交(C)/投影(P)/边(E)/放弃(U)]:（拾取直线）
绘制结果如图 3-81 所示
```

3.9.3 拓展实例——沙发

读者可以利用上面所学的延伸命令相关知识完成沙发的绘制，如图 3-84 所示。

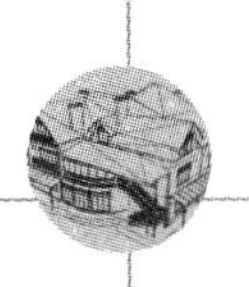

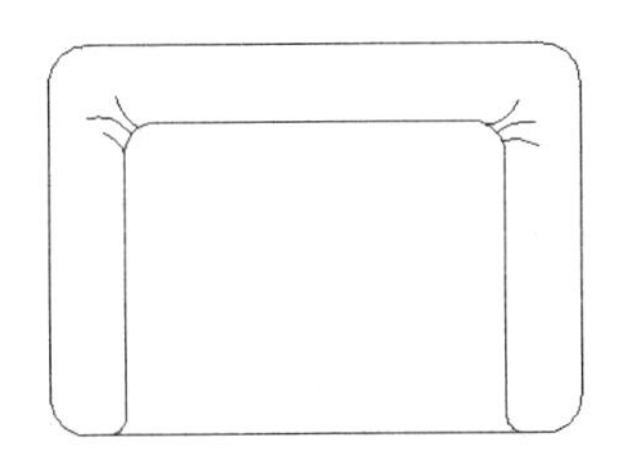

图 3-84　沙发

Step 01 单击“默认”选项卡“绘图”面板中的“矩形”按钮，绘制沙发初步轮廓，如图 3-85 所示。

Step 02 单击“默认”选项卡“绘图”面板中的“直线”按钮，在上一步绘制的矩形内绘制连续直线，如图 3-86 所示。

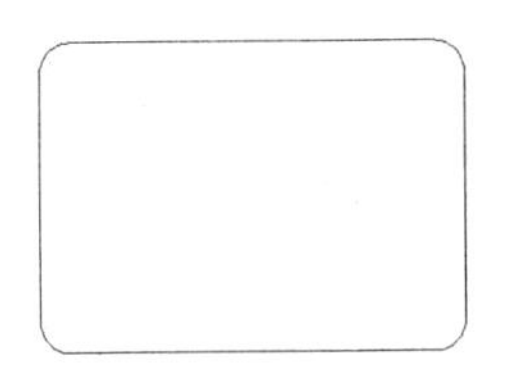

图 3-85　绘制初步轮廓

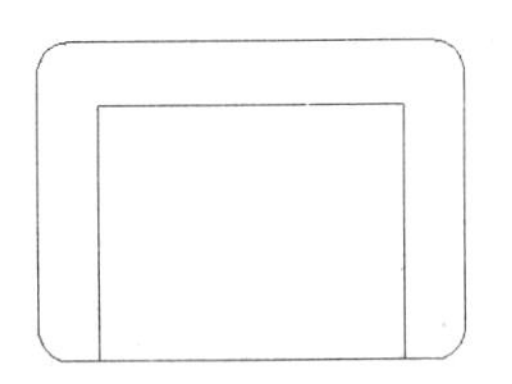

图 3-86　绘制连续直线

Step 03 单击“默认”选项卡“修改”面板中的“分解”按钮和“圆角”按钮，修改沙发轮廓，如图 3-87 所示。

Step 04 单击“默认”选项卡“修改”面板中的“延伸”按钮，对沙发底部进行延伸处理，如图 3-88 所示。

Step 05 单击“默认”选项卡“绘图”面板中的“圆弧”按钮，在沙发拐角处绘制六段圆弧，完成沙发的绘制。

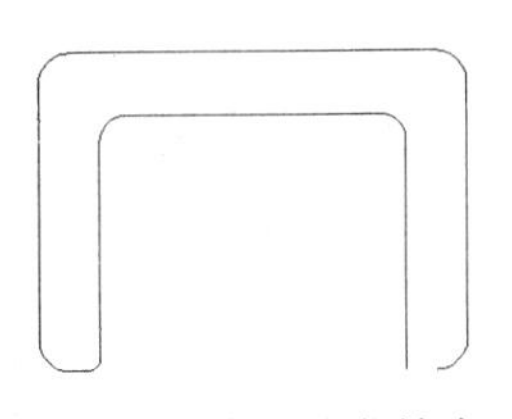

图 3-87　修改沙发轮廓

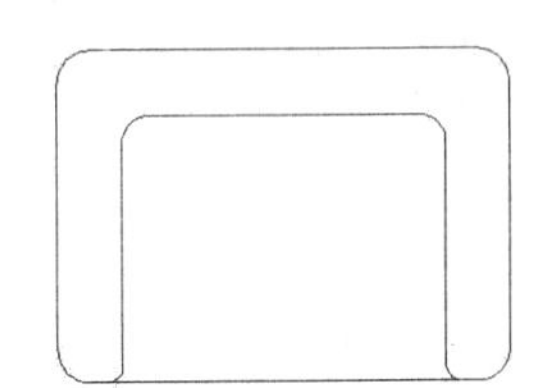

图 3-88　延伸线段

3.10　拉伸功能的应用——门把手

拉伸对象是指拖拉选择的对象，且对象的形状发生改变。拉伸对象时应指定拉伸的基点和移置点。利用一些辅助工具如捕捉、钳夹功能及相对坐标等可以提高拉伸的精度。本节将通过一个简单的室内设计单元——门把手的绘制过程来重点学习拉伸命令，具体的绘制流程图如图 3-89 所示。

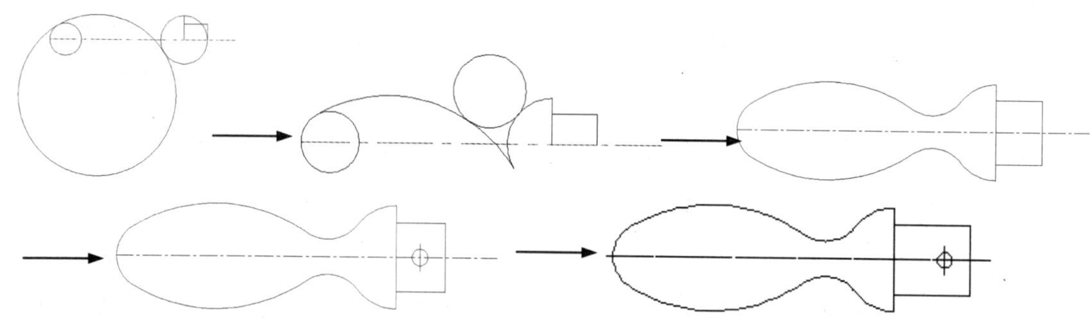

图 3-89 绘制门把手流程图

3.10.1 相关知识点

【执行方式】

- 命令行：STRETCH
- 菜单：修改→拉伸
- 工具栏：修改→拉伸
- 功能区：默认→修改→拉伸

【操作步骤】

```
命令：STRETCH↙
以交叉窗口或交叉多边形选择要拉伸的对象...
选择对象：C↙
指定第一个角点：指定对角点：找到 2 个（采用交叉窗口的方式选择要拉伸的对象）
指定基点或 [位移(D)] <位移>：(指定拉伸的基点)
指定第二个点或 <使用第一个点作为位移>：(指定拉伸的移至点)
```

此时，若指定第二个点，系统将根据这两点决定的矢量拉伸对象。若直接按 Enter 键，系统会把第一个点作为 X 和 Y 轴的分量值。

STRETCH 移动完全包含在交叉窗口内的顶点和端点。部分包含在交叉选择窗口内的对象将被拉伸。

3.10.2 操作步骤

绘制如图 3-90 所示的门把手。

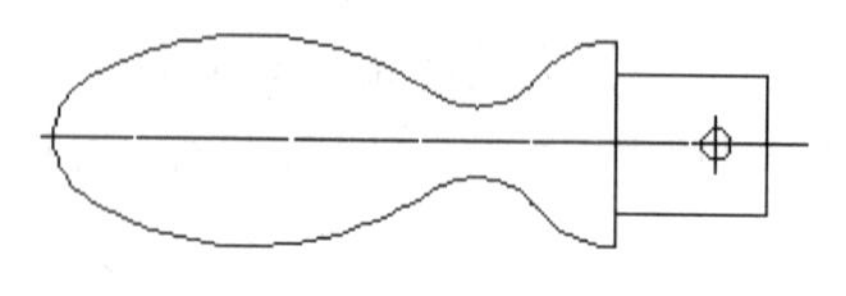

图 3-90 绘制门把手

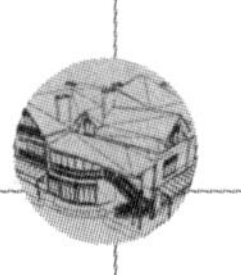

Step 01 设置图层。单击“默认”选项卡“图层”面板中的“图层特性”按钮，弹出“图层特性管理器”对话框，新建以下两个图层：

- 第一图层命名为“轮廓线”，线宽属性为 0.3mm，其余属性为默认；
- 第二图层命名为“中心线”，颜色设为红色，线型加载为 center，其余属性为默认。

Step 02 将“中心线”图层置为当前图层。单击“默认”选项卡“绘图”面板中的“直线”按钮，绘制坐标分别为（150，150），（@120，0）的直线，结果如图 3-91 所示。

Step 03 将“轮廓线”图层置为当前图层。单击“默认”选项卡“绘图”面板中的“圆”按钮，绘制圆心坐标为（160，150），半径为 10 的圆。重复“圆”命令，绘制圆心为（235,150），半径为 15 的圆。再绘制半径为 50 的圆与前两个圆相切，结果如图 3-92 所示。

Step 04 单击“默认”选项卡“绘图”面板中的“直线”按钮，绘制坐标为（250，150），（@10<90），（@15<180)的两条直线。重复“直线”命令，绘制坐标为（235,165），（235,150）的直线，结果如图 3-93 所示。

图 3-91　绘制直线

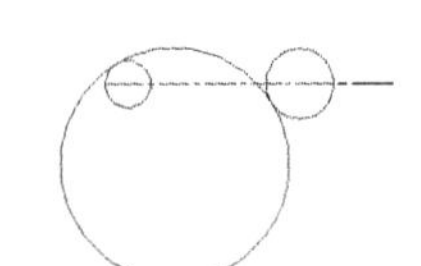

图 3-92　绘制圆

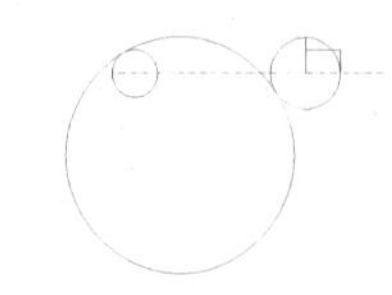

图 3-93　绘制直线

Step 05 单击“默认”选项卡“修改”面板中的“修剪”按钮，进行修剪处理，结果如图 3-94 所示。

Step 06 绘制圆。单击“默认”选项卡“绘图”面板中的“圆”按钮，绘制半径为 12 与圆弧 1 和圆弧 2 相切的圆，结果如图 3-95 所示。

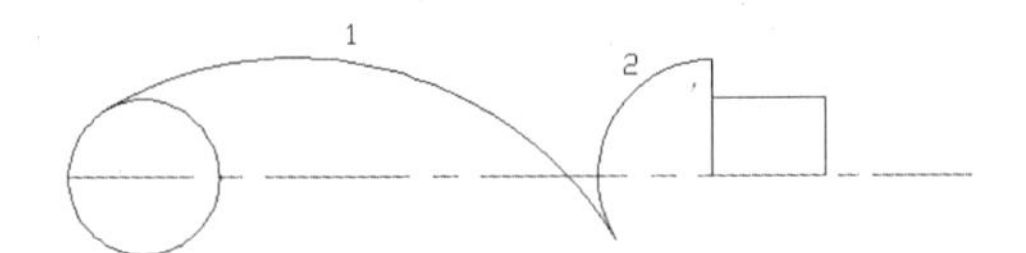

图 3-94　修剪处理

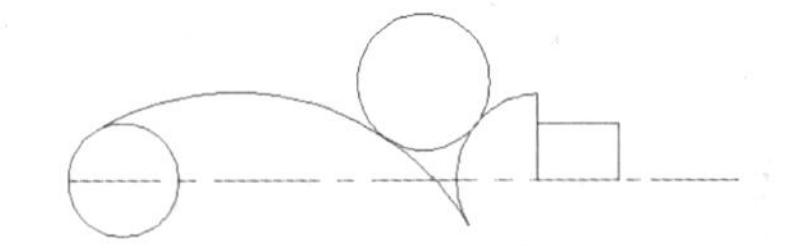

图 3-95　绘制圆

Step 07 修剪处理。单击“默认”选项卡“修改”面板中的“修剪”按钮，将多余的圆弧进行修剪，结果如图 3-96 所示。

Step 08 单击“默认”选项卡“修改”面板中的“镜像”按钮，以两点坐标分别为（150，150），（250，150）的直线为镜像线，对图形进行镜像处理，结果如图 3-97 所示。

Step 09 单击“默认”选项卡“修改”面板中的“修剪”按钮，进行修剪处理，结果如图 3-98 所示。

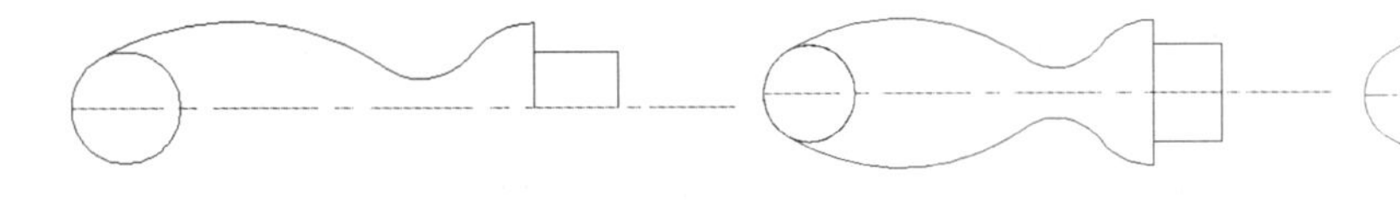

图 3-96　修剪处理　　图 3-97　镜像处理　　图 3-98　把手初步图形

Step 10 将“中心线”图层置为当前图层。单击“默认”选项卡“绘图”面板中的“直线”按钮，在把手接头处中间位置绘制适当长度的竖直线段，作为销孔定位中心线，如图 3-99 所示。

Step 11 将“轮廓线”图层置为当前图层。单击“默认”选项卡“绘图”面板中的“圆”按钮⊙，以中心线交点为圆心绘制适当半径的圆，作为销孔，如图 3-100 所示。

Step 12 单击“默认”选项卡“修改”面板中的“拉伸”按钮，拉伸接头长度，结果如图 3-101 所示。

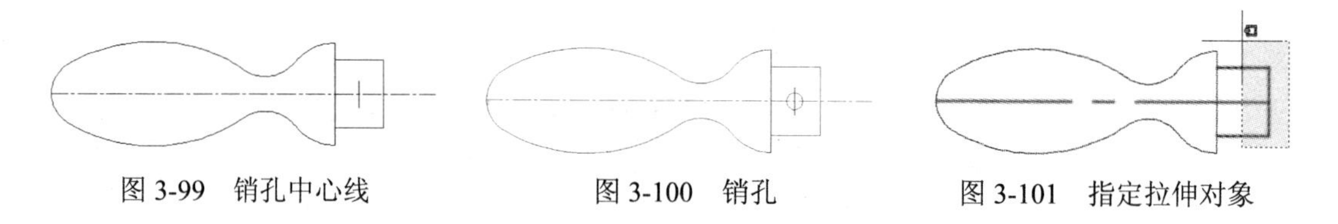

图 3-99　销孔中心线　　图 3-100　销孔　　图 3-101　指定拉伸对象

3.10.3　拓展实例——双人床

读者可以利用上面所学的拉伸命令相关知识在 3.8.3 节基础上完成双人床的绘制，如图 3-102 所示。

Step 01 打开“源文件/第 3 章/单人床”图形，，如图 3-103 所示。

Step 02 单击“默认”选项卡“修改”面板中的“拉伸”按钮，选择拉伸区域将其向右侧进行拉伸，完成双人床的绘制。

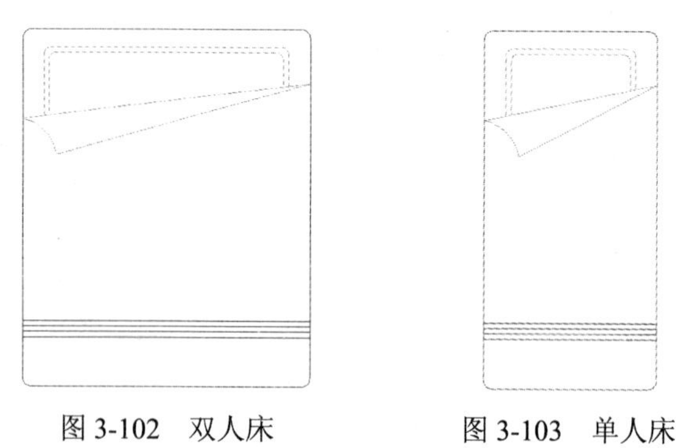

图 3-102　双人床　　图 3-103　单人床

3.11　拉长功能的应用——挂钟

拉长命令也是重要的编辑命令。本节将通过一个简单的室内设计单元——挂钟的绘制过程来重点学习拉长命令，具体的绘制流程图如图 3-104 所示。

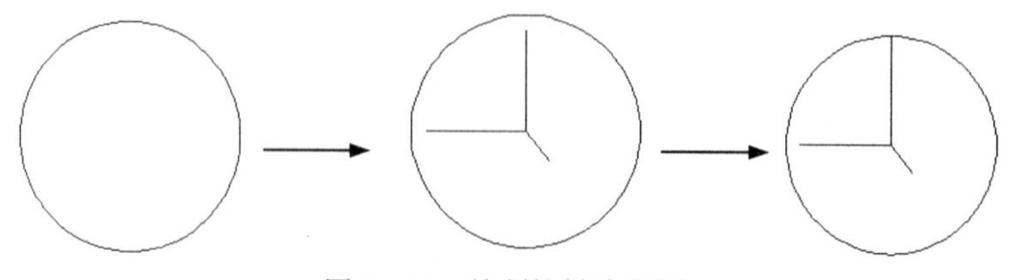

图 3-104　绘制挂钟流程图

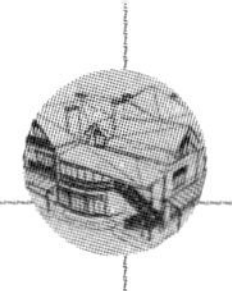

3.11.1　相关知识点

【执行方式】

- 命令行：LENGTHEN
- 菜单：修改→拉长
- 功能区：默认→修改→拉长

【操作步骤】

命令:LENGTHEN↙

选择要测量的对象或 [增量(DE)/百分数(P)/全部(T)/动态(DY)]:（选定对象）

当前长度: 30.5001（给出选定对象的长度，如果选择圆弧则还将给出圆弧的包含角）

选择要测量的对象或 [增量(DE)/百分数(P)/全部(T)/动态(DY)]: DE↙（选择拉长或缩短的方式。如选择“增量（DE）”方式）

输入长度增量或 [角度(A)] <0.0000>: 10↙（输入长度增量数值。如果选择圆弧段，则可输入选项“A”给定角度增量）

选择要修改的对象或 [放弃(U)]:（选定要修改的对象，进行拉长操作）

选择要修改的对象或 [放弃(U)]:（继续选择，回车结束命令）

【选项说明】

（1）增量(DE)：用指定增加量的方法改变对象的长度或角度。

（2）百分数(P)：用指定占总长度的百分比的方法改变圆弧或直线段的长度。

（3）全部(T)：用指定新的总长度或总角度值的方法来改变对象的长度或角度。

（4）动态(DY)：弹出动态拖拉模式。在这种模式下，可以使用拖拉鼠标的方式来动态地改变对象的长度或角度。

3.11.2　操作步骤

绘制如图 3-105 所示的挂钟图形。

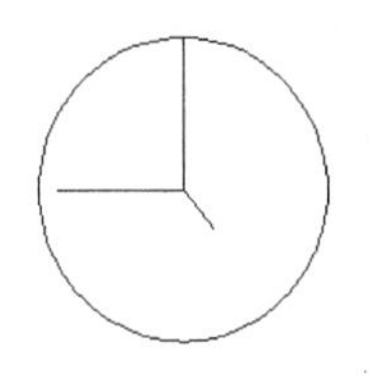

图 3-105　绘制挂钟

Step 01　单击“默认”选项卡“绘图”面板中的“圆”按钮，绘制一个圆心坐标为（100，100），半径为 20 的圆作为挂钟的外轮廓线，如图 3-106 所示。

Step 02　单击“默认”选项卡“绘图”面板中的“直线”按钮，绘制坐标点为{（100，100）（100，117.25）}{（100，100）（82.75，100）}{（100，100）（105，94）}的 3 条直线作为挂钟的指针，如图 3-107 所示。

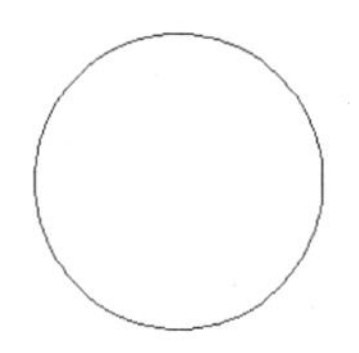

图 3-106　绘制圆形

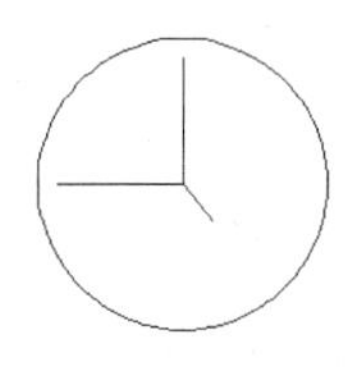

图 3-107　绘制指针

Step 03　单击“默认”选项卡“修改”面板中的“拉长”按钮，将秒针拉长至圆的边。命令行中提示与操作如下：

```
命令：LENGTHEN↙
选择要测量的对象或 [增量(DE)/百分数(P)/全部(T)/动态(DY)]：(选择直线)
当前长度：20.0000
选择要测量的对象或 [增量(DE)/百分数(P)/全部(T)/动态(DY)]：de↙
输入长度增量或 [角度(A)] <2.7500>：2.75↙
绘制挂钟完成，如图 3-105 所示
```

3.11.3　拓展实例——筒灯

读者可以利用上面所学的拉长命令相关知识完成筒灯的绘制，如图 3-108 所示。

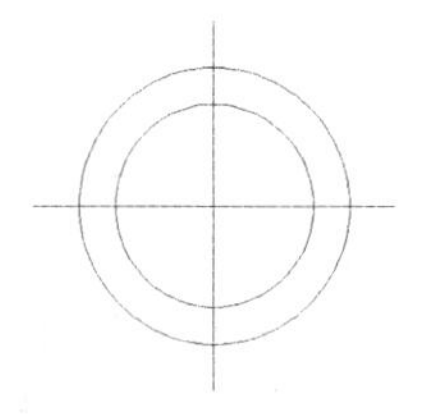

图 3-108　筒灯

Step 01　单击“默认”选项卡“绘图”面板中的“圆”按钮，绘制两个同心圆，如图 3-109 所示。

Step 02　单击“默认”选项卡“绘图”面板中的“直线”按钮，在上一步绘制的圆内绘制直线，如图 3-110 所示。

Step 03　单击“默认”选项卡“修改”面板中的“拉长”按钮，将绘制直线向两端拉长，完成筒灯的绘制。

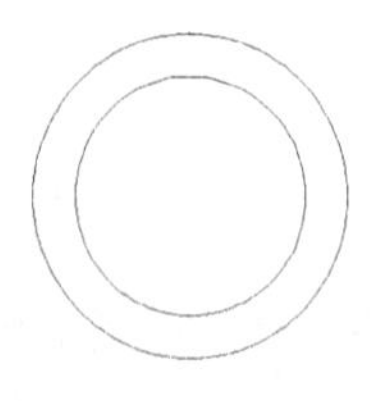

图 3-109　绘制圆

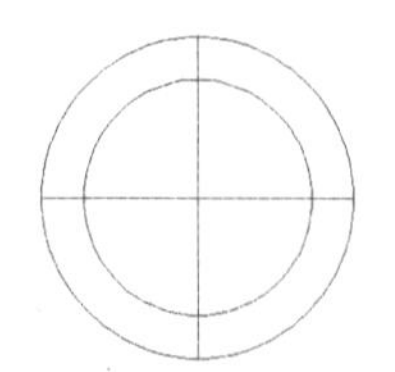

图 3-110　绘制直线

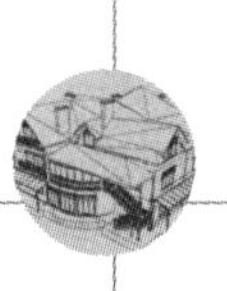

3.12　圆角功能的应用——小便池

圆角是指用指定的半径决定的一段平滑的圆弧连接两个对象。系统规定可以圆滑连接一对直线段、非圆弧的多义线段、样条曲线、双向无限长线、射线、圆、圆弧和真椭圆。可以在任何时刻圆滑连接多义线的每个节点。本节将通过一个简单的室内设计单元——小便池的绘制过程来重点学习圆角命令，具体的绘制流程图如图 3-111 所示。

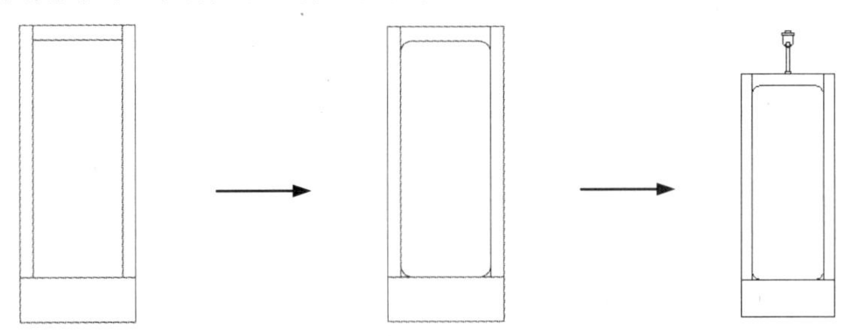

图 3-111　绘制小便池流程图

3.12.1　相关知识点

【执行方式】

命令行：FILLET

菜单：修改→圆角

工具栏：修改→圆角

功能区：默认→修改→圆角

【操作步骤】

命令：FILLET↙

当前设置：模式 = 修剪，半径 = 0.0000

选择第一个对象或[放弃(U)/多段线(P)/半径(R)/修剪(T)/多个(M)]：(选择第一个对象或别的选项)

选择第二个对象，或按住 Shift 键选择对象以应用角点或 [半径(R)]：(选择第二个对象)

【选项说明】

（1）多段线(P)：在一条二维多段线的两条直线段的节点处插入圆滑的弧。选择多段线后系统会根据指定的圆弧的半径把多段线各顶点用圆滑的弧连接起来。

（2）修剪(T)：决定在圆滑连接两条边时，是否修剪这两条边，如图 3-112 所示。

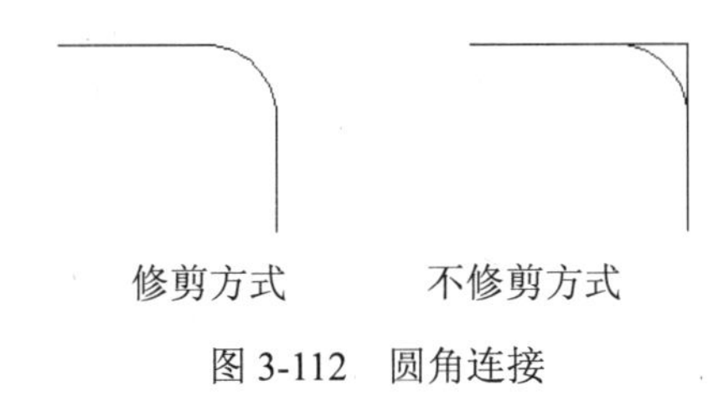

修剪方式　　不修剪方式

图 3-112　圆角连接

（3）多个(M)：同时对多个对象进行圆角编辑，而不必重新启用命令。

（4）按住 Shift 键并选择两条直线，可以快速创建零距离倒角或零半径圆角。

3.12.2 操作步骤

绘制如图 3-113 所示的小便池图形。

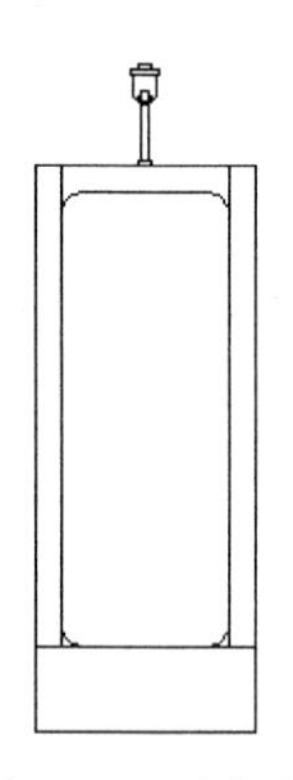

图 3-113 小便池

Step 01 单击“默认”选项卡“绘图”面板中的“矩形”按钮，绘制两角点坐标分别为{（0，0），（400，1000）}的矩形。重复“矩形”命令，绘制角点坐标分别为{（0,150），（45,1000）}{（45,150），（355,950）}{（355,150），（400,1000）}的另外 3 个矩形，绘制结果如图 3-114 所示。

Step 02 单击“默认”选项卡“修改”面板中的“圆角”按钮，圆角半径设为 40，将中间的矩形进行圆角处理，如图 3-115 所示。命令行中提示与操作如下：

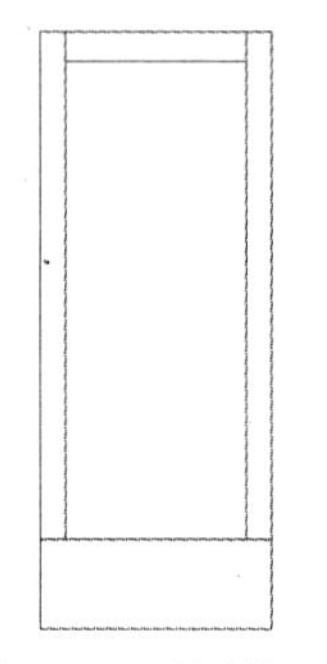

图 3-114 绘制矩形

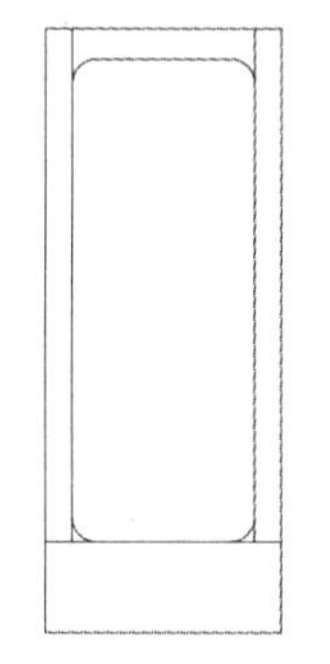

图 3-115 圆角处理

```
命令：_fillet↙
当前设置：模式 = 修剪，半径 =0.0000
选择第一个对象或 [放弃(U)/多段线(P)/半径(R)/修剪(T)/多个(M)]：r↙
指定圆角半径：40↙
选择第一个对象或 [放弃(U)/多段线(P)/半径(R)/修剪(T)/多个(M)]：p↙
选择二维多段线：（选择如图 3-114 所示的矩形）
4 条直线已被圆角
```

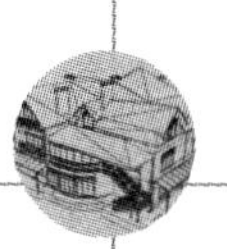

Step 03 单击“默认”选项卡“绘图”面板中的“直线”按钮，绘制两点坐标分别为（45，150），（355，150）的直线。

Step 04 单击“默认”选项卡“绘图”面板中的“直线”按钮，绘制水龙头。命令行中提示与操作如下：

```
命令: _line 指定第一个点: 187.5,1000↙
指定下一点或 [放弃(U)]: 189.5,1010↙
指定下一点或 [放弃(U)]: 210.5,1010↙
指定下一点或 [闭合(C)/放弃(U)]: 212.5,1000↙
指定下一点或 [闭合(C)/放弃(U)]: ↙
```

Step 05 单击“默认”选项卡“绘图”面板中的“矩形”按钮，绘制矩形。命令行中提示与操作如下：

```
命令: _rectang↙
指定第一个角点或 [倒角(C)/标高(E)/圆角(F)/厚度(T)/宽度(W)]: 192.5,1010↙
指定另一个角点或 [面积(A)/尺寸(D)/旋转(R)]: 207.5,1110↙
```

Step 06 重复“矩形”命令，绘制角点坐标分别为{（172.5,1160），（227.5,1170）}，{（190,1170），（210,1180）}的另外两个矩形。

Step 07 单击“默认”选项卡“绘图”面板中的“多段线”按钮，绘制多段线。命令行中提示与操作如下：

```
命令: _pline↙
指定起点: 177.5,1160↙
当前线宽为 0.0000
指定下一个点或 [圆弧(A)/半宽(H)/长度(L)/放弃(U)/宽度(W)]: 177.5,1131↙
指定下一点或 [圆弧(A)/闭合(C)/半宽(H)/长度(L)/放弃(U)/宽度(W)]: a↙
指定圆弧的端点(按住 Ctrl 键以切换方向)或[角度(A)/圆心(CE)/闭合(CL)/方向(D)/半宽(H)/
直线(L)/半径(R)/第二个点(S)/放弃(U)/宽度(W)]: @45,0↙
指定圆弧的端点(按住 Ctrl 键以切换方向)或[角度(A)/圆心(CE)/闭合(CL)/方向(D)/半宽(H)/
直线(L)/半径(R)/第二个点(S)/放弃(U)/宽度(W)]: l↙
指定下一点或 [圆弧(A)/闭合(C)/半宽(H)/长度(L)/放弃(U)/宽度(W)]: 222.5,1160↙
指定下一点或 [圆弧(A)/闭合(C)/半宽(H)/长度(L)/放弃(U)/宽度(W)]: ↙
```

Step 08 单击“默认”选项卡“绘图”面板中的“圆”按钮，绘制圆。命令行中提示与操作如下：

```
命令:CIRCLE↙
指定圆的圆心或 [三点(3P)/两点(2P)切点、切点、半径(T)]: 200,1120↙
指定圆的半径或 [直径(D)] <0.0000>: 10↙
绘制结果如图 3-113 所示
```

3.12.3 拓展实例——坐便器

读者可以利用上面所学的圆角命令相关知识完成坐便器的绘制，如图 3-116 所示。

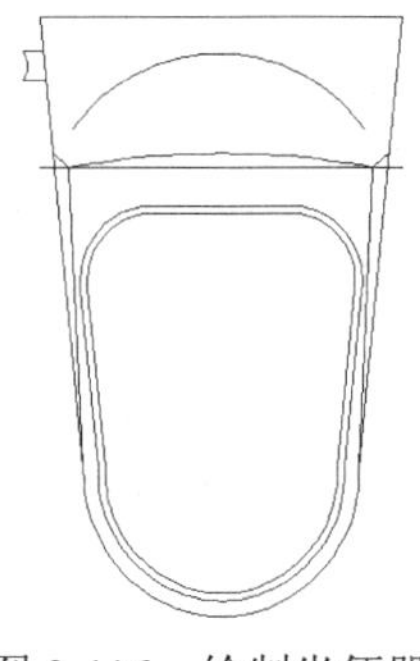
图 3-116 绘制坐便器

Step 01 单击“默认”选项卡“绘图”面板中的“直线”按钮和“修改”面板中的“镜像”按钮，完成坐便器外轮廓的绘制，如图 3-117 所示。

Step 02 单击“默认”选项卡“绘图”面板中的“圆弧”按钮，绘制弧线，如图 3-118 所示。

Step 03 单击“默认”选项卡“绘图”面板中的“直线”按钮和“修改”面板中的“偏移”按钮，绘制辅助线，如图 3-119 所示。

Step 04 单击“默认”选项卡“绘图”面板中的“直线”按钮，绘制连接线，如图 3-120 所示。

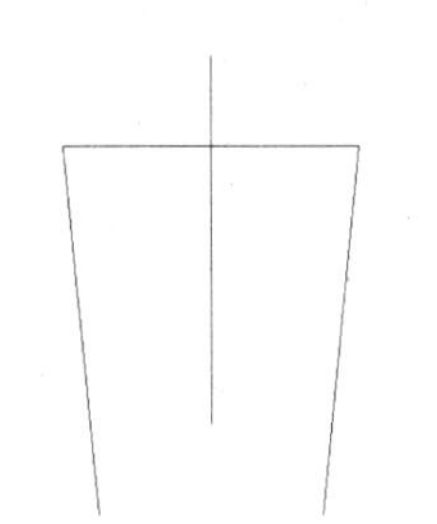
图 3-117 镜像图形

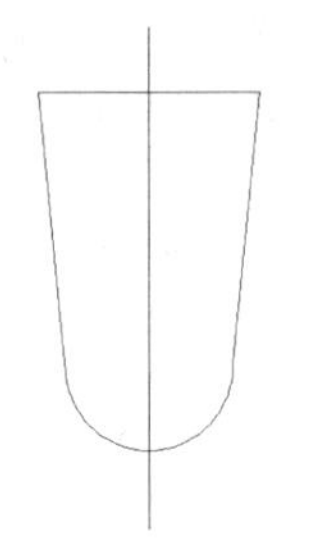
图 3-118 绘制弧线

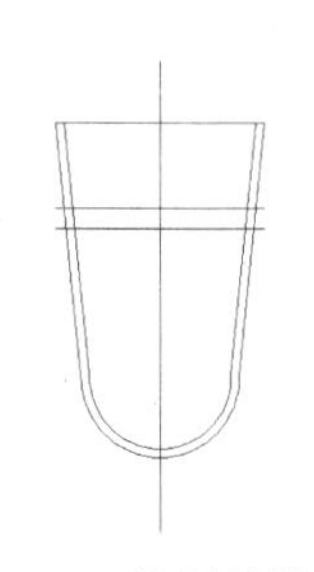
图 3-119 绘制辅助线

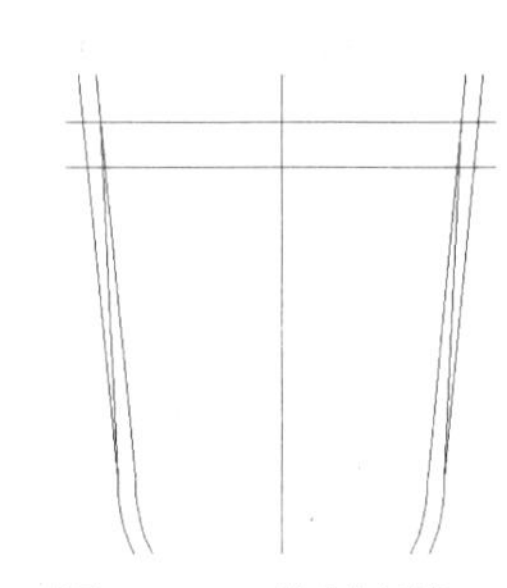
图 3-120 绘制直线

Step 05 单击“默认”选项卡“绘图”面板中的“圆”按钮和“修改”面板中的“偏移”按钮，对图形进行后期处理，完成坐便器的绘制。

3.13 倒角功能的应用——洗手盆

倒斜角是指用斜线连接两个不平行的线型对象。可以利用斜线连接直线段、双向无限长线、射线和多义线。系统采用两种方法确定连接两个线型对象的斜线。本节将通过一个简单的室内设计单元—洗手盆来重点学习倒角命令，具体的绘制流程如图 3-121 所示。

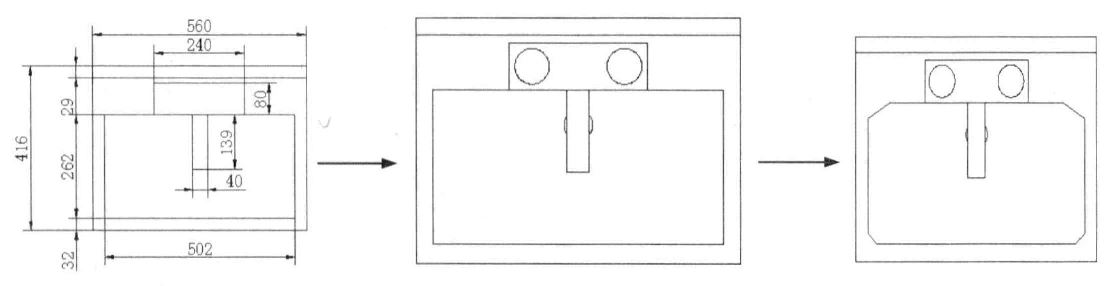

图 3-121 绘制洗手盆流程图

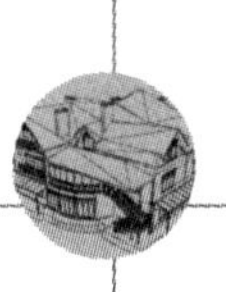

3.13.1　相关知识点

【执行方式】

- 命令行：CHAMFER
- 菜单：修改→倒角
- 工具栏：修改→倒角
- 功能区：默认→修改→倒角

【操作步骤】

命令：CHAMFER↙

（“不修剪”模式）当前倒角距离 1 = 0.0000，距离 2 = 0.0000

选择第一条直线或 [放弃(U)/多段线(P)/距离(D)/角度(A)/修剪(T)/方式(E)/多个(M)]：（选择第一条直线或别的选项）

选择第二条直线，或按住 Shift 键选择直线以应用角点或 [距离(D)/角度(A)/方法(M)]：（选择第二条直线）

【选项说明】

（1）多段线(P)：对多段线的各个交叉点倒斜角。为了得到最好的连接效果，一般设置斜线是相等的值。系统根据指定的斜线距离把多义线的每个交叉点都作斜线连接，连接的斜线成为多段线新添加的构成部分，如图 3-122 所示。

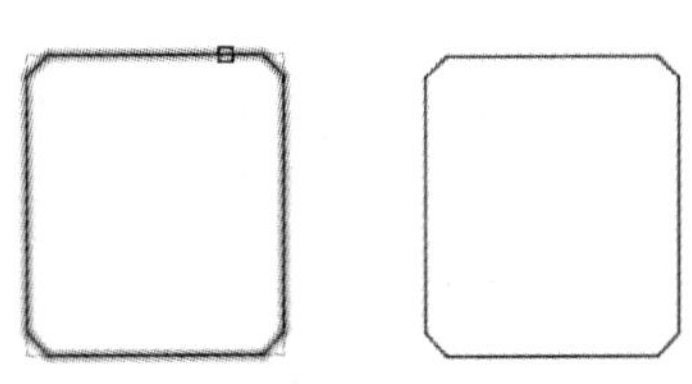

图 3-122　斜线连接多段线

（2）距离(D)：选择倒角的两个斜线距离。这两个斜线距离可以相同或不相同，若二者均为 0，则系统不绘制连接的斜线，而是把两个对象延伸至相交并修剪超出的部分。

（3）角度(A)：选择第一条直线的斜线距离和第一条直线的倒角角度。

（4）修剪(T)：与圆角连接命令 FILLET 相同，该选项决定连接对象后是否剪切原对象。

（5）方式(E)：决定采用“距离”方式还是“角度”方式来倒斜角。

（6）多个(M)：同时对多个对象进行倒斜角编辑。

3.13.2　操作步骤

绘制如图 3-123 所示的图形。

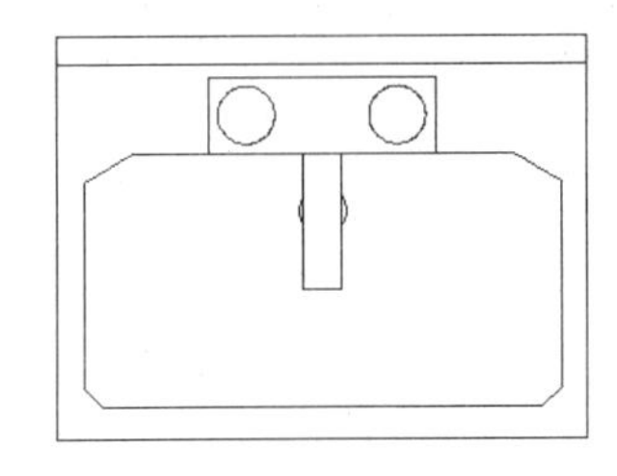

图 3-123　洗手盆

Step 01 单击“默认”选项卡“绘图”面板中的“直线”按钮，绘制出初步轮廓，大约尺寸如图 3-124 所示。

Step 02 单击“默认”选项卡“绘图”面板中的“圆”按钮，绘制以图 3-124 中长 240 宽 80 的矩形大约左中位置处为圆心，35 为半径的圆。单击“默认”选项卡“修改”面板中的“复制”按钮，复制绘制的圆。单击“默认”选项卡“绘图”面板中的“圆”按钮，绘制以在图 3-124 中长 139 宽 40 的矩形大约正中位置为圆心，25 为半径的圆作为出水口。

Step 03 单击“默认”选项卡“修改”面板中的“修剪”按钮，将绘制的出水口圆修剪成如图 3-125 所示的效果。

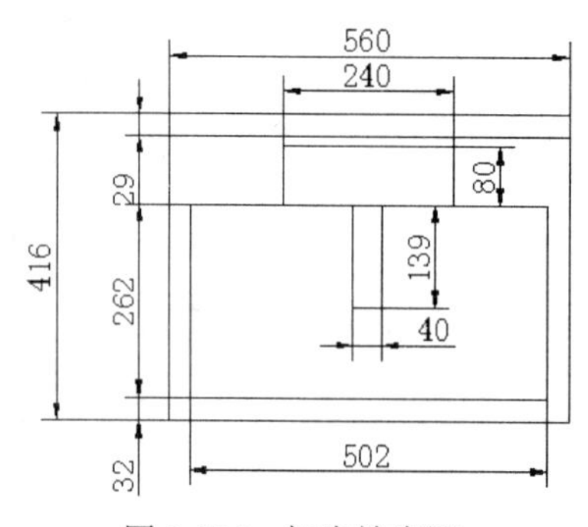

图 3-124　初步轮廓图

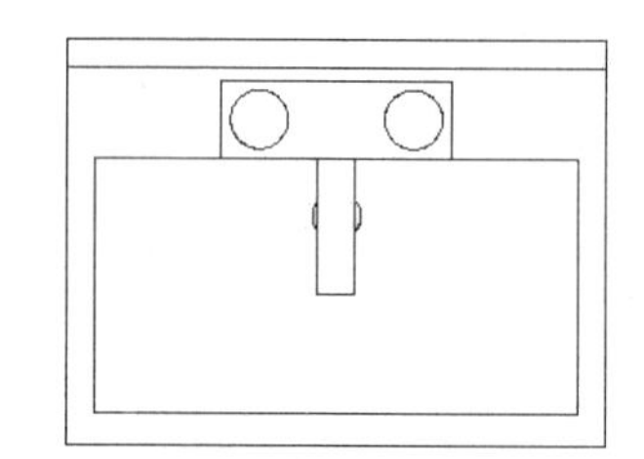
图 3-125　绘制水笼头和出水口

Step 04 单击“默认”选项卡“修改”面板中的“倒角”按钮，绘制水盆 4 角。命令行中提示与操作如下：

```
命令:CHAMFER↙
(“修剪”模式) 当前倒角距离 1 = 0.0000，距离 2 = 0.0000
选择第一条直线或 [放弃(U)/多段线(P)/距离(D)/角度(A)/修剪(T)/方式(E)/多个(M)]:D↙
指定第一个倒角距离 <0.0000>: 50↙
指定第二个倒角距离 <50.0000>: 30↙
选择第一条直线或 [多段线(P)/距离(D)/角度(A)/修剪(T)/方式(M)/多个(U)]: U↙
选择第一条直线或 [放弃(U)/多段线(P)/距离(D)/角度(A)/修剪(T)/方式(E)/多个(M)]:(选择右上角横线段)
选择第二条直线，或按住 Shift 键选择要应用角点的直线:(选择右上角竖线段)
选择第一条直线或 [放弃(U)/多段线(P)/距离(D)/角度(A)/修剪(T)/方式(E)/多个(M)]:(选择左上角横线段)
选择第二条直线，或按住 Shift 键选择要应用角点的直线:(选择右上角竖线段)
命令: CHAMFER↙
(“修剪”模式) 当前倒角距离 1 = 50.0000，距离 2 = 30.0000
选择第一条直线或 [放弃(U)/多段线(P)/距离(D)/角度(A)/修剪(T)/方式(E)/多个(M)]:A↙
指定第一条直线的倒角长度 <20.0000>: ↙
指定第一条直线的倒角角度 <0>: 45↙
选择第一条直线或 [放弃(U)/多段线(P)/距离(D)/角度(A)/修剪(T)/方式(E)/多个(M)]:U↙
```

选择第一条直线或 [放弃(U)/多段线(P)/距离(D)/角度(A)/修剪(T)/方式(E)/多个(M)]：（选择左下角横线段）

选择第二条直线，或按住 Shift 键选择要应用角点的直线：（选择左下角竖线段）

选择第一条直线或 [放弃(U)/多段线(P)/距离(D)/角度(A)/修剪(T)/方式(E)/多个(M)]：（选择右下角横线段）

选择第二条直线，或按住 Shift 键选择要应用角点的直线：（选择右下角竖线段）

水盆绘制完成结果如图 3-123 所示

3.13.3　拓展实例——吧台

读者可以利用上面所学的倒角命令相关知识完成吧台的绘制，如图 3-126 所示。

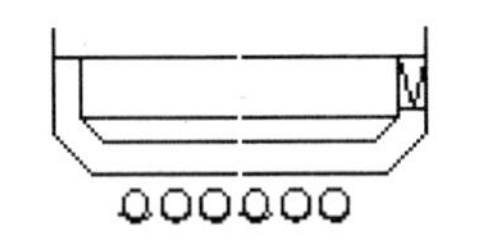

图 3-126　吧台

Step 01　单击“默认”选项卡“绘图”面板中的“直线”按钮，绘制直线，如图 3-127 所示。

Step 02　单击“默认”选项卡“修改”面板中的“偏移”按钮，偏移直线，如图 3-128 所示。

Step 03　单击“默认”选项卡“修改”面板中的“倒角”按钮，对交线进行倒角处理，如图 3-129 所示。

Step 04　单击“默认”选项卡“修改”面板中的“镜像”按钮，对其进行镜像处理，如图 3-130 所示。

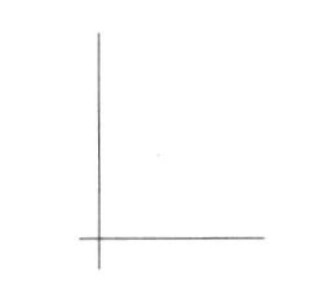

图 3-127　绘制直线

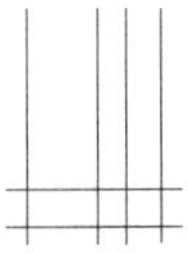

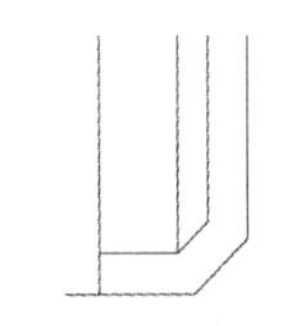

图 3-128　偏移直线

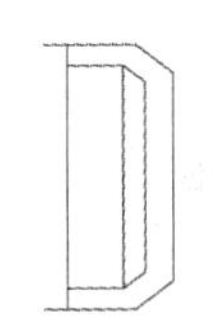

图 3-129　倒角处理

图 3-130　镜像处理

Step 05　单击“默认”选项卡“绘图”面板中的“直线”按钮、“圆”按钮和“矩形”按钮，完成吧台的绘制。

3.14　打断功能的应用——吸顶灯

打断命令是选择两点之间对象进行打断。本节将通过一个简单的室内设计单元——吸顶灯的绘制过程来重点学习打断命令，具体的绘制流程图如图 3-131 所示。

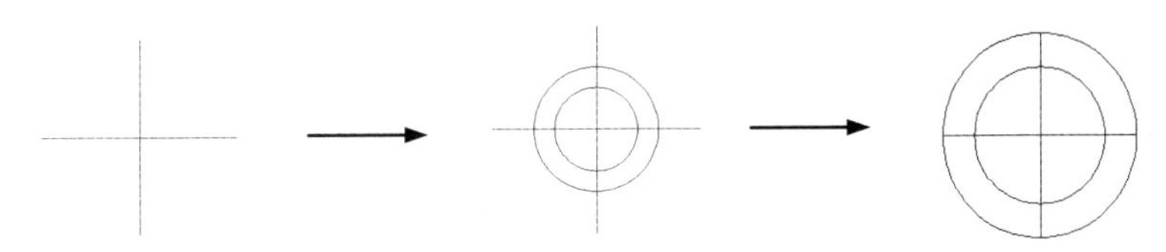

图 3-131　绘制吸顶灯流程图

3.14.1 相关知识

【执行方式】

- 命令行：BREAK
- 菜单：修改→打断
- 工具栏：修改→打断
- 功能区：默认→修改→打断

【操作步骤】

```
命令：BREAK↙
选择对象：（选择要打断的对象）
指定第二个打断点或 [第一点(F)]：（指定第二个断开点或键入 F）
```

【选项说明】

如果选择“第一点(F)”，系统将丢弃前面的第一个选择点，重新提示用户指定两个断开点。

3.14.2 操作步骤

绘制如图 3-132 所示的吸顶灯。

Step 01 单击“默认”选项卡“图层”面板中的“图层特性”按钮，打开“图层特性管理器”，新建以下两个图层：

- “1”图层，颜色为蓝色，其余属性为默认；
- “2”图层，颜色为黑色，其余属性为默认。

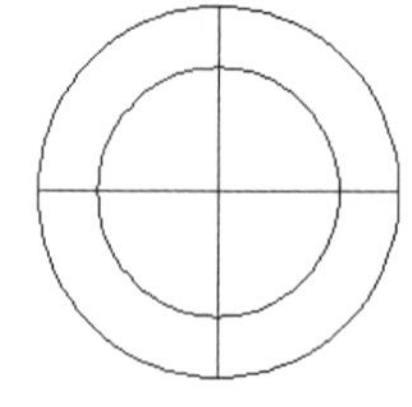

图 3-132 吸顶灯图形

Step 02 将“1”图层设置为当前层，单击“默认”选项卡“绘图”面板中的“直线”按钮，绘制坐标点为{(50，100)、(100，100)}{(75，75)、(75，125)}的两条相交的直线，如图 3-133 所示。

Step 03 将“2”图层设置为当前层，单击“默认”选项卡“绘图”面板中的“圆”按钮，绘制以(75，100)为圆心，半径分别为 15，10 的两个同心圆，如图 3-134 所示。

Step 04 单击“默认”选项卡“修改”面板中的“打断于点”按钮，将超出圆外的直线修剪掉。命令行中提示与操作如下：

```
命令：_break ↙
选择对象：（选择竖直直线）
指定第二个打断点 或 [第一点(F)]:F↙
指定第一个打断点：（选择竖直直线的上端点）
指定第二个打断点：（选择竖直直线与大圆上面的相交点）
```

Step 05 重复“打断于点”命令，将其他 3 段超出圆外的直线修剪掉，结果如图 3-132 所示。

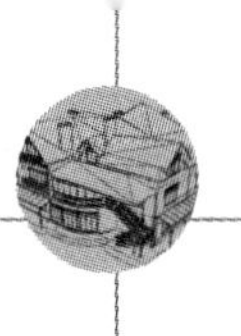

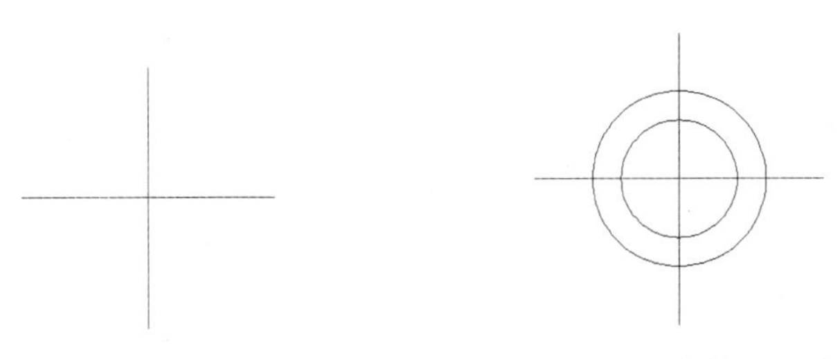

图 3-133　绘制相交直线　　　　图 3-134　绘制同心圆

3.14.3　拓展实例——窗洞口

读者可以利用上面所学的打断命令相关知识完成窗洞口的绘制，如图 3-135 所示。

图 3-135　绘制窗洞口

Step 01　单击“默认”选项卡“绘图”面板中的“直线”按钮，绘制预备开洞墙体，如图 3-136 所示。

图 3-136　绘制墙体

Step 02　单击“默认”选项卡“修改”面板中的“打断”按钮，完成窗洞口的绘制。

3.15　分解功能的应用——西式沙发

分解命令是将一个合成图形分解成为其部件的工具。本节将通过一个简单的室内设计单元——西式沙发的绘制过程来重点学习分解命令，具体的绘制流程图如图 3-137 所示。

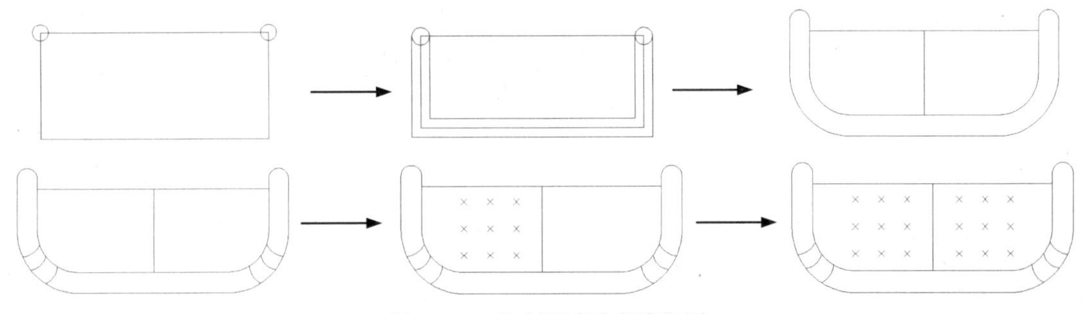

图 3-137　绘制西式沙发流程图

3.15.1 相关知识点

【执行方式】

- 命令行：EXPLODE
- 菜单：修改→分解
- 工具栏：修改→分解
- 功能区：默认→修改→分解

【操作步骤】

```
命令：EXPLODE↙
选择对象：（选择要分解的对象）
```

选择一个对象后，该对象会被分解。系统继续提示该行信息，允许分解多个对象。

3.15.2 操作步骤

绘制如图 3-138 所示的西式沙发。

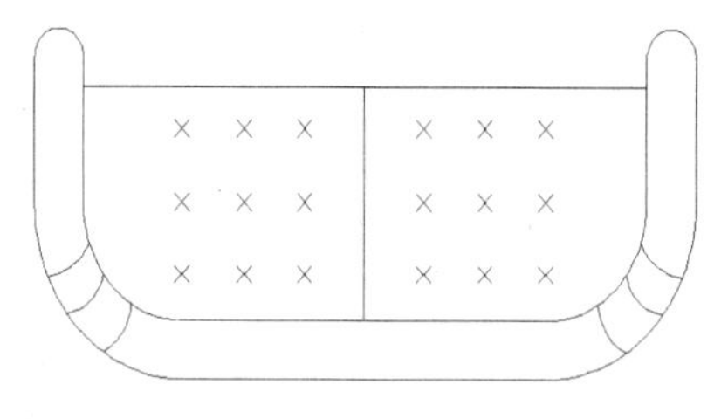

图 3-138 西式沙发

Step 01 单击“默认”选项卡“绘图”面板中的“矩形”按钮，绘制一个长为 100mm，宽为 40mm 的矩形，如图 3-139 所示。

Step 02 单击“默认”选项卡“绘图”面板中的“圆”按钮，在矩形上侧的两个角处绘制直径为 8 的圆；单击“默认”选项卡“修改”面板中的“复制”按钮，以矩形角点为参考点，将圆复制到另外一个角点处，如图 3-140 所示。

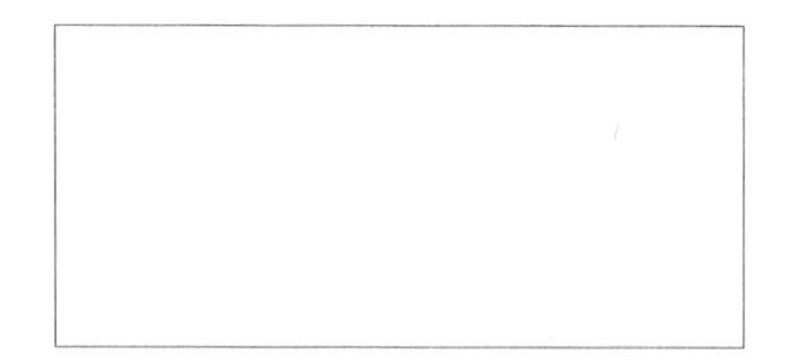

图 3-139 绘制矩形

图 3-140 绘制圆

Step 03 选择菜单栏中的“绘图”→“多线”命令，即多线功能，绘制沙发的靠背。选择菜单栏中的“格式”→“多线样式”命令，弹出“多线样式”对话框，如图 3-141 所示；单击“新建”按钮，弹出“新建多线样式”对话框，如图 3-142 所示，并命名为 MLINE1。单

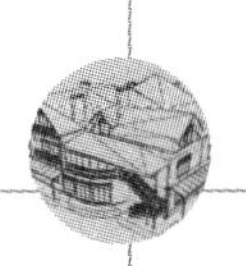

击“确定”按钮，关闭所有对话框。

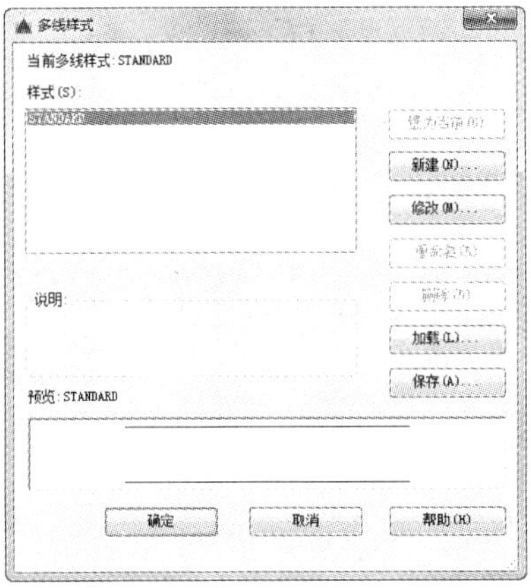

图 3-141 “多线样式”对话框

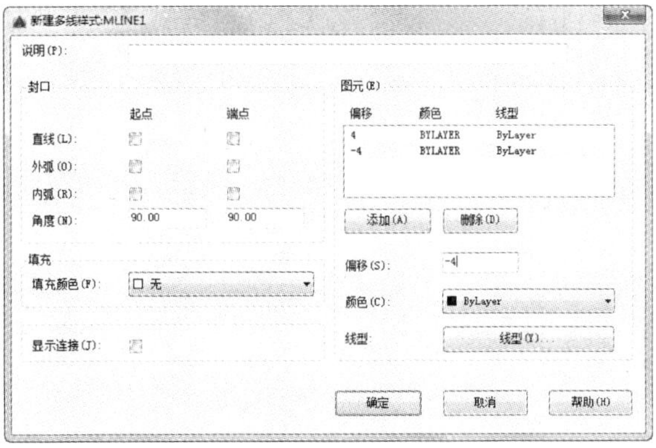

图 3-142 设置多线样式

Step 04 选择菜单栏中的“绘图”→“多线”命令，输入 st，选择多线样式为 MLINE1，然后输入 j，设置对中方式为无，将比例设置为 1，以图 3-140 中的圆心为起点，沿矩形边界绘制多线。命令行中提示与操作如下：

```
命令: mline↙
当前设置: 对正 = 上, 比例 = 20.00, 样式 = STANDARD
指定起点或 [对正(J)/比例(S)/样式(ST)]: st↙ (设置当前多线样式)
输入多线样式名或 [?]: mline1↙ (选择样式 mline1)
当前设置: 对正 = 上, 比例 = 20.00, 样式 = MLINE1
指定起点或 [对正(J)/比例(S)/样式(ST)]: j↙ (设置对正方式)
输入对正类型 [上(T)/无(Z)/下(B)] <上>: z↙ (设置对正方式为无)
当前设置: 对正 = 无, 比例 = 20.00, 样式 = MLINE1
指定起点或 [对正(J)/比例(S)/样式(ST)]: s↙
输入多线比例 <20.00>: 1↙ (设定多线比例为 1)
当前设置: 对正 = 无, 比例 = 1.00, 样式 = MLINE1
指定起点或 [对正(J)/比例(S)/样式(ST)]: (单击圆心)
指定下一点: (单击矩形角点)
指定下一点或 [放弃(U)]:
指定下一点或 [闭合(C)/放弃(U)]: (单击另外一侧圆心)
指定下一点或 [闭合(C)/放弃(U)]: ↙
绘制结果如图 3-143 所示
```

Step 05 选择刚刚绘制的多线和矩形，单击“默认”选项卡“修改”面板中的“分解”按钮，将多线分解。

Step 06 单击“默认”选项卡“修改”面板中的“删除”按钮，将多线中间的矩形轮廓线删除，如图 3-144 所示。单击“默认”选项卡“修改”面板中的“移动”按钮，以直线的左端点为基点，将其移动到圆的下端点，如图 3-145 所示。单击“默认”选项卡“修改”

面板中的“修剪”按钮，将多余线修剪，结果如图 3-146 所示。

图 3-143　绘制多线

图 3-144　删除直线

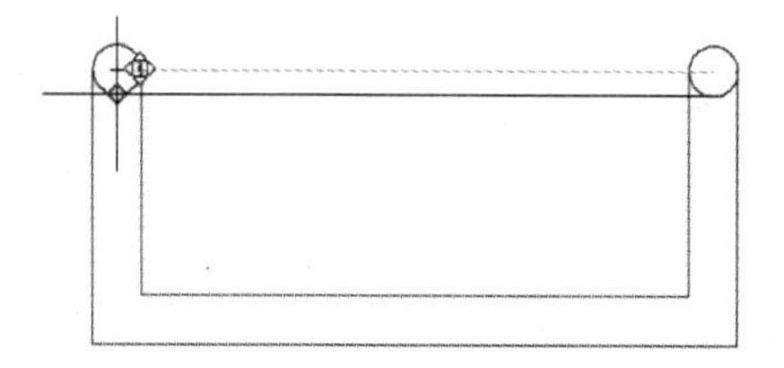
图 3-145　移动直线

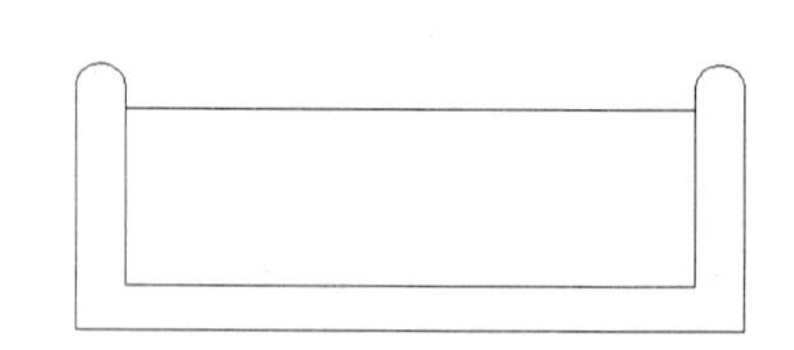
图 3-146　修剪多余线

Step 07　单击“默认”选项卡“修改”面板中的“圆角”按钮，设置倒角的大小，绘制沙发扶手及靠背的转角。内侧圆角半径为 16，修改后如图 3-147 所示，外侧圆角半径为 24，修改后如图 3-148 所示。

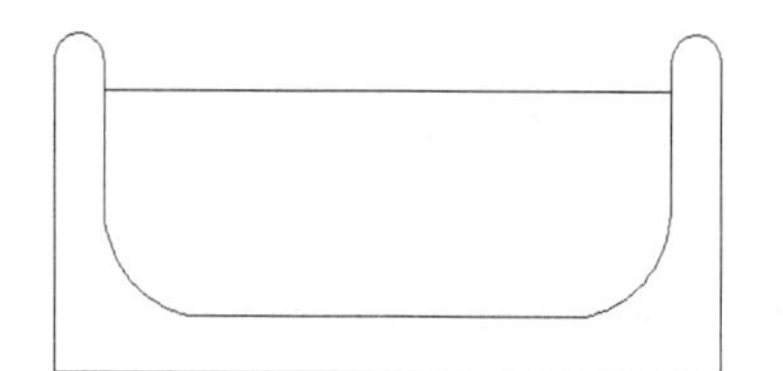
图 3-147　修改内侧圆角

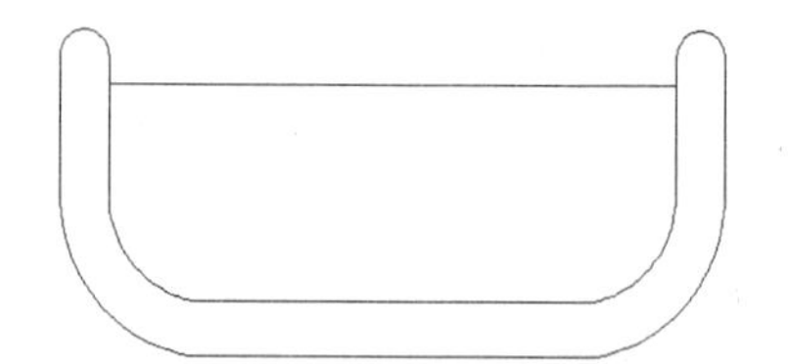
图 3-148　修改外侧圆角

Step 08　单击“默认”选项卡“绘图”面板中的“直线”按钮，在沙发中心绘制一条垂直的直线，如图 3-149 所示。单击“默认”选项卡“绘图”面板中的“圆弧”按钮，在沙发扶手的拐角处绘制三条弧线，两边对称复制，如图 3-150 所示。

图 3-149　绘制中线

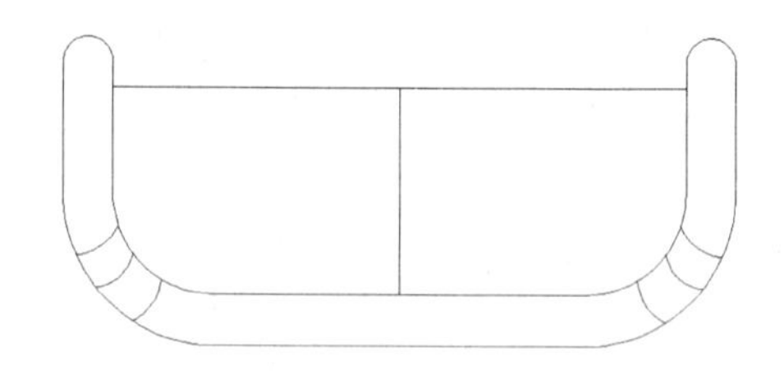
图 3-150　绘制沙发转角

Step 09　单击“默认”选项卡“绘图”面板中的“直线”按钮，在沙发左侧空白处利用直线命令绘制一个“×”形图案，如图 3-151 所示；单击“默认”选项卡“修改”面板中的“矩形阵列”按钮，选择刚刚绘制的“×”形图案，进行阵列复制，设置行数和列数均为 3，然后将行间距设置为-10，列间距设置为 10，如图 3-152 所示。

Step 10　单击“默认”选项卡“修改”面板中的“镜像”按钮，将左侧的花纹复制到右侧，如图 3-153 所示。

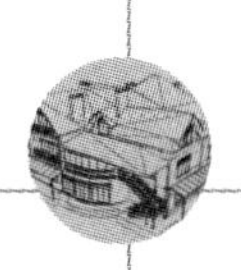

Step 11　在命令行中输入“WBLOCK”命令，绘制好沙发模块，将其保存成块，以便绘图中调用。

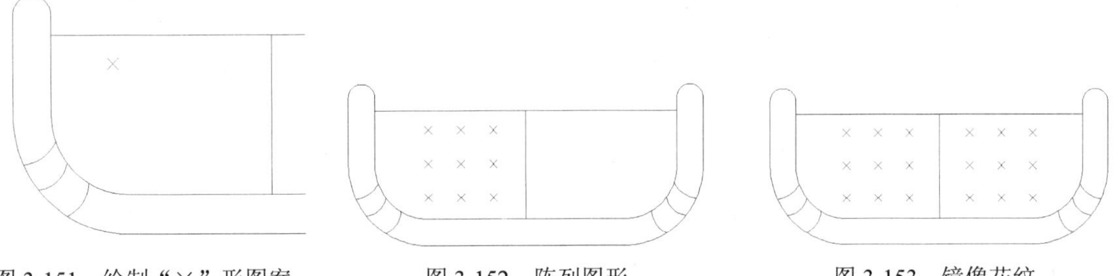

图 3-151　绘制“×”形图案　　图 3-152　阵列图形　　图 3-153　镜像花纹

3.15.3　拓展实例——洗衣机

读者可以利用上面所学的分解命令相关知识完成洗衣机的绘制，如图 3-154 所示。

Step 01　单击“默认”选项卡“绘图”面板中的“矩形”按钮，绘制一个矩形，如图 3-155 所示。

Step 02　单击“默认”选项卡“修改”面板中的“分解”按钮，将上一步绘制的矩形进行分解。

Step 03　单击“默认”选项卡“修改”面板中的“圆角”按钮，对上一步的图形进行圆角处理，如图 3-156 所示。

Step 04　单击“默认”选项卡“绘图”面板中的“直线”按钮和“修改”面板中的“偏移”按钮及“修剪”按钮，完成洗衣机图形的绘制。

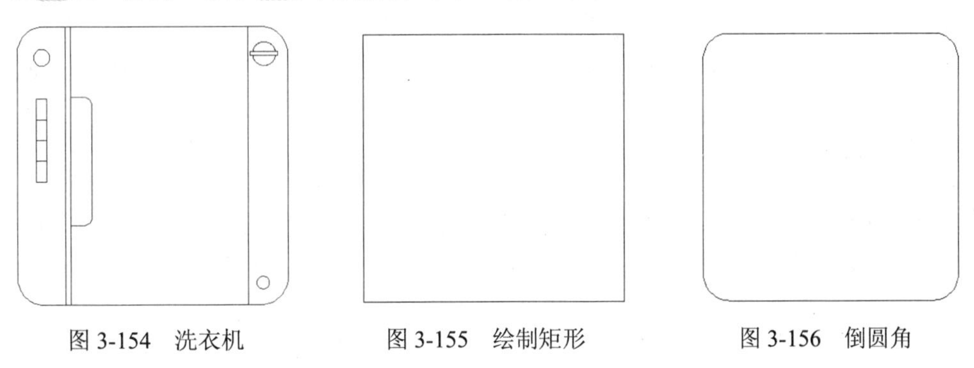

图 3-154　洗衣机　　图 3-155　绘制矩形　　图 3-156　倒圆角

3.16　钳夹功能的应用——天目琼花图形

利用钳夹功能可以快速、方便地编辑对象。AutoCAD 在图形对象上定义了一些特殊点，称为夹持点，利用夹持点可以灵活地控制对象。本节将通过一个简单的室内设计单元——天目琼花图形的绘制过程来重点学习钳夹功能命令，具体的绘制流程图如图 3-157 所示。

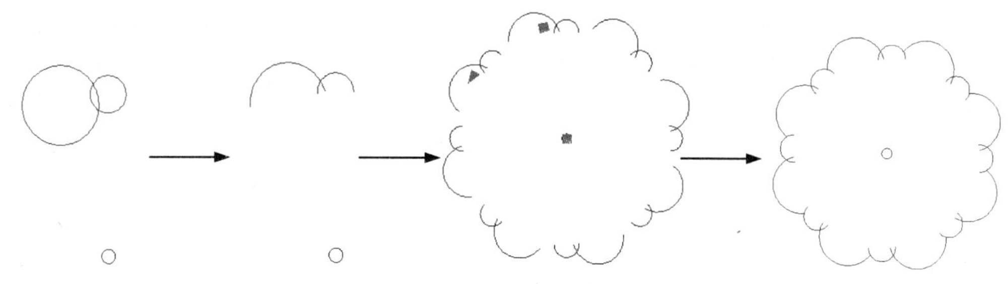

图 3-157　绘制天目琼花图形流程图

3.16.1　相关知识点

【执行方式】

- 命令行：OPTIONS
- 菜单：工具→选项→选择集

【操作步骤】

```
命令：OPTIONS↙
```

使用夹点编辑对象，要选择一个夹点作为基点，称为基准夹点。然后选择一种编辑操作：删除、移动、复制选择、旋转和缩放，可以利用空格键、Enter 键或键盘上的快捷键循环选择这些功能。

下面仅对其中的拉伸对象操作为例进行讲述，其他操作类似。

在图形上拾取一个夹点，该夹点改变颜色，此点为夹点编辑的基准点。这时系统提示：

```
** 拉伸 **
指定拉伸点或 [基点(B)/复制(C)/放弃(U)/退出(X)]:
```

在上述拉伸编辑提示下，输入“缩放”命令，或者右击鼠标，选择快捷菜单中的“缩放”命令，系统就会转换为“缩放”操作，其他操作类似。

3.16.2　操作步骤

绘制如图 3-158 所示的天目琼花图形。

图 3-158　天目琼花图形

Step 01　单击“默认”选项卡“绘图”面板中的“圆”按钮，绘制 3 个适当大小的圆，相对位置大致如图 3-159 所示。

Step 02　单击“默认”选项卡“修改”面板中的“打断”按钮，命令行中提示与操作如下：

```
命令: _break
选择对象:（选择上面大圆上适当一点）
指定第二个打断点或[第一点（F）]:（选择此圆上适当另一点）
```

Step 03　利用相同的方法修剪上面的小圆，结果如图 3-160 所示。

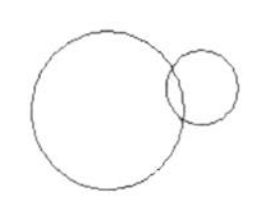

图 3-159　绘制圆

图 3-160　打断圆

提　示

系统默认的打断方向是沿逆时针的方向，所以在选择打断点的先后顺序时，要注意不要把顺序弄反了。

Step 04　单击“默认”选项卡“修改”面板中的“环形阵列”按钮，命令行提示与操作如下：

```
命令: _arraypolar↙
选择对象:（选择刚打断形成的两段圆弧）
选择对象: ↙
类型 = 极轴  关联 = 否
指定阵列的中心点或 [基点(B)/旋转轴(A)]:（捕捉下面圆的圆心）
选择夹点以编辑阵列或 [关联(AS)/基点(B)/项目(I)/项目间角度(A)/填充角度(F)/行(ROW)/层(L)/旋转项目(ROT)/退出(X)] <退出>: i↙↙↙
输入阵列中的项目数或 [表达式(E)] <6>: 8↙（结果如图 3-161 所示）
选择夹点以编辑阵列或 [关联(AS)/基点(B)/项目(I)/项目间角度(A)/填充角度(F)/行(ROW)/层(L)/旋转项目(ROT)/退出(X)] <退出>:↙（选择图形上面蓝色方形编辑夹点）
** 拉伸半径 **
指定半径（往下拖动夹点，如图 3-162 所示，拖到合适的位置，单击鼠标左键，结果如图 3-163 所示）
选择夹点以编辑阵列或 [关联(AS)/基点(B)/项目(I)/项目间角度(A)/填充角度(F)/行(ROW)/层(L)/旋转项目(ROT)/退出(X)] <退出>:↙↙↙
最终结果如图 3-158 所示
```

图 3-161　环形阵列

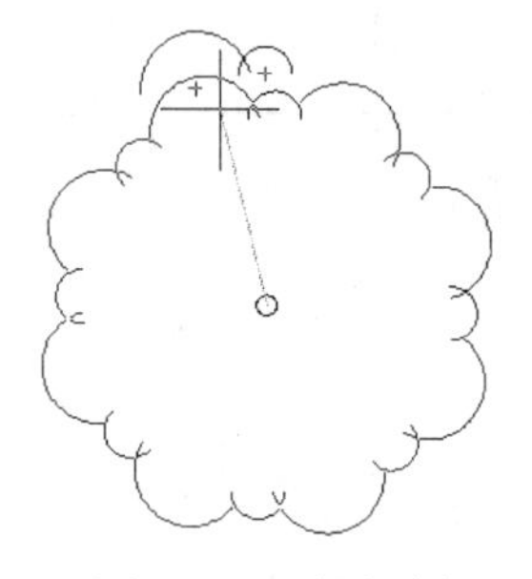
图 3-162　夹点编辑

图 3-163　编辑结果

3.16.3　拓展实例——吧椅

读者可以利用上面所学的钳夹命令相关知识完成吧椅的绘制，如图 3-164 所示。

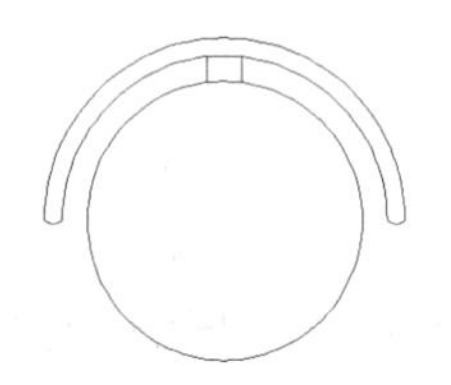
图 3-164　吧椅

Step 01　单击“默认”选项卡“绘图”面板中的“直线”按钮、“圆”按钮和“圆弧”按钮，绘制初步图形，如图 3-165 所示。

Step 02　单击“默认”选项卡“修改”面板中的“偏移”按钮，偏移圆弧，如图 3-166 所示。

Step 03　单击“默认”选项卡“绘图”面板中的“圆弧”按钮，封闭端口，如图 3-167 所示。

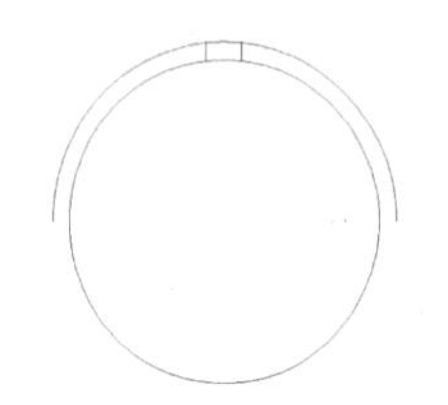
图 3-165　绘制圆弧

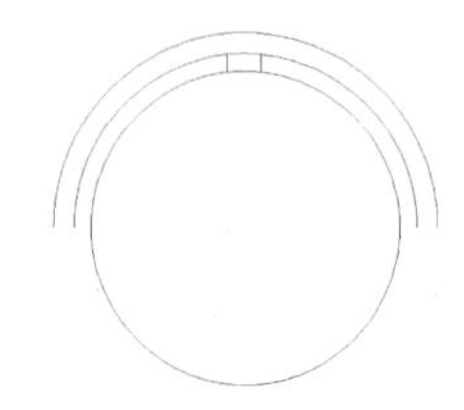
图 3-166　偏移圆弧

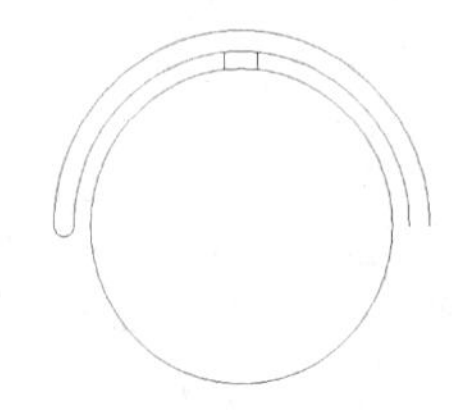
图 3-167　封闭端口

3.17　对象特性功能应用——花朵

利用对象特性功能可以将目标对象的属性与源对象的属性进行改变，并保持不同对象的属性相同。本节将通过一个简单的室内设计单元——花朵的绘制过程来重点学习对象特性功能，具体的绘制流程图如图 3-168 所示。

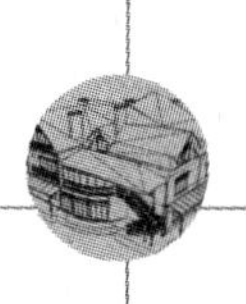

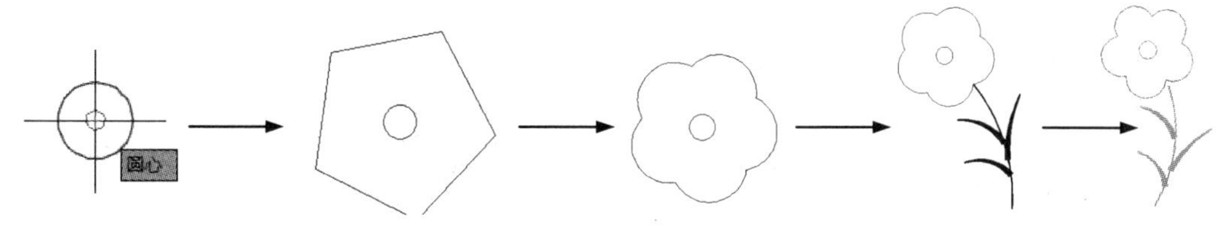

图 3-168　绘制花朵流程图

3.17.1　相关知识点

【执行方式】

- 命令行：DDMODIFY 或 PROPERTIES
- 菜单：修改→特性
- 工具栏：标准→特性
- 功能区：默认→特性→对话框启动器

【操作步骤】

```
命令：DDMODIFY↙
```

AutoCAD 弹出“特性”选项板，如图 3-169 所示。利用它可以方便地设置或修改对象的各种属性。

不同的对象属性种类和值不同，修改属性值，对象改变为新的属性。

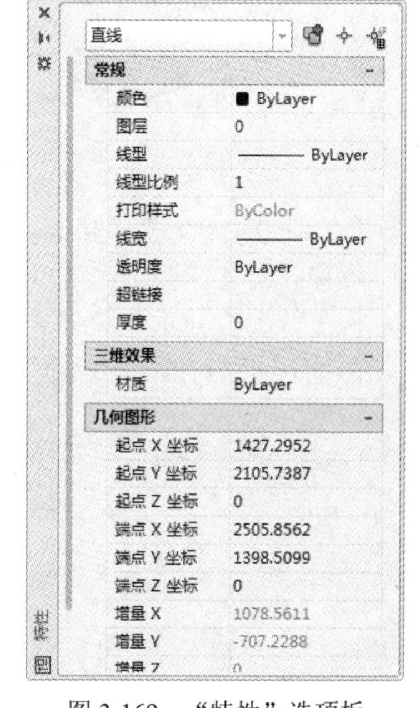

图 3-169　“特性”选项板

3.17.2　操作步骤

绘制如图 3-170 所示的花朵。

图 3-170　绘制花朵

Step 01　单击“默认”选项卡“绘图”面板中的“圆”按钮，绘制花蕊。

Step 02　单击“默认”选项卡“绘图”面板中的“多边形”按钮，绘制图 3-171 中的圆心为正多边形的中心点内接于圆的正五边形，结果如图 3-172 所示。

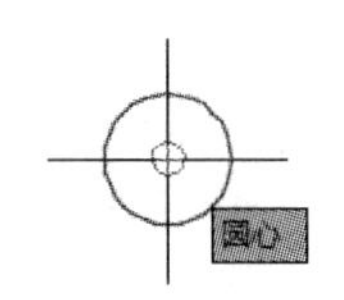

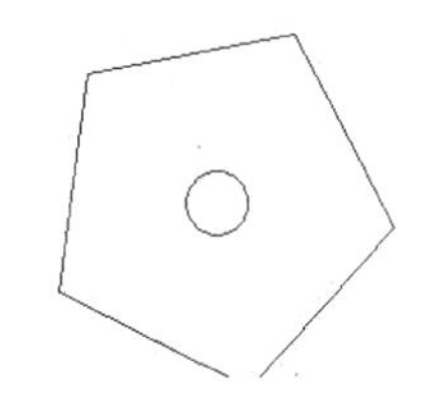

图 3-171　捕捉圆心　　　　图 3-172　绘制正五边形

提　示

一定要先绘制中心的圆，因为正五边形的外接圆与此圆同心，必须通过捕捉获得正五边形的外接圆圆心位置。如果反过来，先绘制正五边形再绘制圆，会发现无法捕捉正五边形的外接圆圆心。

Step 03　单击“默认”选项卡“绘图”面板中的“圆弧”按钮，以最上斜边的中点为圆弧起点，左上斜边中点为圆弧端点，绘制花朵，如图 3-173 所示。重复“圆弧”命令，绘制另外 4 段圆弧，结果如图 3-174 所示。最后删除正五边形，结果如图 3-175 所示。

Step 04　单击“默认”选项卡“绘图”面板中的“多段线”按钮，绘制枝叶。花枝的宽度为 4，叶子的起点半宽为 12，端点半宽为 3。利用同样方法绘制另外两片叶子，结果如图 3-176 所示。

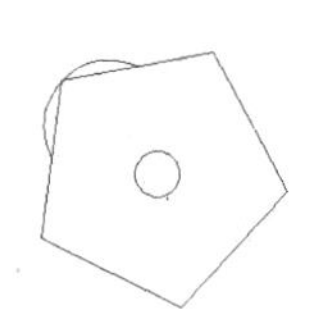

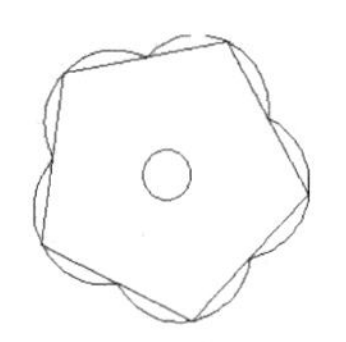

图 3-173　绘制一段圆弧　　图 3-174　绘制所有圆弧　　图 3-175　绘制花朵　　图 3-176　绘制出花朵图案

Step 05　选择枝叶，枝叶上显示夹点标志，在一个夹点上单击鼠标右键，弹出右键快捷菜单，选择“特性”命令，如图 3-177 所示。系统打开“特性”选项板，在“颜色”下拉列表框中选择“绿色”，如图 3-178 所示。

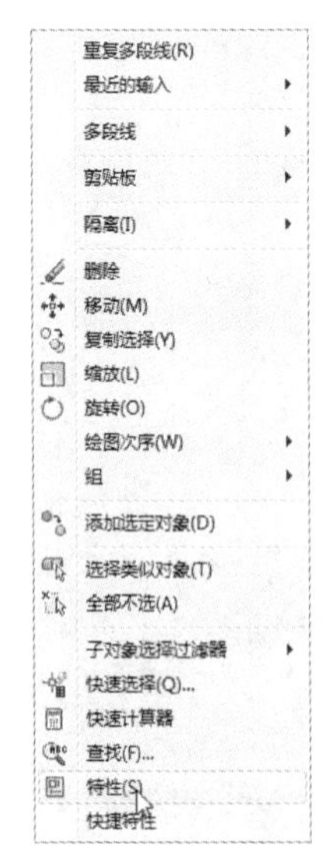

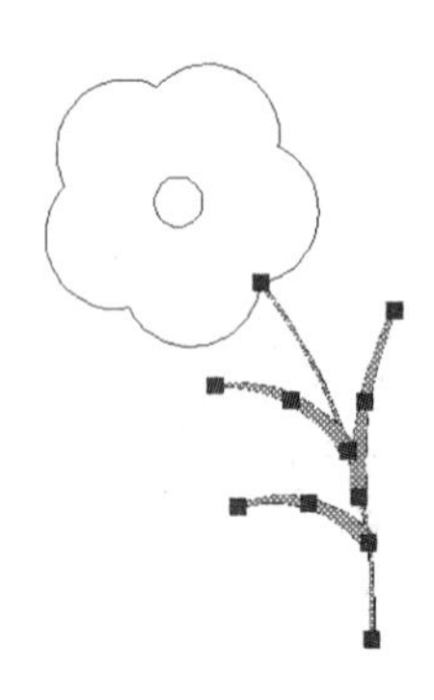

图 3-177　右键快捷菜单　　　　图 3-178　修改枝叶颜色

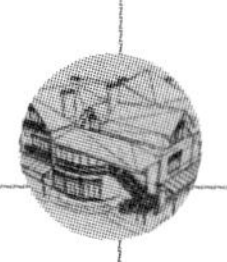

Step 06 按照步骤（5）的方法修改花朵颜色为红色，花蕊颜色为洋红色，最终结果如图 3-170 所示。

3.17.3　拓展实例——修改桌椅颜色

读者可以利用上面所学的对象特性命令相关知识完成桌椅颜色的修改，如图 3-179 所示。

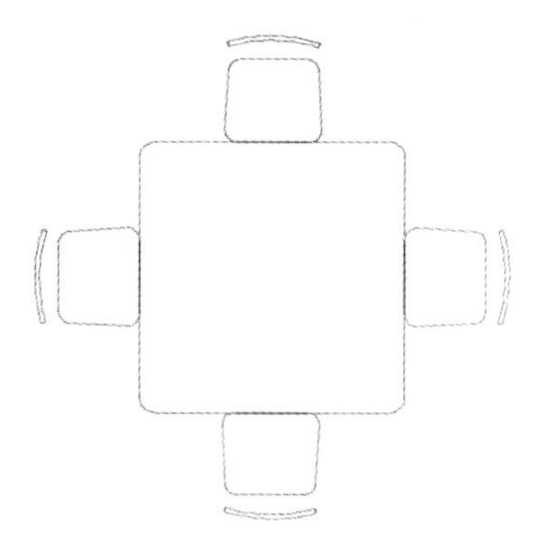

图 3-179　修改桌椅颜色

Step 01 单击“默认”选项卡“绘图”面板中的“矩形”按钮和“修改”面板中的“圆角”按钮，绘制桌面，如图 3-180 所示。

Step 02 单击“默认”选项卡“绘图”面板中的“矩形”按钮和“修改”面板中的“复制”按钮，绘制椅子，如图 3-181 所示。

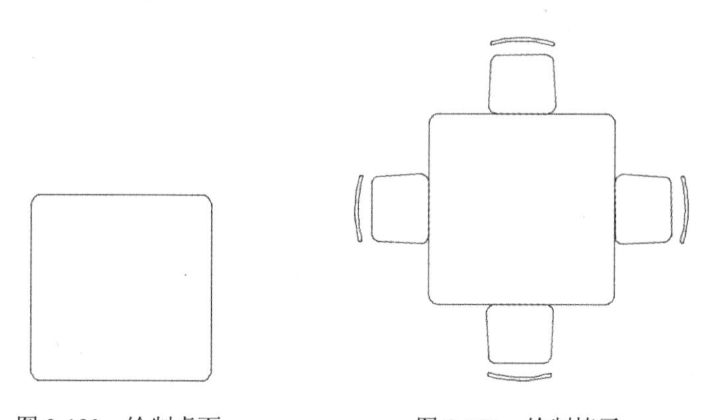

图 3-180　绘制桌面　　　　图 3-181　绘制椅子

Step 03 利用对象特性功能修改桌椅颜色，如图 3-179 所示。

3.18　图案填充功能的应用——田间小屋

本例绘制田间小屋，具体的绘制流程图如图 3-182 所示。

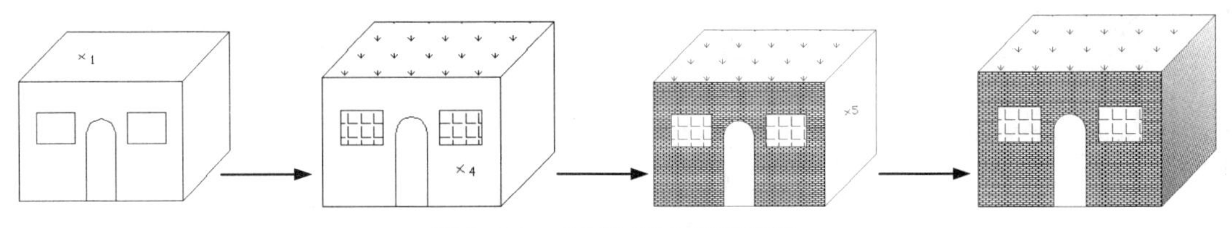

图 3-182　绘制田间小屋流程图

3.18.1　相关知识点

1．图案填充

当需要用一个重复的图案（pattern）填充一个区域时，可以使用 BHATCH 命令建立一个相关联的填充阴影对象，即所谓的图案填充。

（1）图案边界

当进行图案填充时，首先要确定填充图案的边界。定义边界的对象只能是直线、双向射线、单向射线、多义线、样条曲线、圆弧、圆、椭圆、椭圆弧、面域等对利象或用这些对象定义的块，而且作为边界的对象在当前屏幕上必须全部可见。

（2）孤岛

在进行图案填充时，把位于总填充域内的封闭区域称为孤岛，如图 3-183 所示。在利用 BHATCH 命令填充时，AutoCAD 允许以拾取点的方式确定填充边界，即在希望填充的区域内任意点取一点，AutoCAD 会自动确定出填充边界，同时也确定该边界内的岛。如果用户是以点取对象的方式确定填充边界的，则必须确切地点取这些岛，有关知识将在下一节中介绍。

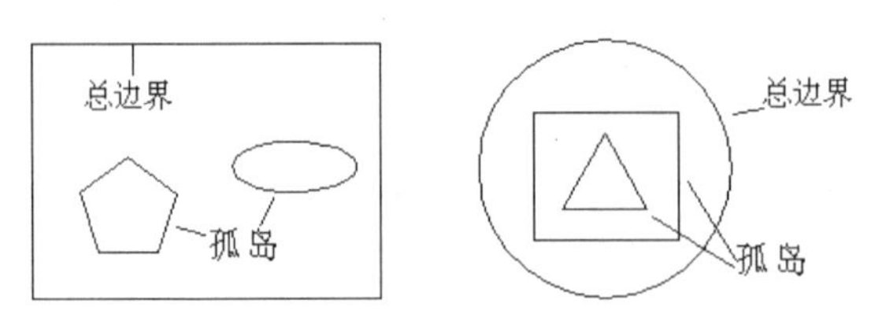

图 3-183　孤岛

（3）填充方式

在进行图案填充时，需要控制填充的范围，AutoCAD 系统为用户设置了以下 3 种填充方式实现对填充范围的控制。

- 普通方式：如图 3-184（a）所示，该方式从边界开始，由每条填充线或每个填充符号的两端向里绘制，遇到内部对象与之相交时，填充线或符号断开，直到遇到下一次相交时再继续绘制。采用这种方式时，要避免剖面线或符号与内部对象的相交次数为奇数。该方式为系统内部的默认方式。
- 最外层方式：如图 3-184（b）所示，该方式从边界向里画剖面符号，只要在边界内部与对象相交，剖面符号由此断开，并不再继续绘制。

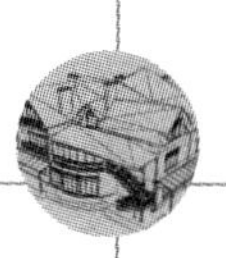

- 忽略方式：如图 3-184（c）所示，该方式忽略边界内的对象，所有内部结构都被剖面符号覆盖。

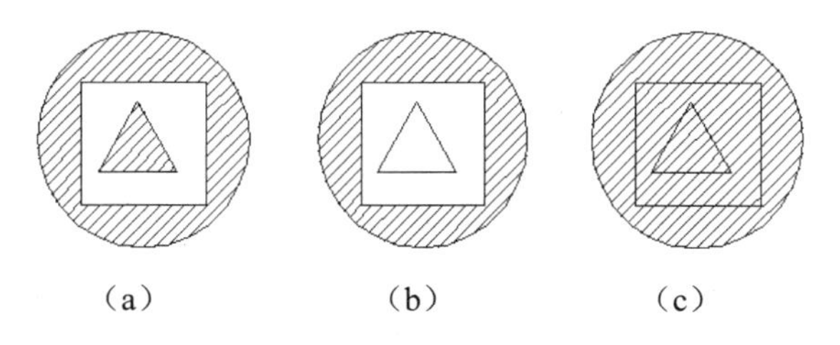

（a）　　　　（b）　　　　（c）

图 3-184　填充方式

【执行方式】

- 命令行：BHATCH
- 菜单：绘图→图案填充
- 工具栏：绘图→图案填充
- 功能区：默认→绘图→图案填充。

【操作步骤】

执行上述命令后，系统打开如图 3-185 所示的“图案填充创建”选项卡。

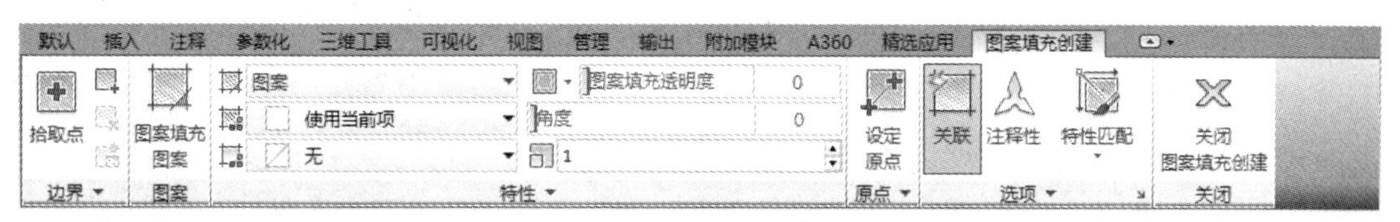

图 3-185　“图案填充创建”选项卡

【选项说明】

（1）“边界”面板

①拾取点：通过选择由一个或多个对象形成的封闭区域内的点，确定图案填充边界，如图 3-186 所示。指定内部点时，可以随时在绘图区域中单击鼠标右键以弹出包含多个选项的快捷菜单。

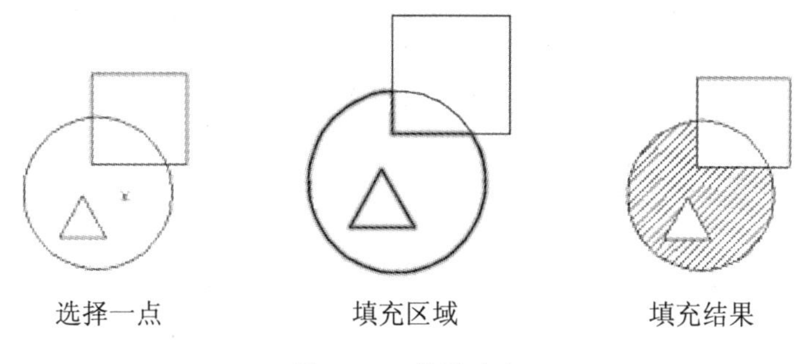

图 3-186　边界确定

②选择边界对象：指定基于选定对象的图案填充边界。使用该选项时，不会自动检测内

部对象，必须选择选定边界内的对象，以按照当前孤岛检测样式填充这些对象，如图 3-187 所示。

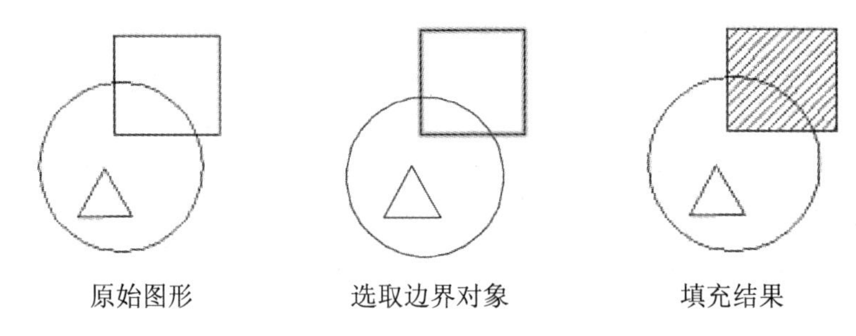

图 3-187　选取边界对象

③删除边界对象：从边界定义中删除之前添加的任何对象，如图 3-188 所示。

④重新创建边界：围绕选定的图案填充或填充对象创建多段线或面域，并使其与图案填充对象相关联（可选）。

⑤显示边界对象：选择构成选定关联图案填充对象的边界对象，使用显示的夹点可修改图案填充边界。

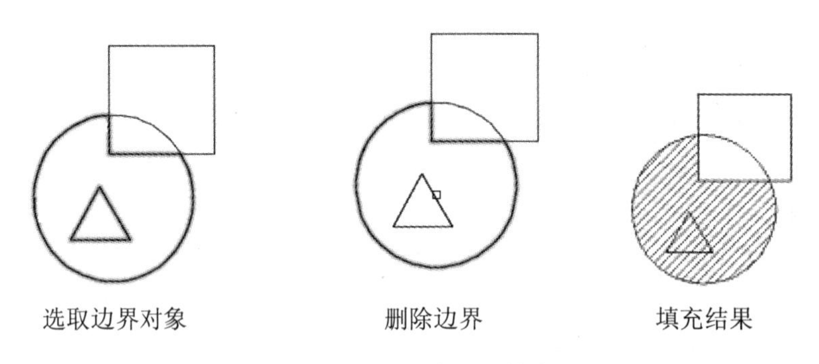

图 3-188　删除“岛”后的边界

⑥保留边界对象：指定如何处理图案填充边界对象。

- 不保留边界：（仅在图案填充创建期间可用）不创建独立的图案填充边界对象。
- 保留边界—多段线：（仅在图案填充创建期间可用）创建封闭图案填充对象的多段线。
- 保留边界—面域：（仅在图案填充创建期间可用）创建封闭图案填充对象的面域对象。
- 选择新边界集：指定对象的有限集（称为边界集），以便通过创建图案填充时的拾取点进行计算。

（2）“图案”面板

显示所有预定义和自定义图案的预览图像。

（3）“特性”面板

①图案填充类型：指定是使用纯色、渐变色、图案还是用户定义的填充。

②图案填充颜色：替代实体填充和填充图案的当前颜色。

③背景色：指定填充图案背景的颜色。

④图案填充透明度：设置新图案填充或填充的透明度，替代当前对象的透明度。

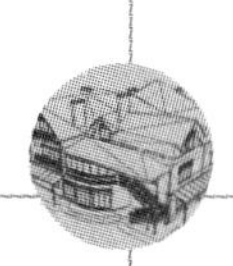

⑤图案填充角度：指定图案填充或填充的角度。

⑥填充图案比例：放大或缩小预定义或自定义填充图案 。

⑦相对图纸空间：（仅在布局中可用）相对于图纸空间单位缩放填充图案。使用此选项，可以很容易做到以适合于布局的比例显示填充图案。

⑧双向：（仅当“图案填充类型”设置为“用户定义”时可用）将绘制第二组直线，与原始直线成 90° 角，从而构成交叉线。

⑨ISO 笔宽：（仅对于预定义的 ISO 图案可用）基于选定的笔宽缩放 ISO 图案。

（4）“原点”面板

①设置原点：直接指定新的图案填充原点。

②左下：将图案填充原点设置在图案填充边界矩形范围的左下角。

③右下：将图案填充原点设置在图案填充边界矩形范围的右下角。

④左上：将图案填充原点设置在图案填充边界矩形范围的左上角。

⑤右上：将图案填充原点设置在图案填充边界矩形范围的右上角。

⑥中心：将图案填充原点设置在图案填充边界矩形范围的中心。

⑦使用当前原点：将图案填充原点设置在 HPORIGIN 系统变量中存储的默认位置。

⑧存储为默认原点：将新图案填充原点的值存储在 HPORIGIN 系统变量中。

（5）“选项”面板

①关联：指定图案填充或填充为关联图案填充。关联的图案填充或填充在用户修改其边界对象时将会更新。

②注释性：指定图案填充为注释性。此特性会自动完成缩放注释过程，从而使注释能够以正确的大小在图纸上打印或显示。

③特性匹配

- 使用当前原点：使用选定图案填充对象（除图案填充原点外）设定图案填充的特性。
- 使用源图案填充的原点：使用选定图案填充对象（包括图案填充原点）设定图案填充的特性。

④允许的间隙：设定将对象用作图案填充边界时可以忽略的最大间隙。默认值为 0，此值指定对象必须封闭区域而没有间隙。

⑤创建独立的图案填充：控制当指定了几个单独的闭合边界时，是创建单个图案填充对象，还是创建多个图案填充对象。

⑥孤岛检测

- 普通孤岛检测：从外部边界向内填充。如果遇到内部孤岛，填充将关闭，直到遇到孤岛中的另一个孤岛。
- 外部孤岛检测：从外部边界向内填充。此选项仅填充指定的区域，不会影响内部孤岛。
- 忽略孤岛检测：忽略所有内部的对象，填充图案时将通过这些对象。

⑦绘图次序：为图案填充或填充指定绘图次序。选项包括不更改、后置、前置、置于边界之后和置于边界之前。

（6）“关闭”面板

关闭“图案填充创建”选项卡，也可以按 Enter 键或 Esc 键退出 HATCH。

2. 渐变色

【执行方式】

- 命令行：GRADIENT
- 菜单：绘图→渐变色。
- 工具栏：绘图→图案填充。
- 功能区：默认→绘图→渐变色

【操作步骤】

执行上述命令后，系统打开如图 3-189 所示的“图案填充创建”选项卡，各面板中的按钮含义与图案填充的类似，这里不再赘述。

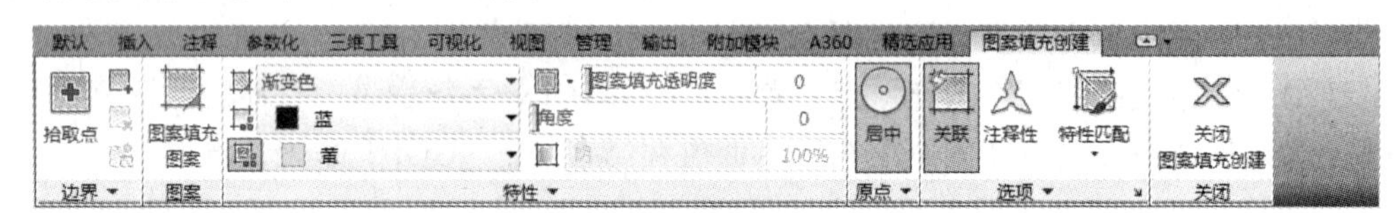

图 3-189 “图案填充创建”选项卡

3. 边界

【执行方式】

- 命令行：BOUNDARY
- 功能区：默认→绘图→边界

【操作步骤】

执行上述命令后，系统打开如图 3-190 所示的“边界创建”对话框。

图 3-190 “边界创建”对话框

【选项说明】

（1）拾取点：根据围绕指定点构成封闭区域的现有对象来确定边界。

（2）孤岛检测：控制 BOUNDARY 命令是否检测内部闭合边界，该边界称为孤岛。

（3）对象类型：控制新边界对象的类型。BOUNDARY 将边界作为面域或多段线对象创建。

（4）边界集：定义通过指定点定义边界时，BOUNDARY 要分析的对象集。

4．图案编辑

利用 HATCHEDIT 命令可以编辑已经填充的图案。

【执行方式】

- 命令行：HATCHEDIT
- 菜单栏：修改→对象→图案填充
- 工具栏：修改 II→编辑图案填充
- 功能区：默认→修改→编辑图案填充
- 快捷菜单：选中填充的图案右击，在弹出的快捷菜单中选择“图案填充编辑”命令，如图 3-191 所示
- 快捷方法：直接选择填充的图案，打开“图案填充编辑器”选项卡，如图 3-192 所示

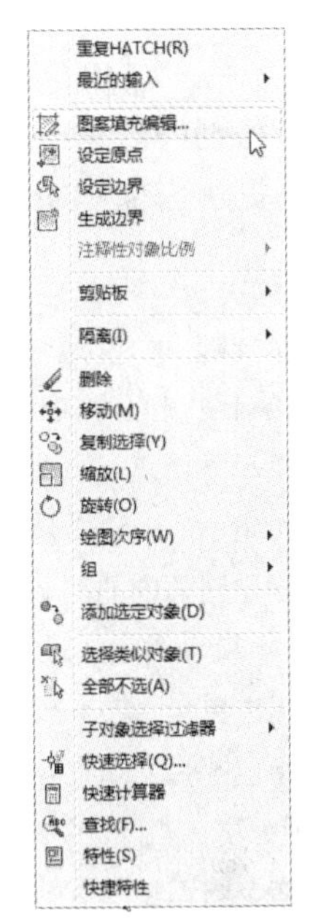

图 3-191　右键快捷菜单

图 3-192　“图案填充编辑器”选项卡

3.18.2　操作步骤

绘制如图 3-193 所示的田间小屋。

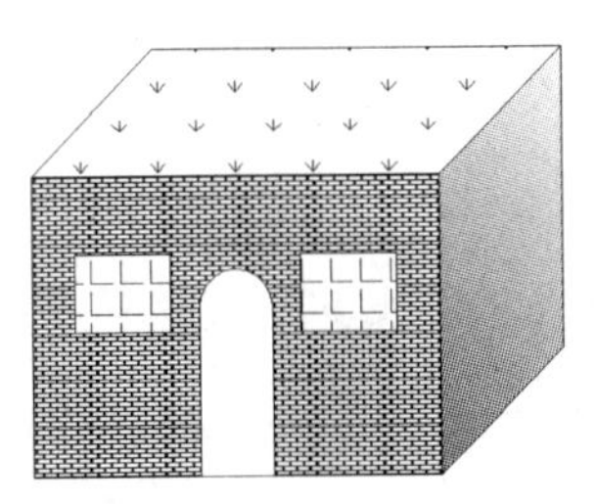

图 3-193　田间小屋

Step 01　绘制房屋外框。单击“默认”选项卡“绘图”面板中的“矩形”按钮，先绘制一个角点坐标为（210,160）和（400,25）的矩形。单击“默认”选项卡“绘图”面板中的“直线”按钮，以{（210,160）、（@80<45）、（@190<0）、（@135<-90）、（400,25）}为坐标点绘制直线。重复“直线”命令以{（400,160）、(@80<45)}为坐标点绘制另一条直线。

Step 02　绘制窗户。单击“默认”选项卡“绘图”面板中的“矩形”按钮，绘制两个角点坐标

为（230,125）和（275,90）的矩形。重复“矩形”命令，绘制两个角点坐标为（335,125）和（380,90）的另一个矩形。

Step 03 绘制门。单击“默认”选项卡“绘图”面板中的“多段线”按钮，绘制门。命令行中提示与操作如下：

```
命令：PL↙
指定起点：288,25↙
当前线宽为 0.0000
指定下一点或 [圆弧(A)/闭合(C)/半宽(H)/长度(L)/放弃(U)/宽度(W)]：288,76↙
指定下一点或 [圆弧(A)/闭合(C)/半宽(H)/长度(L)/放弃(U)/宽度(W)]：a↙
指定圆弧的端点(按住 Ctrl 键以切换方向)或[角度(A)/圆心(CE)/闭合(CL)/方向(D)/半宽(H)/直线(L)/半径(R)/第二点(S)/放弃(U)/宽度(W)]：a↙（用给定圆弧的包角方式画圆弧）
指定夹角：-180↙（包角值为负，则顺时针画圆弧；反之，则逆时针画圆弧）
指定圆弧的端点(按住 Ctrl 键以切换方向)或 [圆心(CE)/半径(R)]：322,76↙（给出圆弧端点的坐标值）
指定圆弧的端点(按住 Ctrl 键以切换方向)或[角度(A)/圆心(CE)/闭合(CL)/方向(D)/半宽(H)/直线(L)/半径(R)/第二点(S)/放弃(U)/宽度(W)]：l↙
指定下一点或 [圆弧(A)/闭合(C)/半宽(H)/长度(L)/放弃(U)/宽度(W)]：@51<-90↙
指定下一点或 [圆弧(A)/闭合(C)/半宽(H)/长度(L)/放弃(U)/宽度(W)]：↙
```

Step 04 单击“默认”选项卡“绘图”面板中的“图案填充”按钮，弹出“图案填充编辑器”选项卡，选择 GRASS 图案，如图 3-194 所示，进行图案填充，结果如图 3-195 所示。重复“图案填充”命令，选择预定义的 ANGLE 图案，设置角度为 0，比例为 1，填充窗户，结果如图 3-196 所示。

图 3-194 “图案填充创建”选项卡

Step 05 单击“绘图”工具栏中的“图案填充”按钮，弹出“图案填充创建”选项卡，选择 BRSTONE 图案，设置角度为 0，比例为 0.25，填充小屋前面的砖墙，如图 3-197 所示。

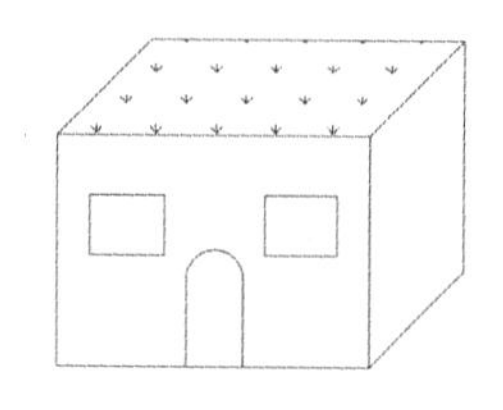

图 3-195 填充屋顶

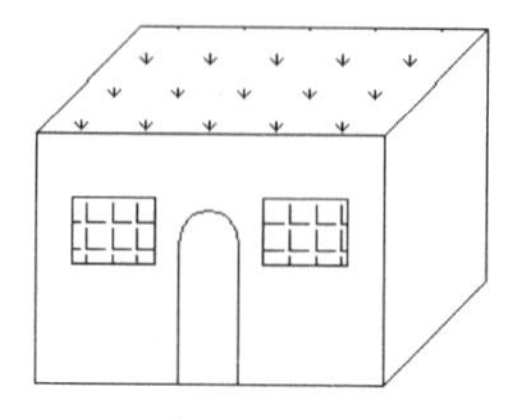

图 3-196 填充窗户

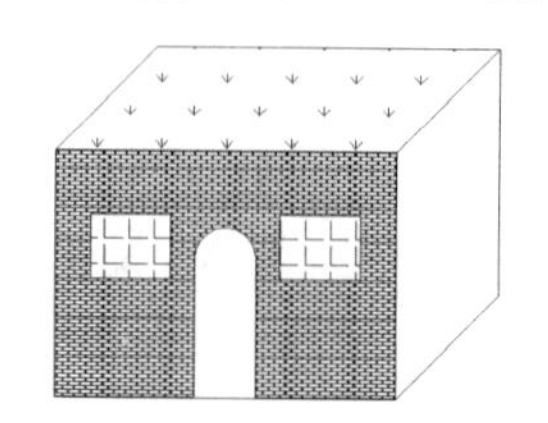

图 3-197 填充砖墙

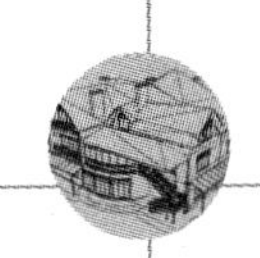

Step 06　单击“绘图”工具栏中的“图案填充”按钮，弹出“图案填充创建”选项卡，单击“选项”面板中的“图案填充设置“按钮，弹出“图案填充和渐变色”对话框，按照如图 3-198 所示进行设置，填充小屋前面的砖墙，最终结果如图 3-191 所示。

图 3-198　“图案填充和渐变色”对话框

3.18.3　拓展实例——沙发茶几

读者可以利用上面所学的图案填充命令相关知识完成沙发茶几的绘制，如图 3-199 所示。

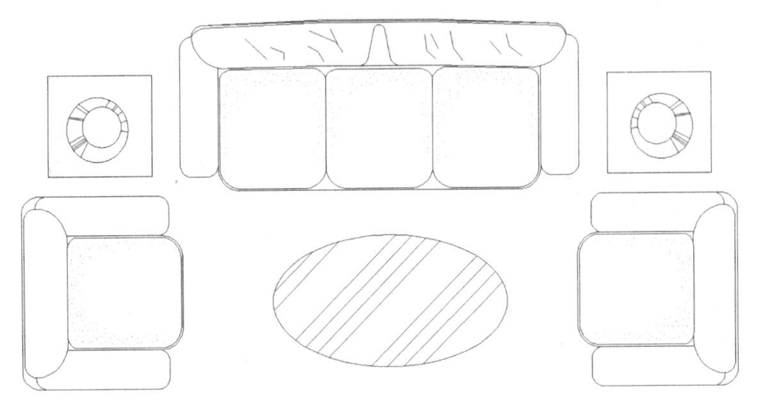

图 3-199　沙发茶几

Step 01　单击“默认”选项卡“绘图”面板中的“直线”按钮、“圆弧”按钮和“修改”面板中的“镜像”按钮，绘制沙发轮廓，如图 3-200 所示。

Step 02　单击“默认”选项卡“绘图”面板中的“直线”按钮、“圆弧”按钮和“修改”面板中的“镜像”按钮，完善沙发背部扶手，如图 3-201 所示。

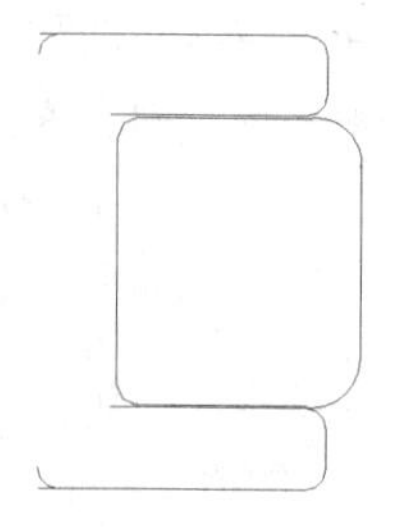

图 3-200　创建另外一侧扶手

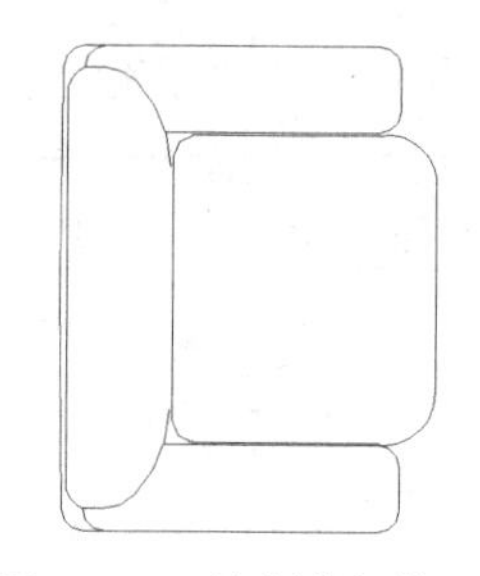

图 3-201　绘制背部扶手

Step 03 单击“默认”选项卡 “修改”面板中的“镜像”按钮，细化沙发面并完成 3 人座沙发的绘制，如图 3-202 所示。

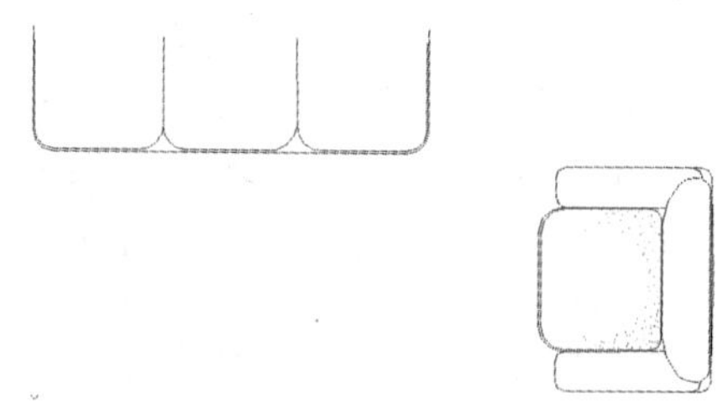

图 3-202　绘制 3 人座的沙发面造型

Step 04 单击“默认”选项卡“绘图”面板中的“直线”按钮、“圆弧”按钮和“修改”面板中的“镜像”按钮，绘制 3 人座沙发背部造型，如图 3-203 所示。

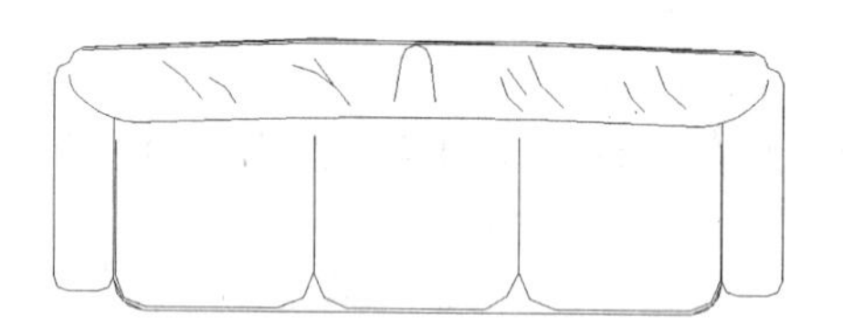

图 3-203　绘制 3 人座沙发背部造型

Step 05 单击“默认”选项卡“绘图”面板中的“多点”按钮和“修改”面板中的“移动”按钮，细化沙发图形并调整两个沙发的位置，如图 3-204 所示。

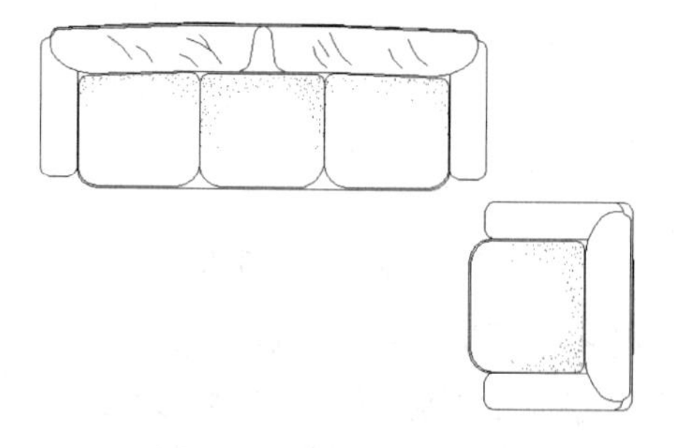

图 3-204　调整沙发位置

Step 06 单击“默认”选项卡“绘图”面板中的“图案填充”按钮、“椭圆”按钮和“修改”面板中的“镜像”按钮，完成沙发茶几的绘制。

第 4 章

辅助功能实例

知识导引

文字注释是图形中很重要的一部分内容，进行各种设计时，通常不仅要绘出图形，还要在图形中标注一些文字，如注释说明等，对图形对象加以解释。另外，图表在 AutoCAD 图形中也有大量的应用，如参数表、标题栏等；同时尺寸标注也是绘图设计过程中非常重要的一个环节。

内容要点

- 文本标注
- 尺寸标注
- 表格、图块、设计中心

4.1 文本标注功能的应用——酒瓶

在制图过程中，文字传递了很多设计信息。当需要标注的文本不太长时，可以利用 TEXT 命令创建单行文本。当需要标注很长、很复杂的文字信息时，可以利用 MTEXT 命令创建多行文本。本节将通过一个简单的文本标注单元——酒瓶的绘制过程来重点学习文本标注命令，具体的绘制流程图如图 4-1 所示。

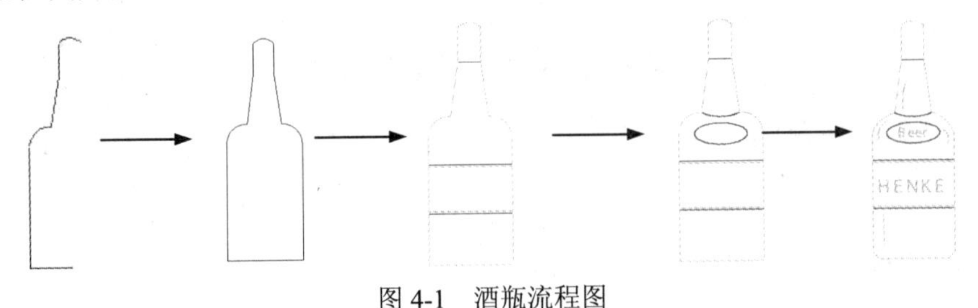

图 4-1 酒瓶流程图

4.1.1 相关知识点

1. 文字样式

【执行方式】

- 命令行：STYLE 或 DDSTYLE
- 菜单：格式→文字样式
- 工具栏：文字→文字样式
- 功能区：默认→注释→文字样式或注释→文字→文字样式下拉菜单中的“管理文字样式”按钮或注释→文字→对话框启动器

【操作步骤】

执行上述命令后，系统弹出“文字样式”对话框，如图 4-2 所示。

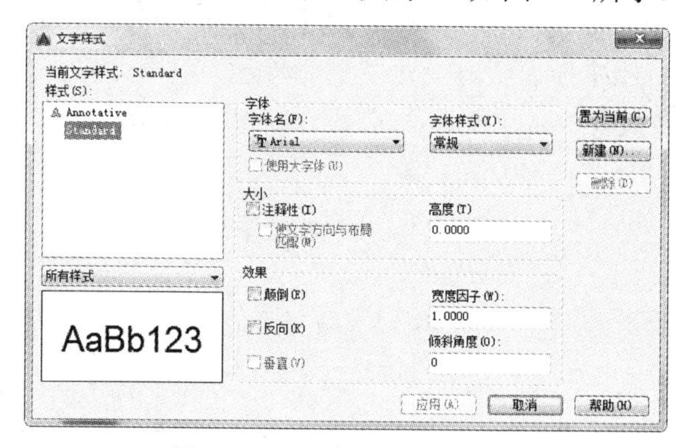

图 4-2 “文字样式”对话框

利用该对话框可以新建文字样式或修改当前文字样式。如图 4-3～图 4-5 所示为各种文字样式。

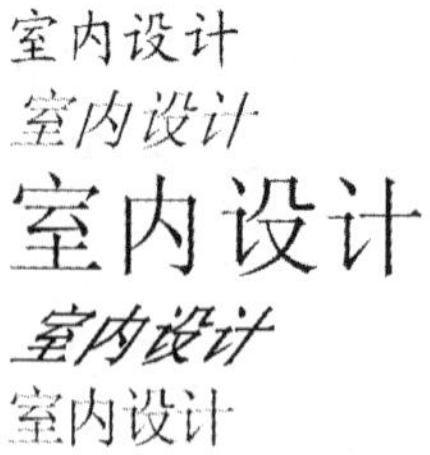

室内设计
室内设计
室内设计
室内设计
室内设计

图 4-3 不同宽度比例、倾斜角度、不同高度字体

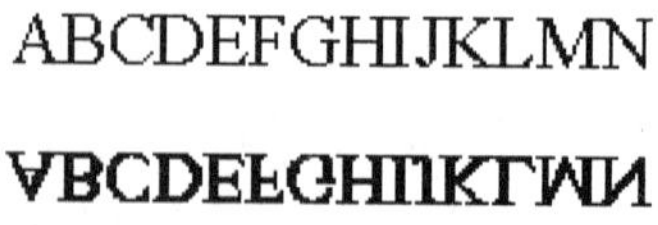

ABCDEFGHIJKLMN

图 4-4 文字倒置标注与反向标注

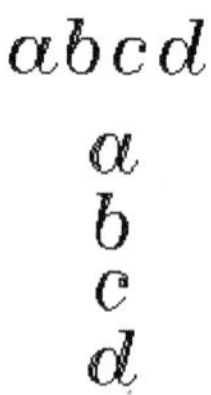

abcd
a
b
c
d

图 4-5 水平标注与垂直标字

2. 单行文本标注

【执行方式】

- 命令行：TEXT 或 DTEXT
- 菜单：绘图→文字→单行文字

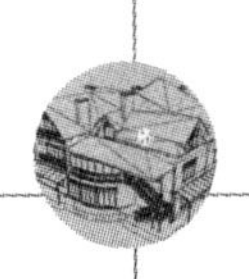

- 工具栏：文字→单行文字 A͞I
- 功能区：默认→注释→单行文字 A͞I 或注释→文字→单行文字 A͞I

【操作步骤】

```
命令：TEXT↙
当前文字样式： Standard 当前文字高度： 0.2000 注释性： 否 对正： 左
指定文字的起点或 [对正(J)/样式(S)]:
```

【选项说明】

（1）指定文字的起点：在此提示下直接在绘图屏幕上点取一点作为文本的起始点。AutoCAD 提示：

```
指定高度 <0.2000>:（确定字符的高度）
指定文字的旋转角度 <0>:（确定文本行的倾斜角度）
输入文字：（输入文本）
输入文字：（输入文本或回车）
```

（2）对正(J)：在上面的提示下输入 J，用来确定文本的对齐方式，对齐方式决定文本的哪一部分与所选的插入点对齐。执行此选项，AutoCAD 提示：

```
输入选项[左(L)/居中(C)/右(R)/对齐(A)/中间(M)/布满(F)/左上(TL)/中上(TC)/右上(TR)/左中(ML)/正中(MC)/右中(MR)/左下(BL)/中下(BC)/右下(BR)]:
```

在此提示下选择一个选项作为文本的对齐方式。当文本串水平排列时，AutoCAD 为标注文本串定义了如图 4-6 所示的顶线、中线、基线和底线；各种对齐方式如图 4-7 所示，图中大写字母对应上述提示中各命令。

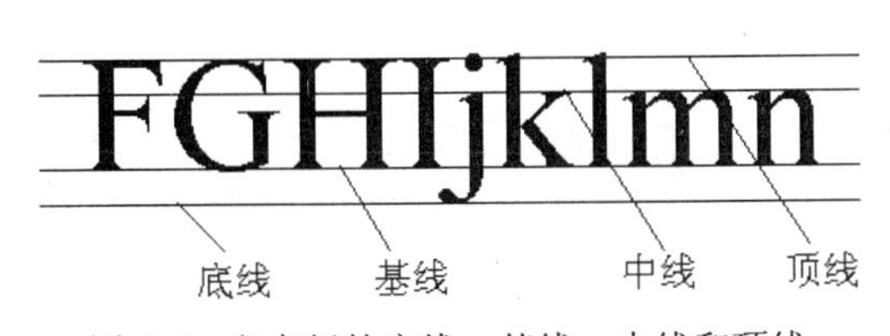

图 4-6　文本行的底线、基线、中线和顶线

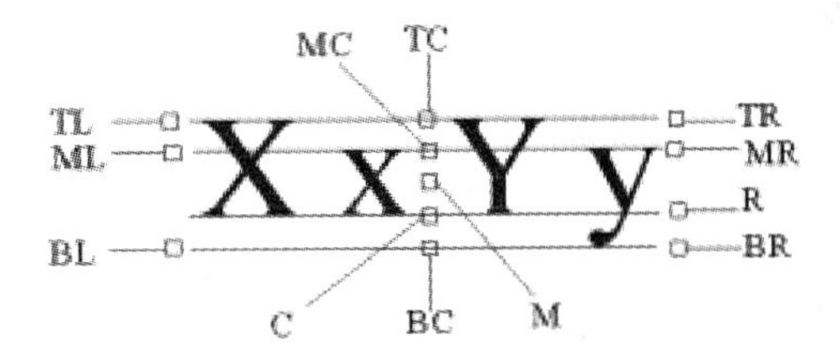

图 4-7　文本的对齐方式

实际绘图时，有时需要标注一些特殊字符，如直径符号、上划线或下划线、温度符号等，由于这些符号不能直接从键盘上输入，AutoCAD 提供了一些控制码，用来实现这些要求。控制码用两个百分号（%%）加一个字符构成，常用的控制码如表 4-1 所示。

表4-1　AutoCAD常用的控制码

符号	功能	符号	功能
%%O	上划线	\u+0278	电相位
%%U	下划线	\u+E101	流线
%%D	“度”符号	\u+2261	标识

（续表）

符号	功能	符号	功能
%%P	正负符号	\u+E102	界碑线
%%C	直径符号	\u+2260	不相等
%%%	百分号%	\u+2126	欧姆
\u+2248	几乎相等	\u+03A9	欧米加
\u+2220	角度	\u+214A	低界线
\u+E100	边界线	\u+2082	下标 2
\u+2104	中心线	\u+00B2	平方
\u+0394	差值		

3. 多行文本标注

【执行方式】

- 命令行：MTEXT
- 菜单：绘图→文字→多行文字
- 工具栏：绘图→多行文字 A 或文字→多行文字 A
- 功能区：默认→注释→多行文字 A 或注释→文字→多行文字 A

【操作步骤】

```
命令:MTEXT↙
当前文字样式:“Standard”  当前文字高度:1.9122  注释性: 否
指定第一角点: (指定矩形框的第一个角点)
指定对角点或 [高度(H)/对正(J)/行距(L)/旋转®/样式(S)/宽度(W) /栏(C)]:
```

【选项说明】

（1）指定对角点：指定对角点后，系统显示如图 4-8 所示的“文字编辑器”选项卡和多行文字编辑器，可利用此选项卡与编辑器输入多行文本并对其格式进行设置。该对话框与 Word 软件界面类似，不再赘述。

（2）对正(J)：确定所标注文本的对齐方式。

（3）行距(L)：确定多行文本的行间距。这里所说的行间距是指相邻两文本行的基线之间的垂直距离。

（4）旋转(R)：确定文本行的倾斜角度。

（5）样式(S)：确定当前的文本样式。

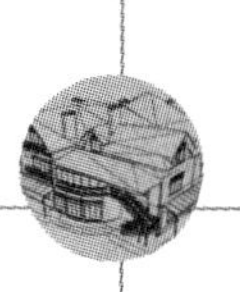

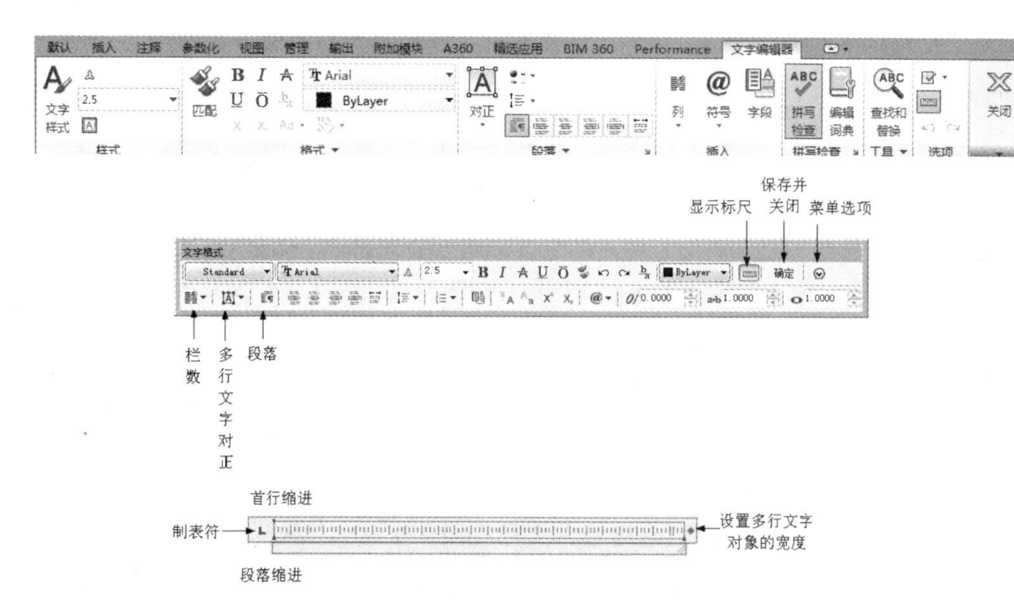

图 4-8 “文字编辑器”选项卡和多行文字编辑器

（6）宽度(W)：指定多行文本的宽度。

在创建多行文本时，只要指定文本行的起始点和宽度后，系统就会打开如图 4-8 所示的多行文字编辑器，该编辑器中包含一个“文字格式”对话框和一个快捷菜单。用户可以在编辑器中输入和编辑多行文本，包括设置字高、文本样式及倾斜角度等。该编辑器与 Microsoft Word 编辑器界面相似，事实上该编辑器与 Word 编辑器在某些功能上趋于一致，这样既增强了多行文字的编辑功能，又能使用户更熟悉和方便使用。

（7）栏：指定多行文字对象的栏选项。

①静态：指定总栏宽、栏数、栏间距宽度（栏之间的间距）和栏高。

②动态：指定栏宽、栏间距宽度和栏高。动态栏由文字驱动。调整栏将影响文字流，而文字流将导致添加或删除栏。

③不分栏：将不分栏模式设置给当前多行文字对象。默认列设置存储在系统变量 MTEXTCOLUMN 中。

（8）“文字格式”对话框：用来控制文本文字的显示特性。可以在输入文本文字前设置文本的特性，也可以改变已输入的文本文字特性。要改变已有文本文字的显示特性，首先应选择要修改的文本，选择文本的方式有以下 3 种：

①将光标定位到文本文字开始处，按住鼠标左键并拖到文本末尾。

②双击某个文字，则该文字被选中。

③单击 3 次鼠标，则选中全部内容。

对话框中部分选项的功能介绍如下：

- “文字高度”下拉列表框：用于确定文本的字符高度，可在文本编辑器中设置输入新的字符高度，也可从该下拉列表框中选择已设定过的高度值。
- “粗体” **B** 和“斜体” *I* 按钮：用于设置加粗或斜体效果，但这两个按钮只对 TrueType 字体有效。

- “下划线” U 和 “上划线” Ō 按钮：用于设置或取消文字的上下划线。
- “堆叠”按钮 $\frac{b}{a}$：为层叠或非层叠文本按钮，用于层叠所选的文本文字，也就是创建分数形式。当文本中某处出现 “/”、“^” 或 “#” 3 种层叠符号之一时，可层叠文本，其方法是选中需层叠的文字，然后单击该按钮，则符号左边的文字作为分子，右边的文字作为分母进行层叠。AutoCAD 提供了 3 种分数形式：如选中 “abcd/efgh” 后单击该按钮，则得到如图 4-9（a）所示的分数形式；如果选中 “abcd^efgh” 后单击该按钮，则得到如图 4-9（b）所示的形式，此形式多用于标注极限偏差；如果选中 “abcd # efgh” 后单击该按钮，则创建斜排的分数形式，如图 4-9(c)所示。如果选中已经层叠的文本对象后单击该按钮，则恢复到非层叠形式。
- “倾斜角度” 0/ 下拉列表框：用于设置文字的倾斜角度。

提 示

倾斜角度与斜体效果是两个不同的概念，前者可以设置任意倾斜角度，后者是在任意倾斜角度的基础上设置斜体效果。如图 4-10 所示，第一行倾斜角度为 0°，非斜体效果；第二行倾斜角度为 12°，非斜体效果；第三行倾斜角度为 12°，斜体效果。

- “符号”按钮 @：用于输入各种符号。单击该按钮，系统打开符号列表，如图 4-11 所示，可以从中选择符号输入到文本中。

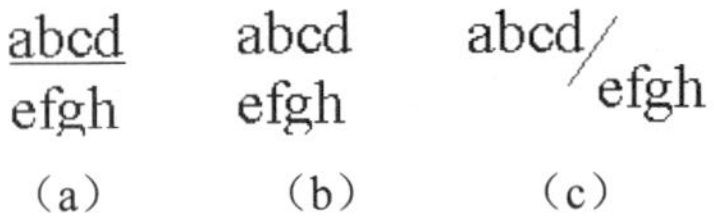

abcd/efgh（a） abcd efgh（b） abcd/efgh（c）

图 4-9 文本层叠

都市农夫
都市农夫
都市农夫

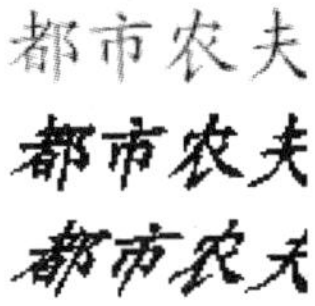

图 4-10 倾斜角度与斜体效果

- “插入字段”按钮：用于插入一些常用或预设字段。单击该按钮，系统打开 “字段” 对话框，如图 4-12 所示，用户可从中选择字段，插入到标注文本中。

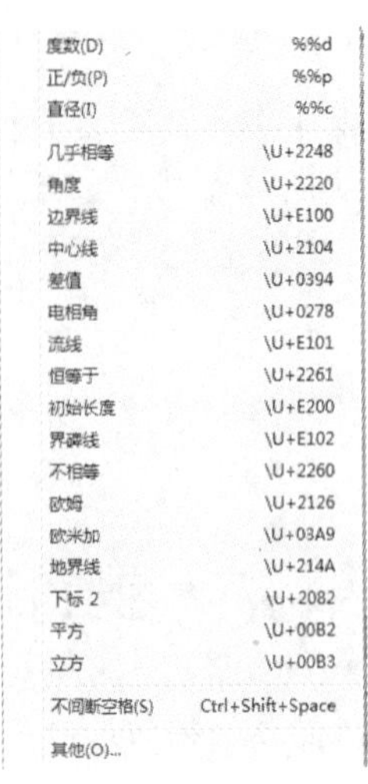

图 4-11 符号列表

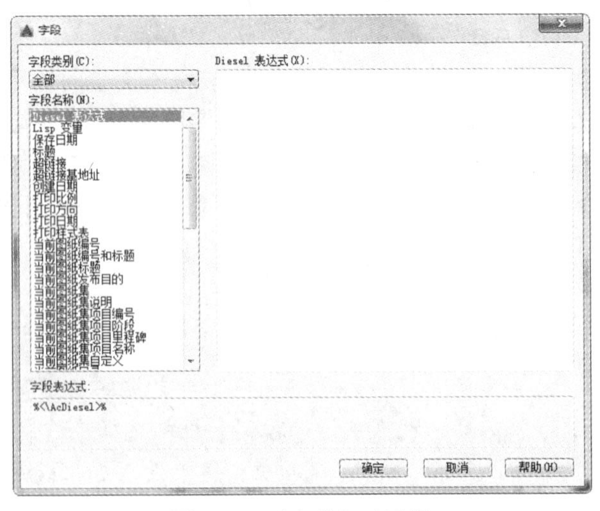

图 4-12 “字段”对话框

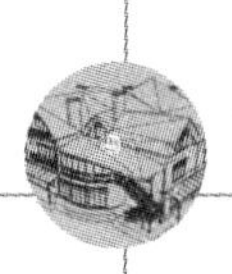

- “追踪”下拉列表框：用于增大或减小选定字符之间的空间。1.0 表示设置常规间距，设置大于 1.0 表示增大间距，设置小于 1.0 表示减小间距。
- “宽度因子”下拉列表框：用于扩展或收缩选定字符。1.0 表示设置代表此字体中字母的常规宽度，可以增大该宽度或减小该宽度。

（9）“上标”按钮：将选定文字转换为上标，即在键入线的上方设置稍小的文字。

（10）“下标”按钮：将选定文字转换为下标，即在键入线的下方设置稍小的文字。

（11）“清除格式”下拉列表：删除选定字符的字符格式，或者删除选定段落的段落格式，或者删除选定段落中的所有格式。

①关闭：如果选择此选项，将从应用了列表格式的选定文字中删除字母、数字和项目符号。不更改缩进状态。

②以数字标记：应用将带有句点的数字用于列表中的项的列表格式。

③以字母标记：应用将带有句点的字母用于列表中的项的列表格式。如果列表含有的项多于字母中含有的字母，可以使用双字母继续序列。

④以项目符号标记：应用将项目符号用于列表中的项的列表格式。

⑤启动：在列表格式中启动新的字母或数字序列。如果选定的项位于列表中间，则选定项下面的未选中的项也将成为新列表的一部分。

⑥继续：将选定的段落添加到上面最后一个列表，然后继续序列。如果选择了列表项而非段落，选定项下面的未选中的项将继续序列。

⑦允许自动项目符号和编号：在键入时应用列表格式。以下字符可以用作字母和数字后的标点并不能用作项目符号：句点 (.)、逗号 (,)、右括号 ())、右尖括号 (>)、右方括号 (]) 和右花括号 (})。

⑧允许项目符号和列表：如果选择此选项，列表格式将应用到外观类似列表的多行文字对象中的所有纯文本。

⑨拼写检查：确定键入时拼写检查处于打开还是关闭状态。

⑩编辑词典：显示“词典”对话框，从中可添加或删除在拼写检查过程中使用的自定义词典。

⑪标尺：在编辑器顶部显示标尺。拖动标尺末尾的箭头可更改文字对象的宽度。列模式处于活动状态时，还显示高度和列夹点。

（12）段落：为段落和段落的第一行设置缩进。指定制表位和缩进，控制段落对齐方式、段落间距和段落行距，如图 4-13 所示。

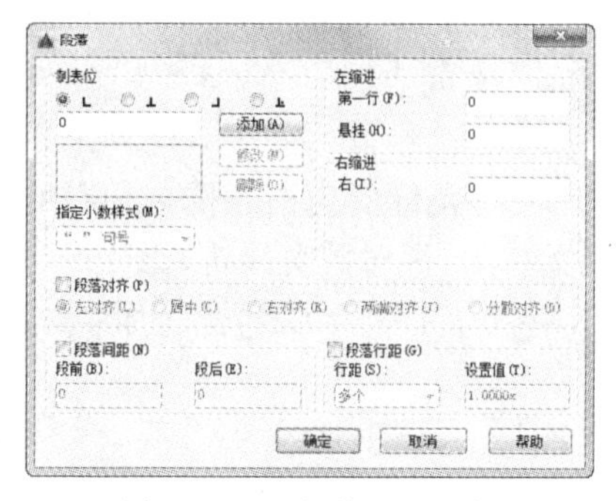

图 4-13　“段落”对话框

（13）输入文字：选择此项，系统打开“选择文件”对话框，如图 4-14 所示。选择任意 ASCII 或 RTF 格式的文件。输入的文字保留原始字符格式和样式特性，但可以在多行文字编辑器中编辑和格式化输入的文字。选择要输入的文本文件后，可以替换选定的文字或全部文字，或者在文字边界内将插入的文字附加到选定的文字中。输入文字的文件必须小于 32K。

图 4-14 “选择文件”对话框

（14）编辑器设置：显示“文字格式”工具栏的选项列表。有关详细信息，请参见编辑器设置。

提 示

多行文字是由任意数目的文字行或段落组成的，不满意指定的宽度，还可以沿垂直方向无限延伸。多行文字中，无论行数是多少，单个编辑任务中创建的每个段落集将构成单个对象；用户可对其进行移动、旋转、删除、复制、镜像或缩放操作。

4. 多行文本编辑

【执行方式】

- 命令行：DDEDIT
- 菜单：修改→对象→文字→编辑
- 工具栏：文字→编辑

【操作步骤】

```
命令：DDEDIT↙
选择注释对象或 [放弃(U)]:
```

要求选择想要修改的文本，同时光标变为拾取框。利用拾取框单击对象，如果选取的文本是利用 TEXT 命令创建的单行文本，可对其直接进行修改。如果选取的文本是利用 MTEXT 命令创建的多行文本，选取后则弹出多行文字编辑器（如图 4-8 所示），可根据前面的介绍对各项设置或内容进行修改。

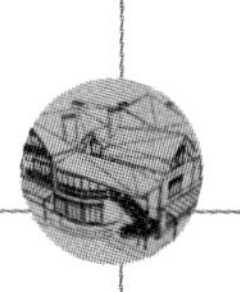

4.1.2　操作步骤

绘制如图 4-15 所示的酒瓶。

图 4-15　酒瓶

Step 01 单击“默认”选项卡“图层”面板中的“图层特性”按钮，弹出“图层特性管理器”对话框，新建以下 3 个图层：

- “1”图层，颜色为绿色，其余属性为默认；
- “2”图层，颜色为黑色，其余属性为默认；
- “3”图层，颜色为蓝色，其余属性为默认。

Step 02 选择菜单栏中的“视图”→“缩放”→“圆心”命令，将图形界面缩放至适当的大小。

Step 03 将“3”图层置为当前图层。单击“默认”选项卡“绘图”面板中的“多段线”按钮，命令行中提示与操作如下：

```
命令：_pline↙
指定起点：40，0↙
当前线宽为 0.0000
指定下一个点或 [圆弧(A)/半宽(H)/长度(L)/放弃(U)/宽度(W)]：@-40，0↙
指定下一点或 [圆弧(A)/闭合(C)/半宽(H)/长度(L)/ 放弃(U)/宽度(W)]：@0，119.8↙
指定下一点或 [圆弧(A)/闭合(C)/半宽(H)/长度(L)/放弃(U)/宽度(W)]：a↙
指定圆弧的端点(按住 Ctrl 键以切换方向)或[角度(A)/圆心(CE)/闭合(CL)/方向(D)/半宽(H)/直线(L)/半径(R)/第二个点(S)/放弃
(U)/宽度(W)]：22，139.6↙
指定圆弧的端点(按住 Ctrl 键以切换方向)或[角度(A)/圆心(CE)/闭合(CL)/方向(D)/半宽(H)/直线(L)/半径(R)/第二个点
(S)/放弃(U)/宽度(W)]：l↙
指定下一点或 [圆弧(A)/闭合(C)/半宽(H)/长度(L)/放弃(U)/宽度(W)]：29，190.7↙
指定下一点或 [圆弧(A)/闭合(C)/半宽(H)/长度(L)/放弃(U)/宽度(W)]：29，222.5↙
指定下一点或 [圆弧(A)/闭合(C)/半宽(H)/长度(L)/放弃(U)/宽度(W)]：a↙
指定圆弧的端点(按住 Ctrl 键以切换方向)或[角度(A)/圆心(CE)/闭合(CL)/方向(D)/半宽(H)/直线(L)/半径(R)/第二个点(S)/放弃(U)/宽度(W)]：s↙
```

指定圆弧上的第二个点：40，227.6↙

指定圆弧的端点：51.2，223.3↙

指定圆弧的端点(按住 Ctrl 键以切换方向)或[角度(A)/圆心(CE)/闭合(CL)/方向(D)/半宽(H)/直线(L)/半径(R)/第二个点(S)/放弃(U)/宽度(W)]：

绘制结果如图 4-16 所示。

Step 04 单击“默认”选项卡“修改”面板中的“镜像”按钮，镜像绘制的多段线，然后单击“默认”选项卡“修改”面板中的“修剪”按钮，修剪图形，结果如图 4-17 所示。

Step 05 将“2”图层置为当前图层。单击“默认”选项卡“绘图”面板中的“直线”按钮，绘制坐标点为{（0，94.5）、（@80，0）}{（0，92.5）、（80，92.5）}{（0,48.6）、（@80,0）}、{（29,190.7）、（@22,0）}{（0,50.6）、（@80,0）}的直线，绘制结果如图 4-18 所示。

Step 06 单击“默认”选项卡“绘图”面板中的“椭圆”按钮，绘制中心点为（40，120），轴端点为（@25，0），轴长度为(@0,10)的椭圆。

Step 07 单击“默认”选项卡“绘图”面板中的“圆弧”按钮，以 3 点方式绘制坐标为（22，139.6）、（40，136）、（58，139.6）的圆弧，如图 4-19 所示。

Step 08 单击“默认”选项卡“修改”面板中的“圆角”按钮，设置圆角半径为 10，将瓶底进行圆角处理。

Step 09 将“1”图层置为当前图层。单击“默认”选项卡“注释”面板中的“多行文字”按钮A，设置文字高度分别为 10 和 13，输入文字，如图 4-20 所示。

图 4-16 绘制多段线　图 4-17 镜像处理　图 4-18 绘制直线　图 4-19 绘制椭圆　图 4-20 输入文字

4.1.3 拓展实例——内视符号

读者可以利用上面所学的文本标注命令相关知识完成室内设计制图中常用的内视符号的绘制，如图 4-21 所示。

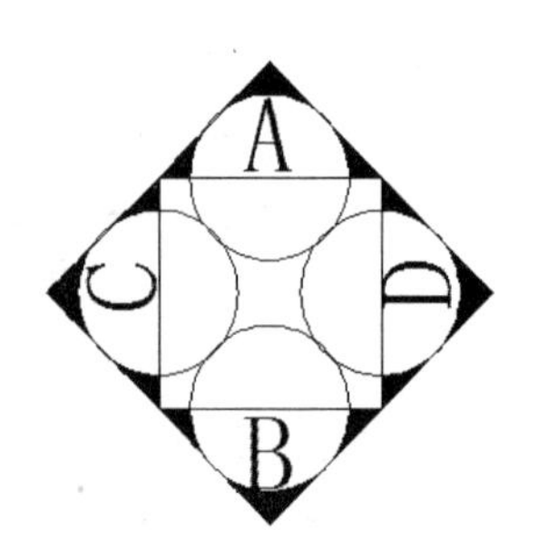

图 4-21 内视符号

Step 01 单击“默认”选项卡“绘图”面板中的“直线”按钮、“圆”按钮和“多边形”按钮，完成单向内视符号外轮廓的绘制，如图 4-22 所示。

Step 02 单击“默认”选项卡“修改”面板中的“修剪”按钮和“绘图”面板中的“图案填充”按钮，对图形进行整理，如图 4-23 所示。

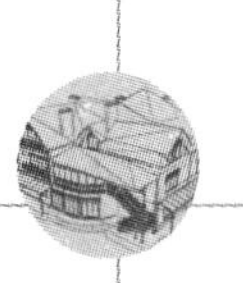

Step 03　单击“默认”选项卡“注释”面板中的“多行文字”按钮A，为内视符号添加说明，如图 4-24 所示。

Step 04　单击“默认”选项卡“修改”面板中的“旋转”按钮和“复制”按钮，完成内视符号的绘制，如图 4-21 所示。

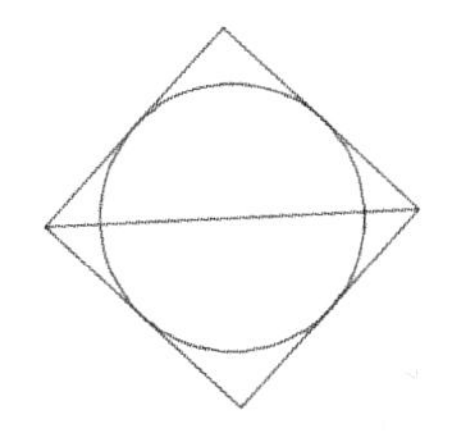

图 4-22　内视符号外轮廓

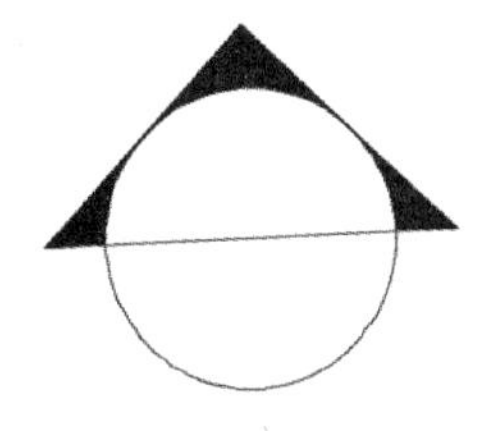

图 4-23　图案填充

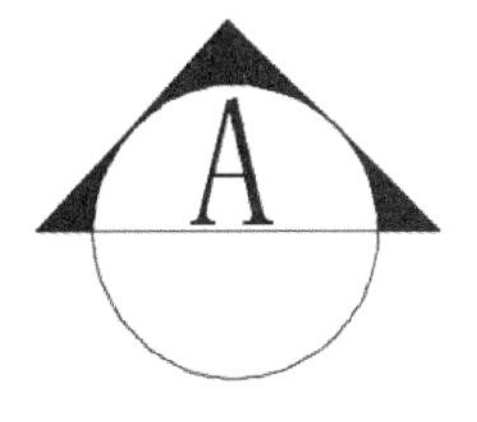

图 4-24　添加文字

4.2　表格功能的应用——室内设计 A3 样板图

在以前的版本中，要绘制表格必须采用绘制图线或图线结合偏移或复制等编辑命令来完成，这样的操作过程太过烦琐，不利于提高绘图效率。在 AutoCAD 2010 以后的版本中，新增加了一项“表格”绘图功能，有了该功能，创建表格就变得非常容易，用户可以直接插入设置好样式的表格，而不用绘制由单独的图线组成的栅格。本节将通过一个简单的表格绘制单元——室内设计 A3 样板图的绘制过程来重点学习表格绘制命令，具体的绘制流程图如图 4-25 所示。

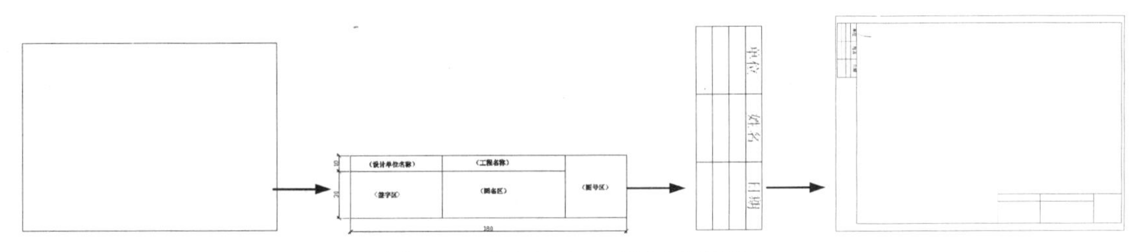

图 4-25　室内设计 A3 样板图流程图

4.2.1　相关知识点

1. 设置表格样式

【执行方式】

- 命令行：TABLESTYLE
- 菜单：格式→表格样式
- 工具栏：样式→表格样式管理器
- 功能区：默认→注释→表格样式或注释→表格→表格样式下拉菜单中的管理表格样式或注释→表格→对话框启动器

【操作步骤】

执行上述命令后，系统弹出“表格样式”对话框，如图 4-26 所示。

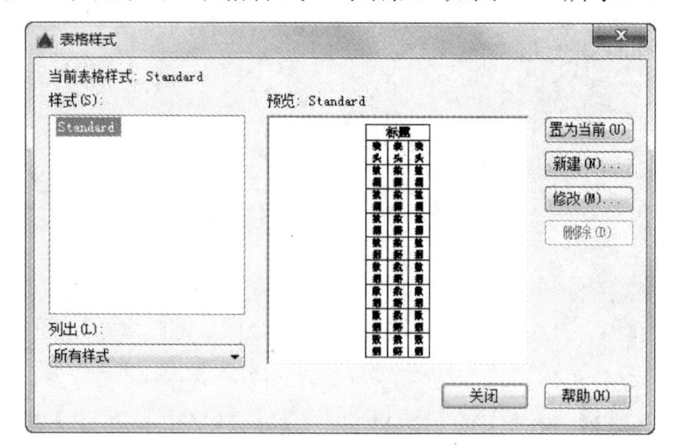

图 4-26 “表格样式”对话框

【选项说明】

（1）新建：单击该按钮，系统弹出“创建新的表格样式”对话框，如图 4-27 所示。输入新的表格样式名后单击“继续”按钮，弹出“新建表格样式”对话框，如图 4-28 所示，从中定义新的表格样式，分别控制表格中数据、列标题和总标题的有关参数，如图 4-29 所示。

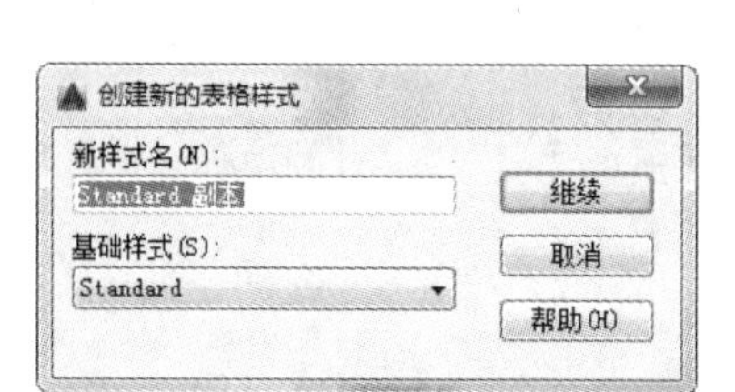

图 4-27 “创建新的表格样式”对话框

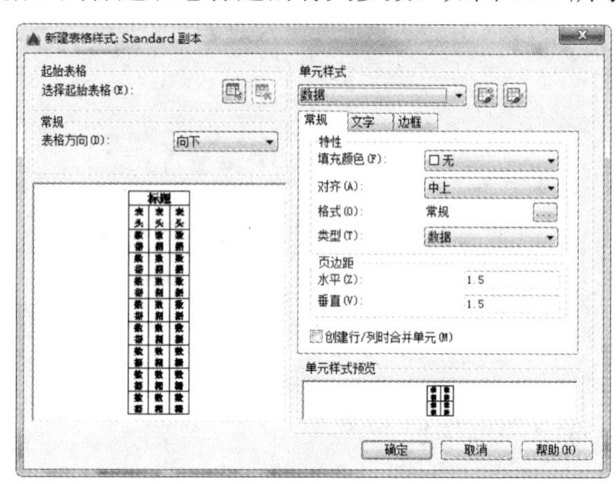

图 4-28 “新建表格样式”对话框

如图 4-30 所示为数据文字样式为“standard”，文字高度为 4.5，文字颜色为“红色”，填充颜色为“黄色”，对齐方式为“右下”；标题文字样式为“standard”，文字高度为 6，文字颜色为“蓝色”，填充颜色为“无”，对齐方式为“正中”；表格方向为“上”，水平单元边距和垂直单元边距都为 1.5 的表格样式。

（2）对当前表格样式进行修改，方式与新建表格样式相同。

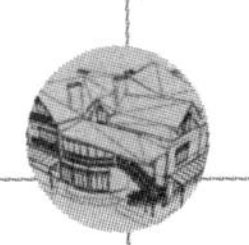

标题		
表头	表头	表头
数据	数据	数据
数据	数据	数据
数据	数据	数据
数据	数据	数据
数据	数据	数据
数据	数据	数据

图 4-29　表格样式

数据	数据	数据
数据	数据	数据
数据	数据	数据
数据	数据	数据
数据	数据	数据
数据	数据	数据
数据	数据	数据
标题		

图 4-30　表格示例

2. 创建表格

【执行方式】

- 命令行：TABLE
- 菜单：绘图→表格
- 工具栏：绘图→表格
- 功能区：默认→注释→表格或注释→表格→表格

【操作步骤】

执行上述命令后，系统弹出“插入表格”对话框，如图 4-31 所示。

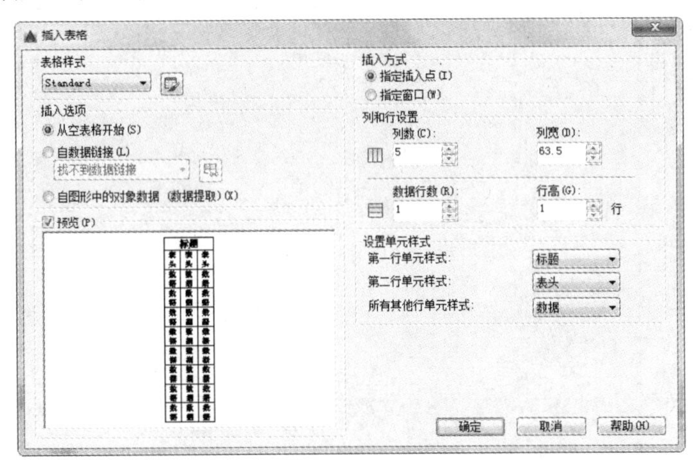

图 4-31　“插入表格”对话框

【选项说明】

（1）“指定插入点”单选按钮：指定表格左上角的位置。可以使用定点设备，也可以在命令行中输入坐标值。如果表样式将表的方向设置为由下而上读取，则插入点位于表的左下角。

（2）“指定窗口”单选按钮：指定表的大小和位置。可以使用定点设备，也可以在命令行中输入坐标值。选择此选项时，行数、列数、列宽和行高取决于窗口的大小及列和行设置。

在“插入表格”对话框中进行相应的设置后，单击“确定”按钮，系统在指定的插入点或窗口自动插入一个空表格，用户可以逐行/逐列输入相应的文字或数据，如图 4-32 所示。

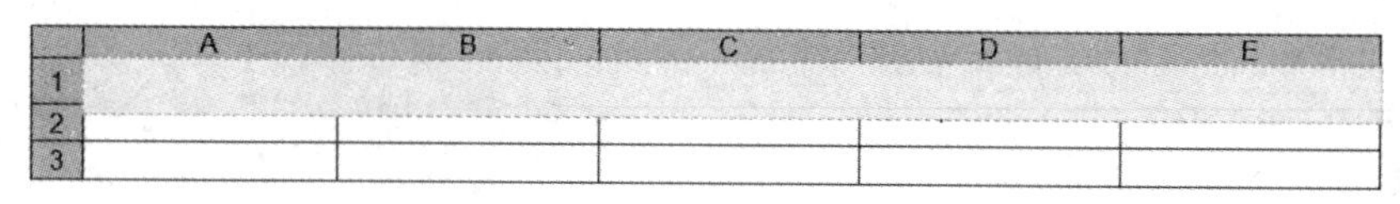

图 4-32　表格编辑器

3. 编辑表格文字

【执行方式】

- 命令行：TABLEDIT
- 定点设备：表格内双击
- 快捷菜单：编辑单元文字

【操作步骤】

执行上述命令后，系统弹出“多行文字编辑器”对话框，用户可以对指定表格单元的文字进行编辑。

4.2.2　操作步骤

绘制如图 4-33 所示的室内设计 A3 样板图。

图 4-33　室内设计制图 A3 样板图

1. 设置单位和图形边界

Step 01　启动 AutoCAD 程序，则系统自动建立新的图形文件。

Step 02　选择菜单栏中的“格式”→“单位”命令，弹出“图形单位”对话框，如图 4-34 所示。设置“长度”的“类型”为“小数”，“精度”为 0；设置“角度”的“类型”为“十进制度数”，“精度”为 0，系统默认逆时针方向为正，单击“确定”按钮。

Step 03　设置图形边界。国家标准对图纸的幅面大小做了严格规定，在这里，不妨按国家标准

A3 图纸幅面设置图形边界。A3 图纸的幅面为 420mm×297mm，选择菜单栏中的“格式”→“图形界限”命令，命令行中提示与操作如下：

```
命令：LIMITS↙
重新设置模型空间界限：
指定左下角点或 [开(ON)/关(OFF)] <0.0000,0.0000>：↙
指定右上角点 <12.0000,9.0000>：420,297↙
```

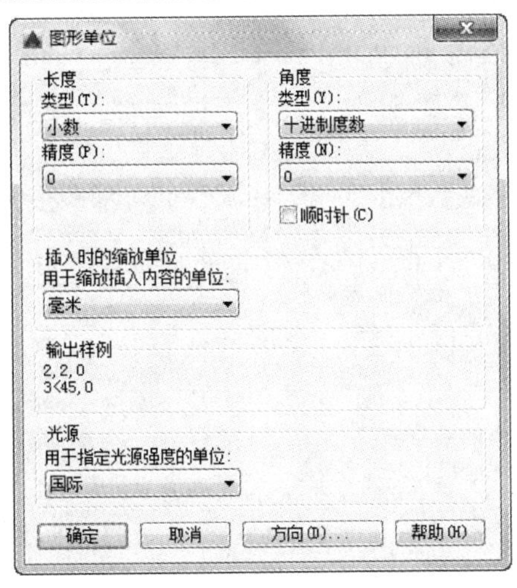

图 4-34　“图形单位”对话框

2. 设置图层

Step 01 单击“默认”选项卡“图层”面板中的“图层特性”按钮，系统弹出“图层特性管理器”对话框，如图 4-35 所示。在该对话框中单击“新建”按钮，建立不同名称的新图层，这些不同的图层分别存放不同的图线或图形的不同部分。

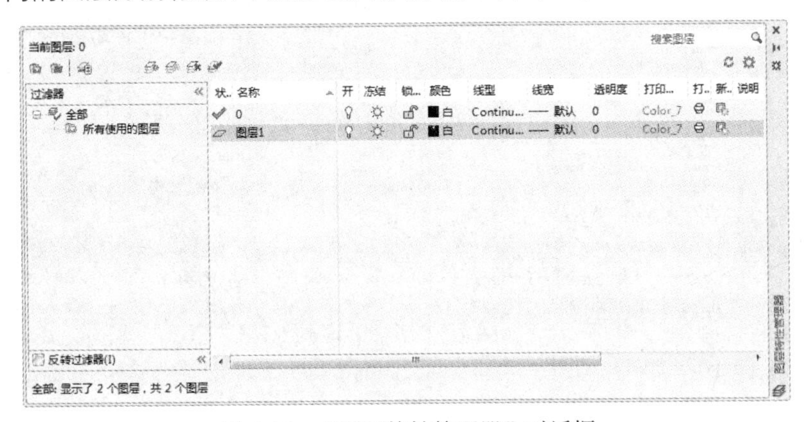

图 4-35　“图层特性管理器”对话框

Step 02 设置图层颜色。为了区分不同图层上的图线，增加图形不同部分的对比性，可以在“图层特性管理器”对话框中单击相应图层“颜色”标签下的颜色色块，弹出“选择颜色”对话框，如图 4-36 所示，在该对话框中选择需要的颜色。

Step 03 设置线型。在常用的工程图样中，通常要用到不同的线型，不同的线型表示不同的含义。在“图层特性管理器”对话框中单击“线型”标签下的线型选项，弹出“选择线型”对话框，如图 4-37 所示，在该对话框中选择对应的线型，如果在“已加载的线型”列表框中没有需要的线型，可以单击“加载”按钮，弹出“加载或重载线型”对话框加载线型，如图 4-38 所示。

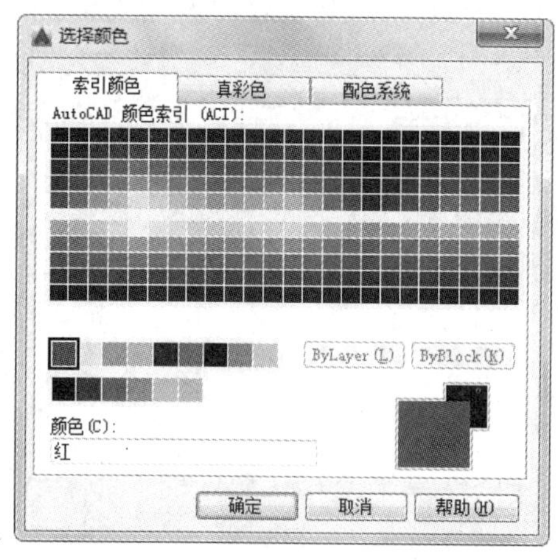

图 4-36 “选择颜色”对话框

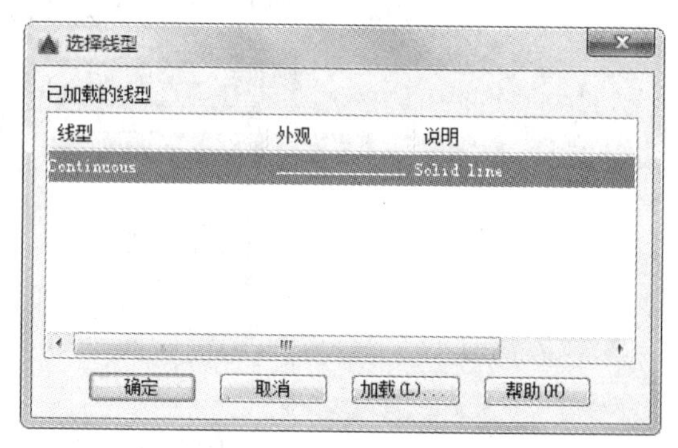

图 4-37 “选择线型”对话框

Step 04 设置线宽。在工程图纸中，不同的线宽也表示不同的含义，因此也要对不同图层的线宽界线进行设置，单击“图层特性管理器”对话框中“线宽”标签下的选项，弹出“线宽”对话框，如图 4-39 所示，在该对话框中选择适当的线宽。需要注意的是，应尽量保持细线与粗线之间的比例大约为 1:2。

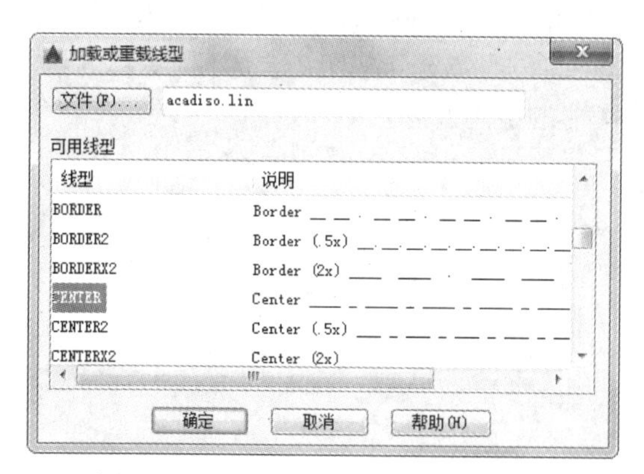

图 4-38 “加载或重载线型”对话框

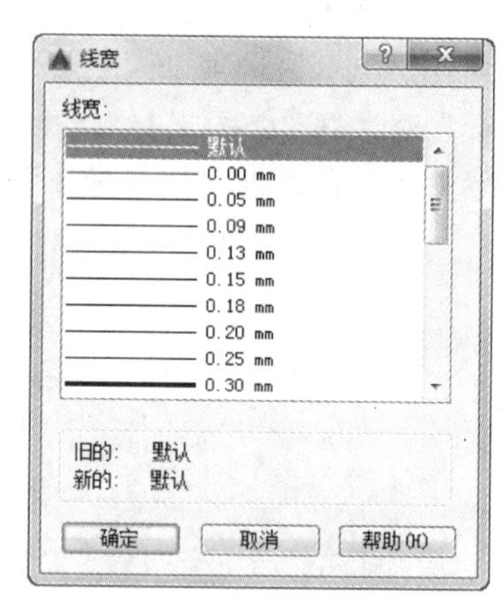

图 4-39 “线宽”对话框

3. 设置文本样式

下面列出一些本练习中的格式，请按如下约定进行设置：文本高度一般注释为 7mm，零件名称为 10mm，图标栏和会签栏中其他文字为 5mm，尺寸文字为 5mm，线型比例为 1，图纸空间线型比例为 1，单位为十进制，小数点后 0 位，角度小数点后 0 位。

可以生成 4 种文字样式，分别用于一般注释、标题块中零件名、标题块注释及尺寸标注。

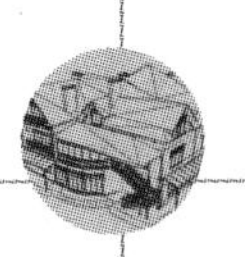

Step 01　单击“默认”选项卡“注释”面板中的“文字样式”按钮，系统弹出“文字样式”对话框，单击“新建”按钮，系统弹出“新建文字样式”对话框，如图 4-40 所示。接受默认的“样式 1”文字样式名，确认退出。

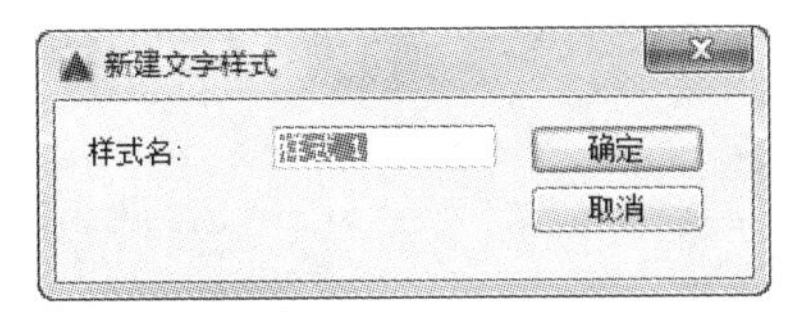

图 4-40　“新建文字样式”对话框

Step 02　系统回到“文字样式”对话框，在“字体名”下拉列表框中选择“宋体”选项；在“宽度比例”文本框中将宽度比例设置为 0.7；将文字高度设置为 5，如图 4-41 所示。单击“应用”按钮，再单击“关闭”按钮。其他文字样式类似设置。

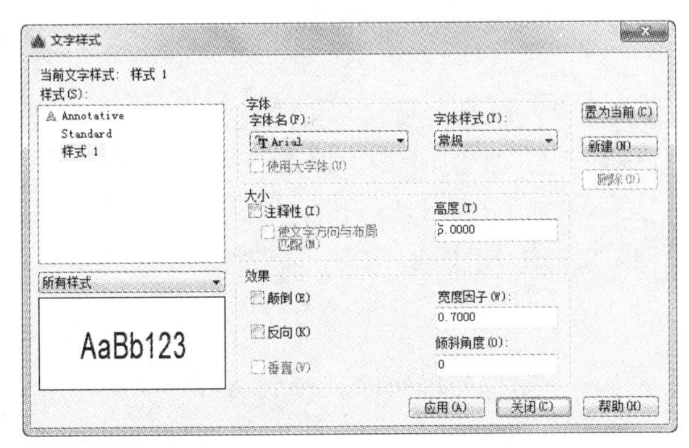

图 4-41　“文字样式”对话框

4．设置尺寸标注样式

Step 01　单击“默认”选项卡“注释”面板中的“标注样式”按钮，系统弹出“标注样式管理器”对话框，如图 4-42 所示。在“预览”显示框中显示出标注样式的预览图形。

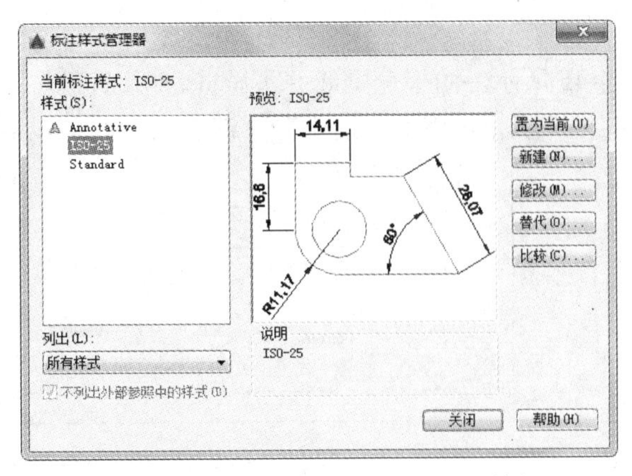

图 4-42　“标注样式管理器”对话框

Step 02　单击“修改”按钮，系统弹出“修改标注样式”对话框，在该对话框中对标注样式的选项按照需要进行修改，如图 4-43 所示。

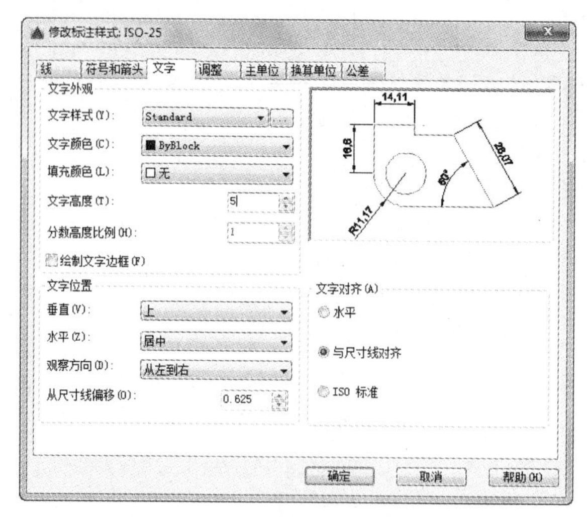

图 4-43　“修改标注样式”对话框

Step 03 其中，在“线”选项卡中，设置“颜色”和“线宽”为“ByLayer”，“基线间距”为 6，其他不变；在“箭头和符号”选项卡中，设置“箭头大小”为 1，其他不变。在“文字”选项卡中，设置“文字颜色”为“ByLayer”，“文字高度”为 5，其他不变；在“主单位”选项卡中，设置“精度”为 0，其他不变。其他选项卡不变。

5．绘制图框

单击“绘图”工具栏中的“矩形”按钮，绘制角点坐标为（25,10）和（410,287）的矩形，如图 4-44 所示。

提 示

国家标准规定 A3 图纸的幅面大小是 420mm × 297mm，这里留出了带装订边的图框到图纸边界的距离。

6．绘制标题栏

标题栏示意图如图 4-45 所示，由于分隔线并不整齐，所以可以先绘制一个 9×4（每个单元格的尺寸是 0×10）的标准表格，然后在此基础上编辑或合并单元格。

图 4-44　绘制矩形

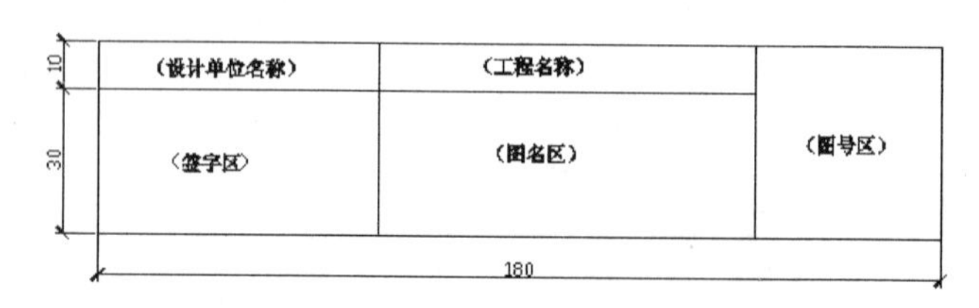

图 4-45　标题栏示意图

Step 01 单击“默认”选项卡“注释”面板中的“表格样式”按钮，系统弹出“表格样式”对话框，如图 4-46 所示。

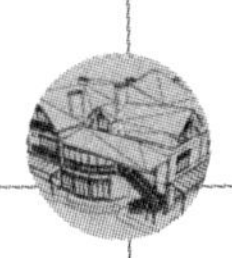

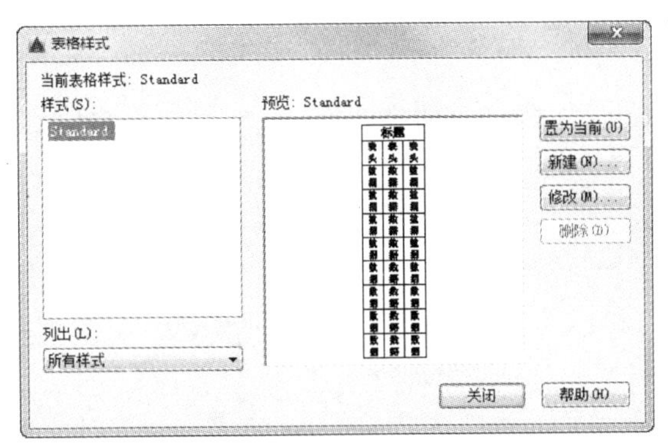

图 4-46　“表格样式”对话框

Step 02 单击“表格样式”对话框中的“修改”按钮，系统弹出“修改表格样式”对话框，在“单元样式”下拉列表框中选择“数据”选项，在下面的“文字”选项卡中将“文字高度”设置为 8，如图 4-47 所示。再单击“常规”选项卡，将“页边距”选项组中的“水平”和“垂直”都设置为 1，如图 4-48 所示。

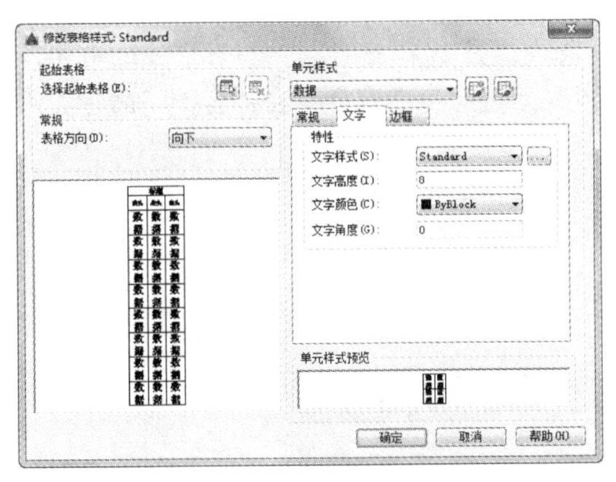

图 4-47　“修改表格样式”对话框

图 4-48　设置“常规”选项卡

Step 03 系统回到“表格样式”对话框，单击“关闭”按钮退出。

Step 04 单击“绘图”工具栏中的“表格”按钮，系统弹出“插入表格”对话框。在“列和行设置”选项组中将“列数”设置为 9，“列宽”设置为 20，“数据行数”设置为 2（加上标题行和表头行共 4 行），“行高”设置为 1 行（即为 10）；在“设置单元样式”选项组中，将“第一行单元样式”“第二行单元样式”和“所有其他行单元样式”都设置为“数据”，如图 4-49 所示。

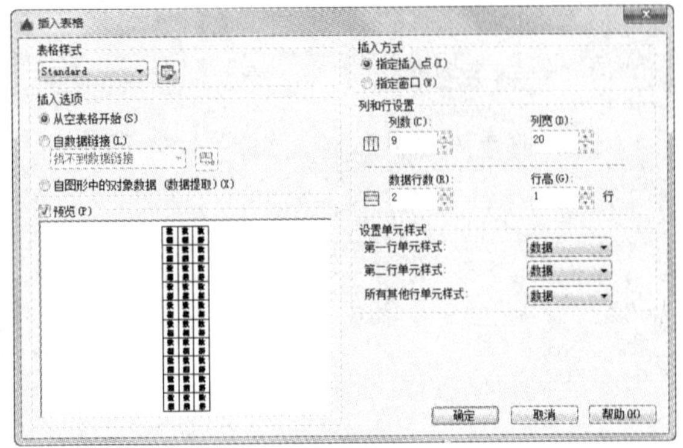

图 4-49　“插入表格”对话框

Step 05 在图框线右下角附近指定表格位置，系统生成表格，直接按 Enter 键，不输入文字，如图 4-50 所示。

7．移动标题栏

无法准确确定刚生成的标题栏与图框的相对位置，因此需要移动标题栏。单击“默认”选项卡“修改”面板中的“移动”按钮，将刚绘制的表格准确放置在图框的右下角，如图4-51所示。

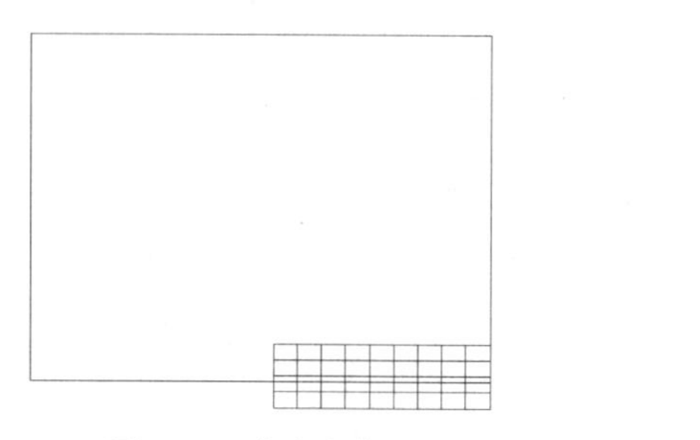

图4-50　生成表格

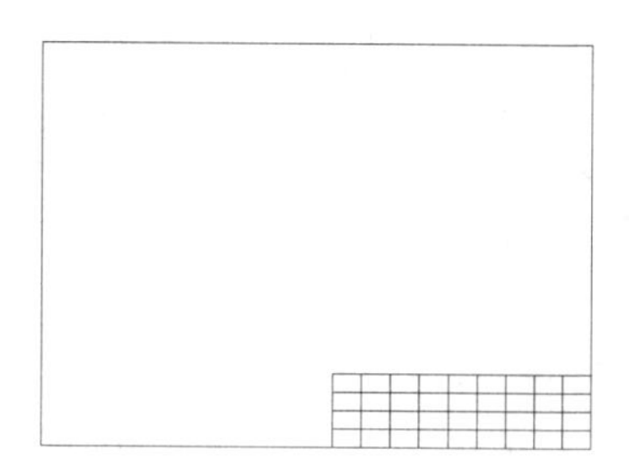

图4-51　移动表格

8．编辑标题栏表格

Step 01　单击标题栏表格A单元格，按住Shift键，同时选择B和C单元格，在“表格单元”选项卡中单击“合并单元”按钮，在弹出的下拉菜单中选择“合并全部”命令，如图4-52所示。

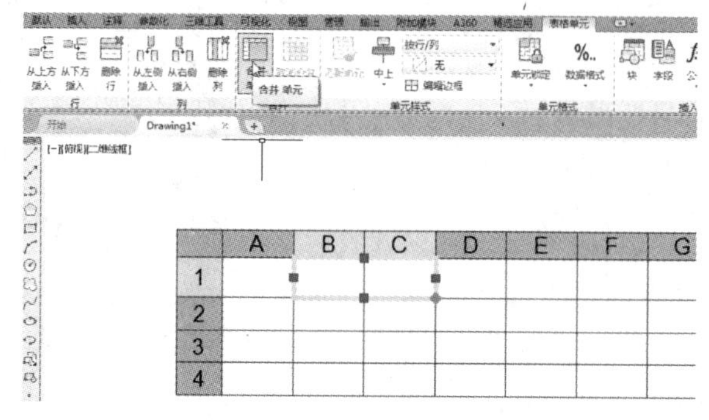

图4-52　合并单元格

Step 02　重复上述方法，对其他单元格进行合并，结果如图4-53所示。

9．绘制会签栏

会签栏具体大小和样式如图4-54所示。用户可以采用和标题栏相同的绘制方法来绘制会签栏。

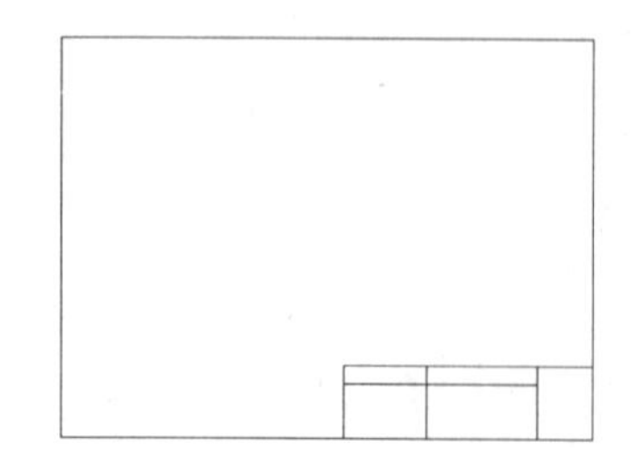

图4-53　完成标题栏单元格的编辑

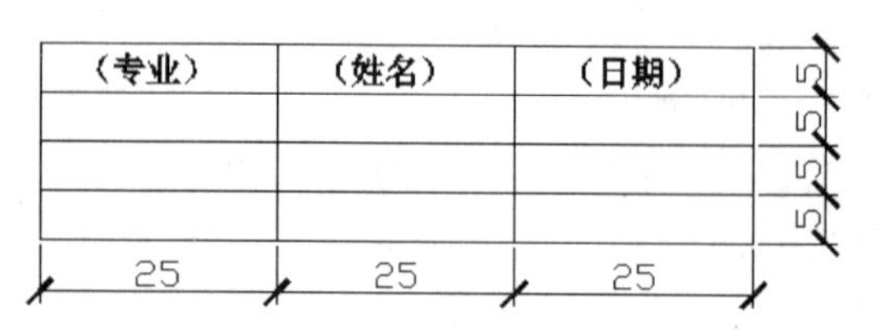

图4-54　会签栏示意图

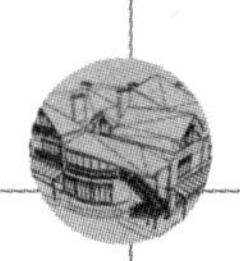

Step 01 在“修改表格样式”对话框的“文字”选项卡中，将“文字高度”设置为 4，如图 4-55 所示；再把“常规”选项卡“页边距”选项组中的“水平”和“垂直”都设置为 0.5。

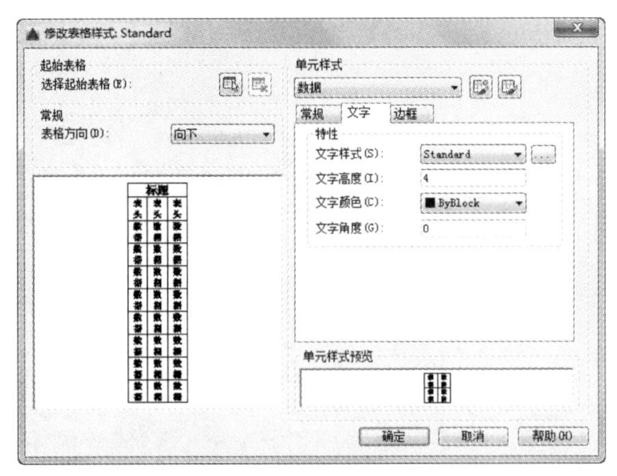

图 4-55　设置表格样式

Step 02 单击“默认”选项卡“注释”面板中的“表格”按钮，系统弹出“插入表格”对话框，在“列和行设置”选项组中，将“列数”设置为 3，“列宽”设置为 25，“数据行数”设置为 2，“行高”设置为 1 行；在“设置单元样式”选项组中，将“第一行单元样式”“第二行单元样式”和“所有其他行单元样式”都设置为“数据”，如图 4-56 所示。

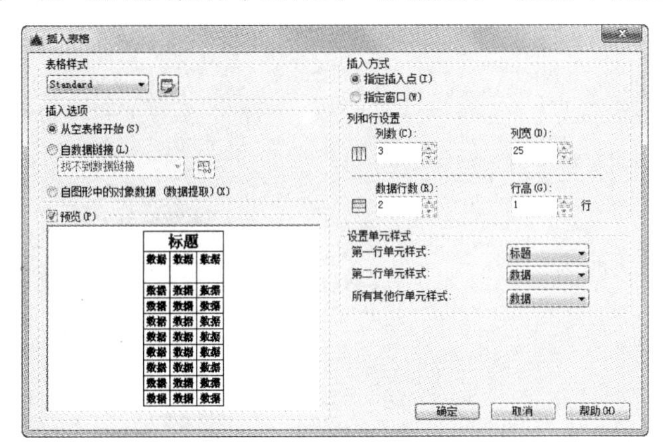

图 4-56　设置表格行和列

Step 03 在表格中输入文字，结果如图 4-57 所示。

10．旋转和移动会签栏

Step 01 单击“默认”选项卡“修改”面板中的“旋转”按钮，旋转会签栏，结果如图 4-58 所示。

Step 02 单击“默认”选项卡“修改”面板中的“移动”按钮，将会签栏移动到图框的左上角，结果如图 4-59 所示。

单位	姓名	日期

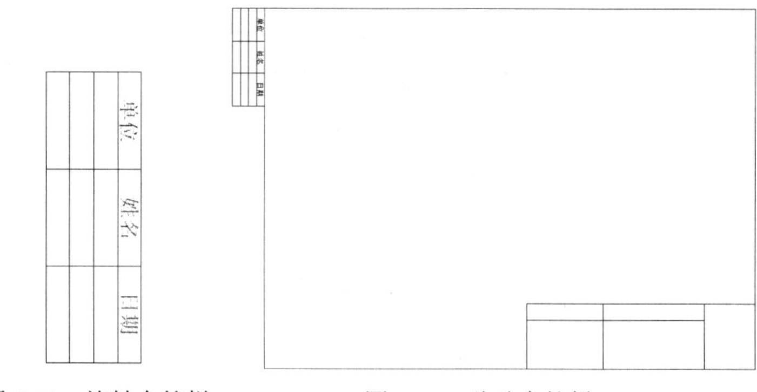

图 4-57　会签栏的绘制　　图 4-58　旋转会签栏　　图 4-59　移动会签栏

11．绘制外框

单击“默认”选项卡“绘图”面板中的“矩形”按钮，在最外侧绘制一个 420mm×297mm 的外框，最终完成样板图的绘制。

12．保存样板图

选择菜单栏中的“文件”→“另存为”命令，系统弹出“图形另存为”对话框，将图形保存为 dwg 格式的文件即可，如图 4-60 所示。

图 4-60　“图形另存为”对话框

4.2.3　拓展实例——灯具明细表

读者可以利用上面所学的表格命令相关知识完成室内设计制图中常用的灯具明细表的绘制，如图 4-61 所示。

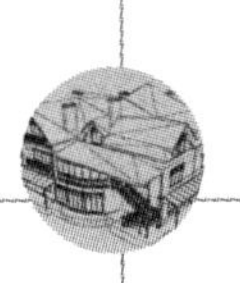

主要灯具表						
序号	图例	名称	型号 规格	单位	数量	备注
1		地埋灯	70HX1	套	120	
2		投光灯	120WX1	套	26	照树投光灯
3		投光灯	150WX1	套	59	照雕塑投光灯
4		路灯	250WX1	套	36	H=12.0m
5		广场灯	250WX1	套	4	H=12.0m
6		庭院灯	1400WX1	套	66	H=4.0m
7		草坪灯	50WX1	套	190	H=1.0m
8		定制台式工艺灯	方钢表面黑色喷涂1600x1600x800 节能灯 27Wx2	套	32	
9		水中灯	J12V100WX1	套	75	
10						
11						

图 4-61　绘制灯具明细表

Step 01　对表格样式进行设置，新建表格，如图 4-62 所示。

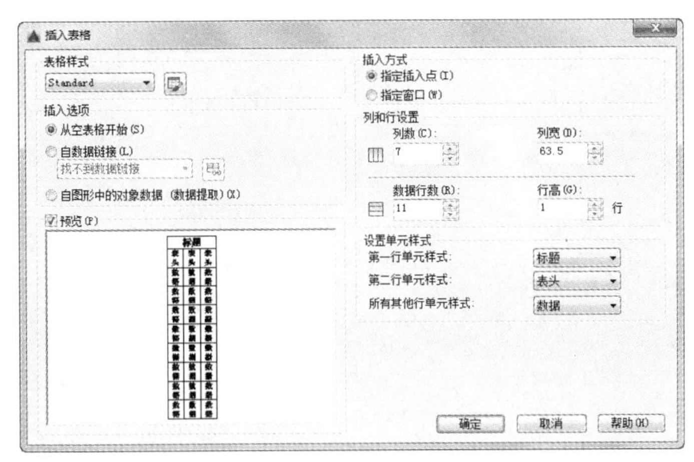

图 4-62　新建表格

Step 02　选择表格，对表格间距进行调整，如图 4-63 所示。

图 4-63　调整表格

Step 03　单击“默认”选项卡“注释”面板中的“多行文字”按钮A，为表格添加文字，如图 4-61 所示。

4.3　尺寸标注功能的应用——标注居室平面图尺寸

本节将通过一个尺寸标注功能的应用——标注居室平面图尺寸的过程来重点学习尺寸标注命令，具体的绘制流程图如图 4-64 所示。

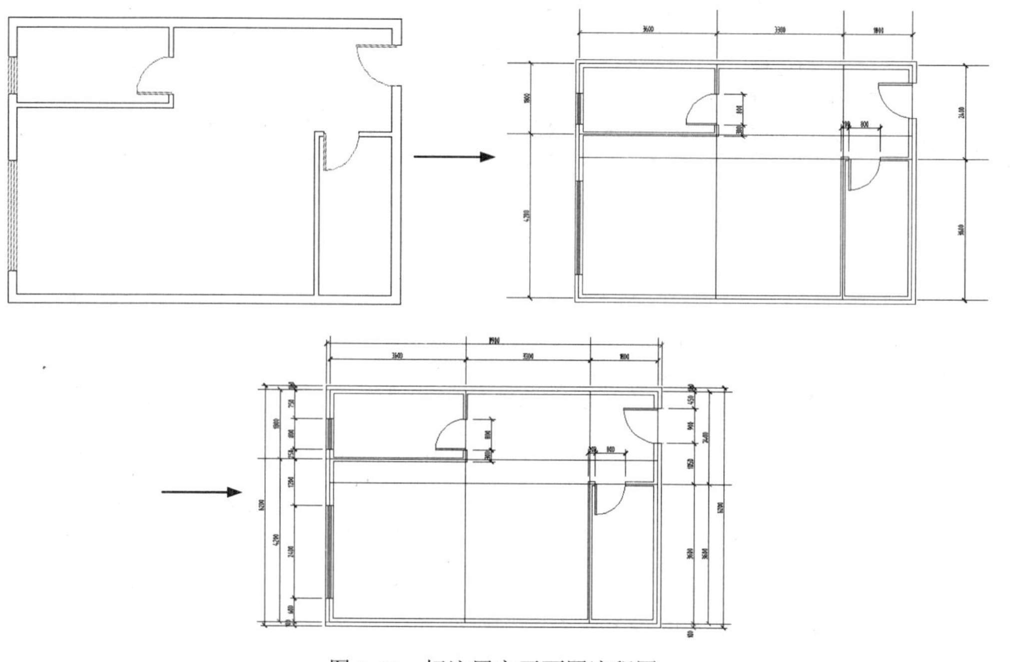

图 4-64　标注居室平面图流程图

4.3.1　相关知识点

1. 设置尺寸样式

【执行方式】

- 命令行：DIMSTYLE
- 菜单：格式→标注样式或标注→样式
- 工具栏：标注→标注样式
- 功能区：默认→注释→标注样式或注释→标注→标注样式下拉菜单中的管理标注样式或注释→标注→对话框启动器

【操作步骤】

尺寸标注相关命令的菜单方式集中在“标注”菜单中；工具栏方式集中在“标注”工具栏中，如图 4-65 和图 4-66 所示。执行上述命令后，系统弹出“标注样式管理器”对话框，如图 4-67 存在的样式、设置当前尺寸标注样式、样式重命名及删除一个已有样式等。

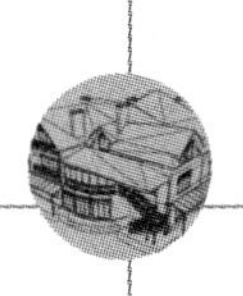

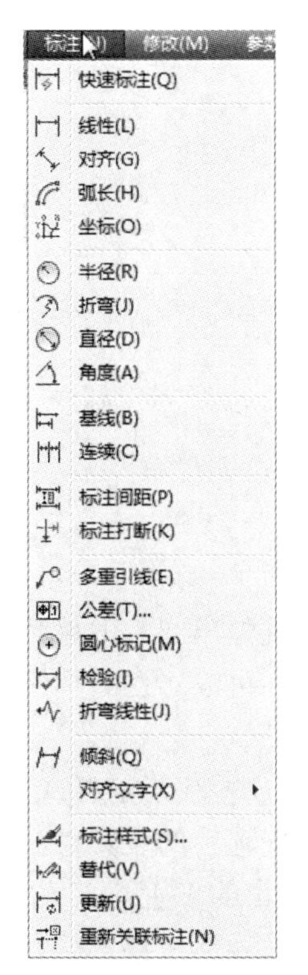

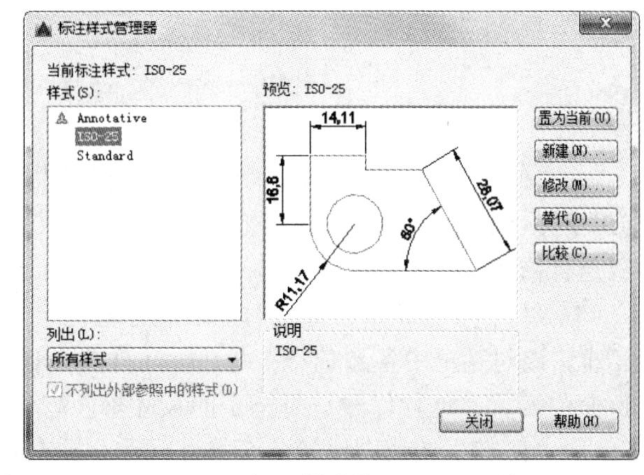

图 4-65　“标注”菜单　图 4-66　“标注”工具栏　图 4-67　“标注样式管理器”对话框

【选项说明】

（1）“置为当前”按钮：单击该按钮，把在“样式”列表框中选中的样式设置为当前样式。

（2）“新建”按钮：定义一个新的尺寸标注样式。单击该按钮，系统弹出“创建新标注样式”对话框，如图 4-68 所示，利用该对话框可创建一个新的尺寸标注样式。单击“继续”按钮，系统弹出“新建标注样式”对话框，如图 4-69 所示，利用该对话框可对新样式的各项特性进行设置。

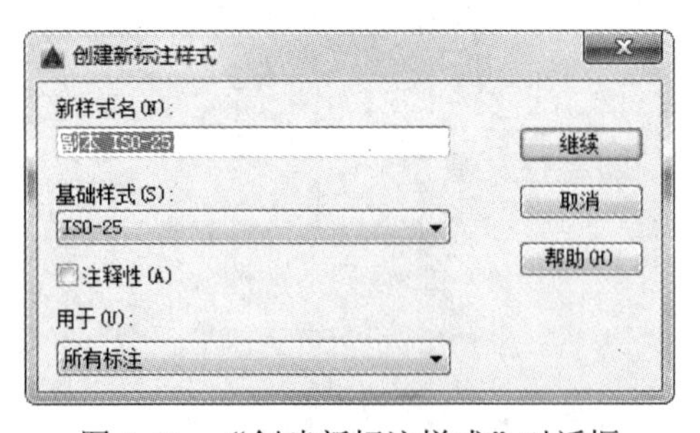

图 4-68　“创建新标注样式”对话框

（3）线：该选项卡对尺寸的尺寸线、尺寸界线的各个参数进行设置。包括尺寸线的颜色、线宽、超出标记、基线间距、隐藏等参数，尺寸界线的颜色、线宽、超出尺寸线、起点偏移量、隐藏等参数。

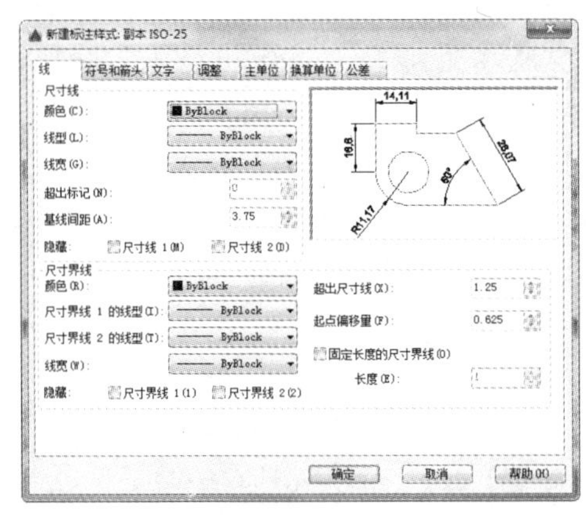

图 4-69　“新建标注样式”对话框

（4）“修改”按钮：修改一个已存在的尺寸标注样式。单击该按钮，系统弹出“修改标注样式”对话框，该对话框中的各选项与“新建标注样式”对话框中完全相同，可以对已有标注样式进行修改。

（5）“替代”按钮：设置临时覆盖尺寸标注样式。单击该按钮，系统弹出“替代当前样式”对话框，该对话框中各选项与“新建标注样式”对话框完全相同，用户可改变选项的设置以覆盖原来的设置。这种修改只对指定的尺寸标注起作用，不会影响当前尺寸变量的设置。

（6）“比较”按钮：比较两个尺寸标注样式在参数上的区别或浏览一个尺寸标注样式的参数设置。单击该按钮，系统弹出“比较标注样式”对话框，如图 4-70 所示。可以把比较结果复制到剪切板上，然后粘贴到其他的 Windows 应用软件上。

（7）符号和箭头：该选项卡对箭头、圆心标记及弧长符号的各个参数进行设置，如图 4-71 所示，包括箭头的大小、引线、形状等参数，圆心标记的类型和大小，弧长符号的位置，折断标注的折断大小，线性折弯标注的折弯高度因子及半径标注折弯角度等参数。

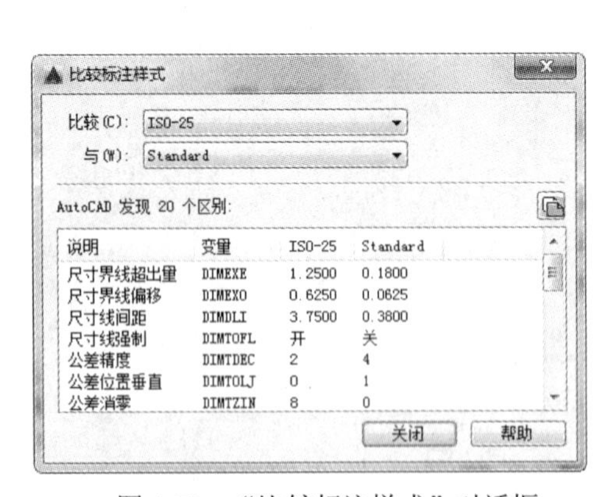

图 4-70　“比较标注样式”对话框

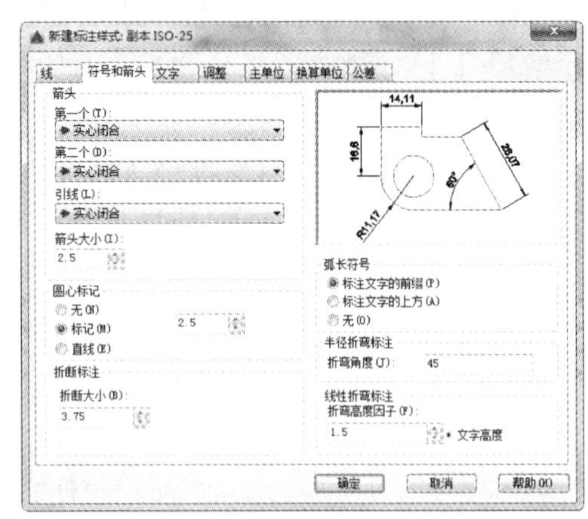

图 4-71　“符号和箭头”选项卡

（8）文字：该选项卡对文字的外观、位置、对齐方式等各个参数进行设置，如图 4-72 所示。包括文字外观的文字样式、颜色、填充颜色、文字高度、分数高度比例、是否绘制文字边框等参数，文字位置的垂直、水平和从尺寸线偏移量等参数。对齐方式有水平、与尺寸线对齐、ISO 标准 3 种。如图 4-73 所示为尺寸在垂直方向放置的 4 种不同情形；如图 4-74 所示为尺寸

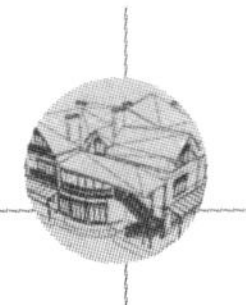

在水平方向放置的 5 种不同情形。

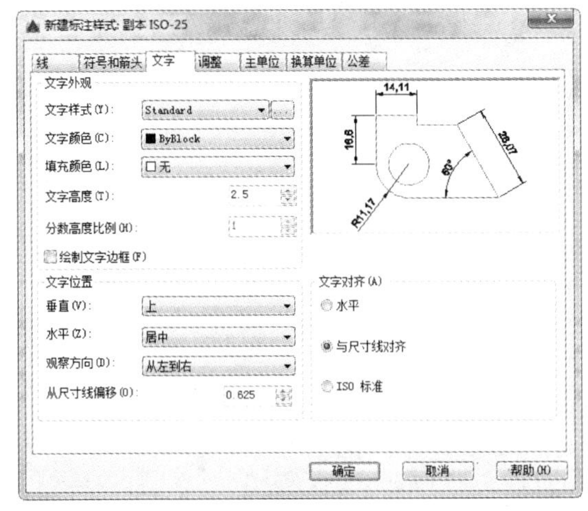

图 4-72　“文字”选项卡

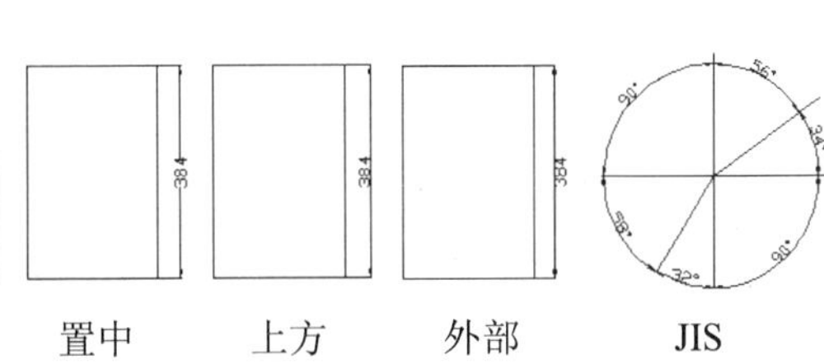

置中　　上方　　外部　　JIS

图 4-73　尺寸文本在垂直方向的放置

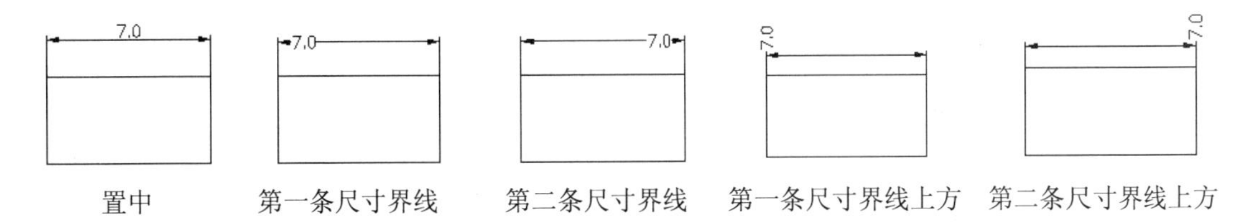

置中　　第一条尺寸界线　　第二条尺寸界线　　第一条尺寸界线上方　　第二条尺寸界线上方

图 4-74　尺寸文本在水平方向的放置

（9）调整：该选项卡对调整选项、文字位置、标注特征比例、优化等参数进行设置，如图 4-75 所示。如图 4-76 所示为文字不在默认位置上时，放置位置的 3 种不同情形。

图 4-75　“调整”选项卡

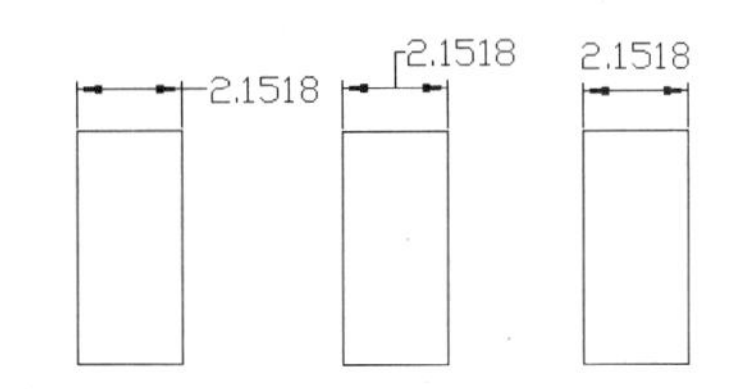

图 4-76　尺寸文本的位置

（10）主单位：该选项卡用于设置尺寸标注的主单位和精度，以及给尺寸文本添加固定的前缀或后缀。该选项卡包含两个选项组，分别对线性标注和角度标注进行设置，如图 4-77 所示。

（11）换算单位：该选项卡用于对替换单位进行设置，如图 4-78 所示。

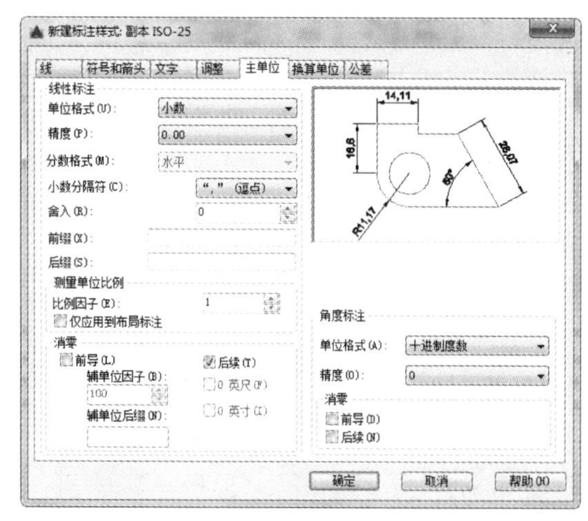

图 4-77 “主单位”选项卡

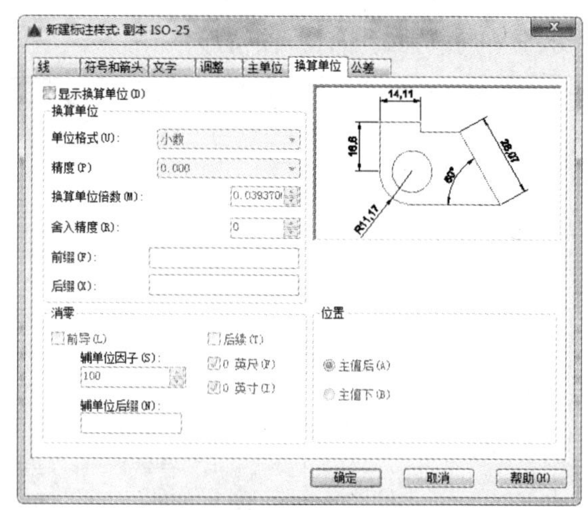

图 4-78 “换算单位”选项卡

（12）公差：该选项卡用于对尺寸公差进行设置，如图 4-79 所示。其中“方式”下拉列表框中列出了 AutoCAD 提供的 5 种标注公差的形式，用户可从中选择。这 5 种形式分别是“无”“对称”“极限偏差”“极限尺寸”和“基本尺寸”，其中“无”表示不标注公差，其余 4 种标注情况如图 4-80 所示。在“精度”“上偏差”“下偏差”“高度比例”“垂直位置”等文本框中输入或选择相应的参数值。

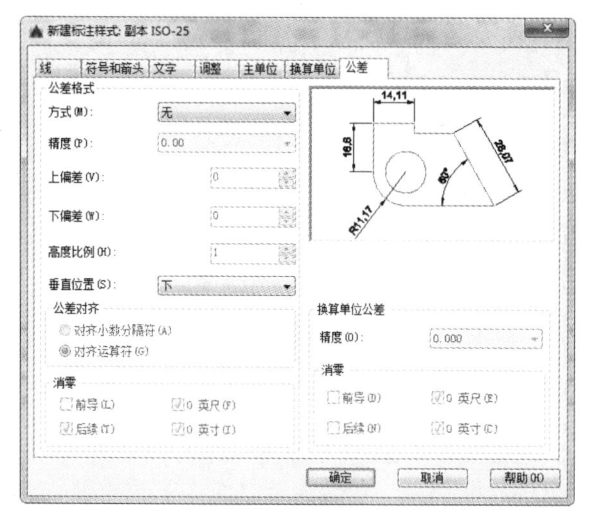

图 4-79 “公差”选项卡

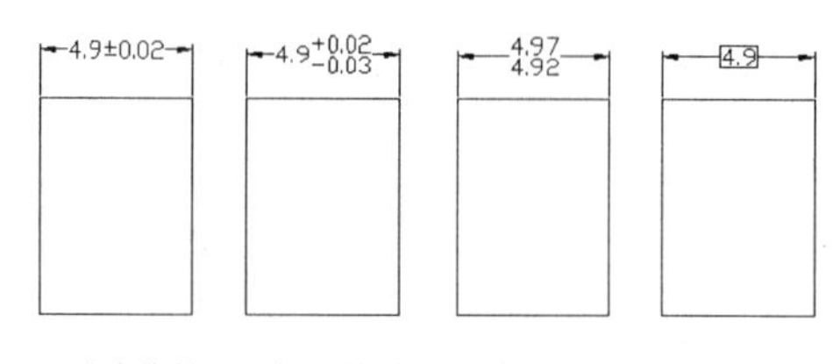

对称偏差 极限偏差 极限尺寸 基本尺寸

图 4-80 公差标注的形式

提 示

系统自动在上偏差数值前添加“+”号，在下偏差数值前添加“-”号。如果上偏差是负值或下偏差是正值，都需要在输入的偏差值前添加负号。

2. 标注尺寸

（1）线性标注

【执行方式】

- 命令行：DIMLINEAR
- 菜单：标注→线性
- 工具栏：标注→线性
- 功能区：默认→注释→线性或注释→标注→线性

【操作步骤】

```
命令：DIMLINEAR↙
指定第一个尺寸界线原点或<选择对象>：
```

在此提示下有两种选择：直接按 Enter 键选择要标注的对象和确定尺寸界线的起始点。按 Enter 键并选择要标注的对象或指定两条尺寸界线的起始点后，系统继续提示：

```
指定尺寸线位置或[多行文字(M)/文字(T)/角度(A)/水平(H)/垂直(V)/旋转(R)]：
```

【选项说明】

①指定尺寸线位置：确定尺寸线的位置。用户可移动鼠标选择合适的尺寸线位置，然后按 Enter 键或单击鼠标左键，AutoCAD 则自动测量所标注线段的长度并标注出相应的尺寸。

②多行文字(M)：利用多行文本编辑器确定尺寸文本。

③文字(T)：在命令行提示下输入或编辑尺寸文本。选择此选项后，AutoCAD 提示：

```
输入标注文字 <默认值>：
```

其中的默认值是 AutoCAD 自动测量得到的被标注线段的长度，直接按 Enter 键即可采用此长度值，也可输入其他数值代替默认值。当尺寸文本中包含默认值时，可使用尖括号“<>”表示默认值。

④角度(A)：确定尺寸文本的倾斜角度。

⑤水平(H)：水平标注尺寸，无论标注什么方向的线段，尺寸线均水平放置。

⑥垂直(V)：垂直标注尺寸，无论被标注线段沿什么方向，尺寸线总保持垂直。

⑦旋转(R)：输入尺寸线旋转的角度值，旋转标注尺寸。

对齐标注的尺寸线与所标注的轮廓线平行；坐标尺寸标注点的纵坐标或横坐标；角度标注标注两个对象之间的角度；直径或半径标注标注圆或圆弧的直径或半径；圆心标注则标注圆或圆弧的中心或中心线，具体由“新建（修改）标注样式”对话框“尺寸与箭头”选项卡中的“圆心标记”选项组决定。上述几种尺寸标注与线性标注类似，不再赘述。

（2）基线标注

基线标注用于产生一系列基于同一条尺寸界线的尺寸标注，适用于长度尺寸标注、角度标注和坐标标注。在使用基线标注方式之前，应该先标注出一个相关的尺寸，如图 4-81 所示。

基线标注两平行尺寸线间距由“新建（修改）标注样式”对话框“尺寸与箭头”选项卡“尺寸线”选项组中的“基线间距”决定。

【执行方式】

- 命令行：DIMBASELINE
- 菜单：标注→基线
- 工具栏：标注→基线

【操作步骤】

```
命令：DIMBASELINE↙
指定第二条尺寸界线原点或 [选择(S)/放弃(U)] <选择>:
```

直接确定另一个尺寸的第二条尺寸界线的起点，AutoCAD 以上次标注的尺寸为基准标注，标注出相应的尺寸。

直接按 Enter 键，系统提示：

```
选择基准标注：(选取作为基准的尺寸标注)
```

连续标注又称为尺寸链标注，用于产生一系列连续的尺寸标注，后一个尺寸标注均把前一个标注的第二条尺寸界线作为它的第一条尺寸界线。与基线标注一样，在使用连续标注方式之前，应该先标注出一个相关的尺寸。其标注过程与基线标注类似，如图 4-82 所示。

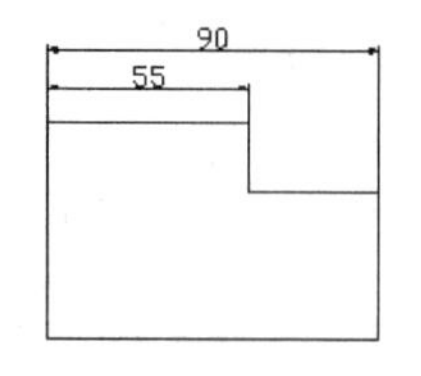

图 4-81　基线标注

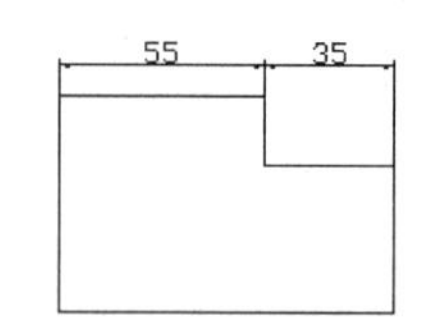

图 4-82　连续标注

（3）快速标注

快速尺寸标注命令 QDIM 使用户可以交互地、动态地、自动化地进行尺寸标注。在 QDIM 命令中可以同时选择多个圆或圆弧标注直径或半径，也可同时选择多个对象进行基线标注和连续标注，选择一次即可完成多个标注，因此可节省时间，提高工作效率。

【执行方式】

- 命令行：QDIM
- 菜单：标注→快速标注
- 工具栏：标注→快速标注

【操作步骤】

```
命令：QDIM↙
关联标注优先级 = 端点
```

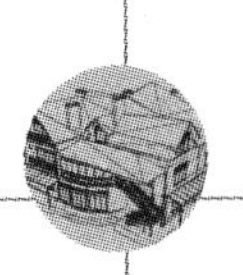

选择要标注的几何图形：（选择要标注尺寸的多个对象后回车）
指定尺寸线位置或 [连续(C)/并列(S)/基线(B)/坐标(O)/半径(R)/直径(D)/基准点(P)/编辑(E)/设置(T)] <连续>：

【选项说明】

①指定尺寸线位置：直接确定尺寸线的位置，按默认尺寸标注类型标注出相应的尺寸。

②连续(C)：产生一系列连续标注的尺寸。

③并列(S)：产生一系列交错的尺寸标注，如图 4-83 所示。

④基线(B)：产生一系列基线标注的尺寸。后面的“坐标(O)”“半径(R)”“直径(D)”含义与此类同。

⑤基准点(P)：为基线标注和连续标注指定一个新的基准点。

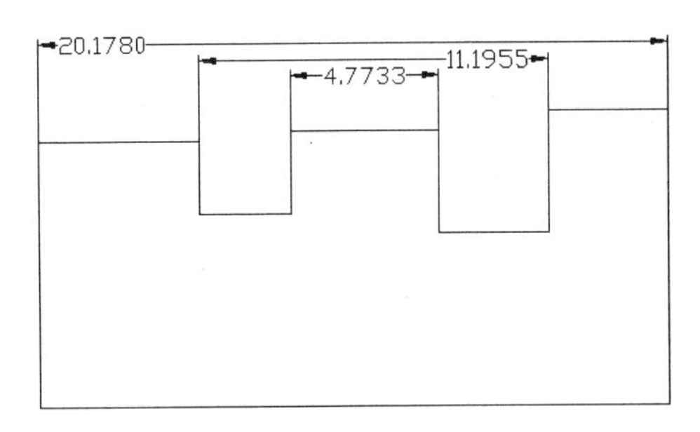

图 4-83　交错尺寸标注

⑥编辑(E)：对多个尺寸标注进行编辑。系统允许对已存在的尺寸标注添加或移去尺寸点。选择此选项，AutoCAD 提示：

指定要删除的标注点或 [添加(A)/退出(X)] <退出>：

在此提示下确定要移去的点之后按 Enter 键，AutoCAD 对尺寸标注进行更新。如图 4-84 所示为图 4-83 删除中间 4 个标注点后的尺寸标注。

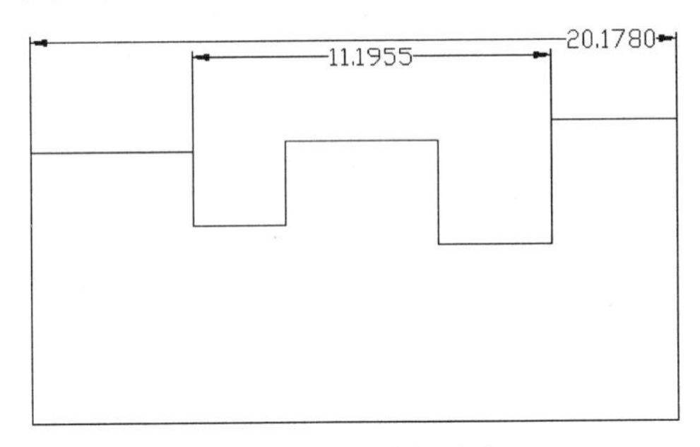

图 4-84　删除标注点

（4）引线标注

【执行方式】

命令行：QLEADER

【操作步骤】

命令：QLEADER↙
指定第一个引线点或 [设置(S)] <设置>：
指定下一点：（输入指引线的第二点）

```
指定下一点：（输入指引线的第三点）
…
指定文字宽度 <0.0000>：（输入多行文本的宽度）
输入注释文字的第一行 <多行文字(M)>：（输入单行文本或回车弹出多行文字编辑器输入多行文本）
输入注释文字的下一行：（输入另一行文本）
输入注释文字的下一行：（输入另一行文本或回车）
```

也可以在上面操作过程中选择“设置(S)”选项，弹出“引线设置”对话框进行相关参数设置，如图4-85所示。

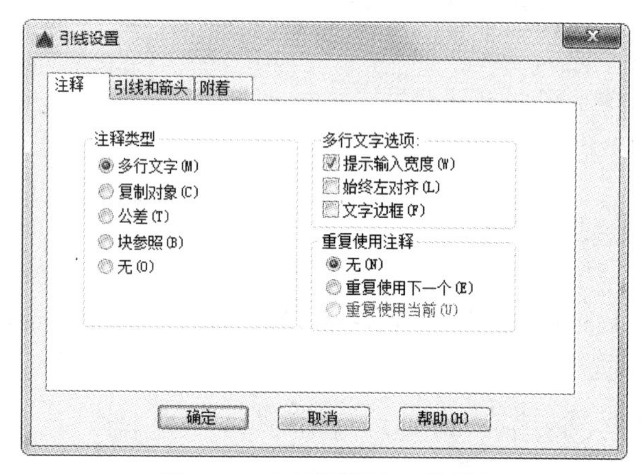

图4-85 “引线设置”对话框

另外，还有一个名称为LEADER的命令行命令也可以进行引线标注，与QLEADER命令类似，不再赘述。

4.3.2 操作步骤

为如图4-86所示的居室平面图标注尺寸。

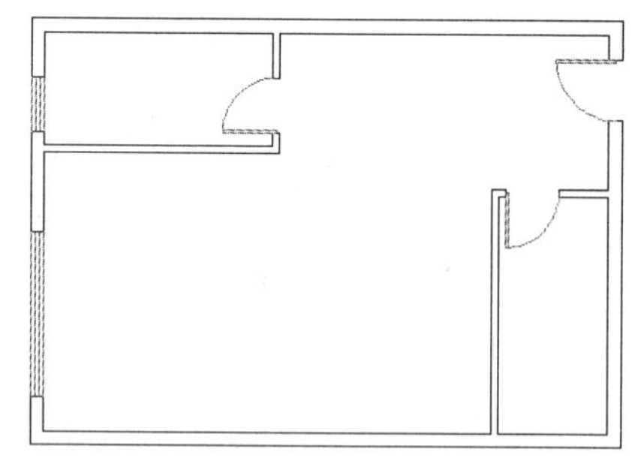

图4-86 居室平面图

Step 01 绘制图形。单击“默认”选项卡“绘图”面板中的“直线”按钮、“矩形”按钮和“圆弧”按钮，选择菜单栏中的“绘图”→“多线”命令，单击“默认”选项卡“修改”面板中的“镜像”按钮、“复制”按钮、“偏移”按钮、“倒角”按钮和“旋转”按钮等绘制图形，结果如图4-86所示。

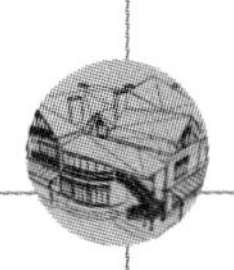

Step 02　设置尺寸标注样式。单击“默认”选项卡“注释”面板中的“标注样式”按钮，弹出“标注样式管理器”对话框，如图 4-87 所示。单击“新建”按钮，在弹出的“创建新标注样式”对话框中设置“新样式”名为“S_50_轴线”。单击“继续”按钮，弹出“新建标注样式”对话框，在如图 4-88 所示的“符号和箭头”选项卡中设置“箭头”为“建筑标记”，箭头大小 100；在“线”选项卡中设置超出尺寸线为 100，起点偏移量为 100；在“文字”选项卡中设置文字高度为 150，其他参数为默认，完成后确认退出。

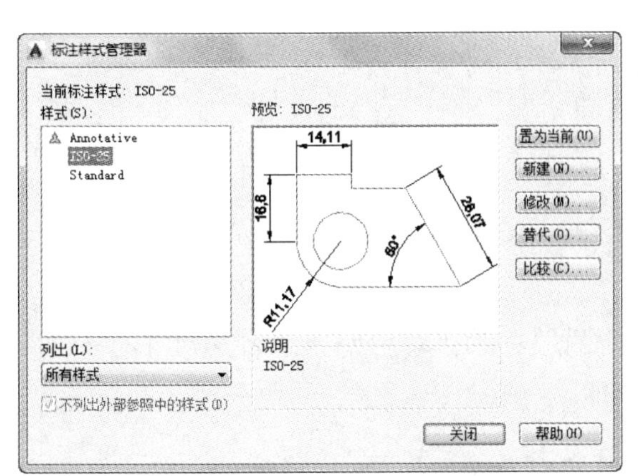

图 4-87　“标注样式管理器”对话框

图 4-88　设置“符号和箭头”选项卡

Step 03　水平轴线尺寸。将“S_50_轴线”样式置为当前状态，并把墙体和轴线的上侧放大显示，如图 4-89 所示。然后单击“默认”选项卡“注释”面板中的“线性”按钮，标注水平方向上的尺寸，如图 4-90 所示。

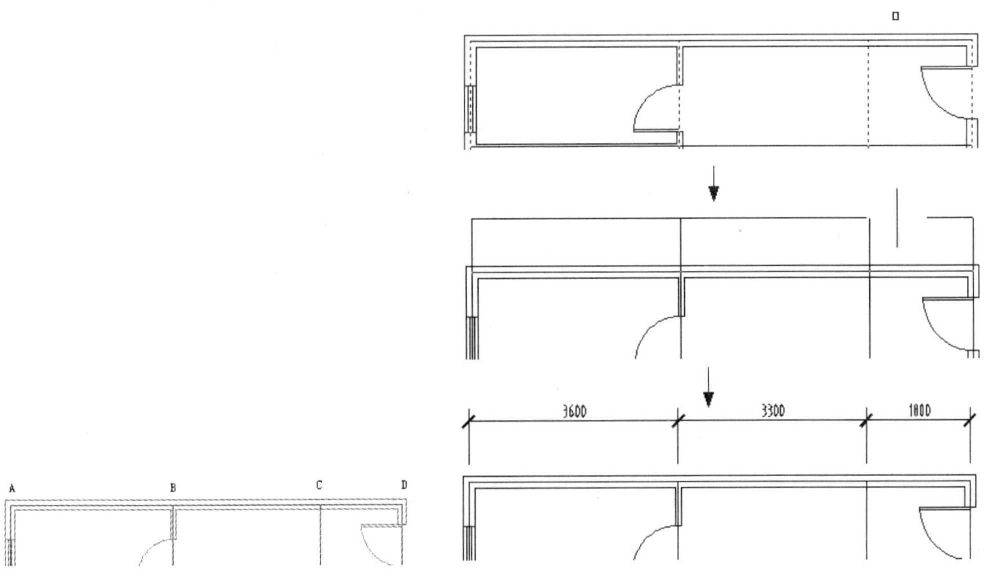

图 4-89　放大显示墙体　　图 4-90　水平标注操作过程示意图

Step 04　竖向轴线尺寸。按照步骤（03）的方法完成竖向轴线尺寸的标注，如图 4-91 所示。

Step 05　门窗洞口尺寸。单击“默认”选项卡“注释”面板中的“线性”按钮，依次点取尺寸的两个界线源点，完成每一个需要标注的尺寸，结果如图 4-92 所示。

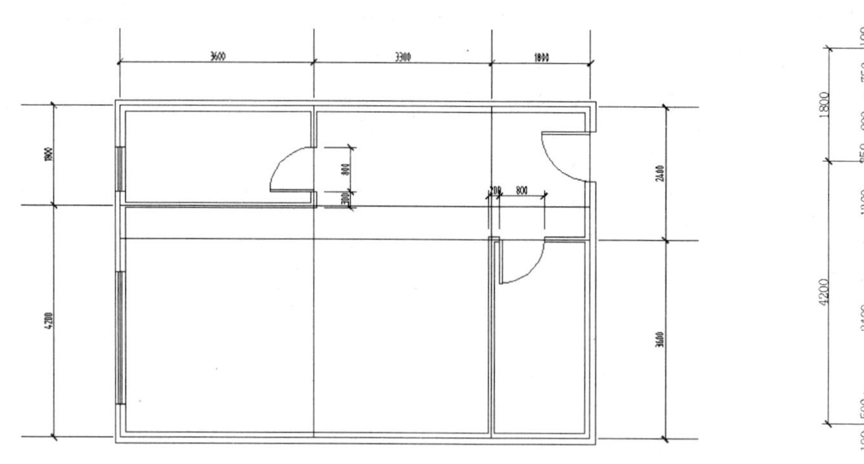

图 4-91　完成轴线标注　　　　图 4-92　门窗尺寸标注

Step 06 其他细部尺寸和总尺寸。按照步骤（05）的方法完成其他细部尺寸和总尺寸的标注，结果如图 4-93 所示。注意总尺寸的标注位置。

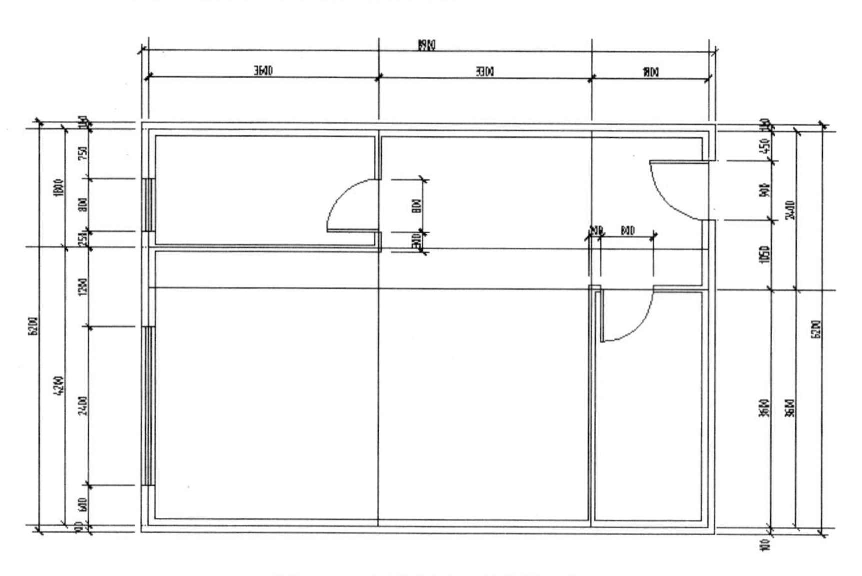

图 4-93　标注居室平面图尺寸

4.3.3　拓展实例——标注别墅尺寸

读者可以利用上面所学的尺寸标注命令相关知识完成室内设计制图中别墅尺寸的标注，如图 4-94 所示。

Step 01 打开“源文件/第 4 章/别墅”，如图 4-95 所示。

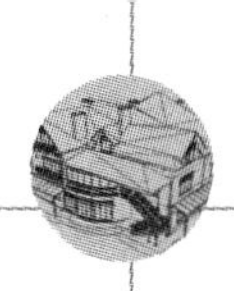

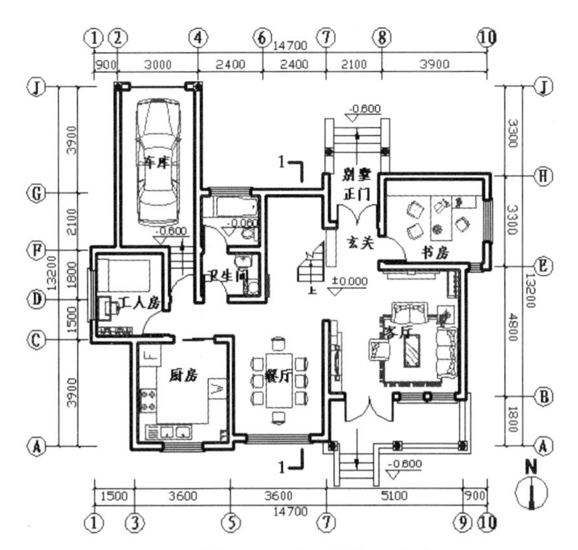

图 4-94　标注别墅尺寸

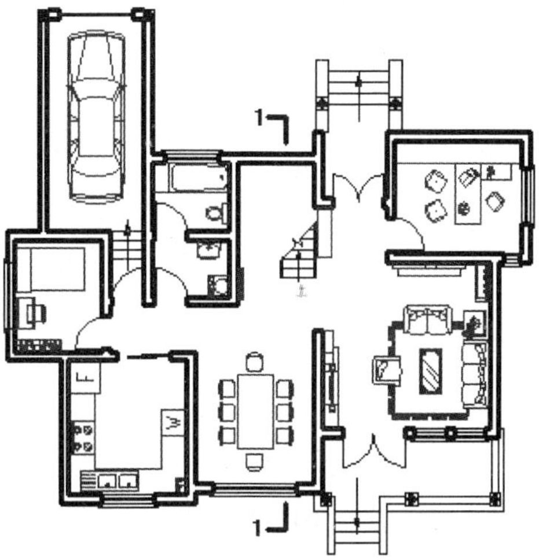

图 4-95　别墅平面图

Step 02 单击“默认”选项卡“注释”面板中的“标注样式”按钮，打开“标注样式管理器”对话框，对标注样式进行设置，如图 4-96～图 4-101 所示。

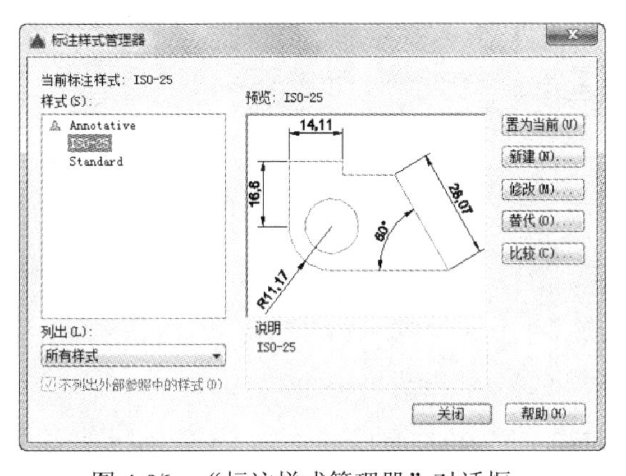

图 4-96　“标注样式管理器”对话框

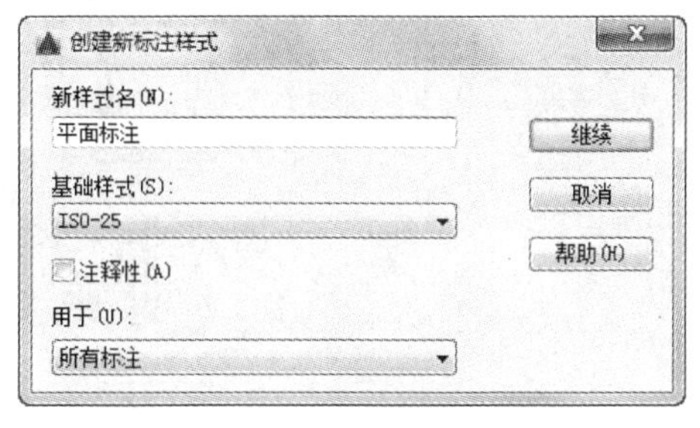

图 4-97　“创建新标注样式”对话框

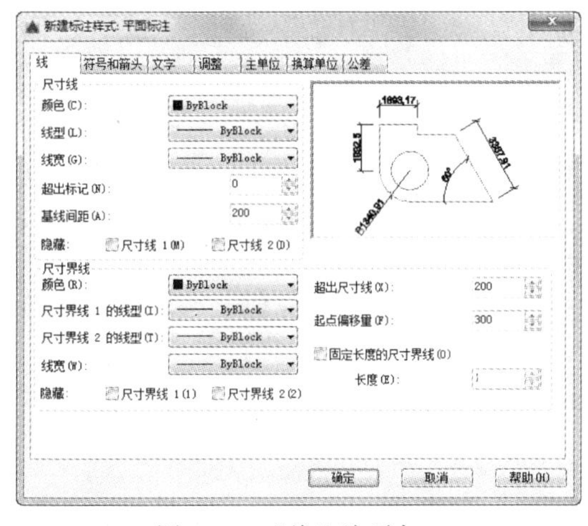

图 4-98　“线”选项卡

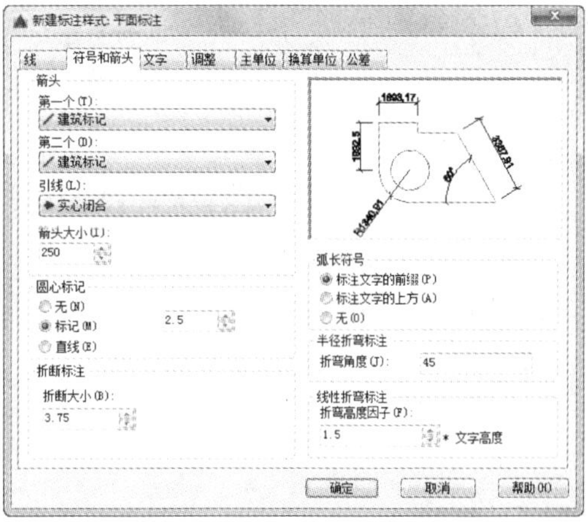

图 4-99　“符号与箭头”选项卡

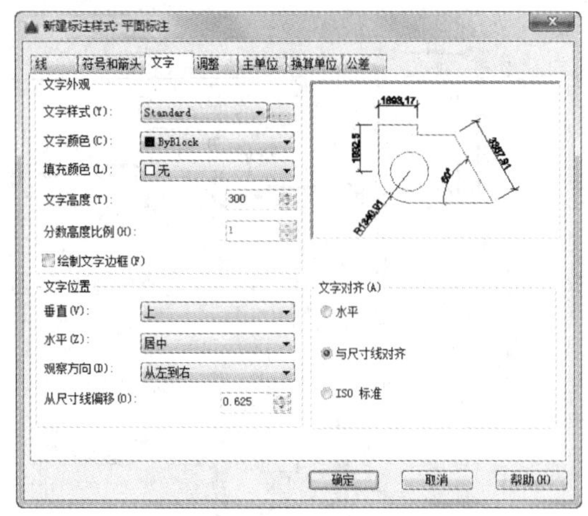

图 4-100　“文字”选项卡

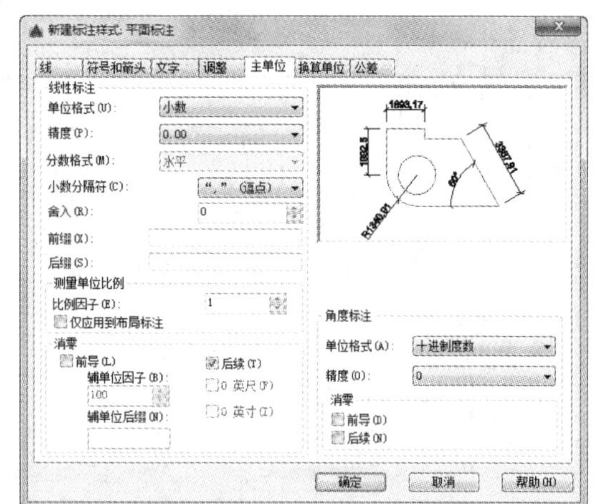

图 4-101　“主单位”选项卡

Step 03　单击“默认”选项卡“注释”面板中的“线性”按钮，标注图形，如图 4-102 所示。

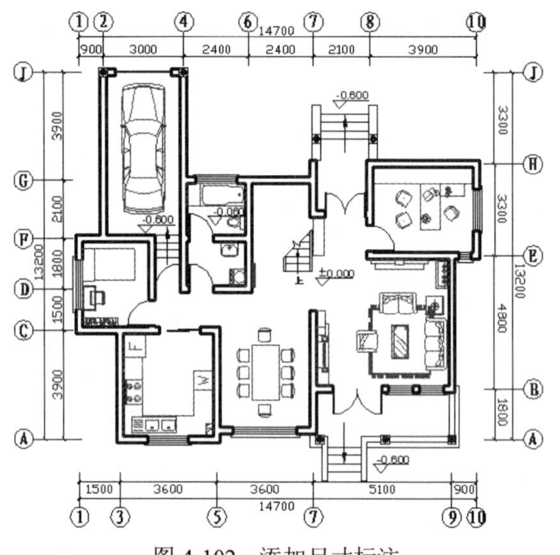

图 4-102　添加尺寸标注

Step 04　单击“默认”选项卡“注释”面板中的“多行文字”按钮A，添加文字标注，如图 4-94 所示。

4.4　图块功能的应用——组合沙发图块

本节将通过一个简单的图块组合单元——组合沙发图块的绘制过程来重点学习图块命令，具体的绘制流程图如图 4-103 所示。

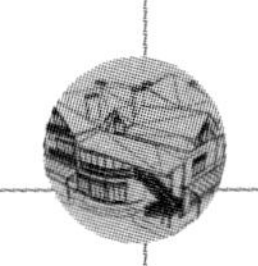

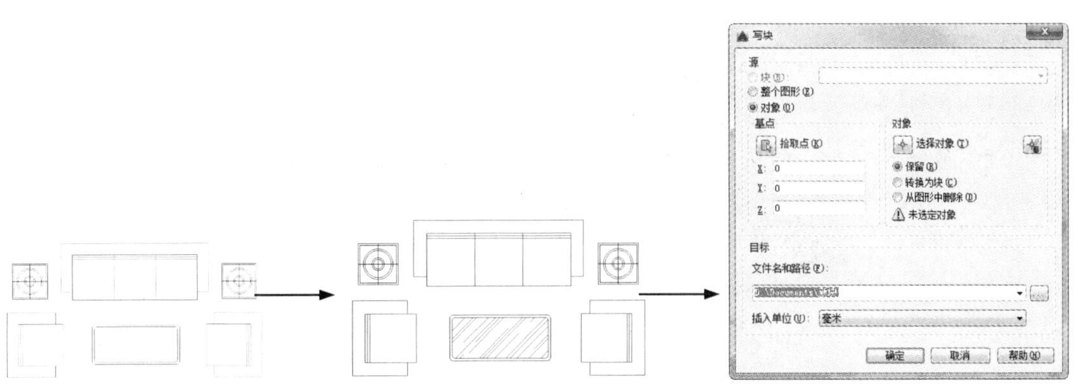

图 4-103　组合沙发图块绘制流程图

4.4.1　相关知识点

1. 图块操作

（1）图块定义

【执行方式】

- 命令行：BLOCK
- 菜单：绘图→块→创建
- 工具栏：绘图→创建块
- 功能区：默认→块→创建（如图 4-104 所示）或插入→块定义→创建块（如图 4-105 所示）

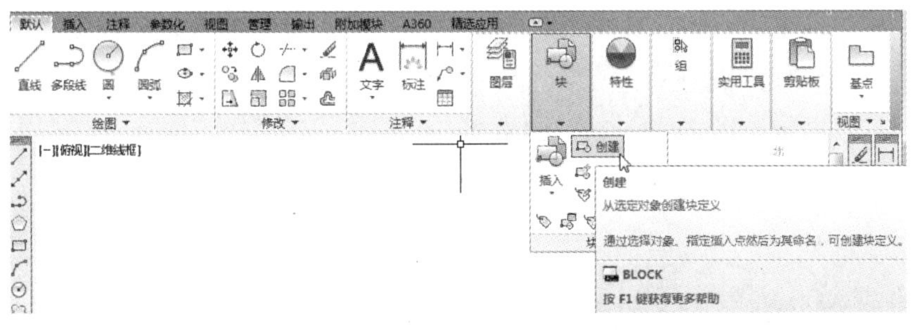

图 4-104　“块”面板

图 4-105　“块定义”面板

【操作步骤】

执行上述命令后，系统打开如图 4-106 所示的“块定义”对话框，利用该对话框指定定义对象和基点及其他参数，可定义图块并命名。

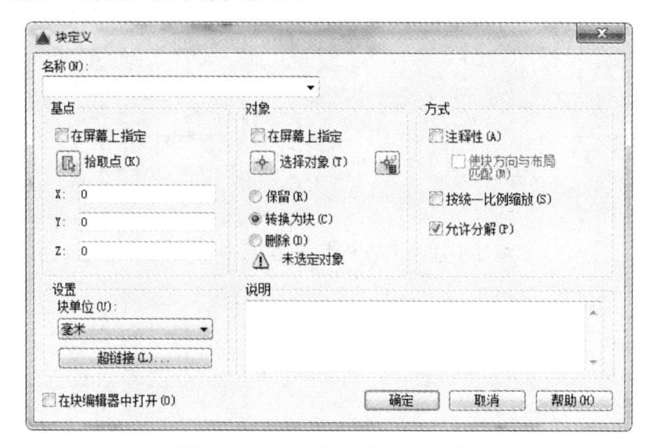

图 4-106　“块定义”对话框

（2）图块保存

【执行方式】

命令行：WBLOCK

【操作步骤】

执行上述命令后，系统打开如图 4-107 所示的“写块”对话框。利用该对话框可把图形对象保存为图块或把图块转换成图形文件。

以 BLOCK 命令定义的图块只能插入到当前图形；以 WBLOCK 保存的图块则既可以插入到当前图形，也可以插入到其他图形。

图 4-107　“写块”对话框

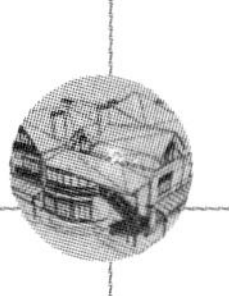

（3）图块插入

【执行方式】

- 命令行：INSERT
- 菜单：插入→块
- 工具栏：插入→插入块 或 绘图→插入块
- 功能区：默认→块→插入或插入→块→插入

【操作步骤】

执行上述命令后，系统打开“插入”对话框，如图 4-108 所示。利用该对话框设置插入点位置、插入比例及旋转角度，可以指定要插入的图块及插入位置。

（4）动态块

动态块具有灵活性和智能性。用户在操作时，可以轻松更改图形中的动态块参照。可以通过自定义夹点或自定义特性来操作动态块参照中的几何图形，这使得用户可以根据需要在位调整块，而不用搜索另一个块以插入或重定义现有的块。

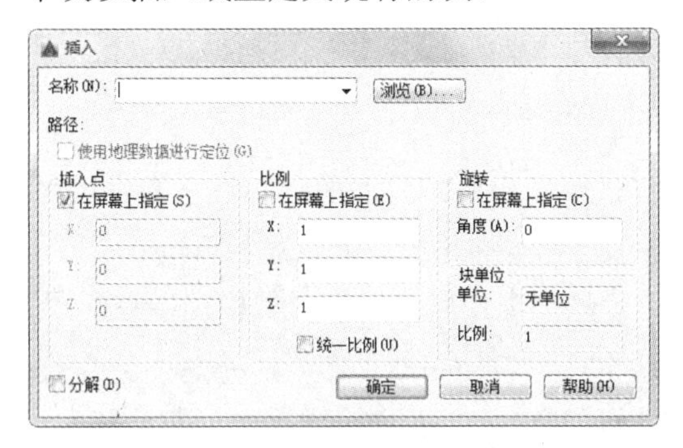

图 4-108 “插入”对话框

可以使用块编辑器创建动态块。块编辑器是一个专门的编写区域，用于添加能够使块成为动态块的元素。用户可以从头创建块，可以向现有的块定义中添加动态行为，也可以像在绘图区域中一样创建几何图形。

【执行方式】

- 命令行：BEDIT
- 菜单：工具→块编辑器
- 工具栏：标准→块编辑器
- 快捷菜单：选择一个块参照，单击鼠标右键，在弹出的快捷菜单中选择“块编辑器”选项
- 功能区：默认→块→编辑或插入→块定义→块编辑器

【操作步骤】

系统打开“编辑块定义”对话框，如图 4-109 所示。在“要创建或编辑的块”文本框中输

入块名，或者在列表框中选择已定义的块或当前图形。确认后系统打开块编写选项板和“块编辑器”工具栏，如图 4-110 所示。

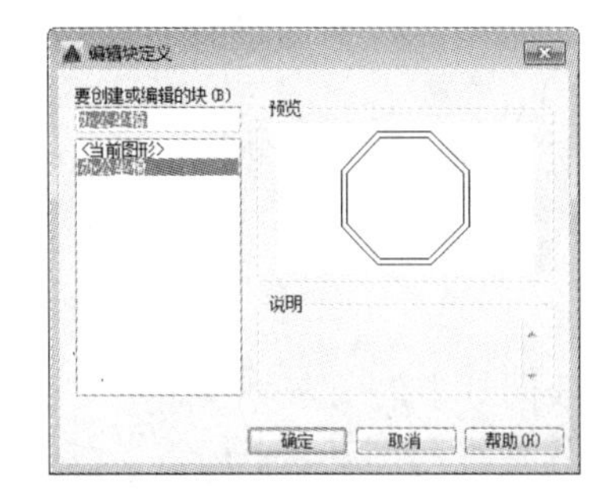

图 4-109 “编辑块定义”对话框

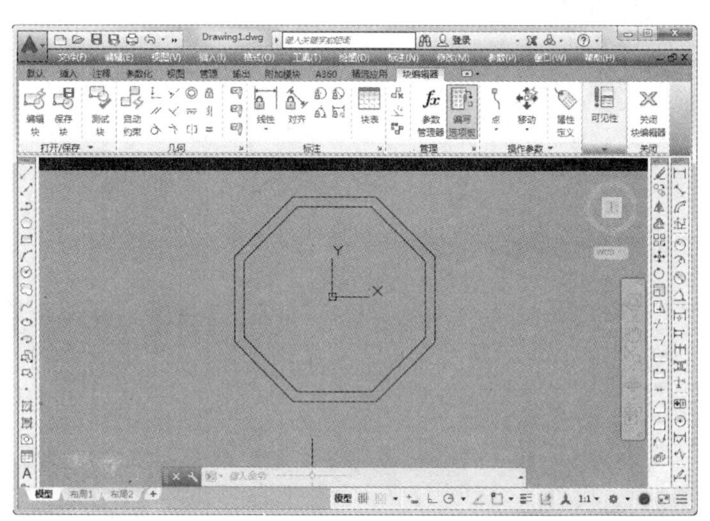

图 4-110 块编写选项板和“块编辑器”工具栏

（5）块编写选项板

该选项板中有 4 个选项卡。

①“参数”选项卡：提供用于向块编辑器的动态块定义中添加参数的工具。参数用于指定几何图形在块参照中的位置、距离和角度。将参数添加到动态块定义中时，该参数将定义块的一个或多个自定义特性。该选项卡也可以通过 BPARAMETER 命令来打开。

- 点参数：将向动态块定义中添加一个点参数，并定义块参照的自定义 X 和 Y 特性。点参数定义图形中的 X 和 Y 位置。在块编辑器中，点参数类似于一个坐标标注。
- 可见性参数：向动态块定义中添加一个可见性参数，并定义块参照的自定义可见性特性。可见性参数允许用户创建可见性状态并控制对象在块中的可见性。可见性参数总是应用于整个块，并且无须与任何动作相关联。在图形中单击夹点可以显示块参照中所有可见性状态的列表。在块编辑器中，可见性参数显示为带有关联夹点的文字。
- 查寻参数：向动态块定义中添加一个查寻参数，并定义块参照的自定义查寻特性。查寻参数用于定义自定义特性，用户可以指定或设置该特性，以便从定义的列表或表格中计算出某个值。该参数可以与单个查寻夹点相关联。在块参照中单击该夹点可以显示可用值的列表。在块编辑器中，查寻参数显示为文字。
- 基点参数：向动态块定义中添加一个基点参数。基点参数用于定义动态块参照相对于块中的几何图形的基点。基点参数无法与任何动作相关联，但可以属于某个动作的选择集。在块编辑器中，基点参数显示为带有十字光标的圆。

其他参数与上面各项类似，不再赘述。

②“动作”选项卡：提供用于向块编辑器的动态块定义中添加动作的工具。动作定义了在图形中操作块参照的自定义特性时，动态块参照的几何图形将如何移动或变化。应将动作与

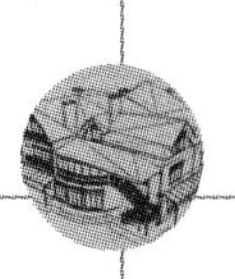

参数相关联。该选项卡也可以通过BACTIONTOOL命令来打开。

- 移动动作：在移动动作与点参数、线性参数、极轴参数或 XY 参数关联时，将该动作添加到动态块定义中。移动动作类似于MOVE命令。在动态块参照中，移动动作使对象移动指定的距离和角度。
- 查寻动作：向动态块定义中添加一个查寻动作。将查寻动作添加到动态块定义中并将其与查寻参数相关联。它将创建一个查寻表，可以使用查寻表指定动态块的自定义特性和值。

其他动作与上面各项类似。

③“参数集”选项卡：提供用于在块编辑器向动态块定义中添加一个参数和至少一个动作的工具。将参数集添加到动态块中时，动作将自动与参数相关联。将参数集添加到动态块中后，双击黄色警示图标（或使用BACTIONSET命令），然后按照命令行中的提示将动作与几何图形选择集相关联。该选项卡也可以通过BPARAMETER命令来打开。

- 点移动：向动态块定义中添加一个点参数，系统会自动添加与该点参数相关联的移动动作。
- 线性移动：向动态块定义中添加一个线性参数，系统会自动添加与该线性参数的端点相关联的移动动作。
- 可见性集：向动态块定义中添加一个可见性参数并允许定义可见性状态。无须添加与可见性参数相关联的动作。
- 查寻集：向动态块定义中添加一个查寻参数，系统会自动添加与该查寻参数相关联的查寻动作。

其他参数集与上面各项类似。

④“约束”选项卡：几何约束可将几何对象关联在一起，或者指定固定的位置或角度。

例如，用户可以指定某条直线应始终与另一条垂直、某个圆弧应始终与某个圆保持同心，或者某条直线应始终与某个圆弧相切。

- 水平：使直线或点对位于与当前坐标系的 X 轴平行的位置。默认选择类型为对象。
- 垂直：使直线或点对位于与当前坐标系的 Y 轴平行的位置。
- 两点：选择两个约束点而非一个对象。
- 垂足：使选定的直线位于彼此垂直的位置。垂直约束在两个对象之间应用。
- 平行：使选定的直线位于彼此平行的位置。平行约束在两个对象之间应用。
- 切向：将两条曲线约束为保持彼此相切或其延长线保持彼此相切。相切约束在两个对象之间应用。圆可以与直线相切，即使该圆与该直线不相交。
- 平滑：将样条曲线约束为连续，并与其他样条曲线、直线、圆弧或多段线保持 G2 连续性。
- 重合：约束两个点使其重合，或者约束一个点使其位于曲线（或曲线的延长线）上。可以使对象上的约束点与某个对象重合，也可以使其与另一对象上的约束点重合。
- 同心：将两个圆弧、圆或椭圆约束到同一个中心点。结果与将重合约束应用于曲线的中心点所产生的结果相同。

- 共线：使两条或多条直线段沿同一直线方向。
- 对称：使选定对象受对称约束，相对于选定直线对称。
- 等于：将选定圆弧和圆的尺寸重新调整为半径相同，或者将选定直线的尺寸重新调整为长度相同。
- 修复：将点和曲线锁定在位。

2. 图块的属性

（1）属性定义

【执行方式】

- 命令行：ATTDEF
- 菜单：绘图→块→定义属性
- 功能区：默认→块→定义属性 或插入→块定义→定义属性

【操作步骤】

执行上述命令后，系统打开“属性定义”对话框，如图 4-111 所示。

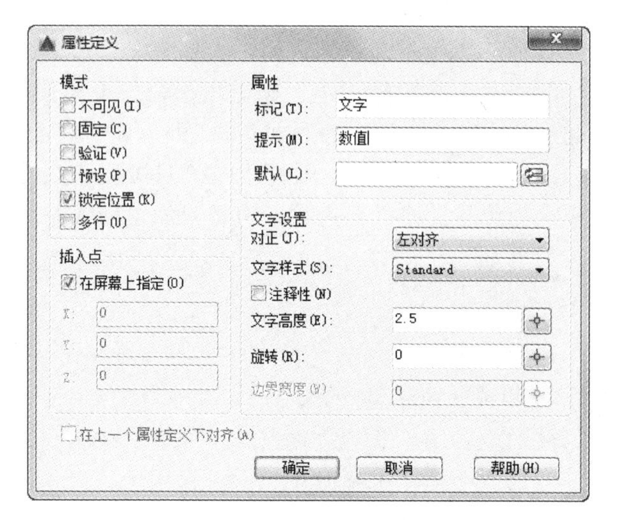

图 4-111 “属性定义”对话框

【选项说明】

①“模式”选项组

- “不可见”复选框：选中该复选框，属性为不可见显示方式，即插入图块并输入属性值后，属性值在图中并不显示出来。
- “固定”复选框：选中该复选框，属性值为常量，即属性值在属性定义时给定，在插入图块时 AutoCAD 不再提示输入属性值。
- “验证”复选框：选中该复选框，当插入图块时，AutoCAD 重新显示属性值让用户验证该值是否正确。
- “预设”复选框：选中该复选框，当插入图块时，AutoCAD 自动把事先设置好的默认值赋予属性，而不再提示输入属性值。
- “锁定位置”复选框：选中该复选框，当插入图块时，AutoCAD 锁定块参照中属性的位置。解锁后，属性可以相对于使用夹点编辑的块的其他部分移动，并且可以调整多行属性的大小。
- “多行”复选框：指定属性值可以包含多行文字。选中该复选框后，可以指定属性的边界宽度。

②“属性”选项组

- “标记”文本框：输入属性标签。属性标签可由除空格和感叹号以外的所有字符组成。AutoCAD 自动把小写字母改为大写字母。

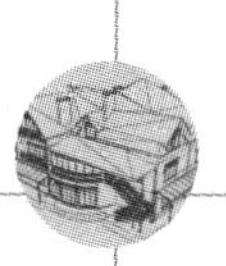

- “提示”文本框：输入属性提示。属性提示是插入图块时 AutoCAD 要求输入属性值的提示。如果不在该文本框中输入文本，则以属性标签作为提示。如果在“模式”选项组选中“固定”复选框，即设置属性为常量，则不须设置属性提示。
- “默认”文本框：设置默认的属性值。可把使用次数较多的属性值作为默认值，也可不设默认值。

其他各选项组比较简单，不再赘述。

（2）修改属性定义

【执行方式】

- 命令行：DDEDIT
- 菜单：修改→对象→文字→编辑

【操作步骤】

```
命令：DDEDIT↙
选择注释对象或 [放弃(U)]：
```

在此提示下选择要修改的属性定义，AutoCAD 打开“编辑属性定义”对话框，如图 4-112 所示。可以在该对话框中修改属性定义。

图 4-112　“编辑属性定义”对话框

（3）图块属性编辑

【执行方式】

- 命令行：EATTEDIT
- 菜单：修改→对象→属性→单个
- 工具栏：修改 II→编辑属性

【操作步骤】

```
命令：EATTEDIT↙
选择块：
```

选择块后，系统打开“增强属性编辑器”对话框，如图 4-113 所示。该对话框不仅可以编辑属性值，还可以编辑属性的文字选项和图层、线型、颜色等特性值。

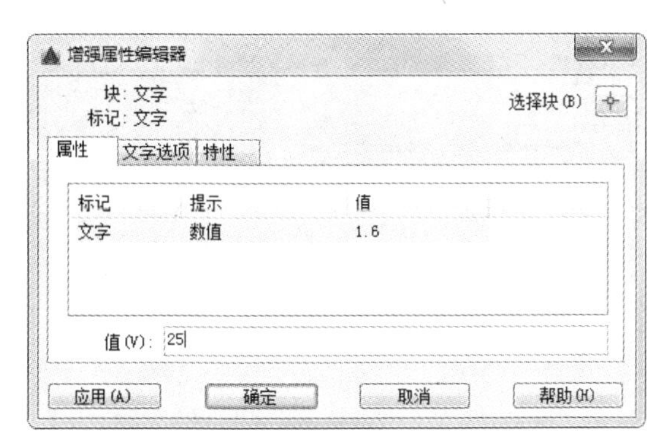

图 4-113　“增强属性编辑器”对话框

（4）提取属性数据

提取属性信息可以直接从图形数据中生成日程表或 BOM 表。新的向导使得此过程更加简单。

【执行方式】

- 命令行：EATTEXT
- 菜单：工具→数据提取

【操作步骤】

执行上述命令后，系统打开“数据提取-开始”对话框，如图 4-114 所示。单击“下一步”按钮，依次打开“数据提取—定义数据源”对话框（如图 4-115 所示）、“数据提取—选择对象”对话框（如图 4-116 所示）、“数据提取—选择特性”对话框（如图 4-117 所示）、“数据提取—优化数据”对话框（如图 4-118 所示）、“数据提取—选择输出”对话框（如图 4-119 所示）、“数据提取—表格样式”对话框（如图 4-120 所示）和“数据提取—完成”对话框（如图 4-121 所示），依次在各对话框中对提取属性的各选项进行设置，其中在“数据提取—表格样式”（如图 4-122 所示）对话框中可以设置或更改表格样式。设置完成后，系统生成包含提取数据的 BOM 表。

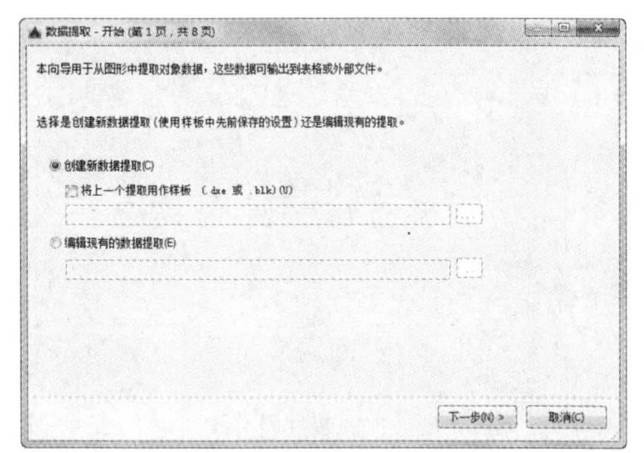

图 4-114　“数据提取-开始”对话框

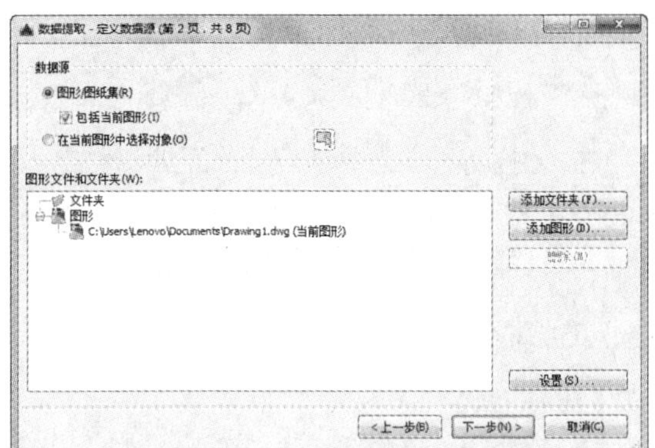

图 4-115　“数据提取-定义数据源”对话框

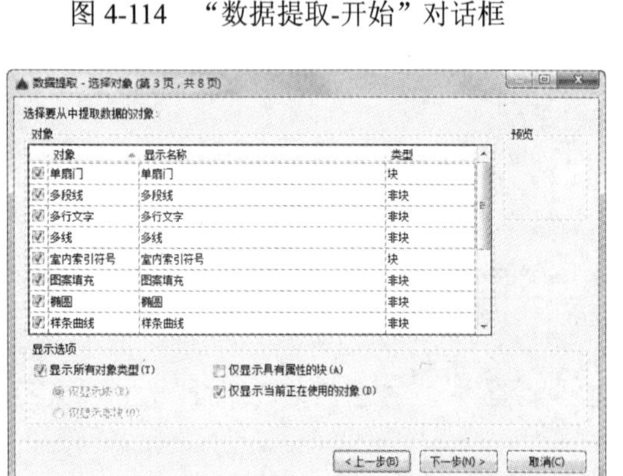

图 4-116　“数据提取-选择对象”对话框

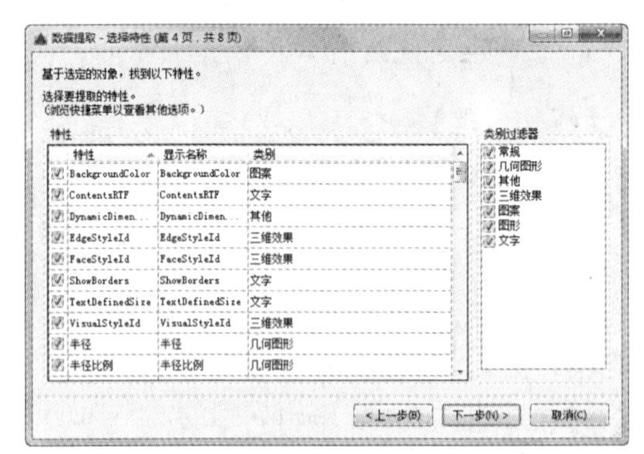

图 4-117　“数据提取-选择特性”对话框

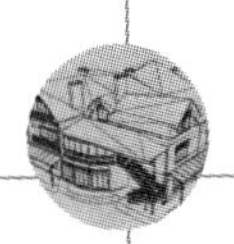

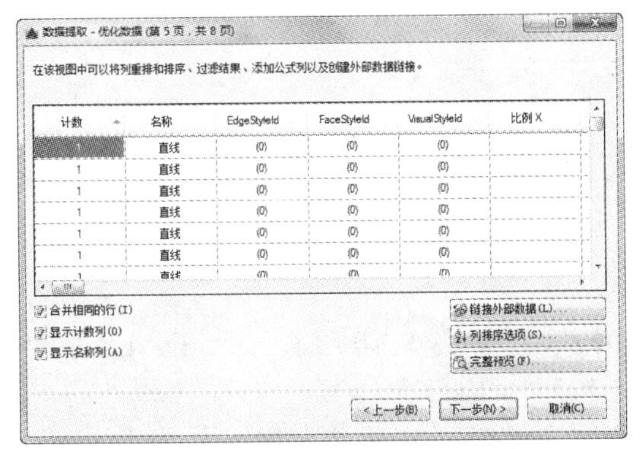

图 4-118　“数据提取-优化数据”对话框

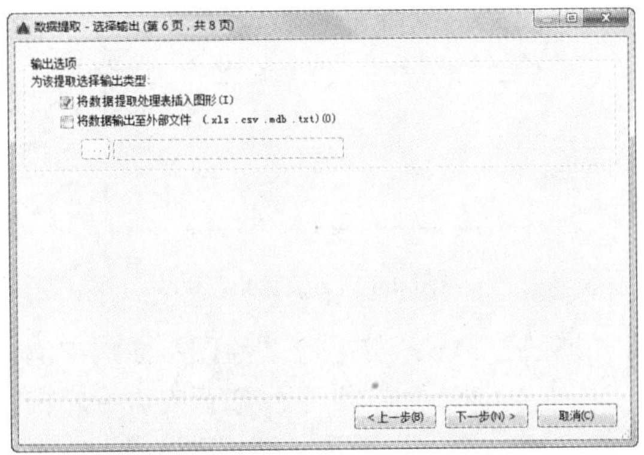

图 4-119　“数据提取-选择输出”对话框

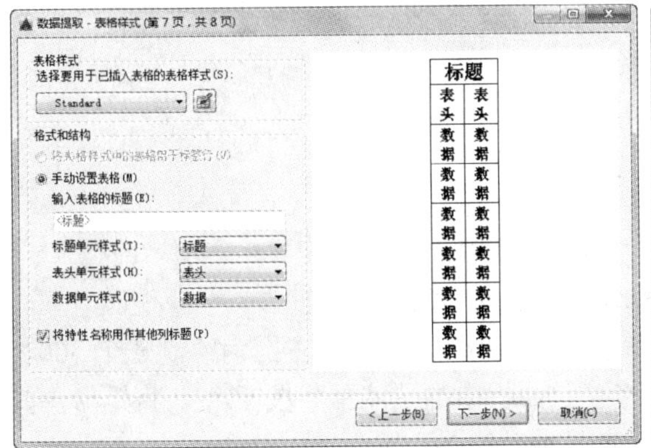

图 4-120　“数据提取-表格样式”对话框

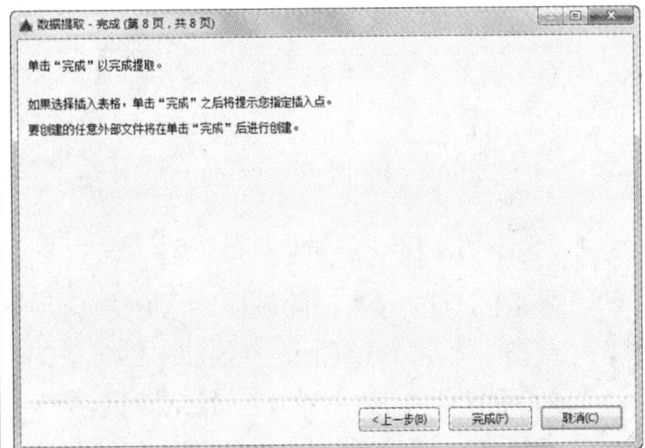

图 4-121　“数据提取-完成”对话框

4.4.2　操作步骤

Step 01　单击“默认”选项卡“绘图”面板中的“矩形”按钮，绘制并排的 3 个矩形，大小均为 600×640，如图 4-122 所示。

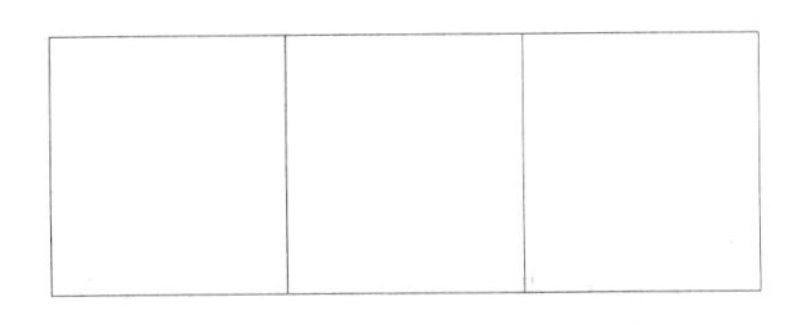

图 4-122　绘制矩形

Step 02　单击“默认”选项卡“绘图”面板中的“直线”按钮，以 A、B 为端点绘制一条直线，如图 4-123 所示。

Step 03　单击“默认”选项卡“修改”面板中的“偏移”按钮，将直线向下依次偏移 30 和 30，复制出另外两条直线，完成沙发座垫的绘制，结果如图 4-123 所示。

Step 04　单击“默认”选项卡“绘图”面板中的“直线”按钮，在沙发座垫下方绘制一条辅助线，如图 4-124 所示。

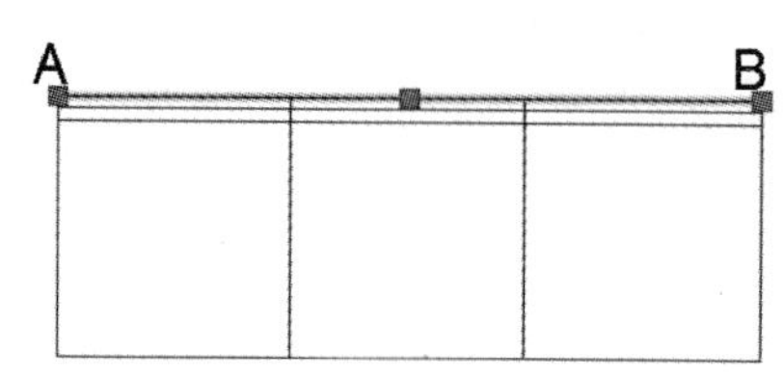

图 4-123　偏移直线

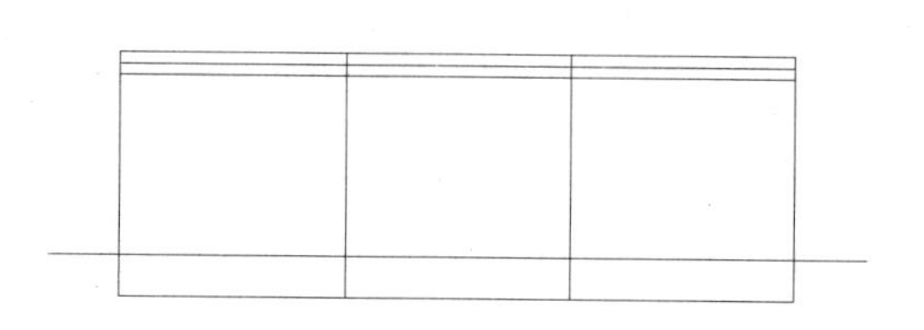

图 4-124　绘制辅助线

Step 05 单击“默认”选项卡“绘图”面板中的“多段线”按钮，捕捉 C、D、E、F 4 点绘制出一条多段线作为沙发靠背内边缘，如图 4-125 所示。

Step 06 单击“默认”选项卡“修改”面板中的“偏移”按钮，将沙发靠背内边缘向外偏移 160，复制出外边缘；最后将扶手端部的多余线条修剪掉，如图 4-126 所示。

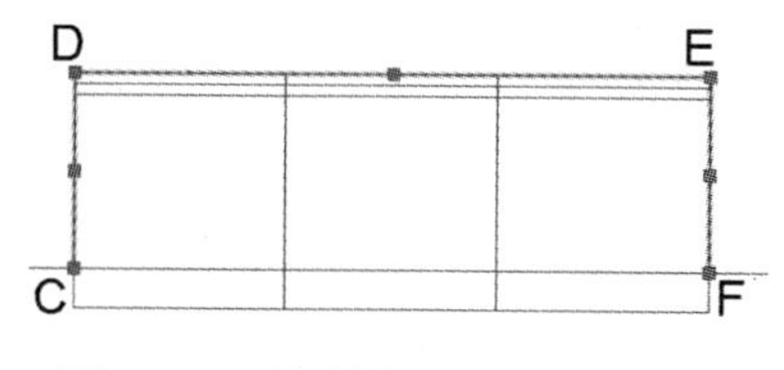

图 4-125　绘制沙发靠背内边缘

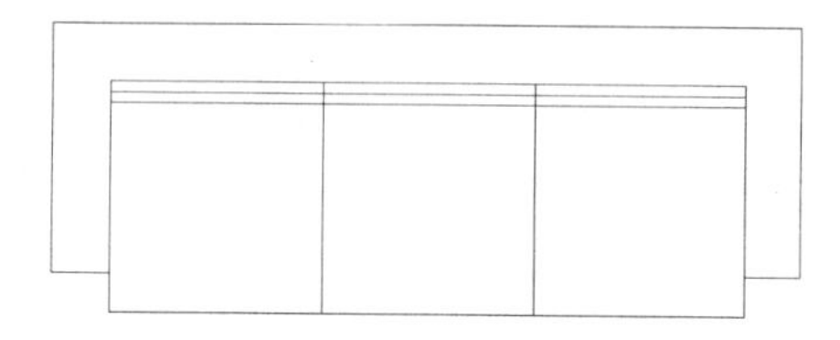

图 4-126　偏移沙发靠背

Step 07 采用同样的方法，绘制出两侧的单座沙发，如图 4-127 所示。

Step 08 单击“默认”选项卡“绘图”面板中的“矩形”按钮，在沙发左上角绘制一个 500×500 的矩形，然后单击“默认”选项卡“修改”面板中的“偏移”按钮，将矩形向内偏移 20，复制出另一个矩形，即小茶几，如图 4-128 所示。

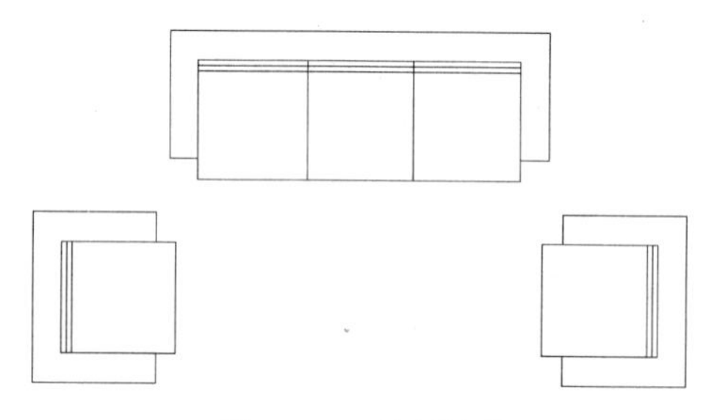

图 4-127　绘制沙发

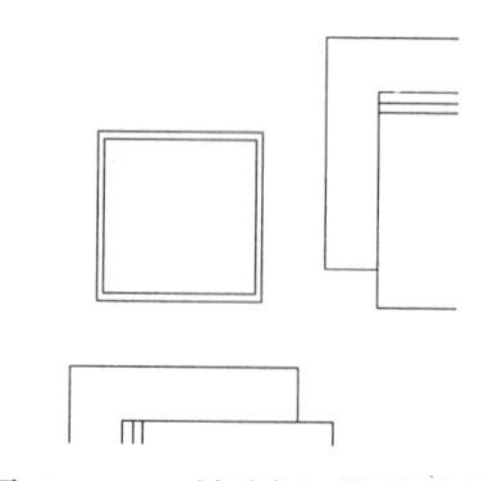

图 4-128　绘制小茶几台面

Step 09 单击“默认”选项卡“绘图”面板中的“直线”按钮，确定矩形的中心线，捕捉中点绘制出 4 个圆，表示茶几上面的台灯，如图 4-129 所示。最后利用“镜像”命令将小茶几和台灯复制到另一端。

Step 10 单击“默认”选项卡“绘图”面板中的“矩形”按钮，绘制一个 1260×560 的矩形作为大茶几，然后单击“默认”选项卡“修改”面板中的“偏移”按钮，向内偏移 30，复制出另一个矩形。

Step 11 单击“默认”选项卡“修改”面板中的“圆角”按钮，设置圆角半径为 40，对两个矩形进行圆角操作。命令行中提示与操作如下：

```
命令： FILLET
当前设置：模式 = 修剪，半径 = 0.0000
```

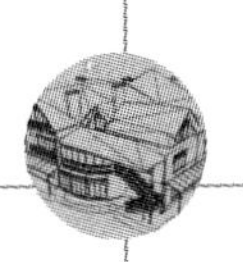

选择第一个对象或 [放弃(U)/多段线(P)/半径(R)/修剪(T)/多个(M)]: r 指定圆角半径
<0.0000>: 40

选择第一个对象或 [放弃(U)/多段线(P)/半径(R)/修剪(T)/多个(M)]: p

选择二维多段线或 [半径(R)]:选择内侧矩形，同时 4 条直线已被圆角处理。

Step 12 同理对外侧矩形进行圆角处理，结果如图 4-130 所示。

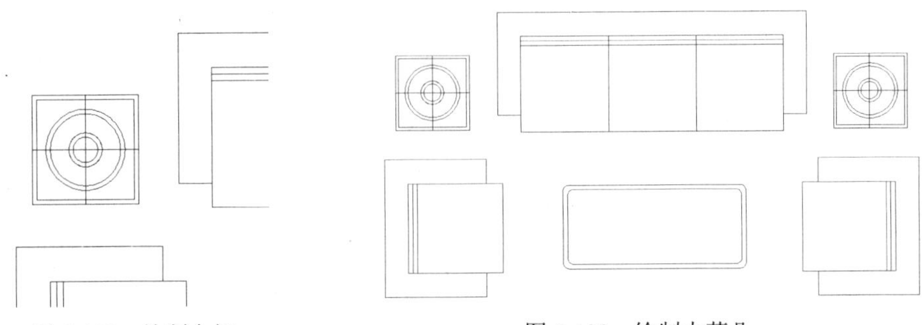

图 4-129　绘制台灯　　　　图 4-130　绘制大茶几

Step 13 单击“默认”选项卡“绘图”面板中的“图案填充”按钮，弹出“图案填充创建”选项卡，设置填充图案为 AR-RROOF，比例为 8，角度为 45°，如图 4-131 所示；填充结果如图 4-132 所示。

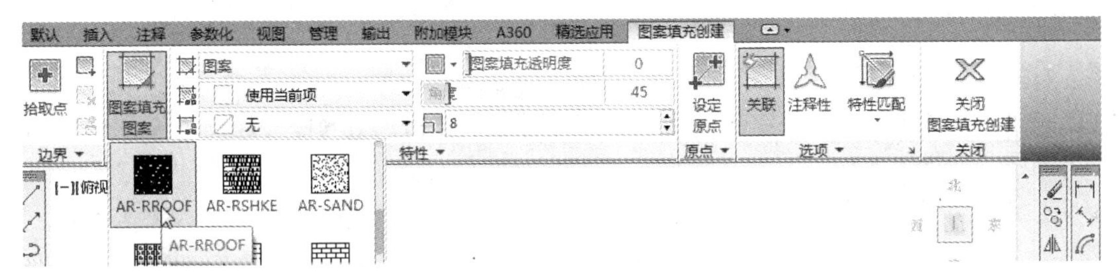

图 4-131　“图案填充”设置

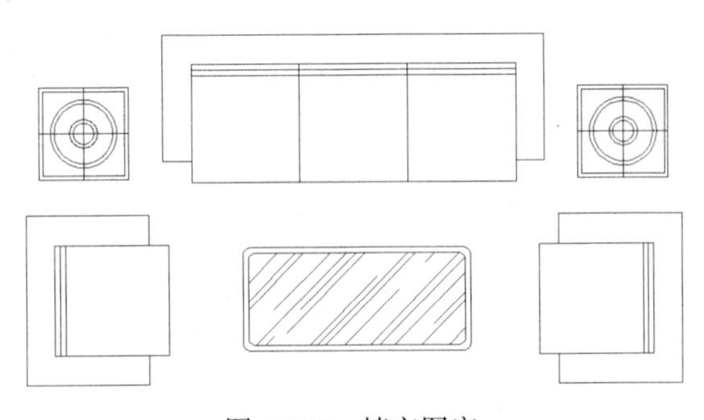

图 4-132　填充图案

Step 14 单击“默认”选项卡“绘图”面板中的“矩形”按钮，绘制一个矩形作为地毯，然后单击“默认”选项卡“修改”面板中的“修剪”按钮，将被沙发盖住的部分修剪掉，结果如图 4-133 所示。

Step 15 在命令行中输入“WBLOCK”命令，弹出“写块”对话框，如图 4-134 所示。单击“拾取点”按钮，拾取组合沙发上的任意一点为基点；单击“选择对象”按钮，拾取下面的图形为对象，输入图块名称“组合沙发图块”并指定路径，确认保存。

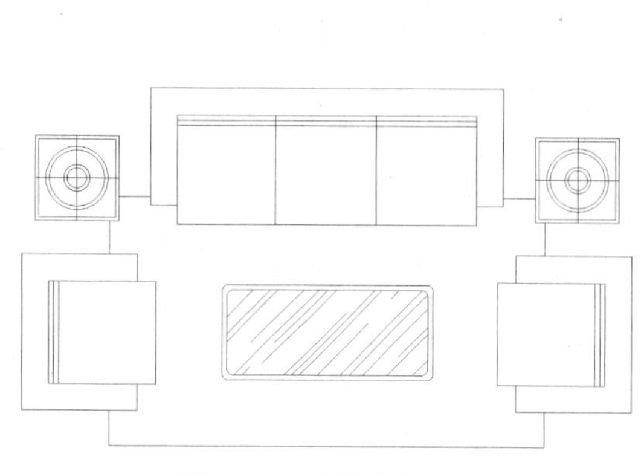

图 4-133　绘制地毯

图 4-134　“写块”对话框

4.4.3　拓展实例——桌椅图块

读者可以利用上面所学的图块命令相关知识完成室内设计制图中常用的桌椅图块的绘制，如图 4-135 所示。

Step 01　打开“源文件/第 4 章/椅子”图形，如图 4-135 所示。

Step 02　单击“默认”选项卡“绘图”面板中的“创建块”按钮，将图形定位为块，如图 4-136 所示。

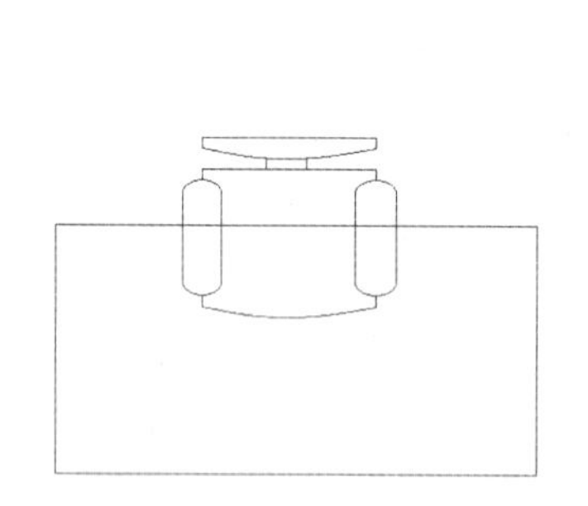

图 4-135　“桌椅”图块

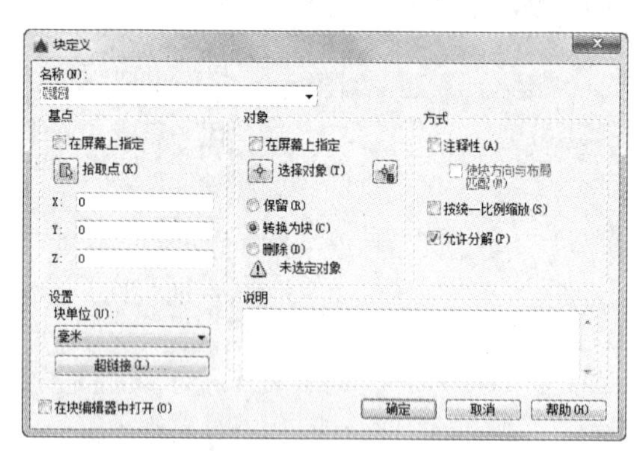

图 4-136　“块定义”对话框

4.5　设计中心与工具选项板功能的应用——居室室内设计平面图

使用 AutoCAD 设计中心可以很容易地组织设计内容，并把它们拖动到当前图形中。工具选项板是“工具选项板”窗口中选项卡形式的区域，是组织、共享和放置块及填充图案的有效

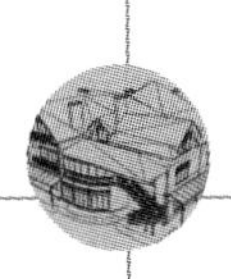

方法。工具选项板还可以包含由第三方开发人员提供的自定义工具，也可以利用设计中的组织内容，并将其创建为工具选项板。本节将通过一个设计中心与工具选项板的功能应用——居室室内设计平面图绘制过程来重点学习图块命令，具体的绘制流程图如图 4-137 所示。

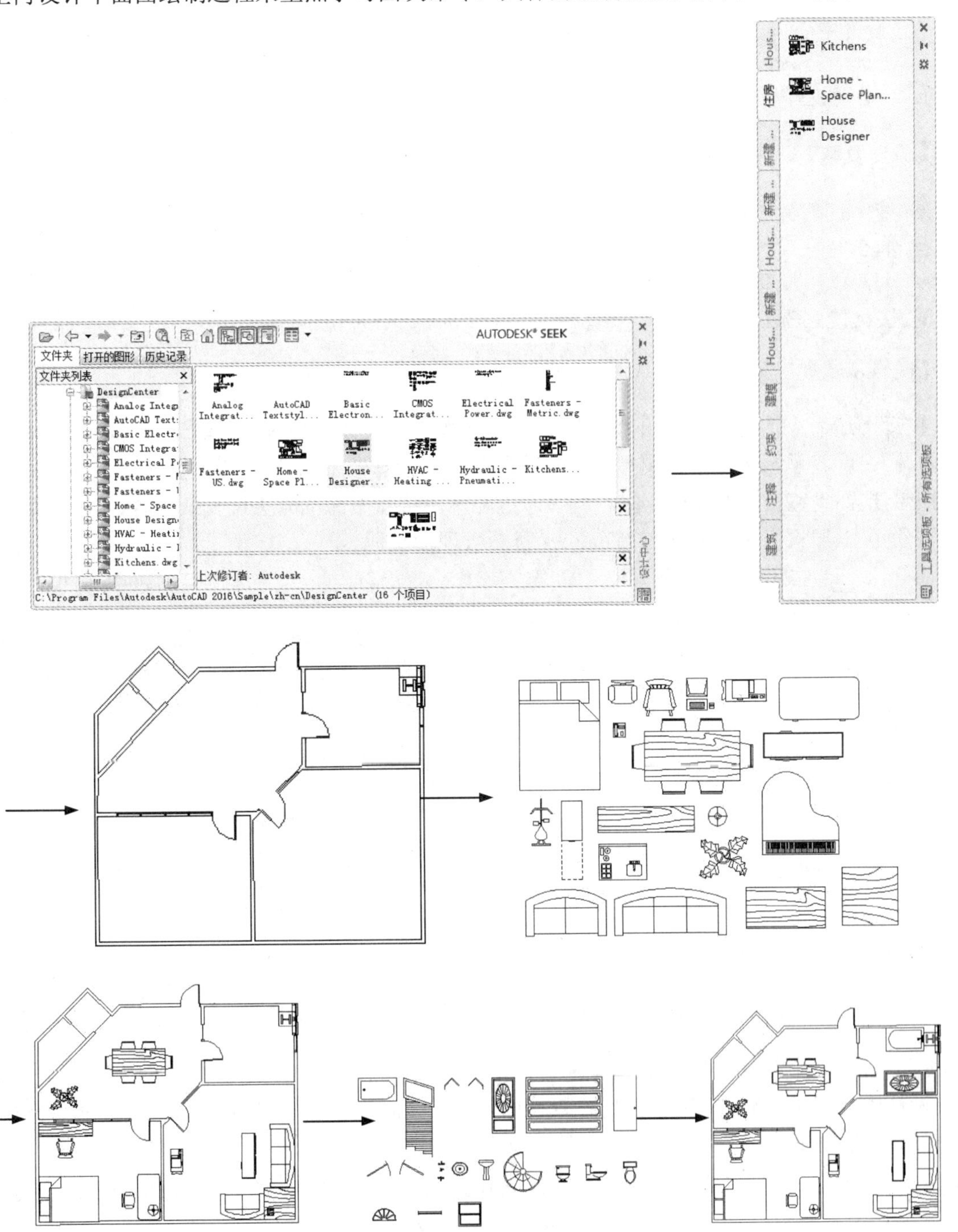

图 4-137　居室室内设计平面图绘制流程图

4.5.1 相关知识点

1．设计中心

（1）启动设计中心

【执行方式】

- 命令行：ADCENTER
- 菜单：工具→选项板→设计中心
- 工具栏：标准→设计中心
- 快捷键：Ctrl+2

【操作步骤】

执行上述命令后，系统打开设计中心。第一次启动设计中心时，其默认打开的选项卡为“文件夹”。内容显示区采用大图标显示，左边的资源管理器采用 tree view 显示方式显示系统的树形结构，浏览资源的同时，在内容显示区显示所浏览资源的有关细目或内容，如图 4-138 所示。也可以搜索资源，方法与 Windows 资源管理器类似。

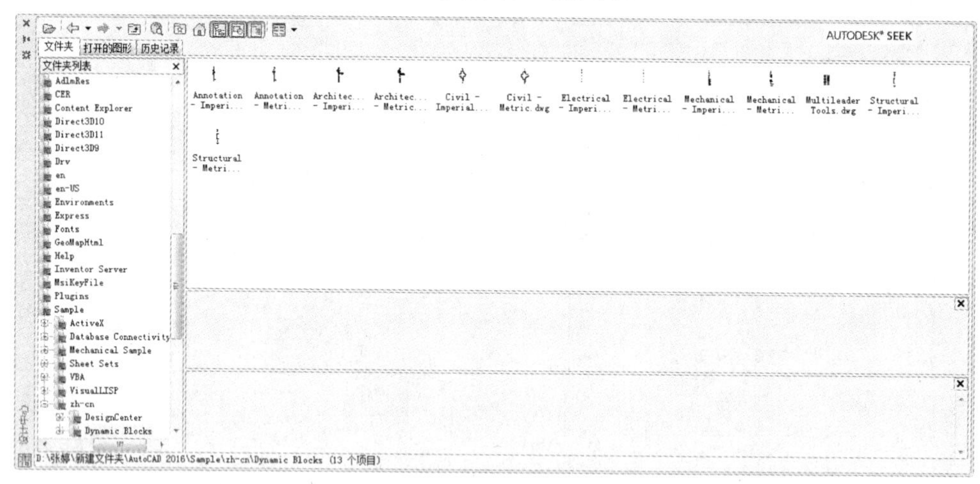

图 4-138　AutoCAD 2016 设计中心的资源管理器和内容显示区

（2）利用设计中心插入图形

设计中心最大的优点是它可以将系统文件夹中的.dwg 图形当成图块插入到当前图形中去。具体方法如下：

Step 01　从“文件夹列表”或“查找结果”列表框中选择要插入的对象，拖动对象到打开的图形。

Step 02　在相应的命令行提示下输入比例、旋转角度等数值。

Step 03　被选择的对象将根据指定的参数插入到图形中。

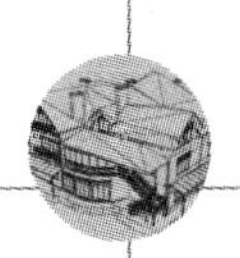

2．工具选项板

（1）打开工具选项板

【执行方式】

- 命令行：TOOLPALETTES
- 菜单：工具→选项板→工具选项板窗口
- 工具栏：标准→工具选项板窗口→工具选项板
- 快捷键：Ctrl+3

【操作步骤】

执行上述命令后，系统自动打开工具选项板窗口，如图 4-139 所示。该工具选项板上有系统预设的 3 个选项卡。可以右击鼠标，在弹出的快捷菜单中选择“新建选项板”命令，如图 4-140 所示。新建一个空白选项卡，可以命名该选项卡，如图 4-141 所示。

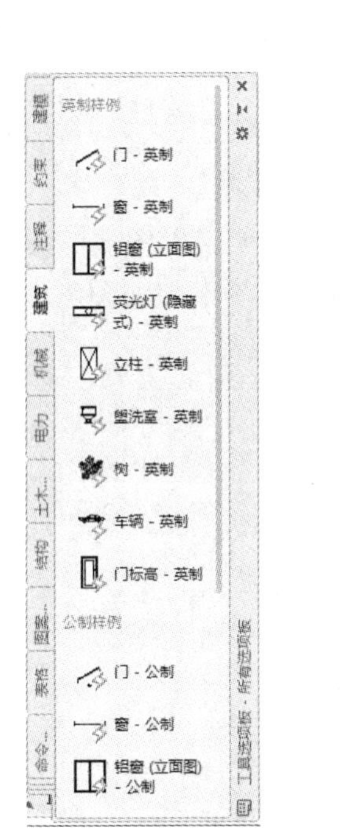

图 4-139　工具选项板窗口

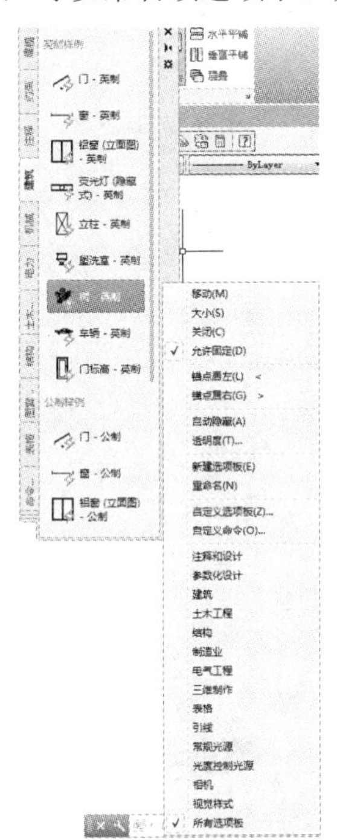

图 4-140　快捷菜单

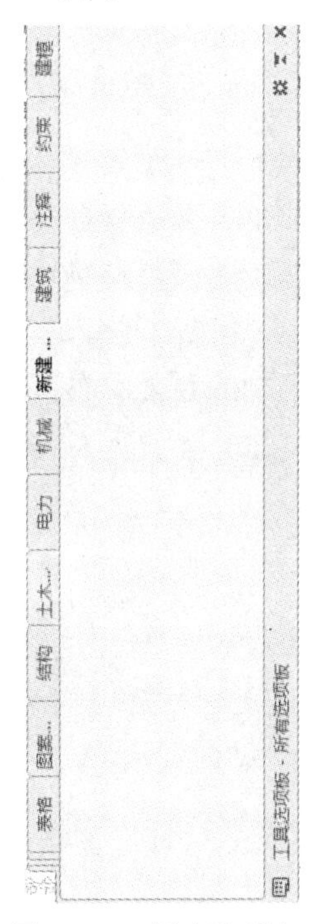

图 4-141　新建选项卡

（2）将设计中心内容添加到工具选项板

在 DesignCenter 文件夹上右击鼠标，右键快捷菜单，选择“创建块的工具选项板”命令，如图 4-142 所示。设计中心中储存的图元就出现在工具选项板中新建的 DesignCenter 选项卡上，如图 4-143 所示。这样就可以将设计中心与工具选项板结合起来，建立一个快捷方便的工具选项板。

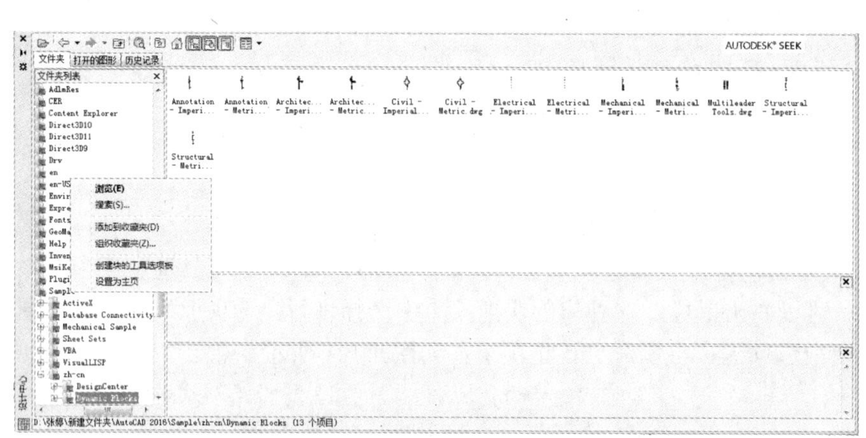

图 4-142　快捷菜单

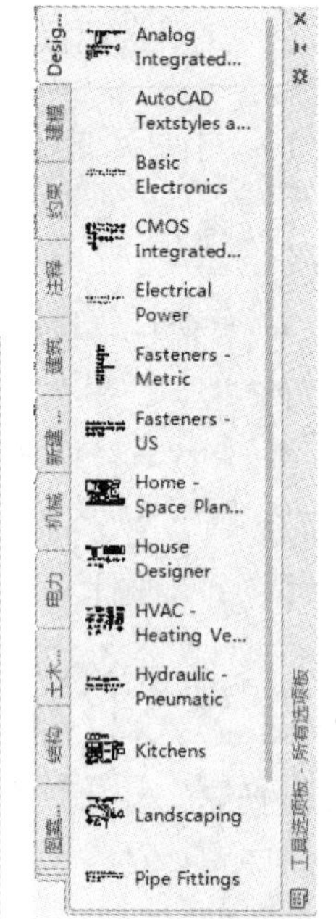

图 4-143　创建工具选项板

（3）利用工具选项板绘图

只需要将工具选项板中的图形单元拖动到当前图形，该图形单元就以图块的形式插入到当前图形中。如图 4-144 所示就是将工具选项板中“办公室样例”选项卡中的图形单元拖动到当前图形绘制的办公室布置图。

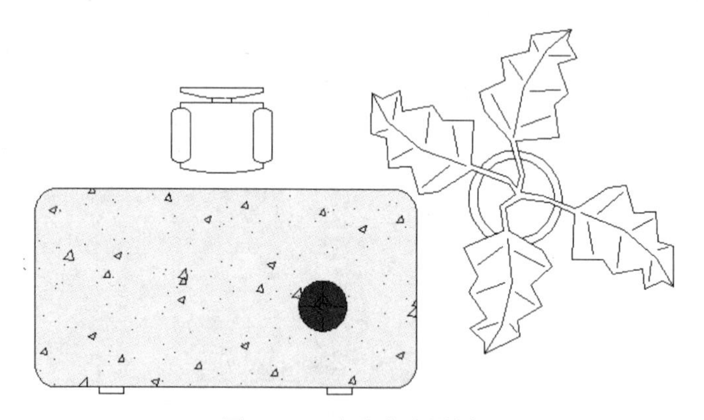

图 4-144　办公室布置图

4.5.2　操作步骤

利用设计中心中的图块组合如图 4-145 所示的居室室内设计平面图。

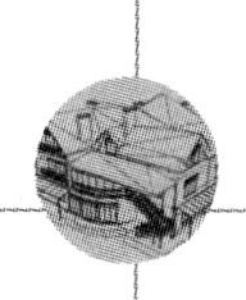

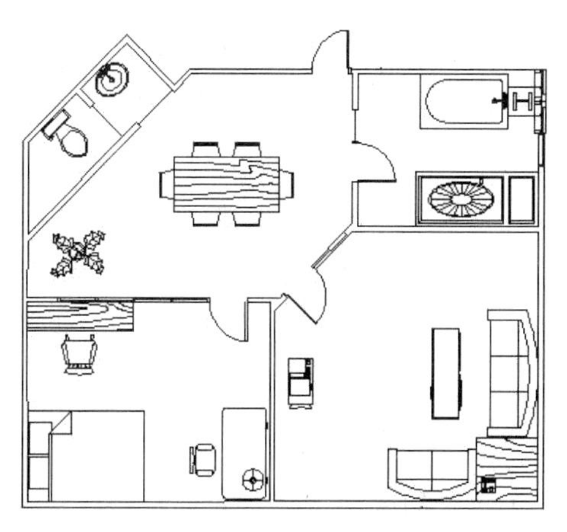

图 4-145　居室室内设计平面图

Step 01 单击“视图”选项卡“选项板”面板中的“工具选项板”按钮，弹出“工具选项板窗口”对话框，如图 4-146 所示。右键弹出工具选项板菜单，如图 4-147 所示。

Step 02 新建工具选项板。在工具选项板菜单中选择“新建选项板”命令，建立新的工具选项板选项卡。在新建工具栏名称栏中输入“住房”并确认，新建的“住房”工具选项板选项卡如图 4-148 所示。

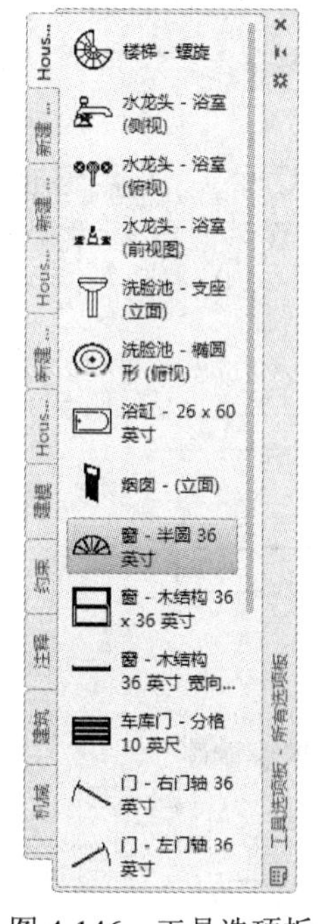

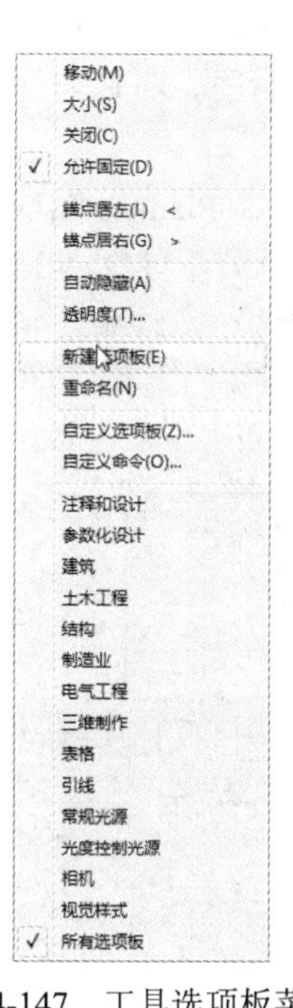

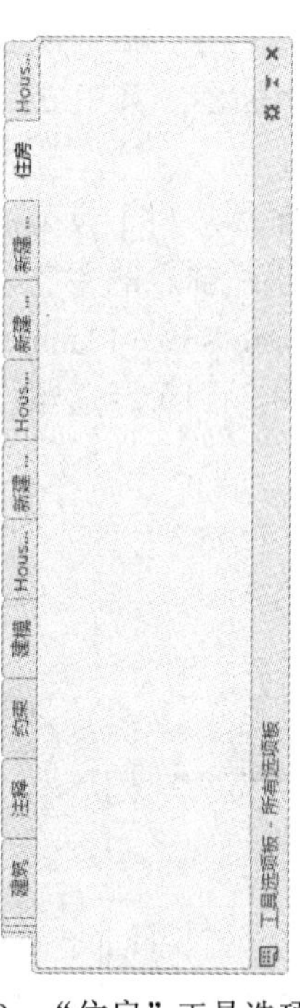

图 4-146　工具选项板　　图 4-147　工具选项板菜单　　图 4-148　“住房”工具选项板选项卡

Step 03 向工具选项板插入设计中心图块。单击“视图”选项卡“选项板”面板中的“设计中心”按钮，将设计中心中的 Kitchens、House Designer、Home Space Planner 图块拖动到工具选项板的“住房”选项卡，如图 4-149 所示。

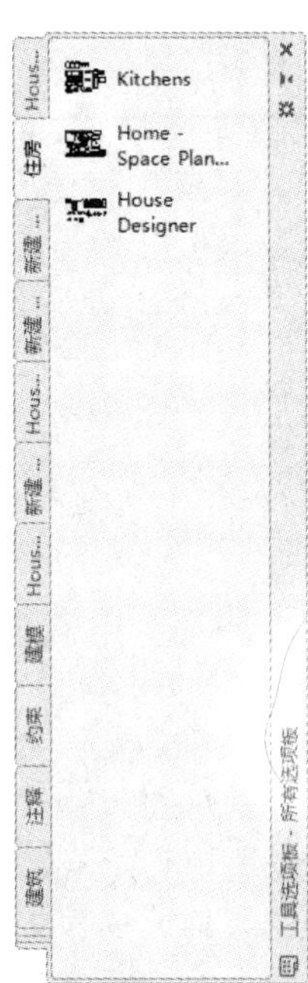

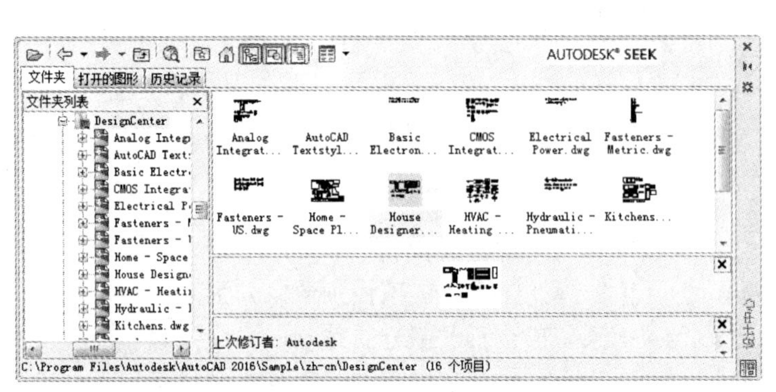

图 4-149　向工具选项板插入设计中心图块

Step 04 绘制住房结构截面图。利用以前学过的绘图命令与编辑命令绘制住房结构截面图，如图 4-150 所示。其中进门为餐厅，左边为厨房，右边为卫生间，正对为客厅，客厅左边为寝室。

Step 05 布置餐厅。将工具选项板中的 Home Space Planner 图块拖动到当前图形中，利用缩放命令调整所插入的图块与当前图形的相对大小，如图 4-151 所示。对该图块进行分解操作，将 Home Space Planner 图块分解成单独的小图块集。将图块集中的“饭桌”和“植物”图块拖动到餐厅适当位置，如图 4-152 所示。

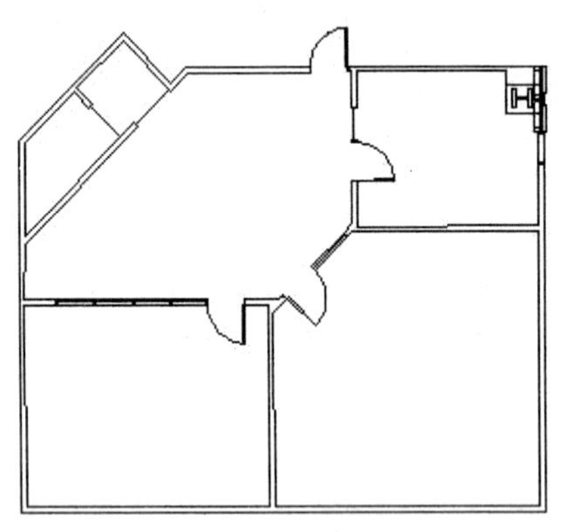

图 4-150　住房结构截面图

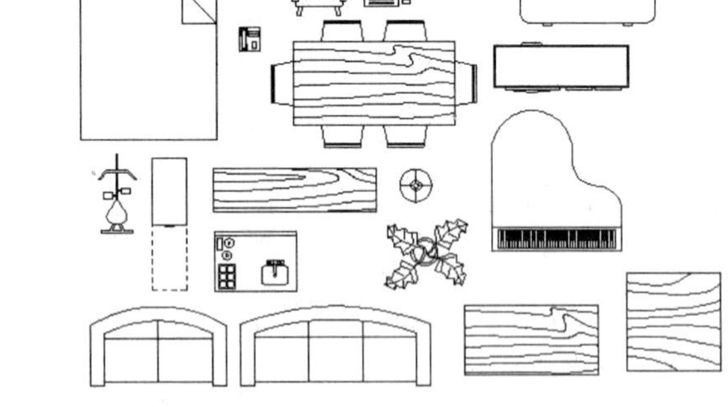

图 4-151　将 Home Space Planner 图块拖动到当前图形中

Step 06 布置寝室。将“双人床”图块移动到当前图形的寝室中，单击“默认”选项卡“修改”面板中的“旋转”按钮和“移动”按钮，进行位置调整。重复“旋转”“移动”命令，将“琴桌”“书桌”“台灯”和两个“椅子”图块移动并旋转到当前图形的寝室中，如图 4-153 所示。

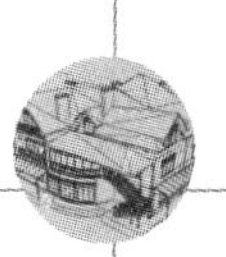

Step 07　布置客厅。单击“默认”选项卡“修改”面板中的“旋转”按钮和“移动”按钮，将“转角桌”“电视机”“茶几”和两个“沙发”图块移动并旋转到当前图形的客厅中，如图 4-154 所示。

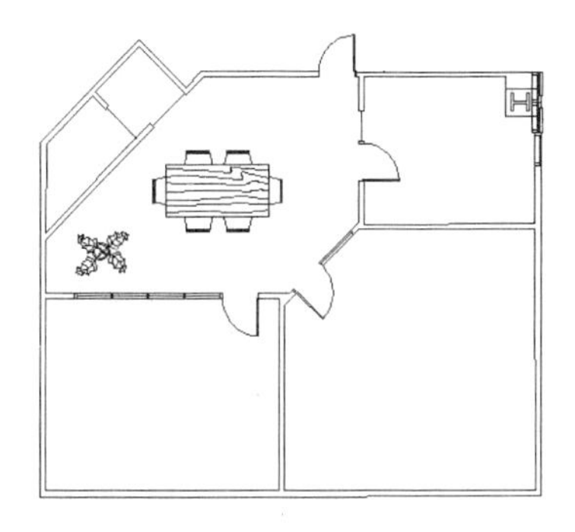

图 4-152　布置餐厅

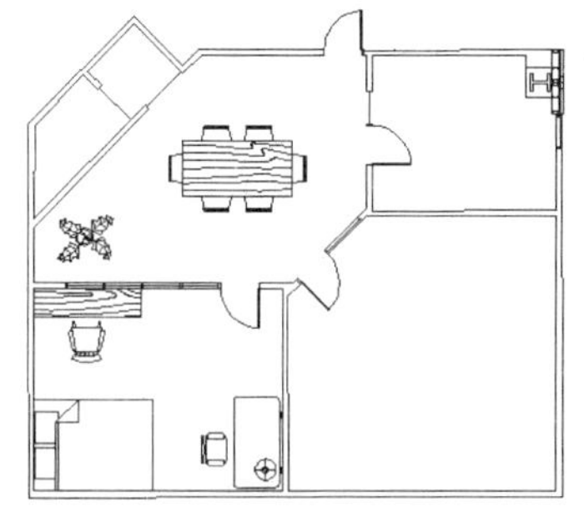

图 4-153　布置寝室

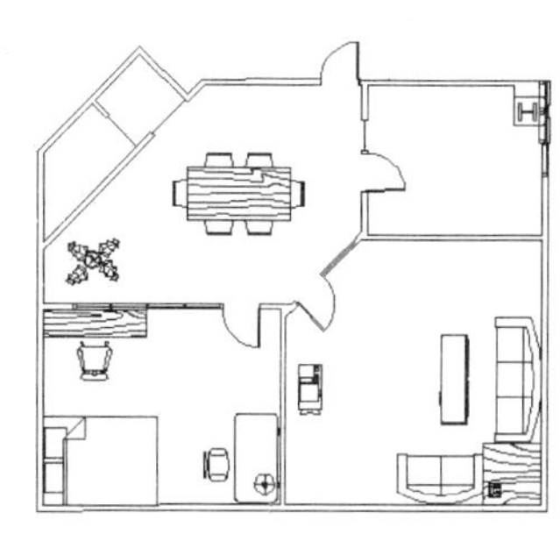

图 4-154　布置客厅

Step 08　布置厨房。将工具选项板中的 House Designer 图块拖动到当前图形中，单击“默认”选项卡“修改”面板中的“缩放”按钮，调整所插入的图块与当前图形的相对大小，如图 4-155 所示。单击“默认”选项卡“修改”面板中的“分解”按钮，对该图块进行分解操作，将 House Designer 图块分解成单独的小图块集。单击“默认”选项卡“修改”面板中的“旋转”按钮和“移动”按钮，将“灶台”“洗菜盆”和“水龙头”图块移动并旋转到当前图形的厨房中，如图 4-156 所示。

Step 09　布置卫生间。单击“默认”选项卡“修改”面板中的“旋转”按钮和“移动”按钮，将“坐便器”和“洗脸盆”移动并旋转到当前图形的卫生间中。单击“默认”选项卡“修改”面板中的“复制”按钮，复制“水龙头”图块，重复使用“旋转”“移动”命令，将其旋转移动到洗脸盆上。单击“默认”选项卡“修改”面板中的“删除”按钮，删除当前图形其他没有用的图块，最终绘制出的图形如图 4-145 所示。

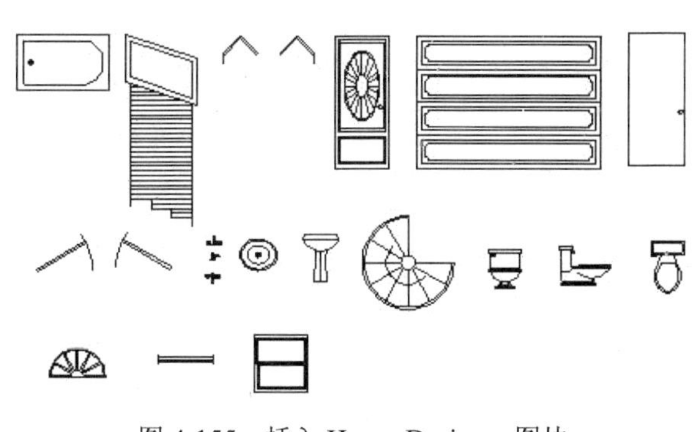

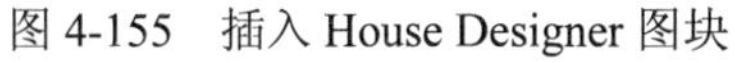

图 4-155　插入 House Designer 图块

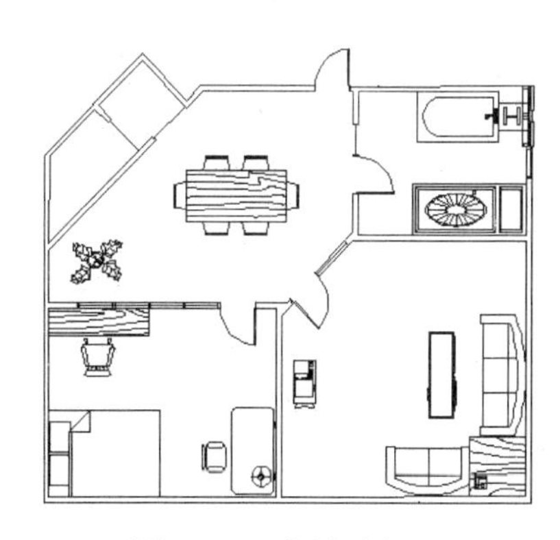

图 4-156　布置厨房

4.5.3　拓展实例——住宅室内设计平面图

读者可以利用上面所学的图块命令相关知识完成室内设计制图中常用的住宅室内设计平面图的绘制，如图 4-157 所示。

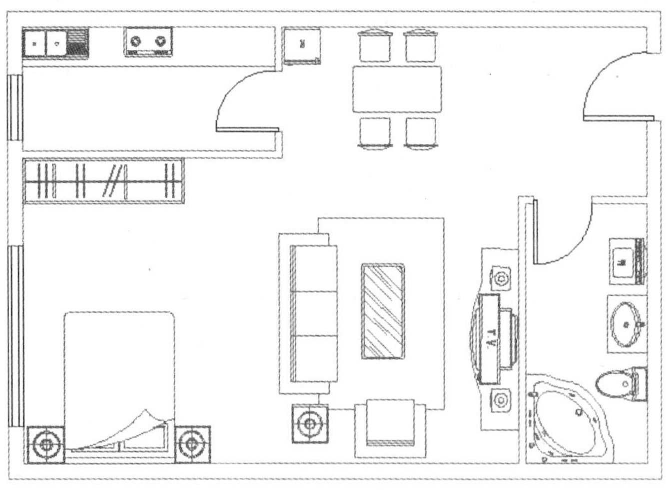

图 4-157　住宅室内设计平面图

Step 01 打开“源文件/第 4 章/室内平面图”，图形如图 4-158 所示。

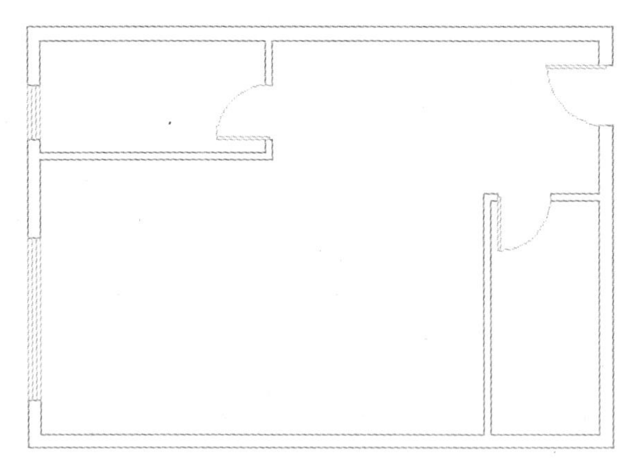

图 4-158　完成墙体绘制

Step 02 单击“视图”选项卡“选项板”面板中的“设计中心”按钮，找到要插入的图块并插入到图形中，结果如图 4-157 所示。

第 5 章

住宅室内设计综合实例——两室一厅住宅室内设计

知识导引

一般来说，室内设计图是指一整套与室内设计相关的图样的集合，包括室内平面图、室内立面图、室内地坪图、顶棚图、电气系统图、节点大样图等。这些图样分别表达室内设计某一方面的情况和数据，只有将它们组合起来，才能得到完整详尽的室内设计资料。本章将以别墅为实例，依次介绍几种常用的室内设计图的绘制方法。

内容要点

- 两室一厅住宅室内设计平面图
- 两室一厅住宅室内设计立面图
- 两室一厅住宅室内设计顶棚图

5.1 住宅室内设计基本理论

别墅一般有两种类型：一是住宅型别墅，大多建造在城市郊区附近，或独立或群体，环境幽雅恬静，有花园绿地，交通便捷，便于上下班；二是休闲型别墅，建造在人口稀少、风景优美、山清水秀的风景区，供周末或度假消遣或疗养或避暑之用。

5.1.1 室内设计的意义

所谓设计，通常是指人们通过调查研究、分析综合、头脑加工，发挥自己的创造性，做出某种有特定功能的系统或成品以及生产某种产品的构思过程，具有高度的精确性、先进性和科学性。经过严格检测，达到预期的合格标准后，即可依据此设计蓝本，进入系统建立或产品生产的实践阶段，最终达到该项系统的建成或产品生产的目的。

随着社会的飞速发展，人民生活水平的提高，人们对居住环境的要求也越来越高，品位不断增加，建筑室内设计也越来越被人们重视。人们对建筑结构内部的要求逐渐向形态多样化、实用功能多极化和内部构造复杂化的方向发展。室内设计需要考虑美学与人机工程学，这些对于室内空间的“整合”和“再造”方面发挥了非常重要的作用。

5.1.2 当前我国室内设计概况

当前我国室内设计行业正在蓬勃发展，但还存在一定的问题，值得广大设计人员重视，以促进行业健康发展。

（1）人们对于室内设计的重要性不够重视。随着社会的发展，社会分工越来越细、越来越明确。建筑业也应如此，过去由建筑设计师总揽的情况已不适应现阶段建筑行业的发展要求。然而许多建筑业内人士并没有意识到这一点，认为建筑室内设计是可有可无的行业，没有得到足够的重视。但是随着人们对建筑结构内部使用功能、视觉要求的不断提高，室内设计将逐步被人们重视，建筑设计和室内设计的分离是不可避免的。因此，室内设计人员要有足够的信心，并积极摄取各方面的知识，丰富自己的创意，提高设计水平。

（2）室内设计管理机制不健全。由于我国室内设计尚处于发展阶段，相应的管理体制、规范、法规不够健全，未形成体系，设计人员从业过程中缺乏依据，管理不规范，导致许多问题现今还不能得到有效的解决。

（3）我国建筑设计及室内设计人员素质偏低，设计质量不高。目前我国建筑师不断增加，但他们并非全部受过专业的教育，有些不具备室内建筑师的素养。许多略懂美术、不通建筑的人滥竽充数，影响了设计质量。同时，我国相关部门尚未建立完善的管理体制和法规规范，致使设计过程的监督、设计作品分类和文件的编制不统一，这也是影响我国室内设计水平偏低的重要原因之一。

4．我国室内设计行业并没有形成良好的学术氛围，对外交流和借鉴不足，满足于现状。现在建筑设计、结构设计及室内设计为了适应工程工期的需要，常常缩短设计时间，不能做到精心设计，导致设计水平下降，作品参差不齐。

5.2 室内平面图绘制实例——两室一厅住宅平面图

室内平面图的绘制是在建筑平面图的基础上逐步细化展开的，掌握建筑平面图的绘制是一个必备的环节。因此，本节将讲解应用 AutoCAD 2016 绘制住宅建筑平面图。

由于建筑、室内制图中涉及的图样种类较多，所以要根据图样的种类将它们分别绘制在不同的图层里，便于修改、管理、统一设置图线的颜色、线型、线宽等参数。科学的图层应用和管理相当重要，读者在阅读后续章节时，注意这个特点。

下面以二居室（二室一厅一厨一卫）的住宅平面图为例，为大家讲解相关知识及其绘制方法与技巧，如图 5-1 所示。

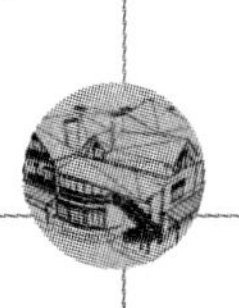

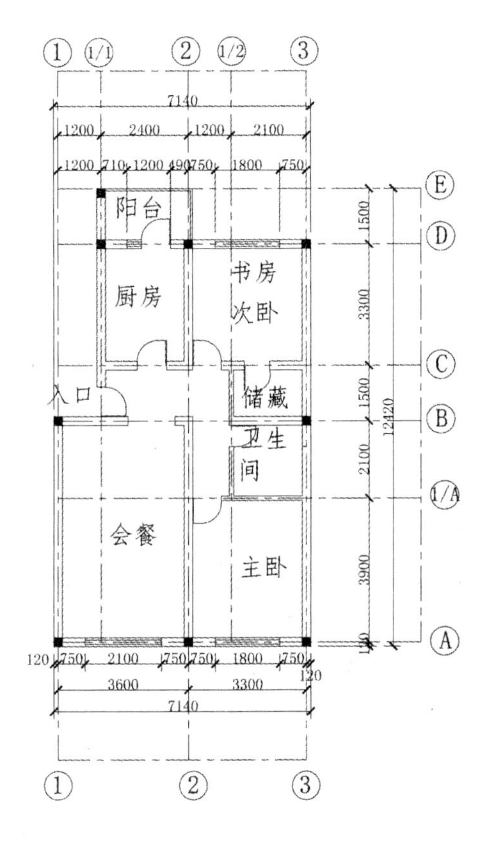

图 5-1　两室一厅住宅平面图

5.2.1　操作步骤

1．单位设置

在 AutoCAD 2016 中，如图 5-1 所示是以 1∶1 的比例绘制，到出图时候，再考虑以 1∶100 的比例输出。比如说，建筑实际尺寸为 3m，在绘图时输入的距离值为 3000，因此将系统单位设为毫米（mm）。以 1∶1 的比例绘制，输入尺寸时不需要换算，比较方便。

选择菜单栏中的“格式”→“单位”命令，打开“图形单位”对话框，如图 5-2 所示进行设置，然后单击“确定”按钮完成。

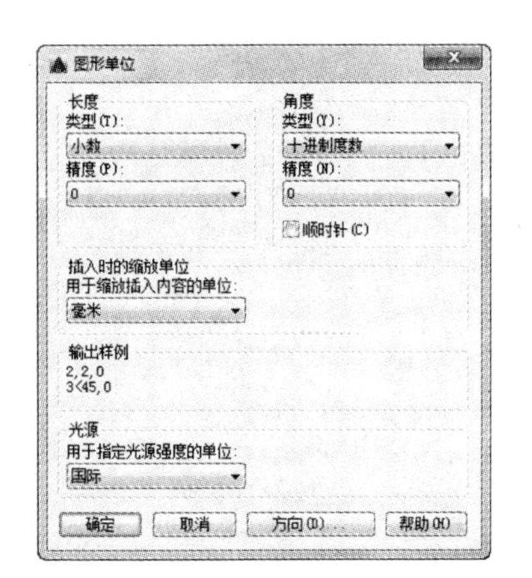

图 5-2　“图形单位”对话框

2．图形界限设置

将图形界限设置为 A3 图幅。AutoCAD 2016 默认的图形界限为 420×297，已经是 A3 图幅，但我们是以 1∶1 的比例绘图，当以 1∶100 的比例出图时，图纸空间将被缩小 100 倍，所以现在将图形界限设为 42000×29700，扩大 100 倍。命令行提示与操作如下：

```
命令:LIMITS
重新设置模型空间界限:
指定左下角点或 [开(ON)/关(OFF)] <0,0>:(回车)
指定右上角点 <420,297>: 42000,29700(回车)
```

3. 轴线绘制

（1）建立轴线图层

单击“默认”选项卡“图层”面板中的“图层特性”按钮，打开“图层特性管理器”对话框，建立一个新图层，命名为“轴线”，颜色选取红色，线型为“CENTER”，线宽为默认，并设置为当前层，如图 5-3 所示。确定后回到绘图状态。

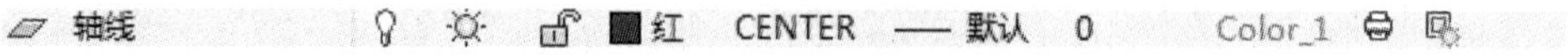

轴线　红　CENTER　—— 默认　0　Color_1

图 5-3　“轴线”图层参数

选择菜单栏中的“格式”→“线型”命令，打开“线型管理器”对话框，单击右上角“显示细节”按钮显示细节(D)，线型管理器下方呈现详细信息，将“全局比例因子”设为 30，如图 5-4 所示。这样，点划线、虚线的样式就能在屏幕上以适当的比例显示，如果仍不能正常显示，可以上下调整这个值。

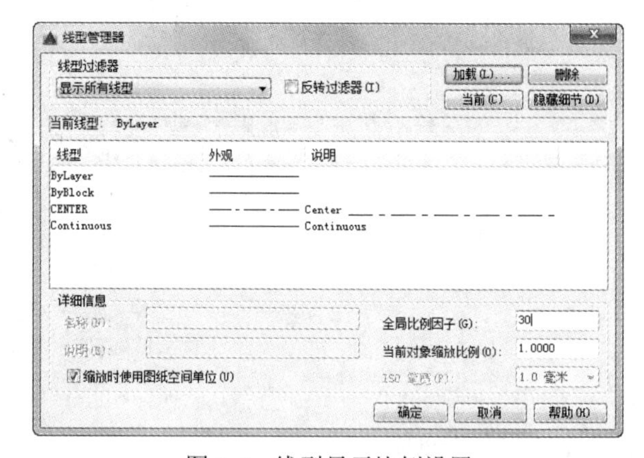

图 5-4　线型显示比例设置

（2）对象捕捉设置

单击状态栏上“对象捕捉”右侧的小三角按钮，打开快捷菜单，如图 5-5 所示，选择“对象捕捉设置”命令，打开“对象捕捉”选项卡，将捕捉模式如图 5-6 所示进行设置，然后单击“确定”按钮。

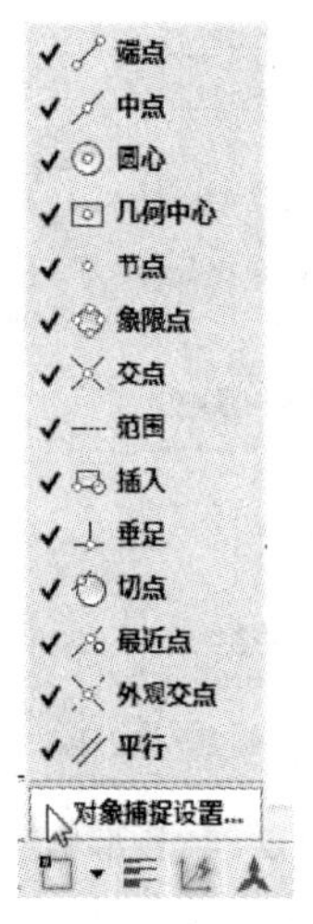

图 5-5　打开快捷菜单

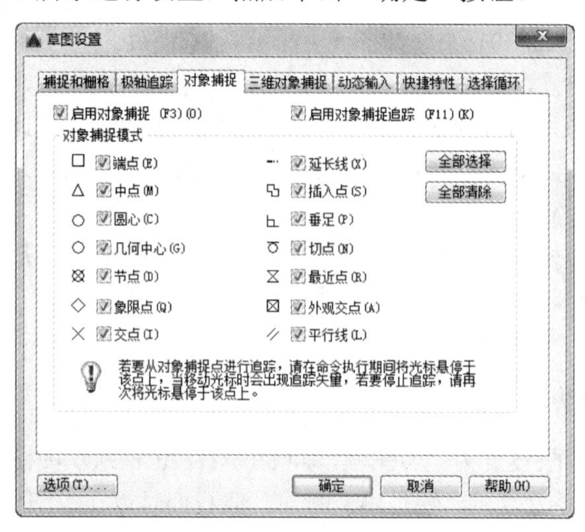

图 5-6　对象捕捉设置

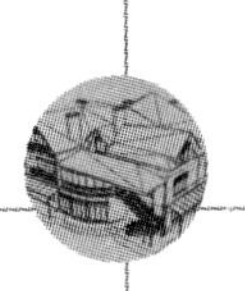

（3）竖向轴线绘制

单击“默认”选项卡“绘图”面板中的“直线”按钮，在绘图区左下角适当位置选取直线的初始点，输入第二点的相对坐标“@0,12300”，按 Enter 键后绘制出第一条轴线，结果如图 5-7 所示。

单击“默认”选项卡“修改”面板中的“偏移”按钮，向右复制其他 4 条竖向轴线，偏移量依次为 1200、2400、1200、2100，结果如图 5-8 所示。

图 5-7　第一条轴线　　　　图 5-8　全部竖向轴线

（4）横向轴线绘制

单击“默认”选项卡“绘图”面板中的“直线”按钮，利用鼠标捕捉第一条竖向轴线上的端点作为第一条横向轴线的起点，如图 5-9 所示，移动鼠标单击最后一条条竖向轴线上的端点作为第一条横向轴线的终点，如图 5-10 所示。

单击“默认”选项卡“修改”面板中的“偏移”按钮，向下复制其他 5 条横向轴线，偏移量依次为 1500、3300、1500、2100、3900。这样，就完成了整个轴线的绘制，结果如图 5-11 所示。

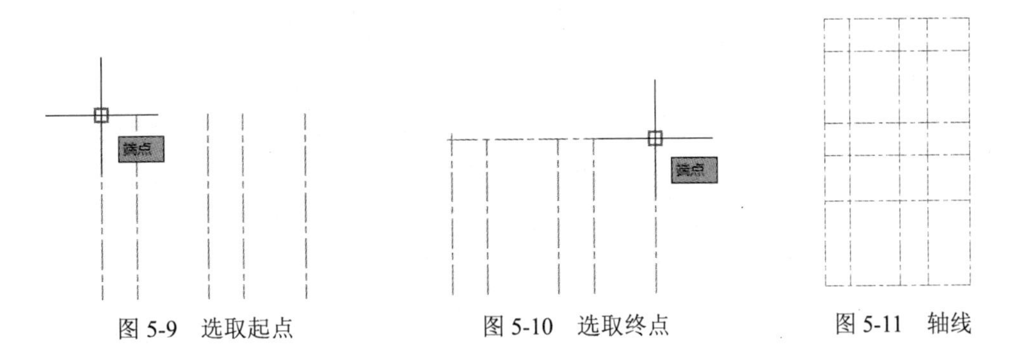

图 5-9　选取起点　　　　图 5-10　选取终点　　　　图 5-11　轴线

4．墙体绘制

（1）建立图层

单击“默认”选项卡“图层”面板中的“图层特性”按钮，打开“图层特性管理器”对话框，建立一个新图层，命名为“墙体”，颜色为白色，线型为实线“Continuous”，线宽为默认，并置为当前层，如图 5-12 所示。

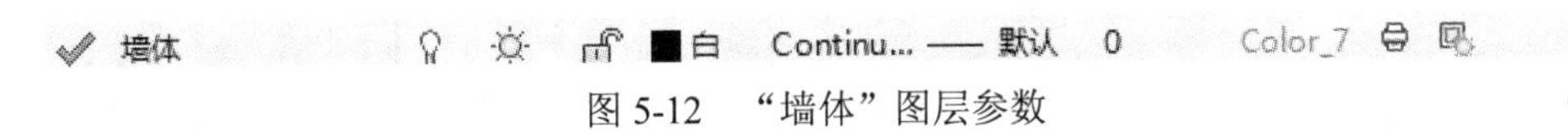

图 5-12　“墙体”图层参数

将“轴线”图层锁定。单击“默认”选项卡“图层”面板中的“图层特性”按钮，打开“图层特性管理器”对话框，将鼠标移到“轴线”层上单击“锁定/解锁”符号将图层锁定，如图5-13所示。

轴线 红 CENTER —— 默认 0 Color_1

图5-13 锁定“轴线“图层

（2）粗绘墙体

Step 01 设置“多线”的参数。选择菜单栏中的“绘图”→“多线”命令，命令行中提示与操作如下：

```
命令: _mline
当前设置: 对正 = 上，比例 = 20.00，样式 = STANDARD （初始参数）
指定起点或 [对正(J)/比例(S)/样式(ST)]: j （选择对正设置，回车）
输入对正类型 [上(T)/无(Z)/下(B)] <上>: z （选择两线之间的中点作为控制点，回车）
当前设置: 对正 = 无，比例 = 20.00，样式 = STANDARD
指定起点或 [对正(J)/比例(S)/样式(ST)]: s （选择比例设置，回车）
输入多线比例 <20.00>: 240 （输入墙厚，回车）
当前设置: 对正 = 无，比例 = 240.00，样式 = STANDARD
指定起点或 [对正(J)/比例(S)/样式(ST)]: （回车完成设置）
```

Step 02 重复“多线”命令，当命令行提示“指定起点或 [对正(J)/比例(S)/样式(ST)]:”时，利用鼠标选取左下角轴线交点为多线起点，参照图5-1绘制出第一段墙体，如图5-14所示。利用同样的方法绘制出剩余的240厚墙体，结果如图5-15所示。

Step 03 重复“多线”命令，仿照步骤（01）中的方法将墙体的厚度定义为120厚，即将多线的比例设为120。绘制出剩下的120厚墙体，结果如图5-16所示。此时墙体与墙体交接处（也称节点）的线条没有正确搭接，所以利用编辑命令进行处理。

Step 04 由于下面所用的编辑命令的操作对象是单根线段，所以先对多线墙体进行分解处理。单击“默认”选项卡“修改”面板中的“分解”按钮，将所有的墙体选中（因轴线层已锁定，把轴线选在其内也无妨），按Enter键（也可单击鼠标右键）确定。

Step 05 单击“默认”选项卡“修改”面板中的“修剪”按钮、“延伸”按钮和“倒角”按钮，将每个节点进行处理。操作时，可以灵活借助显示缩放功能缩放节点部位，以便编辑，结果如图5-17所示。

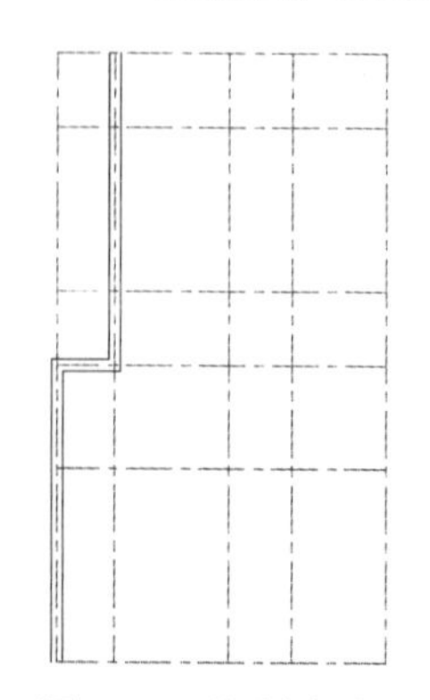

图5-14 绘制墙体1

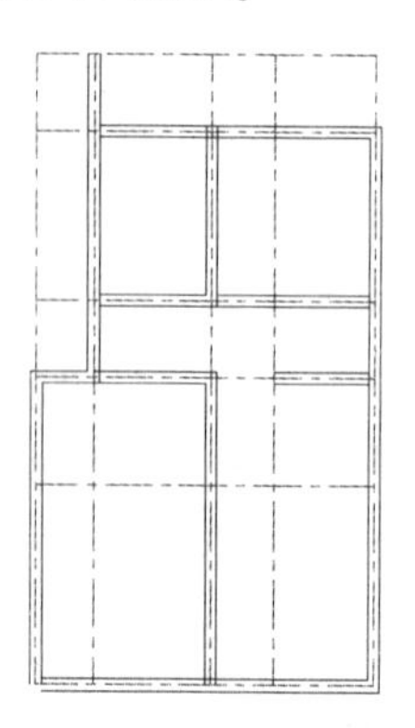

图5-15 绘制墙体2

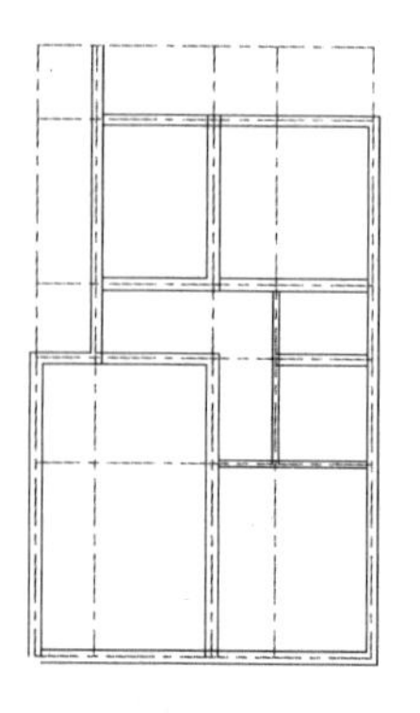

图5-16 墙体草图

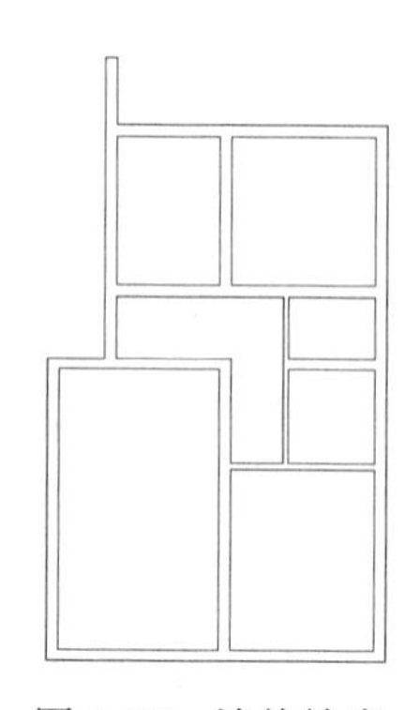

图5-17 墙体轮廓

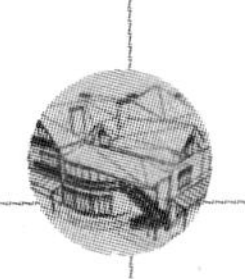

5. 柱子绘制

本例所涉及的柱为钢筋混凝土构造柱，截面大小为 240×240。

（1）建立图层

建立新图层并命名为“柱子”，颜色选取白色，线型为实线“Continuous”，线宽为“默认”，并置为当前层，如图 5-18 所示。

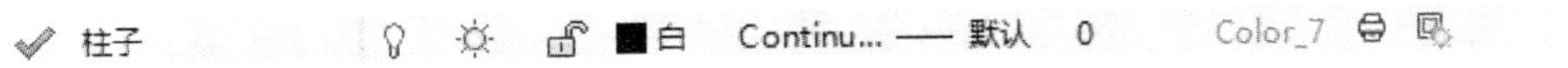

✓ 柱子　■白　Continu... —— 默认　0　Color_7

图 5-18　“柱子”图层参数

（2）绘制柱子

Step 01 将左下角的节点放大，单击“默认”选项卡“绘图”面板中的“矩形”按钮，捕捉内外墙线的两个角点作为矩形对角线上的两个角点，即可绘制出柱子边框，如图 5-19 所示。

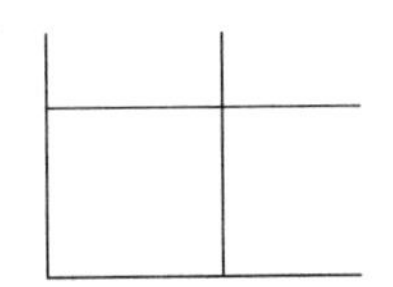

图 5-19　柱子轮廓

Step 02 单击“默认”选项卡“绘图”面板中的“图案填充”按钮，打开“图案填充创建”选项卡，如图 5-20 所示，设置填充图案为“SOLID”，在柱子轮廓内单击，按 Enter 键完成对柱子的填充，如图 5-21 所示。

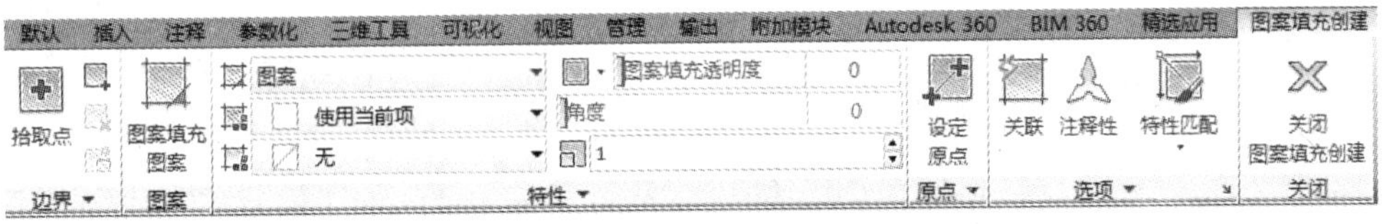

默认　插入　注释　参数化　三维工具　可视化　视图　管理　输出　附加模块　Autodesk 360　BIM 360　精选应用　图案填充创建

拾取点　图案填充图案　图案　使用当前项　无　图案填充透明度 0　角度 0　1　设定原点　关联　注释性　特性匹配　关闭图案填充创建

边界　图案　特性　原点　选项　关闭

图 5-20　“图案填充创建”选项卡

Step 03 单击“默认”选项卡“修改”面板中的“复制”按钮，将柱子图案复制到相应的位置上。注意复制时，灵活应用对象捕捉功能，这样定位很方便，结果如图 5-22 所示。

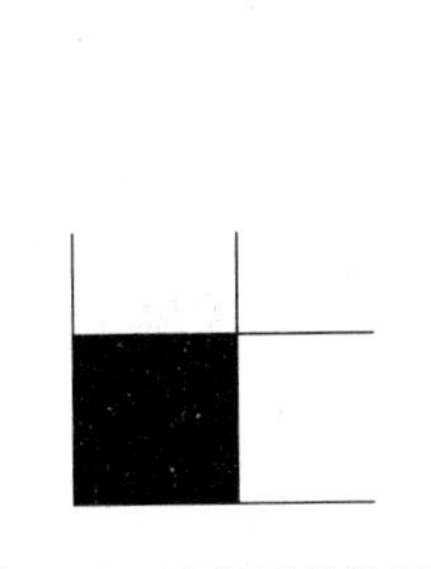

图 5-21　填充后的柱子

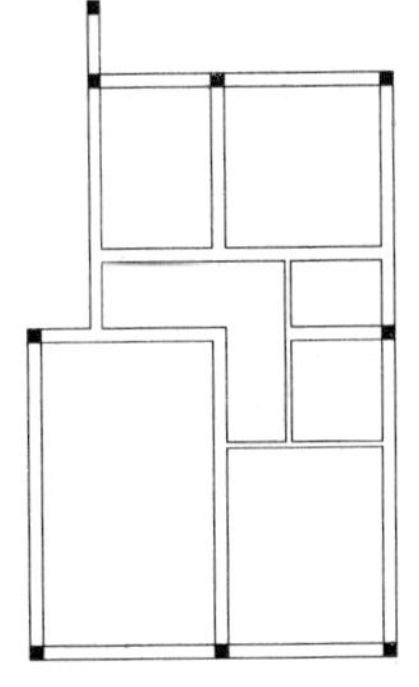

图 5-22　柱子布置图

6. 门窗绘制

（1）洞口绘制

绘制洞口时，常以临近的墙线或轴线作为距离参照来帮助确定洞口位置。现在以客厅窗洞为例，如图 5-23 所示，拟绘洞口宽 2100，位于该段墙体的中部，则洞口两侧剩余墙体的宽度均为 750（到轴线）。

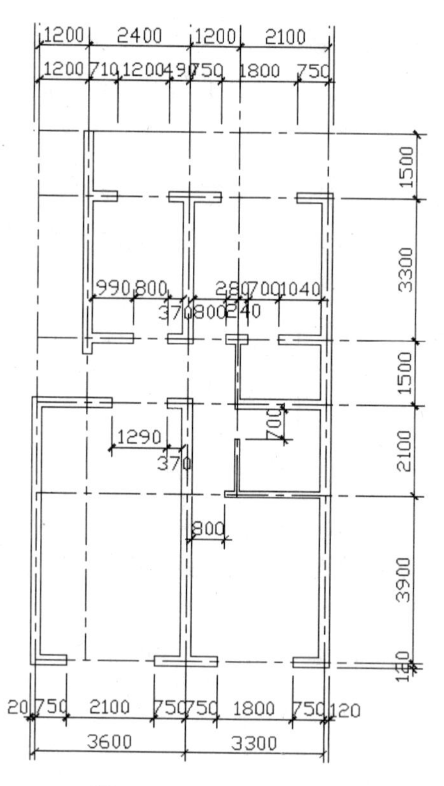

图 5-23 门窗洞口尺寸

具体操作如下：

Step 01 打开“轴线”层并解锁，将“墙体”层置为当前层。单击“默认”选项卡“修改”面板中的“偏移”按钮，将第一条横向轴线向右复制出两条新的轴线，偏移量依次为 750、2100。

Step 02 单击“默认”选项卡“修改”面板中的“延伸”按钮，将它们的下端延伸至外墙线。然后单击“默认”选项卡“修改”面板中的“修剪”按钮，将两条轴线间的墙线剪掉，如图 5-24 所示。最后单击“默认”选项卡“绘图”面板中的“直线”按钮，将墙体剪断处封口，并将这两条轴线删除，结果如图 5-25 所示。

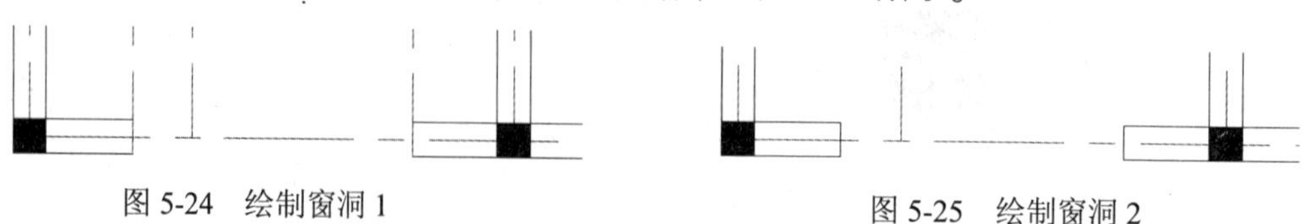

图 5-24 绘制窗洞 1　　图 5-25 绘制窗洞 2

Step 03 采用同样的方法，依照图 5-26 中提供的尺寸将余下的门窗洞口绘制出来，结果如图 5-26 所示。

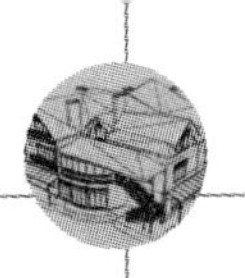

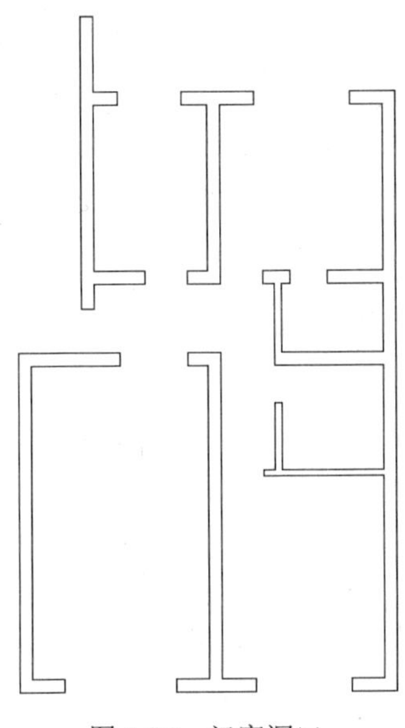

图 5-26　门窗洞口

（2）绘制门窗

Step 01 建立“门窗”图层，参数如图 5-27 所示，将其置为当前层。

✔ 门窗　■ 蓝　Continu... —— 默认　0　Color_5

图 5-27　“门窗”图层参数

Step 02 对于门，可利用前面制作的图块直接插入，并给出相应的比例缩放，放置到具体的门洞处。放置时，须注意门的开启方向，若方向不对，则单击“默认”选项卡“修改”面板中的“镜像”按钮和“旋转”按钮进行左右翻转或内外翻转。如果不利用图块，也可以直接绘制，并将其复制到各个洞口上去。

Step 03 至于窗，直接在窗洞上绘制也是比较方便的，没必要采用图块插入的方式。首先，在一个窗洞上绘出窗图例，然后将其复制到其他洞口上。在遇到窗宽不相等的问题时，可单击“默认”选项卡“修改”面板中的“拉伸”按钮，进行处理，结果如图 5-28 所示。

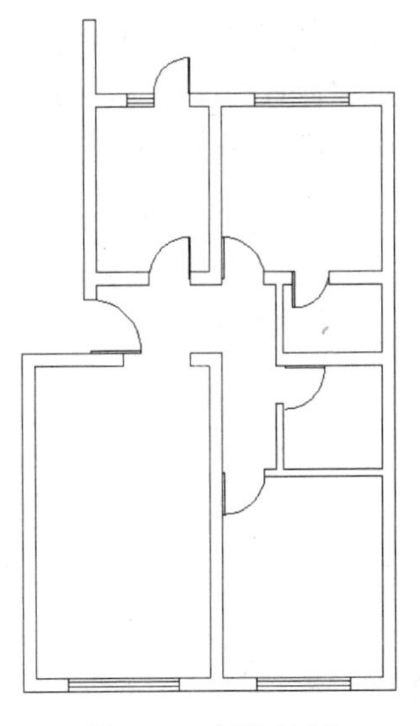

图 5-28　门窗绘制

7．阳台的绘制

（1）建立“阳台”图层

建立“阳台”图层，参数如图 5-29 所示，并将其置为当前层。

✔ 阳台　■ 洋红　Continu... —— 默认　0　Color_6

图 5-29　“阳台”图层参数

（2）绘制阳台线

单击“默认”选项卡“绘图”面板中的“多段线”按钮，以如图 5-30 所示的点为起点，如图 5-31 所示的点为终点绘制出第一条多段线。然后单击“默认”选项卡“修改”面板中的“偏移”按钮，向内复制出另一条多段线，偏移量为 60，结果如图 5-32 所示。

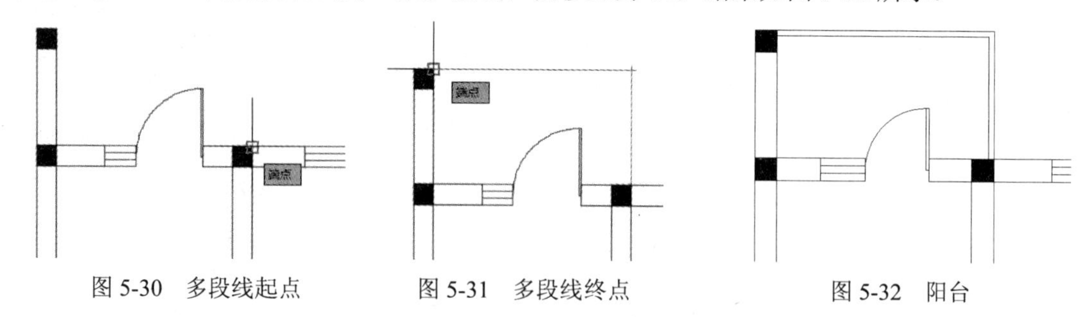

图 5-30　多段线起点　　图 5-31　多段线终点　　图 5-32　阳台

到目前为止，建筑平面图中的图线部分已基本绘制完成，现在只剩下轴线、尺寸标注及文字说明。

8．尺寸标注及轴号标注

（1）建立“尺寸”图层

建立“尺寸”图层，参数如图 5-33 所示，并将其置为当前层。

✔ 尺寸　　绿　Continu... —— 默认　0　　Color_3

图 5-33　“尺寸”图层参数

（2）标注样式设置

标注样式的设置应该与绘图比例相匹配。如前所述，该平面图以实际尺寸绘制，并以 1∶100 的比例输出，现在对标注样式进行如下设置。

Step 01 单击“默认”选项卡“注释”面板中的“标注样式”按钮，打开“标注样式管理器”对话框，单击“新建”按钮，弹出“创建新标注样式”对话框，新建一个标注样式，命名为“建筑”，单击“继续”，如图 5-34 所示。

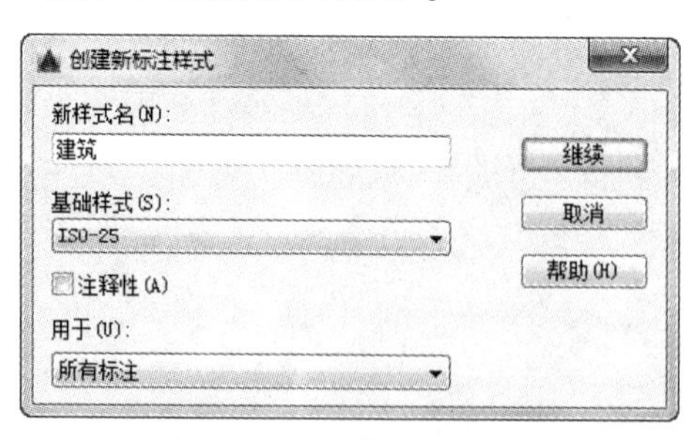

图 5-34　新建标注样式

Step 02 将“建筑”样式中的参数按如图 5-35～图 5-38 所示逐项进行设置。单击“确定”按钮后返回到“标注样式管理器”对话框，将“建筑”样式设为当前，如图 5-39 所示。

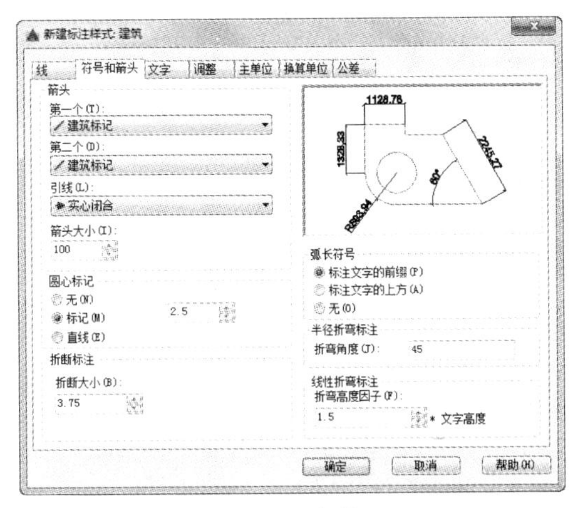

图 5-35　设置参数 1

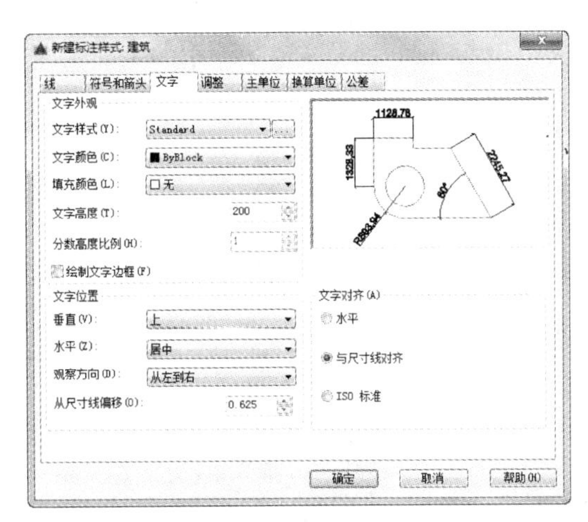

图 5-36　设置参数 2

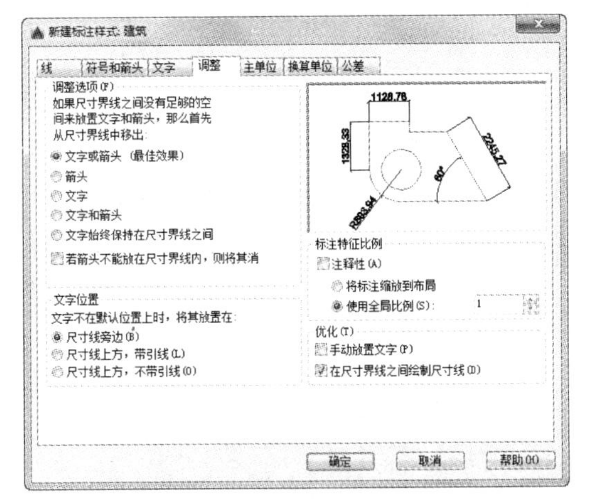

图 5-37　设置参数 3

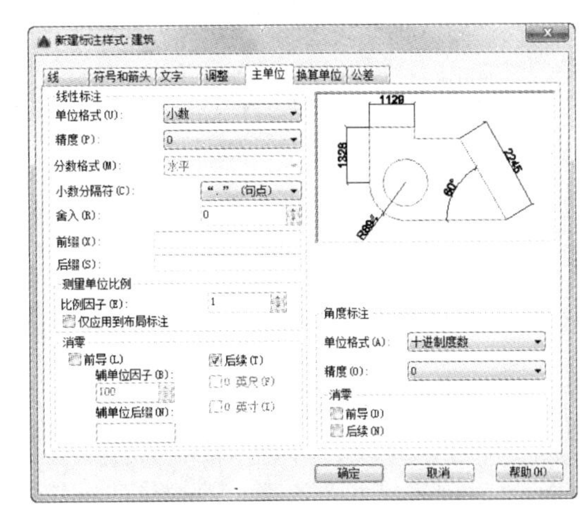

图 5-38　设置参数 4

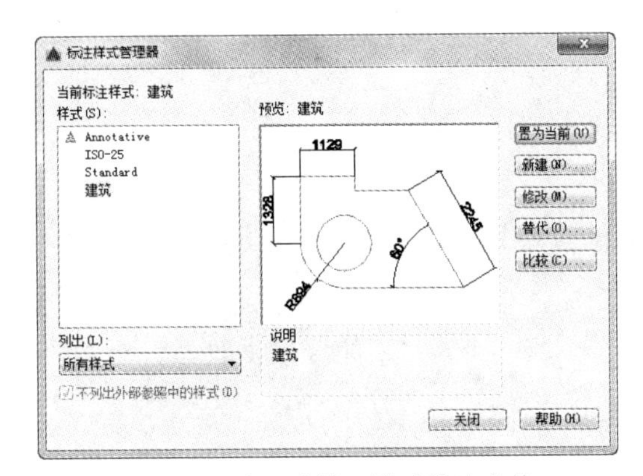

图 5-39　将“建筑”样式设为当前

（3）尺寸标注

以图 5-1 底部的尺寸标注为例，该部分尺寸分为三道，第一道为墙体宽度及门窗宽度，第二道为轴线间距，第三道为总尺寸。

为了标注轴线的编号，需要将轴线向外延伸。由第一条水平轴线向下偏移复制出另一条线段，偏移量为 3200（图纸输出的距离为 32mm），如图 5-40 所示。利用“延伸”命令将需要标注的另外两条轴线延伸到该线段，然后删除该线段，结果如图 5-41 所示（为了方便讲解，将“柱子”层关闭了）。

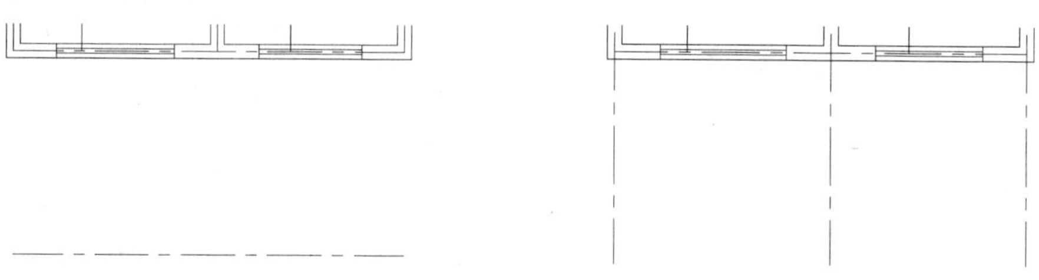

图 5-40　绘制轴线延伸的边界　　　　图 5-41　延伸出来的轴线

提　示

在绘制轴线网格时，除了满足开间、进深尺寸以外，可以将轴线长度向四周加长一些，便可省去这一步。

Step 01 第一道尺寸线绘制。单击“默认”选项卡“注释”面板中的“线性”按钮，命令行中提示与操作如下：

```
命令: _dimlinear
指定第一个尺寸界线原点或 <选择对象>:（利用“对象捕捉”单击图 5-42 中的 A 点）
指定第二条尺寸界线原点: （捕捉 B 点）
指定尺寸线位置或[多行文字(M)/文字(T)/角度(A)/水平(H)/垂直(V)/旋转(R)]: @0,-1200 （回车）
```

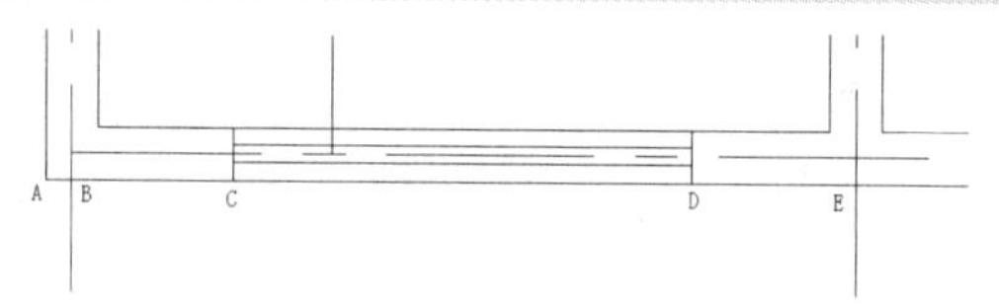

图 5-42　捕捉点示意

Step 02 结果如图 5-43 所示。上述操作也可以在点取 A、B 两点后，直接向外拖动鼠标确定尺寸线的放置位置。

Step 03 重复上述命令，命令行中提示与操作如下：

```
命令: _dimlinear
指定第一个尺寸界线原点或 <选择对象>:（单击图中的 B 点）
指定第二条尺寸界线原点:（捕捉 C 点）
指定尺寸线位置或
[多行文字(M)/文字(T)/角度(A)/水平(H)/垂直(V)/旋转(R)]: @0,-1200 （回车。也可以直接捕捉上一道尺寸线位置）
结果如图 5-44 所示
```

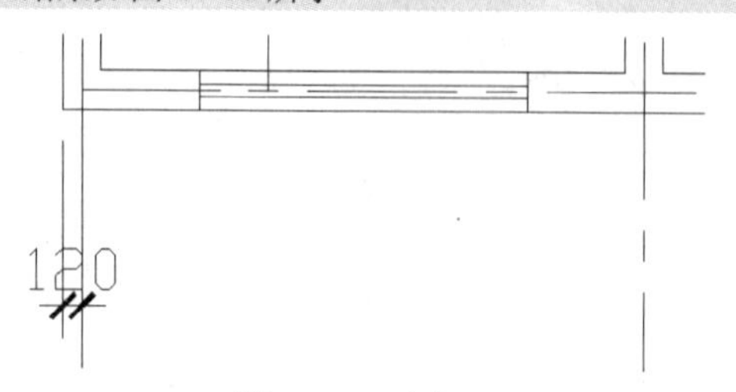

图 5-43　尺寸 1

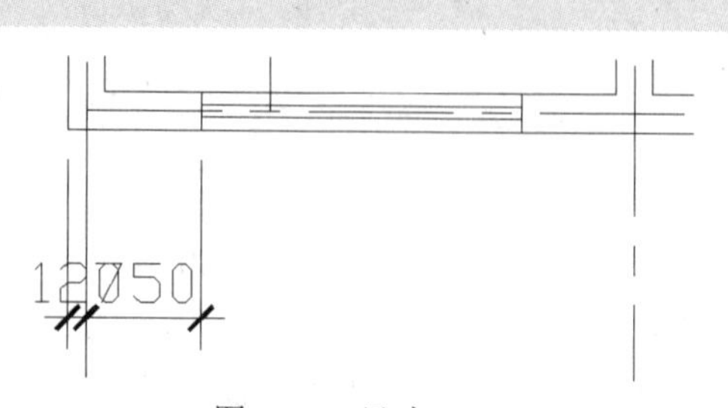

图 5-44　尺寸 2

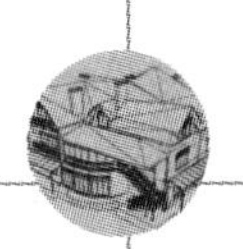

Step 04 采用同样的方法依次绘制出第一道尺寸，结果如图 5-45 所示。

Step 05 此时发现，图 5-45 中的尺寸“120”与“750”字样出现重叠，现在将其移开。利用鼠标单击“120”，该尺寸处于选中状态；再利用鼠标单击中间的蓝色方块标记，将“120”字样移至外侧适当位置后按 Enter 键确认。采用同样的方法处理右侧的“120”字样，结果如图 5-46 所示。

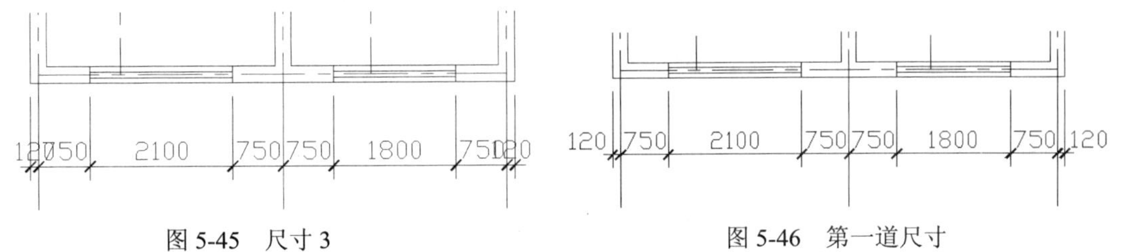

图 5-45　尺寸 3　　图 5-46　第一道尺寸

Step 06 第二道尺寸绘制。单击“默认”选项卡“注释”面板中的“线性”按钮，命令行中提示与操作如下：

```
命令: _dimlinear
指定第一个尺寸界线原点或 <选择对象>:（捕捉如图 5-47 所示中的 A 点）
指定第二条尺寸界线原点:（捕捉 B 点）
指定尺寸线位置或[多行文字(M)/文字(T)/角度(A)/水平(H)/垂直(V)/旋转(R)]:@0,-800（回车）
结果如图 5-48 所示
```

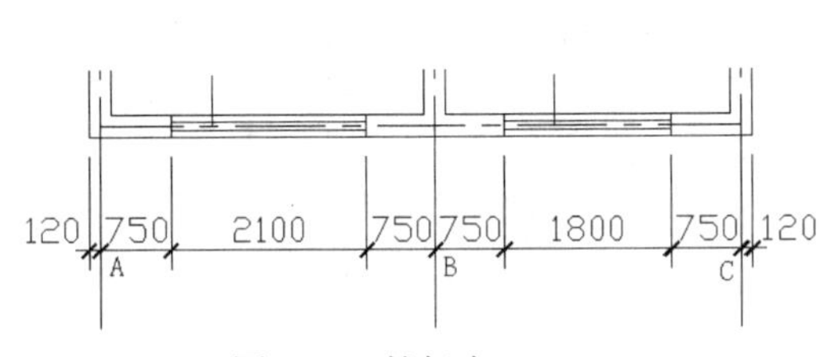

图 5-47　捕捉点

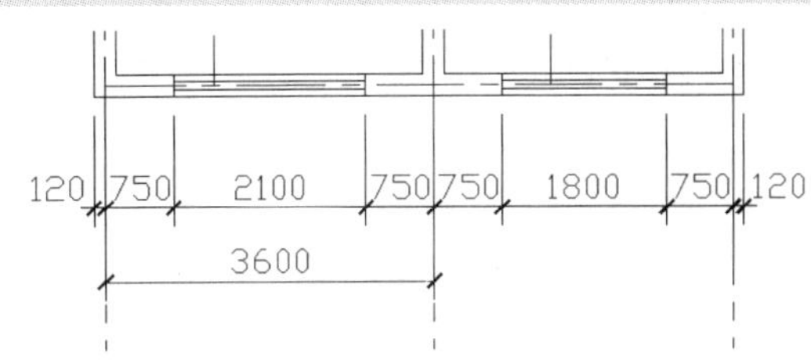

图 5-48　轴线尺寸 1

Step 07 重复上述命令，分别捕捉 B、C 点，完成第二道尺寸，结果如图 5-49 所示。

Step 08 第三道尺寸绘制。单击“默认”选项卡“注释”面板中的“线性”按钮，命令行中提示与操作如下：

```
命令: _dimlinear
指定第一个尺寸界线原点<选择对象>:（捕捉左下角外墙角点）
指定第二条尺寸界线原点:（捕捉右下角外墙角点）
指定尺寸线位置或[多行文字(M)/文字(T)/角度(A)/水平(H)/垂直(V)/旋转(R)]:@0,-2800（回车）
结果如图 5-50 所示
```

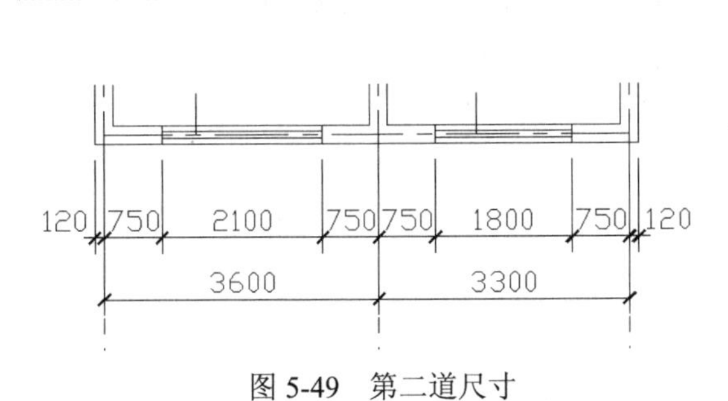

图 5-49　第二道尺寸

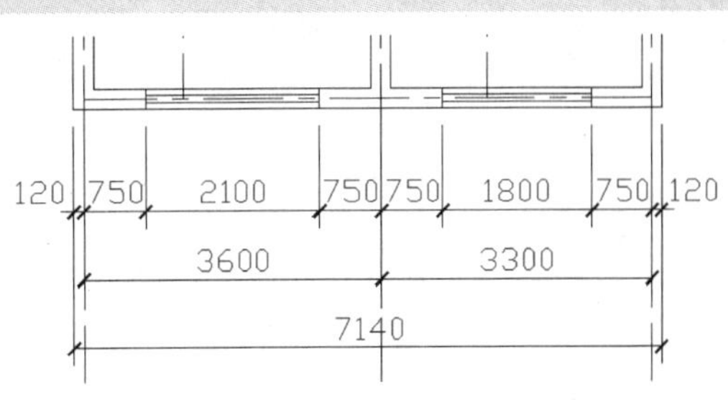

图 5-50　第三道尺寸

(4) 轴号标注

根据规范要求，横向轴号一般采用阿拉伯数字 1、2、3…标注，纵向轴号采用字母 A、B、C…标注。

单击“默认”选项卡“绘图”面板中的“圆”按钮和“注释”面板中的“多行文字”按钮，在轴线端绘制一个直径为 800 的圆，在其中心标注一个数字“1”，字高为 300，如图 5-51 所示。单击“默认”选项卡“修改”面板中的“复制”按钮，将该轴号图例复制到其他轴线端头。双击数字，打开“文字编辑器”选项卡和多行文字编辑器，如图 5-52 所示，输入修改的数字，单击“确定”按钮。

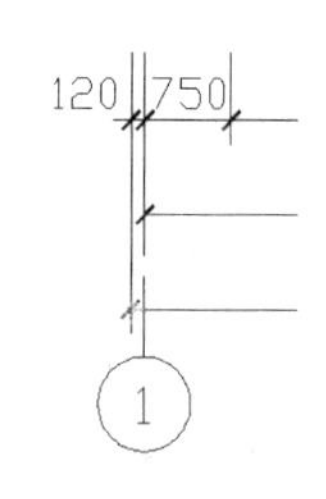

图 5-51 轴号 1

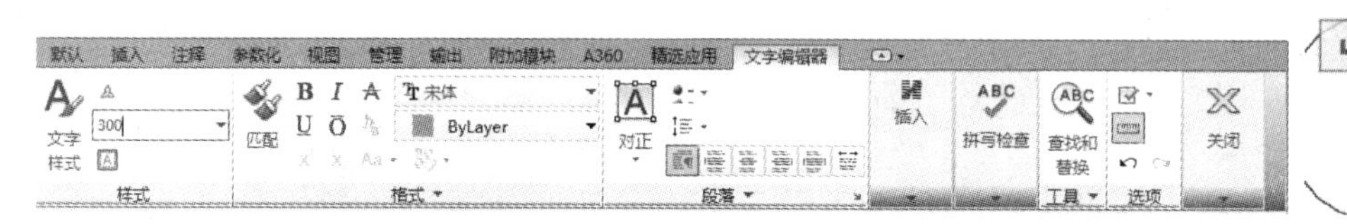

图 5-52 “文字编辑器”选项卡和多行文字编辑器

轴号标注结束后，如图 5-53 所示。

采用上述尺寸标注的方法，将其他方向的尺寸标注完成，结果如图 5-54 所示。

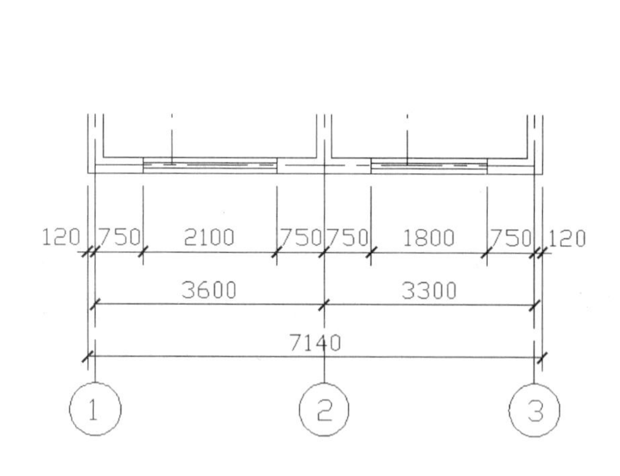

图 5-53 下方尺寸标注结果

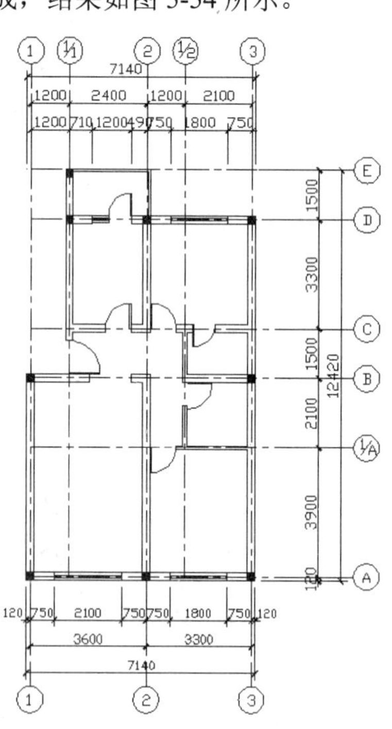

图 5-54 完成尺寸标注

9. 文字标注

(1) 建立“文字”图层

建立“文字”图层，参数设置如图 5-55 所示，并将其置为当前层。

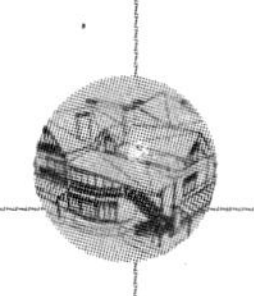

✓ 文字 ▣绿 Continu... —— 默认 0 Color_3

图 5-55 “文字”图层参数

（2）标注文字

单击“默认”选项卡“注释”面板中的“多行文字”按钮A，在待标注文字的区域拉出一个矩形，即可打开“文字编辑器”选项卡和多行文字编辑器，如图 5-56 所示。首先设置字体及字高，其次在文本区输入要标注的文字，单击“确定”按钮后完成。

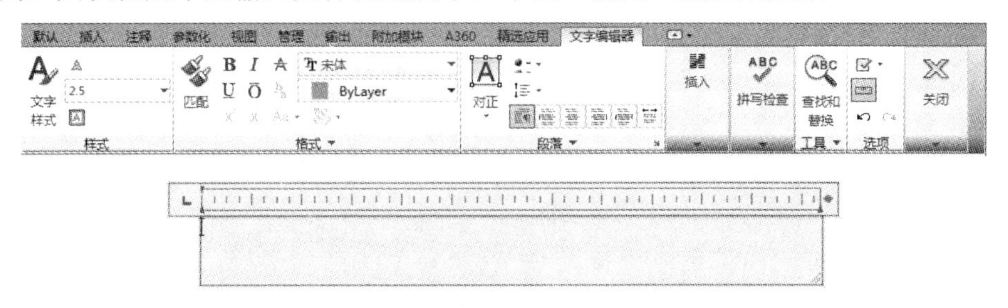

图 5-56 “文字编辑器”选项卡和多行文字编辑器

采用相同的方法，依次标注出其他房间名称。

5.2.2 拓展实例—— 一室一厅住宅平面图

读者可以利用上面所学的相关知识完成一室一厅住宅平面图的绘制，如图 5-57 所示。

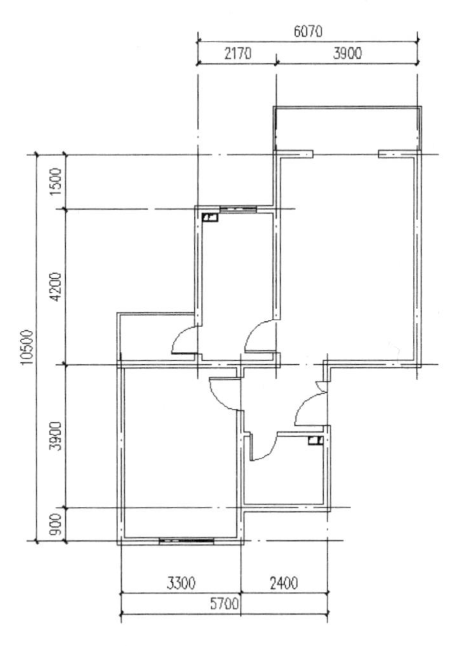

图 5-57 一室一厅住宅平面图

Step 01 单击“默认”选项卡“绘图”面板中的“直线”按钮和“修改”面板中的“偏移”按钮，生成相应位置的轴线，如图 5-58 所示。

Step 02 利用多线命令绘制墙线，如图 5-59 所示。

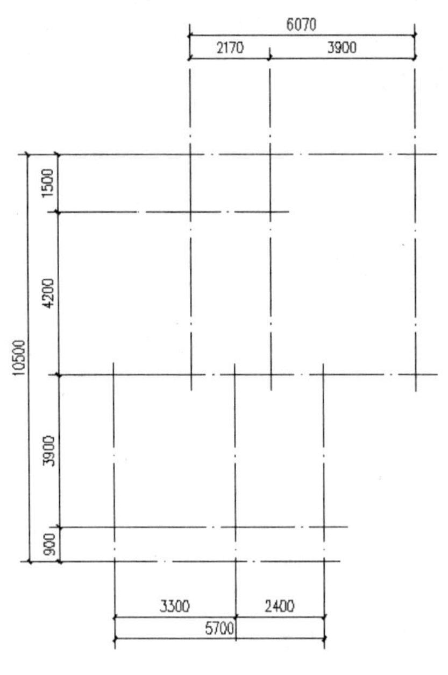

图 5-58 偏移轴线

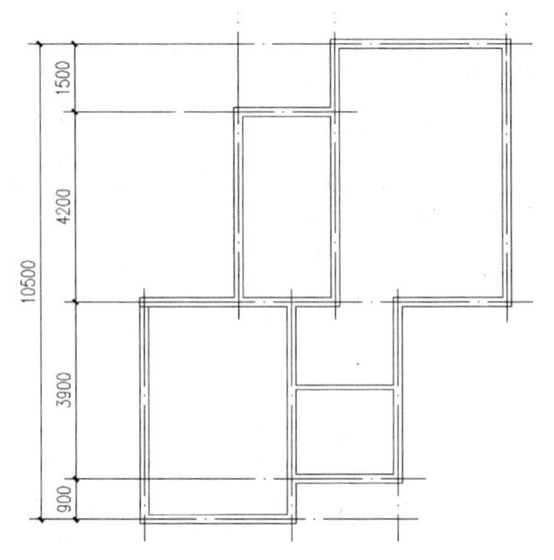

图 5-59 绘制墙线

Step 03 单击“默认”选项卡“绘图”面板中的“直线”按钮、“圆”按钮和“修改”面板中的“偏移”按钮、“修剪”按钮，绘制门窗，如图 5-60 所示。

Step 04 单击“默认”选项卡“绘图”面板中的“多段线”按钮和“修改”面板中的“偏移”按钮，绘制阳台，如图 5-61 所示。

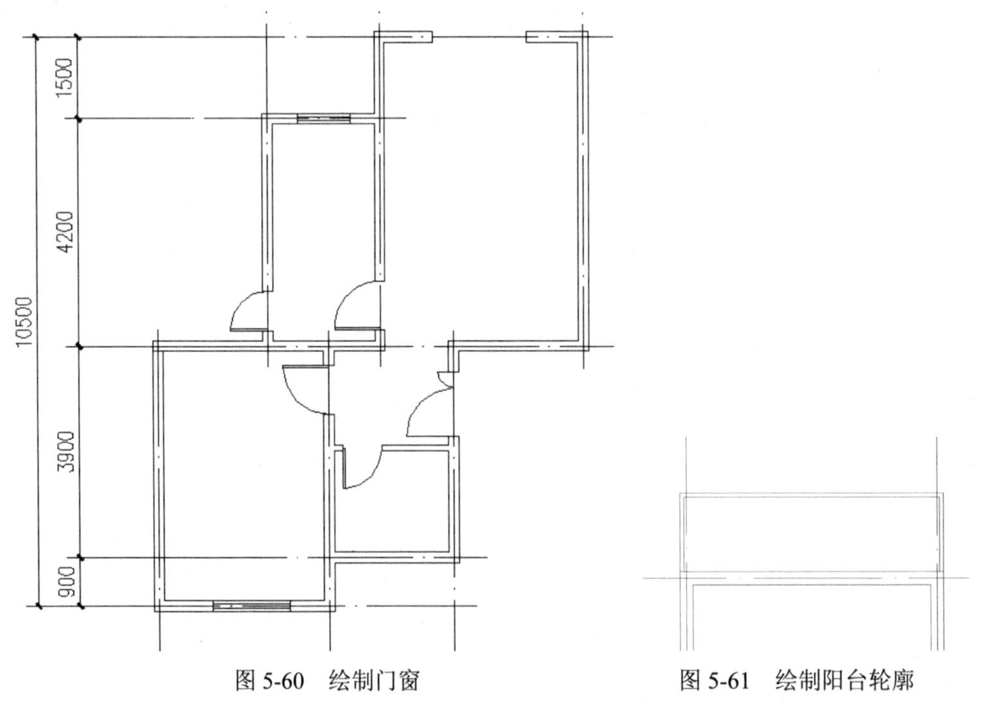

图 5-60 绘制门窗

图 5-61 绘制阳台轮廓

Step 05 单击“默认”选项卡“绘图”面板中的“直线”按钮和“矩形”按钮，绘制通风道，如图 5-62 所示。

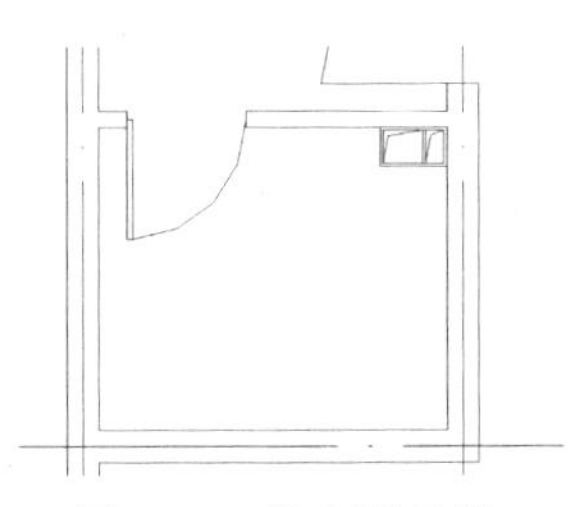

图 5-62　绘制通风道

Step 06 完成一居室平面图的绘制，如图 5-57 所示。

5.2.3　拓展实例——三室二厅住宅平面图

读者可以利用上面所学的相关知识完成三室二厅住宅平面图的绘制，如图 5-63 所示。

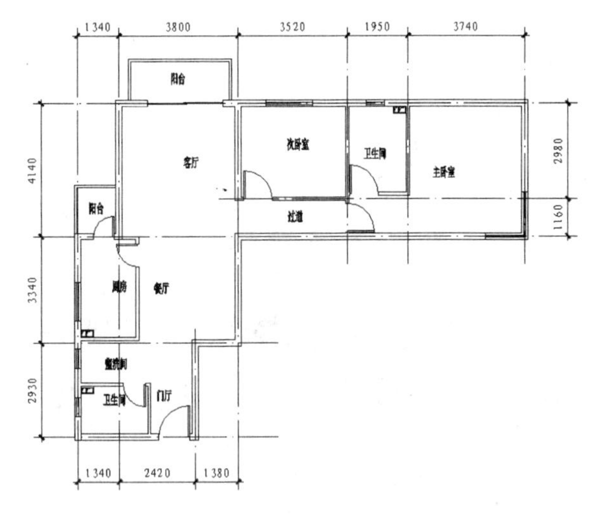

图 5-63　三室二厅住宅平面图

Step 01 单击“默认”选项卡“绘图”面板中的“直线”按钮和“修改”面板中的“偏移”按钮、“修剪”按钮，完成轴线的绘制，如图 5-64 所示。

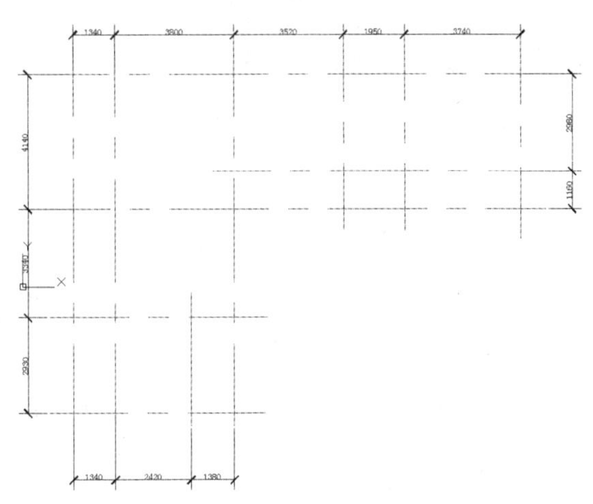

图 5-64　绘制所有轴线

Step 02 利用多线命令绘制墙体，如图 5-65 所示。

Step 03 单击“默认”选项卡“绘图”面板中的“直线”按钮、“圆弧”按钮和“修改”面板中的“偏移”按钮、“修剪”按钮，创建居室门窗，如图 5-66 所示。

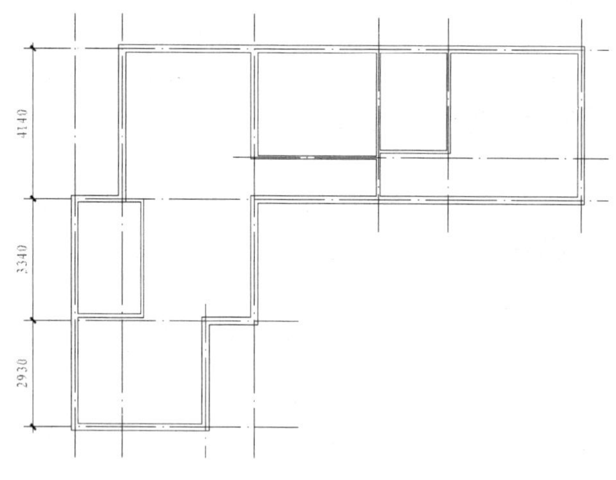

图 5-65　完成墙体的绘制

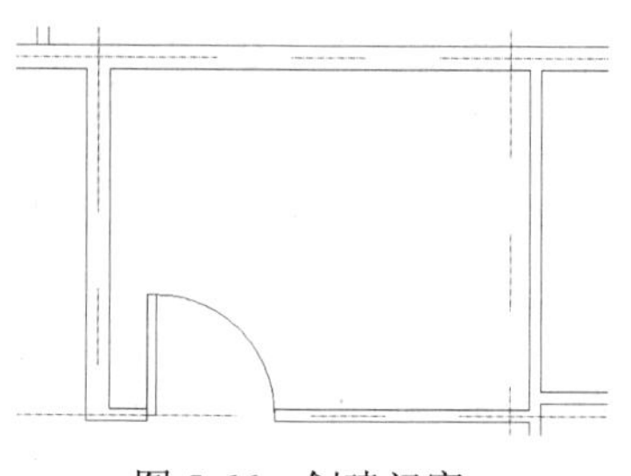

图 5-66　创建门窗

Step 04 单击“默认”选项卡“绘图”面板中的“多段线”按钮，绘制阳台管道井等辅助空间，最终完成三室二厅住宅平面图的绘制，如图 5-63 所示。

5.3　室内设计平面图绘制实例——两室一厅住宅室内设计平面图

本节将在上一节建筑平面图的基础上，展开室内平面图的绘制。依次介绍各个居室室内空间布局、家具家电布置、装饰元素及细部处理、地面材料绘制、尺寸标注、文字说明及其他符号标注、线宽设置的内容。下面以二居室（二室一厅一厨一卫）的住宅室内设计平面图为例，讲解相关知识及其绘制方法与技巧，如图 5-67 所示。

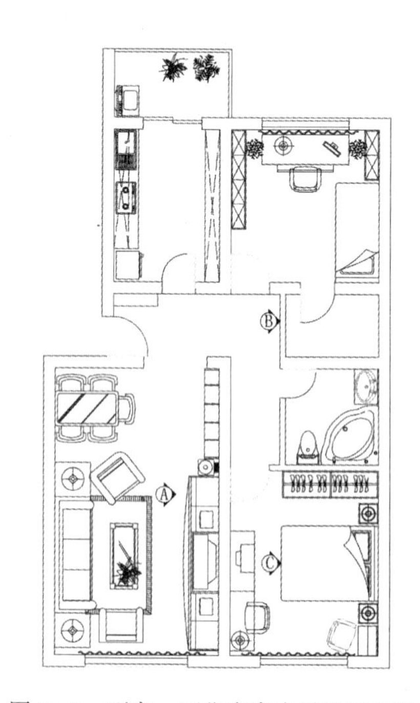

图 5-67　两室一厅住宅室内设计平面图

5.3.1　操作步骤

1．准备工作

Step 01 打开上一节绘制好的建筑平面图，将其另存为“住宅室内平面图.dwg”，然后将“尺寸”“轴线”“柱子”“文字”图层关闭。

Step 02 新建一个“家具”图层，参数设置如图 5-68 所示，将其置为当前层。

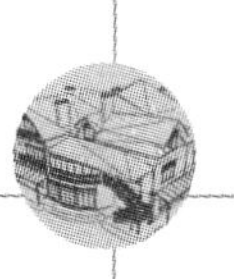

✓ 家具　　23　Continu... —— 默认　0　Color_...

图 5-68　“家具”图层参数

2. 客厅

（1）沙发

单击“默认”选项卡“绘图”面板中的“插入块”按钮，打开“插入”对话框，如图 5-69 所示，然后单击上面的“浏览”按钮，打开“选择图形文件”对话框，选择“源文件\图库\沙发.dwg”，找到沙发图块文件，单击“打开”按钮，如图 5-70 所示。选择左下角内墙角点为插入点，单击鼠标左键确定，如图 5-71 所示。这样沙发就布置好了。

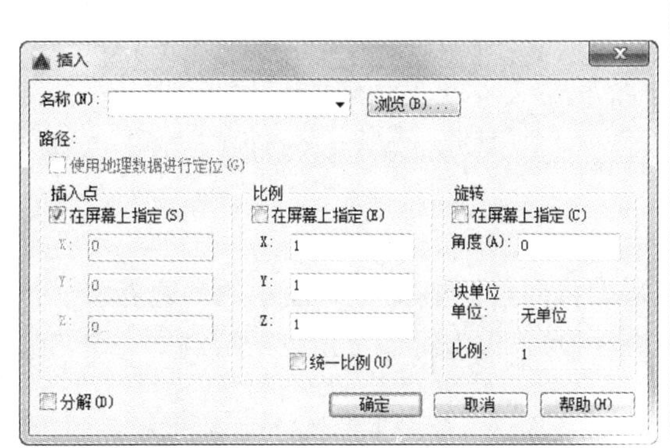

图 5-69　“插入”对话框

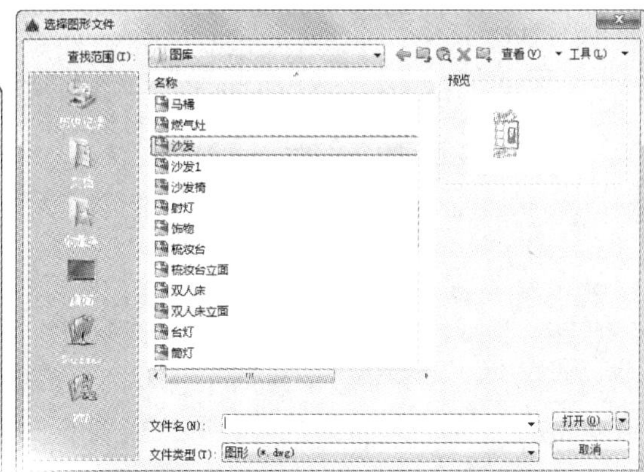

图 5-70　选择“沙发”图块文件

（2）电视柜

在沙发的对面靠墙位置，布置电视柜及相关的影视设备。

同样采用上面的图块插入方法，打开“源文件\图库\电视柜.dwg”，将“电视柜”图块插入到右下角位置，结果如图 5-72 所示。

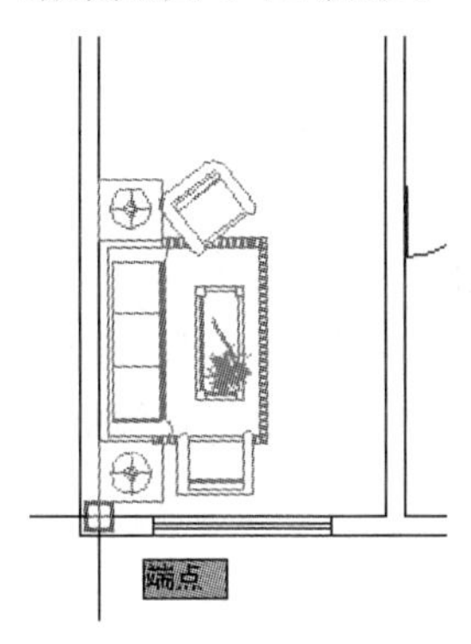

图 5-71　选择插入点

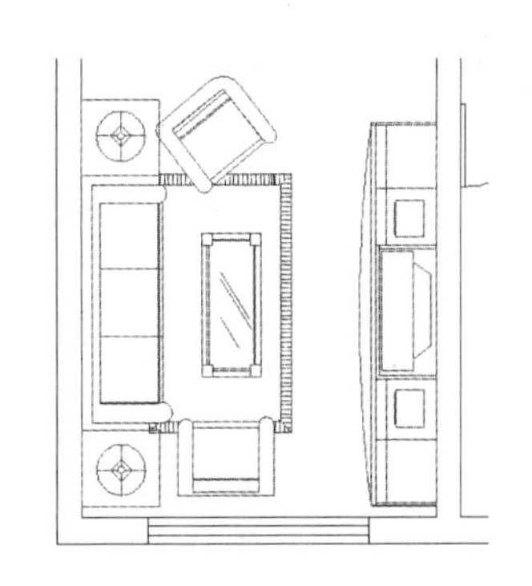

图 5-72　插入电视柜

（3）餐桌

单击“默认”选项卡“绘图”面板中的“插入块”按钮，将“餐桌”图块暂时插入到客厅上端的就餐区，如图 5-73 所示。由于就餐区面积比较小，因此将左端的椅子删除，并将餐桌就位。具体操作是：首先单击“默认”选项卡“修改”面板中的“分解”按钮，将餐桌图块分解；其次单击“默认”选项卡“修改”面板中的“删除”按钮，利用鼠标从椅子的右下角到左下角拉出矩形选框，如图 5-74 所示，将其选中，单击鼠标右键删除；最后重新将处理后的餐桌建立为图块，并移动到墙边的适当位置，保证就餐的活动空间，结果如图 5-75 所示。

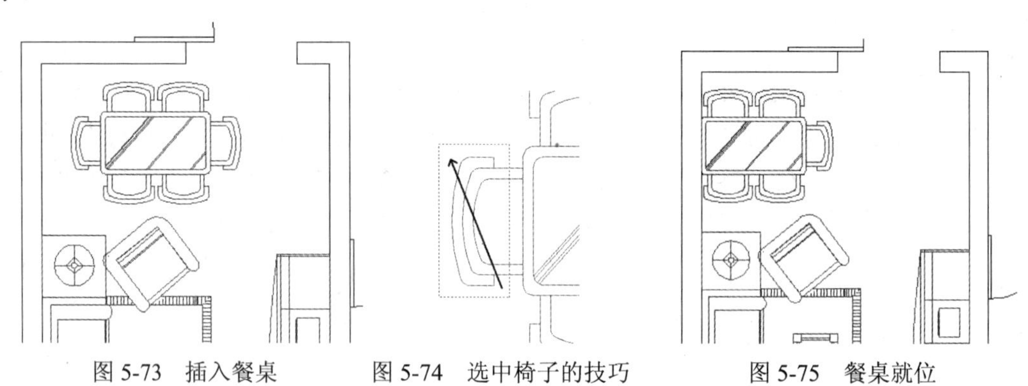

图 5-73　插入餐桌　　图 5-74　选中椅子的技巧　　图 5-75　餐桌就位

（4）绘制博古架

在餐桌对面的墙边绘制一个博古架。

单击“默认”选项卡“绘图”面板中的“矩形”按钮，在居室平面图的旁边点取一点作为矩形的第一个角点，在命令行中输入（@-300,-1800）作为第二个角点，绘制出一个 300×1800 的矩形作为博古架的外轮廓，如图 5-76 所示。

单击“默认”选项卡“修改”面板中的“偏移”按钮，偏移量为 30，向内复制出另一个矩形。利用“分解”命令把这个矩形分解开，并删除两条长边，将两条短边延伸至轮廓线，绘制出博古架两侧立柱的断面，如图 5-77 所示。

选择菜单栏中的“绘图”→“多线”命令，命令行中提示与操作如下：

```
命令: _mline
当前设置: 对正 = 无, 比例 = 120.00, 样式 = STANDARD
指定起点或 [对正(J)/比例(S)/样式(ST)]:  J   (回车)
输入对正类型 [上(T)/无(Z)/下(B)] <无>:  Z  (回车)
当前设置: 对正 = 无, 比例 = 120.00, 样式 = STANDARD
指定起点或 [对正(J)/比例(S)/样式(ST)]:  S (回车)
输入多线比例 <120.00>:  20   (回车)
当前设置: 对正 = 无, 比例 = 20.00, 样式 = STANDARD
指定起点或 [对正(J)/比例(S)/样式(ST)]:
```

分别以轮廓线两长边为起点和终点绘制出几条横向双线作为博古架被剖切的立柱断面，结果如图 5-78 所示。

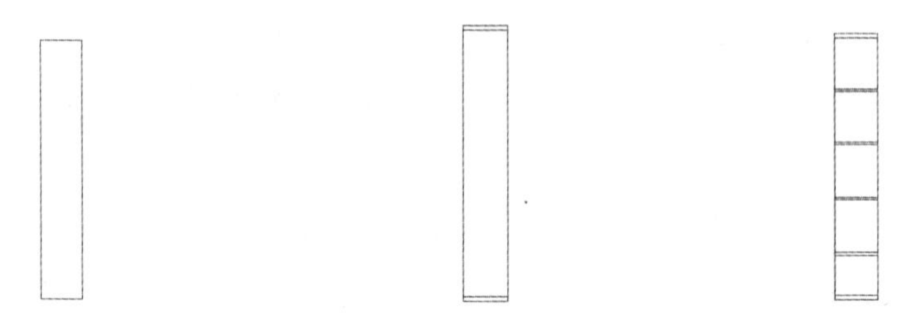

图 5-76　博古架外轮廓　　图 5-77　博古架两侧立柱的断面　　图 5-78　博古架

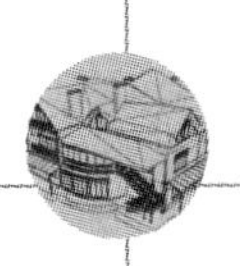

将完成的博古架平面建立为图块，命名为“博古架”，并将博古架移动到如图 5-79 所示的位置。

（5）插入饮水机

单击“默认”选项卡“绘图”面板中的“插入块”按钮，将“饮水机”图块插入到图中，如图 5-80 所示。

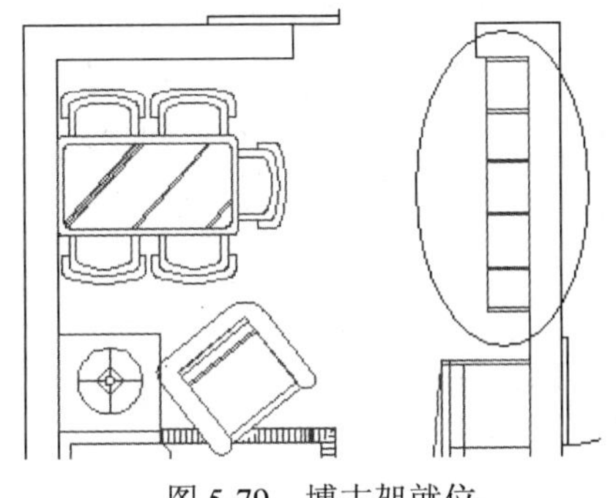

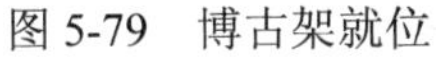

图 5-79　博古架就位

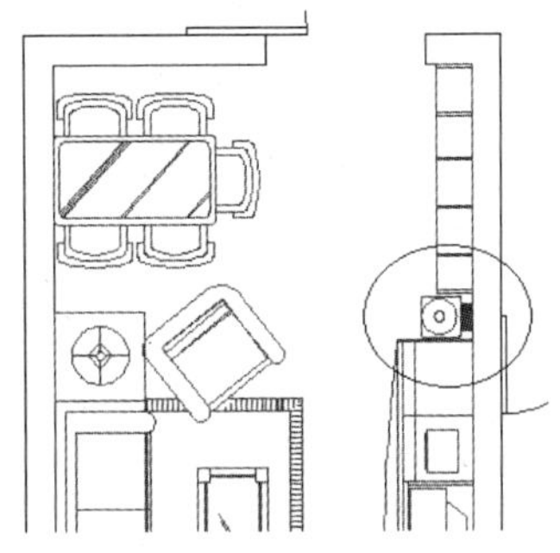

图 5-80　插入饮水机

3. 主卧室

（1）床

在本实例中，考虑将床布置在门斜对面的墙体中部位置。

单击“默认”选项卡“绘图”面板中的“插入块”按钮，将“双人床”图块插入到图中合适的位置，如图 5-81 所示。

（2）衣柜

本例使用面积比较小，将衣柜直接放置于卧室内。

单击“默认”选项卡“绘图”面板中的“插入块”按钮，将“衣柜”图块插入到图中合适的位置，如图 5-82 所示。

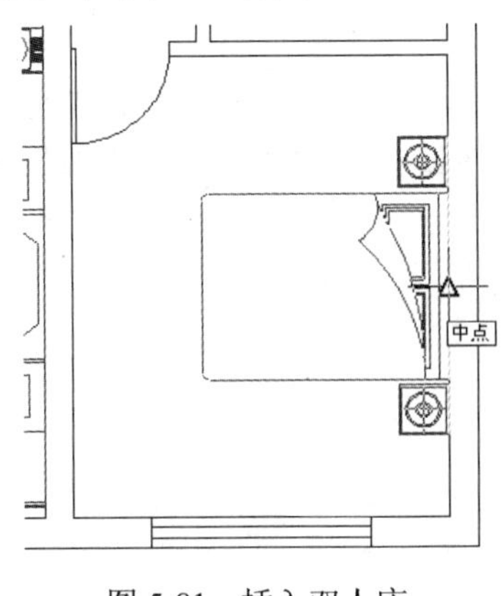

图 5-81　插入双人床

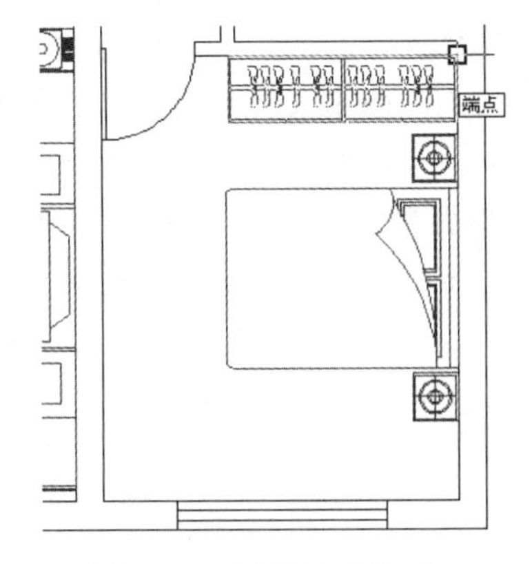

图 5-82　选择衣柜插入点

（3）电视柜及写字台

为了方便业主在卧室看书、学习、看电视，在靠近双人床的对面墙面处设计一个联体长条形的写字台，写字台的一端用于看书、学习，另一端放置电视机。

提 示

由于该写字台的通用性不太大，所以事先没有做成图块，而是直接绘制。

单击“默认”选项卡“绘图”面板中的“矩形”按钮，如图 5-83 所示捕捉第一个角点，在命令行中输入（@500,2400）作为第二个角点，绘制出一个 500mm×2400mm 的矩形作为写字台的外轮廓，结果如图 5-84 所示。将写字台轮廓向上移动 100mm，以便留出窗帘的位置。

由于该写字台设计的写字端与电视端的高度不一样，所以在写字台中部高度变化处绘制一条横线。单击“默认”选项卡“绘图”面板中的“直线”按钮，分别捕捉矩形两条长边的中点，绘制完毕，如图 5-85 所示。

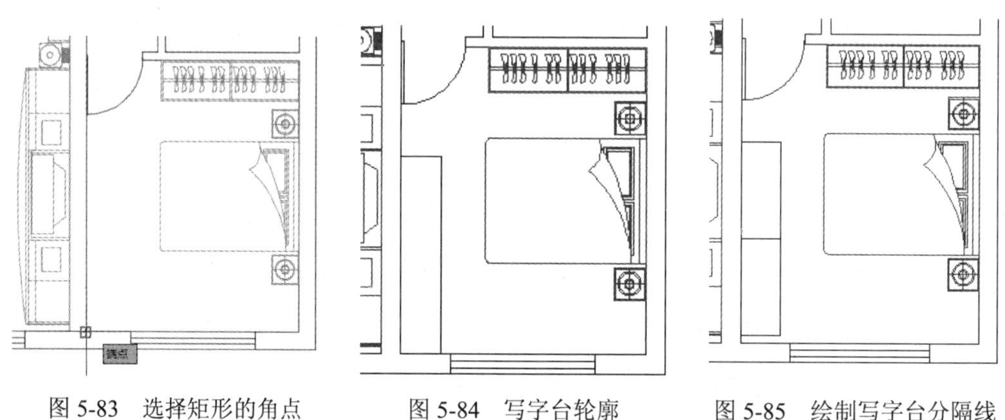

图 5-83 选择矩形的角点　　图 5-84 写字台轮廓　　图 5-85 绘制写字台分隔线

单击“默认”选项卡“绘图”面板中的“插入块”按钮，将“沙发椅”图块插入到图中，如图 5-86 所示，单击鼠标左键确定。同理，单击“默认”选项卡“绘图”面板中的“插入块”按钮，将“电视机”图块插入到写字台的电视端。最后将“台灯”图块插入到写字台上，结果如图 5-87 所示。

（4）绘制梳妆台

在本实例中，把梳妆台布置在卫生间显然不合适，因此考虑将其布置在卧室的右下角。

单击“默认”选项卡“绘图”面板中的“插入块”按钮，将“梳妆台”图块插入到如图 5-88 所示的位置，复制一个沙发椅到梳妆台前。

这样，主卧室内的家具布置就完成了。

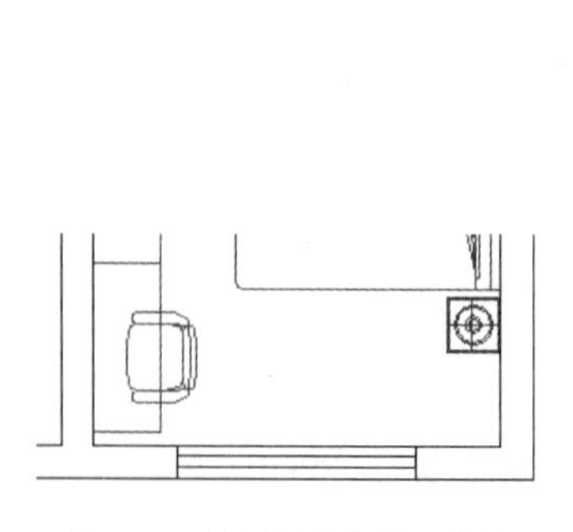

图 5-86 沙发椅的插入位置

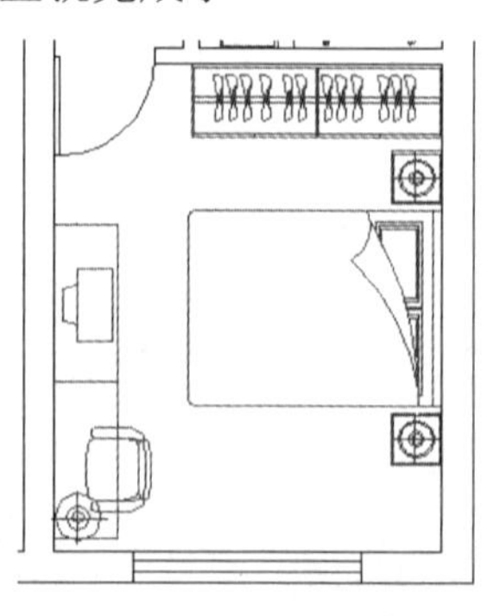

图 5-87 完成写字台图块组合

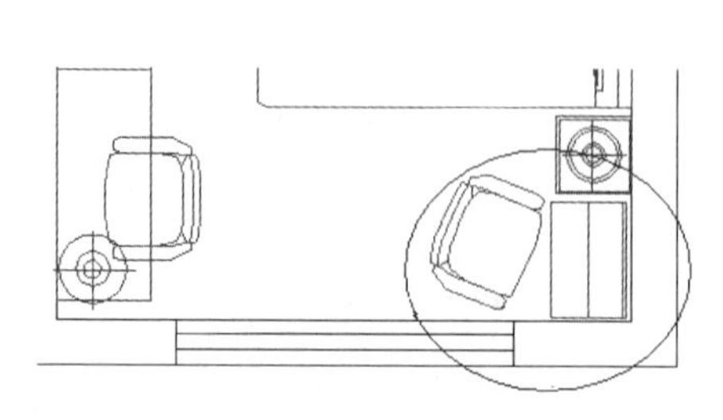

图 5-88 化妆台外轮廓

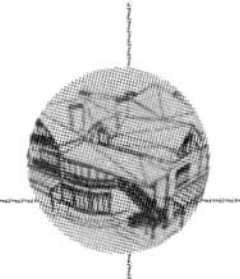

4．书房

本例中，书房的主要家具有写字台、书柜、单人床。

（1）书架

根据书房的空间特点，专门设计适合它的书架。

单击“默认”选项卡“绘图”面板中的“矩形”按钮▭和“修改”面板中的“偏移”按钮，在适当的空白处绘制一个 300mm×2000mm 的矩形作为书架轮廓，向内偏移 20，复制出另一个矩形，单击“默认”选项卡“修改”面板中的“分解”按钮，将内部矩形打散。

单击“默认”选项卡“修改”面板中的“矩形阵列”按钮，选择内部矩形的下短边为阵列对象，如图 5-89 所示，设置行数为 4，列数为 1，行偏移为 490，结果如图 5-90 所示。

在每一格中加入交叉线，并将它移动到书房内如图 5-91 所示的位置。

采用同样的方法，在书房右上角绘制一个 300mm×1000mm 的书架，如图 5-92 所示。

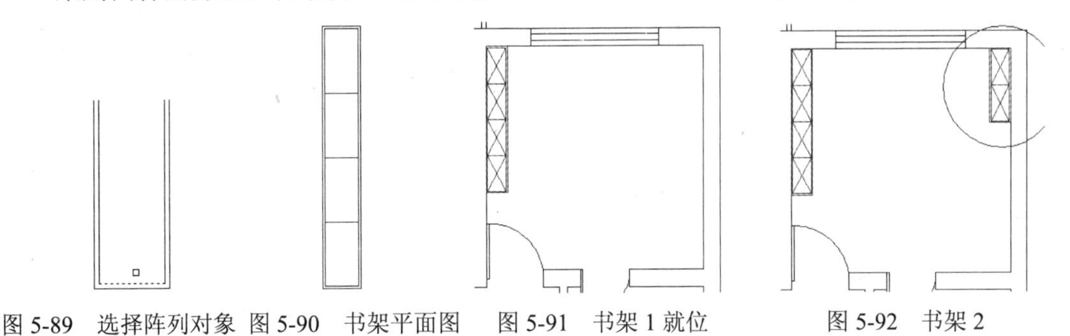

图 5-89　选择阵列对象　图 5-90　书架平面图　图 5-91　书架 1 就位　图 5-92　书架 2

提　示

绘制书架 2 时，可以在书架 1 的基础上利用编辑命令来完成。

（2）写字台

单击“默认”选项卡“绘图”面板中的“矩形”按钮▭，绘制一个 600mm×1800mm 的矩形作为台面，将矩形移至窗前，写字台与窗户距离 50mm，如图 5-93 所示。然后分别插入下列图块：

- “源文件\图库\沙发椅.dwg”；
- “源文件\图库\液晶显示器.dwg”；
- “源文件\图库\台灯.dwg”。

最后结果如图 5-94 所示。

（3）单人床

附带光盘内存有单人床的图块，将其插入到书房右下角位置即可。单人床文件名为“源文件\图库\单人床 01.dwg”。

书房内的家具布置到此完成，效果如图 5-95 所示。

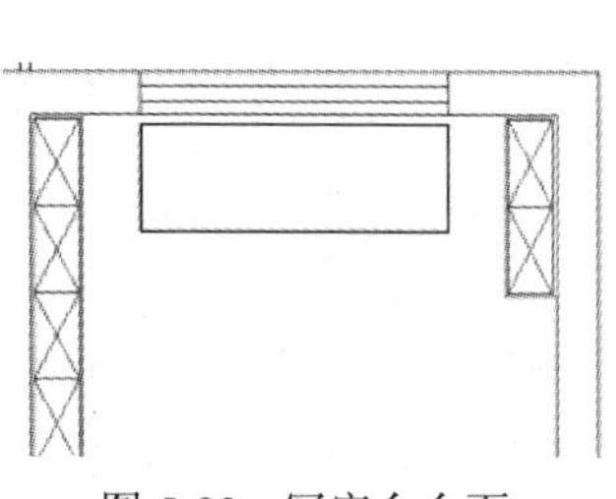
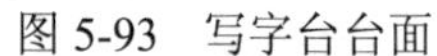
图 5-93　写字台台面

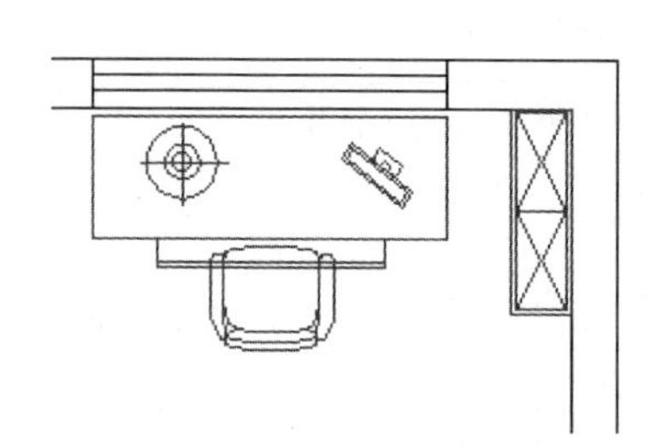
图 5-94　书房写字台

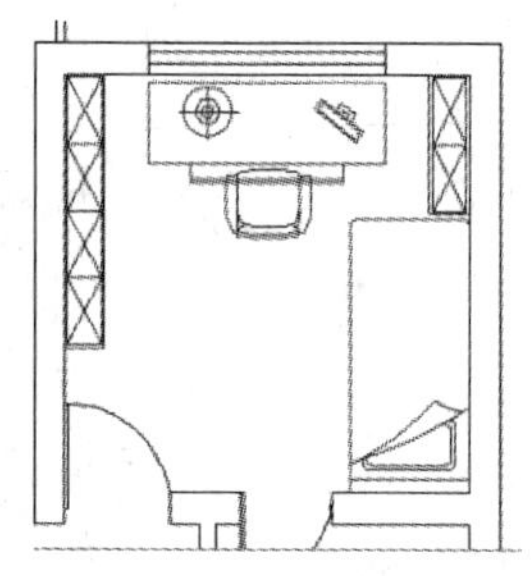
图 5-95　书房室内平面图

5．厨房及阳台

本例的厨房设计中，在左侧布置操作平台，并预留出一个冰箱的位置；在右侧布置一排柜子。在阳台放置一个洗衣机，但是，要注意给水排水的问题处理。具体说明如下：

（1）为了便于厨房与阳台的连通，适当扩大使用面积，将原来的门带窗改为双扇落地玻璃推拉门，如图 5-96 所示。

（2）在光盘中找到冰箱图块“源文件\图库\冰箱.dwg”，插入到左下角，让其与墙面至少有 50mm 的距离，如图 5-97 所示。

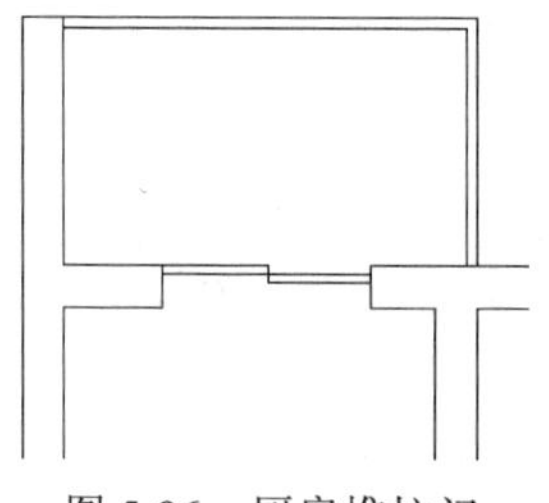
图 5-96　厨房推拉门

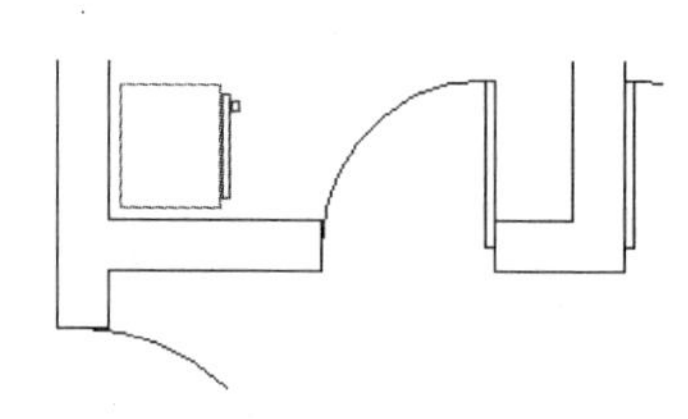
图 5-97　插入冰箱

（3）操作台面绘制。以左上角墙体内角点作为矩形的第一个角点，向下绘制一个 500mm ×2400mm 的矩形作为操作台面，如图 5-98 所示。

按操作流程依次插入洗涤盆和燃气灶图块：

- “源文件\图库\洗涤盆.dwg”；
- “源文件\图库\燃气灶.dwg”。

结果如图 5-99 所示。

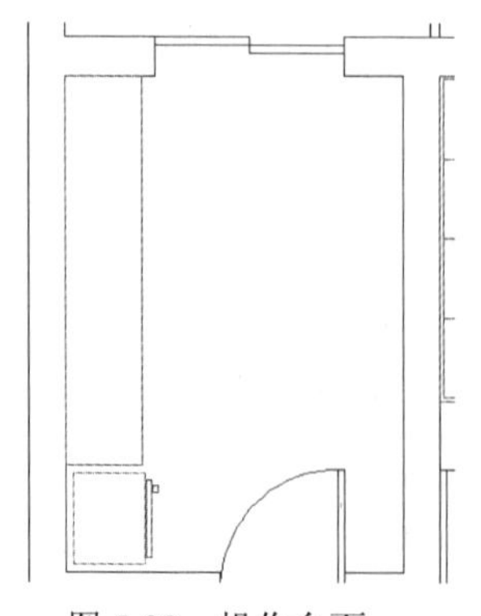
图 5-98　操作台面

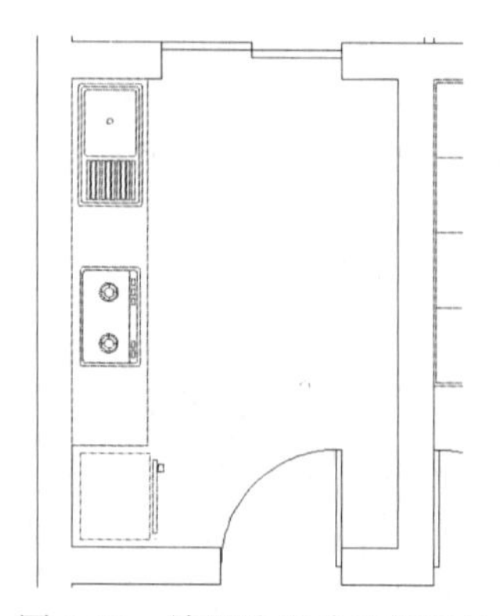
图 5-99　放置洗涤盆和燃气灶

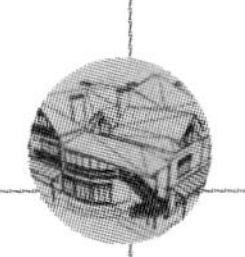

提　示

在选择插入点时，利用“对象捕捉”很方便，但在有的地方感觉不方便，所以不必拘于用或不用。在上面插入洗涤盆和燃气灶时，打开“对象捕捉”功能反而不便定位，可以将其关闭。

（4）绘制壁柜。单击“默认”选项卡“绘图”面板中的“矩形”按钮，沿着右侧墙面绘制一个 300mm×3060mm 的矩形，这样就可以简单地表示壁柜，如图 5-100 所示。

（5）洗衣机。将“源文件\图库\洗衣机.dwg”插入到阳台的左下角，如图 5-101 所示。

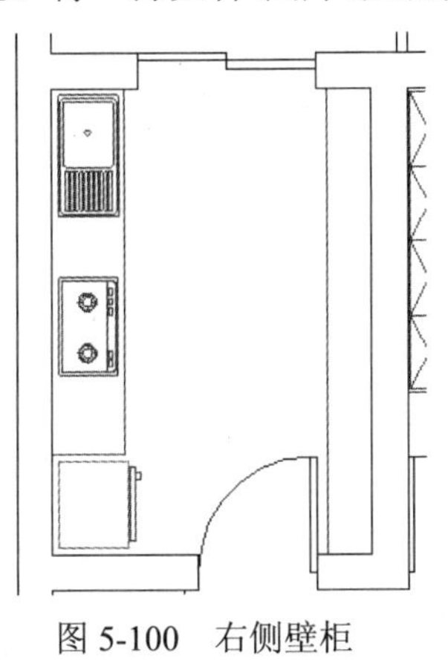

图 5-100　右侧壁柜

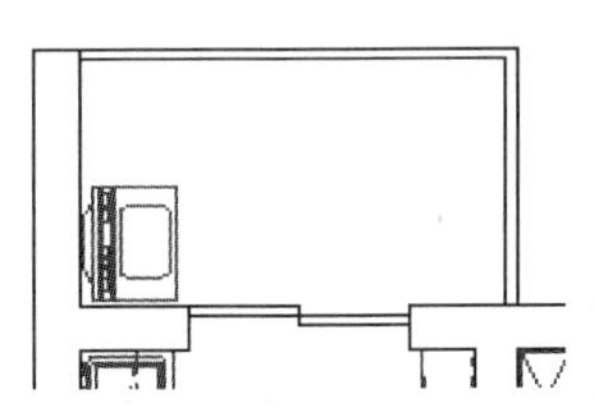

图 5-101　插入洗衣机

（6）绘制吊柜。平面图中吊柜用虚线表示，单击“默认”选项卡“绘图”面板中的“矩形”按钮，在厨房左侧的操作台上绘制一个 300mm×2400mm 的吊柜，右侧绘制一个 300mm×3060mm 的吊柜。具体操作如下：

首先，单击“默认”选项卡“特性”面板中的“线型”下拉列表框中的“其他”选项，打开“线型管理器”对话框，单击“加载”按钮后打开“加载或重载线型”对话框，将当前线型设置为虚线“ACAD_IS002W100”，如图 5-102 所示，单击“确定”按钮，返回到“线型管理器”对话框，将对话框中的“全局比例因子”设置为 10，如图 5-103 所示。

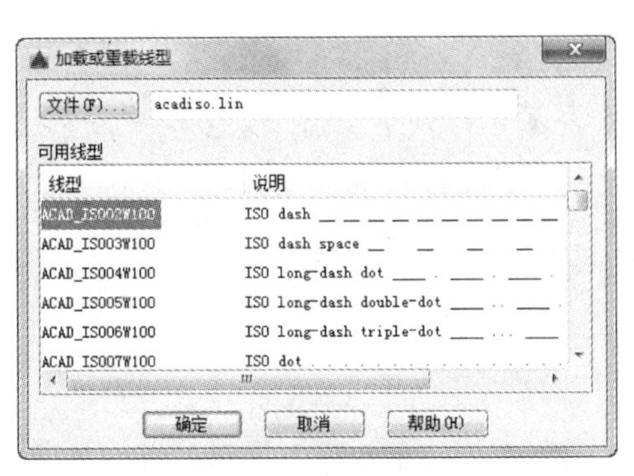

图 5-102　“加载或重载线型”对话框

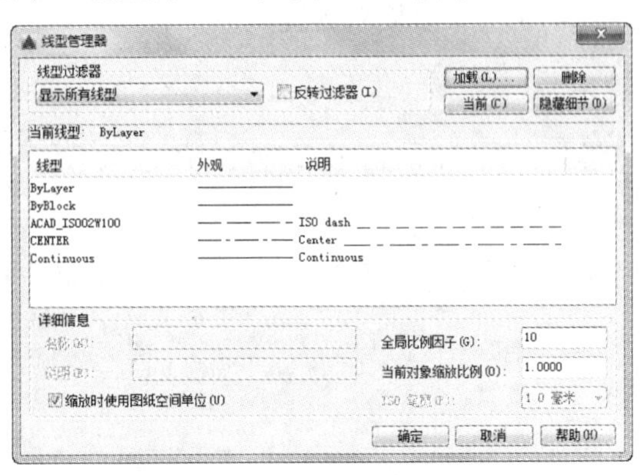

图 5-103　设置“全局比例因子”

对于左边的吊柜，单击“绘图”工具栏中的“矩形”按钮，沿墙边绘制一个 300mm×2400mm 的矩形，并绘制出该矩形的两条对角线；对于右边的吊柜，直接在原有壁柜矩形中绘制出两条对角线即可。

将当前线型还原为“ByLayer”。厨房及阳台部分家具布置整体情况如图 5-104 所示。

6. 卫生间

在卫生间内布置一个马桶、一个浴缸、一个洗脸盆，图块文件如下：

- “源文件\图库\马桶.dwg”；
- “源文件\图库\浴缸.dwg”；
- “源文件\图库\洗脸盆.dwg”。

布置的位置如图 5-105 所示。

7. 过道部分

在本例中，过道部分相当于一个小小的门厅，它是联系各房间的枢纽。但是，过道面积有限，只在入口处设置一个鞋柜，大门对面的墙体做成一个影壁的形式。

表示鞋柜只须简单地绘制一个矩形，鞋柜尺寸为 250mm×900mm，结果如图 5-106 所示。

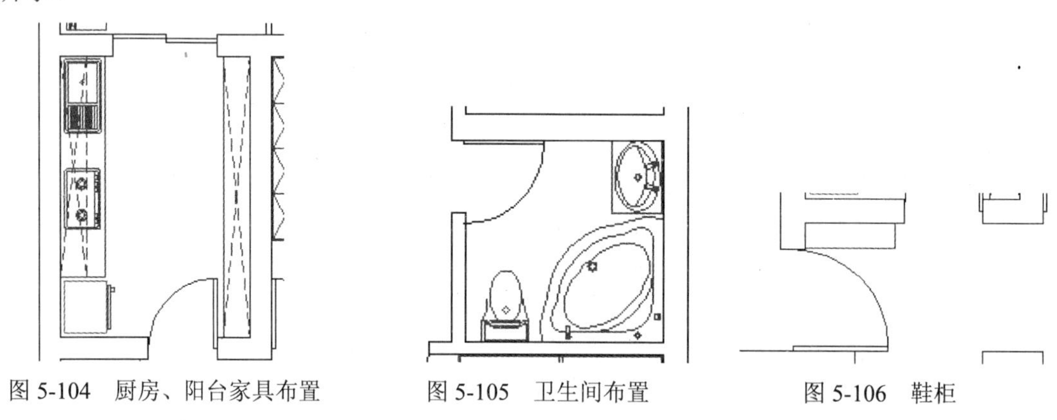

图 5-104 厨房、阳台家具布置　　图 5-105 卫生间布置　　图 5-106 鞋柜

至此，该居室的家具及基本的家用电器布置全部结束。

8. 装饰元素及细部处理

（1）窗帘绘制

室内平面图上的窗帘可以用单条或双条波浪线来表示。首先绘制出一条波浪线，然后利用“阵列”命令复制出整条窗帘图案。

Step 01 建立“窗帘”图层，参数设置如图 5-107 所示，并将其置为当前层。

✔ 窗帘　　💡 ☼ 🔓 ■49　Continu... —— 默认　0　　Color_... 🖨

图 5-107 “窗帘”图层参数

Step 02 单击“默认”选项卡“绘图”面板中的“圆弧”按钮，命令行中提示与操作如下：

```
命令: _arc 指定圆弧的起点或 [圆心(C)]: （在屏幕空白处任选一点）
指定圆弧的第二个点或 [圆心(C)/端点(E)]: @40,20 （回车）
指定圆弧的端点: @40,-20 （回车）
```

Step 03 绘制出向上凸的第一段弧线，接着按 Enter 键，重复“圆弧”命令，绘制向下凹的第二

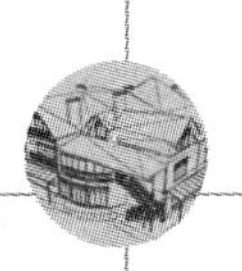

段弧线，命令行中提示与操作如下：

```
命令：_arc 指定圆弧的起点或 [圆心(C)]：（捕捉上一段弧线的终点作为起点）
指定圆弧的第二个点或 [圆心(C)/端点(E)]：@60,-30 （回车）
指定圆弧的端点：@60,30 （回车）
结果如图 5-108 所示。
```

Step 04 单击“默认”选项卡“修改”面板中的“偏移”按钮，将上述的两条弧线向下偏移 20mm，复制出另外两条弧线，从而形成双波浪线，如图 5-109 所示。

Step 05 单击“默认”选项卡“修改”面板中的“矩形阵列”按钮，选择刚才绘制的双波浪线图元为阵列对象，设置行数为 1，列数为 13，行偏移为 1，列偏移为 200，结果如图 5-110 所示，总长度为 2600mm，适合于客厅的窗户。

图 5-108　窗帘波浪线

图 5-109　双波浪线图元

图 5-110　窗帘图样

Step 06 单击“默认”选项卡“修改”面板中的“复制”按钮，将阵列出的窗帘图案复制一个到客厅窗户内，适当调整位置，结果如图 5-111 所示。

Step 07 同理，可以将窗帘图案复制到其他窗户内侧，对于超出的部分，利用删除命令删除，在此不再赘述。

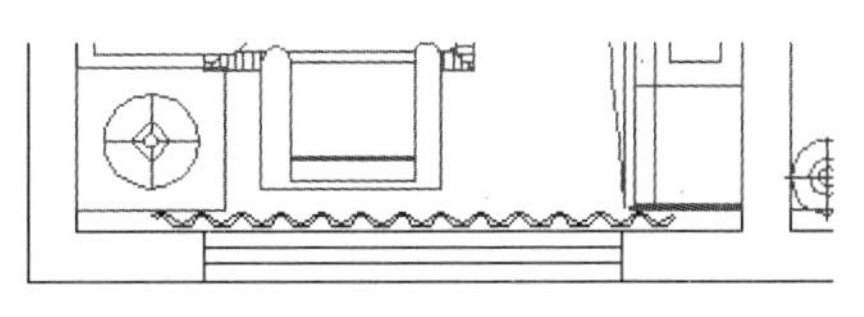

图 5-111　客厅窗帘定位

（2）配置植物

在室内平面图中空白处的适当位置布置一些盆景植物，作为点缀装饰之用。在布置时，适可而止，不要繁琐。事先已将植物制作成图块，读者可以根据自己的情况将植物图块插入到平面图上。插入图块时，注意进行比例缩放，以便控制植物大小。现在提供一种布置方式。

Step 01 建立“植物”图层，参数设置如图 5-112 所示，并将其置为当前层。

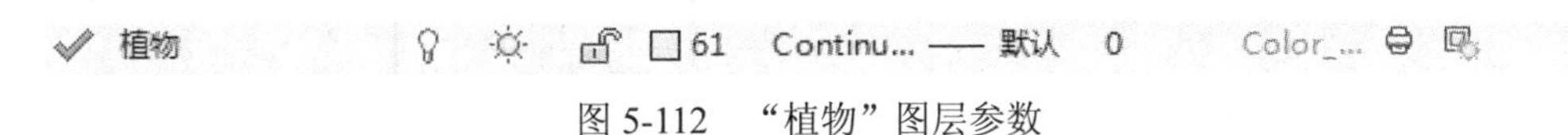

图 5-112　“植物”图层参数

Step 02 单击“默认”选项卡“块”面板中的“插入”按钮，插入图库中的植物图块，调整后的效果如图 5-113 所示。

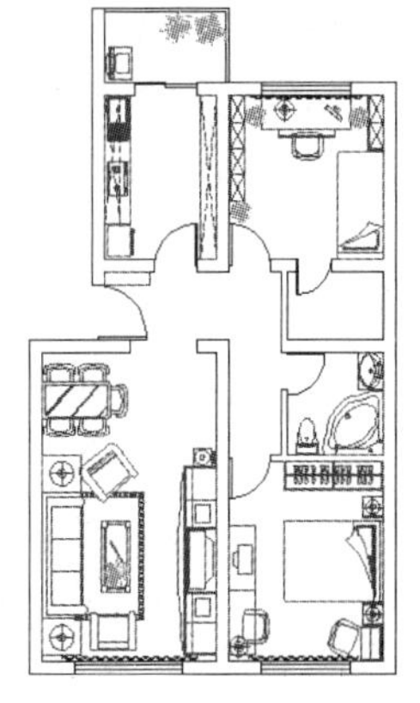

图 5-113　植物布置

5.3.2　拓展实例——一室一厅住宅室内设计平面图

读者可以利用上面所学的相关知识完成一室一厅住宅室内设计平面图的绘制，如图 5-114 所示。

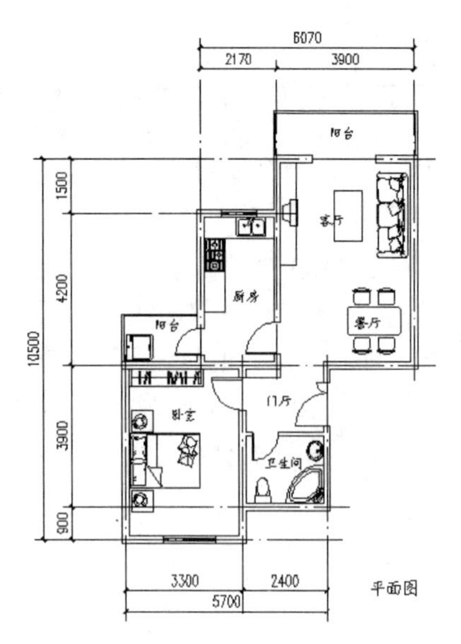

图 5-114　一室一厅住宅室内平面图

（1）对门厅进行布置，如图 5-115 所示。

（2）对客厅和餐厅进行布置，如图 5-116 所示。

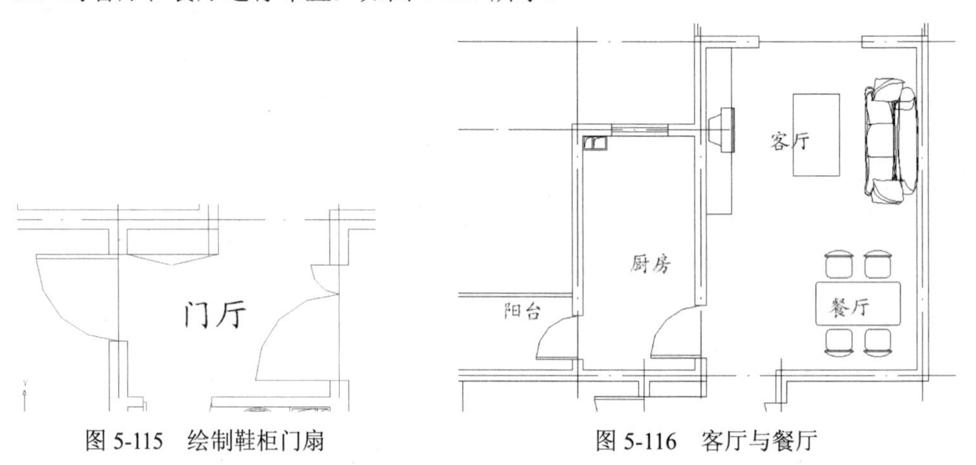

图 5-115　绘制鞋柜门扇　　　　图 5-116　客厅与餐厅

（3）对卧室进行布置，如图 5-117 所示。

（4）对厨房进行布置，如图 5-118 所示。

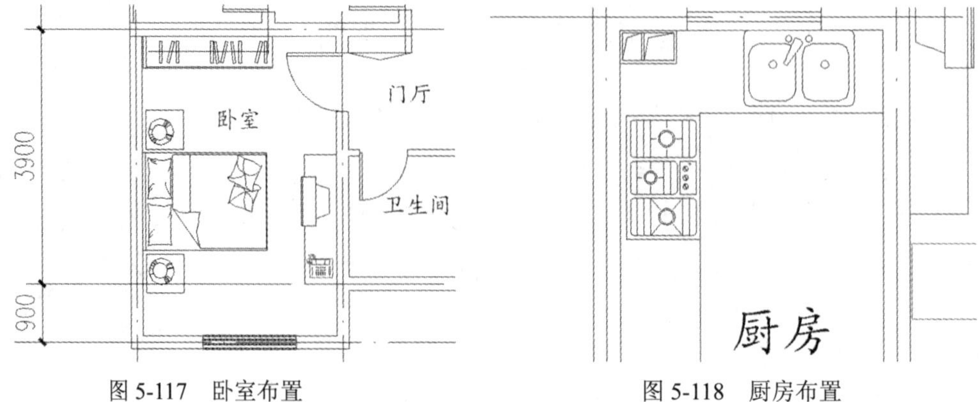

图 5-117　卧室布置　　　　图 5-118　厨房布置

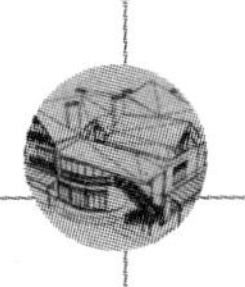

5.3.3　拓展实例——三室二厅住宅室内平面图

读者可以利用上面所学的相关知识完成三室二厅住宅室内平面图的绘制，如图 5-119 所示。

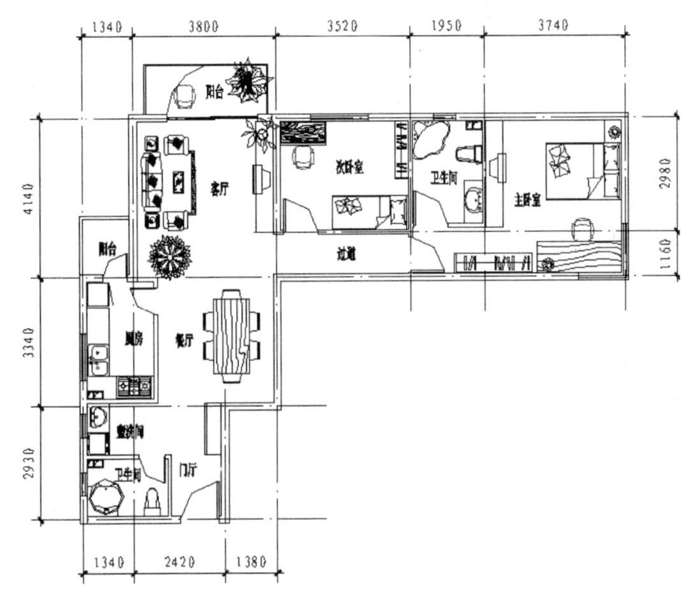

图 5-119　三室二厅住宅室内平面图

（1）布置门厅，如图 5-120 所示。

（2）客厅及餐厅的布置如图 5-121 所示。

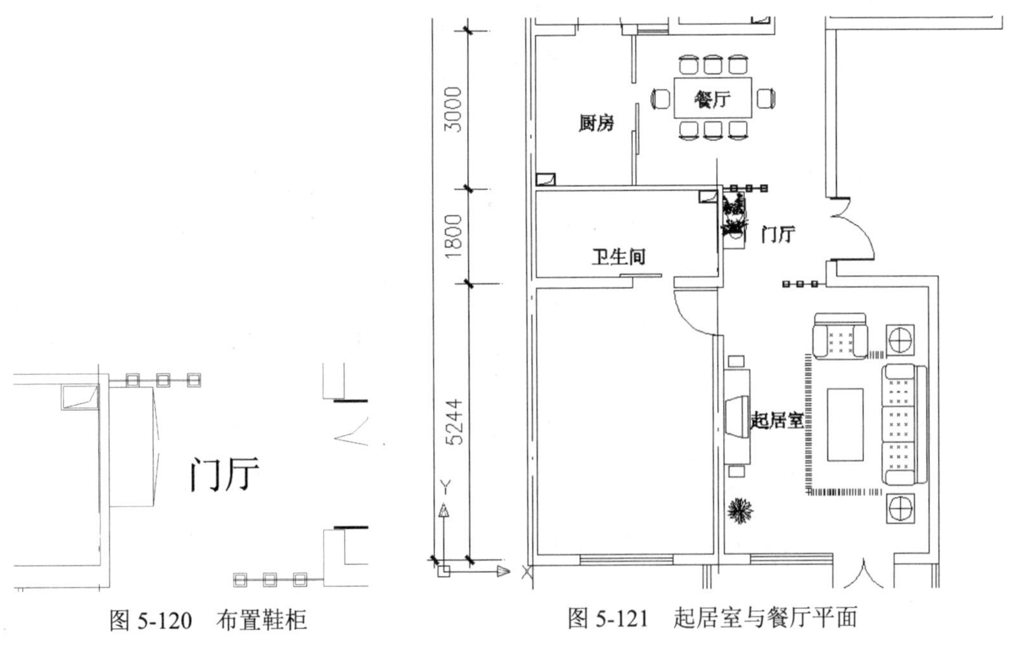

图 5-120　布置鞋柜　　　　图 5-121　起居室与餐厅平面

（3）主卧及主卫的平面布置如图 5-122 所示。

（4）两个次卧室布置效果如图 5-123 所示。

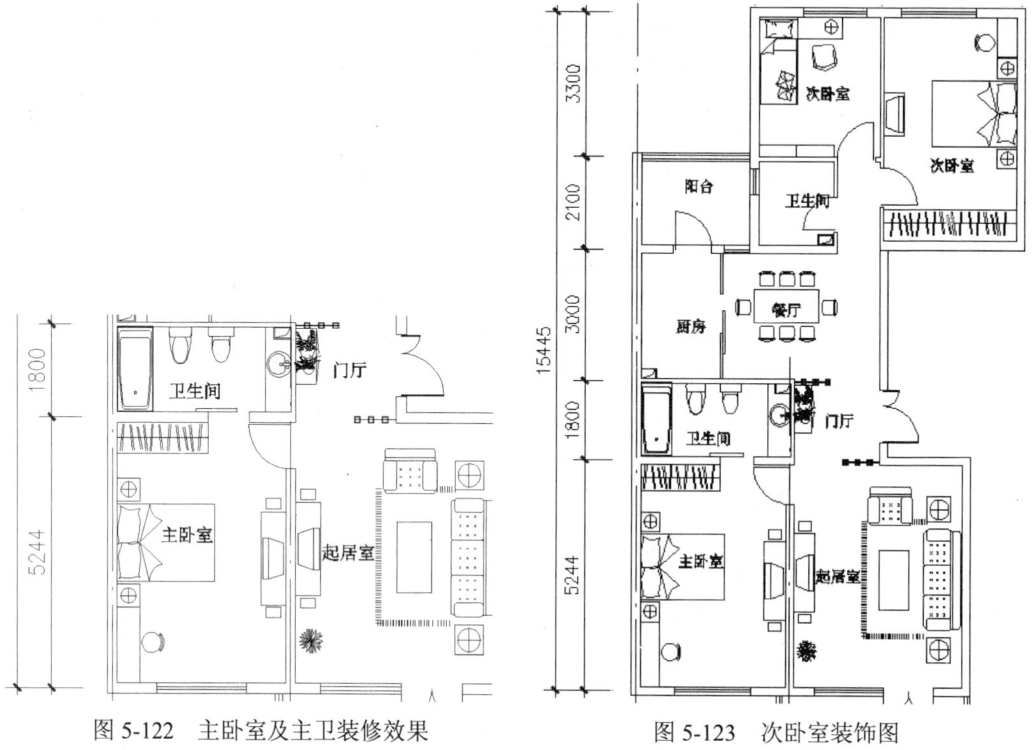

图 5-122　主卧室及主卫装修效果　　　图 5-123　次卧室装饰图

（5）厨房的布置如图 5-124 所示。

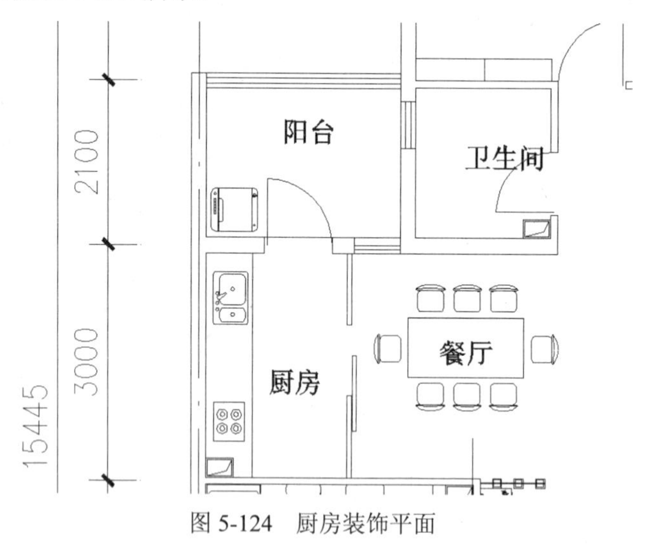

图 5-124　厨房装饰平面

（6）客卫的空间平面布置图，如图 5-125 所示。

（7）阳台及其他空间平面布置，如图 5-126 所示。

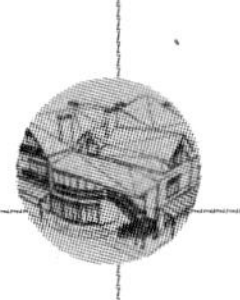

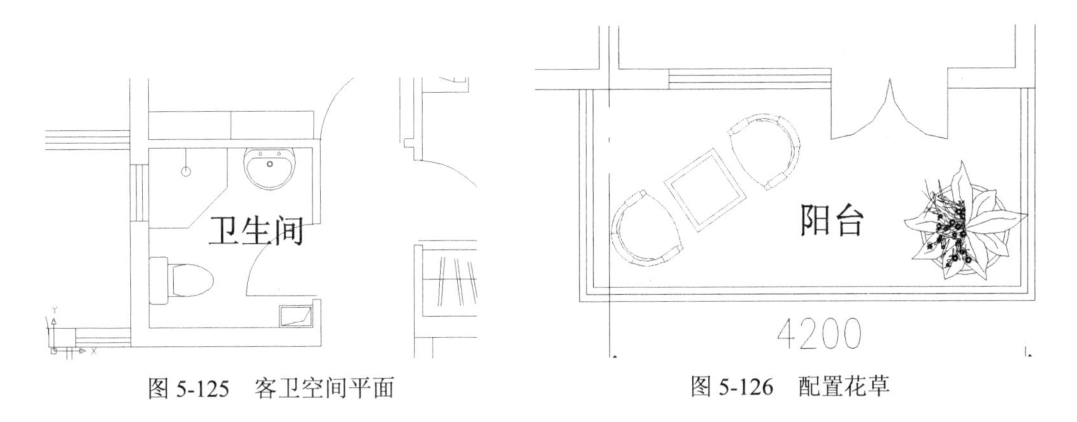

图 5-125　客卫空间平面　　　　图 5-126　配置花草

5.4　室内设计顶棚图绘制实例——二室一厅住宅顶棚图

如前所述，顶棚图用于表达室内顶棚造型、灯具及相关电器布置的顶棚水平镜像投影图。在绘制顶棚图时，可以利用室内平面图墙线形成的空间分隔，删除其门窗洞口图线，在此基础上完成顶棚图内容。

在讲解顶棚图绘制的过程中，按室内平面图修改、顶棚造型绘制、灯具布置、文字尺寸标注、符号标注及线宽设置的顺序进行。下面以二居室（二室一厅一厨一卫）的住宅顶棚图为例，讲解相关知识及其绘制方法与技巧，如图 5-127 所示。

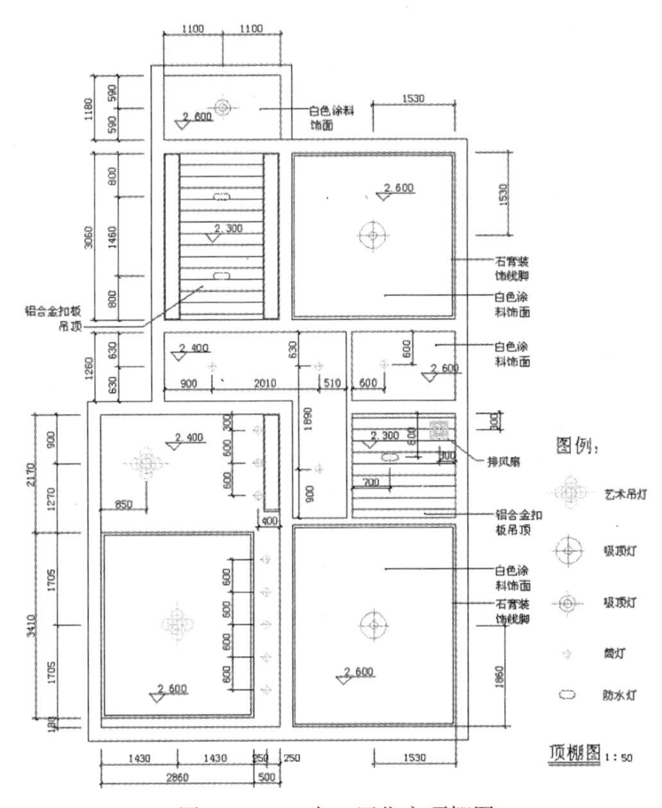

图 5-127　二室一厅住宅顶棚图

5.4.1 操作步骤

1．修改室内平面图

（1）打开前面绘制好的室内平面图，并将其另存为“室内顶棚图”。

（2）将“墙体”层设为当前层。然后将其中的轴线、尺寸、门窗、绿化、文字、符号等内容删除。对于家具，保留客厅的博古架、厨房的两个吊柜（因为它们被剖切到），其余删除。

（3）将墙体的洞口处补全，结果如图 5-128 所示。

2．顶棚图绘制

（1）处理被剖切到的家具图案

Step 01 对于厨房部分，先将吊柜中的交叉线删除，其余线条的线型更改为“ByLayer”；其次将左边的吊柜纵向拉伸使其与墙线对齐，如图 5-129 所示；最后单击“默认”选项卡“修改”面板中的“偏移”按钮，设偏移距离为 18mm（板厚），由吊柜外轮廓线向内复制一个内轮廓线，如图 5-130 所示。

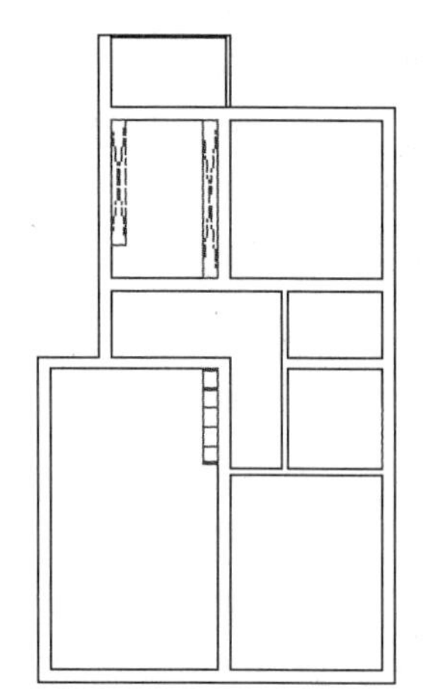

图 5-128　修改后的室内平面图

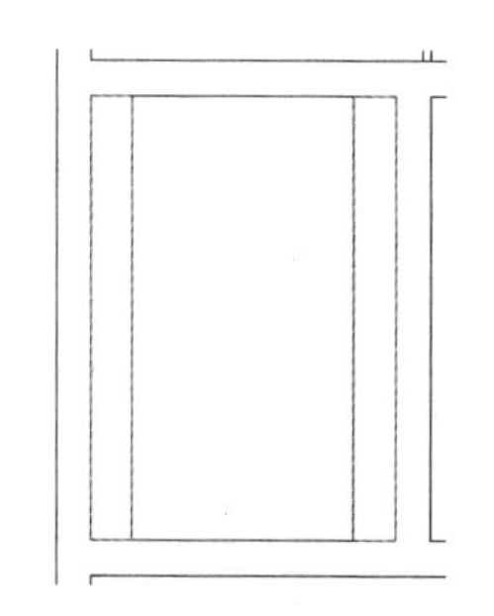

图 5-129　吊柜外轮廓线

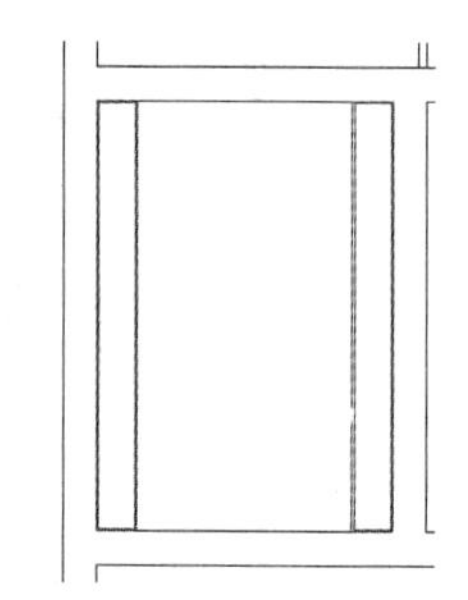

图 5-130　吊柜剖切面

Step 02 对于客厅部分，先将博古架图块分解开；其次单击“默认”选项卡“修改”面板中的“偏移”按钮，将左右两边的轮廓向内偏移 18mm，绘制内轮廓；最后单击“默认”选项卡“修改”面板中的“倒角”按钮，将内轮廓进行处理，结果如图 5-131 所示。

（2）顶棚造型

①过道部分、客厅的就餐部分及电视柜上方做局部吊顶，吊顶高度为 200mm。吊顶龙骨为木龙骨，吊顶板为 5mm 厚的胶合板。

②主卧室、书房不做吊顶处理，顶棚刷乳胶漆。

③厨房及卫生间采用铝扣板吊顶，吊顶高度为 300mm。其余部分不做吊顶处理，顶棚表面涂刷乳胶漆。

将上述设计思想表现在顶棚图上，结果如图 5-132 所示。

绘制的要点如下：

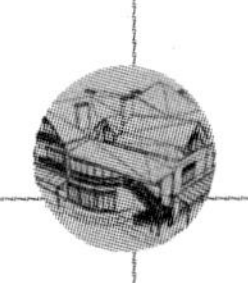

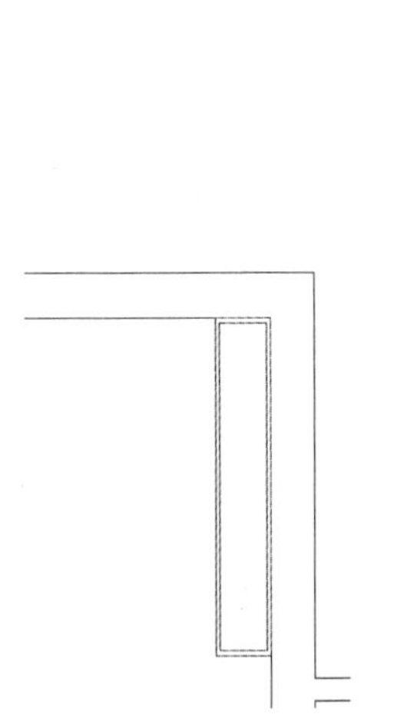

图 5-131　博古架剖切面

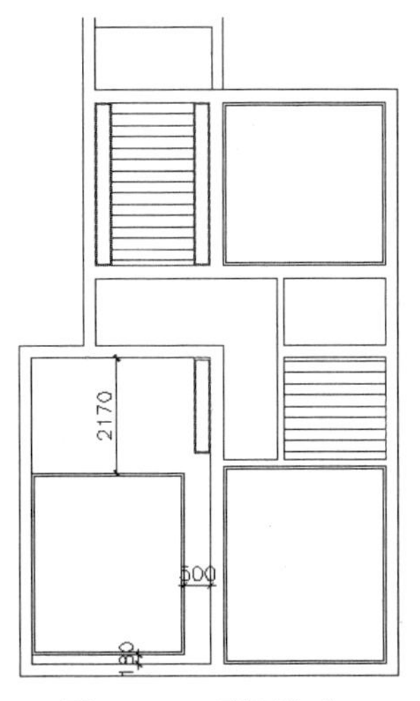

图 5-132　顶棚造型

Step 01 建立“顶棚”图层，参数设置如图 5-133 所示，并将其设置为当前层。

Step 02 顶棚周边的线脚可由内墙线偏移而得。建议先沿内墙边绘制一个矩形，再由这个矩形向内偏移 50mm。

Step 03 厨房、卫生间的顶棚采用图案填充完成。

✔ 顶棚　白　Continu... —— 默认　0　Color_7

图 5-133　“顶棚”图层参数

（3）灯具布置

灯具的选择与布置需要综合考虑室内美学效果、室内光环境和绿色环保、节能等方面的因素。

本例顶棚图中的灯具布置比较简单，操作步骤如下：

Step 01 建立一个“灯具”图层，如图 5-134 所示，并将其设置为当前层。

✔ 灯具　40　Continu... —— 默认　0　Color_...

图 5-134　灯具图层参数

Step 02 建议事先把常用的灯具图例制作成图块，以供调用。在插入灯具图块之前，可以在顶棚图上绘制定位的辅助线，这样，灯具能够准确定位，对后面的尺寸标注也是很有利的。

Step 03 根据事先灯具布置的设计思想，将各种灯具图块插入到顶棚图上。如图 5-135 所示的灯具布置图，其中灯具周围的多余线条即为辅助线，若没有用处时，应把它们删除。

（4）尺寸标注

顶棚图中尺寸标注的重点是顶棚的平面尺寸、灯具、电器的水平安装位置以及其他一些顶棚装饰做法的水平尺寸。

具体操作如下：

Step 01 因为该顶棚图比例为 1∶50，故先将其整体放大 1 倍。

Step 02 将“尺寸”层设为当前层，在这里的标注样式与“室内立面”样式相同，可以直接利用；

为了便于识别和管理，也可以将“室内立面”的样式名改为“顶棚图”，并将其置为当前标注样式。

Step 03 单击“默认”选项卡“注释”面板中的“线性”按钮，进行标注，结果如图 5-136 所示。

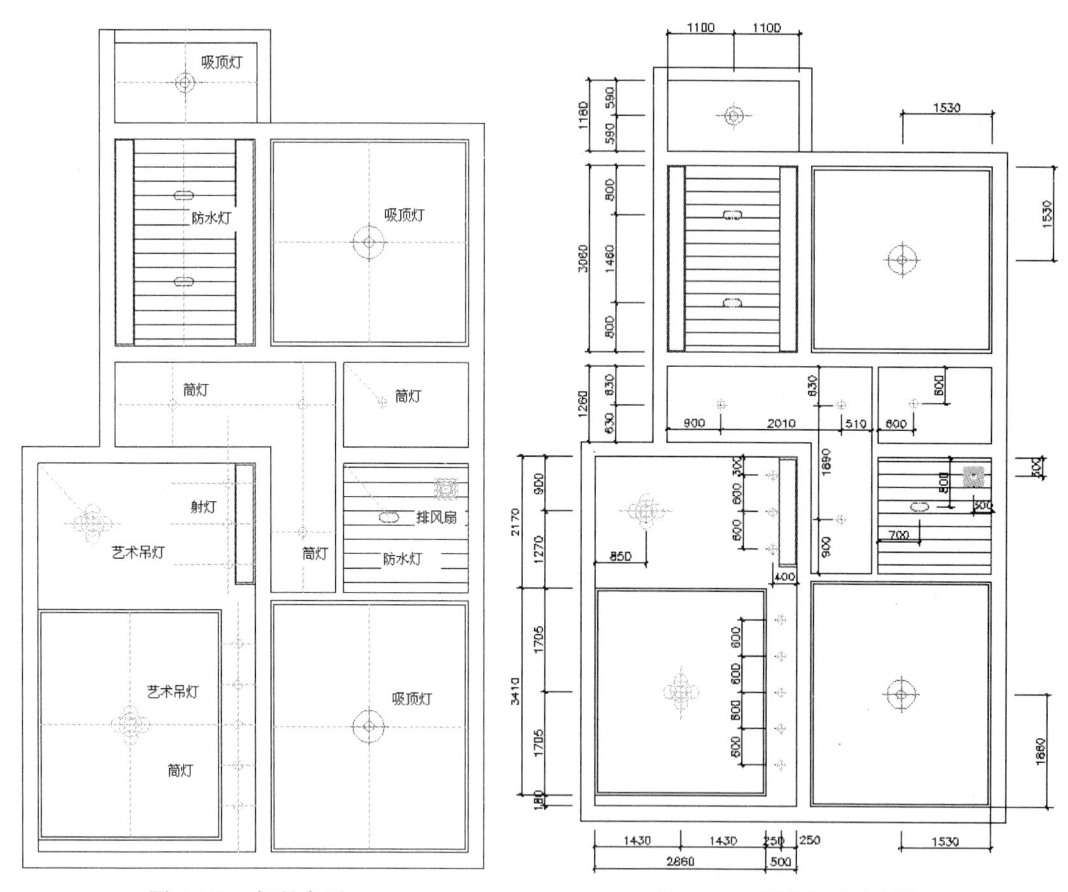

图 5-135　灯具布置

图 5-136　顶棚图尺寸标注

（5）文字、符号标注

在顶棚图内，需要说明各顶棚材料名称、顶棚做法的相关说明、灯具电器名称规格等；应注明顶棚标高，有大样图的还应注明索引符号等。

具体操作如下：

Step 01 将“文字”层设为当前层。

Step 02 在命令行中输入“QLEADER”命令，进行文字说明。由于灯具较多，在图上一一标注显然很繁琐，因此制作一个图例表统一说明。

Step 03 插入标高符号，注明各部分标高。

Step 04 注明图名和比例，结果如图 5-137 所示。

（6）线宽设置

本例的具体线宽值采用 0.6mm、0.35mm、0.25mm、0.18mm 4 个等级，如图 5-138 所示。

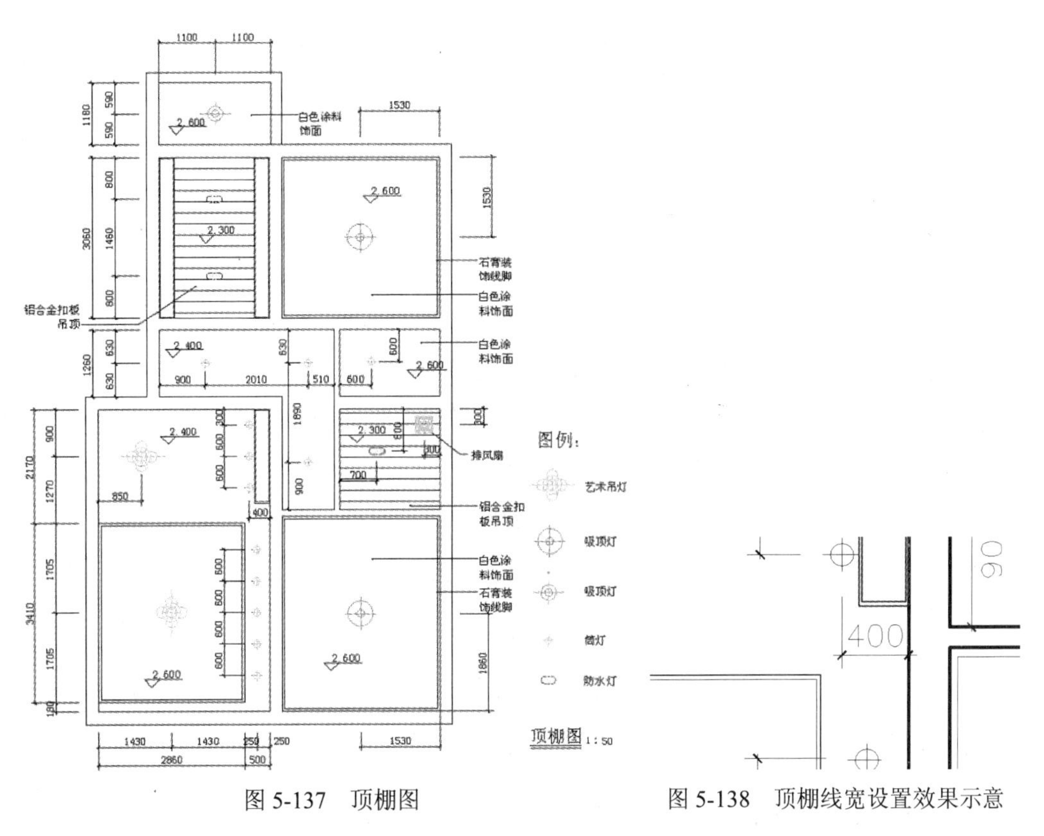

图 5-137　顶棚图　　　　图 5-138　顶棚线宽设置效果示意

5.4.2　拓展实例—— 一室一厅住宅顶棚图

读者可以利用上面所学的相关知识完成一室一厅住宅顶棚图的绘制，如图 5-139 所示。

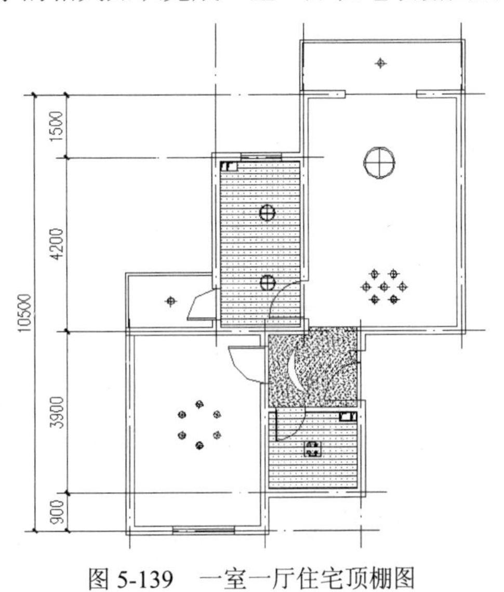

图 5-139　一室一厅住宅顶棚图

Step 01 单击“默认”选项卡“绘图”面板中的“圆弧”按钮、“多段线”按钮和“图案填充”按钮，绘制门厅造型，如图 5-140 所示。

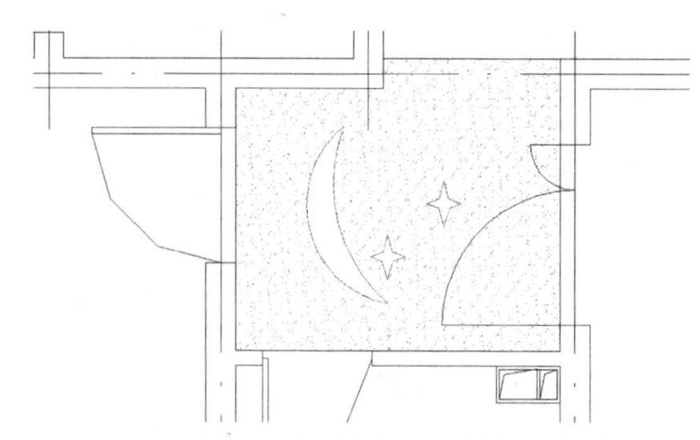

图 5-140　填充天花图案

Step 02 单击“默认”选项卡“绘图”面板中的“图案填充”按钮，填充厨房天花，如图 5-141 所示。

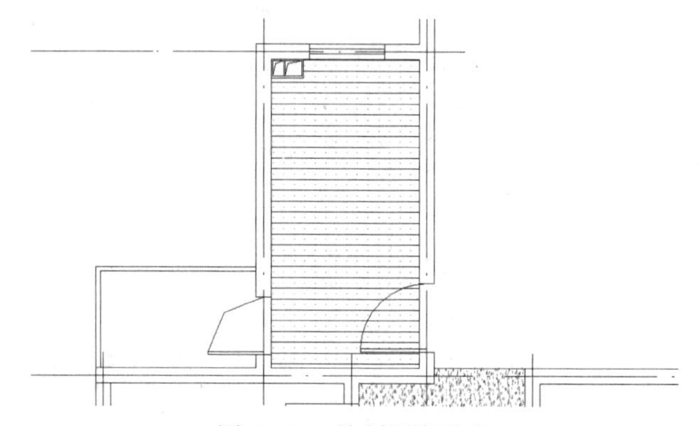

图 5-141　绘制厨房天花

Step 03 单击“默认”选项卡“绘图”面板中的“插入块”按钮，插入浴霸，如图 5-142 所示。

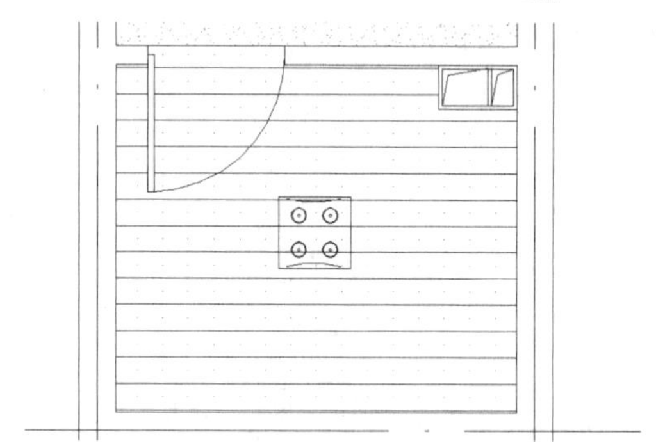

图 5-142　布置浴霸

Step 04 单击“默认”选项卡“绘图”面板中的“直线”按钮、“圆”按钮和“修改”面板中的“偏移”按钮，完成房间照明灯及剩余顶棚的绘制，如图 5-139 所示。

5.4.3　拓展实例——三室二厅住宅顶棚图

读者可以利用上面所学的相关知识完成三室二厅住宅顶棚图的绘制，如图 5-143 所示。

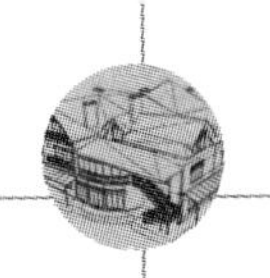

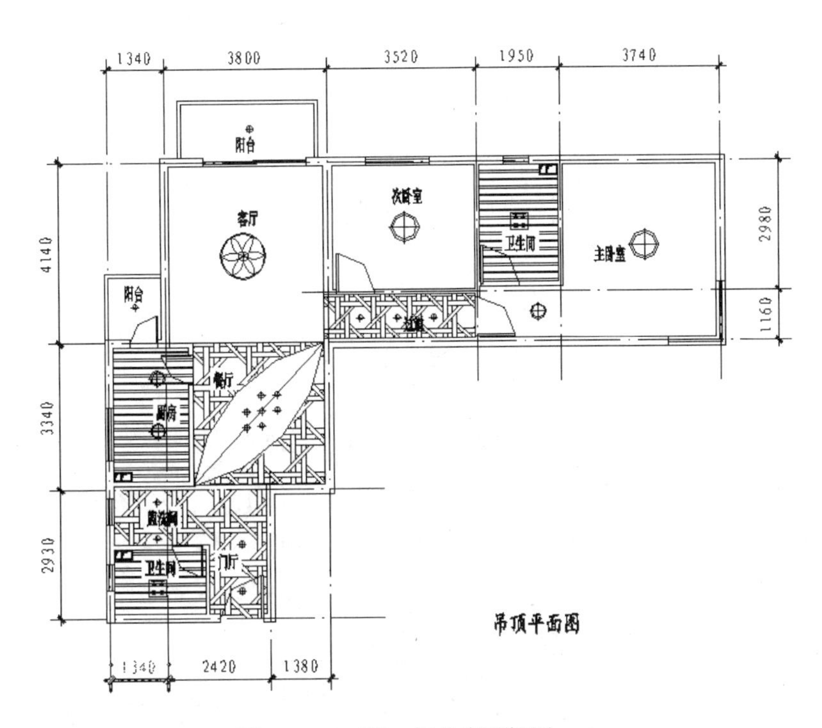

图 5-143　三室二厅住宅顶棚图

Step 01 单击“默认”选项卡“绘图”面板中的“直线”按钮和“图案填充”按钮，绘制客卫造型，如图 5-144 所示。

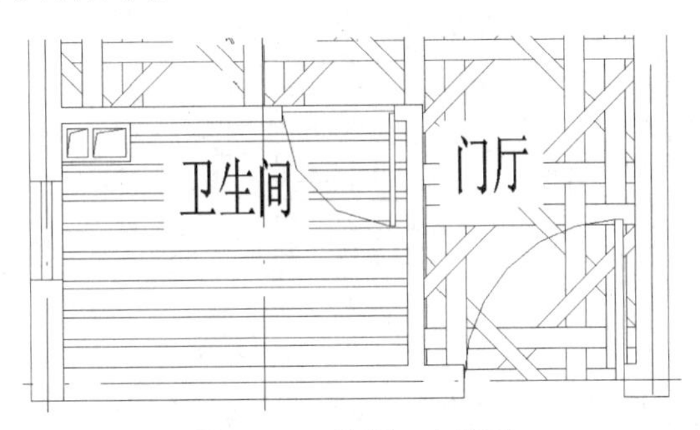

图 5-144　绘制一个矩形

Step 02 单击“默认”选项卡“绘图”面板中的“圆弧”按钮、“多段线”按钮和“修改”面板中的“镜像”按钮，完成餐厅顶棚的绘制，如图 5-145 所示。

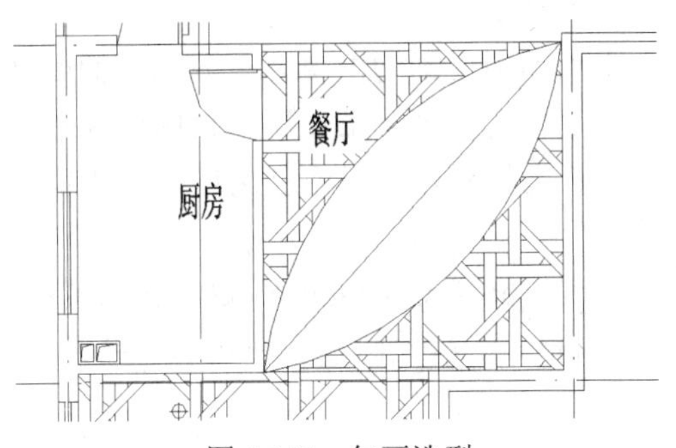

图 5-145　勾画造型

Step 03 单击“默认”选项卡“绘图”面板中的“图案填充”按钮和“插入块”按钮，完成客卫的造型，如图 5-146 所示。

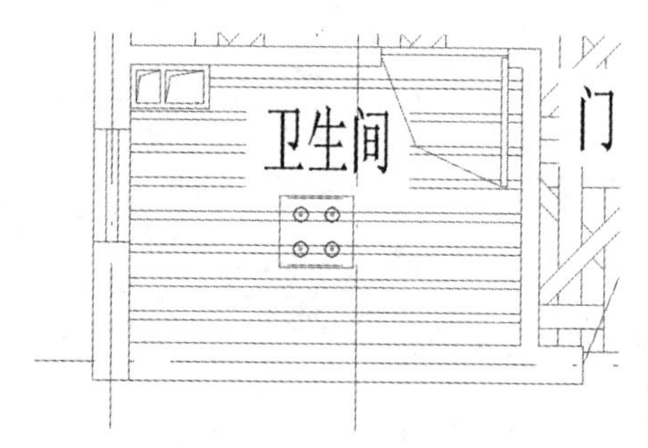

图 5-146　绘制客卫吊顶

Step 04 单击“默认”选项卡“绘图”面板中的“直线”按钮、“矩形”按钮、“图案填充”按钮和“修改”面板中的“偏移”按钮、“修剪”按钮，完成厨房天花的绘制，如图 5-147 所示。

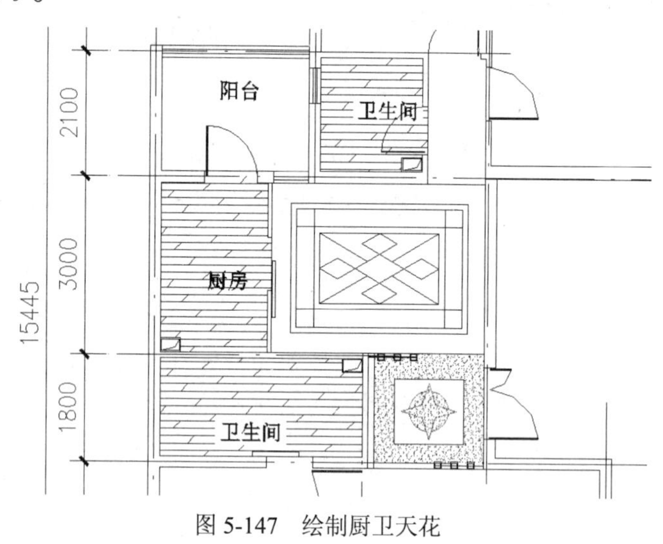

图 5-147　绘制厨卫天花

Step 05 完成三室二厅住宅顶棚平面图的绘制，如图 5-143 所示。

5.5　室内设计地坪图绘制实例——二室一厅住宅地坪图

地面材料是需要在室内平面图中表示的内容之一。当地面做法比较简单时，只要利用文字对材料、规格进行说明，但很多时候则要求使用材料图例在平面图上直观地表示，同时进行文字说明。当室内平面图比较拥挤时，可以单独另绘一张地面材料平面图，下面结合实例进行说明。

在本例中，将在客厅、过道部位铺设 600mm×600mm 米黄色防滑地砖，厨房、卫生间、阳台及储藏室铺设 300mm×300mm 防滑地砖，卧室和书房铺设 150mm 宽强化木地板，如图 5-148 所示。

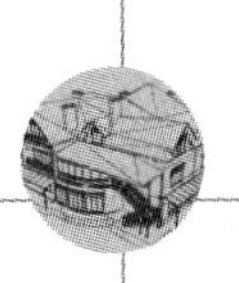

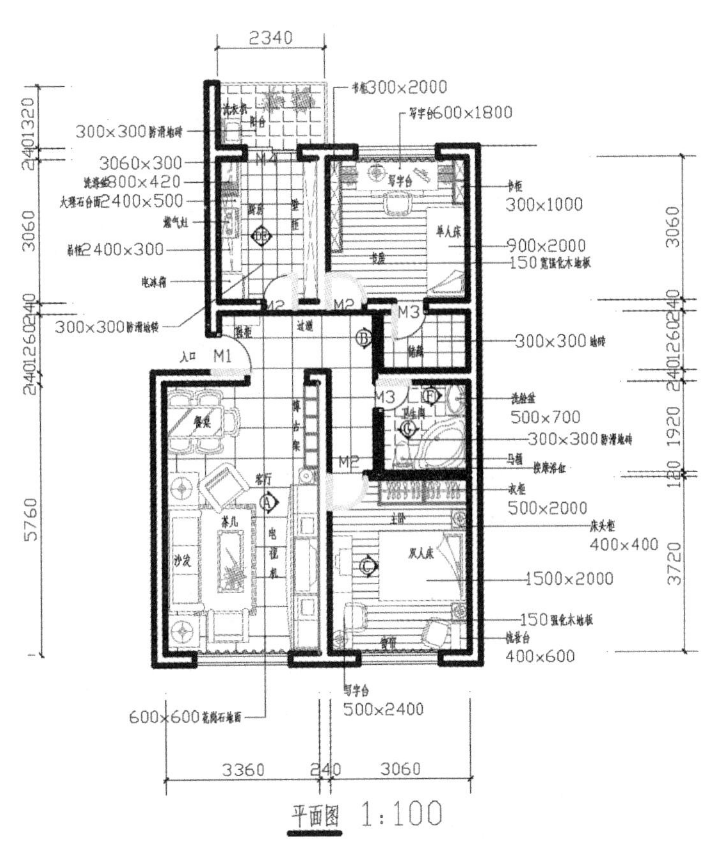

图 5-148　二室一厅住宅顶棚图

5.5.1　操作步骤

1. 准备工作

Step 01　建立“地面材料”图层，参数设置如图 5-149 所示，并将其置为当前层。

地面材料				246	Continu...	—— 默认	0	Color_...		

图 5-149　“地面材料”图层参数

Step 02　关闭“家具”“植物”等图层，让绘图区域只剩下墙体及门窗部分。

2. 初步绘制地面图案

Step 01　单击“默认”选项卡“绘图”面板中的“直线”按钮，把平面图中不同地面材料分隔处利用直线划分出来。

Step 02　单击“默认”选项卡“绘图”面板中的“图案填充”按钮，打开“图案填充创建”选项卡，将“十”字形鼠标指针在客厅区域单击一下，选中填充区域。

提　示

采用“拾取点”按钮选区填充区域时，如果边界不是闭合的，则无法选中。这时，要么利用“窗口放大”逐个检查边界处线与线是否连接，要么利用“多段线”命令重新绘制一个边界。

Step 03 对“图案填充创建”选项卡中的参数进行设置。需要的网格大小是 600mm×600mm，这里提供一个检验的方法，将网格以 1：1 的比例填充，放大显示一个网格，选择菜单栏中的“工具”→“查询”→“距离”命令（如图 5-150 所示）查出网格大小（查询结果在命令行中显示）。事先查出“NET”图案的间距是 3，所以填充比例输入 200，如图 5-151 所示，这样就可以得到近似于 600mm×600mm 的网格。由于单位精度的问题，这种方式填充的网格线不是十分精确，但基本上能够满足要求。如果需要绘制精确的网格，就要利用直线阵列的方式完成。

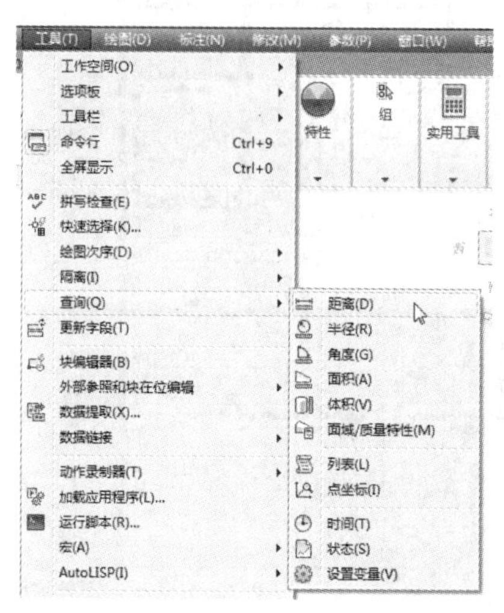

图 5-150　选择“距离”命令

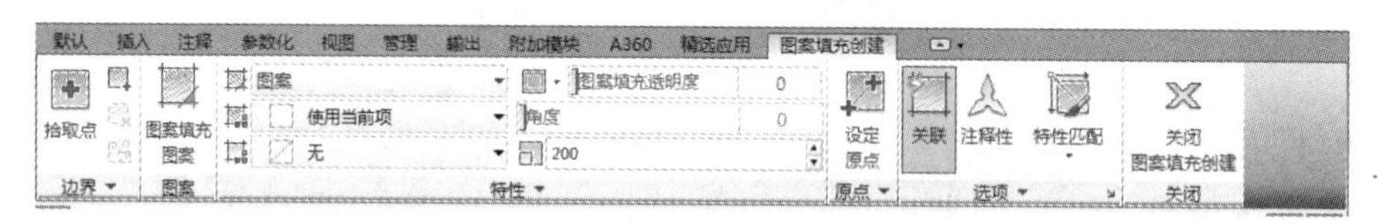

图 5-151　设置客厅地面图案填充参数

Step 04 设置好参数后，单击“确定”完成，结果如图 5-152 所示。

Step 05 采用同样的方法将其他区域的地面材料绘制出来。主卧室及书房填充参数：填充图案为“LINE”，比例为 50，结果如图 5-153 所示；厨房、储藏室填充参数：填充图案为“NET”，比例为 100，结果如图 5-154 所示；卫生间、阳台填充参数：填充图案为“ANGLE”，比例为 43，结果如图 5-155 所示。

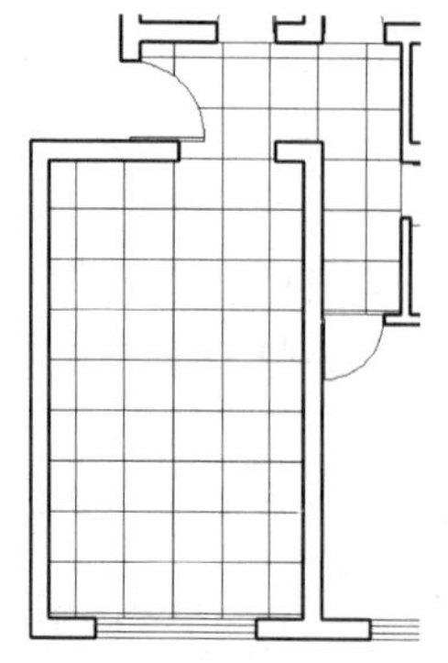
图 5-152　客厅、过道 600mm×600mm 地砖图案

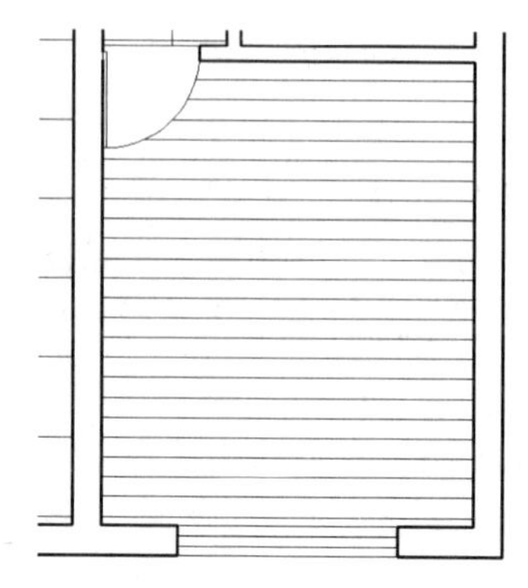
图 5-153　150mm 宽强化木地板

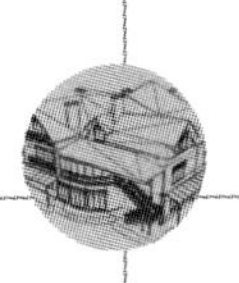

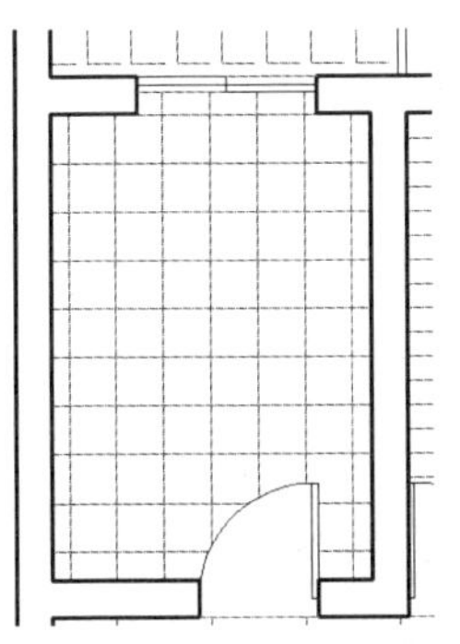

图 5-154　厨房 300mm×300mm 地砖图案

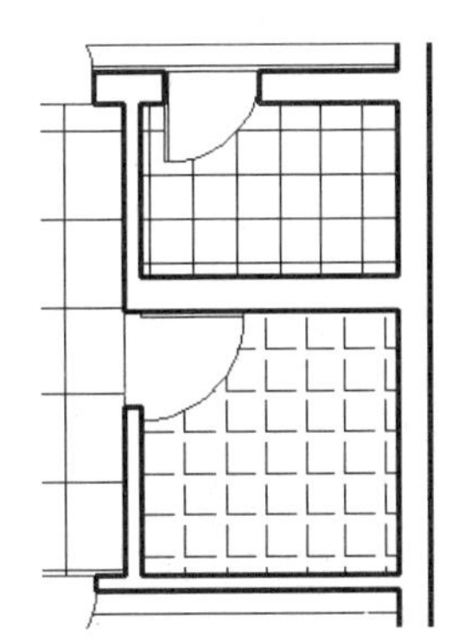

图 5-155　卫生间、储藏室 300mm×300mm 地砖图案

到此为止，室内地面材料图案的初步绘制就完成了。

3. 形成地面材料平面图

如果想形成一个单独的地面材料平面图，则按以下步骤进行处理：

Step 01　将文件另存为“地面材料平面图”。

Step 02　在图中添加文字，说明材料名称、规格、颜色等。

Step 03　标注尺寸，重点标明地面材料，其他尺寸可以淡化。

Step 04　添加图名、绘图比例等。

类似的操作在后面的相关内容中会述及，在此给出完成后的地面材料平面图，如图 5-156 所示。

4. 在室内平面图中完善地面材料图案

如果不单独形成地面材料图，则可以在原来的室内平面图中作细部完善，具体操作如下：

Step 01　关闭“地面材料平面图”，打开“室内平面图”。

Step 02　打开“家具”“植物”图层。此时会发现，地面材料与家具互相重叠，比较混乱。现在将家具覆盖了的地面材料图例删除。单击“默认”选项卡“修改”面板中的“分解”按钮，将地面填充图案打散；单击“默认”选项卡“修改”面板中的“修剪”按钮，将家具覆盖部分线条修剪掉，局部零散线条利用“删除”命令处理，结果如图 5-157 所示。

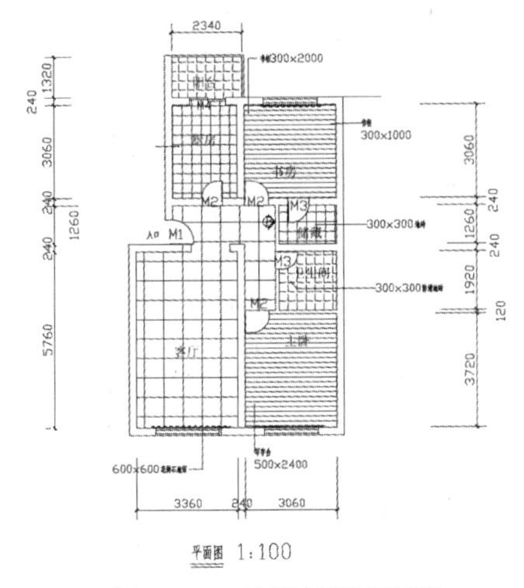

图 5-156　地面材料平面图

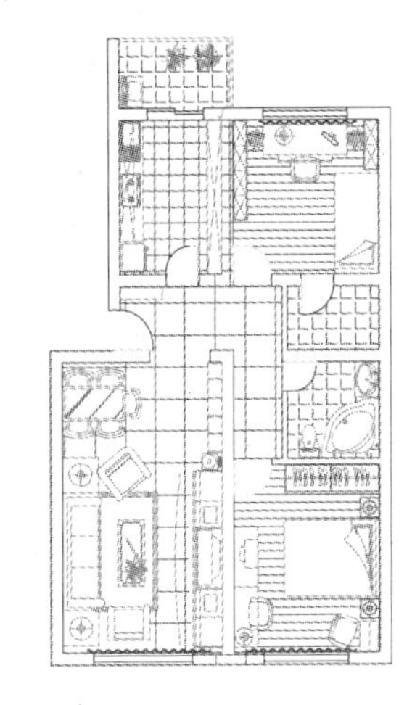

图 5-157　完成后的地面材料图例

5. 文字、符号标注及尺寸标注

（1）准备工作

在没有正式进行文字、尺寸标注之前，需要根据室内平面的要求进行文字样式设置和标注样式设置。

①文字样式设置：单击“默认”选项卡“注释”面板中的“文字样式”按钮，打开“文字样式”对话框，将其中各项内容按如图 5-158 所示进行设置，同时设为当前状态。

②标注样式设置：单击“默认”选项卡“注释”面板中的“标注样式”按钮，打开“标注样式管理器”对话框，新建“室内”样式，将其中各项内容按如图 5-159～图 5-162 所示进行设置，同时设为当前状态。

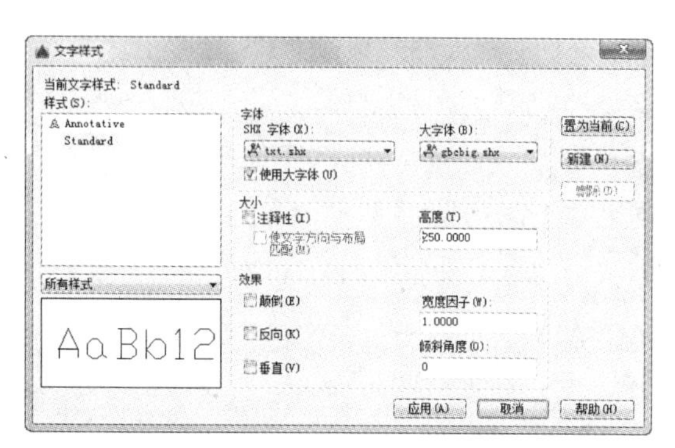

图 5-158　设置文字样式参数

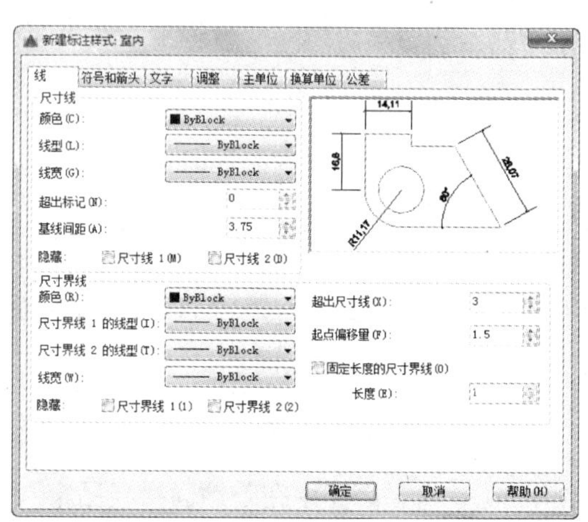

图 5-159　标注样式设置 1

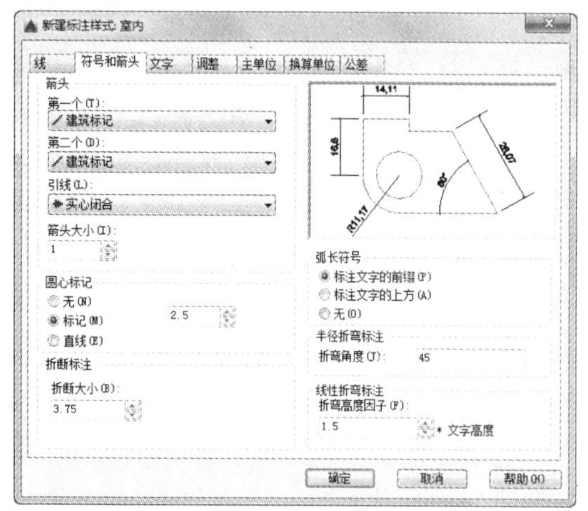

图 5-160　标注样式设置 2

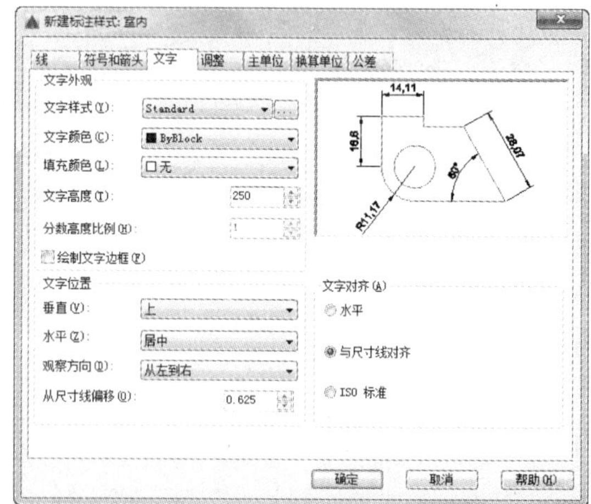

图 5-161　标注样式设置 3

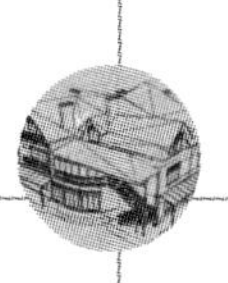

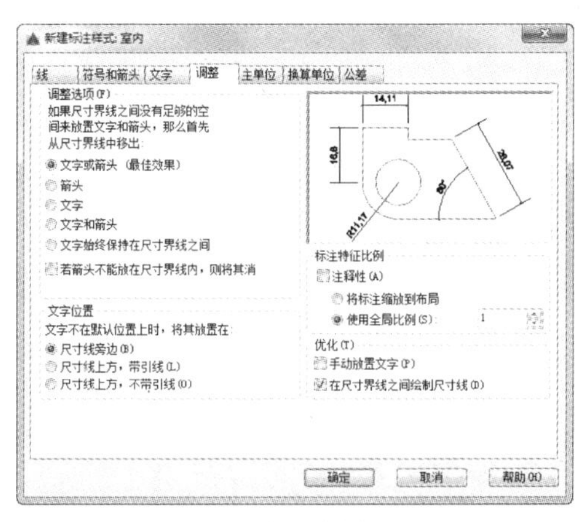

图 5-162　标注样式设置 4

（2）文字标注

①打开“文字”图层，显示房间名称。将房间名称的字高调整为 250mm，利用鼠标双击一个名称，打开“文字编辑器”选项卡和多行文字编辑器，然后利用鼠标在文本上拖动，将其选中，在“字高”处输入“250”并按 Enter 键，最后单击“确定”按钮完成，如图 5-163 所示。修改后，将房间名称的位置进行适当地调整。

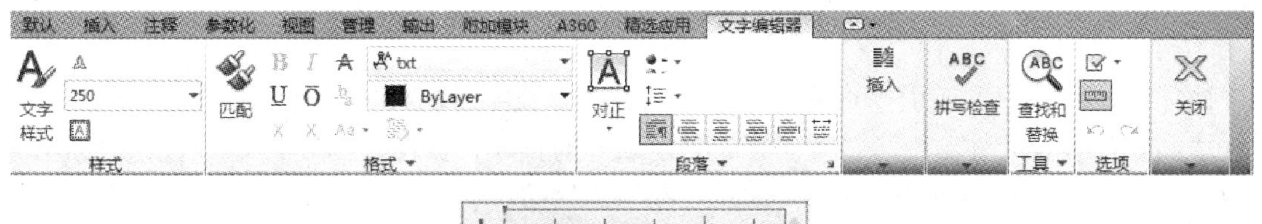

图 5-163　调整字高

②以右上角较小的书架为例介绍引线标注的方法，在命令行中输入“QLEADER”命令，输入文字“书柜 300×1000”，如图 5-164 所示。

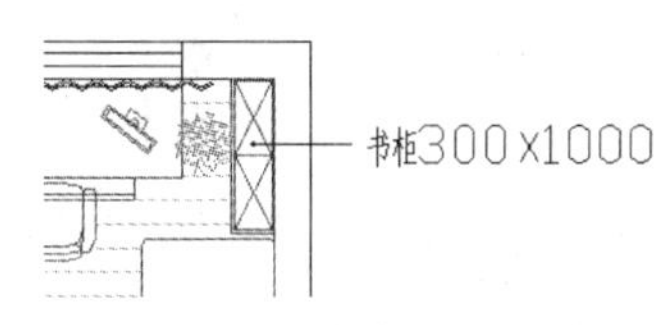

图 5-164　书柜引线标注

这里需要说明的是，“\U+00D7”是不能用键盘直接输入的特殊字符“×”的代码。如何查询这些特殊字符的代码呢？方法如下：

在多行文字的输入状态中，将鼠标移到文本输入区，单击鼠标右键，打开一个菜单，将鼠标移到“符号”处，继续打开下一级子菜单，如图 5-165 所示，这个子菜单中显示了部分特殊符号的名称及代码。这时，如果要在刚才的文本框内输入需要的字符，则直接单击相应的字符位置即可；若想在命令行中输入特殊字符，则像刚才输入“×”号代码那样，将其对应的代码通过键盘输入即可；也可以在文本框中输入符号代码，其效果是一样的。

图 5-165　打开下一级子菜单

刚才的子菜单中并没用列出乘号的代码，若要查找乘号的代码，则继续将鼠标移到子菜单的“其他”位置上并单击，打开“字符映射表”对话框，如图 5-166 所示。在该对话框中可以查找到各种各样的字符及代码。注意，在输入字符代码时，一定要在前面加“\”。

图 5-166　“字符映射表”对话框

③单击“默认”选项卡“注释”面板中的“多行文字”按钮A，无引线的标注比较简单，在此不再赘述。

综合上述方法，文字标注完成后的效果如图 5-167 所示。

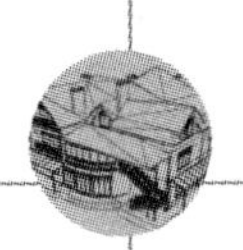

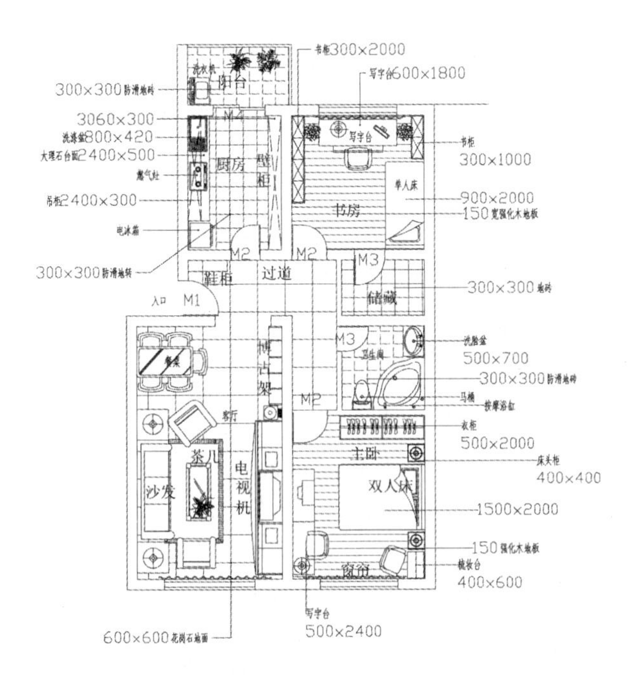

图 5-167　文字标注后效果

（3）符号标注

在该平面图中需要标注的符号主要是室内立面内视符号，为节约篇幅，事先已经将它们做成图块，保存于附带光盘内，下面在平面图中插入相应的符号。

Step 01 建立“符号”图层，参数设置如图 5-168 所示，并将其设为当前层。

✓ 符号　247　Continu... —— 默认　0　Color_...

图 5-168　“符号”图层参数

Step 02 在“源文件\图库\内室符号”文件夹内找到立面内视符号，插入到平面图中。在操作过程中，若符号方向不符，则可单击“默认”选项卡“修改”面板中的“旋转”按钮进行纠正；若标号不符，则可将图块进行分解，然后编辑文字，结果如图 5-169 所示。

图中立面位置符号指示的方向就意味要绘制一个立面图来表达立面设计思想。

（4）尺寸标注

在这里标注的重点是房间的平面尺寸、主要家具陈设的平面尺寸及主要相对关系尺寸，原来建筑平面图中不必要的尺寸可以删除。有关每个尺寸的标注，其主要利用的命令仍然是“线性”及相关修改命令。

Step 01 将“尺寸”层设为当前层，暂时将“文字”层关闭。可以考虑将原来建筑平面图中不必要的尺寸删除。

Step 02 单击“默认”选项卡“注释”面板中的“线性”按钮，沿周边将房间尺寸标注出来。打开“文字”层，发现文字标注与尺寸标注重叠，无法看清。

Step 03 单击“默认”选项卡“修改”面板中的“移动”按钮，将刚才标注的尺寸向外移动，避开文字标注部分，结果如图 5-170 所示。

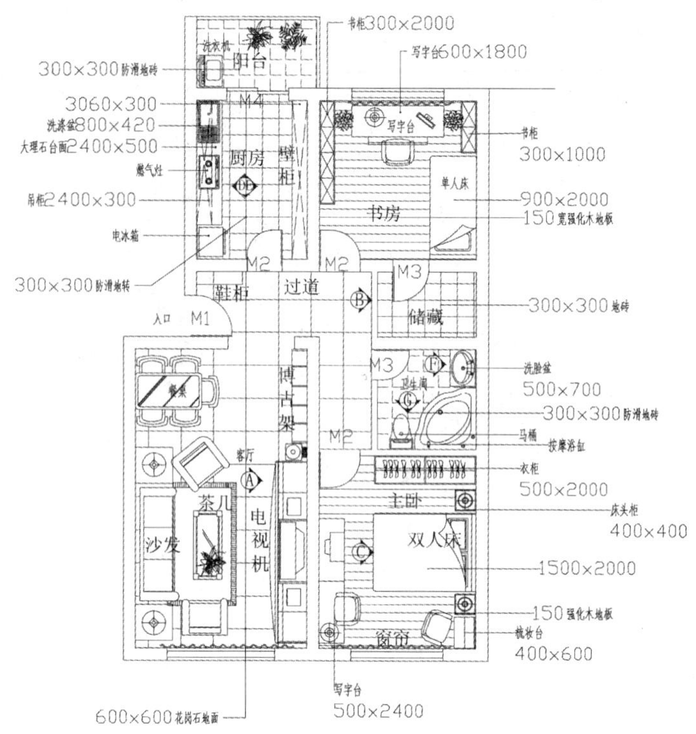

图 5-169　立面图位置符号

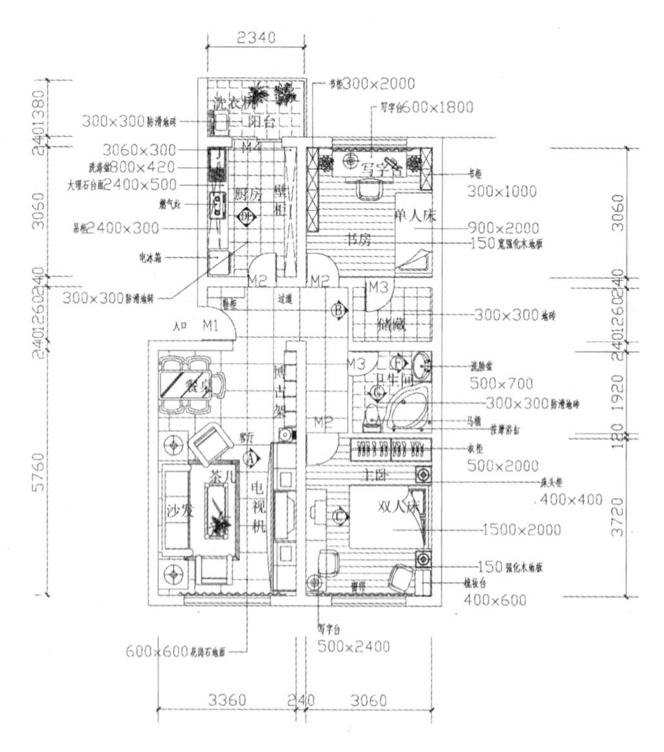

图 5-170　尺寸标注

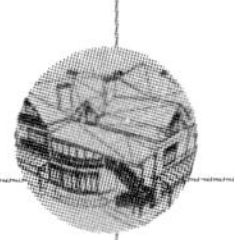

6．线型设置

平面图中的线型可以分为 4 个等级：粗实线、中实线、细实线、装饰线。粗实线用于墙柱的剖切轮廓，中实线用于装饰材料、家具的剖切轮廓，细实线用于家具陈设轮廓，装饰线用于尺寸、图例、符号、材料纹理、装饰品线等。

本例的具体线宽值采用 0.6mm、0.35mm、0.25mm、0.18mm 4 个等级。

在 AutoCAD 中，可以通过两种途径来设置线型和线宽：一种是在“图层特性管理器”对话框中对整个图层的线型和线宽进行设置或调整，这时，图层中线型、线宽处于“ByLayer”状态的线条都得到控制；另一种是在同一个图层中，可以将部分线条的线型和线宽由“ByLayer”状态调到具体的线型、线宽值上去。下面结合实例进行介绍。

（1）打开“图层特性管理器”对话框，单击各图层的“线宽”位置，将“墙体”“柱子”线宽均设为 0.6mm，“阳台”线宽设为 0.25mm，“轴线”“门窗”“家具”“地面材料”“尺寸”“符号”“窗帘”“植物”线宽均设为 0.18mm，如图 5-171 所示。

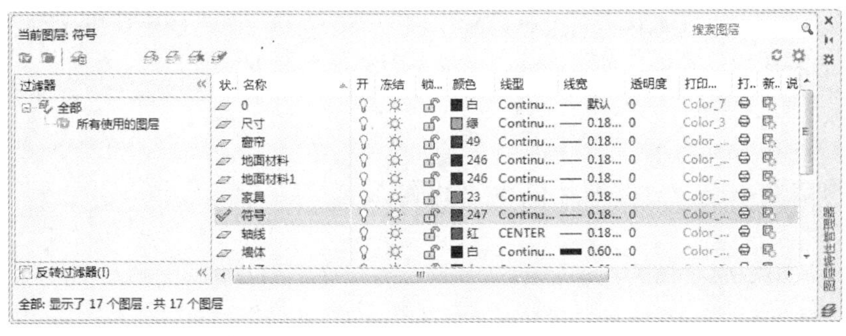

图 5-171　线宽设置

（2）对单个图层中的个别线条的线宽进行具体设置。

①将所有未剖切到的家具外轮廓线宽设置为 0.18mm。以厨房家具为例，将家具轮廓选中，对图块应事先分解开，再将轮廓选中；选中后，单击“对象特性”工具栏中的线宽控制，将其设置为 0.18mm，如图 5-172 所示。其他家具轮廓也采用同样的方法设置。

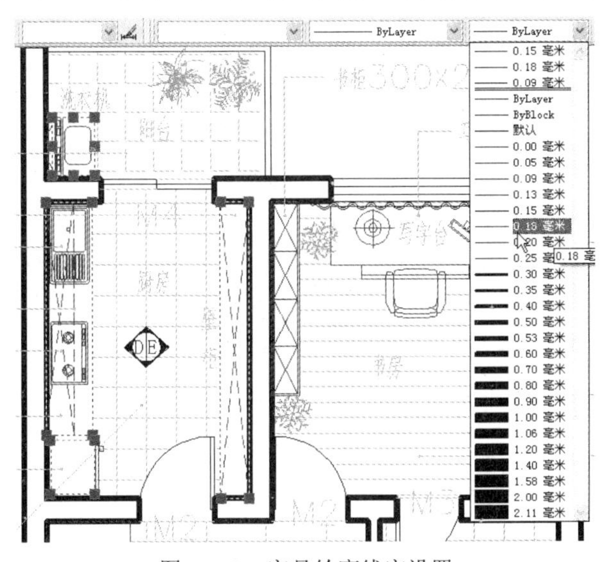

图 5-172　家具轮廓线宽设置

提示

按住 Shift 键，可以同时选中多个线条。

②将剖切到的博古架、书柜、衣柜轮廓选中，线宽设置为 0.35mm，如图 5-173 所示。

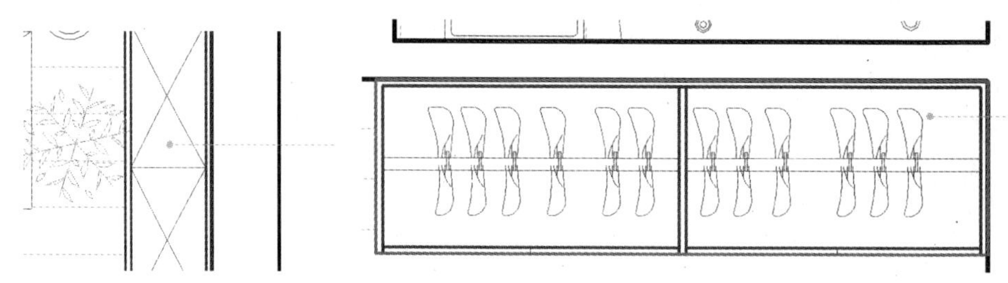

图 5-173　家具剖切轮廓线宽设置

提示

对于处理家具轮廓线宽设置的问题，另外一种方法是将轮廓线单独放在一个图层里，以另一种颜色区别，通过整体设置这个图层的线宽来解决。

5.5.2　拓展实例—— 一室一厅住宅地坪图

读者可以利用上面所学的相关知识完成一室一厅住宅地坪图的绘制，如图 5-174 所示。

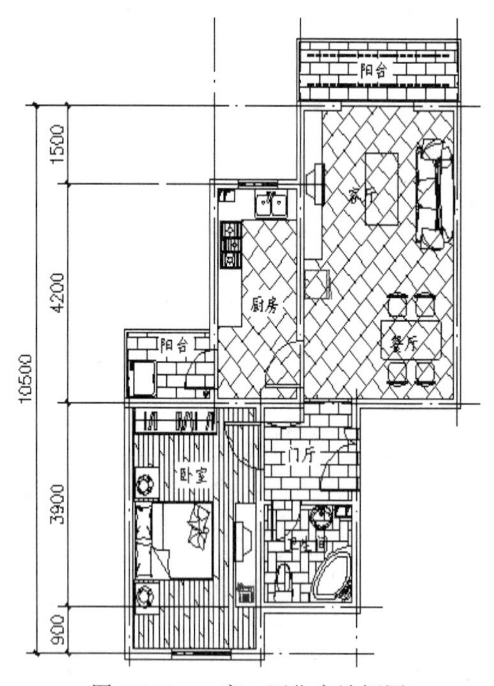

图 5-174　一室一厅住宅地坪图

Step 01　单击“默认”选项卡“绘图”面板中的“图案填充”按钮，对门厅范围填充地砖图案，如图 5-175 所示。

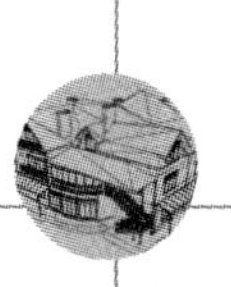

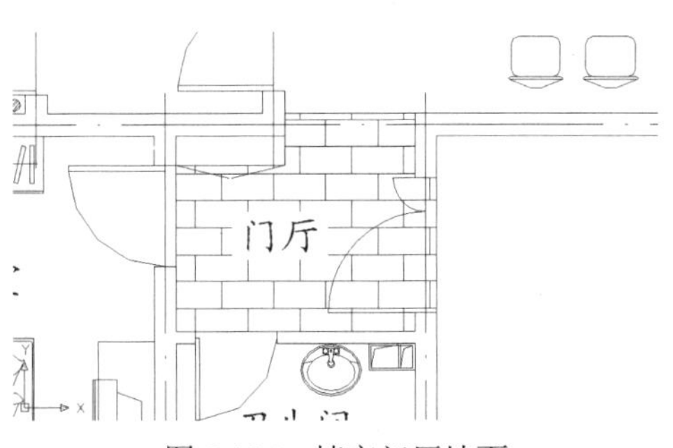

图 5-175　填充门厅地面

Step 02 单击“默认”选项卡“绘图”面板中的“直线”按钮和“图案填充”按钮，填充客厅地面，如图 5-176 所示。

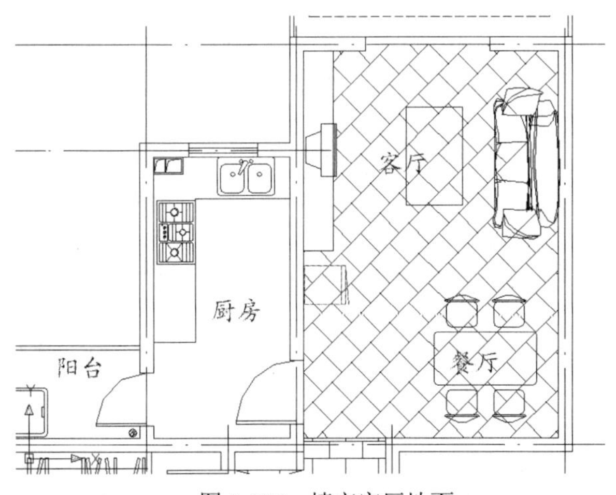

图 5-176　填充客厅地面

Step 03 单击“默认”选项卡“绘图”面板中的“直线”按钮和“图案填充”按钮，对卧室填充地板图案，如图 5-177 所示。

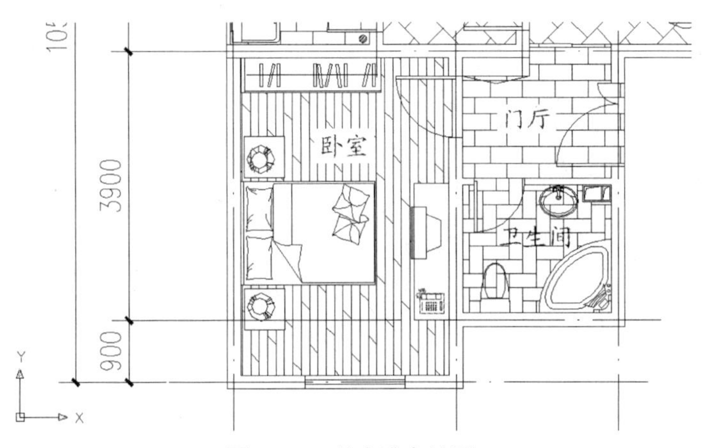

图 5-177　填充卧室地面

Step 04 利用上述方法完成整体地面的绘制，如图 5-178 所示。

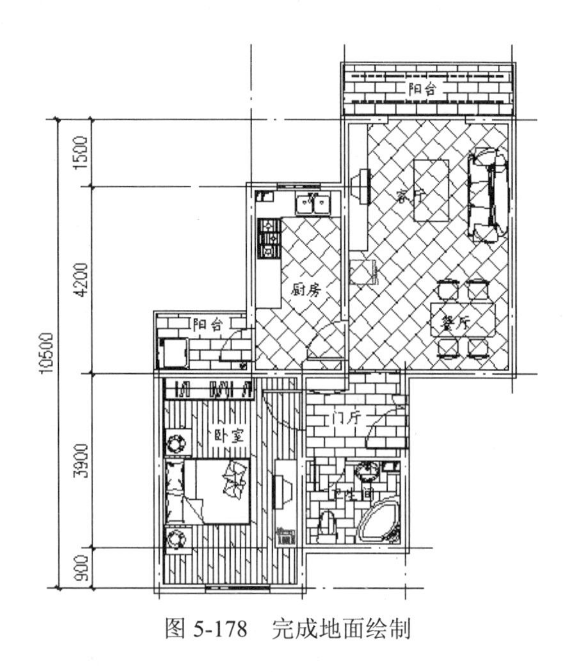

图 5-178　完成地面绘制

5.5.3　拓展实例——三室二厅住宅地坪图

读者可以利用上面所学的相关知识完成三室二厅住宅地坪图的绘制，如图 5-179 所示。

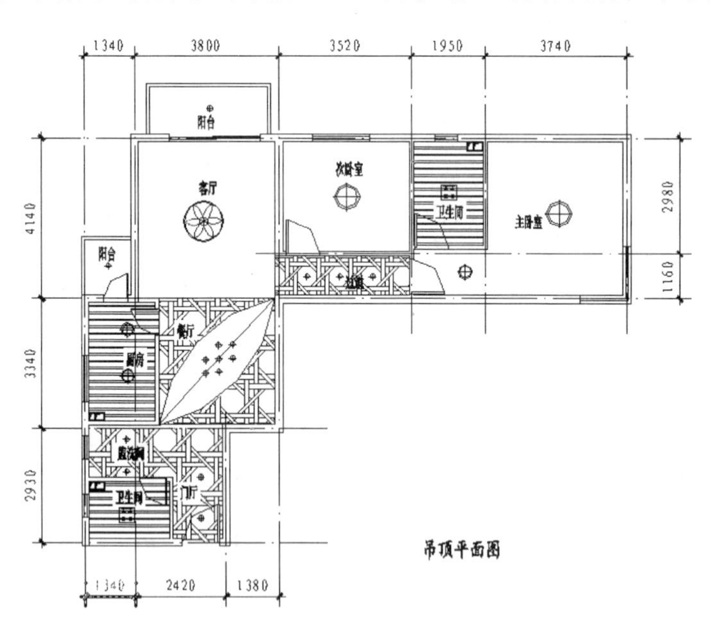

图 5-179　三室二厅住宅地坪图

Step 01 单击“默认”选项卡“绘图”面板中的“直线”按钮和“图案填充”按钮，绘制门厅地面装修材料图案，如图 5-180 所示。

Step 02 单击“默认”选项卡“绘图”面板中的“直线”按钮和“图案填充”按钮，绘制客厅地面装修材料图案，如图 5-181 所示。

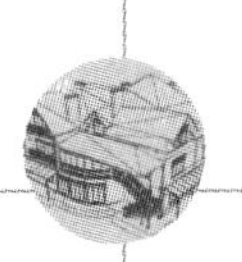

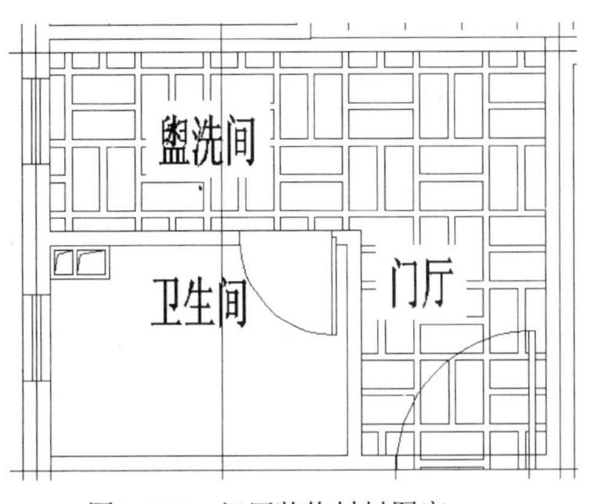

图 5-180　门厅装修材料图案

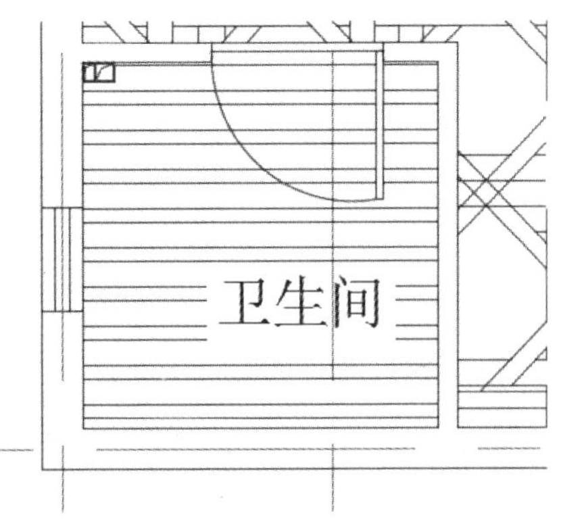

图 5-181　客厅地面装修材料图案

Step 03 单击“默认”选项卡“绘图”面板中的“图案填充”按钮，对厨房、卫生间及阳台地面，选择适合各个空间平面效果的图案进行填充，如图 5-182 所示。

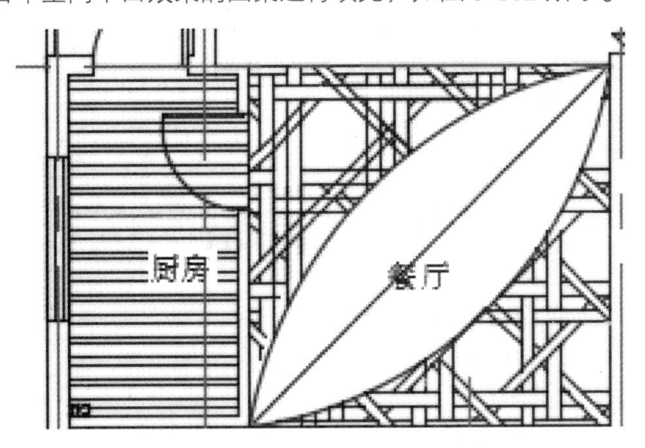

图 5-182　填充厨卫等图案

Step 04 单击“默认”选项卡“绘图”面板中的“图案填充”按钮，完成卧室填充地板图案造型，如图 5-183 所示。

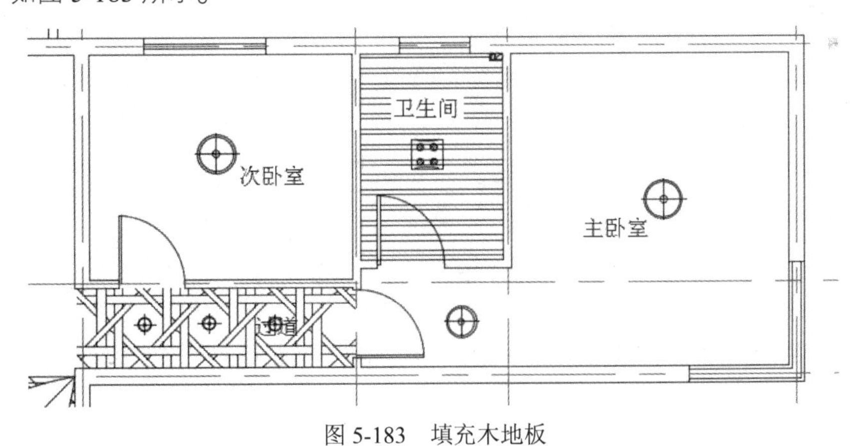

图 5-183　填充木地板

Step 05 完成地坪装修材料的绘制，如图 5-179 所示。

5.6 室内设计立面图绘制实例——二室一厅住宅室内设计立面图

由于住宅室内设计的内容比较多，涉及建筑设计的方方面面。本章将在上一章的基础上进一步深入和完善，完整地介绍住宅室内设计的全过程。

下面以二居室（二室一厅）的住宅室内设计立面图为例，讲解相关知识及其绘制方法与技巧，如图 5-184 所示。

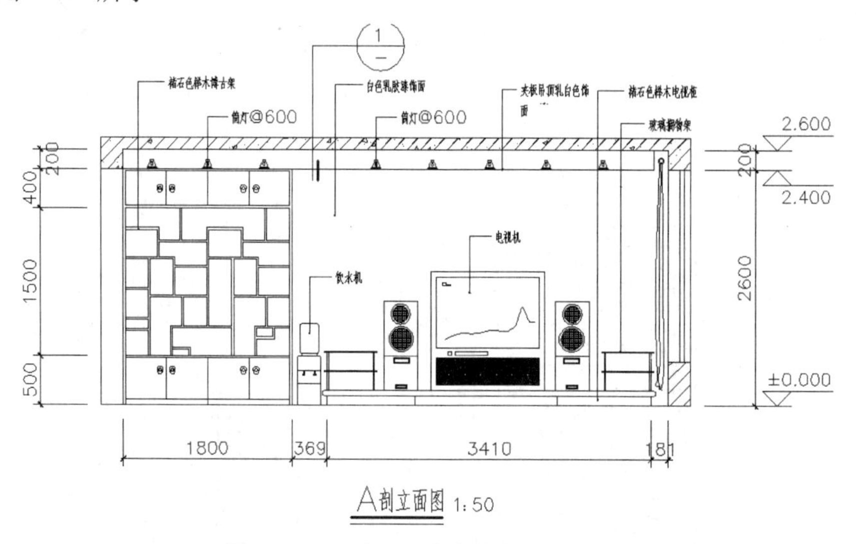

图 5-184 二室一厅住宅室内设计立面图

5.6.1 操作步骤

1. 轮廓绘制

Step 01 打开“图层特性管理器”对话框，将“文字”“尺寸”“地面材料”层关闭，建立一个新图层，命名为“立面”，参数设置如图 5-185 所示，并将其置为当前层。

立面				白	Continu... ——	默认	0	Color_7		

图 5-185 “立面”图层参数

Step 02 单击“默认”选项卡“修改”面板中的“复制”按钮，将平面图选中，拖动鼠标将其复制到旁边的空白处；然后单击“默认”选项卡“修改”面板中的“旋转”按钮，将其逆时针旋转 90°，结果如图 5-186 所示。以复制出的平面图作为参照，在它的上方绘制立面图。

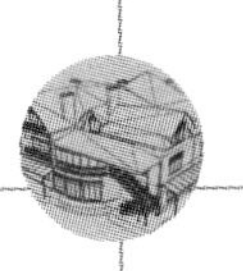

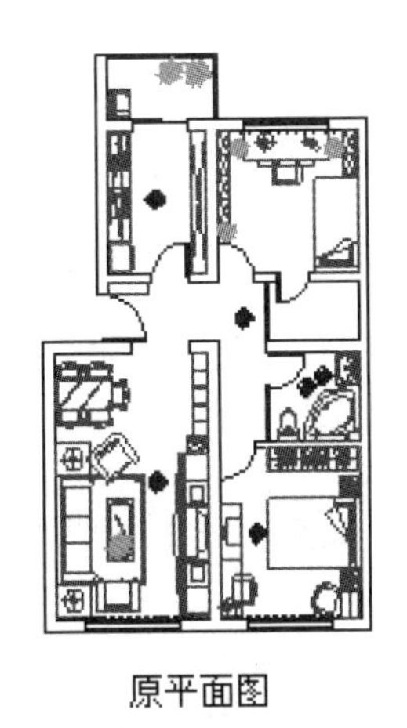

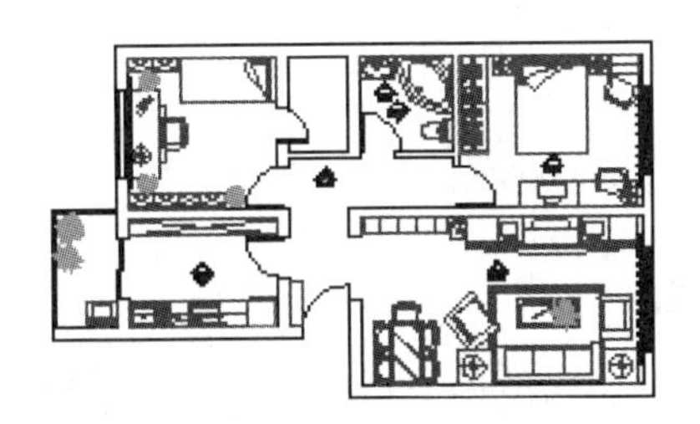

图 5-186　复制出一个平面图

Step 03　在复制的平面图上方先绘制立面的上下轮廓线。单击“默认”选项卡“绘图”面板中的“直线”按钮，绘制一条长于客厅进深的直线；然后单击“默认”选项卡“修改”面板中的“偏移”按钮，偏移出另一条直线，偏移距离为 2600（为客厅的净高），结果如图 5-187 所示。

Step 04　单击“默认”选项卡“绘图”面板中的“直线”按钮，分别以客厅的两个内角点向上引出两条直线，如图 5-188 所示。

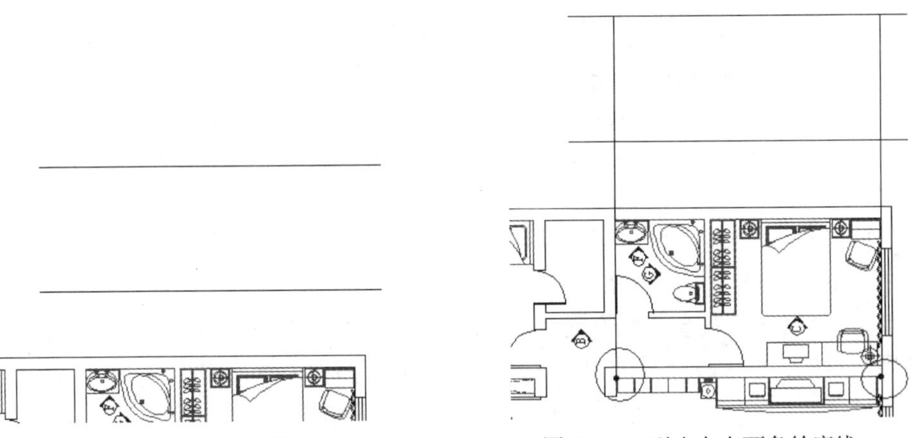

图 5-187　立面上下轮廓线　　　图 5-188　引出左右两条轮廓线

Step 05　单击“默认”选项卡“修改”面板中的“倒角”按钮，将倒角距离设为 0，然后分别单击靠近一个交点处两条线段需要保留的部分，从而删除不需要的伸出部分。重复“倒角”命令，对其余 4 个角进行处理。这样，立面图的轮廓就绘制好了，如图 5-189 所示。

提　示

其实直接利用“矩形”命令绘制一个 2600mm × 5760mm 的矩形作为立面轮廓线也是可以的，上面介绍的方法是想告诉读者一个由平面图引出立面图的思路。

Step 06　单击“默认”选项卡“修改”面板中的“偏移”按钮，单击上面一条立面轮廓线，将其向下偏移复制出另一条直线，偏移距离为 200mm（即墙边吊顶的高度），这条直线为吊顶的剖切线，结果如图 5-190 所示。

图 5-189　立面轮廓线　　　　图 5-190　绘制吊顶剖切线

2．博古架立面

将“家具”层设为当前层。单击“默认”选项卡“绘图”面板中的“插入块”按钮，找到“源文件\图库\博古架立面.dwg”图块，以立面轮廓的左下角为插入点，将其插入到立面图内，结果如图 5-191 所示。该博古架立面尺寸为 1800mm×2400mm，由上、中、下三部分组成。上、下部分均为柜子，中间部分为博古架陈列区，上端与吊顶齐平。要绘制这样的一个博古架，须综合利用“直线”“圆”“复制”“偏移”“修剪”“延伸”“倒角”等命令。

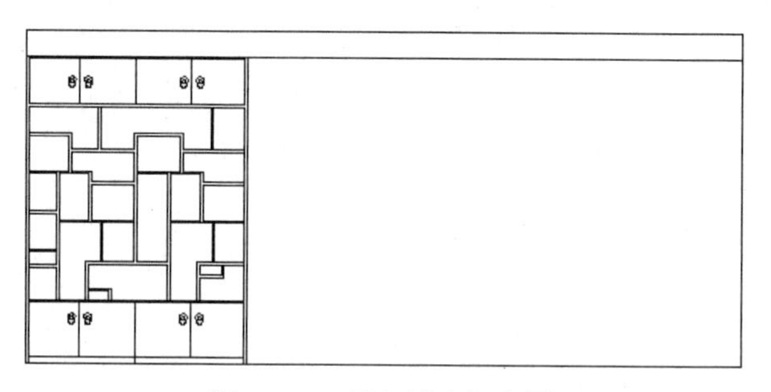

图 5-191　插入博古架立面

3．电视柜立面

Step 01 单击“默认”选项卡“绘图”面板中的“直线”按钮，以平面图中电视机的中点作起点，向上引出一条直线到立面图的下轮廓线，以便在插入电视机立面时以此为插入点。采用同样的方法从饮水机平面中点也引出一条直线，如图 5-192 所示。

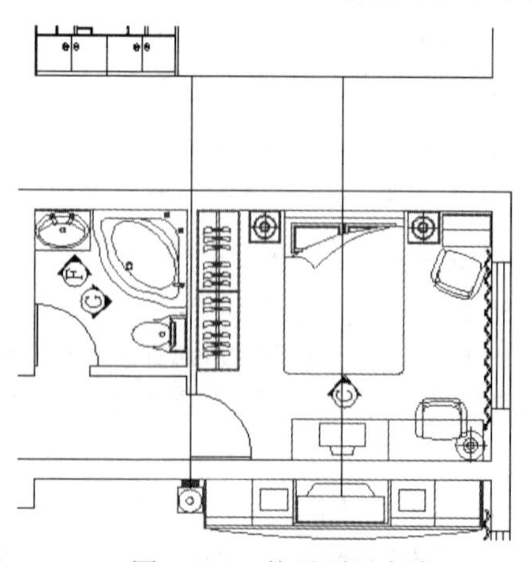

图 5-192　从平面引直线

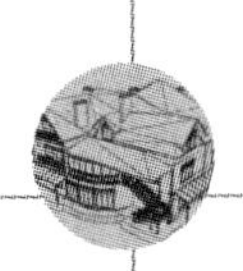

Step 02 单击“默认”选项卡“绘图”面板中的“插入块”按钮，找到“源文件\图库\电视柜立面.dwg”图块，以引线端点为插入点，将其插入到相应的位置。重复“插入块”命令，将“源文件\图库\饮水机立面.dwg”图块也插入到相应的位置，结果如图 5-193 所示。

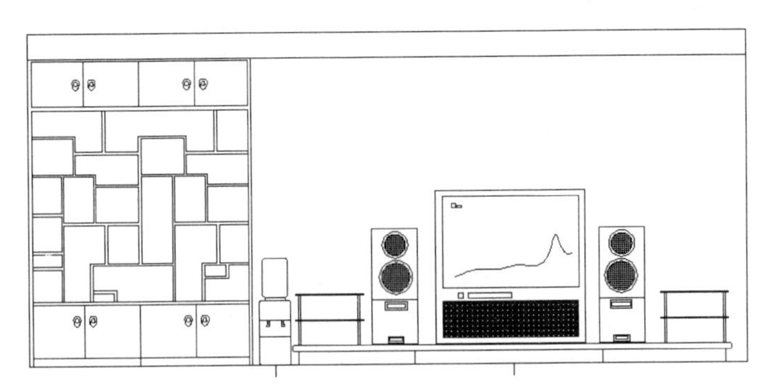

图 5-193 插入电视柜立面和饮水机立面

Step 03 该电视柜平台高 150mm，中间部分放置电视机和音箱，两端各设计一个置物架。绘制这个图块用到的命令有“直线”“圆”“圆弧”“图案填充”“样条曲线”“复制对象”“偏移”“修剪”“延伸”“倒角”“镜像”等。

4. 布置吊顶立面筒灯

Step 01 将前面提到的电视柜引线延伸到立面轮廓线上，以便筒灯定位。

Step 02 单击“默认”选项卡“绘图”面板中的“插入块”按钮，找到“源文件\图库\筒灯立面.dwg”图块，以引线端点为插入点，将其插入到吊顶剖切线上，如图 5-194 所示。

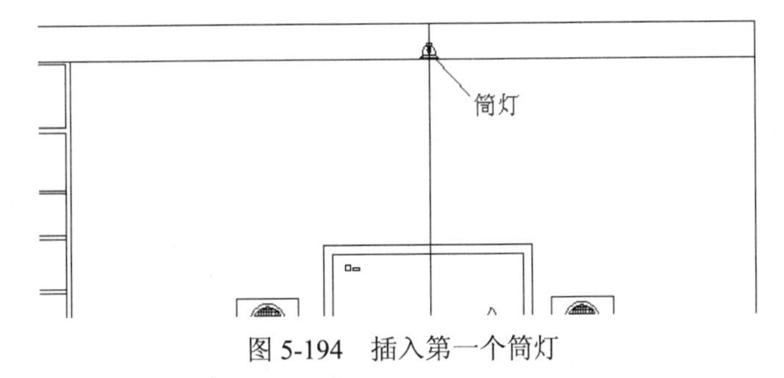

图 5-194 插入第一个筒灯

Step 03 单击“默认”选项卡“修改”面板中的“矩形阵列”按钮，将筒灯向左阵列出两个，向右阵列出两个（该步骤也可使用“镜像”命令），阵列间距为 600mm，结果如图 5-195 所示。

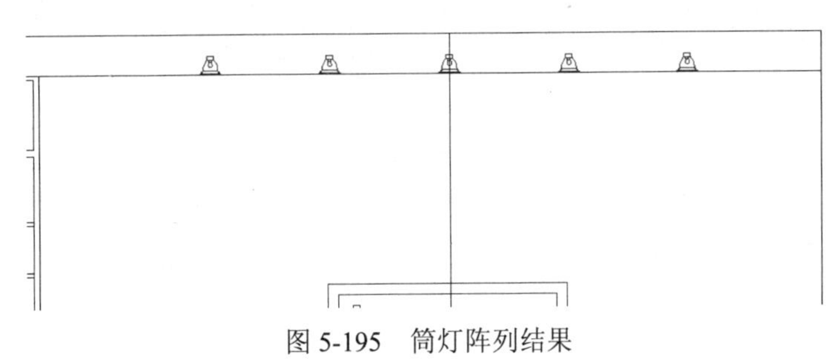

图 5-195 筒灯阵列结果

Step 04 单击“默认”选项卡“修改”面板中的“复制”按钮，选中中间 3 个筒灯，捕捉引线与吊顶线的角点作为起点，捕捉博古架上端中点作为终点，将它们复制到博古架的上端。筒灯布置结束，如图 5-196 所示。

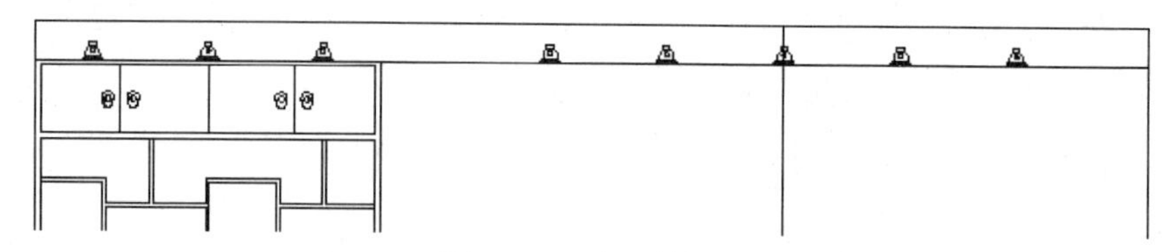

图 5-196　全部筒灯

Step 05 将引线删除， 可以在博古架上添加一些陈列物品。

5. 窗帘绘制

Step 01 将右端吊顶线进行修改，留出窗帘盒位置。单击“默认”选项卡“修改”面板中的“偏移”按钮，设置偏移距离为 150，选取右端轮廓线，向内偏移出一条直线，如图 5-197 所示。

Step 02 单击“默认”选项卡“修改”面板中的“倒角”按钮，对图 5-198 进行倒角处理，结果如图 5-198 所示。

Step 03 将“窗帘”层设为当前层。在窗帘盒内绘制出窗帘滑轨断面示意图，单击“默认”选项卡“绘图”面板中的“样条曲线拟合”按钮，随意绘出窗帘示意图，结果如图 5-199 所示。

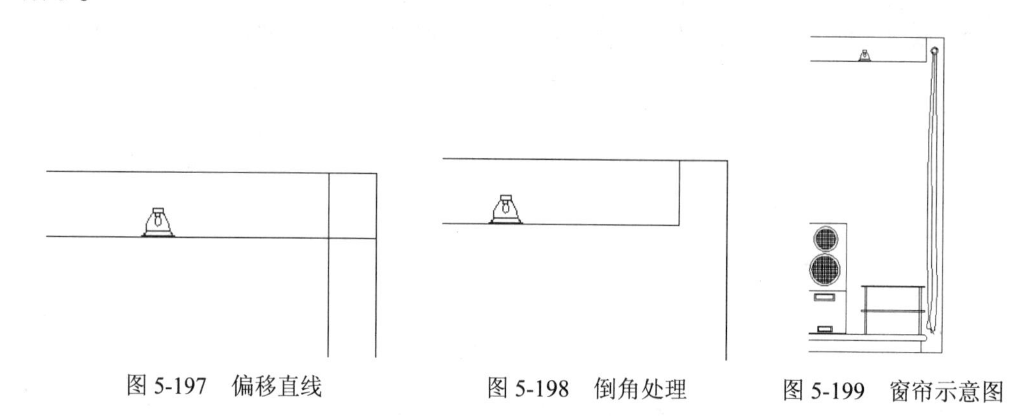

图 5-197　偏移直线　　图 5-198　倒角处理　　图 5-199　窗帘示意图

6. 图形比例调整

室内平面图采用的比例是 1：100，而现在的立面图采用的比例是 1：50，为了使立面图与平面图匹配，将立面图比例放大 2 倍，将尺寸标注样式中的“单位测量比例因子”缩小 1 倍。具体操作如下：

Step 01 单击“默认”选项卡“修改”面板中的“缩放”按钮，将刚才完成的立面图全部选中，选取左下角为基点，在命令行中输入比例因子“2”，按 Enter 键后，图形的几何尺寸变为原来的 2 倍。

Step 02 以“室内”尺寸样式为基础样式，新建一个“室内立面”尺寸样式，将“修改标注样式”对话框“主单位”选项卡中的“比例因子”设置为 0.5，如图 5-200 所示，其余选项保

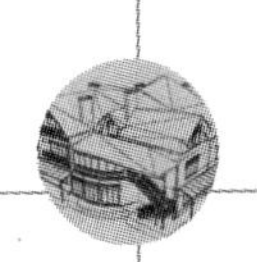

持不变。将“室内立面”样式设为当前样式。

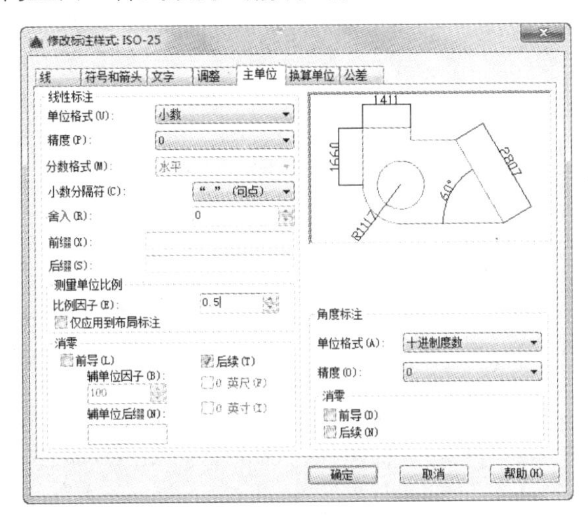

图 5-200　标注样式设置

7．尺寸标注

在该立面图中，应该标注出客厅净高、吊顶高度、博古架尺寸、电视柜尺寸及各陈设相对位置尺寸等。具体操作如下：

Step 01　将“尺寸”层设为当前层。

Step 02　单击“默认”选项卡“注释”面板中的“线性”按钮，进行标注，结果如图 5-201 所示。

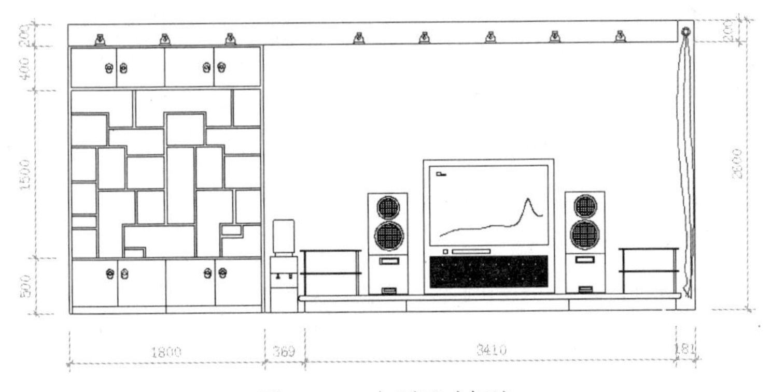

图 5-201　立面尺寸标注

8．标注标高

事先将标高符号及上面的标高值一起制作成图块，存放在“X：\源文件\图库”文件夹中。

Step 01　单击“默认”选项卡“绘图”面板中的“插入块”按钮，将标高符号插入到如图 5-202 所示的位置。

Step 02　单击“默认”选项卡“修改”面板中的“分解”按钮，将刚插入的标高符号分解开。

Step 03　将这个标高符号复制到其他两个尺寸界线端点处，然后利用鼠标双击数字，把标高值修改正确，如图 5-203 所示。

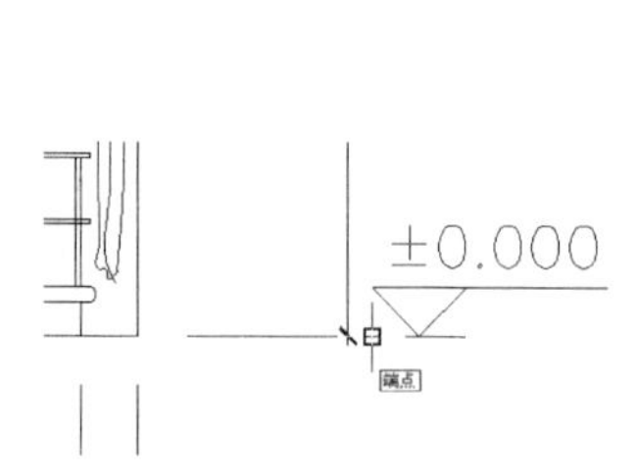

图 5-202　标高符号的插入点

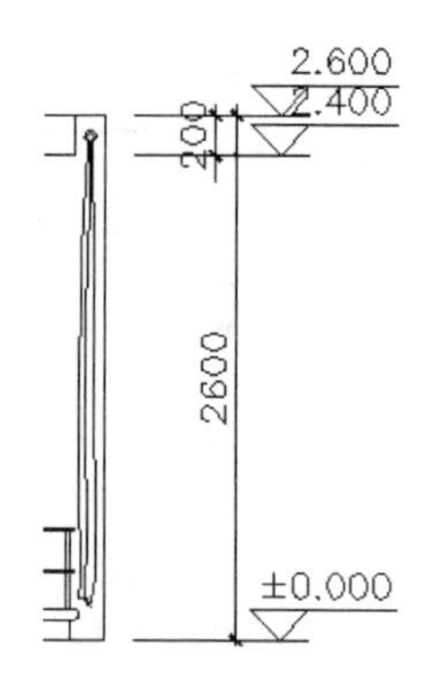

图 5-203　标高的复制与修改

Step 04　在图 5-203 中，第二和第三个标高值出现重叠，现将第二个标高值向下翻转。单击“默认”选项卡“修改”面板中的“镜像”按钮，命令行中提示与操作如下：

```
命令: _mirror
选择对象: 指定对角点: 找到 2 个 （将第二个标高符号选中，按右键）
指定镜像线的第一点:（在该条尺寸界线上点取第一点）
指定镜像线的第二点: （在该条尺寸界线上点取第二点，按右键）
要删除源对象？[是(Y)/否(N)] <N>: y （回车）
结果如图 5-204 所示
```

9. 文字说明

在该立面图中，需要说明的是博古架、电视柜、墙面、吊顶的材料、颜色、名称等，还要注明筒灯的分布情况。具体操作如下：

Step 01　将“文字”层设为当前层。

Step 02　在命令行中输入“QLEADER”命令，首先标注博古架，结果如图 5-205 所示。然后按照如图 5-206 所示完成剩下的文字说明。

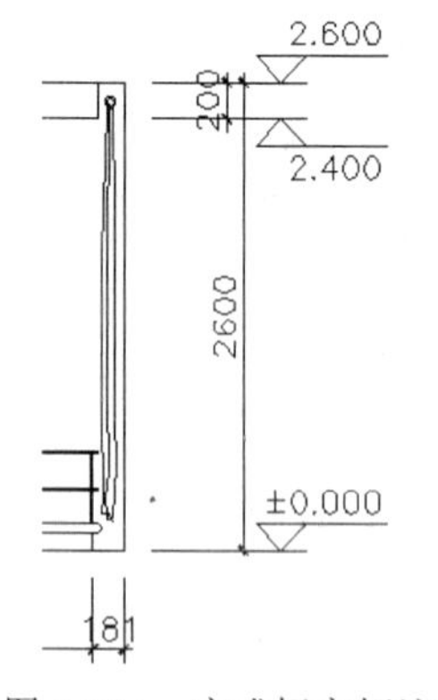

图 5-204　完成标高标注

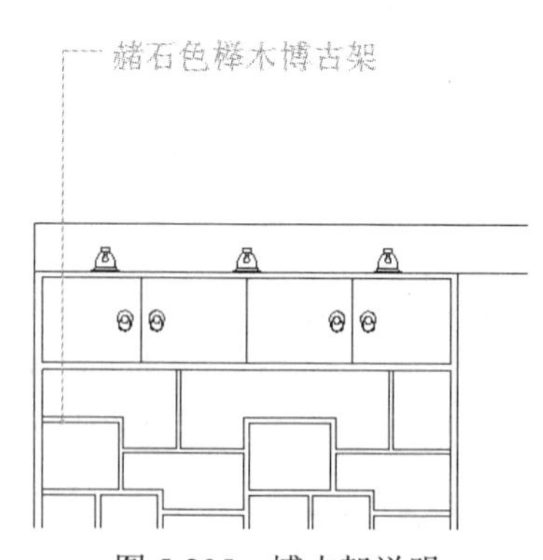

图 5-205　博古架说明

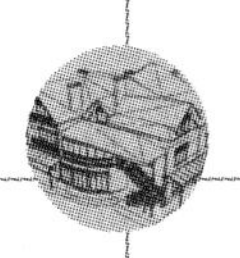

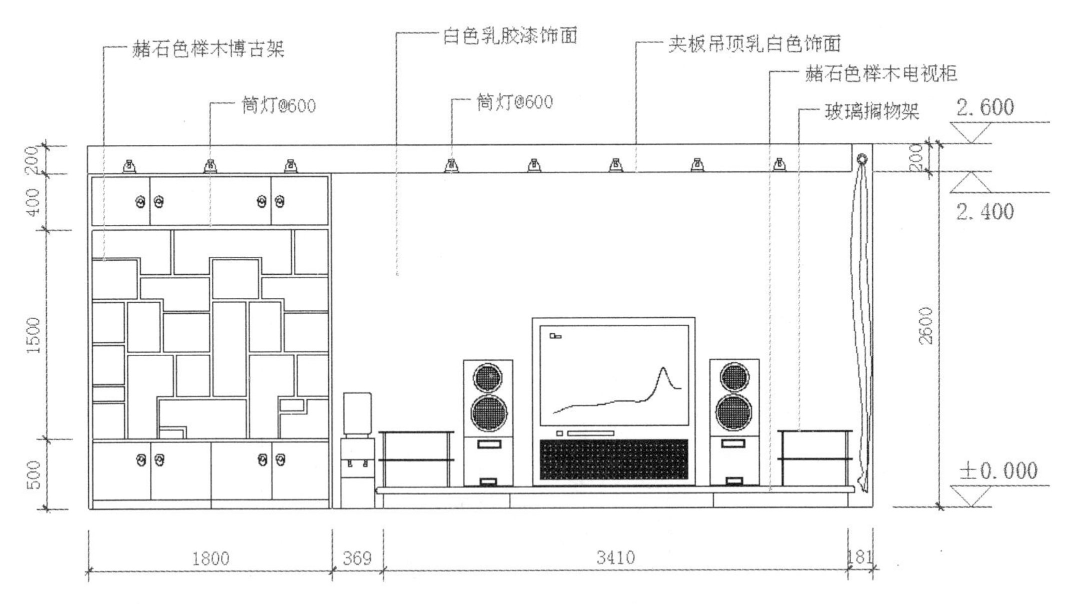

图 5-206　立面文字说明

10．其他符号标注

在这里，我们将绘制一个吊顶做法的详图索引符号并注明图名。

Step 01　将“符号”层设为当前层。

Step 02　单击“默认”选项卡“块”面板中的“插入”按钮，找到“源文件\图库\详图索引符号.dwg”图块，插入到如图 5-207 所示的位置。

Step 03　单击“默认”选项卡“修改”面板中的“分解”按钮，将符号分解开。分别双击文字部分，将“3”修改为“1”，“8”修改为“—”，表示本套图纸中的第一个详图，它的位置在本张图样内。

Step 04　单击“默认”选项卡“绘图”面板中的“直线”按钮，将索引符号的引线延伸至吊顶处，并在吊顶处引线右侧增加剖视方向线。利用鼠标单击剖视方向线，将其选中，把线宽设置为 0.35，结果如图 5-208 所示。

Step 05　单击“默认”选项卡“注释”面板中的“多行文字”按钮A和“绘图”面板中的“直线”按钮，在立面图的下方注明图名及比例，如图 5-209 所示，规格同平面图。

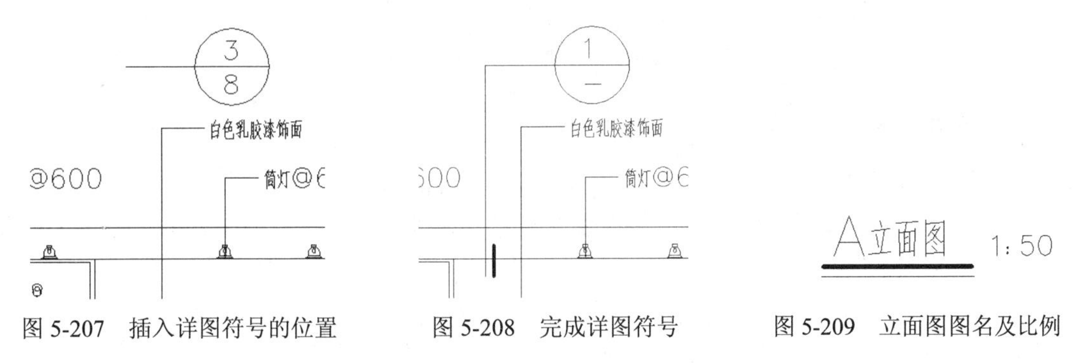

图 5-207　插入详图符号的位置　　图 5-208　完成详图符号　　图 5-209　立面图图名及比例

至此，A 立面图就大致完成了，整体效果如图 5-210 所示。

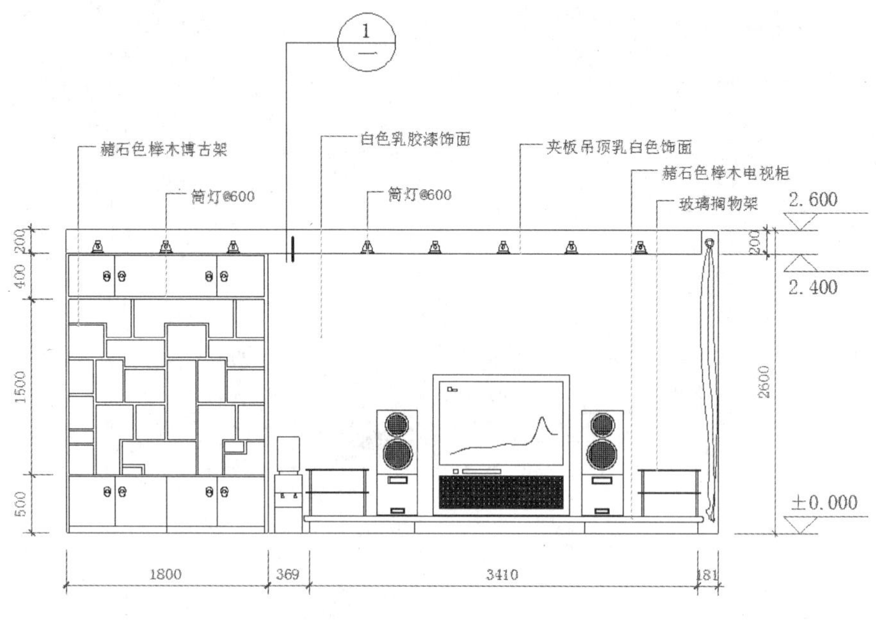

图 5-210 A 立面图

11．线宽设置

本例的具体线宽值采用 0.6mm、0.35mm、0.25mm、0.18mm 4 个等级。图中立面轮廓线、剖切标志线设为 0.6mm，吊顶剖切线设为 0.35mm，博古架、电视柜（不包括电视机）外轮廓设为 0.25mm，其余线条设为 0.18mm，效果如图 5-211 所示。

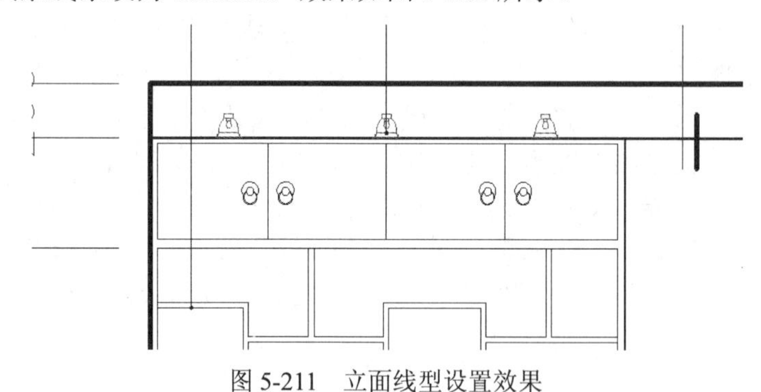

图 5-211 立面线型设置效果

12．剖立面图

前面叙述的是立面图的一种绘制方法，即只顾及墙面以内的内容。另一种绘制方法是把两侧的墙体剖面及顶棚以上的楼板剖面也表示出来，这种立面图叫做剖立面图，下面介绍其绘制要点。

Step 01 将刚绘制结束的 A 立面图作整体复制，在复制的立面图上进行后续操作。将“文字”“尺寸”“符号”等图层关闭，设置“立面”层为当前层。

Step 02 综合利用“直线”“矩形”“复制”“偏移”“剪切”“延伸”“倒角”等命令，绘制出墙体

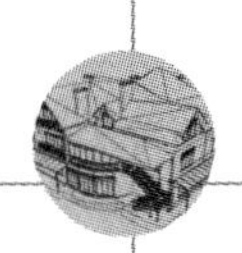

剖面轮廓、楼板剖面轮廓及门窗。绘制时参照图 5-212 标注的实际尺寸，但需要扩大 1 倍输入。绘制结束后，将墙体、楼板的剖切轮廓更换到“墙体”层。

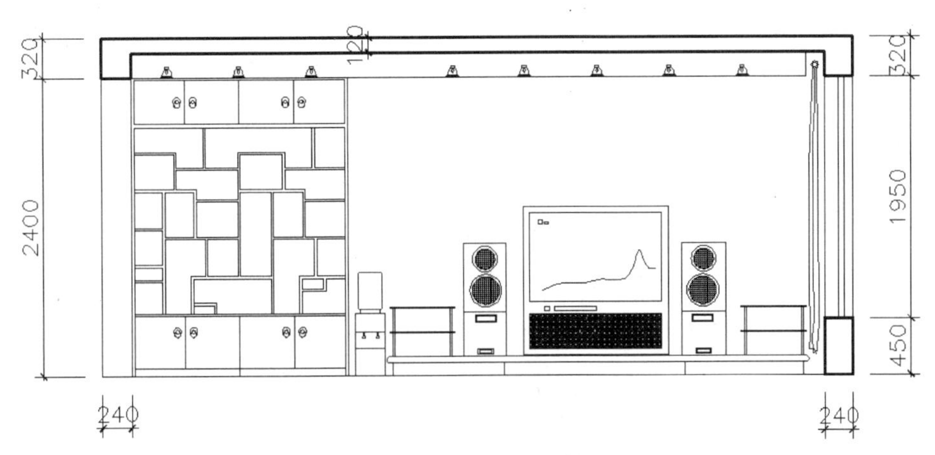

图 5-212　墙体剖面轮廓及楼板剖面轮廓

Step 03 单击“默认”选项卡“绘图”面板中的“图案填充”按钮，对剖切部分进行图案填充。楼板及圈梁材料为钢筋混凝土，“JIS-LC-20”的填充比例为 10，“AR-CONC”的填充比例为 5，结果就得到了钢筋混凝土的图案。至于窗下方的砖墙图例，直接填充“JIS-LC-20”，填充比例为 10。

Step 04 打开“文字”“尺寸”“符号”等图层，单击“默认”选项卡“修改”面板中的“移动”按钮，将两侧的尺寸图案分别向外侧移动 480，将图名更改为“A 剖立面图”，如图 5-213 所示。至此，绘制基本完成。

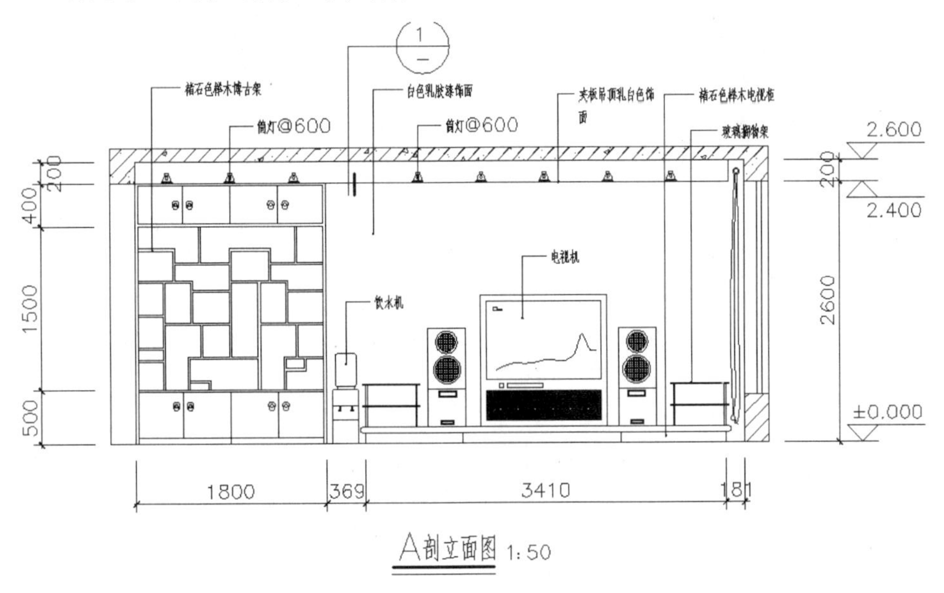

图 5-213　A 剖立面图

Step 05 图中墙体剖切轮廓线、剖切标志线、图名下划线均设为 0.6mm，吊顶剖切线设为 0.35mm，博古架、电视柜（不包括电视机）外轮廓均设为 0.25mm，其余线条设为 0.18mm，效果如图 5-214 所示。

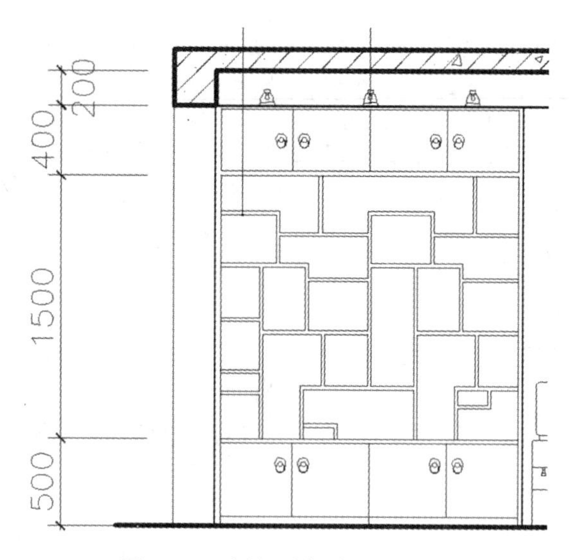

图 5-214　剖立面线型设置效果

5.6.2　拓展实例—— 一室一厅住宅室内设计立面图

读者可以利用上面所学的相关知识完成一室一厅住宅室内设计立面图的绘制，如图 5-215 所示。

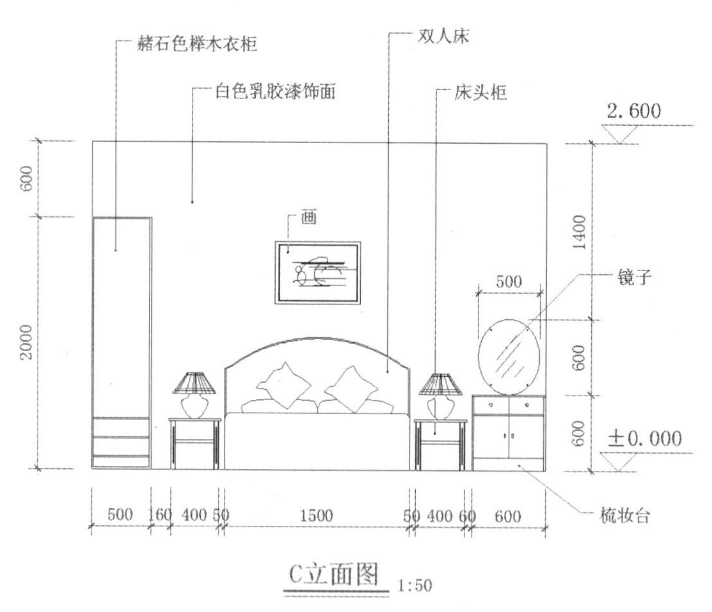

图 5-215　一室一厅住宅室内设计立面图

Step 01　单击“默认”选项卡“绘图”面板中的“矩形”按钮，绘制初步轮廓，如图 5-216 所示。

Step 02　单击“默认”选项卡“绘图”面板中的“矩形”按钮和“修改”面板中的“偏移”按钮，绘制衣柜剖面，如图 5-217 所示。

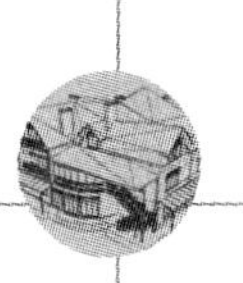

图 5-216　绘制初步轮廓

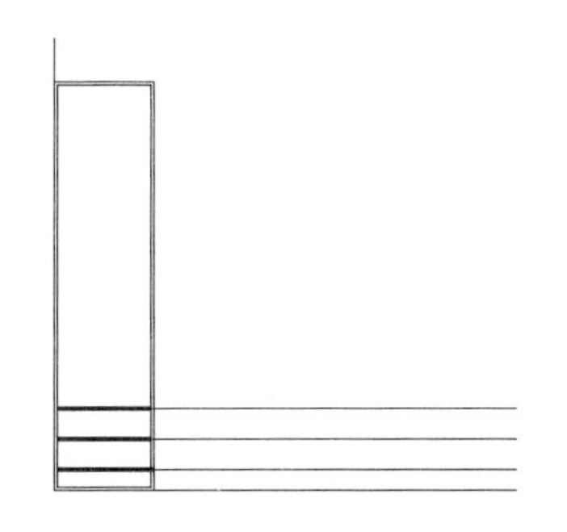

图 5-217　绘制衣柜剖面

Step 03　单击“默认”选项卡“绘图”面板中的“插入块”按钮，插入立面图块，如图 5-218 所示。

Step 04　单击“默认”选项卡“绘图”面板中的“直线”按钮和“注释”面板中的“线性”按钮、“连续”按钮和“多行文字”按钮，标注尺寸和标高，如图 5-219 所示。

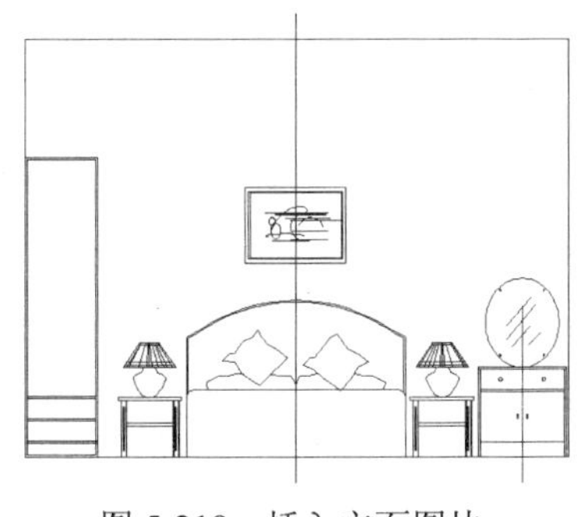

图 5-218　插入立面图块

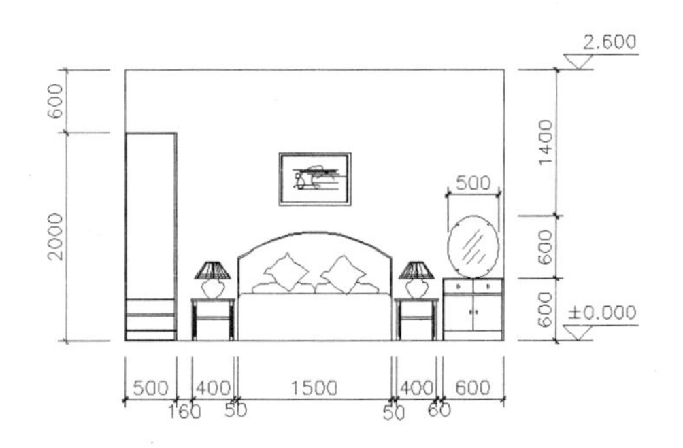

图 5-219　立面尺寸标注

5.6.3　拓展实例—— 三室二厅住宅室内设计立面图

读者可以利用上面所学的相关知识完成三室二厅住宅室内设计立面图的绘制，如图 5-220 所示。

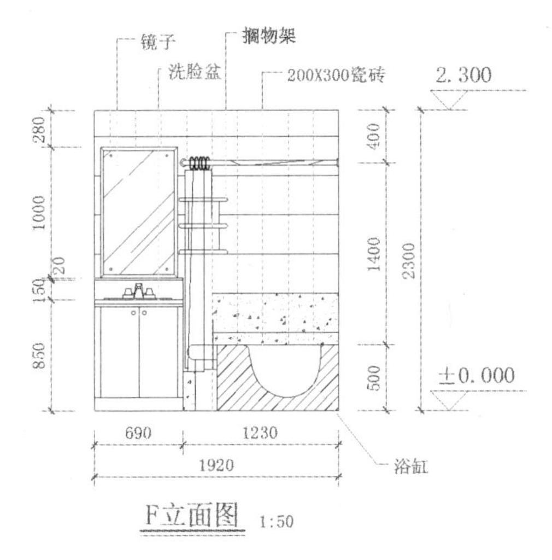

图 5-220　三室二厅住宅室内设计立面图

Step 01 单击“默认”选项卡“绘图”面板中的“矩形”按钮，绘制矩形，如图 5-221 所示。

Step 02 单击“默认”选项卡“绘图”面板中的“插入块”按钮，插入图块，如图 5-222 所示。

Step 03 单击“默认”选项卡“修改”面板中的“矩形阵列”按钮，绘制墙面材料图案，如图 5-223 所示。

图 5-221 F 立面轮廓

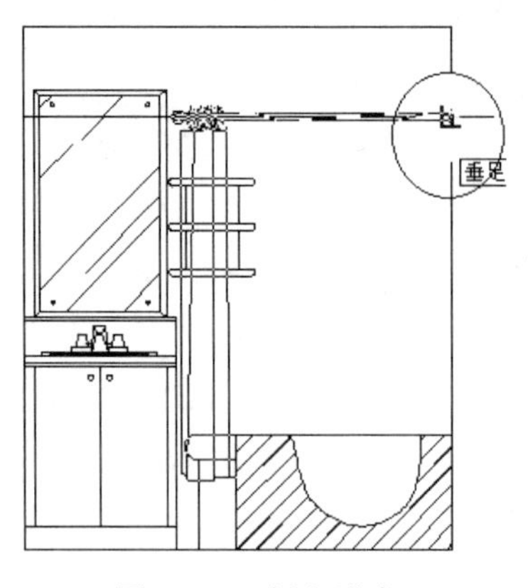

图 5-222 插入浴帘

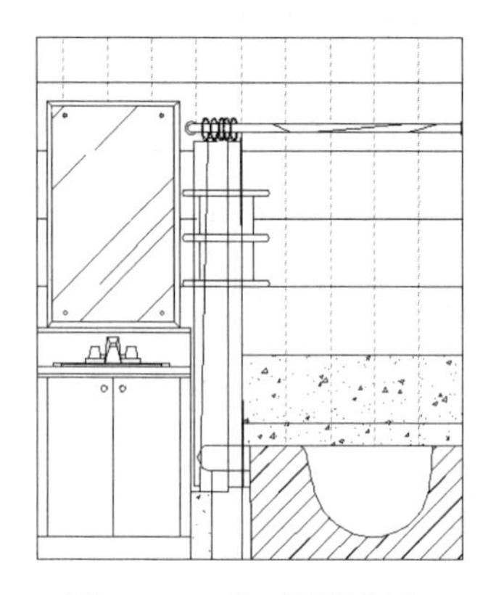

图 5-223 墙面材料图案

Step 04 单击“默认”选项卡“绘图”面板中的“直线”按钮和“注释”面板中的“多行文字”按钮，为图形添加标注，效果如图 5-220 所示。

第 6 章

别墅室内设计综合实例——某二层别墅室内设计

知识导引

本章将结合一栋二层小别墅建筑实例，详细介绍建筑平面图的绘制方法。本别墅总建筑面积约为 250 ㎡，拥有客厅、卧室、卫生间、车库、厨房等各种不同功能的房间及空间。别墅首层主要安排客厅、餐厅、厨房、工人房、车库等房间，大部分属于公共空间，用来满足业主会客和聚会等方面的需求；二层主要安排主卧室、客房、书房等房间，属于较私密的空间，为业主提供一个安静而又温馨的居住环境。

内容要点

- 某二层别墅一层建筑平面图
- 某二层别墅一层室内地坪平面图
- 某二层别墅一层室内顶棚平面图
- 某二层别墅一层室内立面图
- 某二层别墅客厅背景墙剖面图
- 某二层别墅踏步大样图

6.1 别墅室内设计基本理论

本章将详细讲解如图 6-1 所示独立别墅的室内装饰设计思路及其相关装饰图的绘制方法与技巧，包括别墅首层及二层建筑平面图中的墙体、门窗、楼梯和阳台等图形的绘制；别墅首层及二层建筑装修平面图中的门厅、餐厅、客厅的装修设计方法和着眼点；各层主次卧室、书房等装修布局方法；卫生间、厨房和车库等装修设计要点；两层别墅的客厅天花造型设计方法及其他功能房间吊顶设计方法等。

6.1.1 别墅室内设计

别墅造型外观雅致美观，独幢独户，庭院视野宽阔，花园树茂草盛，有较大绿地。有的依山傍水，景观宜人，使住户能享受大自然之美，有心旷神怡之感；别墅还有附属的汽车间、门房间、花棚等；社区型的别墅大都是整体开发建造的，整个别墅区有数十幢独立独户别墅住宅，区内公共设施完备，有中心花园、水池绿地，还设有健身房、文化娱乐场所及购物场所等。

6.1.2 别墅空间的功能分析

就建筑功能而言，别墅平面需要设置的空间虽然不多，但应齐全，满足日常生活的不同需要。根据日常起居和生活质量的要求，别墅空间平面一般主要设置以下房间。

（1）厅：门厅、客厅和餐厅。

（2）卧室：主卧室、次卧室、儿童房、客人房等。

（3）辅助房间：书房、家庭团聚室、娱乐室、衣帽间等。

（4）生活配套：厨房、卫生间、淋浴间、运动健身房等。

（5）其他房间：工人房、洗衣房、储藏间、车库等。

在上述的各个房间中，门厅、客厅和餐厅、厨房、卫生间、淋浴间等多设置在首层平面中，次卧室、儿童房、主卧室、衣帽间等多设置在 2 层或 3 层平面中。与普通住宅居室建筑平面图绘制方法类似，同样是先建立各个功能房间的开间和进深轴线，然后按照轴线位置绘制各个功能房间墙体及相应的门窗洞口的平面造型，最后绘制楼梯、阳台及管道等辅助空间的平面图形，同时标注相应的尺寸和文字说明。

6.2 别墅建筑平面图绘制实例——某二层别墅一层建筑平面图

下面以某二层别墅一层建筑平面图为例，讲解相关知识及其绘制方法与技巧，如图 6-1 所示。

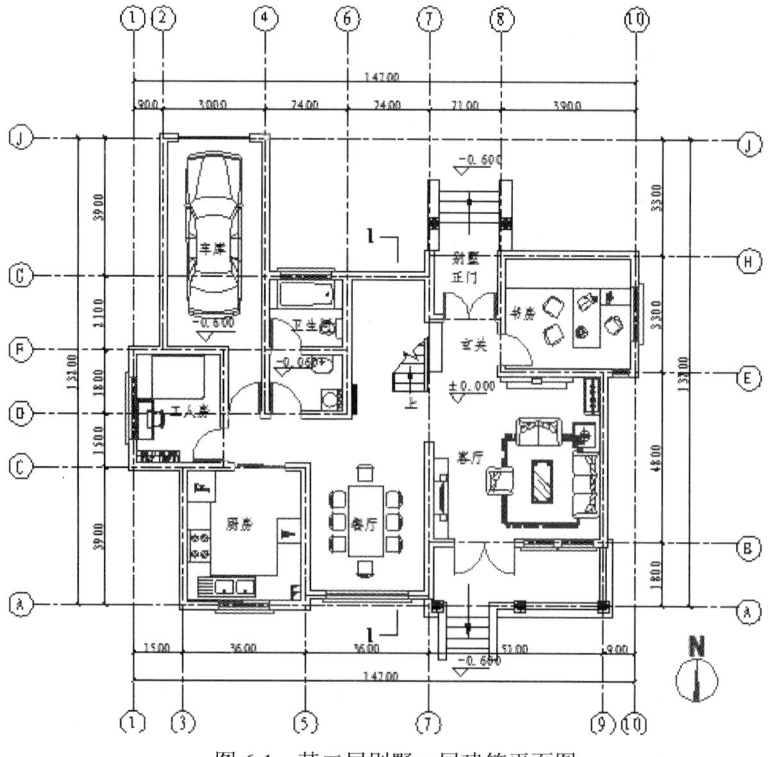

图 6-1　某二层别墅一层建筑平面图

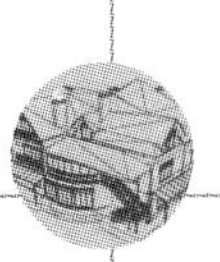

6.2.1　操作步骤

1．设置绘图环境

（1）创建图形文件

选择菜单栏中的“格式”→“单位”命令，在弹出的“图形单位”对话框中设置角度“类型”为“十进制度数”，角度“精度”为 0，如图 6-2 所示。单击“方向”按钮，系统弹出“方向控制”对话框，将“方向控制”设置为“东”，如图 6-3 所示。

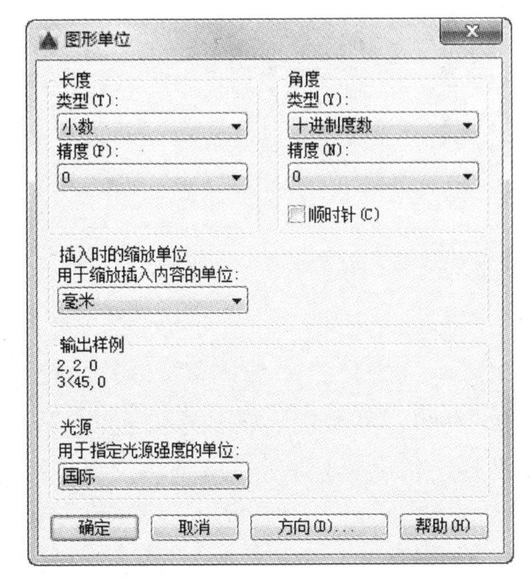

图 6-2　“图形单位”对话框

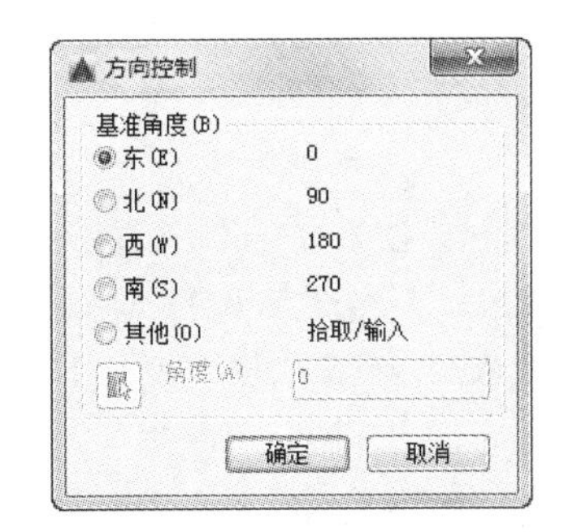

图 6-3　“方向控制”对话框

（2）命名图形

单击“快速访问”工具栏中的“保存”按钮，弹出“图形另存为”对话框，在“文件名”下拉列表框中输入图形名称“别墅首层平面图.dwg”，如图 6-4 所示。单击“保存”按钮，完成对新建图形文件的保存。

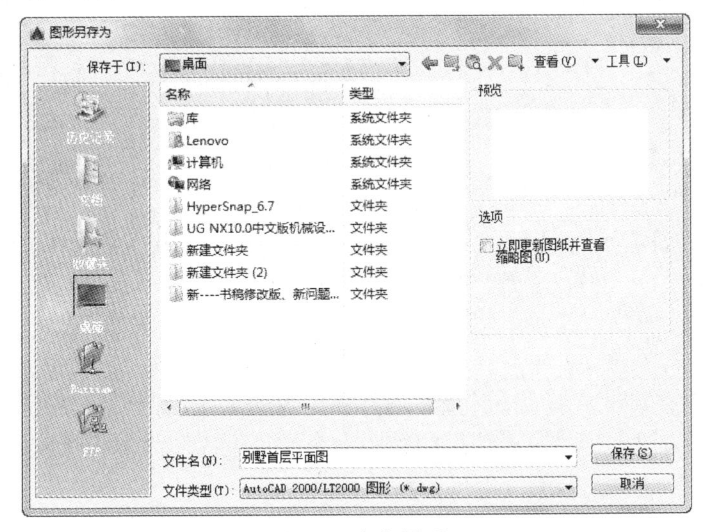

图 6-4　命名图形

（3）设置图层

单击“默认”选项卡“图层”面板中的“图层特性”按钮，打开“图层特性管理器”对话框，依次创建平面图中的基本图层，如轴线、墙体、楼梯、门窗、家具、标注和文字等，如图 6-5 所示。

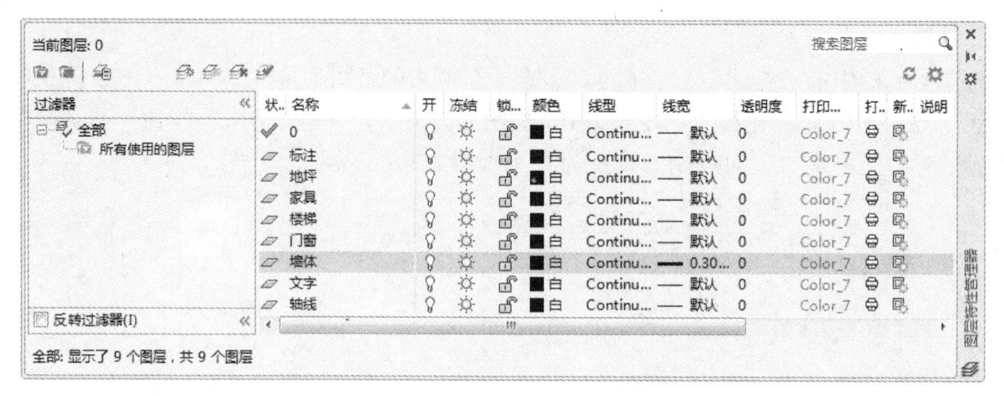

图 6-5　“图层特性管理器”对话框

AutoCAD 2016 软件有自动保存图形文件的功能，用户只需在绘图时，将该功能激活即可。具体设置步骤如下：选择菜单栏中的“工具”→“选项”命令，弹出“选项”对话框，单击“打开和保存”选项卡，在“文件安全措施”选项组中勾选“自动保存”复选框，根据个人需要在“保存间隔分钟数”文本框中输入具体数字，然后单击“确定”按钮完成设置，如图 6-6 所示。

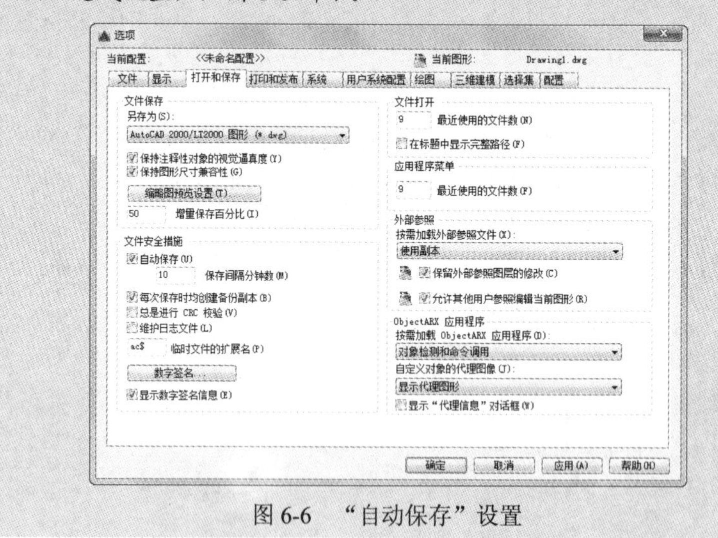

图 6-6　“自动保存”设置

2. 绘制建筑轴线

建筑轴线是在绘制建筑平面图时布置墙体和门窗的依据，同样也是建筑施工定位的重要依据。在轴线的绘制过程中，主要使用的绘图命令是“直线”命令和“偏移”命令。

如图 6-7 所示为绘制完成的别墅平面轴线。

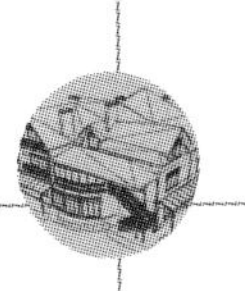

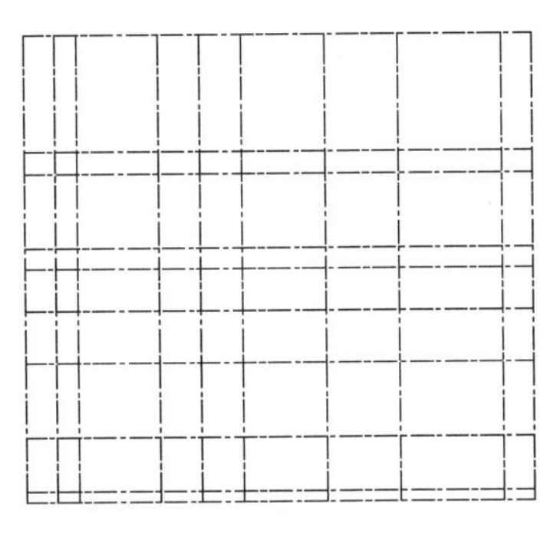

图 6-7　别墅平面轴线

（1）设置“轴线”特性

Step 01 选择图层，加载线型。单击“默认”选项卡“图层”面板中的“图层特性”按钮，打开“图层特性管理器”对话框，单击“轴线”图层栏中的“线型”名称，弹出“选择线型”对话框，如图 6-8 所示；在该对话框中单击“加载...”按钮，弹出“加载或重载线型”对话框，在该对话框的“可用线型”列表框中选择线型“CENTER”进行加载，如图 6-9 所示；然后单击“确定”按钮，返回“选择线型”对话框，将线型“CENTER”设置为当前使用线型。最后选择“轴线”图层，将其设置为当前图层。

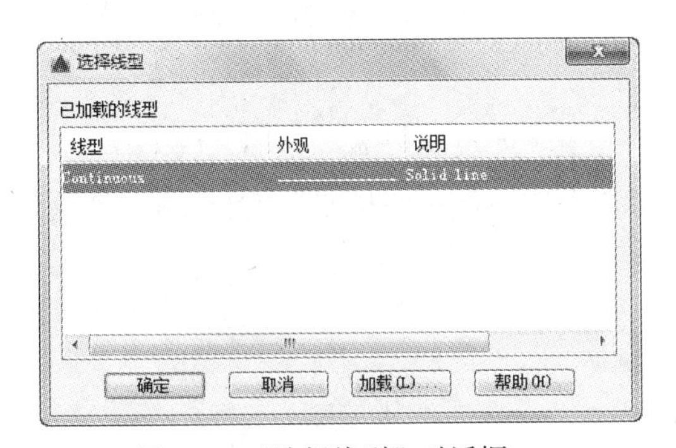

图 6-8　“选择线型”对话框

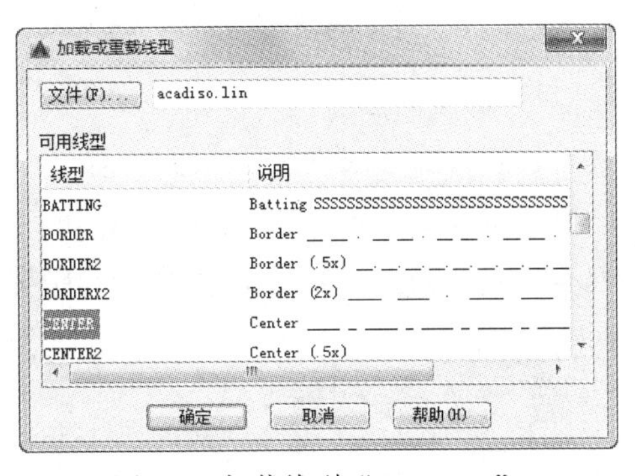

图 6-9　加载线型“CENTER”

Step 02 设置线型比例。选择菜单栏中的“格式”→“线型”命令，弹出“线型管理器”对话框；选择“CENTER”线型，单击“显示细节”按钮，将“全局比例因子”设置为 20，如图 6-10 所示；然后单击“确定”按钮，完成对轴线线型的设置。

图 6-10　设置线型比例

（2）绘制横向轴线

Step 01 绘制横向轴线基准线。单击“默认”选项卡“绘图”面板中的“直线”按钮，绘制一条长度为 14700mm 的横向基准轴线，如图 6-11 所示。命令行中提示与操作如下：

```
命令: _line
指定第一点:(适当指定一点)
指定下一点或 [放弃(U)]: @14700, 0↙
指定下一点或 [放弃(U)]: ↙
```

Step 02 绘制横向轴线。单击“默认”选项卡“修改”面板中的“偏移”按钮，将横向基准轴线依次向下偏移，偏移距离分别为 3300mm、3900mm、6000mm、6600mm、7800mm、9300mm、11400mm、13200mm，如图 6-12 所示，依次完成横向轴线的绘制。

图 6-11　绘制横向基准轴线

图 6-12　绘制横向轴线

（3）绘制纵向轴线

Step 01 绘制纵向轴线基准线。单击“默认”选项卡“绘图”面板中的“直线”按钮，以前面绘制的横向基准轴线的左端点为起点，垂直向下绘制一条长度为 13200mm 的纵向基准轴线，如图 6-13 所示。命令行中提示与操作如下：

```
命令: _line
指定第一点: (适当指定一点)
指定下一点或 [放弃(U)]: @0, —13200↙
指定下一点或 [放弃(U)]:↙
```

Step 02 绘制其余纵向轴线。单击“默认”选项卡“修改”面板中的“偏移”按钮，将纵向基准轴线依次向右偏移，偏移量分别为 900mm、1500mm、2700、3900mm、5100mm、6300mm、8700mm、10800mm、13800mm、14700mm，依次完成纵向轴线的绘制。并单击“默认”选项卡“修改”面板中的“修剪”按钮，对多线进行修剪，如图 6-14 所示。

图 6-13　绘制纵向基准轴线

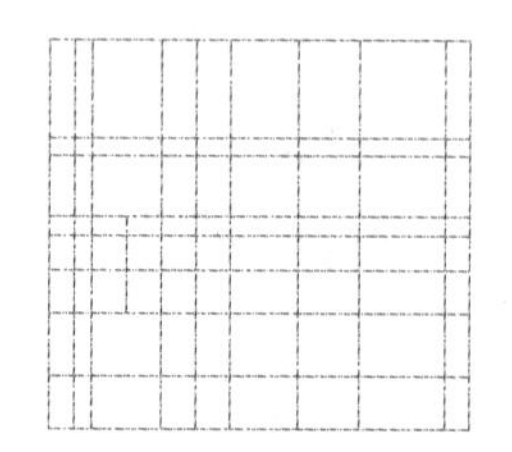

图 6-14　绘制纵向轴线

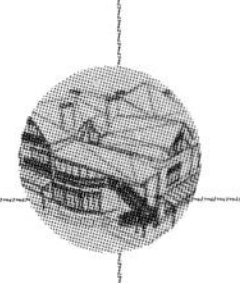

提　示

在绘制建筑轴线时，一般选择建筑横向、纵向的最大长度为轴线长度，但当建筑物形体过于复杂时，太长的轴线往往会影响图形效果，因此，也可以只在一些需要轴线定位的建筑局部绘制轴线。

3．绘制墙体

在建筑平面图中，墙体用双线表示，一般采用轴线定位的方式，以轴线为中心，具有很强的对称关系。绘制墙线有以下 3 种方法：

方法 1：单击“默认”选项卡“修改”面板中的“偏移”按钮，直接偏移轴线，将轴线向两侧偏移一定距离，得到双线，然后将所得双线转移至墙线图层。

方法 2：选择菜单栏中的“绘图”→“多线”命令，直接绘制墙线。

方法 3：当墙体要求填充为实体颜色时，也可以单击“默认”选项卡“绘图”面板中的“多段线”按钮，直接绘制，将线宽设置为墙厚即可。

图 6-15　绘制墙体

在本例中，笔者推荐使用第二种方法，即利用“多线”命令绘制墙线，绘制完成的别墅首层墙体平面如图 6-15 所示。

具体绘制方法如下：

(1) 定义多线样式

在使用“多线”命令绘制墙线前，应先对多线样式进行设置。

Step 01　选择菜单栏中的“格式”→“多线样式”命令，弹出“多线样式”对话框，如图 6-16 所示。

Step 02　单击“新建”按钮，在弹出的对话框中输入新样式名为“240 墙”，如图 6-17 所示。

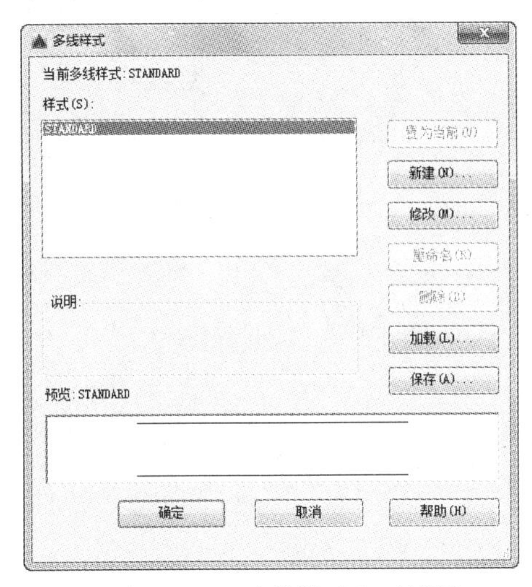

图 6-16　“多线样式”对话框

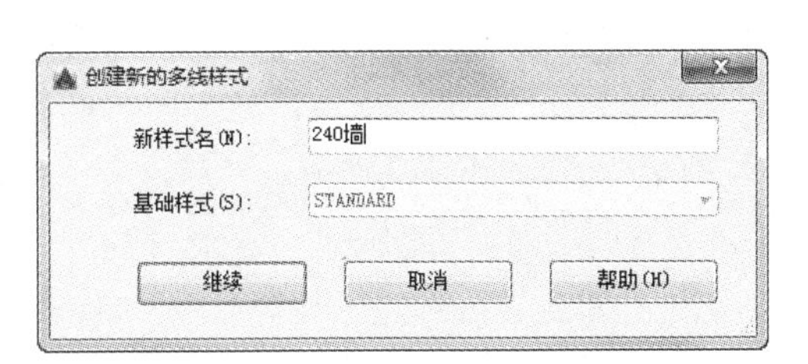

图 6-17　命名多线样式

Step 03 单击“继续”按钮，弹出“新建多线样式：240 墙”对话框，如图 6-18 所示，在该对话框中将图元偏移量的首行设为 120，第二行设为-120。

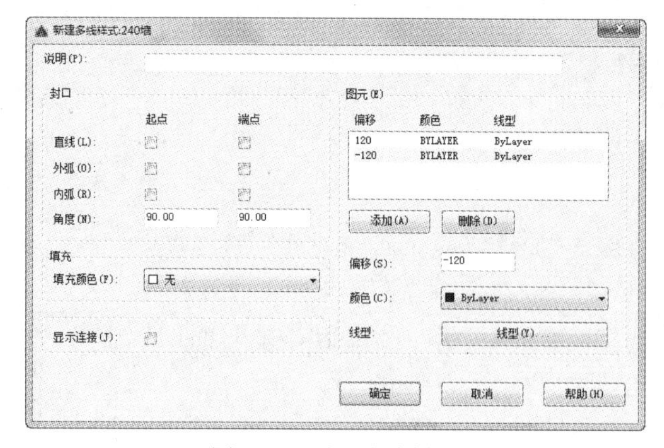

图 6-18　设置多线样式

Step 04 单击“确定”按钮，返回“多线样式”对话框，在“样式”列表框中选择“240 墙”多线样式，并将其置为当前，如图 6-19 所示。

（2）绘制墙线

Step 01 选择“墙线”图层，将其设置为当前图层。

Step 02 选择菜单栏中的“绘图”→“多线”命令，绘制墙线，结果如图 6-20 所示。

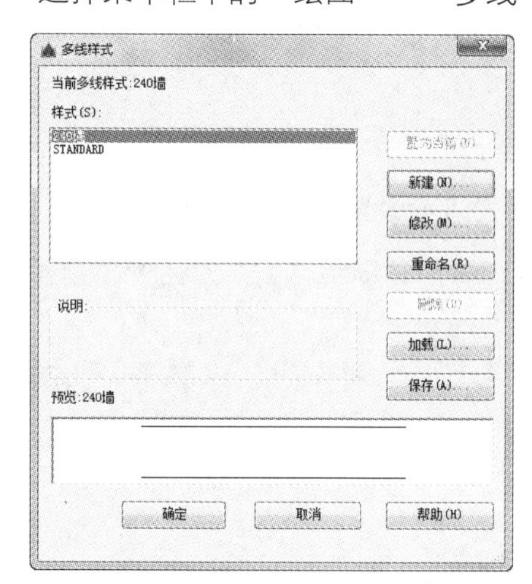

图 6-19　将多线样式“240 墙”置为当前

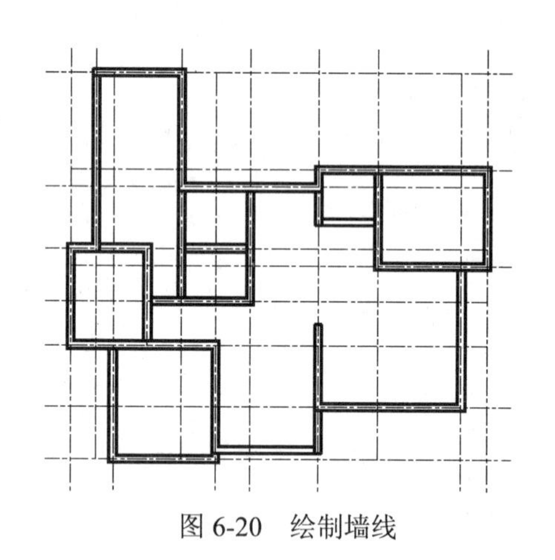

图 6-20　绘制墙线

命令行中提示与操作如下：

```
命令: _mline
当前设置: 对正 = 上, 比例 = 20.00, 样式 = 240 墙
指定起点或 [对正(J)/比例(S)/样式(ST)]:J ↙（在命令行输入“J”，重新设置多线的对正方式）
输入对正类型[上(T)/无(Z)/下(B)] <上>:Z ↙（在命令行输入“Z”，选择“无”为当前对正方式）
当前设置: 对正 = 无, 比例 = 20.00, 样式 = 240 墙
指定起点或 [对正(J)/比例(S)/样式(ST)]: S ↙ （在命令行输入“S”，重新设置多线比例）
输入多线比例 <20.00>: 1 ↙ （在命令行输入 1，作为当前多线比例）
当前设置: 对正 = 无, 比例 = 1.00, 样式 = 240 墙
指定起点或 [对正(J)/比例(S)/样式(ST)]: （捕捉左上部墙体轴线交点作为起点）
```

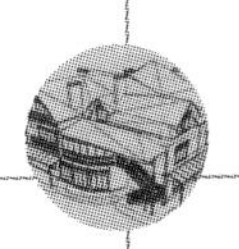

```
指定下一点（依次捕捉墙体轴线交点，绘制墙线）
指定下一点或 [放弃(U)]: ↙  （绘制完成后，按 Enter 键结束命令 ）
```

Step 03 编辑和修整墙线。选择菜单栏中的“修改”→“对象”→“多线”命令，弹出“多线编辑工具”对话框，如图 6-21 所示，该对话框中提供了 12 种多线编辑工具，可根据不同的多线交叉方式选择相应的工具进行编辑。

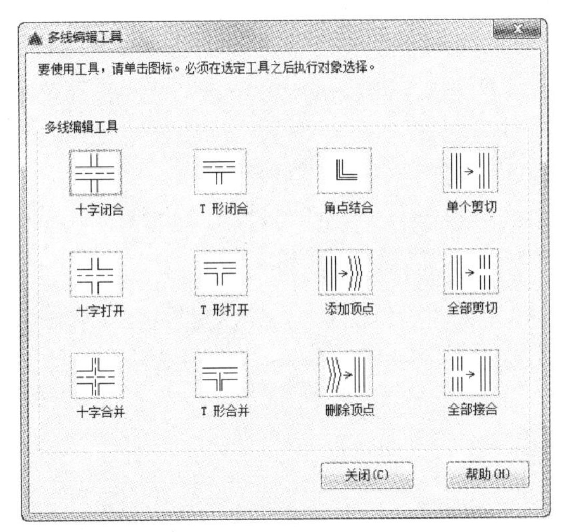

图 6-21 “多线编辑工具”对话框

少数较复杂的墙线结合处无法找到相应的多线编辑工具进行编辑，因此可以单击“默认”选项卡“修改”面板中的“分解”按钮，将多线分解，然后单击“默认”选项卡“修改”面板中的“修剪”按钮，对该结合处的线条进行修剪处理。另外，一些内部墙体并不在主要轴线上，可以通过添加辅助轴线，并单击“默认”选项卡“修改”面板中的“修剪”按钮或“延伸”按钮，将所绘制的直线长度进行调整。

4. 绘制门窗

建筑平面图中门窗的绘制过程为：首先在墙体相应位置绘制门窗洞口；然后使用直线、矩形和圆弧等工具绘制门窗基本图形，并根据所绘门窗的基本图形创建门窗图块；最后在相应门窗洞口处插入门窗图块，并根据需要进行适当调整，进而完成平面图中所有门和窗的绘制。

具体绘制方法如下：

（1）绘制门、窗洞口

在平面图中，门洞口与窗洞口基本形状相同，因此，在绘制过程中可以将它们一并绘制。

Step 01 选择“墙线”图层，将其设置为当前图层。

Step 02 绘制门窗洞口基本图形。单击“默认”选项卡“绘图”面板中的“直线”按钮，绘制一条长度为 240mm 垂直方向的线段；然后单击“默认”选项卡“修改”面板中的“偏移”按钮，将线段向右偏移 1000mm，即可得到门窗洞口基本图形，如图 6-22 所示。命令行中提示与操作如下：

```
命令: _line
指定第一点: (适当指定一点) ↙
```

```
指定下一点或 [放弃(U)]: @0, 240↙
指定下一点或 [放弃(U)]: ↙
命令: _offset
当前设置: 删除源=否  图层=源  OFFSETGAPTYPE=0↙
指定偏移距离或 [通过(T)/删除(E)/图层(L)] <240>:  1000↙↙
选择要偏移的对象, 或 [退出(E)/放弃(U)] <退出>:(选择竖直线) ↙
指定要偏移的那一侧上的点, 或 [退出(E)/多个(M)/放弃(U)] <退出>:↙
选择要偏移的对象, 或 [退出(E)/放弃(U)] <退出>:↙
```

Step 03 绘制门洞。下面以正门门洞（1500mm×240mm）为例，讲解平面图中门洞的绘制方法。

❶ 单击"默认"选项卡"绘图"面板中的"创建块"按钮，弹出"块定义"对话框，在"名称"下拉列表中选择"门洞"；单击"选择对象"按钮，选中如图 6-22 所示的图形；单击"拾取点"按钮，选择左侧门洞线上端的端点为插入点，单击"确定"按钮，如图 6-23 所示，完成图块"门洞"的创建。

图 6-22　门窗洞口基本图形

图 6-23　"块定义"对话框

❷ 单击"默认"选项卡"绘图"面板中的"插入块"按钮，弹出"插入"对话框，在"名称"下拉列表中选择"门洞"，在"比例"选项组中将 X 方向的比例设置为 1，如图 6-24 所示。

❸ 单击"确定"按钮，在图中点选正门入口处左侧墙线交点作为基点，插入"门洞"图块，如图 6-25 所示。

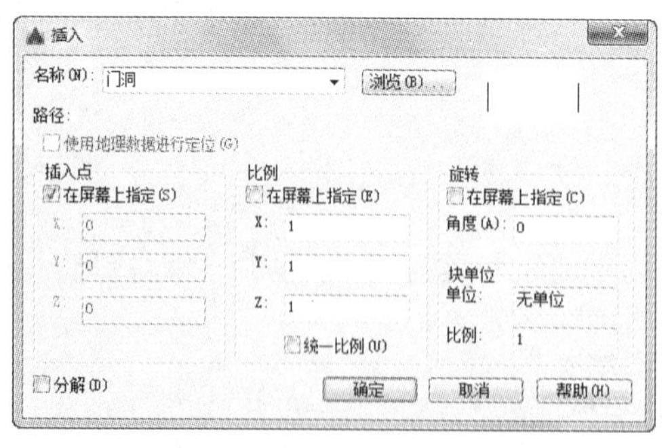

图 6-24　"插入"对话框

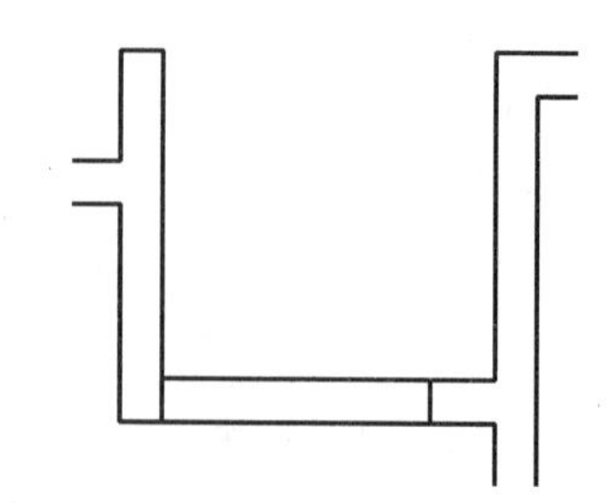

图 6-25　插入正门门洞

❹ 单击"默认"选项卡"修改"面板中的"移动"按钮，在图中点选已插入的正门门洞图块，将其水平向右移动，距离为 300mm，如图 6-26 所示。命令行中提示与操作如下：

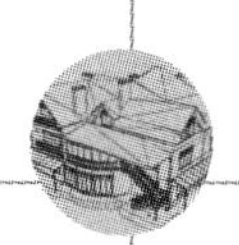

```
命令: _move
选择对象: 找到 1 个（在图中点选正门门洞图块）↙
选择对象: ↙
指定基点或 [位移(D)] <位移>:（捕捉图块插入点作为移动基点）↙
指定第二个点或 <使用第一个点作为位移>: @300,0 ↙ （在命令行中输入第二点相对位置坐标）↙
```

❺ 最后单击“默认”选项卡“修改”面板中的“修剪”按钮，修剪洞口处多余的墙线，完成正门门洞的绘制，如图 6-27 所示。

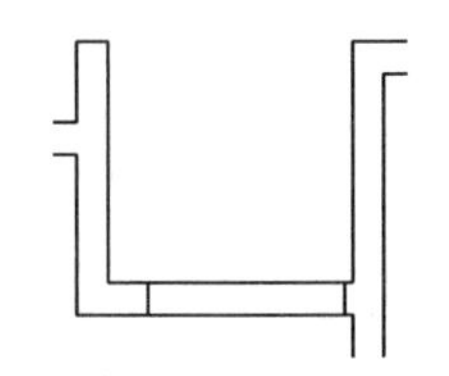

图 6-26　移动门洞图块

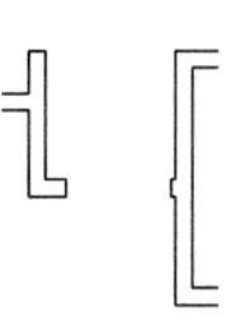

图 6-27　修剪多余墙线

Step 04 绘制窗洞。以卫生间窗户洞口（1500mm×240mm）为例，讲解如何绘制窗洞。

❶ 单击“默认”选项卡“绘图”面板中的“插入块”按钮，打开“插入”对话框，在“名称”下拉列表中选择“门洞”，将 X 方向的比例设置为 1，如图 6-28 所示。由于门窗洞口基本形状一致，因此没有必要创建新的窗洞图块，可以直接利用已有门洞图块进行绘制。

❷ 单击“确定”按钮，在图中点选左侧墙线交点作为基点，插入“门洞”图块（在本处实为窗洞）；继续单击“默认”选项卡“修改”面板中的“移动”按钮，在图中点选已插入的窗洞图块，将其向右移动 60mm，如图 6-29 所示。

❸ 最后单击“默认”选项卡“修改”面板中的“修剪”按钮，修剪窗洞口处多余的墙线，完成卫生间窗洞的绘制，如图 6-30 所示。

（2）绘制平面门

从开启方式来看，门的常见形式主要有平开门、弹簧门、推拉门、折叠门、旋转门、升降门、卷帘门等。门的尺寸主要满足人流通行、交通疏散、家具搬运的要求，而且应符合建筑模数的有关规定。在平面图中，单扇门的宽度一般在 800mm～1000mm，双扇门的宽度则为 1200～1800mm。

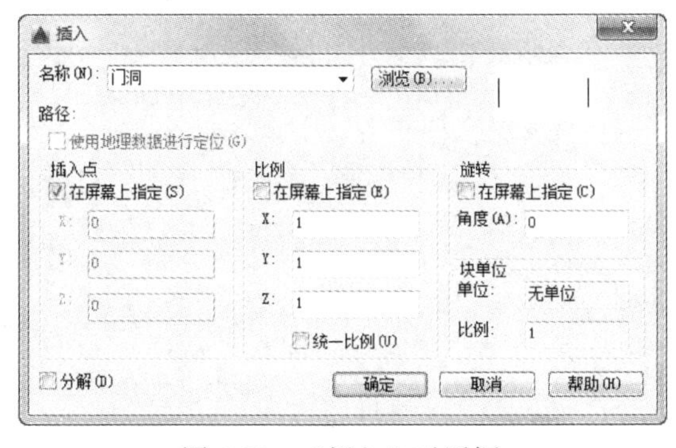

图 6-28　“插入”对话框

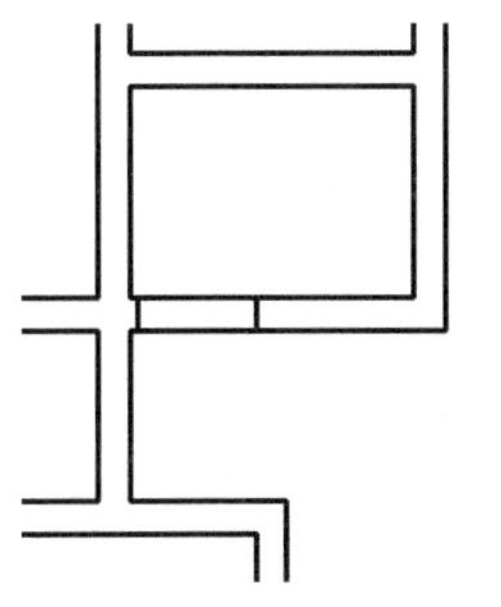

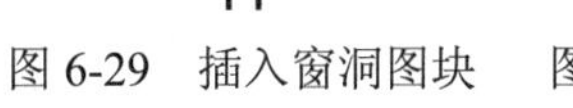

图 6-29　插入窗洞图块

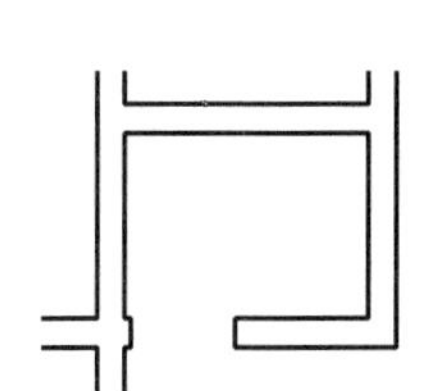

图 6-30　修剪多余墙线

门的绘制步骤为：先绘制出门的基本图形；然后将其创建成图块；最后将门图块插入到已绘制好的相应门洞口位置。在插入门图块的同时，还应调整图块的比例大小和旋转角度以适应平面图中不同宽度和角度的门洞口。

下面将通过两个有代表性的实例来介绍别墅平面图中不同种类的门的绘制。

① 单扇平开门：单扇平开门主要应用于卧室、书房、卫生间等这一类私密性较强、来往人流较少的房间。

下面以别墅首层书房的单扇门（宽 900mm）为例，介绍单扇平开门的绘制方法。

Step 01 在“图层”下拉列表中选择“门窗”图层，将其设置为当前图层。

Step 02 单击“默认”选项卡“绘图”面板中的“矩形”按钮，绘制一个尺寸为 40mm×900mm 的矩形门扇，如图 6-31 所示。命令行中提示与操作如下：

```
命令：_rectang
指定第一个角点或[倒角(C)/标高(E)/圆角(F)/厚度(T)/宽度(W)]：(在绘图空白区域内任取一点)↙
指定另一个角点或 [面积(A)/尺寸(D)/旋转(R)]: @40, 900↙
```

Step 03 然后单击“默认”选项卡“绘图”面板中的“圆弧”按钮，以矩形门扇右上角顶点为起点，右下角顶点为圆心，绘制一条圆心角为 90°，半径为 900mm 的圆弧，得到如图 6-32 所示的单扇平开门图形。命令行中提示与操作如下：

```
命令：_arc
指定圆弧的起点或 [圆心(C)]：(选取矩形门扇右上角顶点为圆弧起点)↙
指定圆弧的第二个点或 [圆心(C)/端点(E)]: C ↙
指定圆弧的圆心:↙(选取矩形门扇右下角顶点为圆心)
指定圆弧的端点或 [角度(A)/弦长(L)]:A↙
指定包含角: 90↙
```

Step 04 单击“默认”选项卡“绘图”面板中的“创建块”按钮，打开“块定义”对话框，如图 6-33 所示，在“名称”下拉列表中选择“900 宽单扇平开门”；单击“选择对象”按钮，选取如图 6-32 所示的单扇平开门的基本图形为块定义对象；单击“拾取点”按钮，选择矩形门扇右下角顶点为基点，单击“确定”按钮，完成“单扇平开门”图块的创建。

图 6-31 矩形门扇 图 6-32 900 宽扇单平开门

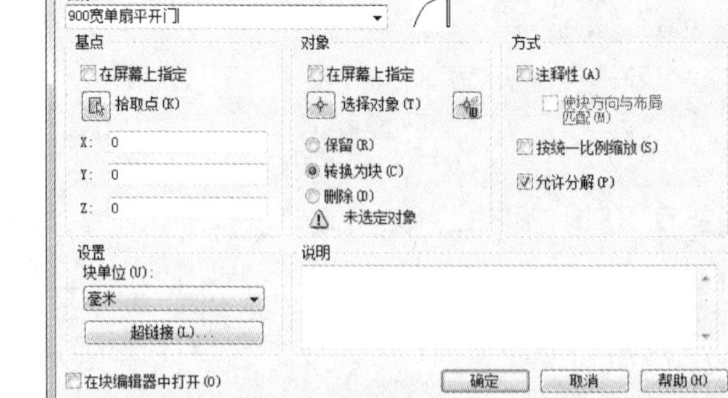

图 6-33 “块定义”对话框

Step 05 单击“默认”选项卡“绘图”面板中的“插入块”按钮，打开“插入”对话框，如图 6-34 所示，在“名称”下拉列表中选择“900 宽单扇平开门”，输入“旋转”角度为 -90°。然后单击“确定”按钮，在平面图中点选书房门洞右侧墙线的中点作为插入点，

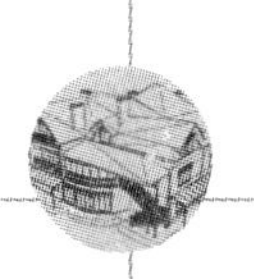

插入门图块，如图 6-35 所示，完成书房门的绘制。

插入
名称(N): 900宽单扇平开门　浏览(B)...
路径:
使用地理数据进行定位(G)
插入点
在屏幕上指定(S)
X: 0
Y: 0
Z: 0
比例
在屏幕上指定(E)
X: 1
Y: 1
Z: 1
统一比例(U)
旋转
在屏幕上指定(C)
角度(A): 0
块单位
单位: 无单位
比例: 1
分解(D)　确定　取消　帮助(H)

图 6-34　“插入”对话框

② 双扇平开门：在别墅平面图中，别墅正门及客厅的阳台门均设计为双扇平开门。下面以别墅正门（宽 1500mm）为例，介绍双扇平开门的绘制方法。

Step 01　选择“门窗”图层，将其设置为当前图层。

Step 02　参照上面所述单扇平开门的绘制方法，绘制宽度为 750mm 的单扇平开门。

Step 03　单击“默认”选项卡“修改”面板中的“镜像”按钮，将已绘制完成的“750 宽单扇平开门”进行水平方向的“镜像”操作，得到宽 1500mm 的双扇平开门，如图 6-36 所示。

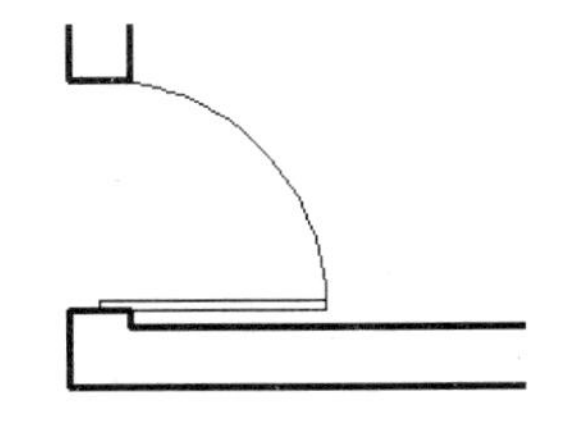

图 6-35　绘制书房门

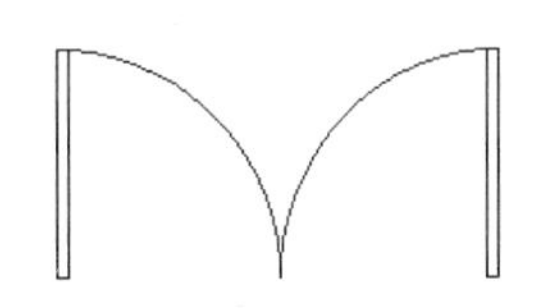

图 6-36　1500 宽双扇平开门

Step 04　单击“默认”选项卡“绘图”面板中的“创建块”按钮，打开“块定义”对话框，在“名称”下拉列表中选择“1500 宽双扇平开门”；单击“选择对象”按钮，选取双扇平开门的基本图形为块定义对象；单击“拾取点”按钮，选择右侧矩形门扇右下角顶点为基点，单击“确定”按钮，完成“1500 宽双扇平开门”图块的创建。

Step 05　单击“默认”选项卡“绘图”面板中的“插入块”按钮，打开“插入”对话框，在“名称”下拉列表中选择“1500 宽双扇平开门”，然后单击“确定”按钮，在图中点选正门门洞右侧墙线的中点作为插入点，插入门图块，如图 6-37 所示，完成别墅正门的绘制。

（3）绘制平面窗

从开启方式来看，常见窗的形式主要包括固定窗、平开窗、横式旋窗、立式转窗、推拉窗等，窗洞口的宽度和高度尺寸均为 300mm 的扩大模数。在平面图中，一般平开窗的窗扇宽度为 400mm～600mm，固定窗和推拉窗的尺寸要更大一些。

窗的绘制步骤与门的绘制步骤基本相同，即先绘制出窗体的基本形状；然后将其创建成图块；最后将图块插入到已经绘制好的窗洞位置，在插入窗图块的同时，可以调整图块的比例大小和旋转角度以适应不同宽度和角度的窗洞口。

下面以餐厅外窗（宽 2400mm）为例，介绍平面窗的绘制方法。

Step 01 选择“门窗”图层，并设置其为当前图层。

Step 02 单击“默认”选项卡“绘图”面板中的“直线”按钮，绘制第一条窗线，长度为1000mm，如图6-38所示。命令行中提示与操作如下：

```
命令：_line 指定第一点：(适当指定一点)
指定下一点或 [放弃(U)]：@1000，0↙
指定下一点或 [放弃(U)]：↙
```

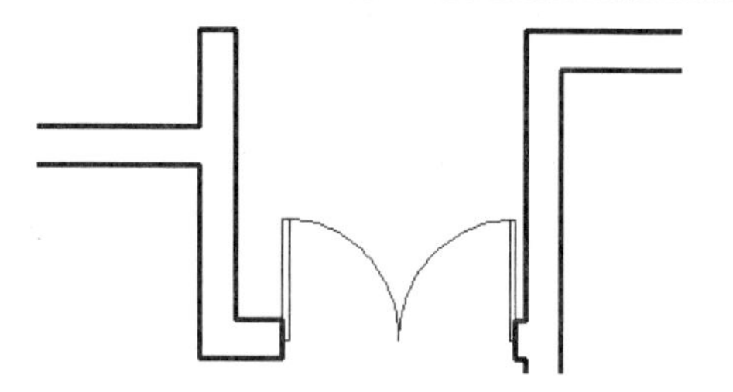

图6-37　绘制别墅正门

图6-38　绘制第一条窗线

Step 03 单击“默认”选项卡“修改”面板中的“矩形阵列”按钮，选择上一步所绘的窗线，然后单击鼠标右键，设置行数为4、列数为1、行间距为80、列间距为1。命令行中提示与操作如下：

```
命令：_arrayrect
选择绘制的直线
类型 = 矩形　关联 = 是
为项目数指定对角点或 [基点(B)/角度(A)/计数(C)] <计数>：c
输入行数或 [表达式(E)] <4>:4
输入列数或 [表达式(E)] <4>：1
指定对角点以间隔项目或 [间距(S)] <间距>：s
指定行之间的距离或 [表达式(E)] <1>：80
创建关联阵列 [是(Y)/否(N)] <是>:
```

Step 04 最后，单击“确定”按钮，完成外窗基本图形的绘制。

Step 05 单击“默认”选项卡“绘图”面板中的“创建块”按钮，打开“块定义”对话框，在“名称”下拉列表中选择“窗”；单击“选择对象”按钮，选取如图6-39所示的窗的基本图形为“块定义对象”；单击“拾取点”按钮，选择第一条窗线左端点为基点，然后单击“确定”按钮，完成“窗”图块的创建。

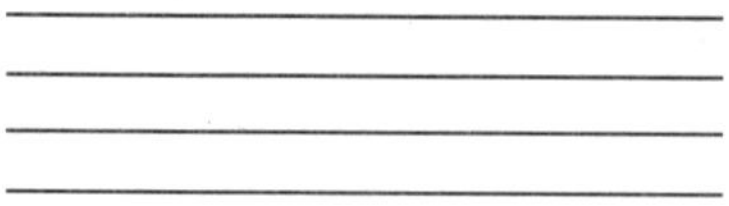

图6-39　窗的基本图形

Step 06 单击“默认”选项卡“绘图”面板中的“插入块”按钮，打开“插入”对话框，在“名称”下拉列表中选择“窗”，将X方向的比例设置为4，然后单击“确定”按钮。在图中点选餐厅窗洞左侧墙线的上端点作为插入点，插入窗图块，单击“默认”选项卡“修改”面板中的“移动”按钮，将插入的窗图块向右移动480，如图6-40所示。

Step 07 绘制窗台。首先单击“默认”选项卡“绘图”面板中的“矩形”按钮，绘制一个尺

寸为 1000mm×100mm 的矩形；然后单击“默认”选项卡“绘图”面板中的“创建块”按钮，将所绘矩形定义为“窗台”图块，将矩形上侧长边的中点设置为图块基点；最后单击“默认”选项卡“绘图”面板中的“插入块”按钮，打开“插入”对话框，在“名称”下拉列表中选择“窗台”，并将 X 方向的比例设置为 2.6，单击“确定”按钮，点选餐厅窗最外侧窗线中点作为插入点，插入窗台图块，如图 6-41 所示。

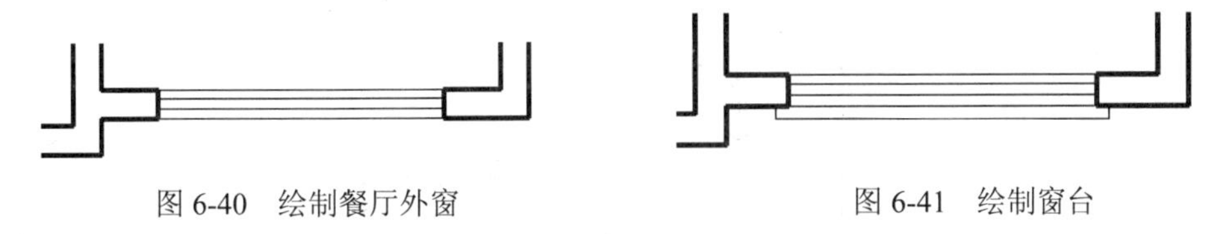

图 6-40　绘制餐厅外窗　　　　图 6-41　绘制窗台

（4）绘制其余门和窗

根据前面介绍的平面门窗绘制方法，利用已经创建的门窗图块，完成别墅首层平面所有门和窗的绘制，如图 6-42 所示。

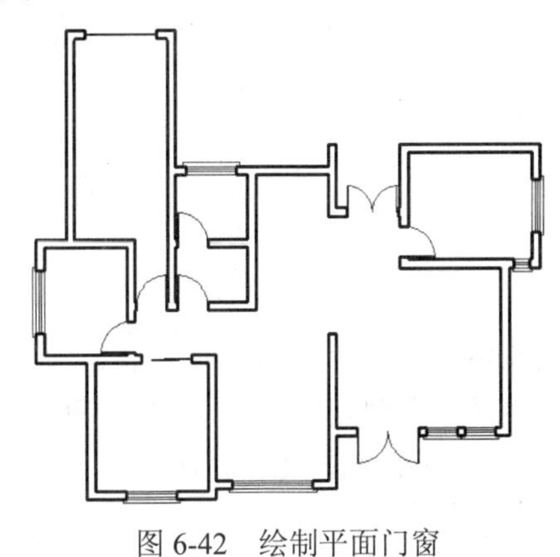

图 6-42　绘制平面门窗

以上所讲的是 AutoCAD 中最基本的门窗绘制方法，下面介绍另外两种绘制门窗的方法。

①在建筑设计中，门和窗的样式、尺寸随着房间功能和开间的变化而不同。逐个绘制每一扇门和每一扇窗是既费时又费力的事。因此，绘图者常常选择借助图库来绘制门窗，在图库中有多种不同样式和大小的门、窗可供选择和调用，这给设计者和绘图者提供了很大的方便。在本例中，笔者也推荐使用门窗图库。在本例别墅的首层平面图中共有 8 扇门，其中 4 扇为 900 宽的单扇平开门，2 扇为 1500 宽的双扇平开门，1 扇为推拉门，1 扇为车库升降门。在图库中，很容易就可以找到以上这几种样式门的图形模块（参见光盘）。

AutoCAD 图库的使用方法很简单，操作步骤如下：

Step 01　打开图库文件，在图库中选择所需的图形模块，并将选中对象进行复制。

Step 02　将复制的图形模块粘贴到所要绘制的图样中。

Step 03　根据实际情况的需要，单击“默认”选项卡“修改”面板中的“旋转”按钮、“镜像”按钮或“缩放”按钮，对图形模块进行适当的修改和调整。

②在 AutoCAD 2016 中，还可以借助工具→选项板→工具选项板→建筑→公制样例来绘制门窗。利用这种方法添加门窗时，可以根据需要直接对门窗的尺度和角度进行设置和调整，使用起来比较方便。需要注意的是，“工具选项板”中仅提供普通平开门的绘制，而且利用其

所绘制的平面窗中玻璃为单线形式，而非建筑平面图中常用的双线形式，因此，不推荐初学者使用这种方法绘制门窗。

5. 绘制楼梯和台阶

楼梯和台阶都是建筑的重要组成部分，是人们在室内和室外进行垂直交通的必要建筑构件。在本例别墅的首层平面中共有一处楼梯和三处台阶，如图 6-43 所示。

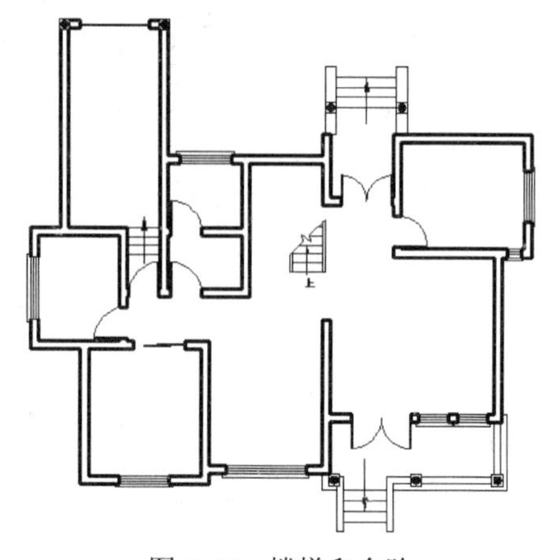

图 6-43　楼梯和台阶

（1）绘制楼梯

楼梯是上下楼层之间的交通通道，通常由楼梯段、休息平台和栏杆（或栏板）组成。在本例别墅中，楼梯为常见的双跑式。楼梯宽度为 900mm，踏步宽为 260mm，高 175mm，楼梯平台净宽 960mm。本节只介绍首层楼梯平面的绘制方法，至于二层楼梯绘制方法，将在后面的章节中进行介绍。

首层楼梯平面的绘制过程分为三个阶段：首先绘制楼梯踏步线；然后在踏步线两侧（或一侧）绘制楼梯扶手；最后绘制楼梯剖断线及用来标识方向的箭头引线和文字，进而完成楼梯平面的绘制。如图 6-44 所示为首层楼梯平面图。

具体绘制方法如下：

Step 01 选择“楼梯”图层，并将其设置为当前图层。

Step 02 绘制楼梯踏步线。单击“默认”选项卡“绘图”面板中的“直线”按钮，以平面图上相应位置点作为起点（通过计算得到的第一级踏步的位置），绘制长度为 1020mm 的水平踏步线。然后单击“默认”选项卡“修改”面板中的“矩形阵列”按钮，选择已绘制的第一条踏步线为阵列对象，设置行数为 6，列数为 1，行间距为 260，列间距为 1，结果如图 6-45 所示。

Step 03 绘制楼梯扶手。单击“默认”选项卡“绘图”面板中的“直线”按钮，以楼梯第一条踏步线两侧端点作为起点，分别向上绘制垂直方向的线段，长度为 1500mm。然后单击“默认”选项卡“修改”面板中的“偏移”按钮，将所绘的两条线段向梯段中心偏移，偏移量为 60mm（即扶手宽度），如图 6-46 所示。

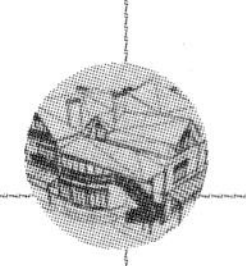

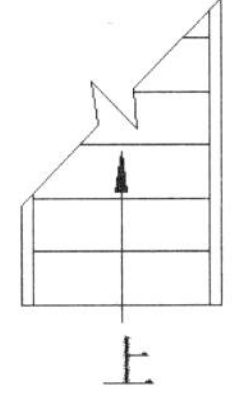
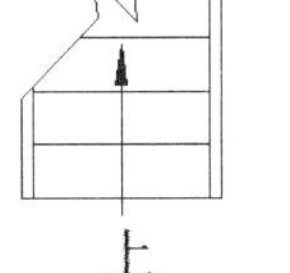

图 6-44　首层楼梯平面图

图 6-45　绘制楼梯踏步线

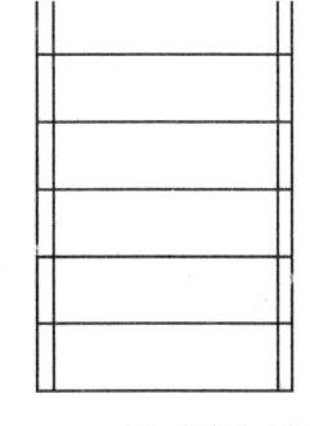

图 6-46　绘制楼梯扶手

Step 04 绘制楼梯剖断线。单击“默认”选项卡“绘图”面板中的“构造线”按钮，设置角度为 45°，绘制剖断线并使其通过楼梯右侧栏杆线的上端点。命令行中提示与操作如下：

```
命令： _xline
指定点或 [水平(H)/垂直(V)/角度(A)/二等分(B)/偏移(O)]: A↙
输入构造线的角度 (0) 或 [参照(R)]:  45↙
指定通过点:（选取右侧栏杆线的上端点为通过点）
指定通过点: ↙
```

Step 05 单击“默认”选项卡“绘图”面板中的“直线”按钮，绘制“Z”字形折断线；单击“默认”选项卡“修改”面板中的“修剪”按钮，修剪楼梯踏步线和栏杆线，如图 6-47 所示。

Step 06 绘制带箭头引线。首先在“命令行中输入“Qleader”命令，并输入“S”，设置引线样式，弹出“引线设置”对话框，在“引线和箭头”选项卡中选择“引线”为“直线”，“箭头”为“实心闭合”，如图 6-48 所示；在“注释”选项卡中，选择“注释类型”为“无”，如图 6-49 所示。然后以第一条楼梯踏步线中点为起点，垂直向上绘制长度为 750mm 的带箭头引线，单击“默认”选项卡“修改”面板中的“旋转”按钮，将带箭头引线旋转 180° 。最后单击“默认”选项卡“修改”面板中的“移动”按钮，将引线垂直向下移动 60mm，如图 6-50 所示。

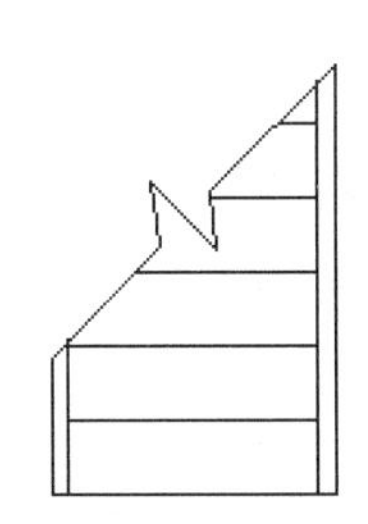

图 6-47　绘制楼梯剖断线

图 6-48　“引线和箭头”选项卡

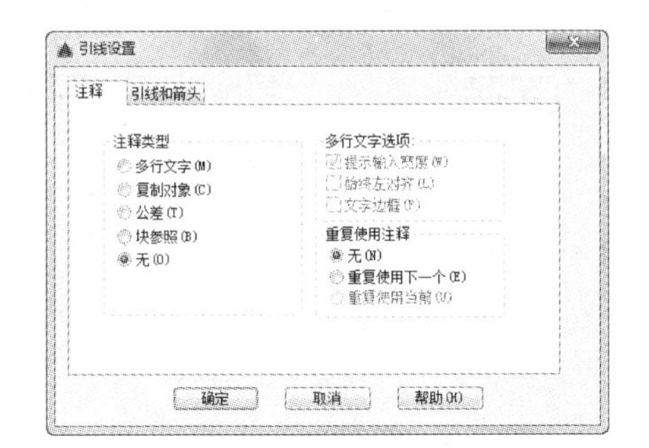

图 6-49　“注释”选项卡

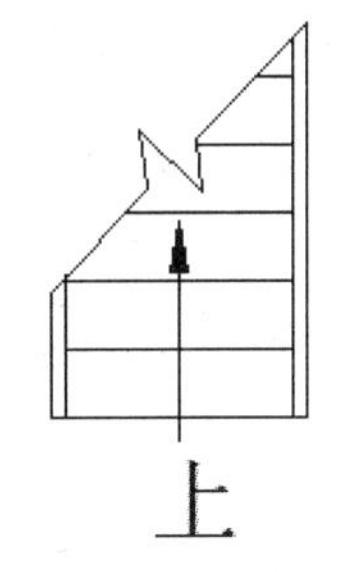

图 6-50　添加箭头和文字

Step 07 标注文字。单击“默认”选项卡“注释”面板中的“多行文字”按钮A，设置文字高度为 300，在引线下端输入文字“上”。

提 示

> 楼梯平面图是距地面 1m 以上位置，用一个假想的剖切平面，沿水平方向剖开（尽量剖到楼梯间的门窗），然后向下做投影得到的投影图。楼梯平面一般是分层绘制的，在绘制时，按照特点可分为底层平面、标准层平面和顶层平面。
> 在楼梯平面图中，各层被剖切到的楼梯，按国标规定，均在平面图中以一条 45° 的折断线表示。在每一梯段处绘制一个长箭头，并注明“上”或“下”字标明方向。
> 楼梯的底层平面图中，只有一个被剖切的梯段和栏板，以及一个注有“上”字的长箭头。

（2）绘制台阶

本例中有三处台阶，其中室内台阶一处，室外台阶两处。下面以正门处台阶为例（如图 6-51 所示）介绍台阶的绘制方法。

台阶的绘制思路与前面介绍的楼梯平面绘制思路基本相似，因此，可以参考楼梯绘制方法进行绘制。

具体绘制方法如下：

Step 01 单击“默认”选项卡“图层”面板中的“图层特性”按钮，打开“图层特性管理器”对话框，创建新图层，将新图层命名为“台阶”，并将其设置为当前图层。

Step 02 单击“默认”选项卡“绘图”面板中的“直线”按钮，以别墅正门中点为起点，垂直向上绘制一条长度为 3600mm 的辅助线段；然后以辅助线段的上端点为中点，绘制一条长度为 1770mm 的水平线段，此线段为台阶的第一条踏步线。

Step 03 单击“默认”选项卡“修改”面板中的“矩形阵列”按钮，选择第一条踏步线为阵列对象，设置行数为 4，列数为 1，行间距为－300，列间距为 0，完成第二、三、四条踏步线的绘制，如图 6-52 所示。

Step 04 单击“默认”选项卡“绘图”面板中的“矩形”按钮，在踏步线的左右两侧分别绘制两个尺寸为 340mm×1980mm 的矩形，为两侧条石平面。

Step 05 绘制方向箭头。选择菜单栏中的“标注”→“多重引线”命令，在台阶踏步的中间位置绘制带箭头的引线，标示踏步方向，如图 6-53 所示。

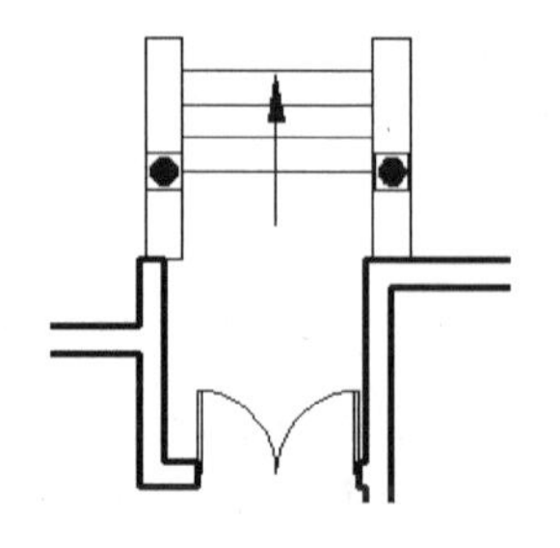

图 6-51　正门处台阶平面图

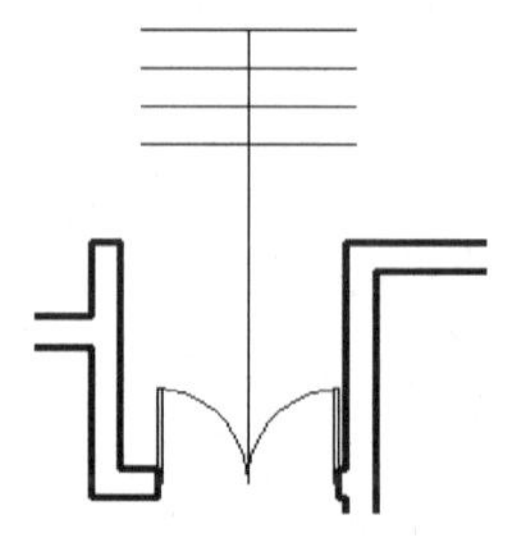

图 6-52　绘制台阶踏步线

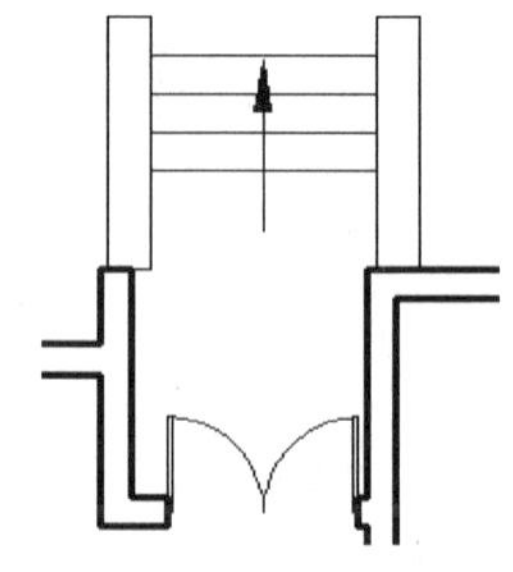

图 6-53　添加方向箭头

Step 06 绘制立柱。在本例中，两个室外台阶处均有立柱，其平面形状为圆形，内部填充为实心，下面为方形基座。由于立柱的形状、大小基本相同，可以将其创建为图块，再把图块插

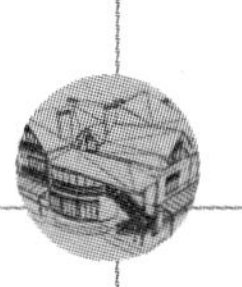

入到相应的点即可。具体绘制方法如下：

❶ 首先单击“默认”选项卡“图层”面板中的“图层特性”按钮，打开“图层特性管理器”对话框，创建新图层，将新图层命名为“立柱”，并将其设置为当前图层；然后单击“默认”选项卡“绘图”面板中的“矩形”按钮，绘制边长为 320mm 的正方形基座，单击“默认”选项卡“绘图”面板中的“圆”按钮，绘制直径为 240mm 的圆形柱身平面；最后单击“默认”选项卡“绘图”面板中的“图案填充”按钮，弹出“图案填充创建”选项卡，如图 6-54 所示，选择填充图案为“SOLID”，结果如图 6-55 所示。

❷单击“默认”选项卡“绘图”面板中的“创建块”按钮，将图形定义为“立柱”图块，然后单击“默认”选项卡“绘图”面板中的“插入块”按钮，将定义好的“立柱”图块插入到平面图中相应的位置，完成正门处台阶平面的绘制。

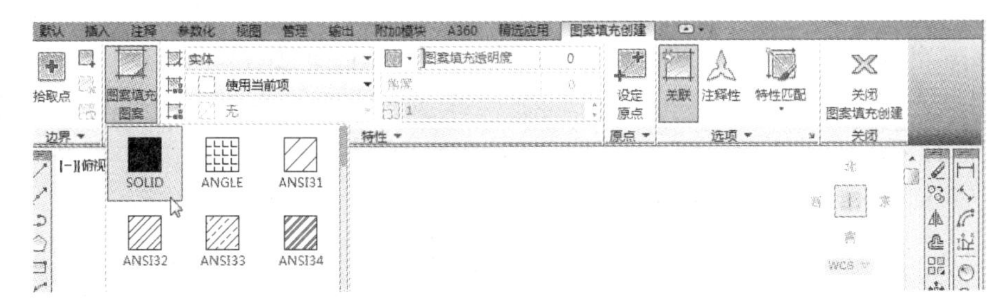

图 6-54　“图案填充创建”选项卡

图 6-55　绘制立柱平面

6．绘制家具

在建筑平面图中，通常要绘制室内家具，以增强平面方案的视觉效果。在本例别墅的首层平面中共有 7 个不同功能的房间，分别是客厅、工人休息室、厨房、餐厅、书房、卫生间和车库。不同功能种类的房间内所布置的家具也有所不同，对于这些种类和尺寸都不相同的室内家具，如果利用直线、偏移等简单的二维线条编辑工具一一绘制，不仅绘制过程繁琐容易出错，而且浪费绘图者的时间和精力。因此，笔者推荐借助 AutoCAD 图库来完成平面家具的绘制。

AutoCAD 图库的使用方法，在前面介绍门窗绘制方法的时候曾有所提及。下面将结合首层客厅家具和卫生间洁具的绘制实例，详细讲述一下 AutoCAD 图库的用法。

（1）绘制客厅家具

客厅是主人会客和休闲的空间，因此，在客厅里通常会布置沙发、茶几、电视柜等家具，如图 6-56 所示。

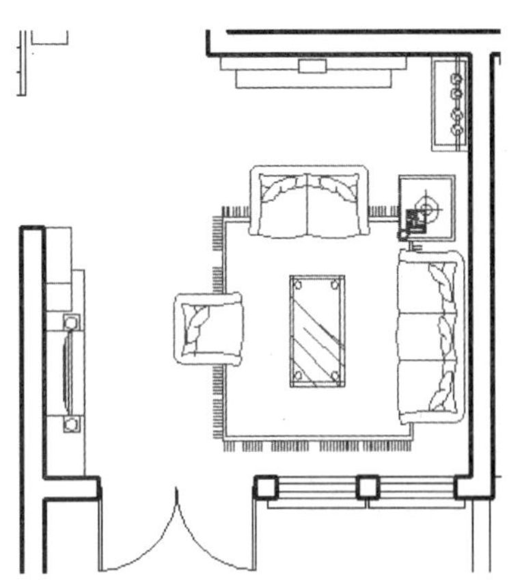

图 6-56　客厅平面家具图

Step 01　选择“家具”图层，并将其设置为当前图层。

Step 02　单击“快速访问”工具栏中的“打开”按钮，在弹出的“选择文件”对话框中打开“源文件/图库/CAD 图库.dwg”文件，如图 6-57 所示。

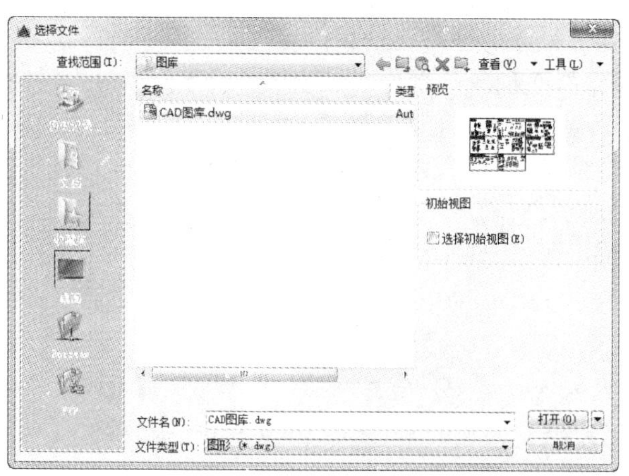

图 6-57　打开图库文件

Step 03 在名称为“沙发和茶几”一栏中，选择名称为“组合沙发—002P”的图形模块，如图6-58所示，选中该图形模块并单击鼠标右键，在快捷菜单中选择“复制”命令。

Step 04 返回“别墅首层平面图”的绘图界面，选择菜单栏中的“编辑”→“粘贴为块”命令，将复制的组合沙发图形插入到客厅平面相应的位置。

Step 05 在名称为“灯具和电器”的一栏中，选择名称为“电视柜P”的图块，如图6-59所示，将其复制并粘贴到首层平面图中；单击“默认”选项卡“修改”面板中的“旋转”按钮，使该图形模块以自身中心点为基点旋转90º，然后将其插入到客厅相应的位置。

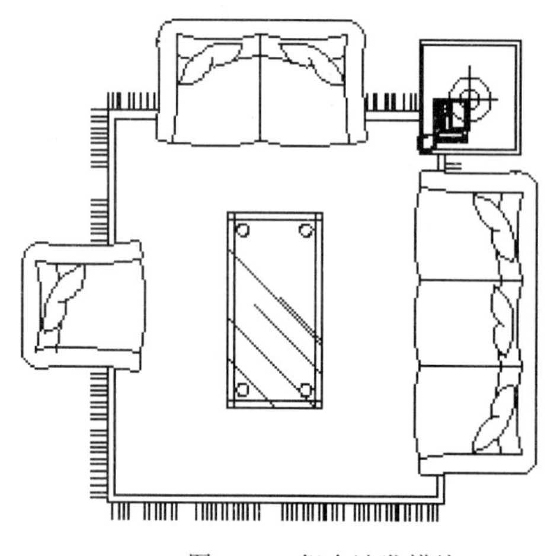

图 6-58　组合沙发模块

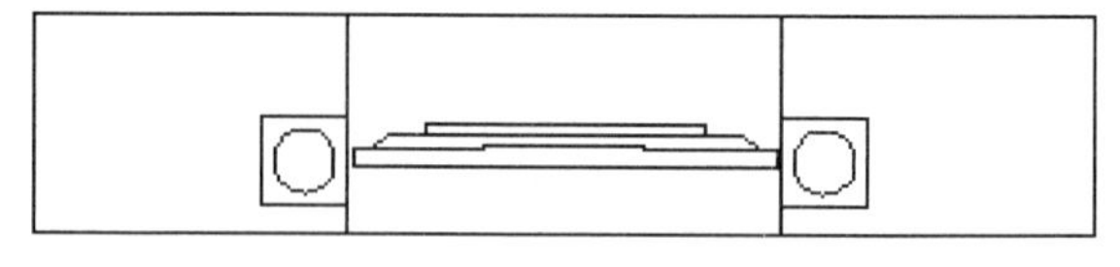

图 6-59　电视柜模块

Step 06 按照同样的方法，在图库中选择“电视墙P”“文化墙P”“柜子—01P”和“射灯组P”图形模块并分别进行复制，然后在客厅平面内依次插入这些家具模块，结果如图6-56所示。

（2）绘制卫生间洁具

卫生间主要是供主人盥洗和沐浴的房间，因此，卫生间内应设置浴盆、马桶、洗手池和洗衣机等设施。如图6-60所示的卫生间由两部分组成：在家具安排上，外间设置洗手盆和洗衣机；内间则设置浴盆和马桶。下面介绍一下卫生间洁具的绘制步骤。

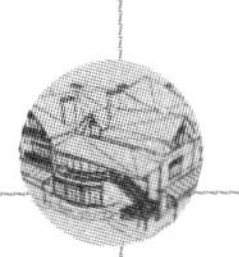

Step 01 选择“家具”图层，并将其设置为当前图层。

Step 02 打开“光盘/源文件/图库/CAD 图库/洁具和厨具”文件，选择适合的洁具模块并进行复制后，依次粘贴到平面图中相应的位置，结果如图 6-61 所示。

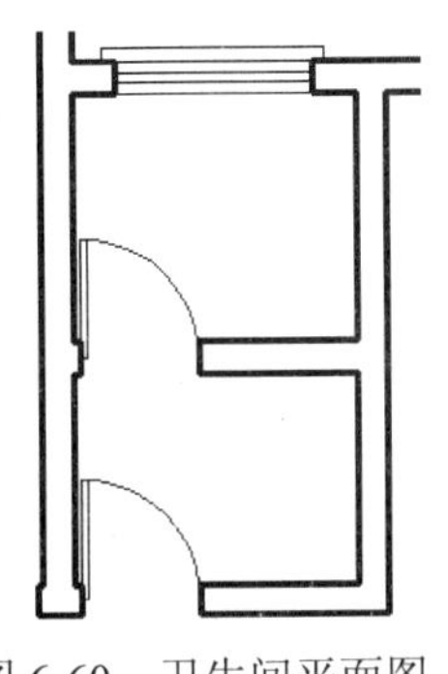

图 6-60　卫生间平面图

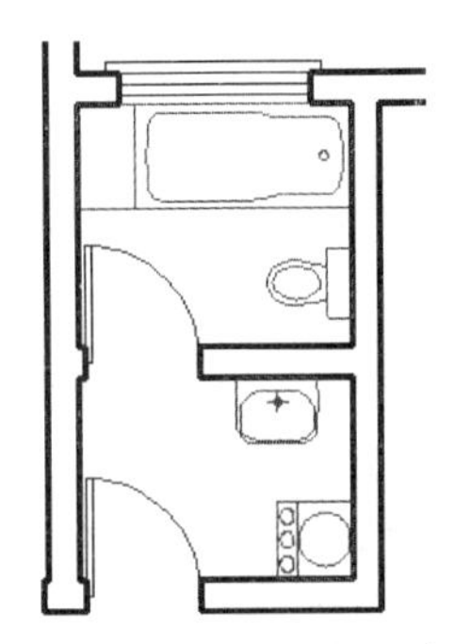

图 6-61　绘制卫生间洁具

提示

在图库中，图形模块的名称除汉字外还经常包含英文字母或数字，这些名称都是用来表明该家具的特性或尺寸的。例如，前面使用过的图形模块“组合沙发—004P”，其名称中“组合沙发”表示家具的性质；“004”表示该家具模块是同类型家具中的第 4 个；字母“P”则表示该家具的平面图形。再例如，一个床模块名称为“单人床 9×20”，则表示该单人床宽度为 900mm，长度为 2000mm。有了这些简单明了的名称，绘图者就可以依据自己的实际需要快捷地选择有用的图形模块了。

7．平面标注

在别墅的首层平面图中，标注主要包括 4 部分，即轴线编号、平面标高、尺寸标注和文字标注。完成标注后的首层平面图如图 6-62 所示。

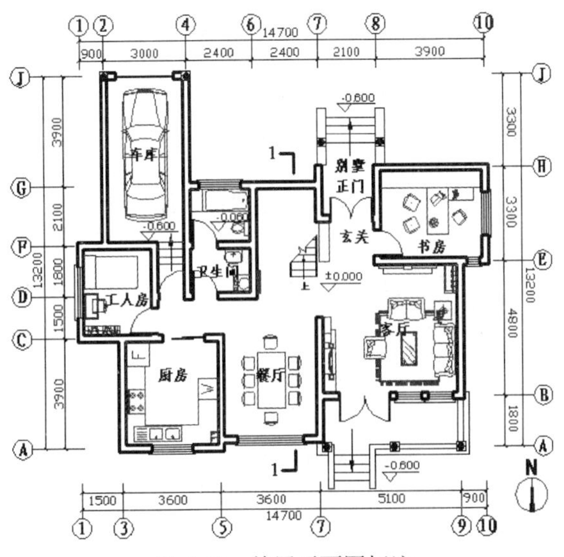

图 6-62　首层平面图标注

下面将依次介绍这 4 种标注方式的绘制方法。

（1）轴线编号

在平面形状较简单或对称的房屋中，平面图的轴线编号一般标注在图形的下方及左侧。对于较复杂或不对称的房屋，图形上方和右侧也可以标注。在本例中，由于平面形状不对称，因此需要在上、下、左、右 4 个方向均标注轴线编号。

具体绘制方法如下：

Step 01 单击“默认”选项卡“图层”面板中的“图层特性”按钮，打开“图层特性管理器”对话框，打开“标注”图层，使其保持可见。创建新图层，命名为“轴线编号”，其属性按默认设置，并将其设置为当前图层。

Step 02 单击“默认”选项卡“绘图”面板中的“直线”按钮，以轴线端点为绘制直线的起点，竖直向下绘制长为 3000 的短直线，完成第一条轴线延长线的绘制。

Step 03 单击“默认”选项卡“绘图”面板中的“圆”按钮，以已绘的轴线延长线端点作为圆心，绘制半径为 350mm 的圆。然后单击“默认”选项卡“修改”面板中的“移动”按钮，向下移动所绘圆，移动距离为 350mm，如图 6-63 所示。

Step 04 重复上述步骤，完成其他轴线延长线及编号圆的绘制。

Step 05 单击“默认”选项卡“注释”面板中的“多行文字”按钮，设置文字“样式”为“宋体”，文字高度为 300，在每个轴线端点处的圆内输入相应的轴线编号，如图 6-64 所示。

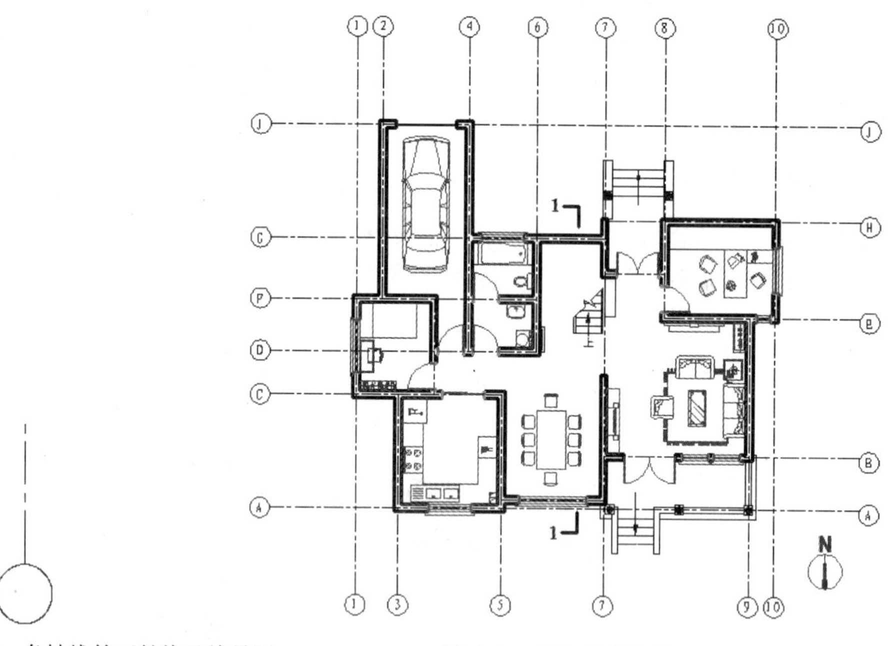

图 6-63　绘制第一条轴线的延长线及编号圆　　图 6-64　添加轴线编号

提　示

平面图上水平方向的轴线编号采用阿拉伯数字从左向右依次编写；垂直方向的编号采用大写英文字母自下而上顺次编写。I、O 及 Z 3 个字母不能作轴线编号，以免与数字 1、0 及 2 混淆。如果两条相邻轴线间距较小而导致它们的编号有重叠时，可以通过“移动”命令将这两条轴线的编号分别向两侧移动少许距离。

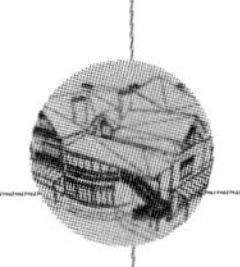

（2）平面标高

建筑物中的某一部分与所确定的标准基点的高度差称为该部位的标高，在图样中通常用标高符号结合数字来表示。建筑制图标准规定，标高符号应以直角等腰三角形表示，如图 6-65 所示。

具体绘制方法如下：

Step 01 选择“标注”图层，并将其设置为当前图层。

Step 02 单击“默认”选项卡“绘图”面板中的“多边形”按钮，绘制边长为 350mm 的正方形。

Step 03 单击“默认”选项卡“绘图”面板中的“旋转”按钮，将正方形旋转 45°；然后单击“默认”选项卡“绘图”面板中的“直线”按钮，连结正方形左右两个端点，绘制水平对角线。

Step 04 单击水平对角线，将十字光标移动至其右端点处并单击，将夹持点激活（此时，夹持点呈红色），然后将鼠标向右移动，在命令行中输入 600 后按 Enter 键，完成绘制。单击“默认”选项卡“修改”面板中的“修剪”按钮，对多余的线段进行修剪。

Step 05 单击“默认”选项卡“绘图”面板中的“创建块”按钮，将标高符号定义为图块。

Step 06 单击“默认”选项卡“绘图”面板中的“插入块”按钮，将已创建的图块插入到平面图中需要标高的位置。

Step 07 单击“默认”选项卡“注释”面板中的“多行文字”按钮，设置字体为“宋体”，文字高度为 300，在标高符号的长直线上方添加具体的标注数值。如图 6-66 所示为台阶处室外地面标高。

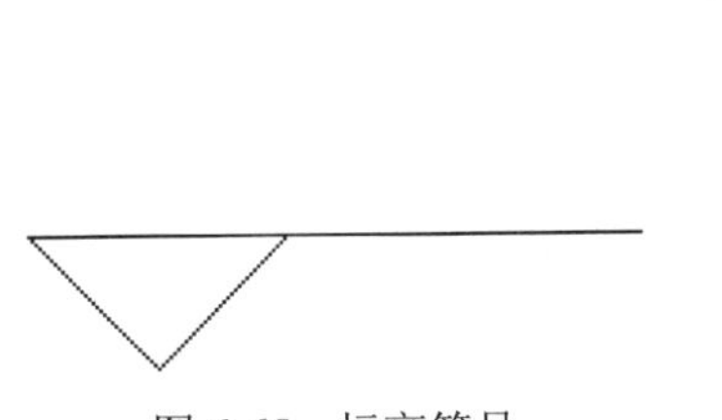

图 6-65　标高符号

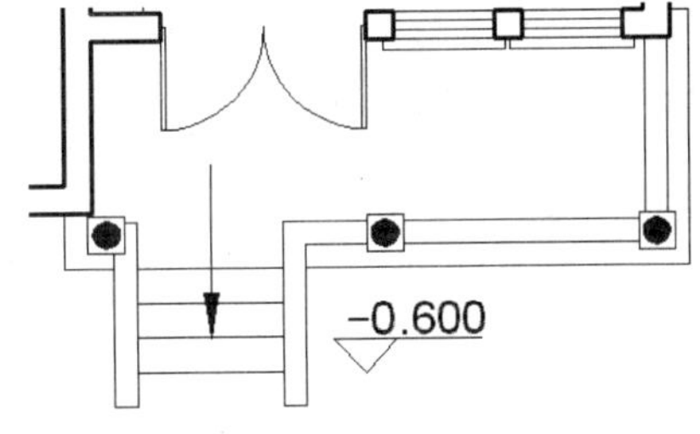

图 6-66　台阶处室外标高

在平面图上绘制的标高反映的是相对标高，而不是绝对标高。绝对标高指的是我国青岛市附近的黄海海平面作为零点面测定的高度尺寸。

通常情况下，室内标高要高于室外标高，主要使用房间标高要高于卫生间、阳台标高。在绘图中，常见的是将建筑首层室内地面的高度设为零点，标作 ±0.000；低于此高度的建筑部位标高值为负值，在标高数字前加“-”号；高于此高度的部位标高值为正值，标高数字前不加任何符号。

（3）尺寸标注

本例中采用的尺寸标注分两道：一道为各轴线之间的距离；另一道为平面总长度或总宽度。

具体绘制方法如下：

Step 01 选择“标注”图层，并将其设置为当前图层。

Step 02 设置标注样式。单击“默认”选项卡“注释”面板中的“标注样式”按钮，打开“标注样式管理器”对话框，如图6-67所示；单击“新建”按钮，打开“创建新标注样式”对话框，在“新样式名”中输入“平面标注”，如图6-68所示。

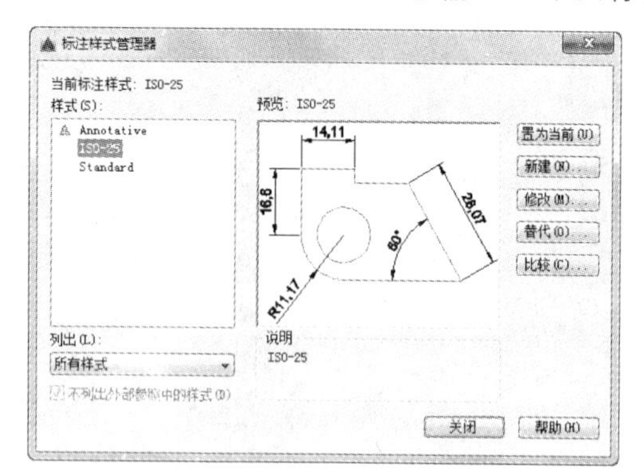

图6-67 “标注样式管理器”对话框

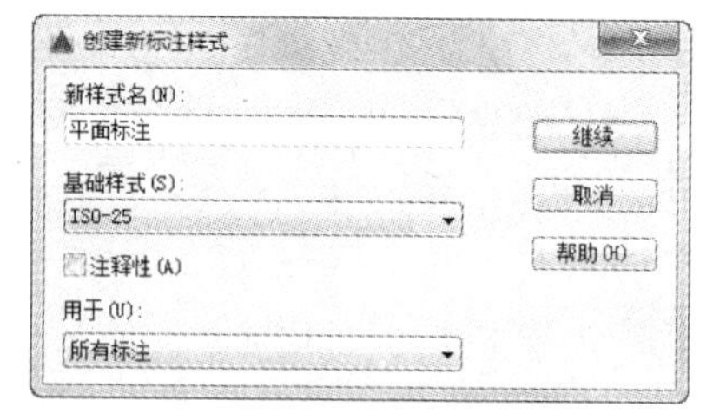

图6-68 “创建新标注样式”对话框

Step 03 单击“继续”按钮，打开“新建标注样式：平面标注”对话框，进行以下设置：

❶单击“线”选项卡，在“基线间距”文本框中输入200，在“超出尺寸线”文本框中输入200，在“起点偏移量”文本框中输入300，如图6-69所示。

❷单击“符号和箭头”选项卡，在“箭头”选项组的“第一个”和“第二个”下拉列表中均选择“建筑标记”，在“引线”下拉列表中选择“实心闭合”，在“箭头大小”文本框中输入250，如图6-70所示。

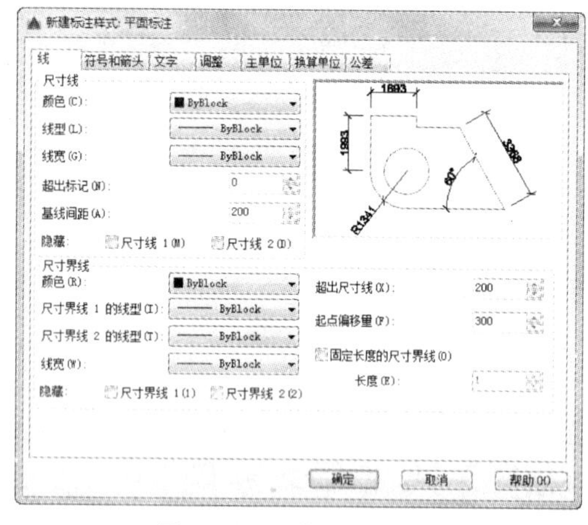

图6-69 “线”选项卡

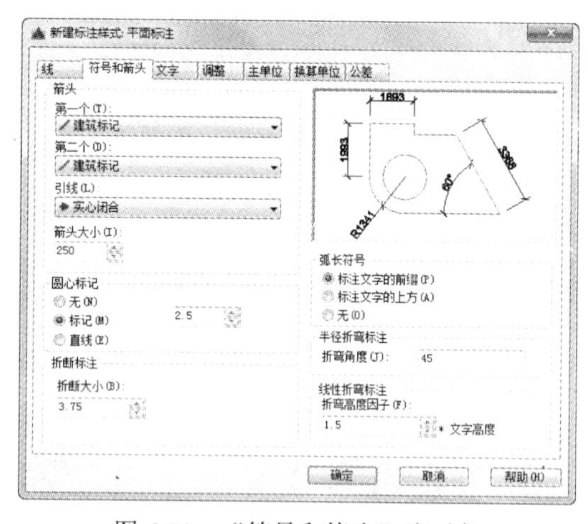

图6-70 “符号和箭头”选项卡

❸单击“文字”选项卡，在“文字外观”选项组中的“文字高度”文本框中输入300，如图6-71所示。

❹单击“主单位”选项卡，在“精度”下拉列表中选择0，如图6-72所示。

❺单击“确定”按钮，返回到“标注样式管理器”对话框，在“样式”列表中激活“平面标注”标注样式，单击“置为当前”按钮，单击“关闭”按钮，完成标注样式的设置。

Step 04 单击“默认”选项卡“注释”面板中的“线性”按钮和“连续”按钮，标注相邻两轴线之间的距离。

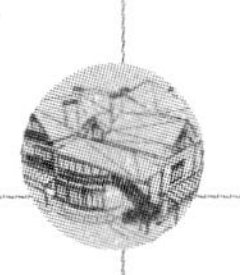

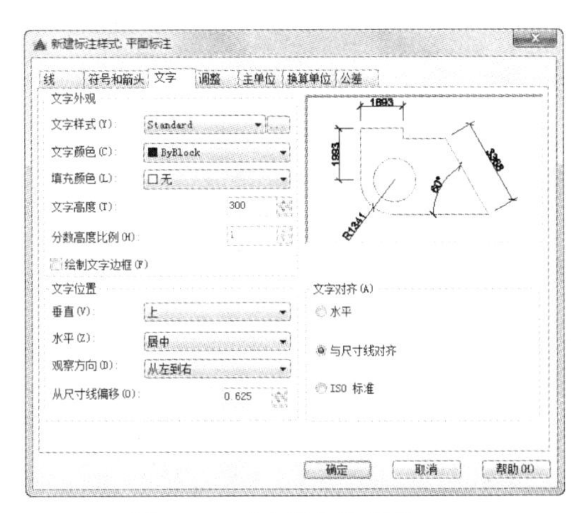

图 6-71 “文字”选项卡

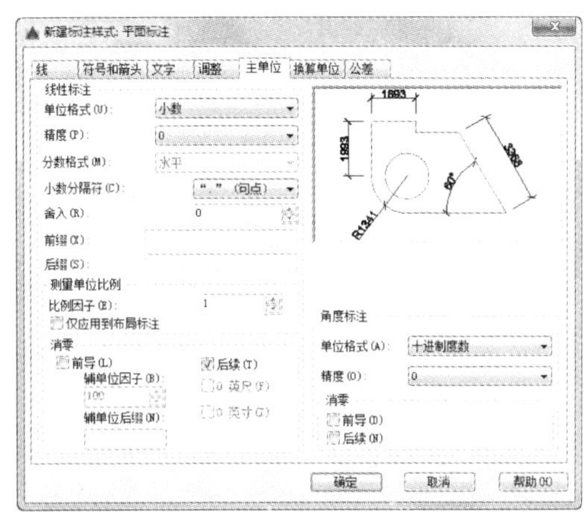

图 6-72 “主单位”选项卡

Step 05 单击“默认”选项卡“注释”面板中的“线性”按钮，在已绘制的尺寸标注的外侧，对建筑平面横向和纵向的总长度进行尺寸标注。

Step 06 完成尺寸标注后，单击“默认”选项卡“图层”面板中的“图层特性”按钮，打开“图层特性管理器”对话框，关闭“轴线”图层，如图 6-73 所示。

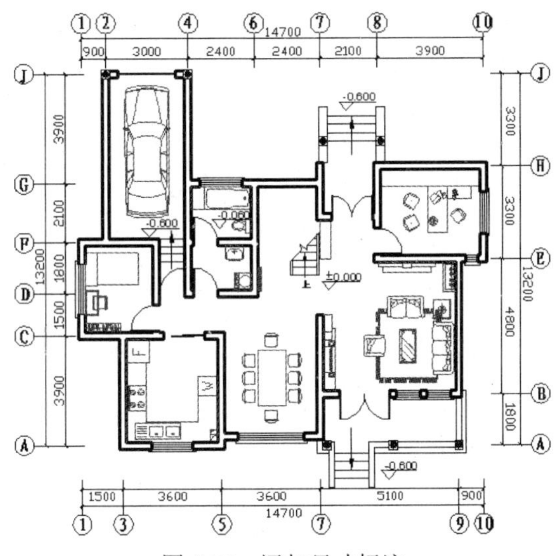

图 6-73 添加尺寸标注

（4）文字标注

在平面图中，各房间的功能用途可以使用文字进行标注。下面以首层平面中的厨房为例，介绍文字标注的具体方法。

Step 01 选择“文字”图层，并将其设置为当前图层。

Step 02 单击“默认”选项卡“注释”面板中的“多行文字”按钮A，在平面图中指定文字插入位置后，弹出“文字编辑器”选项卡，如图 6-74 所示，设置文字样式为“Standard”，字体为“宋体”，文字高度为 300。

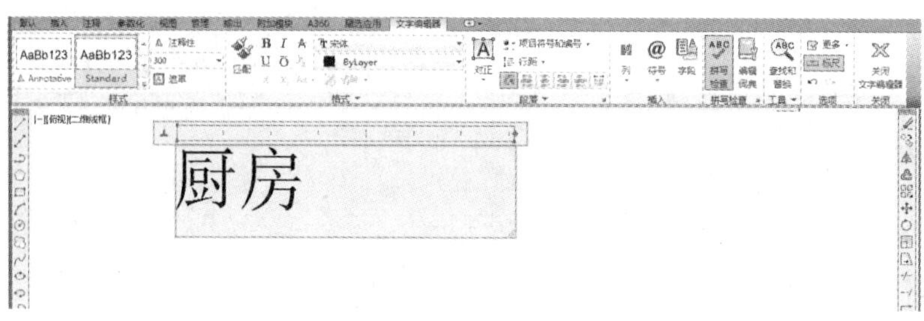

图 6-74 “文字编辑器”选项卡

Step 03 在文本框中输入文字“厨房”，并拖动“宽度控制”滑块来调整文本框的宽度，然后单击鼠标左键，完成该处的文字标注。文字标注结果如图 6-75 所示。

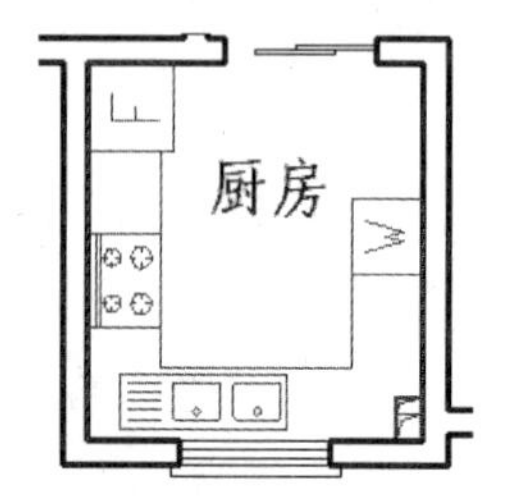

图 6-75 标注厨房文字

8．绘制指北针和剖切符号

在建筑首层平面图中应绘制指北针以标明建筑方位。如果需要绘制建筑的剖面图，则还应在首层平面图中绘制出剖切符号以标明剖面剖切位置。

下面将分别介绍平面图中指北针和剖切符号的绘制方法。

（1）绘制指北针

Step 01 单击“默认”选项卡“图层”面板中的“图层特性”按钮，打开“图层特性管理器”对话框，创建新图层，将新图层命名为“指北针与剖切符号”，并将其设置为当前图层。

Step 02 单击“默认”选项卡“绘图”面板中的“圆”按钮，绘制直径为 1200mm 的圆。

Step 03 单击“默认”选项卡“绘图”面板中的“直线”按钮，绘制圆的垂直方向直径作为辅助线。

Step 04 单击“默认”选项卡“修改”面板中的“偏移”按钮，将辅助线分别向左右两侧偏移，偏移量均为 75mm。

Step 05 单击“默认”选项卡“绘图”面板中的“直线”按钮，将两条偏移线与圆的下方交点同辅助线上端点连接起来；然后单击“默认”选项卡“修改”面板中的“删除”按钮，删除 3 条辅助线（原有辅助线及两条偏移线），得到一个等腰三角形，如图 6-76 所示。

Step 06 单击“默认”选项卡“绘图”面板中的“图案填充”按钮，选择填充类型为“预定义”，图案为“SOLID”，对所绘的等腰三角形进行填充。

Step 07 单击“默认”选项卡“图层”面板中的“图层特性”按钮，打开“图层特性管理器”对话框，打开“文字”图层，使其保持可见。

Step 08 单击“默认”选项卡“注释”面板中的“多行文字”按钮 A，设置文字高度为 500mm，在等腰三角形上端顶点的正上方输入大写的英文字母“N”，标示平面图的正北方向，如图 6-77 所示。

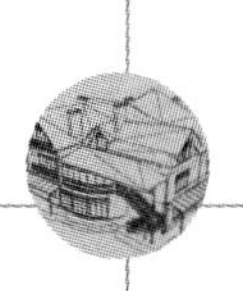

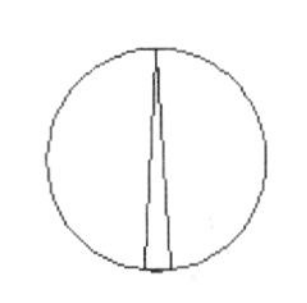

图 6-76　圆与三角

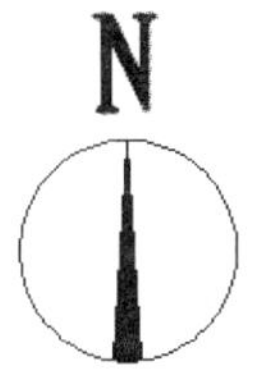

图 6-77　指北针

（2）绘制剖切符号

Step 01 单击“默认”选项卡“绘图”面板中的“直线”按钮，在平面图中绘制剖切面的定位线，并使得该定位线两端伸出被剖切外墙面的距离均为 1000mm，如图 6-78 所示。

Step 02 单击“默认”选项卡“绘图”面板中的“直线”按钮，分别以剖切面定位线的两端点为起点，向剖面图投影方向绘制剖视方向线，长度为 500mm。

Step 03 单击“默认”选项卡“绘图”面板中的“圆”按钮，分别以定位线两端点为圆心，绘制两个半径为 700mm 的圆。

Step 04 单击“默认”选项卡“修改”面板中的“修剪”按钮，修剪两圆之间的投影线条，然后删除两圆，得到两条剖切位置线。

Step 05 将剖切位置线和剖视方向线的线宽都设置为 0.30mm。

Step 06 单击“默认”选项卡“注释”面板中的“多行文字”按钮，设置文字高度为 300mm，在平面图两侧剖视方向线的端部书写剖面剖切符号的编号为 1，如图 6-79 所示，完成首层平面图中剖切符号的绘制。

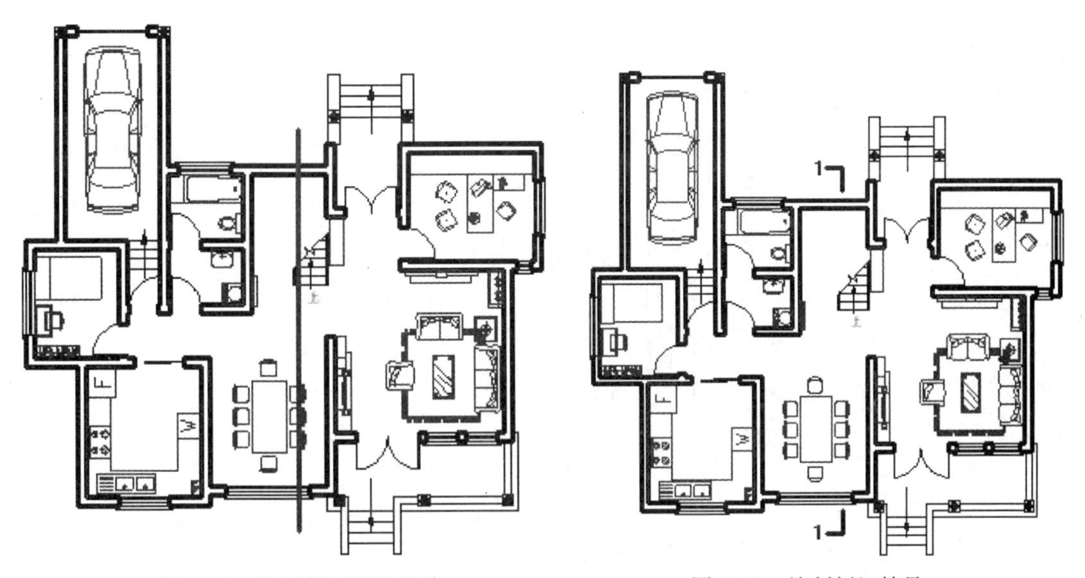

图 6-78　绘制剖切面定位线　　　图 6-79　绘制剖切符号

提　示　剖面的剖切符号，应由剖切位置线及剖视方向线组成，均应以粗实线绘制。剖视方向线应垂直于剖切位置线，长度应短于剖切位置线，绘图时，剖面剖切符号不宜与图面上的图线相接触。剖面剖切符号的编号，宜采用阿拉伯数字，按顺序由左至右，由下至上连续编排，并应标注在剖视方向线的端部。

6.2.2 拓展实例—— 某二层别墅二层建筑平面图

读者可以利用上面所学的相关知识完成某二层别墅二层建筑平面图的绘制，如图 6-80 所示。

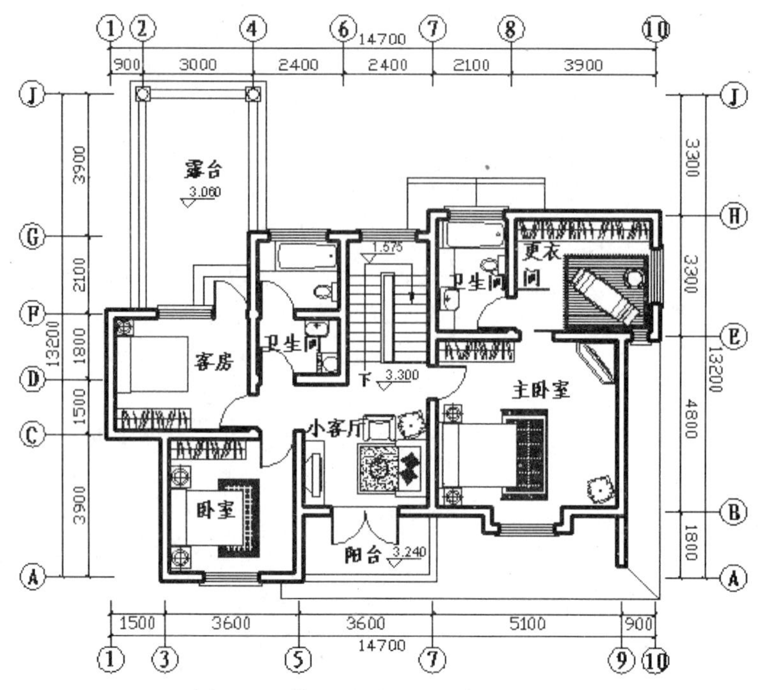

图 6-80　某二层别墅二层建筑平面图

Step 01　打开“源文件/第 6 章/别墅一层建筑平面图”文件，如图 6-81 所示。

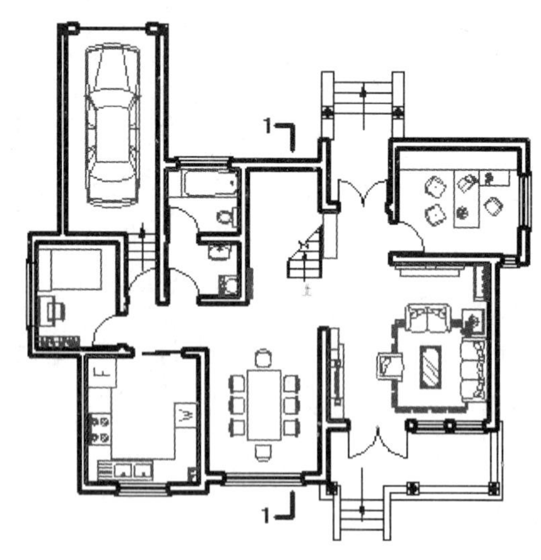

图 6-81　别墅一层建筑平面图

Step 02　利用“多线”命令绘制墙体，如图 6-82 所示。

Step 03　单击“默认”选项卡“绘图”面板中的“插入块”按钮，绘制出二层的门窗及窗台，如图 6-83 所示。

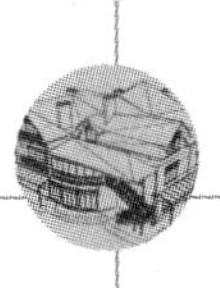

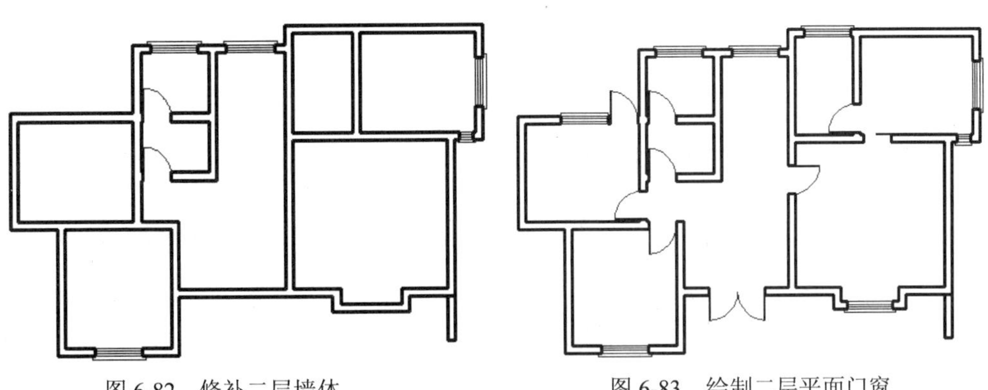

图 6-82　修补二层墙体　　　　图 6-83　绘制二层平面门窗

Step 04　单击“默认”选项卡“绘图”面板中的“矩形”按钮，绘制二层露台，如图 6-84 所示。

Step 05　单击“默认”选项卡“绘图”面板中的“矩形”按钮、“直线”按钮和“修改”面板中的“偏移”按钮以及“注释”面板中的“多行文字”按钮，绘制楼梯及标高，如图 6-85 所示。

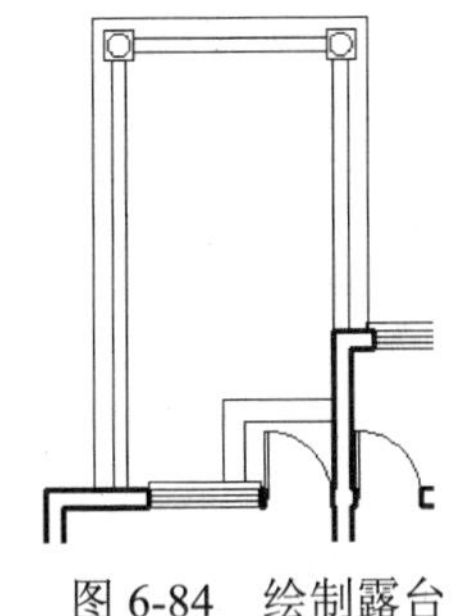

图 6-84　绘制露台

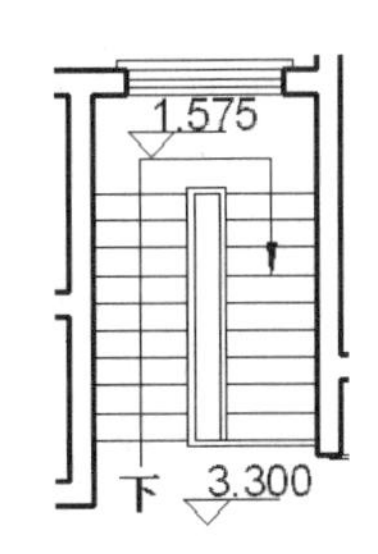

图 6-85　绘制二层平面楼梯及标高

Step 06　单击“默认”选项卡“绘图”面板中的“矩形”按钮和“修改”面板中的“偏移”按钮、“修剪”按钮，绘制雨篷，如图 6-86 所示。

Step 07　单击“默认”选项卡“修改”面板中的“复制”按钮，布置家具，如图 6-87 所示。

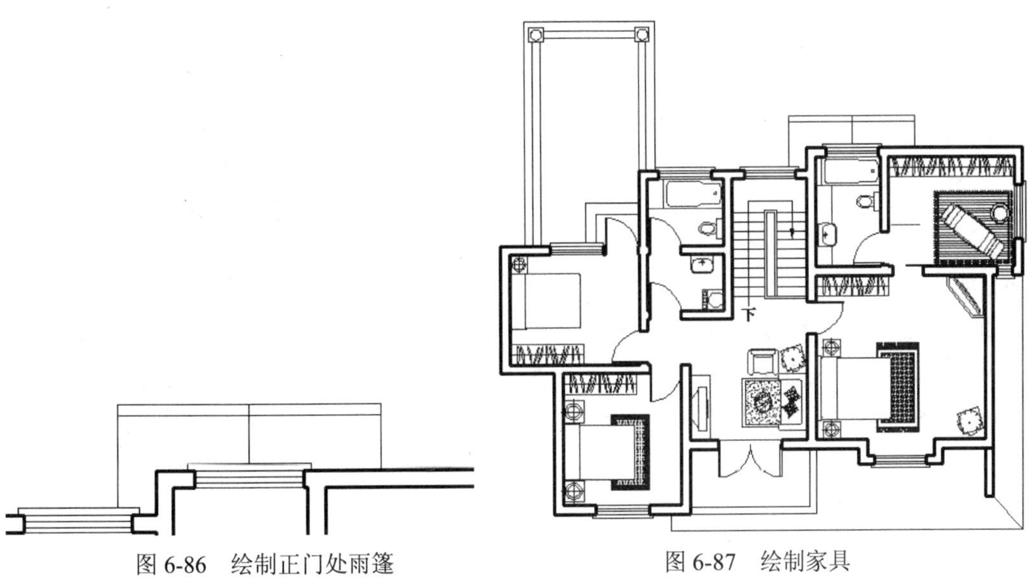

图 6-86　绘制正门处雨篷　　　　图 6-87　绘制家具

Step 08 单击“默认”选项卡“绘图”面板中的“插入块”按钮和“注释”面板中的“多行文字”按钮，为二层平面图添加标注，如图 6-80 所示。

6.2.3 拓展实例——某二层别墅屋顶建筑平面图

读者可以利用上面所学的相关知识完成某二层别墅屋顶建筑平面图的绘制，如图 6-88 所示。

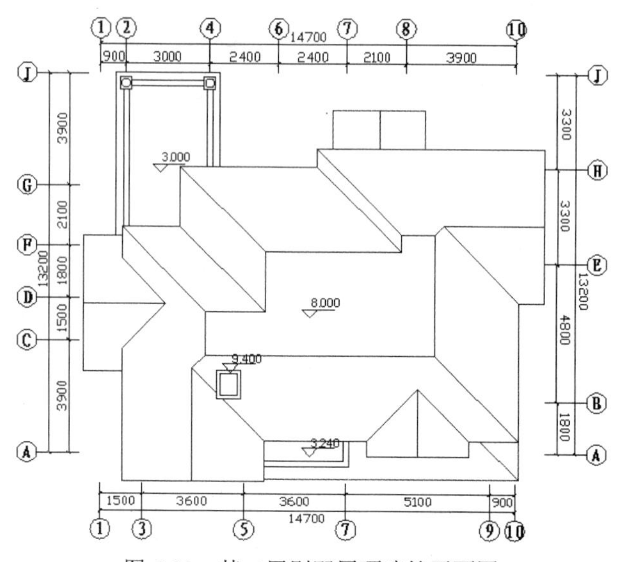

图 6-88　某二层别墅屋顶建筑平面图

Step 01 单击“默认”选项卡“绘图”面板中的“多段线”按钮，绘制屋顶平面，如图 6-89 所示。

Step 02 单击“默认”选项卡“修改”面板中的“偏移”按钮和“延伸”按钮，绘制屋顶檐线，如图 6-90 所示。

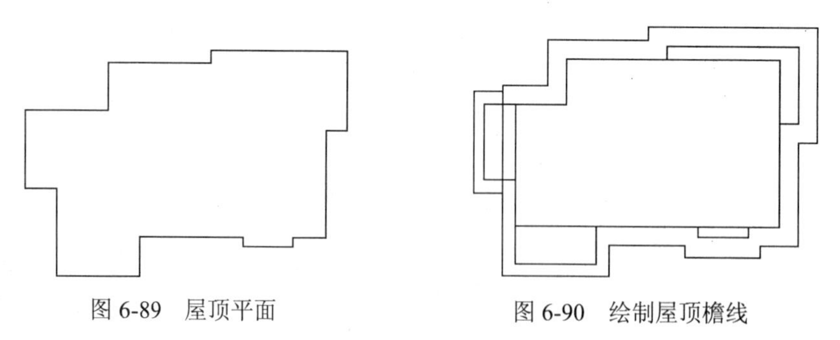

图 6-89　屋顶平面　　图 6-90　绘制屋顶檐线

Step 03 单击“默认”选项卡“绘图”面板中的“直线”按钮，绘制屋脊，如图 6-91 所示。

Step 04 单击“默认”选项卡“绘图”面板中的“矩形”按钮和“修改”面板中的“偏移”按钮，绘制烟囱，如图 6-92 所示。

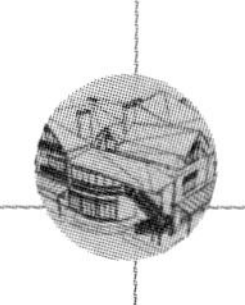

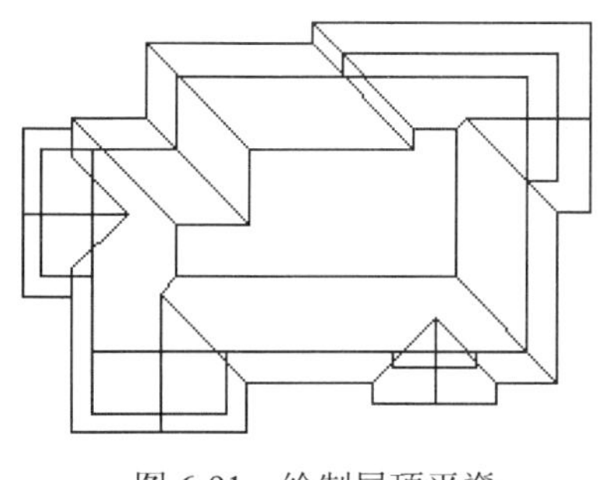

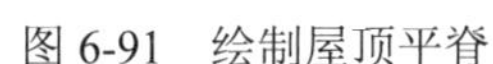

图 6-91　绘制屋顶平脊

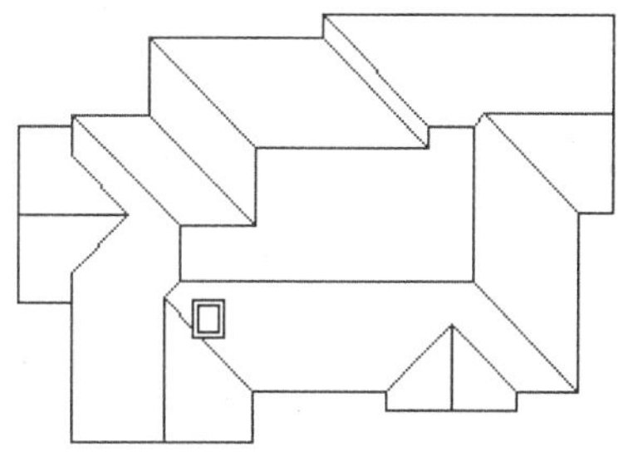

图 6-92　绘制烟囱

Step 05 单击“默认”选项卡“绘图”面板中的“插入块”按钮和“注释”面板中的“多行文字”按钮A，为图形添加尺寸标注与标高，如图 6-88 所示。

6.3　别墅室内地坪平面图绘制实例——某二层别墅一层室内地坪平面图

室内地坪图是表达建筑物内部各房间地面材料铺装情况的图样。由于各房间地面用材因房间功能的差异而有所不同，故在图样中通常选用不同的填充图案结合文字来表达。

别墅首层地坪图的绘制思路为：首先由已知的首层平面图生成平面墙体轮廓，并在各门窗洞口位置绘制投影线；然后根据各房间地面材料类型，选取适当的填充图案对各房间地面进行填充；最后添加尺寸和文字标注。

下面以某二层别墅一层室内地坪平面图为例，讲解相关知识及其绘制方法与技巧，如图 6-93 所示。

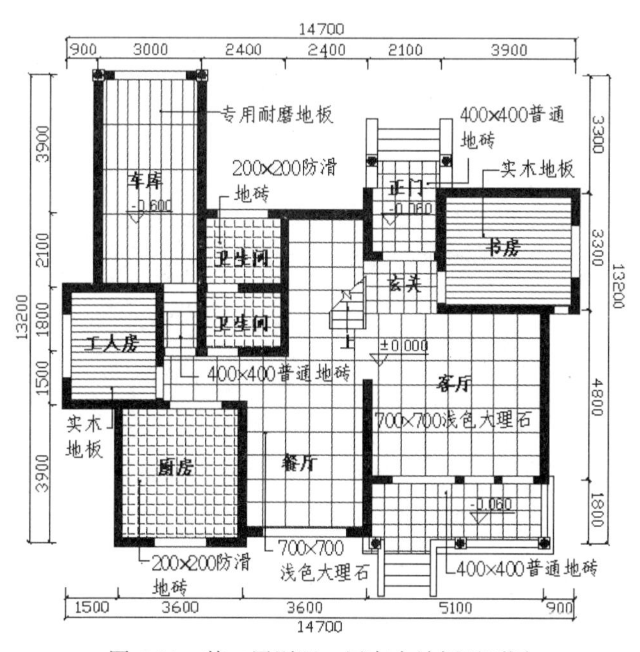

图 6-93　某二层别墅一层室内地坪平面图

6.3.1 操作步骤

1. 设置绘图环境

（1）创建图形文件

打开已绘制的“别墅首层平面图.dwg”文件，选择 “快速访问”工具栏中的“另存为”命令，弹出“图形另存为”对话框，在“文件名”下拉列表中输入新的图形名称为“别墅首层地坪图.dwg”，如图 6-94 所示。单击“保存”按钮，建立图形文件。

（2）清理图形元素

Step 01 单击“默认”选项卡“图层”面板中的“图层特性”按钮，打开“图层特性管理器”对话框，关闭“轴线”“轴线编号”和“标注”图层。

Step 02 单击“默认”选项卡“修改”面板中的“删除”按钮，删除首层平面图中所有的家具和门窗图形。

Step 03 选择菜单栏中“文件”→“图形实用工具”→“清理”命令，清理无用的图形元素。清理后，所得平面图形如图 6-95 所示。

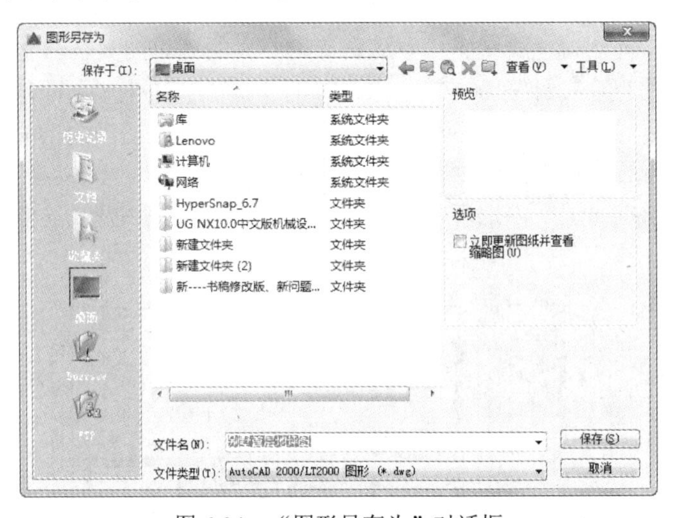

图 6-94 “图形另存为”对话框

2. 补充平面元素

（1）填充平面墙体

Step 01 选择“墙体”图层，将其设置为当前图层。

Step 02 单击“默认”选项卡“绘图”面板中的“图案填充”按钮，选择填充图案为“SOLID”，在绘图区域中拾取墙体内部点，选择墙体作为填充对象进行填充。

（2）绘制门窗投影线

Step 01 选择“门窗”图层，将其设置为当前图层。

Step 02 单击“默认”选项卡“绘图”面板中的“直线”按钮，在门窗洞口处绘制洞口平面投影线，如图 6-96 所示。

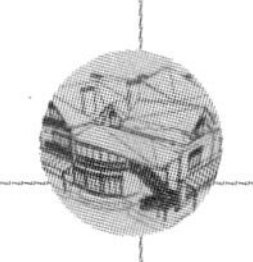

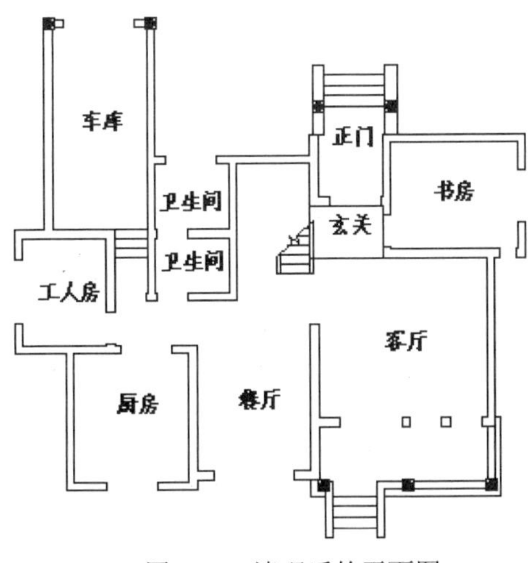

图 6-95　清理后的平面图

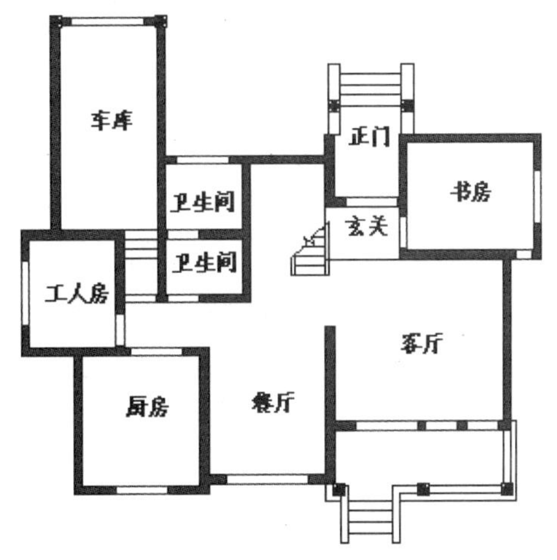

图 6-96　补充平面元素

3．绘制地板

（1）绘制木地板

在首层平面图中，铺装木地板的房间包括工人房和书房。

Step 01　单击“默认”选项卡“图层”面板中的“图层特性”按钮，打开“图层特性管理器”对话框，创建新图层，将新图层命名为“地坪”，并将其设置为当前图层。

Step 02　单击“默认”选项卡“绘图”面板中的“图案填充”按钮，选择填充图案为“LINE”，并设置图案填充比例为 60，在绘图区域中依次选择工人房和书房平面作为填充对象，进行地板图案填充。如图 6-97 所示为书房地板绘制效果。

图 6-97　绘制书房木地板

（2）绘制地砖

在本例中，使用的地砖种类主要有两种，即卫生间、厨房使用的是防滑地砖；入口、阳台等处地面使用的是普通地砖。

Step 01　绘制防滑地砖。在卫生间和和厨房中，地面的铺装材料为 200×200 防滑地砖。

Step 02　单击“默认”选项卡“绘图”面板中的“图案填充”按钮，选择填充图案为“ANGEL”，并设置图案填充比例为 30。

Step 03　在绘图区域中依次选择卫生间和厨房平面作为填充对象，进行防滑地砖图案的填充。如图 6-98 所示为卫生间防滑地砖绘制效果。

Step 04　绘制普通地砖。在别墅的入口和外廊处，地面铺装材料为 400×400 普通地砖。

Step 05　单击“默认”选项卡“绘图”面板中的“图案填充”按钮，选择填充图案为“NET”，并设置图案填充比例为 120。

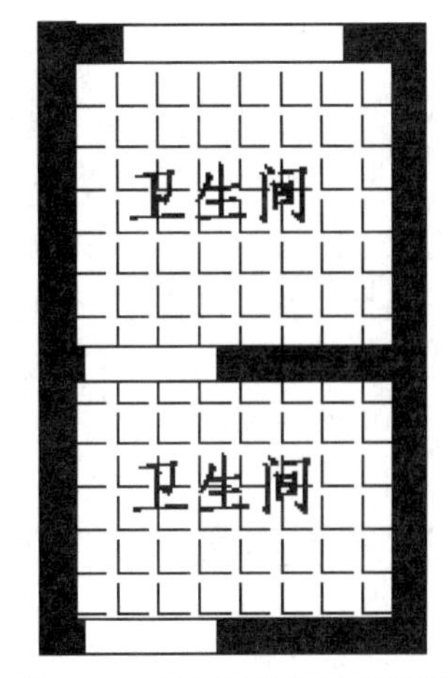

图 6-98　绘制卫生间防滑地砖

Step 06 在绘图区域中依次选择入口和外廊平面作为填充对象，进行普通地砖图案的填充。如图6-99所示为主入口处普通地砖绘制效果。

（3）绘制大理石地面

通常客厅和餐厅的地面材料可以有很多种选择，如普通地砖、耐磨木地板等。在本例中，设计者选择在客厅、餐厅和走廊地面铺装浅色大理石材料，光亮、易清洁而且耐磨损。

Step 01 单击“默认”选项卡“绘图”面板中的“图案填充”按钮，选择填充图案为“NET”，并设置图案填充比例为210。

Step 02 在绘图区域中依次选择客厅、餐厅和走廊平面作为填充对象，进行大理石地面图案的填充。如图6-100所示为客厅大理石地面绘制效果。

（4）绘制车库地板

本例中车库地板材料采用的是车库专用耐磨地板。

Step 01 单击“默认”选项卡“绘图”面板中的“图案填充”按钮，选择填充图案为“GRATE”，并设置图案填充角度为90º，比例为400。

Step 02 在绘图区域中选择车库平面作为填充对象，进行车库地面图案的填充，如图6-101所示。

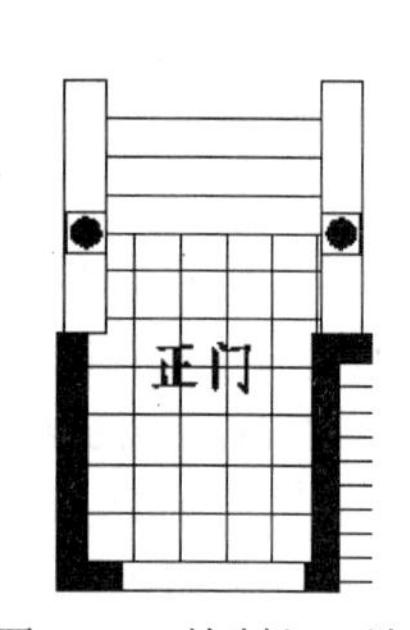

图6-99　绘制入口地砖

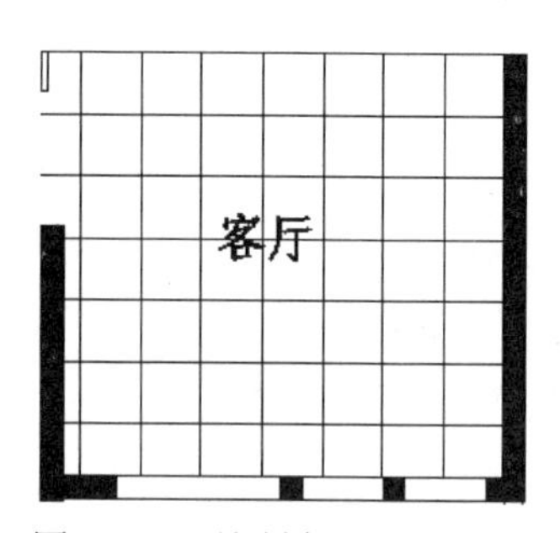

图6-100　绘制客厅大理石地面

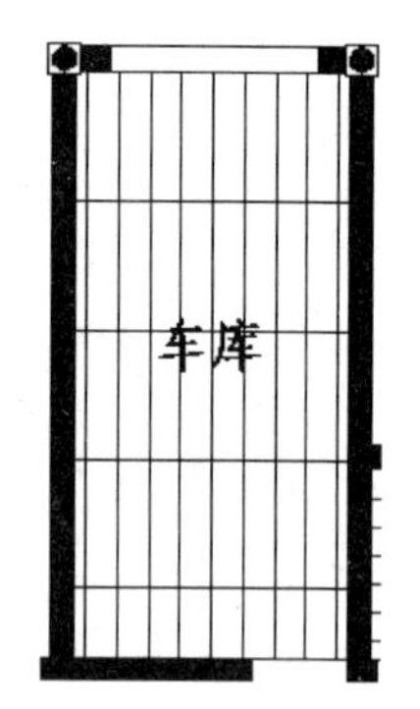

图6-101　绘制车库地板

4．尺寸标注与文字说明

（1）尺寸标注与标高

在本例中，尺寸标注和平面标高的内容及要求与平面图基本相同。由于本例是基于已有首层平面图基础上绘制生成的，因此，本例中的尺寸标注可以直接沿用首层平面图的标注结果。

（2）文字说明

Step 01 选择“文字”图层，将其设置为当前图层。

Step 02 在命令行中输入“QLEADER”命令，设置字体为“仿宋GB2312”，文字高度为300，在引线一端添加文字说明，标明该房间地面的铺装材料和做法。

6.3.2　拓展实例——某二层别墅二层室内地坪平面图

读者可以利用上面所学的相关知识完成某二层别墅二层室内地坪平面图的绘制，如图6-102所示。

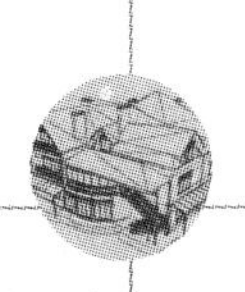

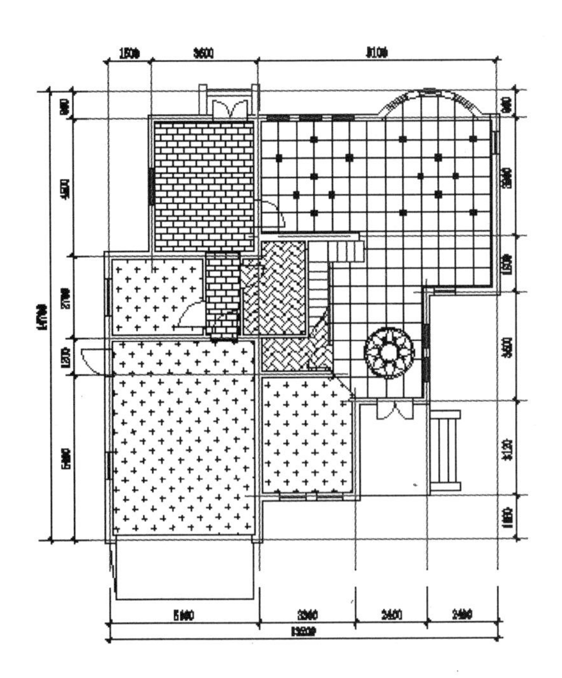

图 6-102　某二层别墅二层室内地坪平面图

Step 01 单击“默认”选项卡“绘图”面板中的“直线”按钮、“圆”按钮、“圆弧”按钮和“修改”面板中的“偏移”按钮、“镜像”按钮、“矩形阵列”按钮，绘制门厅地面拼花，如图 6-103 所示。

Step 02 单击“默认”选项卡“绘图”面板中的“直线”按钮和“修改”面板中的“偏移”按钮、“修剪”按钮，绘制地面铺装，如图 6-104 所示。

图 6-103　圆形阵列

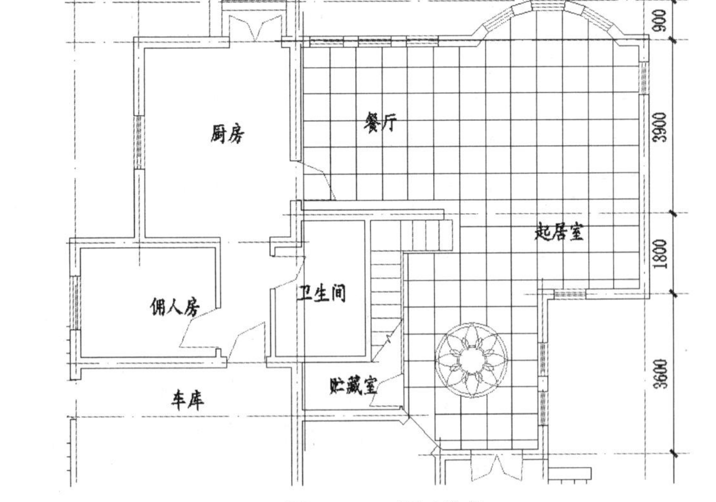

图 6-104　剪切线条

Step 03 单击“默认”选项卡“绘图”面板中的“直线”按钮、“多边形”按钮、“图案填充”按钮和“修改”面板中的“复制”按钮，布置地面，如图 6-105 所示。

Step 04 单击“默认”选项卡“绘图”面板中的“图案填充”按钮，完成剩余地面的绘制，如图 6-102 所示。

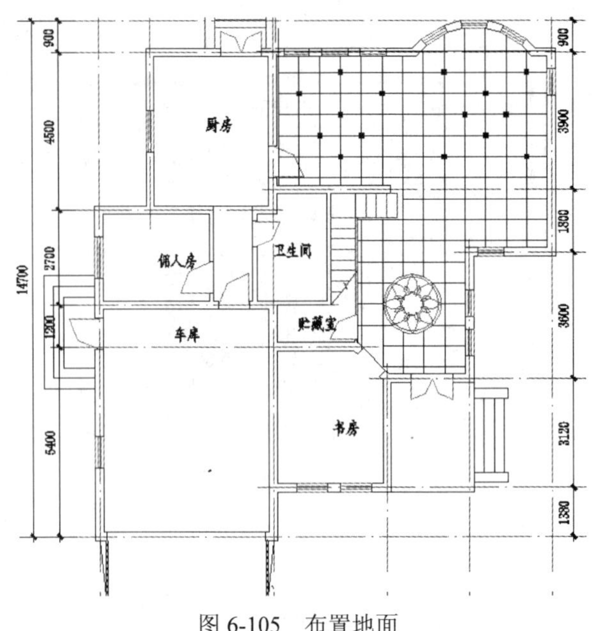

图 6-105　布置地面

6.4　别墅室内顶棚平面图绘制实例——某二层别墅一层室内顶棚平面图

建筑室内顶棚图主要表达的是建筑室内各房间顶棚的材料和装修做法，以及灯具的布置情况。由于各房间的使用功能不同，其顶棚的材料和做法均有各自不同的特点，常需要使用图形填充结合适当的文字加以说明。因此，如何使用引线和多行文字命令添加文字标注，仍是绘制过程中的重点。

某二层别墅一层室内顶棚平面图的主要绘制思路为：首先清理首层平面图，留下墙体轮廓，并在各门窗洞口位置绘制投影线；然后绘制吊顶并根据各房间选用的照明方式绘制灯具；最后进行文字说明和尺寸标注。下面以别墅一层室内顶棚图为例，讲解相关知识及其绘制方法与技巧，如图 6-106 所示。

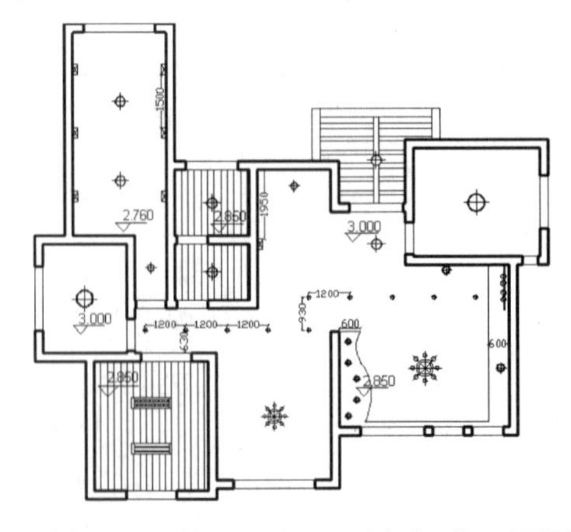

图 6-106　某二层别墅一层室内顶棚平面图

6.4.1　操作步骤

1. 设置绘图环境

(1) 创建图形文件

打开已绘制的“别墅首层平面图.dwg”文件，选择“快速访问”工具栏中的“另存为”命令，弹出“图形另存为”对话框，在“文件名”下拉列表框中输入新的图形文件名称为“别墅首层顶棚平面图.dwg”，如图 6-107 所示。单击“保存”按钮，建立图形文件。

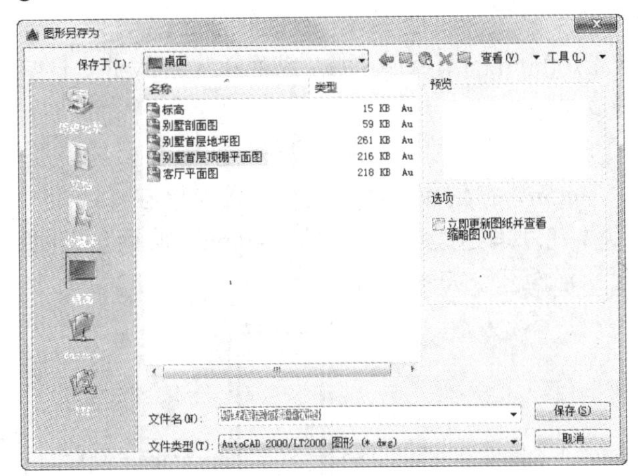

图 6-107　“图形另存为”对话框

(2) 清理图形元素

Step 01 单击“默认”选项卡“图层”面板中的“图层特性”按钮，打开“图层特性管理器”对话框，关闭“轴线”“轴线编号”和“标注”图层。

Step 02 单击“默认”选项卡“修改”面板中的“删除”按钮，删除首层平面图中的家具、门窗图形以及所有文字。

Step 03 选择菜单栏中“文件”→“绘图实用程序”→“清理”命令，清理无用的图层和其他图形元素。清理后，所得平面图形如图 6-108 所示。

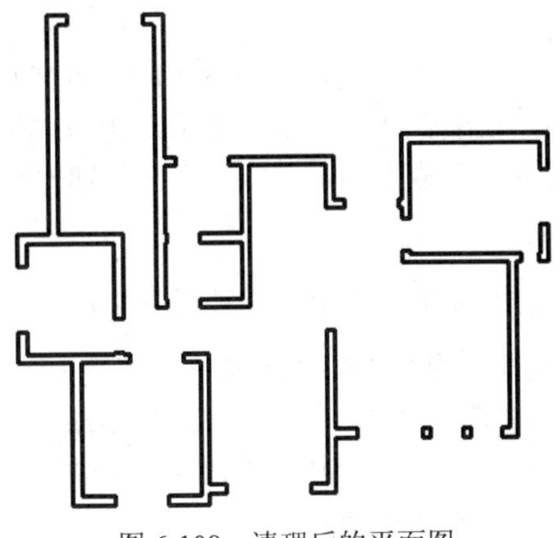

图 6-108　清理后的平面图

2. 补绘平面轮廓

（1）绘制门窗投影线

Step 01 选择“门窗”图层，并将其设置为当前图层。

Step 02 单击“默认”选项卡“绘图”面板中的“直线”按钮，在门窗洞口处绘制洞口投影线。

（2）绘制入口雨篷轮廓

Step 01 单击“默认”选项卡“图层”面板中的“图层特性”按钮，打开“图层特性管理器”对话框，创建新图层，将新图层命名为“雨篷”，并将其设置为当前图层。

Step 02 单击“默认”选项卡“绘图”面板中的“直线”按钮，以正门外侧投影线中点为起点向上绘制长度为2700mm的雨篷中心线；然后以中心线的上侧端点为中点，绘制长度为3660mm的水平边线。

Step 03 单击“默认”选项卡“修改”面板中的“偏移”按钮，将屋顶中心线分别向两侧偏移，偏移量均为1830mm，得到屋顶两侧边线。再次单击“默认”选项卡“修改”面板中的“偏移”按钮，将所有边线均向内偏移240mm，得到入口雨篷轮廓线，如图6-109所示。经过补绘后的平面图，如图6-110所示。

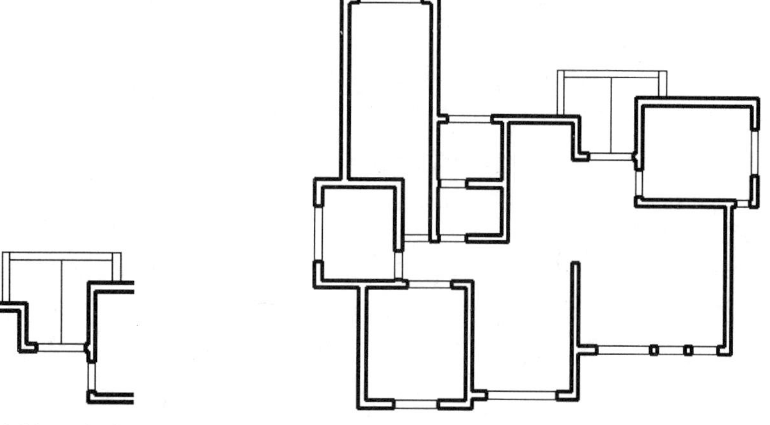

图6-109 绘制入口雨篷投影轮廓　　图6-110 补绘顶棚平面轮廓

3. 绘制吊顶

在别墅首层平面中，有三处做了吊顶设计，即卫生间、厨房和客厅。其中，卫生间和厨房是出于防水或防油烟的需要，安装铝扣板吊顶；在客厅上方局部设计石膏板吊顶，既美观大方又为各种装饰性灯具的设置和安装提供了方便。下面分别介绍这三处吊顶的绘制方法。

（1）绘制卫生间吊顶

基于卫生间使用过程中的防水要求，在卫生间顶部安装铝扣板吊顶。

Step 01 单击“默认”选项卡“图层”面板中的“图层特性”按钮，打开“图层特性管理器”对话框，创建新图层，将新图层命名为“吊顶”，并将其设置为当前图层。

Step 02 单击“默认”选项卡“绘图”面板中的“图案填充”按钮，选择填充图案为“LINE”，并设置图案填充角度为90，比例为60。

Step 03 在绘图区域中选择卫生间顶棚平面作为填充对象，进行图案填充，如图6-111所示。

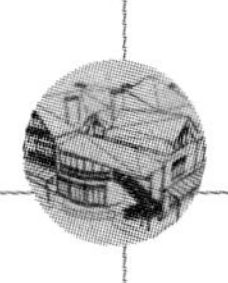

（2）绘制厨房吊顶

基于厨房使用过程中的防水和防油烟的要求，在厨房顶部安装铝扣板吊顶。

Step 01　选择“吊顶”图层，并将其设置为当前图层。

Step 02　单击“默认”选项卡“绘图”面板中的“图案填充”按钮，选择填充图案为“LINE”，并设置图案填充角度为 90，比例为 60。

Step 03　在绘图区域中选择厨房顶棚平面作为填充对象，进行图案填充，如图 6-112 所示。

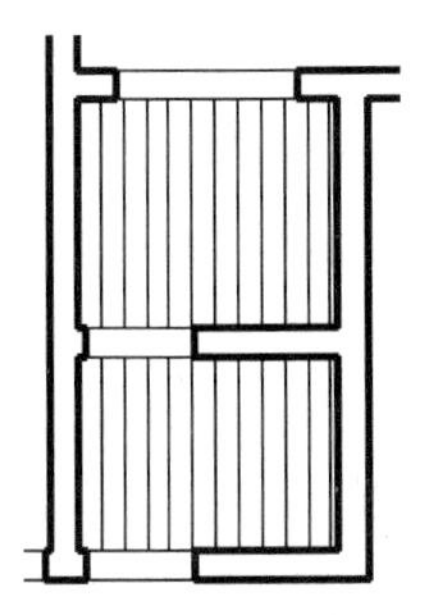

图 6-111　绘制卫生间吊顶

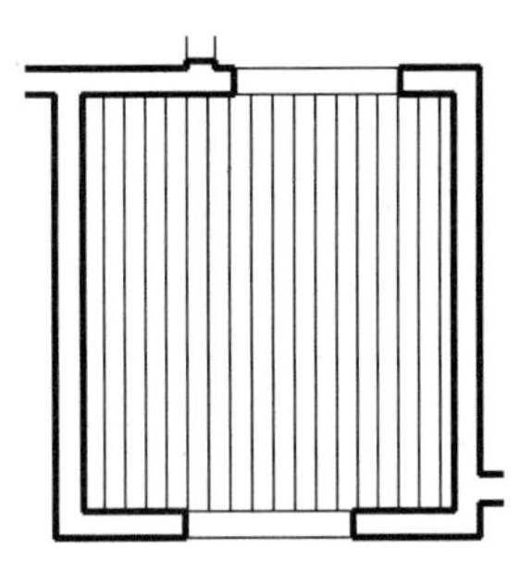

图 6-112　绘制厨房吊顶

（3）绘制客厅吊顶

客厅吊顶的方式为周边式，不同于前面介绍的卫生间和厨房所采用的完全式吊顶，客厅吊顶的重点部位在西面电视墙的上方。

Step 01　单击“默认”选项卡“修改”面板中的“偏移”按钮，将客厅顶棚东、南两个方向轮廓线向内偏移，偏移量分别为 600mm 和 100mm，得到“轮廓线 1”和“轮廓线 2”。

Step 02　单击“默认”选项卡“绘图”面板中的“样条曲线拟合”按钮，以客厅西侧墙线为基准线，绘制样条曲线，如图 6-113 所示。

Step 03　单击“默认”选项卡“修改”面板中的“移动”按钮，将样条曲线水平向右移动，移动距离为 600mm。

Step 04　单击“默认”选项卡“绘图”面板中的“直线”按钮，连接样条曲线与墙线的端点。

Step 05　单击“默认”选项卡“修改”面板中的“修剪”按钮，修剪吊顶轮廓线条，完成客厅吊顶的绘制，如图 6-114 所示。

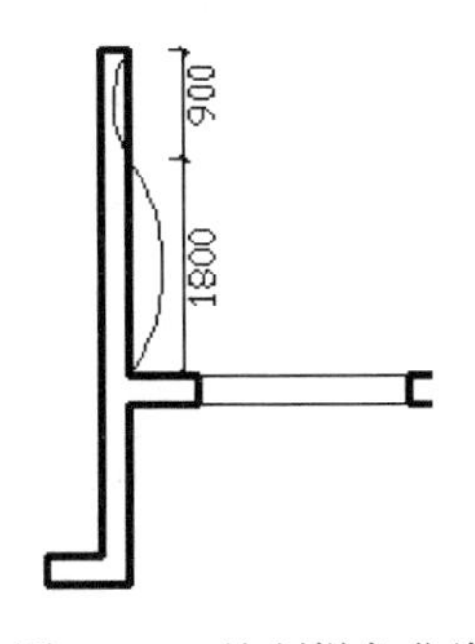

图 6-113　绘制样条曲线

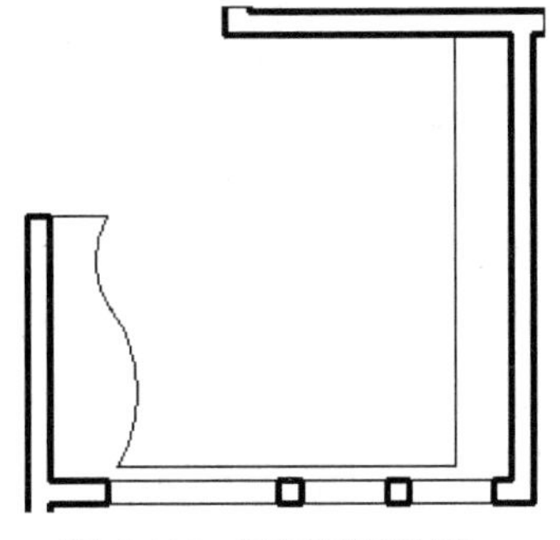

图 6-114　客厅吊顶轮廓

4．绘制入口雨篷顶棚

别墅正门入口雨篷的顶棚由一条水平的主梁和两侧数条对称布置的次梁组成。

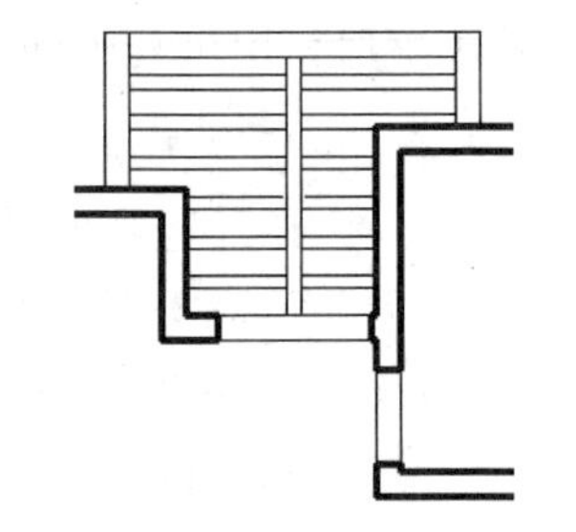

图 6-115　绘制入口雨篷的顶棚

Step 01 选择“顶棚”图层，并将其设置为当前图层。

Step 02 绘制主梁。单击“默认”选项卡“修改”面板中的“偏移”按钮，将雨篷中心线依次向左右两侧进行偏移，偏移量均为 75mm；然后单击“默认”选项卡“修改”面板中的“删除”按钮，将原有中心线删除。

Step 03 绘制次梁。单击“默认”选项卡“绘图”面板中的“图案填充”按钮，选择填充图案为“STEEL”，并设置图案填充角度为 135，比例为 135。在绘图区域中选择中心线两侧矩形区域作为填充对象，进行图案填充，如图 6-115 所示。

5．绘制灯具

不同种类的灯具由于材料和形状的差异，其平面图形也大有不同。在本别墅实例中，灯具种类主要包括工艺吊灯、吸顶灯、筒灯、射灯、壁灯等。在 AutoCAD 图样中，并不需要详细描绘出各种灯具的具体式样，一般情况下，每种灯具都是用灯具图例来表示的。下面分别介绍几种灯具图例的绘制方法。

（1）绘制工艺吊灯

工艺吊灯仅在客厅和餐厅并使用，与其他灯具相比，形状比较复杂。

Step 01 单击“默认”选项卡“图层”面板中的“图层特性”按钮，打开“图层特性管理器”对话框，创建新图层，将新图层命名为“灯具”，并将其设置为当前图层。

Step 02 单击“默认”选项卡“绘图”面板中的“圆”按钮，绘制两个同心圆，它们的半径分别为 150mm 和 200mm。

Step 03 单击“默认”选项卡“绘图”面板中的“直线”按钮，以圆心为端点，向右绘制一条长度为 400mm 的水平线段。

Step 04 单击“默认”选项卡“绘图”面板中的“圆”按钮，以线段右端点为圆心，绘制一个较小的圆，其半径为 50mm。然后单击“默认”选项卡“修改”面板中的“移动”按钮，水平向左移动小圆，移动距离为 100mm，如图 6-116 所示。

Step 05 单击“默认”选项卡“修改”面板中的“环形阵列”按钮，设置项目总数为 8，项目间角度为 360，选择同心圆圆心为阵列中心点，选择图 6-116 中的水平线段和右侧小圆为阵列对象，生成工艺吊灯图例，如图 6-117 所示。

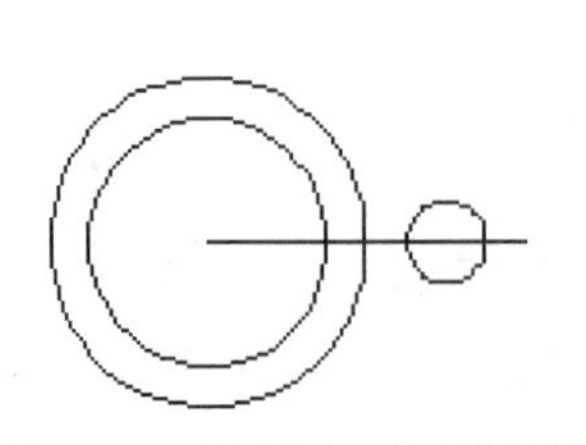

图 6-116　绘制第一个吊灯单元

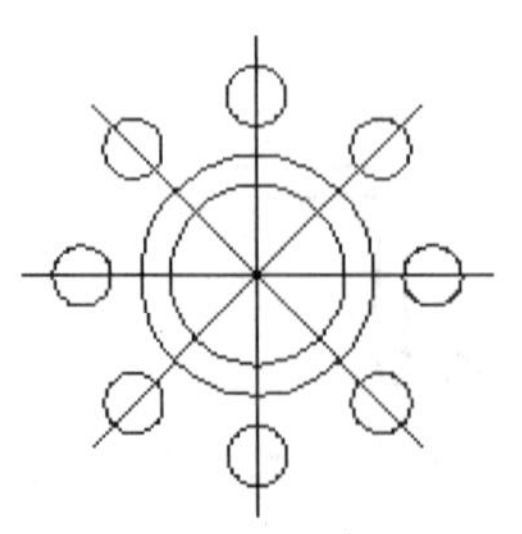

图 6-117　工艺吊灯图例

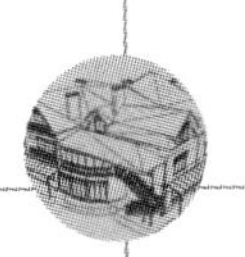

（2）绘制吸顶灯

在别墅首层平面中，使用最广泛的灯具要属吸顶灯了。别墅入口、卫生间和卧室都使用吸顶灯来进行照明。常用的吸顶灯图例有圆形和矩形两种。在这里主要介绍圆形吸顶灯图例。

Step 01 单击“默认”选项卡“绘图”面板中的“圆”按钮，绘制两个同心圆，它们的半径分别为 90mm 和 120mm。

Step 02 单击“默认”选项卡“绘图”面板中的“直线”按钮，绘制两条互相垂直的直径；激活已绘直径的两端点，将直径向两侧分别拉伸，每个端点处拉伸量均为 40mm，得到一个正交十字。

Step 03 单击“默认”选项卡“绘图”面板中的“图案填充”按钮，选择填充图案为“SOLID”，对同心圆中的圆环部分进行填充。如图 6-118 所示为绘制完成的吸顶灯图例。

（3）绘制格栅灯

在别墅中，格栅灯是专用于厨房的照明灯具。

Step 01 单击“默认”选项卡“绘图”面板中的“矩形”按钮，绘制尺寸为 1200mm×300 mm 的矩形格栅灯轮廓。

Step 02 单击“默认”选项卡“修改”面板中的“分解”按钮，将矩形分解；然后单击“默认”选项卡“修改”面板中的“偏移”按钮，将矩形两条短边分别向内偏移，偏移量均为 80mm。

Step 03 单击“默认”选项卡“绘图”面板中的“矩形”按钮，绘制两个尺寸为 1040 mm×45mm 的矩形灯管，两个灯管平行间距为 70mm。

Step 04 单击“默认”选项卡“绘图”面板中的“图案填充”按钮，选择填充图案为“ANSI32”，并设置填充比例为“10”，对两矩形灯管区域进行填充。如图 6-119 所示为绘制完成的格栅灯图例。

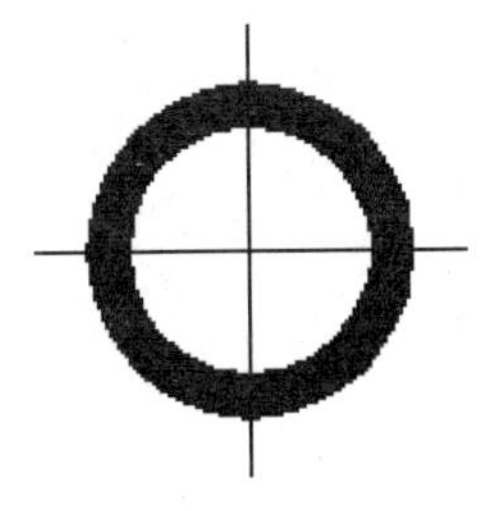

图 6-118　吸顶灯图例

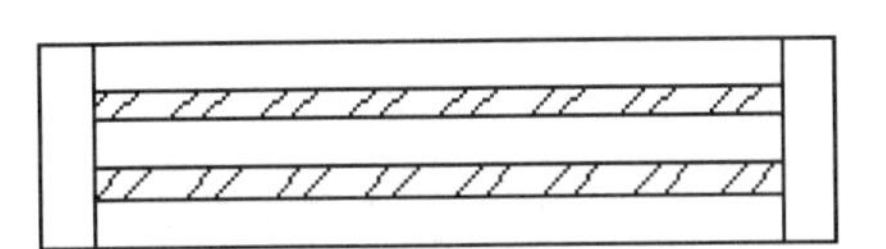

图 6-119　格栅灯图例

（4）绘制筒灯

筒灯体积较小，主要应用于室内装饰照明和走廊照明。常见的筒灯图例由两个同心圆和一个十字组成。

Step 01 单击“默认”选项卡“绘图”面板中的“圆”按钮，绘制两个同心圆，它们的半径分别为 45mm 和 60mm。

Step 02 单击“默认”选项卡“绘图”面板中的“直线”按钮，绘制两条互相垂直的直径；激活已绘两条直径的所有端点，将两条直径分别向其两端方向拉伸，每个方向拉伸量均为 20mm，得到正交的十字。如图 6-120 所示为绘制完成的筒灯图例。

（5）绘制壁灯

在别墅中，车库和楼梯侧墙面都通过壁灯来辅助照明。本例中使用的壁灯图例由矩形及其两条对角线组成。

Step 01 单击“默认”选项卡“绘图”面板中的“矩形”按钮，绘制尺寸为 300mm×150mm 的矩形。

Step 02 单击“默认”选项卡“绘图”面板中的“直线”按钮，绘制矩形的两条对角线。如图 6-121 所示为绘制完成的壁灯图例。

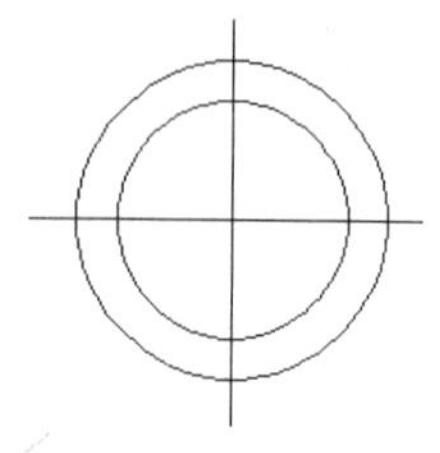

图 6-120　筒灯图例

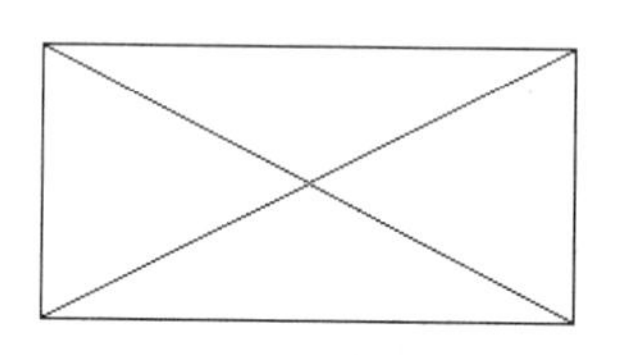

图 6-121　壁灯图例

（6）绘制射灯组

射灯组的平面图例具体绘制方法可参看前面章节内容。

（7）在顶棚图中插入灯具图例

Step 01 单击“默认”选项卡“绘图”面板中的“创建块”按钮，将所绘制的各种灯具图例分别定义为图块。

Step 02 单击“默认”选项卡“绘图”面板中的“插入块”按钮，根据各房间或空间的功能，选择合适的灯具图例并根据需要设置图块比例，然后将其插入顶棚中相应的位置。如图 6-122 所示为客厅顶棚灯具布置效果。

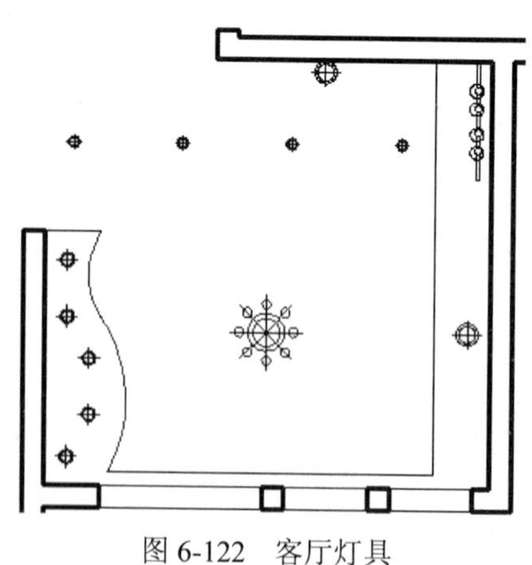

图 6-122　客厅灯具

6．尺寸标注与文字说明

（1）尺寸标注

在顶棚图中，尺寸标注的内容主要包括灯具和吊顶的尺寸以及它们的水平位置。这里的

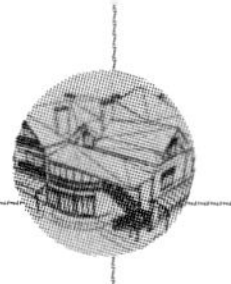

尺寸标注依然与前面一样，是通过“线性标注”命令来完成的。

Step 01　选择“标注”图层，并将其设置为当前图层。

Step 02　单击“默认”选项卡“注释”面板中的“标注样式”按钮，将“室内标注”设置为当前标注样式。

Step 03　单击“默认”选项卡“注释”面板中的“线性”按钮和“连续”按钮，对顶棚图进行尺寸标注。

（2）标高标注

在顶棚图中，各房间顶棚的高度需要通过标高来表示。

Step 01　单击“默认”选项卡“块”面板中的“插入”按钮，将标高符号插入到各房间顶棚位置。

Step 02　单击“默认”选项卡“注释”面板中的“多行文字”按钮A，在标高符号的长直线上方添加相应的标高数值。标注结果如图 6-123 所示。

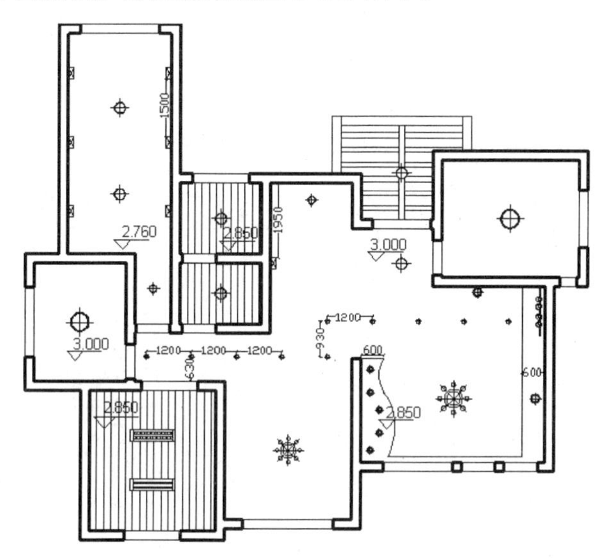

图 6-123　添加尺寸标注与标高

（3）文字说明

在顶棚图中，各房间的顶棚材料做法和灯具的类型都要通过文字说明来表达。

Step 01　选择“文字”图层，并将其设置为当前图层。

Step 02　选择菜单栏中的“标注”→“多重引线”命令，并设置引线箭头大小为 60。

Step 03　单击“默认”选项卡“注释”面板中的“多行文字”按钮A，设置字体为“仿宋 GB2312”，文字高度为 300，在引线的一端添加文字说明。

6.4.2　拓展实例—— 某二层别墅二层室内顶棚平面图

读者可以利用上面所学的相关知识完成某二层别墅二层室内顶棚平面图的绘制，如图 6-124 所示。

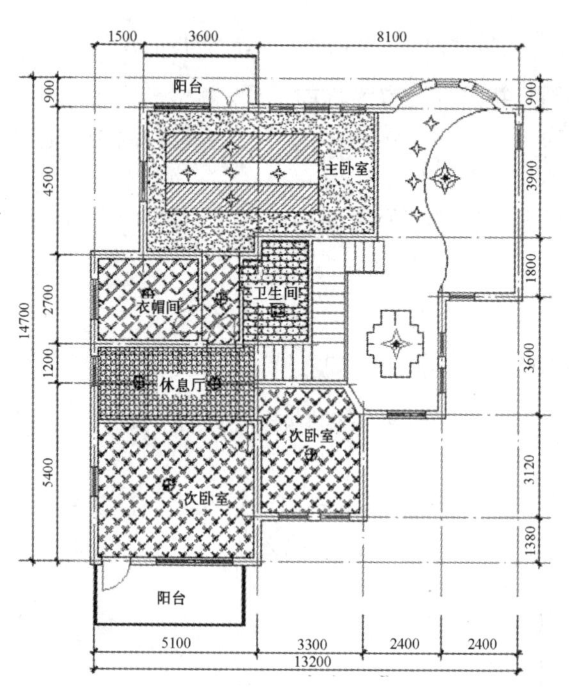

图 6-124　某二层别墅二层室内顶棚平面图

Step 01 单击“默认”选项卡“绘图”面板中的“直线”按钮、“多段线”按钮、“插入块”按钮和“修改”面板中的“镜像”按钮，绘制门厅造型及照明灯，如图 6-125 所示。

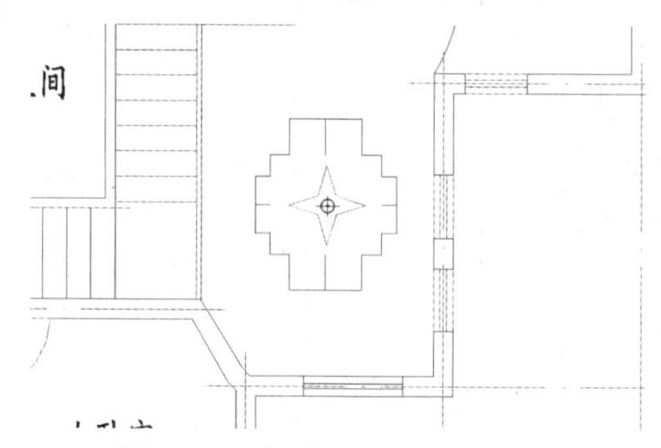

图 6-125　绘制门厅造型及照明灯

Step 02 单击“默认”选项卡“绘图”面板中的“圆”按钮、“圆弧”按钮和“修改”面板中的“复制”按钮、“缩放”按钮，为起居室绘制吊顶并布置灯具，如图 6-126 所示。

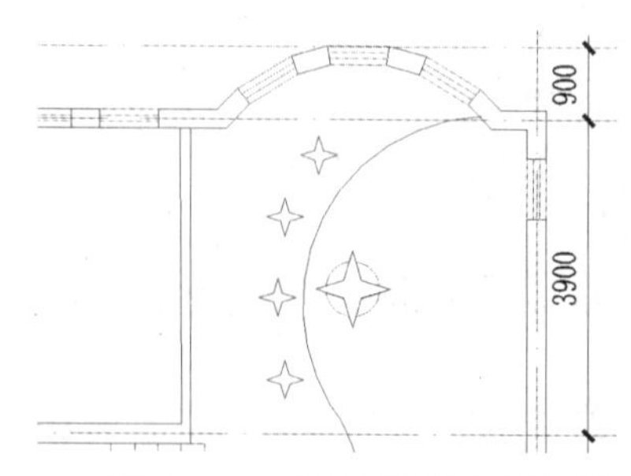

图 6-126　绘制吊顶并布置灯具

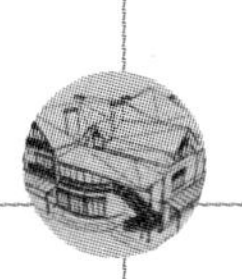

Step 03　单击“默认”选项卡“绘图”面板中的“矩形”按钮□和“图案填充”按钮▦，为卧室吊顶布置星星造型，如图 6-127 所示。

Step 04　单击“默认”选项卡“绘图”面板中的“图案填充”按钮▦，填充剩余的图形，如图 6-124 所示。

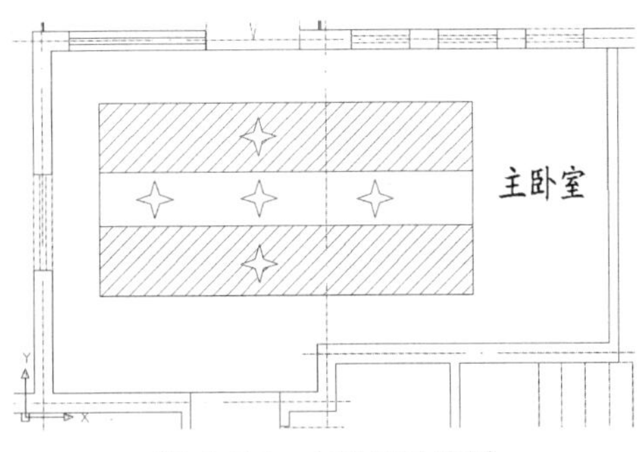

图 6-127　布置星星造型

6.5　别墅室内立面图绘制实例——某二层别墅一层室内立面图

别墅室内立面图主要反映室内墙面装修与装饰的情况。从这一节开始，本书拟用两节的篇幅介绍室内立面图的绘制过程，选取的实例分别为别墅客厅中 A 和 B 两个方向的立面。

在别墅客厅中，A 立面装饰元素主要包括文化墙、装饰柜以及柜子上方的装饰画和射灯。

客厅立面图的主要绘制思路为：首先利用已绘制的客厅平面图生成墙体和楼板剖立面；然后利用图库中的图形模块绘制各种家具立面；最后对所绘制的客厅立面图进行尺寸标注和文字说明。下面以某二层别墅一层室内立面图为例，讲解相关知识及其绘制方法与技巧，如图 6-128 所示。

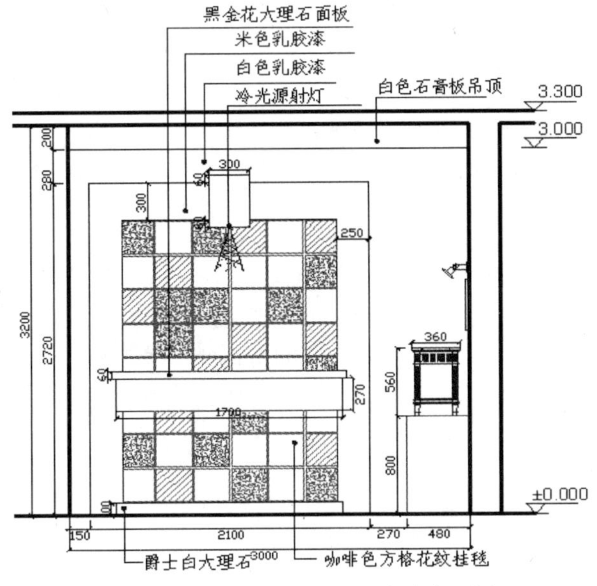

图 6-128　某二层别墅一层室内立面图

6.5.1 操作步骤

1. 创建图形文件

打开已绘制的“客厅平面图.dwg”文件，选择“快速访问”工具栏中的“另存为”命令，弹出“图形另存为”对话框，在“文件名”下拉列表中输入新的图形文件名称“客厅立面图A.dwg”，单击“保存”按钮，建立图形文件。

2. 清理图形元素

Step 01 单击“默认”选项卡“图层”面板中的“图层特性”按钮，打开“图层特性管理器”对话框，关闭与绘制对象相联不大的图层，如“轴线”“轴线编号”图层等。

Step 02 单击“默认”选项卡“修改”面板中的“删除”按钮和“修剪”按钮，清理平面图中多余的家具和墙体线条。清理后，所得平面图形如图 6-129 所示。

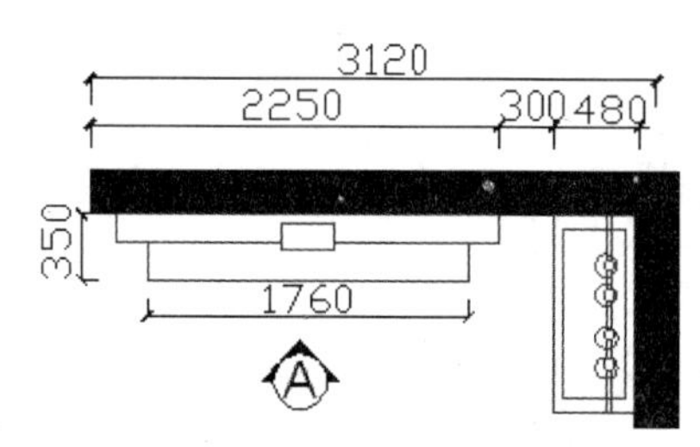

图 6-129 清理后的平面图形

3. 绘制地面、楼板与墙体

在室内立面图中，被剖切的墙线和楼板线都用粗实线表示。

(1) 绘制室内地坪

Step 01 单击“默认”选项卡“图层”面板中的“图层特性”按钮，打开“图层特性管理器”对话框，创建新图层，将新图层命名为“粗实线”，设置该图层线宽为 0.30mm 并将其设置为当前图层。

Step 02 单击“默认”选项卡“绘图”面板中的“直线”按钮，在平面图上方绘制长度为 4000mm 的室内地坪线，其标高为 ±0.000。

(2) 绘制楼板线和梁线

Step 01 单击“默认”选项卡“修改”面板中的“偏移”按钮，将室内地坪线连续向上偏移两次，偏移量依次为 3200mm 和 100mm，得到楼板定位线。

Step 02 单击“默认”选项卡“图层”面板中的“图层特性”按钮，打开“图层特性管理器”对话框，创建新图层，将新图层命名为“细实线”，并将其设置为当前图层。

Step 03 单击“默认”选项卡“修改”面板中的“偏移”按钮，将室内地坪线向上偏移 3000mm，得到梁底面位置。

Step 04 将所绘梁底定位线转移到“细实线”图层。

(3) 绘制墙体

Step 01 单击“默认”选项卡“绘图”面板中的“直线”按钮，由平面图中的墙体位置，生

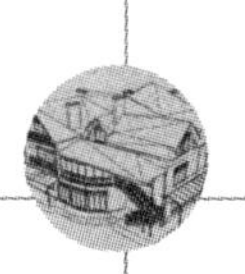

成立面图中的墙体定位线。

Step 02 单击“默认”选项卡“修改”面板中的“修剪”按钮，对墙线、楼板线以及梁底定位线进行修剪，如图 6-130 所示。

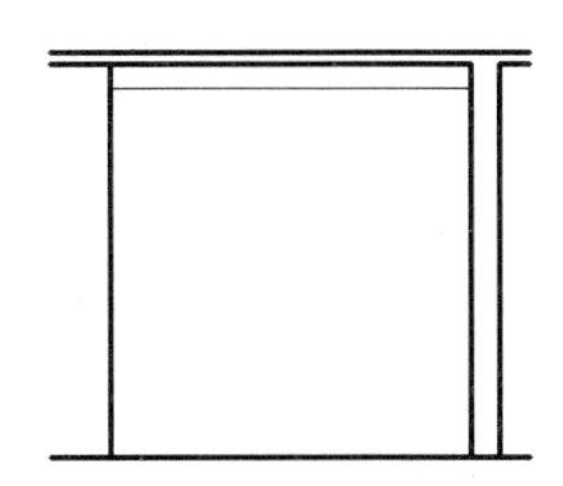

图 6-130　绘制地面、楼板与墙体

4. 绘制文化墙

(1) 绘制墙体

Step 01 单击“默认”选项卡“图层”面板中的“图层特性”按钮，打开“图层特性管理器”对话框，创建新图层，将新图层命名为“文化墙”，并将其设置为当前图层。

Step 02 单击“默认”选项卡“修改”面板中的“偏移”按钮，将左侧墙线向右偏移，偏移量为 150mm，得到文化墙左侧定位线。

Step 03 单击“默认”选项卡“绘图”面板中的“矩形”按钮，以定位线与室内地坪线交点为左下角点绘制“矩形 1”，尺寸为 2100mm×2720mm；然后单击“默认”选项卡“修改”面板中的“删除”按钮，删除定位线。

Step 04 单击“默认”选项卡“绘图”面板中的“矩形”按钮，依次绘制“矩形 2”“矩形 3”“矩形 4”和“矩形 5”，各矩形尺寸依次为 1600mm×2420mm、1700mm×100mm、300mm×420mm、1760mm×60mm，使得各矩形底边中点均与“矩形 1”底边中点重合。

Step 05 单击“默认”选项卡“修改”面板中的“移动”按钮，依次向上移动“矩形 4”“矩形 5”和“矩形 6”，移动距离分别为 2360mm、1120mm、850mm。

Step 06 单击“默认”选项卡“修改”面板中的“修剪”按钮，修剪多余的线条，如图 6-131 所示。

(2) 绘制装饰挂毯

Step 01 单击“快速访问”工具栏中的“打开”按钮，在弹出的“选择文件”对话框中选择“光盘/源文件/图库”，并打开图库。

Step 02 在名称为“装饰”一栏中，选择“挂毯”图形模块并进行复制，如图 6-132 所示。

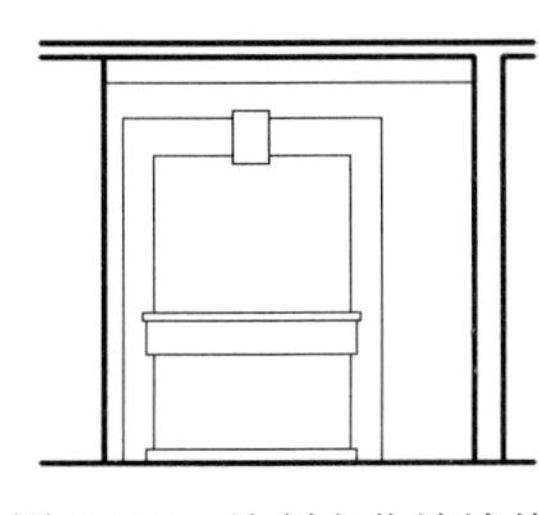

图 6-131　绘制文化墙墙体

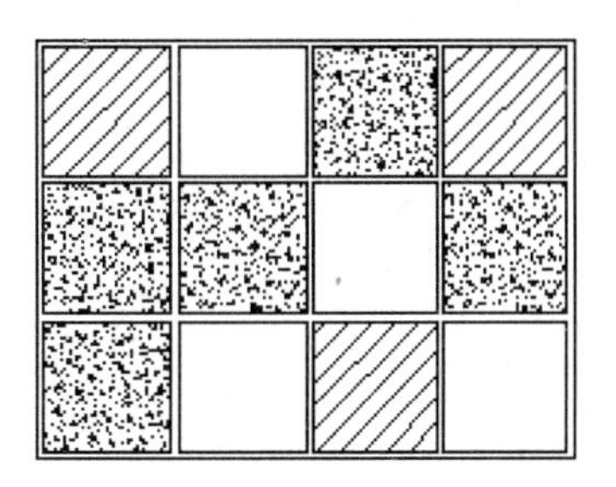

图 6-132　挂毯模块

Step 03 返回“客厅立面图”的绘图界面，将复制的图形模块粘贴到立面图右侧空白区域。

Step 04 由于“挂毯”模块尺寸为 1140mm×840mm，小于铺放挂毯的矩形区域（1600mm×2320mm），因此，有必要对挂毯模块进行重新编辑。首先，单击“默认”选项卡“修改”面板中的“分解”按钮，将“挂毯”图形模块进行分解；然后单击“默认”选项卡“修改”面板中的“复制”按钮，以挂毯中的方格图形为单元，复制并拼贴成新的挂毯图形；最后将编辑后的挂毯图形填充到文化墙中心矩形区域，绘制结果如图 6-133 所示。

（3）绘制筒灯

Step 01 单击“快速访问”工具栏中的“打开”按钮，在弹出的“选择文件”对话框中选择“光盘/源文件/图库”路径，将图库打开。

Step 02 在名称为“灯具和电器”一栏中，选择“筒灯立面”，如图 6-134 所示，选中该图形后，单击鼠标右键，在快捷菜单中选择“带基点复制”命令，点取筒灯图形上端顶点作为基点。

Step 03 返回“客厅立面图”的绘图界面，将复制的“筒灯立面”模块粘贴到文化墙中“矩形 4”的下方，如图 6-135 所示。

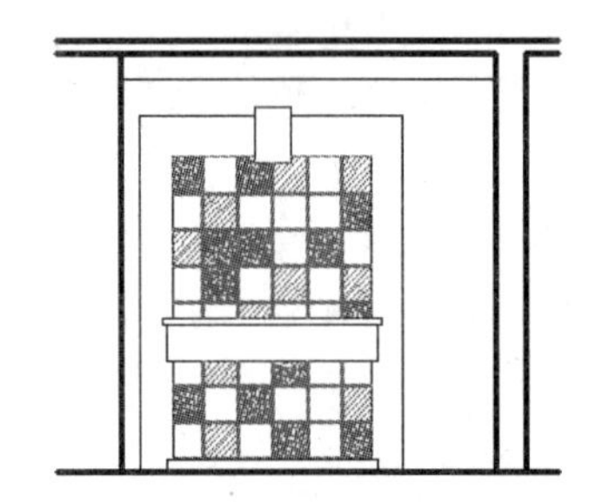
图 6-133　绘制装饰挂毯

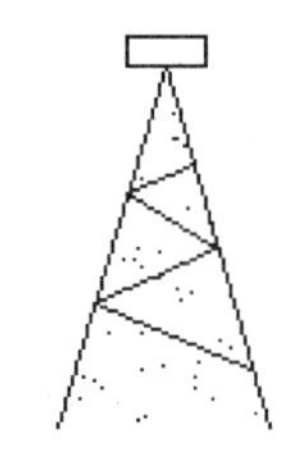
图 6-134　筒灯立面

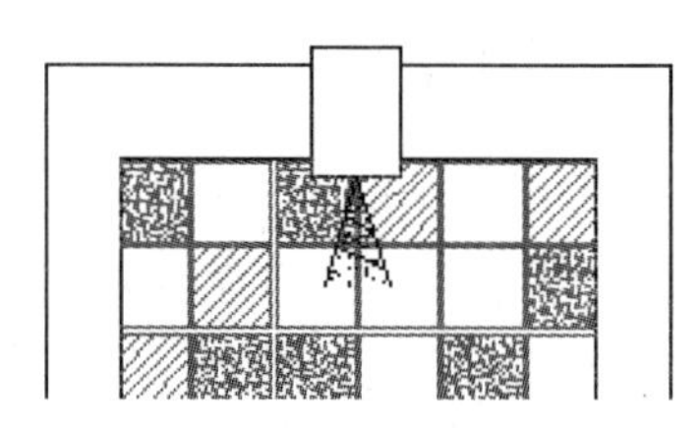
图 6-135　绘制筒灯

5．绘制家具

（1）绘制柜子底座

Step 01 选择“家具”图层，并将其设置为当前图层。

Step 02 单击“默认”选项卡“绘图”面板中的“矩形”按钮，以右侧墙体的底部端点为矩形右下角点，绘制尺寸为 480mm×800mm 的矩形。

（2）绘制装饰柜

Step 01 单击“快速访问”工具栏中的“打开”按钮，在弹出的“选择文件”对话框中选择“光盘/源文件/图库”路径，找到“CAD 图库.dwg”文件并将其打开。

Step 02 在名称为“柜子”一栏中，选择“柜子—01CL”，如图 6-136 所示，选中该图形并将其复制。

Step 03 返回“客厅立面图 A”的绘图界面，将复制的图形粘贴到已绘制的柜子底座上方。

（3）绘制射灯组

Step 01 单击“默认”选项卡“修改”面板中的“偏移”按钮，将室内地坪线向上偏移，偏移量为 2000mm，得到射灯组定位线。

Step 02 单击“快速访问”工具栏中的“打开”按钮，在弹出的“选择文件”对话框中选择

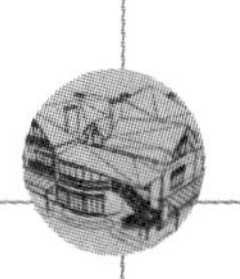

"光盘/源文件/图库"路径，将图库打开。

Step 03 在名称为"灯具"一栏中，选择"射灯组 CL"，如图 6-137 所示，选中该图形并单击鼠标右键，选择"复制"命令。

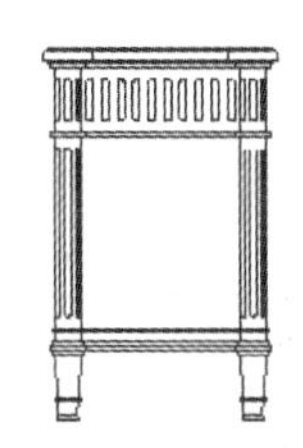

图 6-136　"柜子—01CL"图形模块

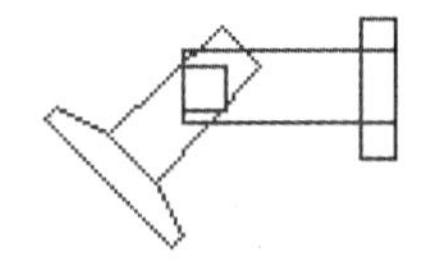

图 6-137　"射灯组 CL"图形模块

Step 04 返回"客厅立面图 A"的绘图界面，将复制的"射灯组 CL"模块粘贴到已绘制的定位线处。

Step 05 单击"默认"选项卡"修改"面板中的"删除"按钮，删除定位线。

（4）绘制装饰画

在装饰柜与射灯组之间的墙面上，挂有裱框装饰画一幅。从本图中，只看到画框侧面，其立面可用相应大小的矩形表示。具体绘制方法如下：

Step 01 单击"默认"选项卡"修改"面板中的"偏移"按钮，将室内地坪线向上偏移，偏移量为 1500mm，得到画框底边定位线。

Step 02 单击"默认"选项卡"绘图"面板中的"矩形"按钮，以定位线与墙线交点作为矩形右下角点，绘制尺寸为 30mm×420mm 的画框侧面。

Step 03 单击"默认"选项卡"修改"面板中的"删除"按钮，删除定位线。如图 6-138 所示为以装饰柜为中心的家具组合立面。

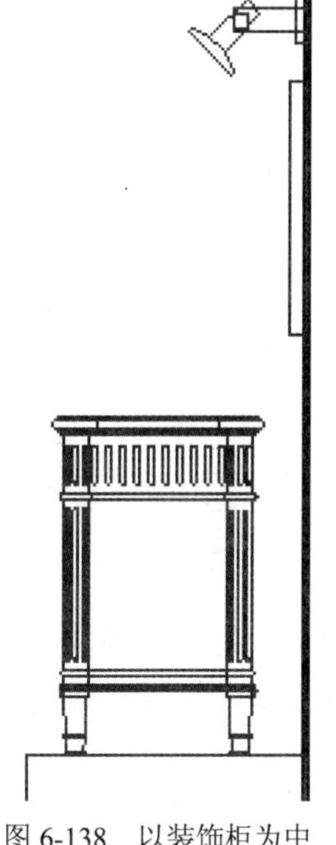

图 6-138　以装饰柜为中心的家具组合

6．室内立面标注

（1）室内立面标高

Step 01 选择"标注"图层，并将其设置为当前图层。

Step 02 单击"默认"选项卡"绘图"面板中的"插入块"按钮，在立面图中地坪、楼板和梁的位置插入标高符号。

Step 03 单击"默认"选项卡"注释"面板中的"多行文字"按钮，在标高符号的长直线上方添加标高数值。

（2）尺寸标注

Step 01 在室内立面图中，对家具的尺寸和空间位置关系都要使用"线性标注"命令进行标注。

Step 02 单击"默认"选项卡"注释"面板中的"标注样式"按钮，打开"标注样式管理器"对话框，选择"室内标注"作为当前标注样式。

Step 03 单击“默认”选项卡“注释”面板中的“线性”按钮，对家具的尺寸和空间位置关系进行标注。

（3）文字说明

在室内立面图中，通常用文字说明来表达各部位表面的装饰材料和装修做法。

Step 01 选择“文字”图层，并将其设置为当前图层。

Step 02 在命令行中输入“QLEADER”命令，设置字体为“仿宋 GB2312”，文字高度为 100，在引线一端添加文字说明。标注的结果如图 6-139 所示。

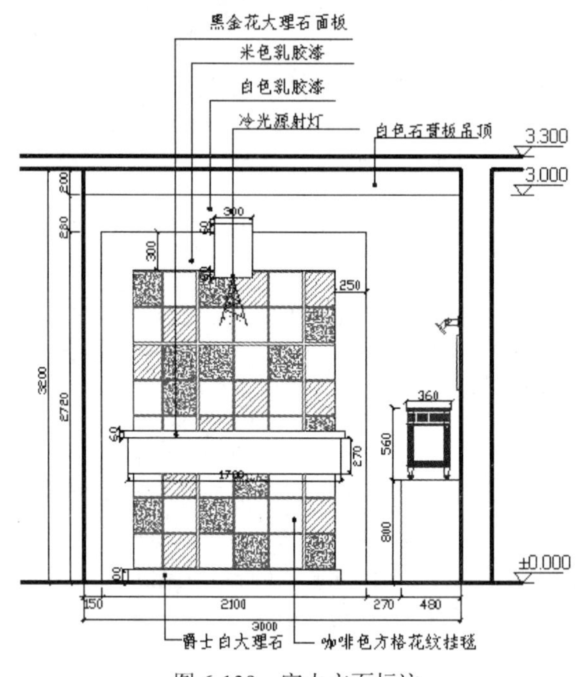

图 6-139　室内立面标注

6.5.2　拓展实例——某二层别墅二层室内立面图

读者可以利用上面所学的相关知识完成某二层别墅二层室内立面图的绘制，如图 6-140 所示。

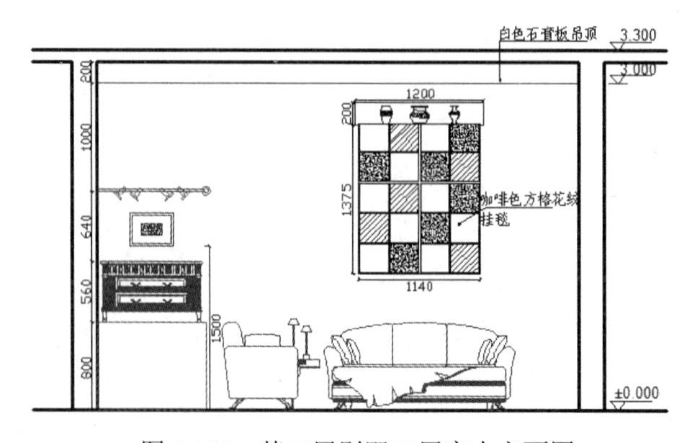

图 6-140　某二层别墅二层室内立面图

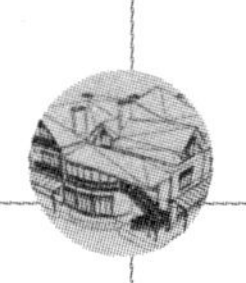

Step 01　打开已有平面图，如图 6-141 所示。

Step 02　单击“默认”选项卡“绘图”面板中的“直线”按钮和“修改”面板中的“偏移”按钮、“修剪”按钮，绘制地坪、楼板、墙体轮廓，如图 6-142 所示。

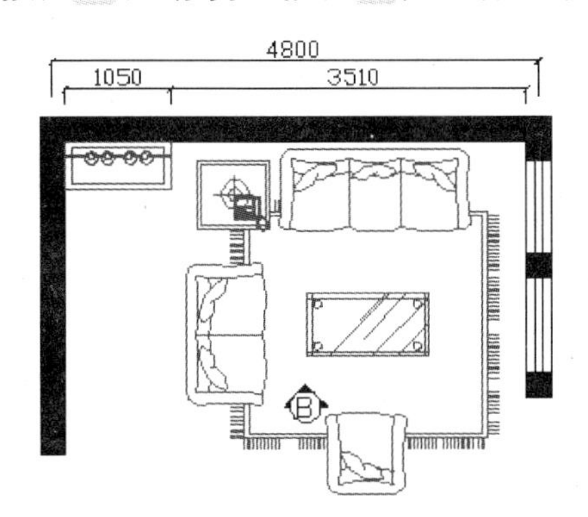

图 6-141　清理后的平面图形

图 6-142　绘制地坪、楼板与墙体轮廓

Step 03　放置图库文件，如图 6-143 所示。

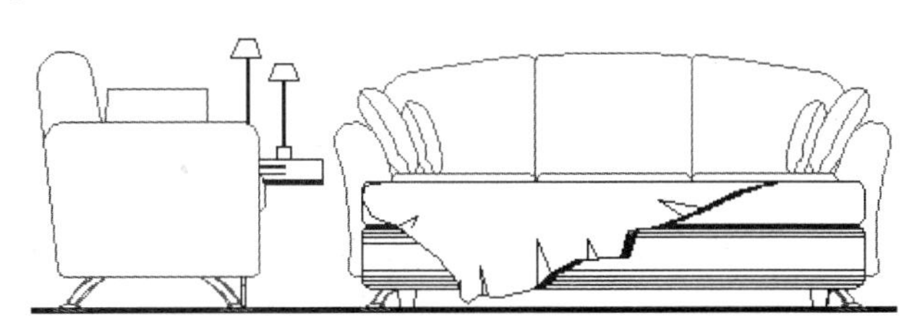

图 6-143　放置图库文件

Step 04　单击“默认”选项卡“绘图”面板中的“矩形”按钮和“插入块”按钮，布置家具，如图 6-144 所示。

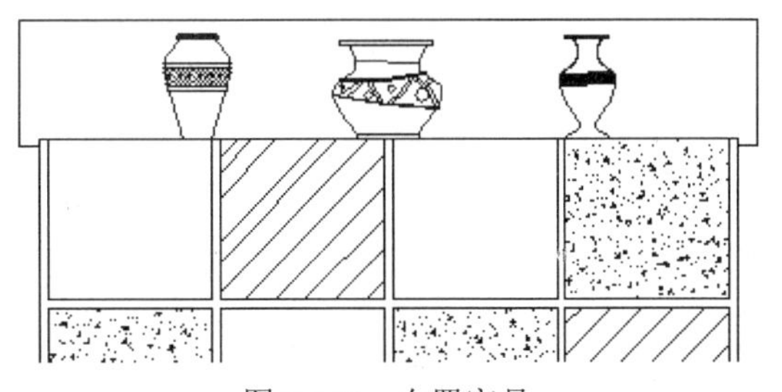

图 6-144　布置家具

Step 05　单击“默认”选项卡“绘图”面板中的“插入块”按钮和“注释”面板中的“多行文字”按钮，为图形添加文字标注及尺寸标注，如图 6-140 所示。

6.6　别墅室内剖面图绘制实例——某二层别墅客厅背景墙剖面图

别墅客厅背景墙剖面图主要表达墙面上公司名称字样装饰的具体做法以及尺寸。这里具体采用 8mm 厚磨砂玻璃做蒙面，内藏镁氖灯带提供照明，以木龙骨做支架，多层板作为字样基层。

下面以某二层别墅客厅背景墙剖面图为例，讲解相关知识及其绘制方法与技巧，如图 6-145 所示。

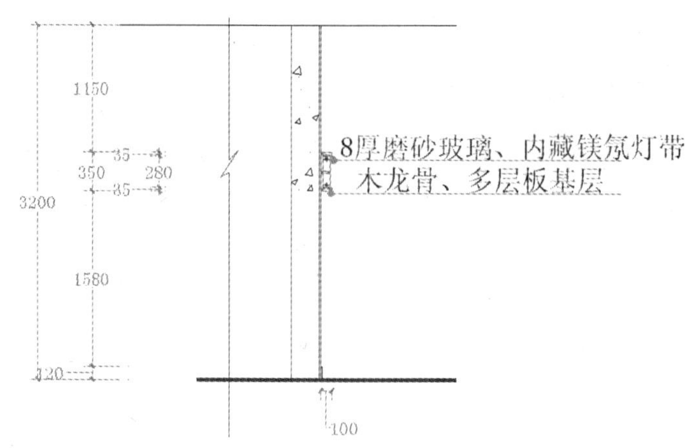

图 6-145　某二层别墅客厅背景墙剖面图

6.6.1　操作步骤

Step 01 单击“默认”选项卡“绘图”面板中的“多段线”按钮，指定起点宽度为 30，端点宽度为 30，在图形空白区域任选一点为起点，向右绘制一条长度为 2387 的水平多段线，如图 6-146 所示。

图 6-146　绘制多段线

Step 02 单击“默认”选项卡“绘图”面板中的“直线”按钮，在距离上一步绘制的多段线 3200 的距离处绘制一条长为 3105 的水平直线，如图 6-147 所示。

Step 03 单击“默认”选项卡“绘图”面板中的“直线”按钮，以绘制多段线的中点为直线起点向上绘制一条竖直直线，如图 6-148 所示。

图 6-147　绘制水平直线

图 6-148　绘制竖直直线

Step 04 单击“默认”选项卡“修改”面板中的“偏移”按钮，选择上一步绘制的竖直直线为偏移对象向左进行偏移，偏移距离为 15 和 260，如图 6-149 所示。

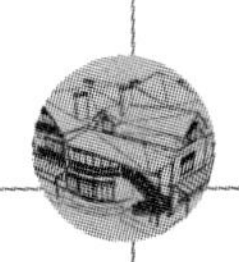

Step 05 单击“默认”选项卡“绘图”面板中的“矩形”按钮，在图形底部位置绘制一个 10×106 的矩形，如图 6-150 所示。

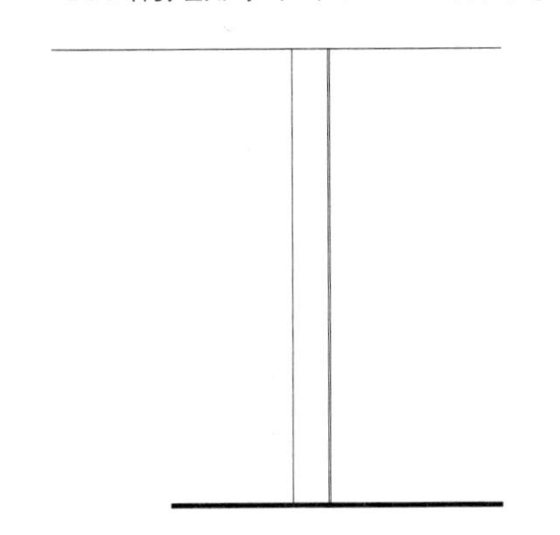

图 6-149　偏移竖直直线

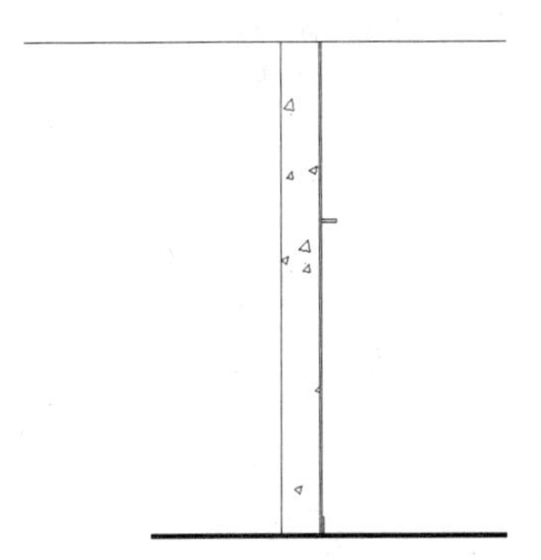

图 6-150　绘制矩形

Step 06 单击“默认”选项卡“绘图”面板中的“直线”按钮，在图形内绘制连续图形，如图 6-151 所示。

Step 07 单击“默认”选项卡“绘图”面板中的“矩形”按钮，在图形底部位置绘制一个 100×20 的矩形，如图 6-152 所示。

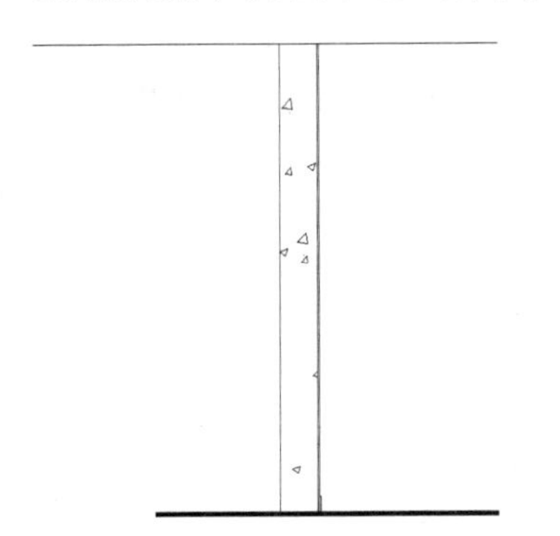

图 6-151　绘制连续图形

图 6-152　绘制矩形

Step 08 单击“默认”选项卡“修改”面板中的“复制”按钮，选择上一步绘制的矩形为复制对象向下进行复制，如图 6-153 所示。

Step 09 单击“默认”选项卡“绘图”面板中的“直线”按钮，在图形适当位置绘制一条竖直直线，如图 6-154 所示。

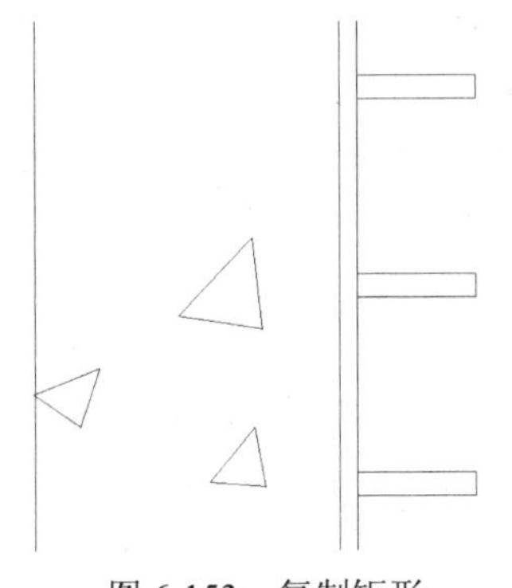

图 6-153　复制矩形

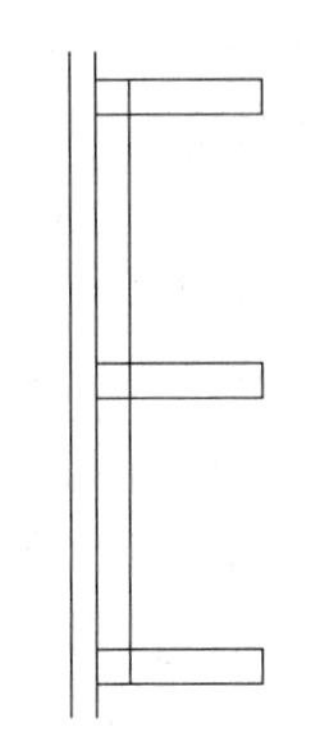

图 6-154　绘制竖直直线

Step 10 单击“默认”选项卡“绘图”面板中的“直线”按钮，在图形内绘制交叉线，如图6-155所示。

Step 11 单击“默认”选项卡“绘图”面板中的“矩形”按钮，在图形内适当位置绘制一个10×15的矩形，如图6-156所示。

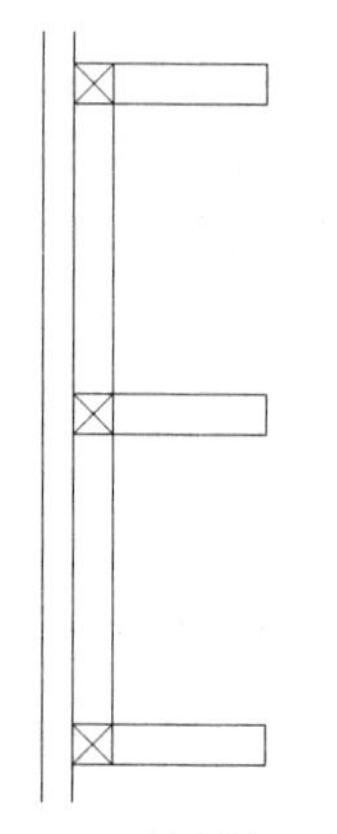
图6-155　绘制交叉线

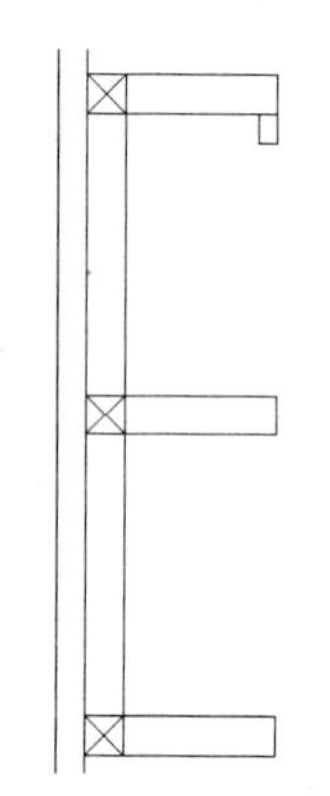
图6-156　绘制矩形

Step 12 单击“默认”选项卡“修改”面板中的“复制”按钮，选择绘制的矩形为复制对象向下进行复制，如图6-157所示。

Step 13 单击“默认”选项卡“绘图”面板中的“直线”按钮，在如图6-158所示的位置绘制连续直线。

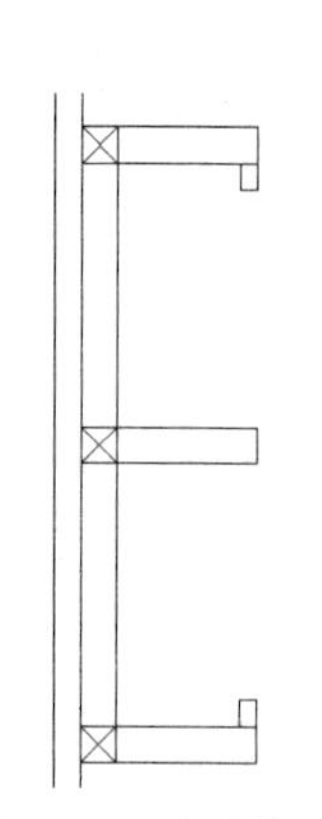
图6-157　复制矩形

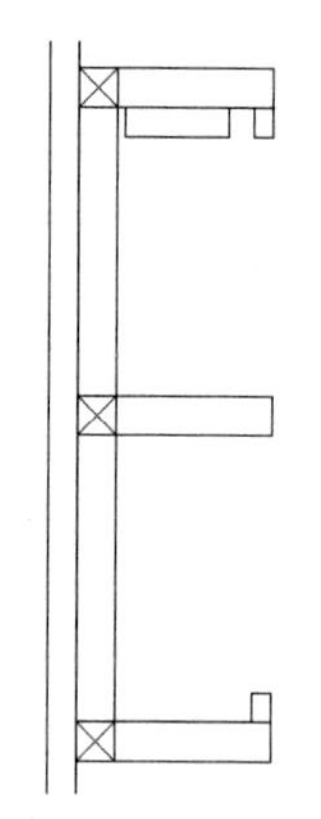
图6-158　绘制直线

Step 14 单击“默认”选项卡“修改”面板中的“镜像”按钮，选择上一步绘制的连续直线为镜像对象对其进行水平镜像，如图6-159所示。

Step 15 单击“默认”选项卡“绘图”面板中的“直线”按钮，绘制一条竖直直线连接前面绘制的两个矩形，如图6-160所示。

Step 16 单击“默认”选项卡“修改”面板中的“偏移”按钮，选择上一步绘制的竖直直线为偏移对象向左进行偏移，如图6-161所示。

Step 17 单击“默认”选项卡“修改”面板中的“修剪”按钮，选择偏移线段间的多余直线为偏移对象对其进行修剪，如图6-162所示。

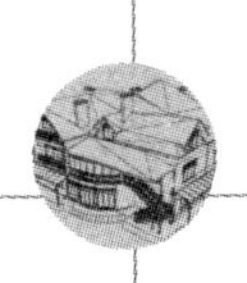

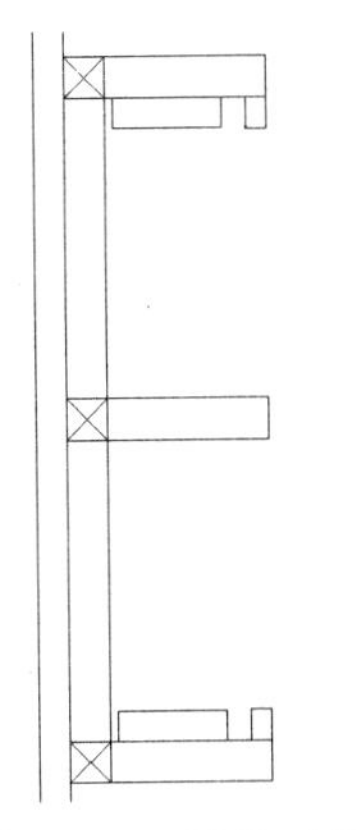

图 6-159　镜像对象

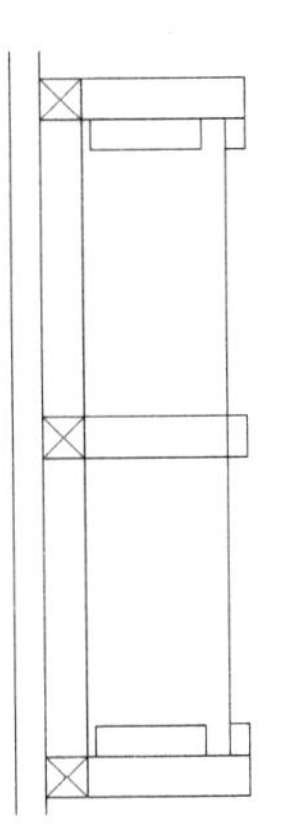

图 6-160　绘制竖直直线

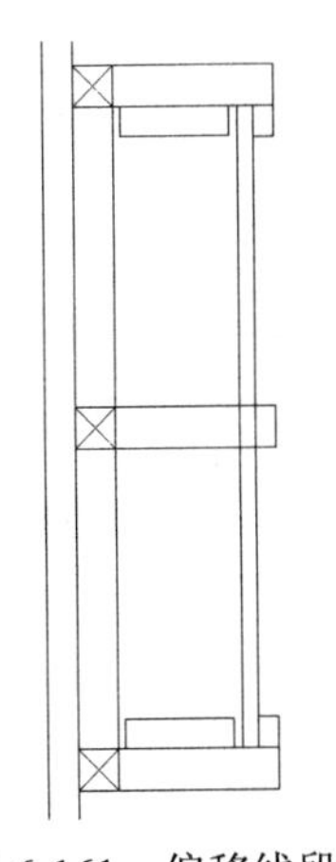

图 6-161　偏移线段

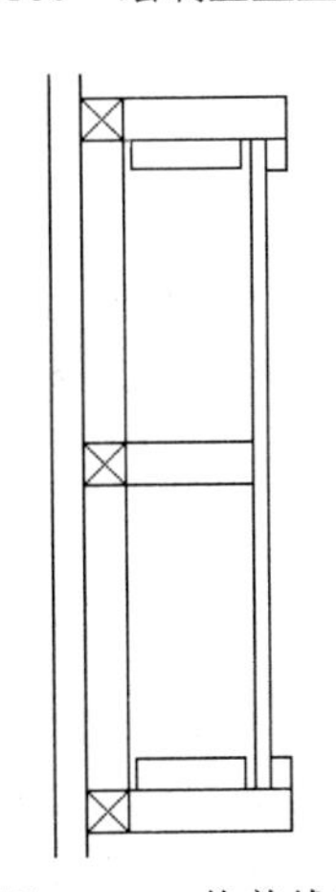

图 6-162　修剪线段

Step 18　单击“默认”选项卡“修改”面板中的“复制”按钮，选择已有图形为复制对象对其进行复制，如图 6-163 所示。

Step 19　单击“默认”选项卡“绘图”面板中的“圆”按钮，在图形适当位置任选一点为圆心绘制一个适当半径的圆，如图 6-164 所示。

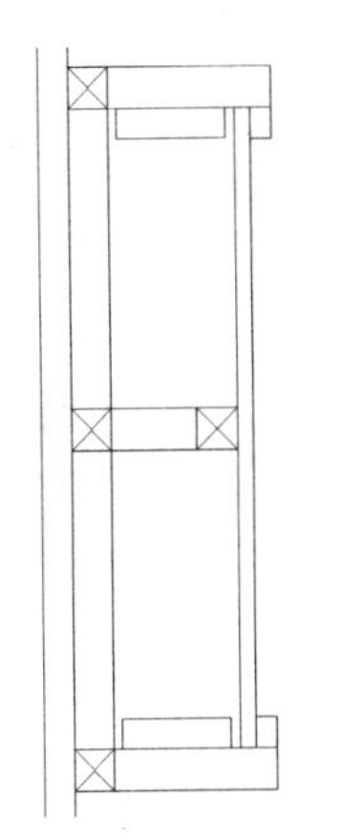

图 6-163　复制图形

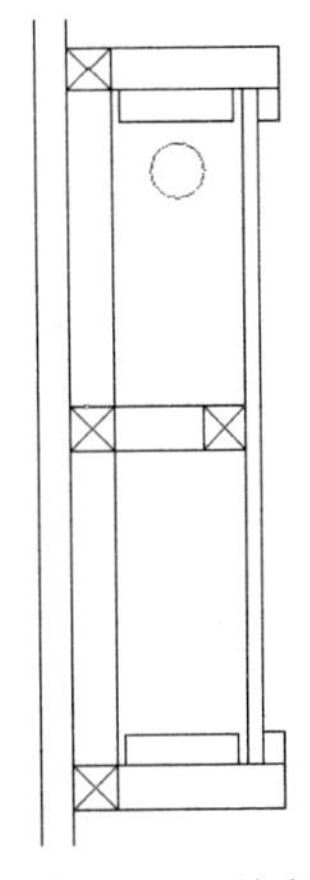

图 6-164　绘制圆

Step 20　单击“默认”选项卡“绘图”面板中的“直线”按钮，过上一步绘制圆的圆心绘制十字交叉线，如图 6-165 所示。

Step 21 单击“默认”选项卡“修改”面板中的“复制”按钮，选择上一步绘制图形为复制对象向下进行复制，如图 6-166 所示。

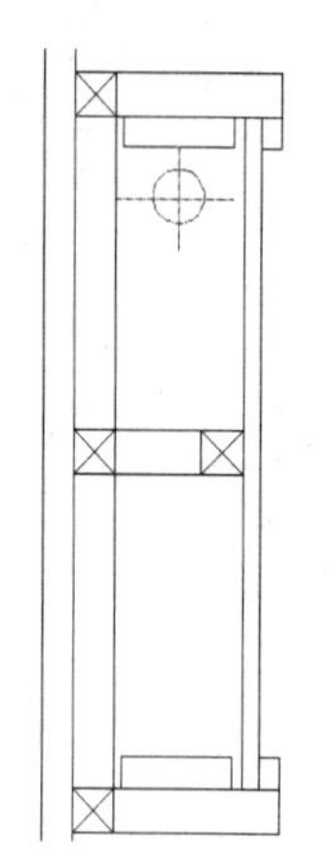

图 6-165　绘制十字交叉线

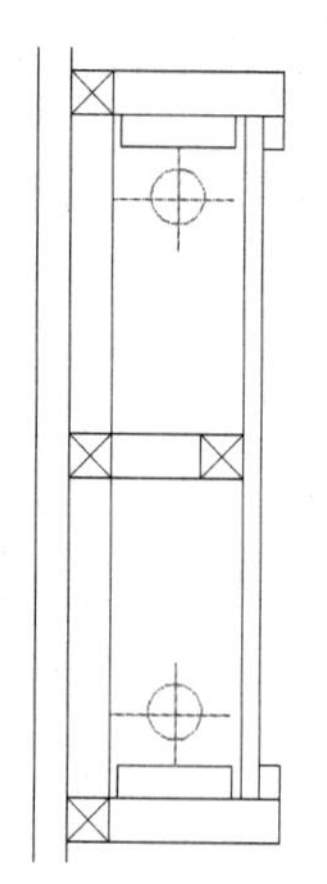

图 6-166　复制对象

Step 22 单击“默认”选项卡“绘图”面板中的“图案填充”按钮，选择“AR-RROOF”图案，设置填充角度为 45°，填充比例为 2，效果如图 6-167 所示。

Step 23 单击“默认”选项卡“绘图”面板中的“直线”按钮，在图形左侧位置绘制一条竖直直线，如图 6-168 所示。

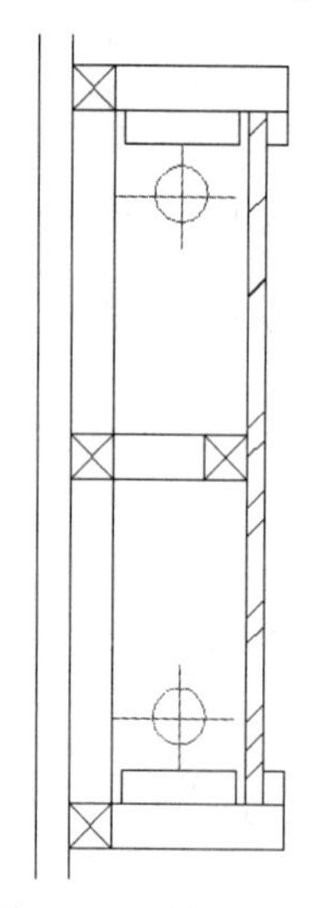

图 6-167　填充图形

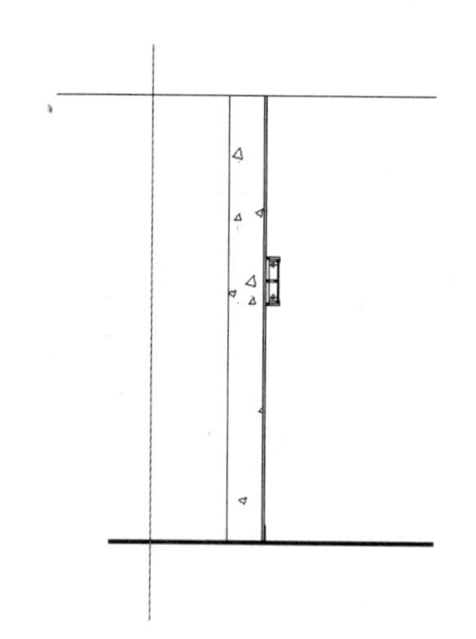

图 6-168　绘制竖直直线

Step 24 单击“默认”选项卡“绘图”面板中的“直线”按钮，在图形适当位置绘制连续直线，如图 6-169 所示。

Step 25 单击“默认”选项卡“修改”面板中的“修剪”按钮，选择上一步绘制的连续线段为修剪对象对其进行修剪处理，如图 6-170 所示。

Step 26 单击“默认”选项卡“注释”面板中的“线性”按钮和“连续”按钮，为立面图添加第一道尺寸标注，如图 6-171 所示。

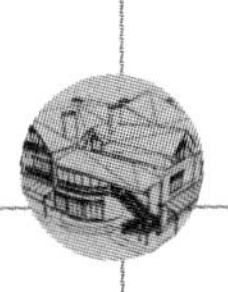

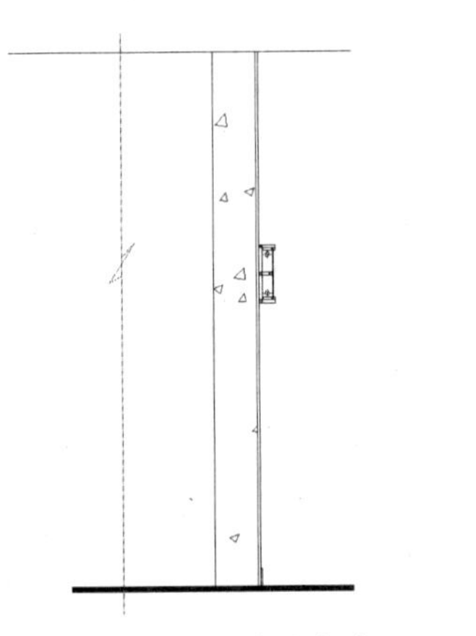

图 6-169　绘制连续直线

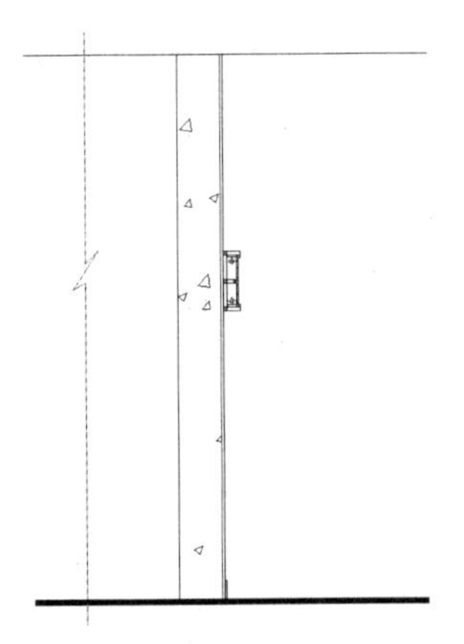

图 6-170　修剪线段

Step 27 单击“默认”选项卡“注释”面板中的“线性”按钮，为立面图添加总尺寸标注，如图 6-172 所示。

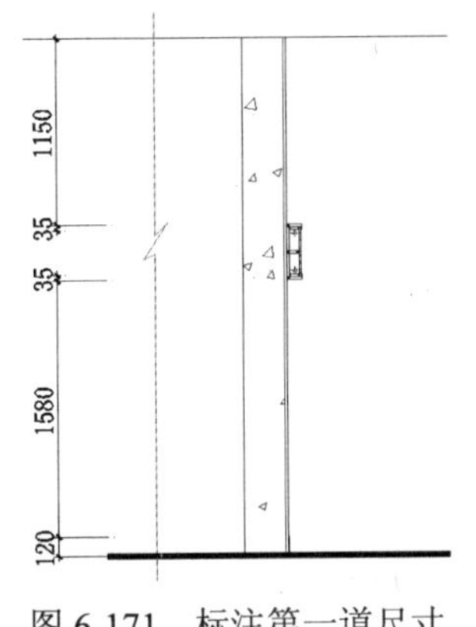

图 6-171　标注第一道尺寸

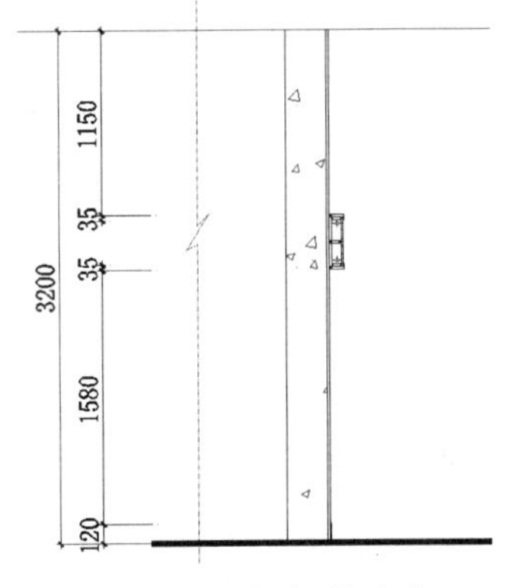

图 6-172　添加总尺寸

Step 28 在命令行中输入“QLEADER”命令，为图形添加文字说明，如图 6-145 所示。

6.6.2　拓展实例——某二层别墅卫生间台盆剖面图

读者可以利用上面所学的相关知识完成某二层别墅卫生间台盆剖面图的绘制，如图 6-173 所示。

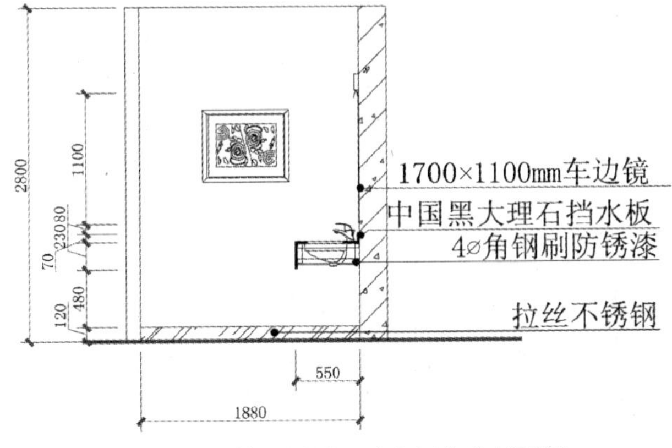

图 6-173　某二层别墅卫生间台盆剖面图

6.7 别墅室内大样图绘制实例——某二层别墅踏步大样图

踏步大样图表达了踏步的构造形式和具体尺寸及材料。本例中踏步水泥沙浆浇注，表面贴饰磨光的 20mm 后金线米黄色大理石踏步板，如图 6-174 所示。

下面以某二层别墅踏步大样图为例，讲解相关知识及其绘制方法与技巧。

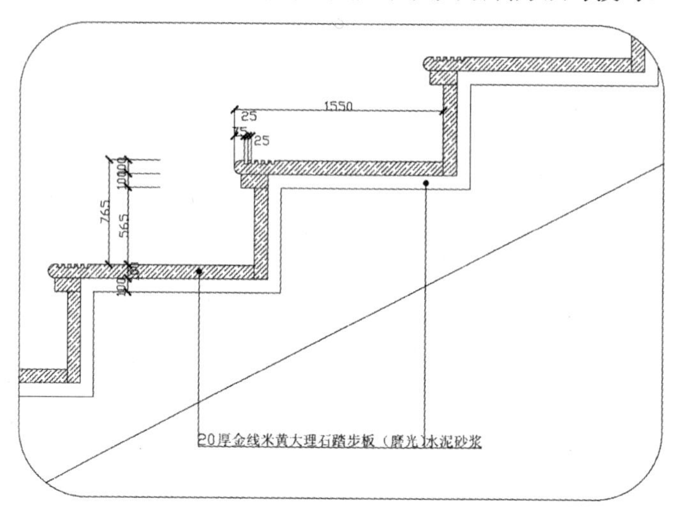

图 6-174 某二层别墅踏步大样图

6.7.1 操作步骤

Step 01 单击“默认”选项卡“绘图”面板中的“直线”按钮，在图形适当位置绘制一条斜向直线，如图 6-175 所示。结合前面所学知识完成踏步大样图基本图形的绘制，如图 6-176 所示。

Step 02 单击“默认”选项卡“绘图”面板中的“矩形”按钮，在图形外部位置绘制一个适当大小的矩形。

Step 03 单击“默认”选项卡“修改”面板中的“圆角”按钮，对上一步绘制矩形四边进行圆角处理，如图 6-177 所示。

图 6-175 绘制斜向直线　图 6-176 绘制踏步大样图　图 6-177 圆角处理图形

Step 04 单击“默认”选项卡“修改”面板中的“修剪”按钮，选择圆角外的线段为修剪对象对其进行修剪处理，如图 6-178 所示。

Step 05 单击“默认”选项卡“绘图”面板中的“图案填充”按钮，选择“ANSI35”图案类

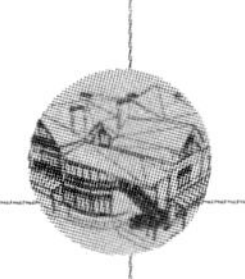

型，设置填充角度为 0，填充比例为 8，效果如图 6-179 所示。

Step 06 单击“默认”选项卡“绘图”面板中的“图案填充”按钮，选择“AR-SAND”图案类型，设置填充角度为 0，填充比例为 2，效果如图 6-180 所示。

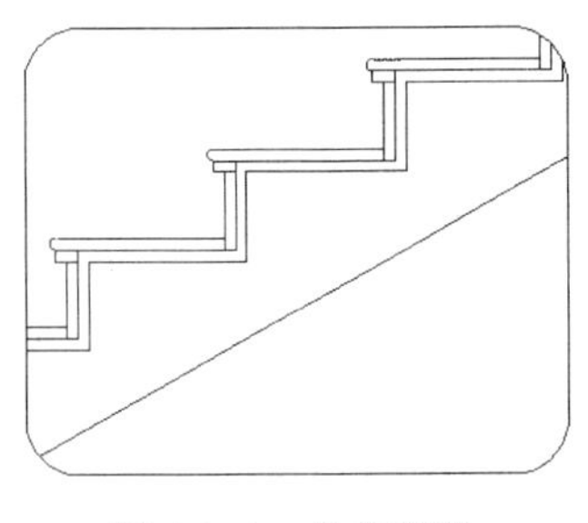

图 6-178　修剪线段

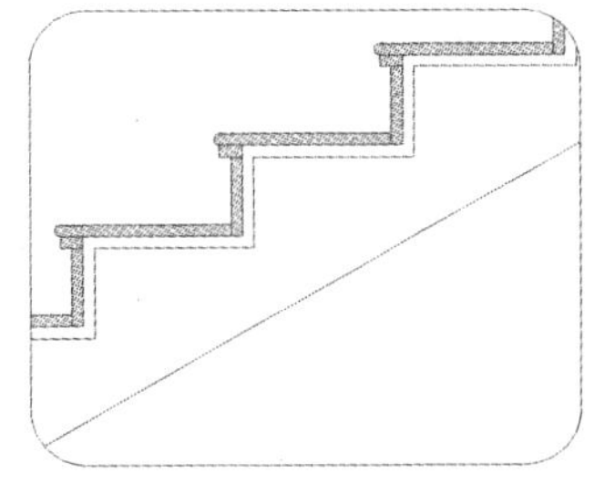

图 6-179　填充图形

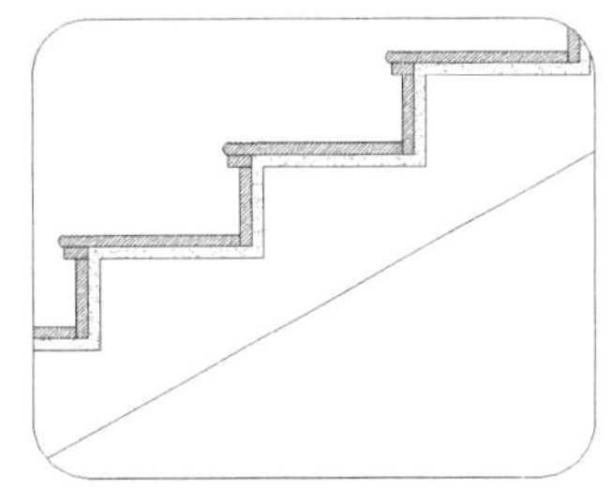

图 6-180　填充图形

Step 07 在命令行中输入“QLEADER”命令，为图形添加文字说明，如图 6-181 所示。

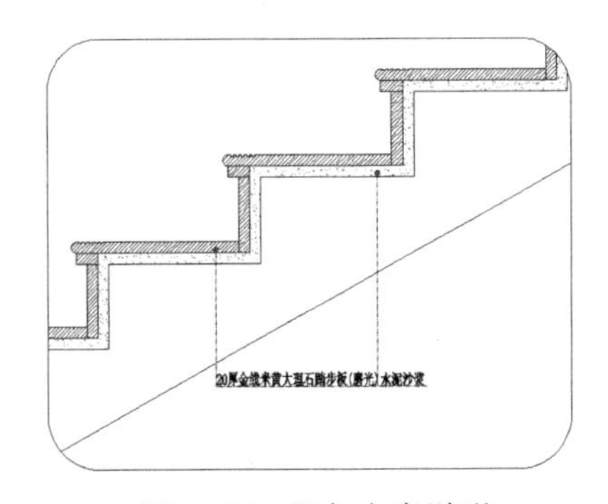

图 6-181　添加文字说明

Step 08 单击“默认”选项卡“注释”面板中的“线性”按钮，为上一步图形添加图形标注，如图 6-174 所示。

6.7.2　拓展实例——某二层别墅节点大样图

读者可以利用上面所学的相关知识完成某二层别墅节点大样图的绘制，如图 6-182 所示。

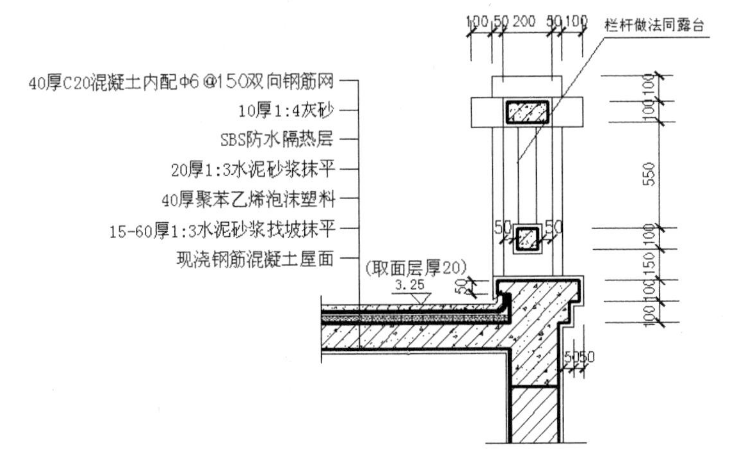

图 6-182　某二层别墅节点大样图

Step 01 单击“默认”选项卡“绘图”面板中的“直线”按钮，绘制坎墙及楼板轮廓线，如图 6-183 所示。

Step 02 单击“默认”选项卡“修改”面板中的“偏移”按钮，绘制抹灰层，如图 6-184 所示。

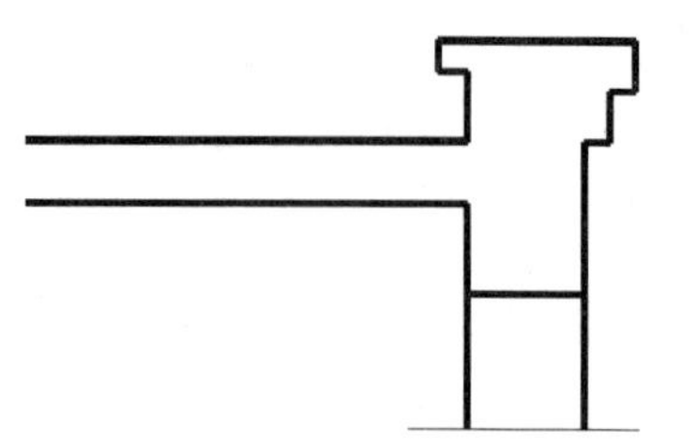
图 6-183　绘制坎墙及楼板剖面

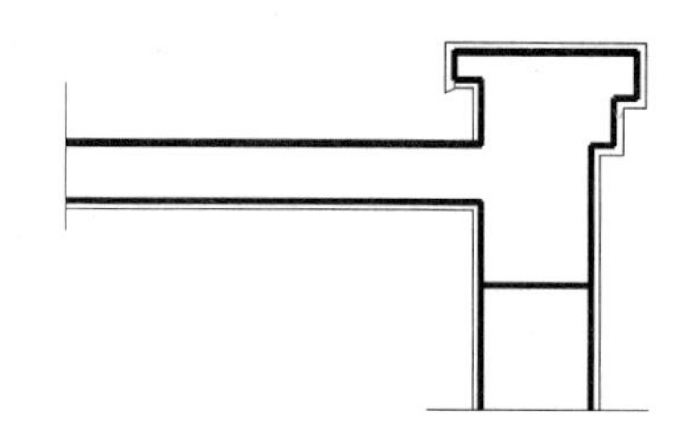
图 6-184　绘制抹灰层

Step 03 单击“默认”选项卡“绘图”面板中的“圆弧”按钮和“修改”面板中的“偏移”按钮，绘制防水卷材，如图 6-185 所示。

Step 04 单击“默认”选项卡“绘图”面板中的“直线”按钮、“图案填充”按钮和“修改”面板中的“偏移”按钮，绘制栏杆，如图 6-186 所示。

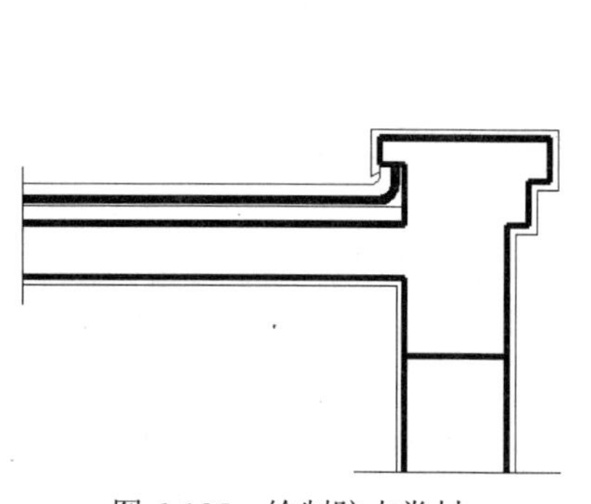
图 6-185　绘制防水卷材

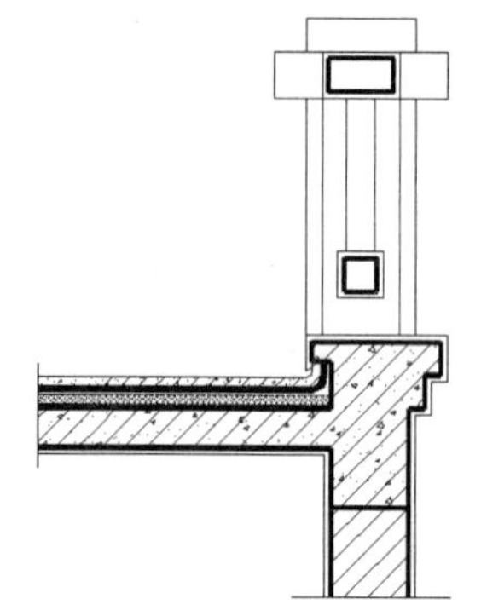
图 6-186　绘制栏杆

Step 05 单击“默认”选项卡“注释”面板中的“线性”按钮、“连续”按钮和“多行文字”按钮，为图形添加标注，如图 6-182 所示。

第 7 章

办公空间设计综合实例——董事长办公室室内设计

知识导引

本章主要结合实例讲解利用 AutoCAD 2016 进行各种办公环境室内设计的操作，包括平面图、立面图和剖面图的设计等。

内容要点

- 办公室室内设计基本理论
- 董事长办公室建筑平面图
- 董事长办公室室内装饰平面图

7.1　办公空间室内设计基本理论

办公空间室内设计是现代城市室内设计中一个非常重要的部分。本章将以办公室内设计为例，详细讲述办公空间室内设计平面图的绘制过程。在讲述过程中，将逐步带领读者完成平面图的绘制，并了解办公空间平面设计的相关知识和技巧。

7.1.1　设计思想

办公空间是展示一个企业或单位部门形象最主要的窗口。好的办公空间室内设计不仅能够为员工提供一个舒适愉悦的办公场所，大大提高工作效率，也能在外来访客面前提升公司形象，促进合作成功的机率。随着经济的发展，城市公务交流活动前所未有地加强，所以办公空间室内设计是任何企业和单位所不能忽视的。

办公室设计是指对布局、格局、空间的物理和心理分割。办公空间设计需要考虑多方面的问题，涉及科学、技术、人文、艺术等诸多因素。办公空间室内设计的最大目标就是要为工作人员创造一个舒适、方便、卫生、安全、高效的工作环境，以便更大限度地提高员工的工作效率。这一目标在当前商业竞争日益激烈的情况下显得更加重要，它是办公空间设计的基础，也是办公空间设计的首要目标。

办公空间应根据使用性质、建筑规模和标准的不同来合理设计各类空间。办公空间一般由办公用房、公共用房、服务用房和其他附属设施用房等组成。完善的办公空间应体现管理上的秩序性及空间系统的协调性。设计时应先分析各个空间的动静关系与主次关系，还要考虑采用隔声、吸声等措施来满足管理人员和会议室等重要空间的需求。在办公空间的装饰和陈设上，特别要把空间界面的装饰和陈设与整个办公空间的办公风格、色调统一协调处理。

7.1.2　办公空间的设计目标

办公室设计有以下 3 个层次的目标。

（1）经济实用：一方面要满足实用要求，给办公人员的工作带来方便；另一方面要尽量低费用，追求最佳的功能费用比。

（2）美观大方：能够充分满足人的生理和心理需要，创造出一个赏心悦目的良好工作环境。

（3）独具品位：办公室是企业文化的物质载体，要努力体现企业物质文化和精神文化，反映企业的特色和形象，对置身其中的工作人员产生积极的、和谐的影响。

这三个层次的目标虽然由低到高、由易到难，但它们不是孤立的，而是有着紧密的内在联系，出色的办公室设计应该努力同时实现这三个目标。

根据目标组合，无论是哪类人员的办公室，在办公室设计上都应符合下述基本要求：

（1）符合企业实际：有些企业不顾自身的生产经营和人财物力状况，一味追求办公室的高档豪华气派，这种做法是存在一定问题的。

（2）符合行业特点：例如，五星级饭店和校办科技企业由于分属不同的行业，因而办公室在装修、家具、用品、装饰品、声光效果等方面都应有显著的不同，如果校办企业的办公室布置得与宾馆的客房一样，无疑是有些滑稽的。

（3）符合使用要求：例如，总经理（厂长）办公室在楼层安排、使用面积、室内装修、配套设备等方面都与一般职员的办公室不同，主要并非总经理、厂长与一般职员身份不同，而是取决于他们的办公室具有不同的使用要求。

（4）符合工作性质：例如，技术部门的办公室需要配备微机、绘图仪器、书架（柜）等技术工作必需的设备，而公共关系部门则显然更需要电话、传真机、沙发、茶几等与对外联系和接待工作相应的设备和家具。

7.1.3　办公空间的布置格局

在任何企业中，办公室布置都因其使用人员的岗位职责、工作性质、使用要求等不同而应该有所区别。

1．处于企业决策层的董事长、执行董事或正副厂长（总经理）、党委书记等主要领导，由于他们的工作对企业的生存发展有着重大作用，能否有一个良好的日常办公环境，对决策效果、管理水平都有很大的影响；此外，他们的办公室环境在保守企业机密、传播企业形象等方面也有一些特殊的需要。因此，这类人员的办公室布置有如下特点：

（1）相对封闭

一般是一人一间单独的办公室，有不少企业都将高层领导的办公室安排在办公大楼的最高层或平面结构最深处，目的就是创造一个安静、安全、少受打扰的环境。

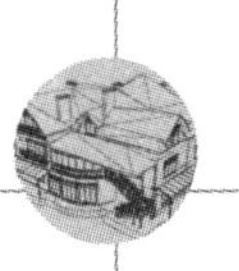

（2）相对宽敞

除了考虑使用面积略大之外，一般采用较矮的办公家具设计，目的是为了扩大视觉空间，因为过于拥挤的环境束缚人的思维，带来心理上的焦虑等问题。

（3）方便工作

一般要把接待室、会议室、秘书办公室等安排在靠近决策层人员办公室的位置，有不少企业的厂长（经理）办公室都建成套间，外间就安排接待室或秘书办公室。

（4）特色鲜明

企业领导的办公室要反映企业形象，具有企业特色，例如墙面色彩采用企业标准色、办公桌上摆放国旗和企业旗帜以及企业标志、墙角安置企业吉祥物等。另外，办公室设计布置要追求高雅而非豪华，切勿给人留下俗气的印象。

2．对于一般管理人员和行政人员，许多现代化的企业常用大办公室、集中办公的方式，办公室设计其目的是增加沟通、节省空间、便于监督、提高效率。这种大办公室的缺点是相互干扰较大，为此，一般采取以下方法进行设计：

（1）按部门或小部门分区，同一部门的人员一般集中在一个区域。

（2）采用低隔断，高度为 1.2m~1.5m 的范围，目的是给每一名员工创造相对封闭和独立的工作空间，减少相互间的干扰。

（3）有专门的接待区和休息区，不致于因为一位客户的来访而破坏了其他人的安静工作。

这种大办公室方式在三资企业和一些高科技企业采用得比较多，对于创造性劳动为主的技术人员和社交工作较多的公共关系人员，他们的办公室则不宜用这种布置方式。

7.1.4　配套用房的布置和办公室设计的关系

配套用房主要指会议室、接待室（会客室）、资料室等。

会议室是企业必不可少的办公配套用房，一般分为大、中、小不同类型，有的企业中小会议室有多间。大的会议室常采用教室或报告厅式布局，座位分主席台和听众席；中小会议室常采用圆桌或长条桌式布局，开会人员围座，利于开展讨论。

会议室布置应简单朴素，光线充足，空气流通。可以采用企业标准色装修墙面，或者在里面悬挂企业旗帜，或者在讲台、会议桌上摆放企业标志（物），以突出本企业特点。

接待室（会客室）设计是企业对外交往的窗口，设置的数量、规格要根据企业公共关系活动的实际情况而定。接待室要提倡公用，以提高利用率。接待室的布置要干净、美观、大方，可摆放一些企业标志物和绿色植物及鲜花，以体现企业形象和烘托室内气氛。

7.2　办公室室内设计综合实例——董事长办公室建筑平面图

下面以办公室室内设计综合实例——董事长办公室建筑平面图为例，讲解相关知识及其绘制方法与技巧，如图 7-1 所示。

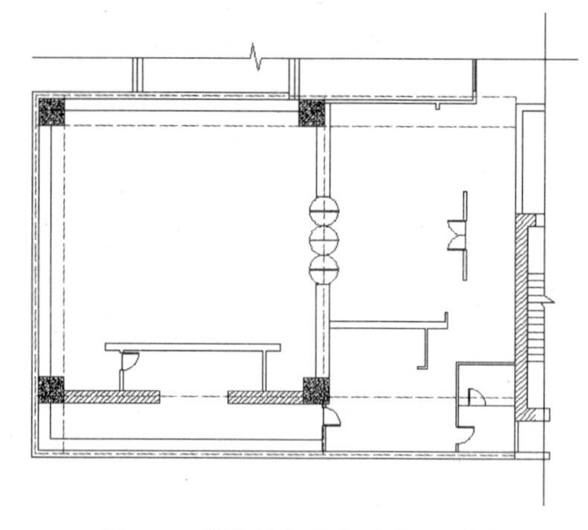

图 7-1　董事长办公室建筑平面图

7.2.1　操作步骤

1. 绘图准备

打开 AutoCAD 2016 应用程序，单击“快速访问”工具栏中的“新建”按钮，弹出“选择样板”对话框，如图 7-2 所示，单击“打开（0）”的右侧的下拉按钮，在其下拉列表中选择“无样板打开－公制（M）”，建立新文件，并保存到适当的位置。

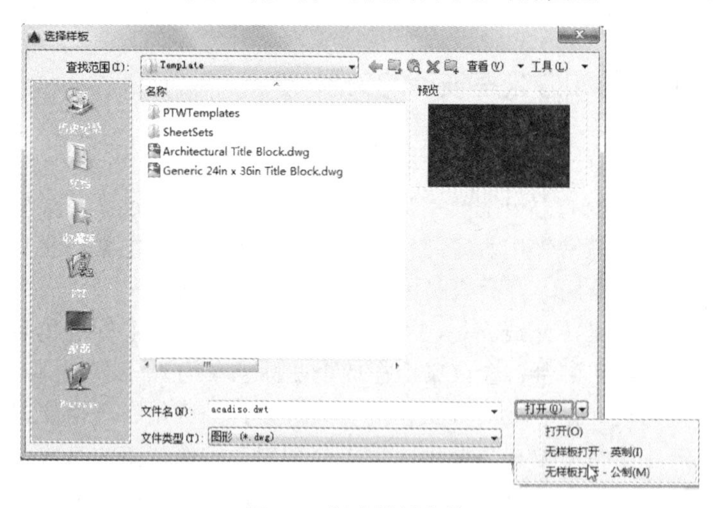

图 7-2　新建样板文件

新建文件时，选用样板文件，可以省去很多设置。

在绘图过程中，往往有不同的绘图内容，如轴线、墙线、装饰布置图块、地板、标注、文字等，如果将这些内容放置在一起，需要删除或编辑某一类型图形时，将会带来选取上的困难。AutoCAD 提供了图层功能，为编辑带来了极大的方便。具体创建过程如下：

Step 01　单击“默认”选项卡“图层”面板中的“图层特性”按钮，弹出“图层特性管理器”对话框，设置完成后的“图层特性管理器”对话框如图 7-3 所示。

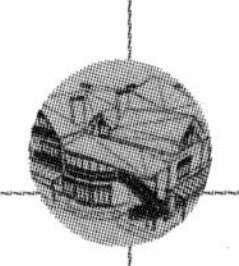

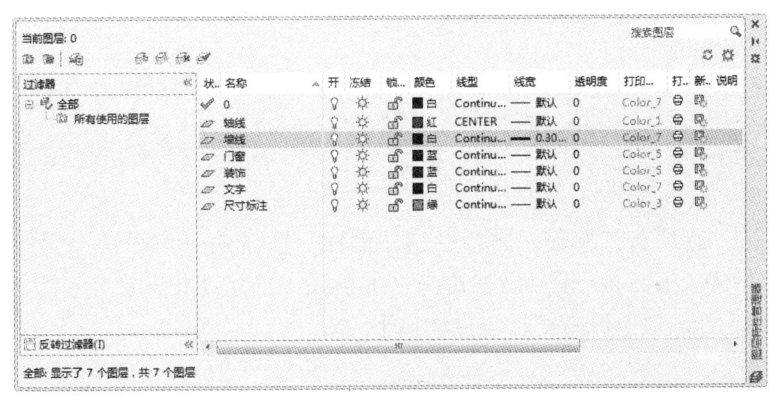

图 7-3 设置图层

Step 02 选择“轴线”图层为当前层，如图 7-4 所示。

轴线　红　CENTER　—— 默认　0　Color_1

图 7-4　设置当前图层

2. 绘制轴线

Step 01 单击“默认”选项卡“绘图”面板中的“直线”按钮，绘制一条竖直轴线和一条水平轴线，轴线长度分别为 12150、16800，如图 7-5 所示。

提　示

使用“直线”命令时，若为正交轴网，可单击状态栏上的“正交”按钮，根据正交方向提示，直接输入下一点的距离即可；若为斜线，则可单击“极轴”按钮，设置斜线角度，此时，图形即进入了自动捕捉所需角度的状态，可大大提高制图时直线输入距离的速度。注意，两者不能同时使用。

Step 02 此时，轴线的线型虽然为中心线，但是由于比例太小，显示出来还是实线的形式。在“特性”对话框中，将“线型比例”设置为 50，如图 7-6 所示；轴线显示如图 7-7 所示。

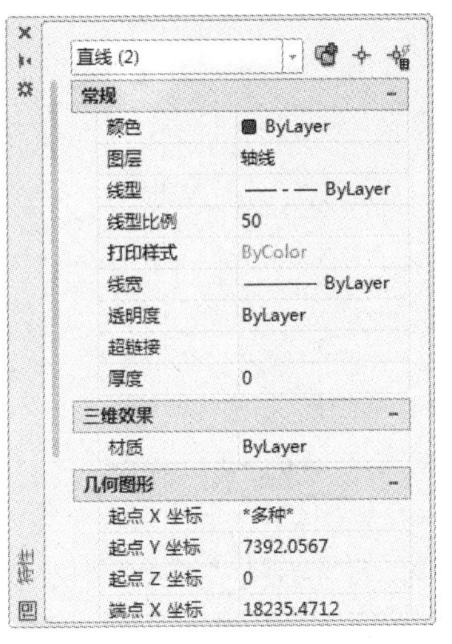

图 7-5　绘制轴线　　图 7-6　“特性”对话框　　图 7-7　轴线显示

提示

通过全局修改或单个修改每个对象的线型比例因子，可以以不同的比例使用同一个线型。默认情况下，全局线型和单个线型比例均设置为 1.0，比例越小，每个绘图单位中生成的重复图案就越多。

Step 03 单击“默认”选项卡“修改”面板中的“偏移”按钮，然后在“偏移距离”提示行后面输入 1950，按 Enter 键确认后选择水平直线，在直线上侧单击鼠标，将直线向上偏移 1950 的距离。命令行中提示与操作如下：

```
命令：_offset
当前设置：删除源=否  图层=源  OFFSETGAPTYPE=0
指定偏移距离或[通过(T)/删除(E)/图层(L)]<通过>：1950↙
选择要偏移的对象或[退出(E)/放弃(U)]<退出>：（选择水平直线）
指定要偏移的那一侧上的点或[退出(E)/多个(M)/放弃(U)]<退出>（在水平直线上侧单击鼠标左键）
选择要偏移的对象或[退出(E)/放弃(U)]<退出>：↙
```

Step 04 按照以上方法，继续偏移其他轴线，偏移的尺寸分别为：水平直线向上偏移 9200、1000，垂直直线向左偏移 6700、9100、1000，结果如图 7-8 所示。

3．绘制外部墙线

（1）编辑多线

一般建筑结构的墙线均由“多线”命令完成。本例中将利用“多线”“修剪”和“偏移”命令完成绘制。

Step 01 选择“墙线”图层为当前层，如图 7-9 所示。

Step 02 设置隔墙线型。在建筑结构中，包括承载受力的承重结构和用来分割空间、美化环境的非承重墙。

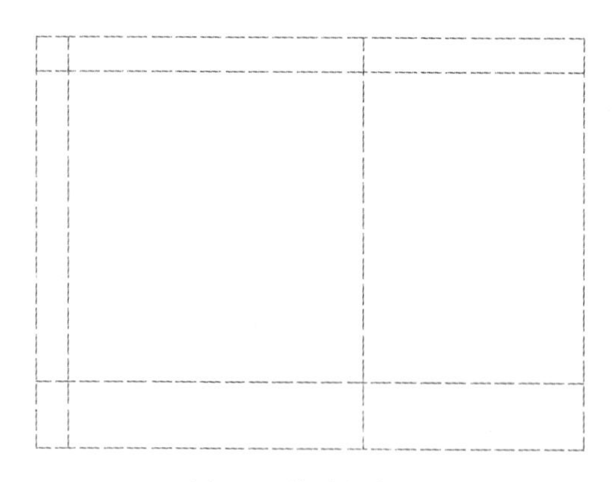

图 7-8　偏移竖直直线

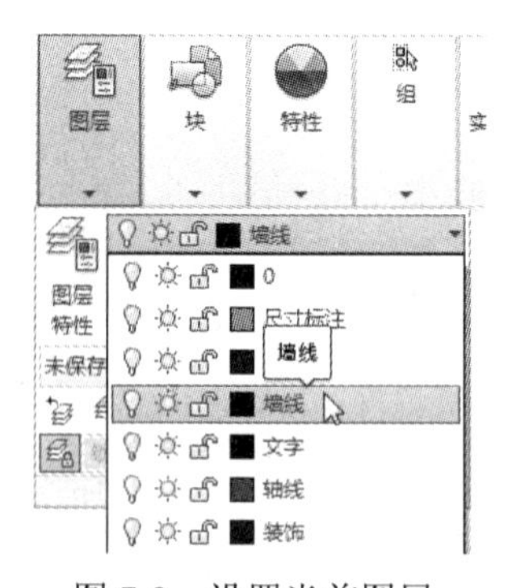

图 7-9　设置当前图层

❶选择菜单栏中的“格式”→“多线样式”命令，打开“多线样式”对话框，如图 7-10 所示。

❷在“多线样式”对话框中，可以看到“样式”列表框中只有系统自带的 STANDARD 样式，单击右侧的“新建”按钮，打开“创建新的多线样式”对话框，如图 7-11 所示。在“新样式名”文本框中输入 wall_1，作为多线的名称。单击“继续”按钮，打开“新

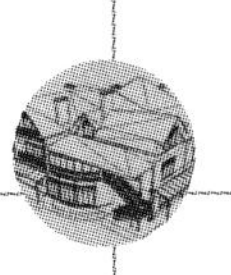

建多线样式：WALL:1”对话框，如图 7-12 所示。

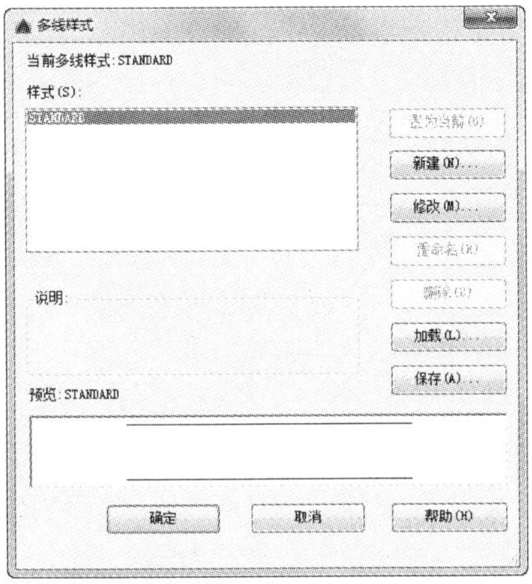

图 7-10　“多线样式”对话框

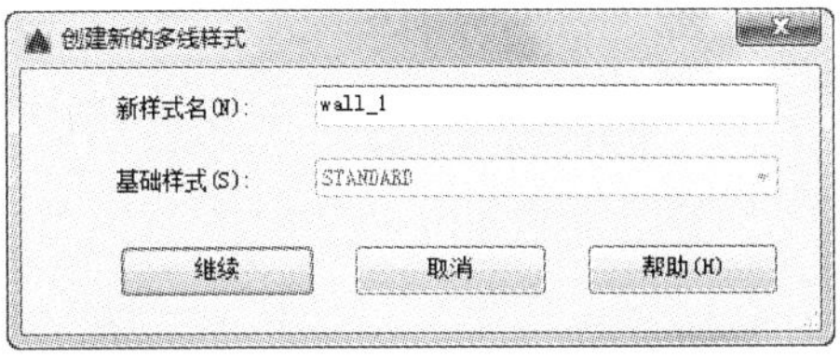

图 7-11　“创建新的多线样式”对话框

❸“wall_1”为绘制外墙时应用的多线样式，由于外墙的宽度为 240，所以按照图 7-12 中所示，将偏移分别修改为 120 和-120，并勾选“封口”选项组中“直线”后面的两个复选框，单击“确定”按钮，回到“多线样式”对话框中，单击“确定”回到绘图状态。

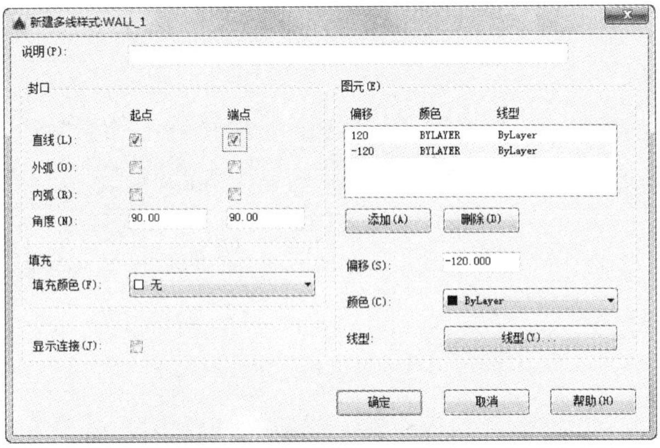

图 7-12　“新建多线样式：WALL-1”对话框

（2）绘制墙线

选择菜单栏中的“绘图”→“多线”命令，命令行中提示与操作如下：

```
命令：mline
当前设置：对正=上，比例=20.00，样式=STANDARD
指定起点或[对正(J)/比例(S)/样式(ST)]：st（设置多线样式）
输入多线样式名或[?]：wall_1（多线样式为 wall_1）
当前设置：对正=上，比例=20.00，样式=WALL_1
指定起点或[对正(J)/比例(S)/样式(ST)]：j
输入对正类型[上(T)/无(Z)/下(B)]<上>：z（设置对中模式为无）
当前设置：对正=无，比例=20.00，样式=WALL_1
指定起点或[对正(J)/比例(S)/样式(ST)]：s
输入多线比例<20.00>：1（设置线型比例为 1）
当前设置：对正=无，比例=1.00，样式=WALL_1
指定起点或[对正(J)/比例(S)/样式(ST)]：（选择底端水平轴线左端）
```

```
指定下一点：（选择底端水平轴线右端）
指定下一点或[放弃(U)]：
如图 7-13 所示。
```

4. 绘制柱子

Step 01 单击“默认”选项卡“绘图”面板中的“矩形”按钮，在空白处任选一点为矩形起点，绘制一个 900×900 的矩形，如图 7-14 所示。

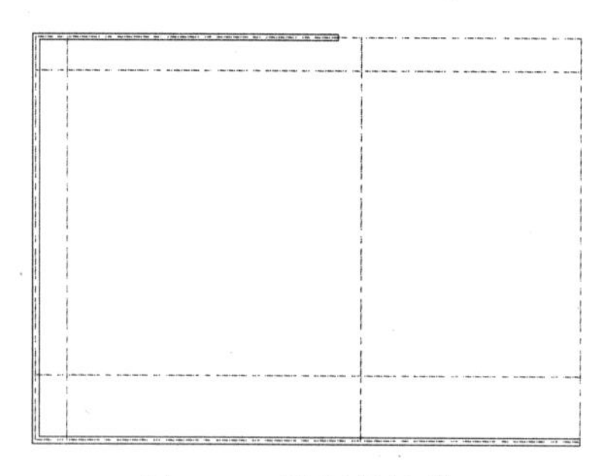

图 7-13 绘制外墙线

图 7-14 绘制矩形

Step 02 单击“默认”选项卡“绘图”面板中的“图案填充”按钮，打开“图案填充创建”选项卡，选择“ANSI31”图案，设置角度为 90°，比例为 30，如图 7-15 所示。利用同样的方法对矩形填充图案“AR—CONC”，设置角度为 0，比例为 1，单击“确定”按钮，结果如图 7-16 所示。

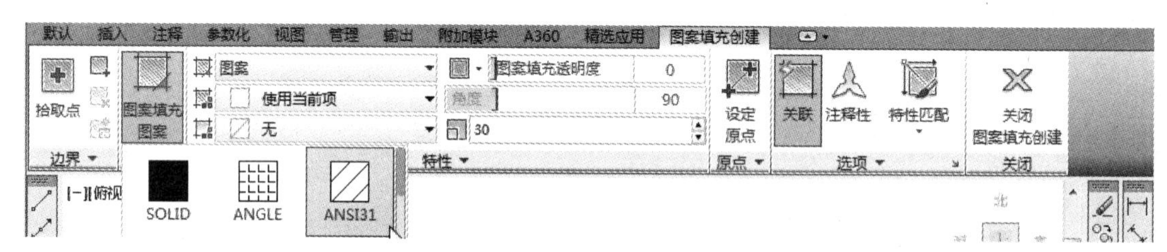

图 7-15 “图案填充创建”选项卡

Step 03 单击“默认”选项卡“修改”面板中的“复制”按钮，然后单击 900×900 截面的柱子，选择任意一点为复制基点，将其复制到轴线的位置，如图 7-17 所示。

Step 04 继续单击“默认”选项卡“修改”面板中的“复制”按钮，将其他柱子截面复制到轴线图中，复制完成后如图 7-18 所示。

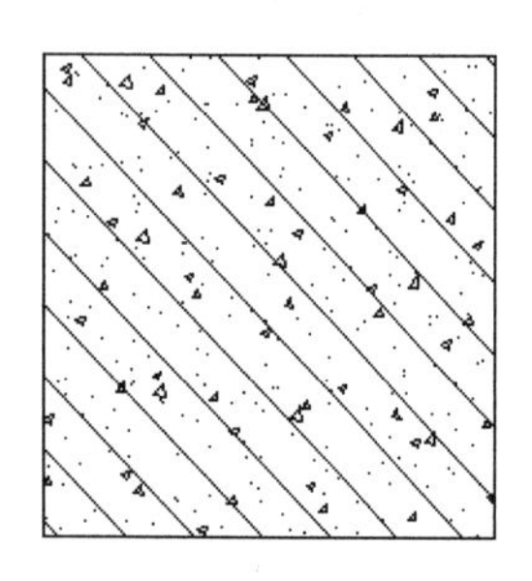

图 7-16 填充矩形

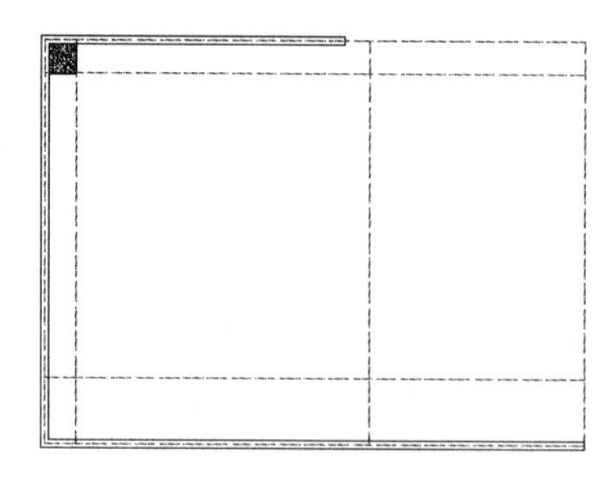

图 7-17 复制图形

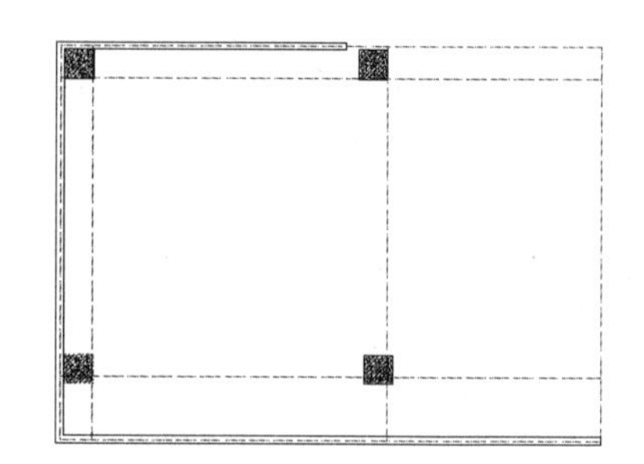

图 7-18 插入柱子

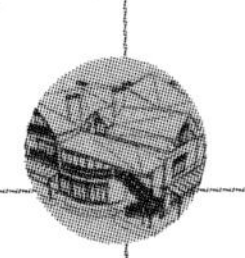

5. 绘制内部墙线

墙线和窗线绘制完成了，但是在多线的交点处并没有进行处理，下面运用“分解”命令和“修剪”命令完成多线的处理。

Step 01 单击“默认”选项卡“修改”面板中的“分解”按钮，然后选择绘制的多线墙体，将其分解。

Step 02 单击“默认”选项卡“修改”面板中的“偏移”按钮，选择上一步分解的墙线并向下偏移，偏移距离为 400，如图 7-19 所示。

Step 03 单击“默认”选项卡“修改”面板中的“修剪”按钮，修剪偏移直线交叉部分。

Step 04 单击“默认”选项卡“修改”面板中的“延伸”按钮，选择偏移墙线并将墙线延伸至柱子的一边。命令行中提示与操作如下：

```
命令：_extend
当前设置：投影=UCS，边=无
选择边界的边...
选择对象或<全部选择>：  找到 1 个（选择矩形柱子边为延伸边界）
选择对象：↙
选择要延伸的对象或按住<Shift>键选择要修剪的对象或[栏选(F)/窗交(C)/投影(P)/边(E)/放弃(U)]：（选择墙线进行延伸）
……
选择要延伸的对象或按住<Shift>键选择要修剪的对象或[栏选(F)/窗交(C)/投影(P)/边(E)/放弃
结果如图 7-20 所示
```

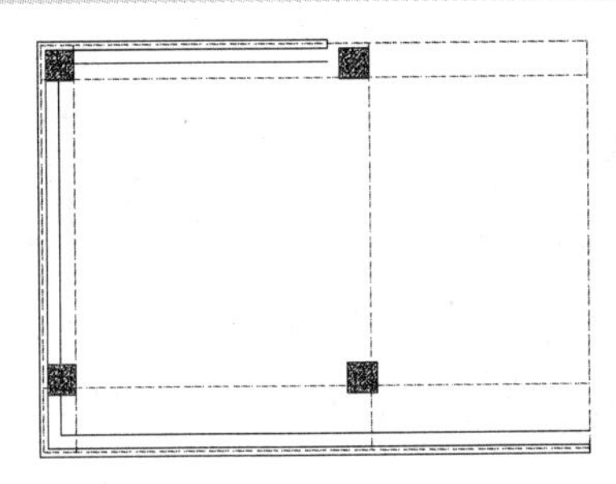

图 7-19　偏移直线

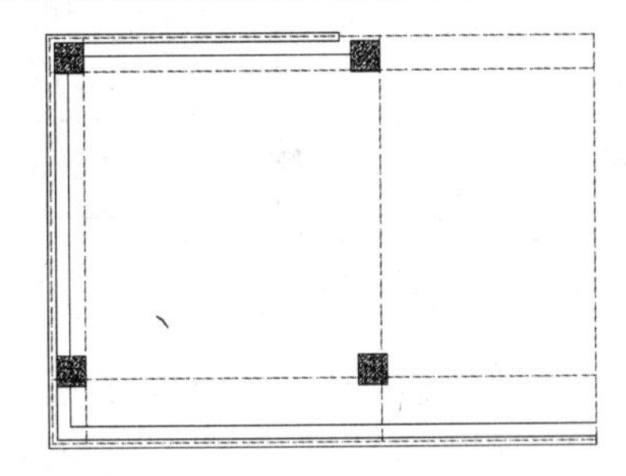

图 7-20　修剪墙线

Step 05 选择菜单栏中的“格式”→“多线样式”命令，在弹出的“多线样式”对话框中单击“新建”按钮，打开“创建新的多线样式”对话框，输入“新样式名”为“内墙”，如图 7-21 所示。

创建新的多线样式

新样式名(N)：内墙

基础样式(S)：WALL_1

继续　取消　帮助(H)

图 7-21　新建多线样式

Step 06 单击“继续”按钮，弹出“创建多线样式：内墙”对话框，将偏移距离分别修改为 50 和-50，同时勾选“直线”后面的两个复选框，如图 7-22 所示。

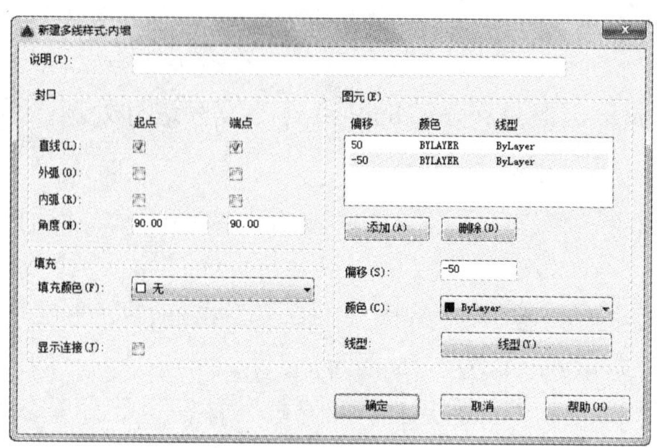

图 7-22　编辑多线样式

Step 07　选择菜单栏中的“绘图”→“多线”命令，并将比例设置为 1，对正方式为下，绘制内部墙线。绘制时注意对准轴线，绘制完成后如图 7-23 所示。

Step 08　单击“默认”选项卡“绘图”面板中的“直线”按钮，绘制一条垂直直线，如图 7-24 所示。

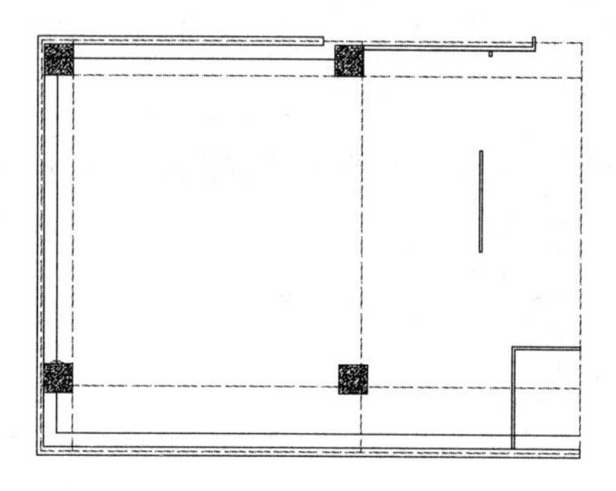

图 7-23　绘制内墙线

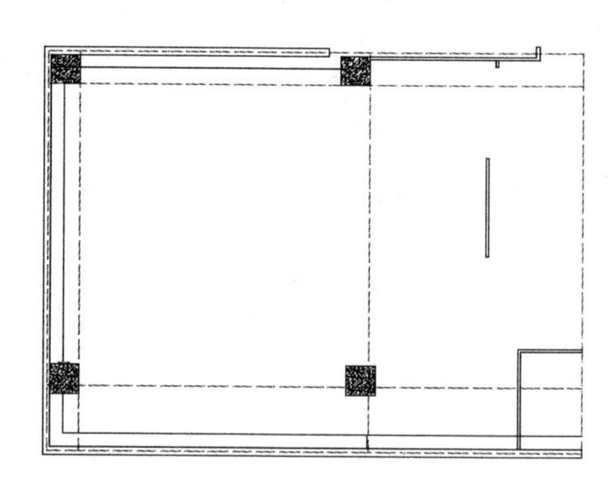

图 7-24　绘制直线

Step 09　单击“默认”选项卡“修改”面板中的“修剪”按钮，修剪过长直线，如图 7-25 所示。

Step 10　选择菜单栏中的“格式”→“多线样式”命令，在系统打开的“多线样式”对话框中单击“新建”按钮，弹出“创建新的多线样式”对话框，输入“新样式名”为 450，如图 7-26 所示。

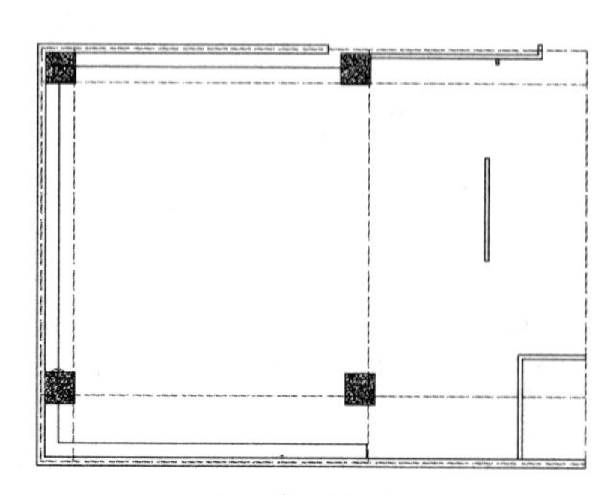

图 7-25　修剪直线

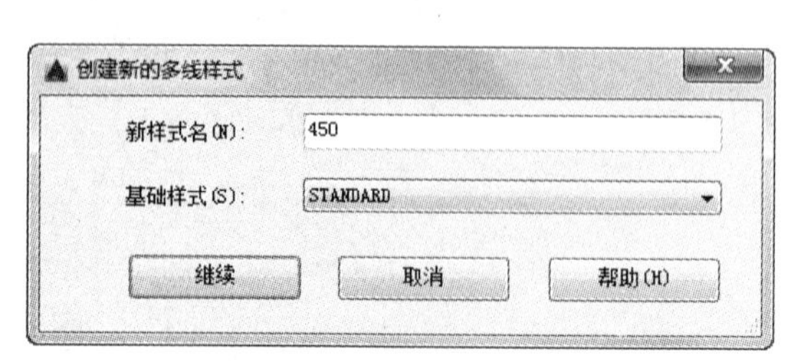

图 7-26　新建多线样式

Step 11　单击“继续”按钮，弹出“新建多线样式：450”对话框，将偏移距离分别修改为 225

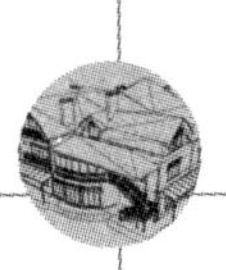

和-225，同时勾选“直线”后面的两个复选框，如图 7-27 所示。

Step 12 选择菜单栏中的“绘图”→“多线”命令，并将比例设置为 1，对正方式为下，绘制 450 厚墙线。绘制时注意对准轴线，绘制完成后如图 7-28 所示。

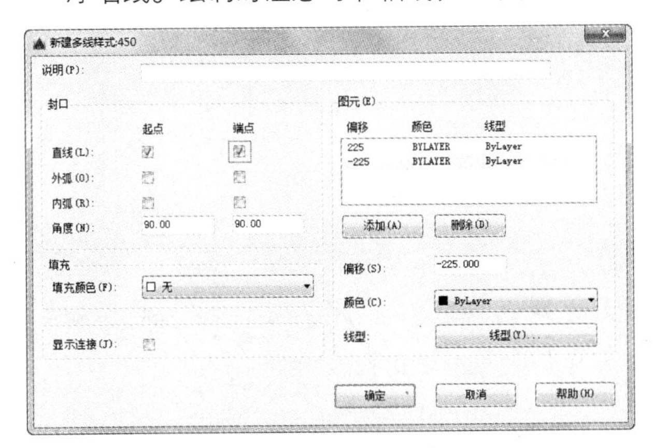

图 7-27　编辑多线样式

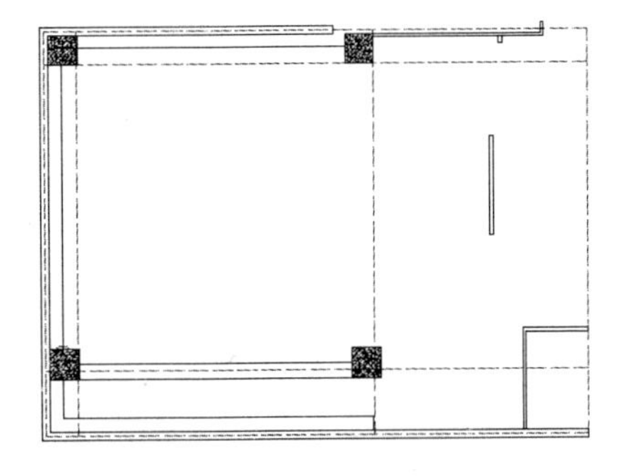

图 7-28　绘制 450 厚墙体

Step 13 按照同样的方法，利用已知多线样式绘制剩余墙体，如图 7-29 所示。

Step 14 选择菜单栏中的“修改”→“对象”→“多线”命令，打开“多线编辑工具”对话框，如图 7-30 所示，其中共包含了 12 种多线样式，用户可以根据自己的需要对多线进行编辑。本例中，将要对多线与多线的交点进行编辑。

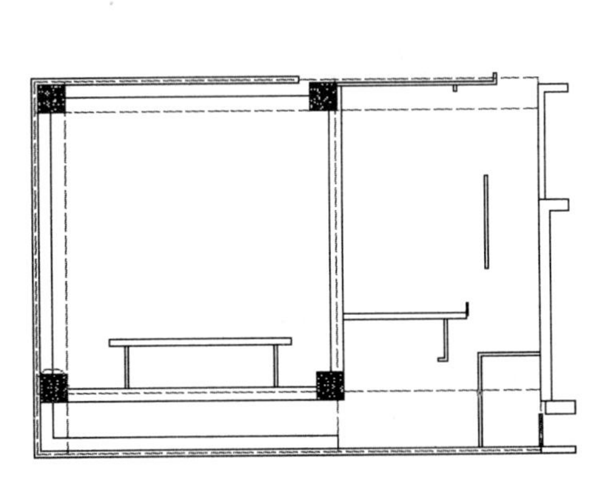

图 7-29　绘制剩余墙线

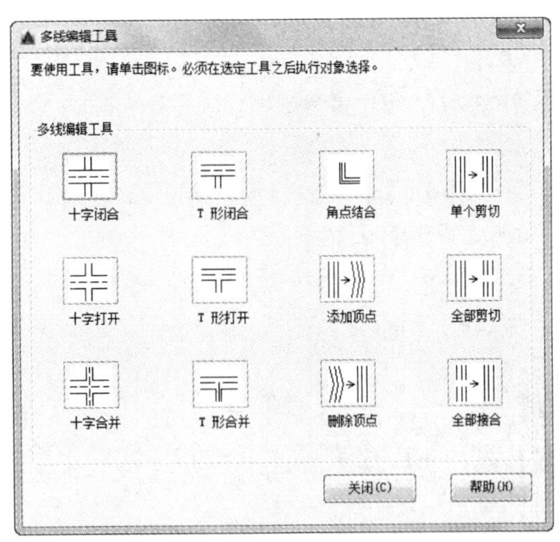

图 7-30　“多线编辑工具”对话框

Step 15 首先单击第一个多线样式“T 形打开”，然后选择图 7-29 所示的多线。首先选择垂直多线，然后选择水平多线，多线交点变成如图 7-31 所示。

Step 16 利用上述方法，修改其他多线的交点，结果如图 7-32 所示。

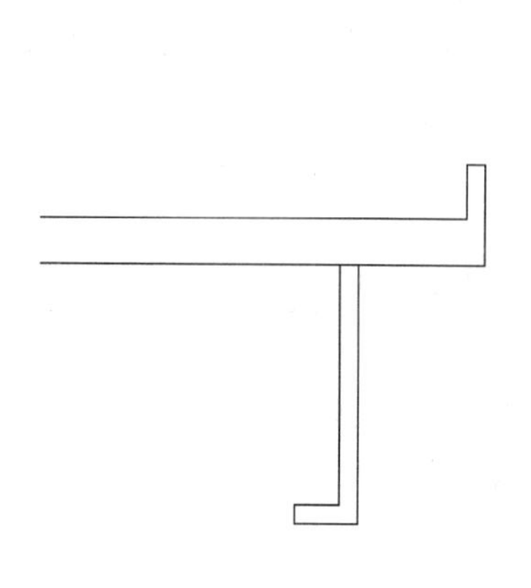

图 7-31　修改后的多线

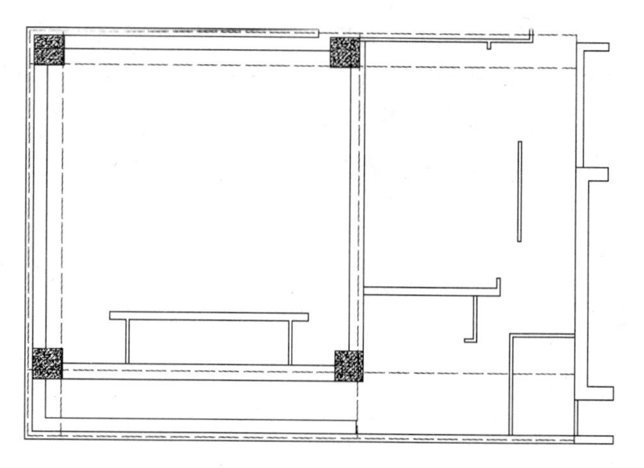

图 7-32　编辑多线结果

提 示

有一些多线并不适合用“多线编辑”功能修改，我们可以先将多线分解，直接利用“修剪”命令进行修剪完成。

6. 绘制门窗

（1）开门窗洞

Step 01　单击“默认”选项卡“绘图”面板中的“直线”按钮，根据门和窗户的具体位置，在对应的墙上绘制出这些门窗的一边边界。

Step 02　单击“默认”选项卡“修改”面板中的“偏移”按钮，根据各个门和窗户的具体大小，将前面绘制的门窗边界偏移相应的距离，就能得到门窗洞的在图上的具体位置，绘制结果如图 7-33 所示。

Step 03　单击“默认”选项卡“修改”面板中的“修剪”按钮，按下 Enter 键选择自动修剪模式，然后把各个门窗洞修剪出来，结果如图 7-34 所示。

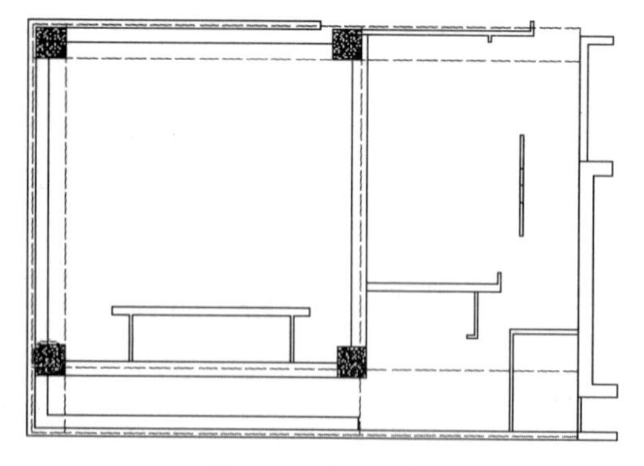

图 7-33　绘制门洞线

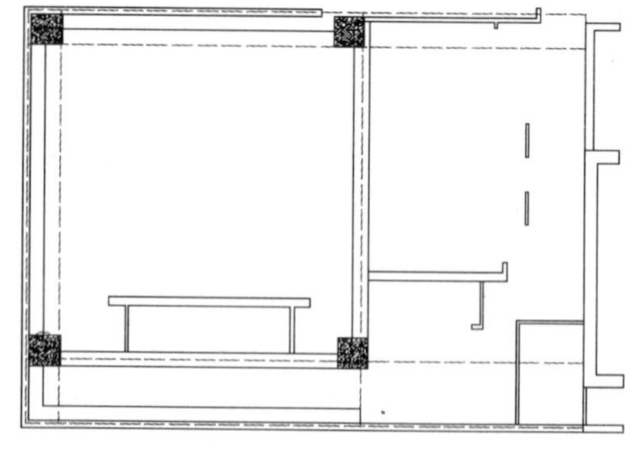

图 7-34　修剪门窗洞

Step 04　利用上述方法修剪出所有门窗洞，如图 7-35 所示。

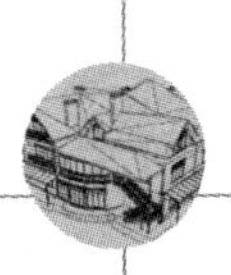

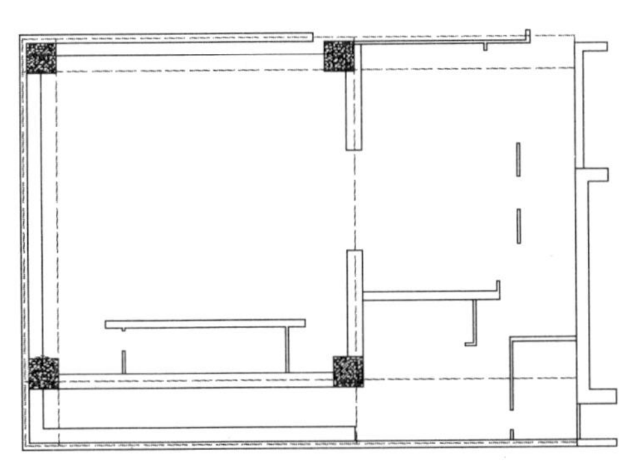

图 7-35　修剪所有门窗洞

（2）绘制门

Step 01 选择“门窗”图层为当前层，如图 7-36 所示。

Step 02 单击“默认”选项卡“绘图”面板中的“矩形”按钮，选择墙体中线为起点，绘制一个边长为 60×800 的矩形，如图 7-37 所示。绘制完成双扇门的门垛。

Step 03 单击“默认”选项卡“绘图”面板中的“圆弧”按钮，利用“起点、端点、角度”绘制一段角度为 90° 的圆弧。命令行中提示与操作如下：

```
命令: _arc
指定圆弧的起点或 [圆心(C)]:(矩形端点)
指定圆弧的第二个点或 [圆心(C)/端点(E)]: _e(任选一点)
指定圆弧的端点:
指定圆弧的圆心或 [角度(A)/方向(D)/半径(R)]: _a 指定包含角: a
需要有效的数值角度或第二点。
指定包含角: -90
结果如图 7-38 所示
```

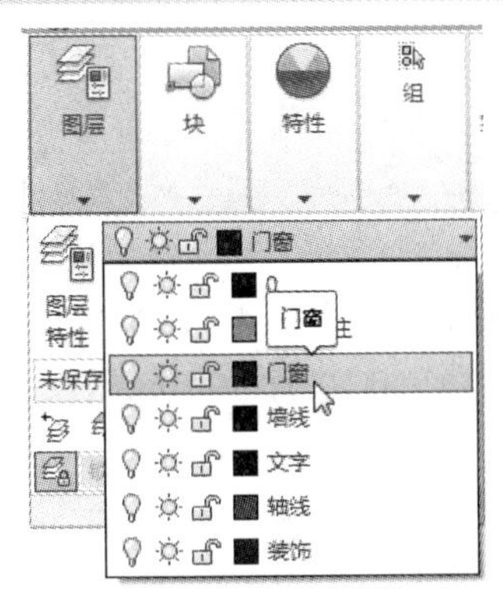

图 7-36　设置当前图层

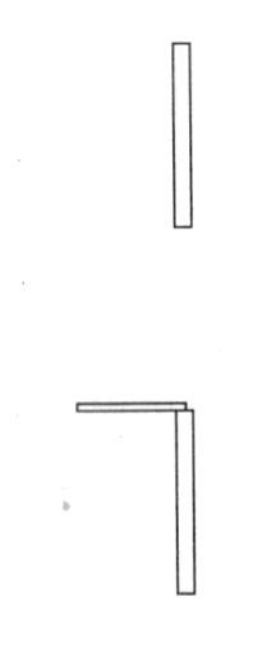

图 7-37　绘制矩形

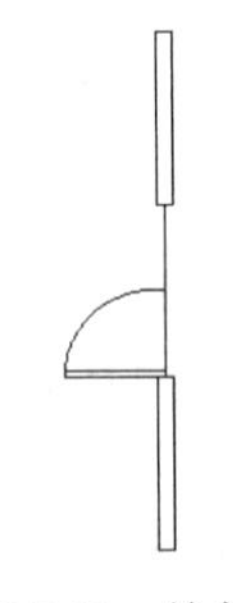

图 7-38　绘制圆弧

提 示

绘制圆弧时，注意指定合适的端点或圆心，指定端点的时针方向即为绘制圆弧的方向。

Step 04 单击“默认”选项卡“修改”面板中的“镜像”按钮，选择上一步绘制的门垛，选择矩形的中轴作为基准线，对称到另外一侧，如图 7-39 所示。

提 示

如果绘制图形中右对称图形，可以创建表示半个图形的对象，选择这些对象并沿指定的线进行镜像以创建另一半。

Step 05 单扇门的绘制方法与双扇门基本相同，在这里不再详细阐述，如图 7-40 所示。

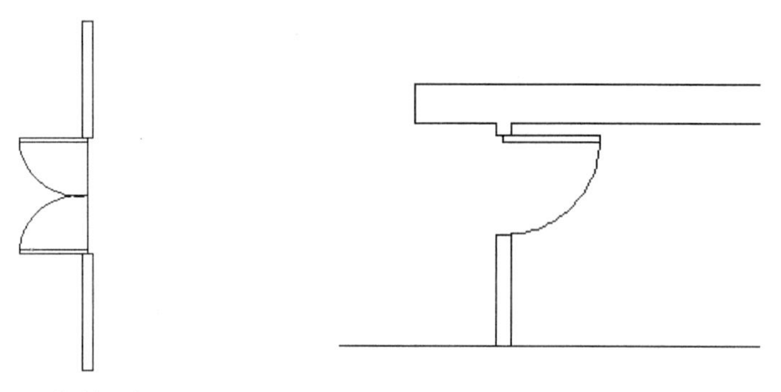

图 7-39　绘制双扇门　　　　图 7-40　绘制单扇门

Step 06 单击“默认”选项卡“绘图”面板中的“创建块”按钮，弹出“块定义”对话框，在图形上选择一点为基点，将“名称”设置为“单扇门”，选择刚刚绘制的门图块，单击“确定”按钮，保存该图块，如图 7-41 所示。

图 7-41　创建门图块

Step 07 单击“默认”选项卡“绘图”面板中的“插入块”按钮，打开“插入”对话框，如图 7-42 所示，在“名称”下拉列表中选择“单扇门”，然后单击“确定”按钮，按照如图 7-43 所示的位置将其插入到平面图中。

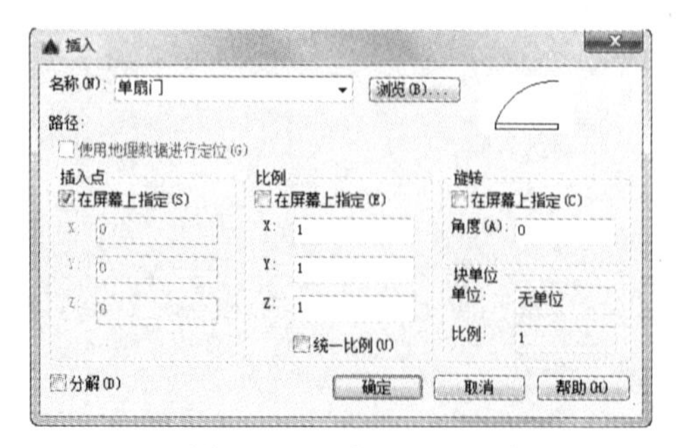

图 7-42　“插入”对话框

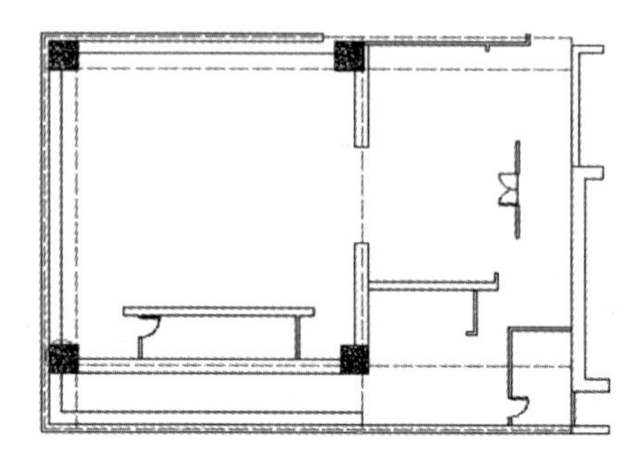

图 7-43　插入门图形

Step 08　利用前面讲述绘制墙体的方法，绘制两段 100 厚的墙体，如图 7-44 所示。

Step 09　单击“默认”选项卡“绘图”面板中的“插入块”按钮，继续插入门图形，如图 7-45 所示。

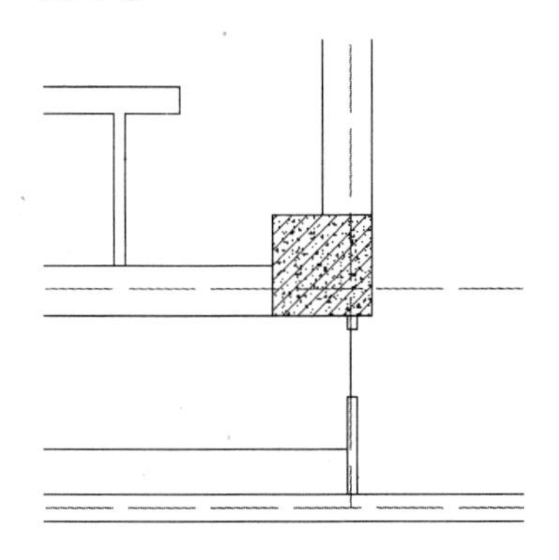

图 7-44　绘制墙体

图 7-45　插入门图形

提 示

插入块的位置取决于 UCS 的方向。

Step 10　单击“默认”选项卡“绘图”面板中的“直线”按钮，在图形中适当的位置绘制一条水平直线，如图 7-46 所示。

Step 11　单击“默认”选项卡“绘图”面板中的“插入块”按钮，选择已定义的单扇门图块并插入到图形中，如图 7-47 所示。

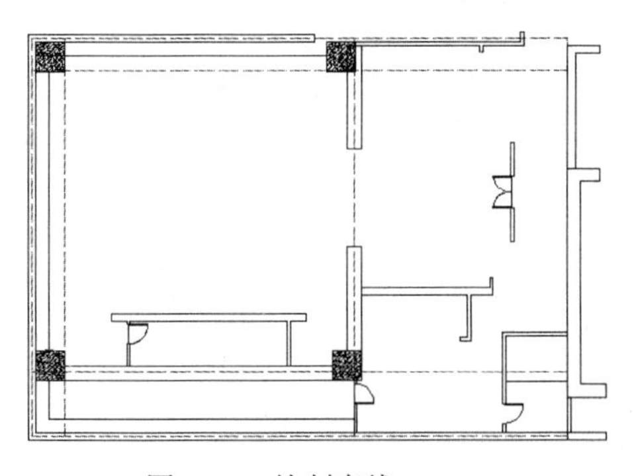

图 7-46　绘制直线

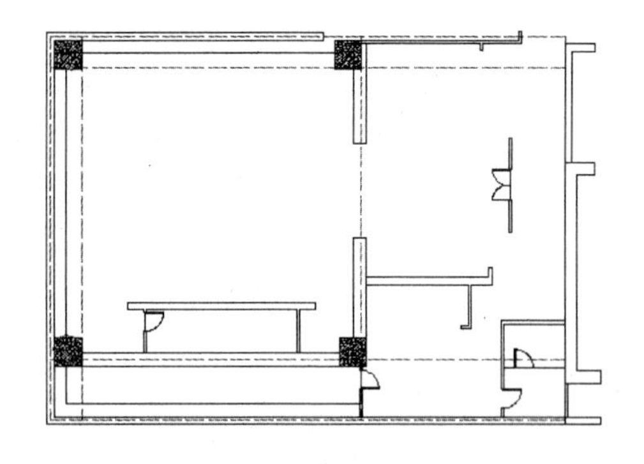

图 7-47　插入门图形

Step 12　单击“默认”选项卡“绘图”面板中的“圆”按钮，在轴线上选取一点为圆心，绘制一个半径为 500 的圆，如图 7-48 所示。

Step 13　单击“默认”选项卡“绘图”面板中的“直线”按钮，在圆内绘制两条水平直线，如图 7-49 所示。

Step 14　单击“默认”选项卡“修改”面板中的“复制”按钮，选取上一步绘制的门图形并任选一点为复制基点，向下复制 2 个，如图 7-50 所示。

Step 15　单击“默认”选项卡“绘图”面板中的“直线”按钮和“修改”面板中的“偏移”按钮，绘制剩余的图形，如图 7-51 所示。

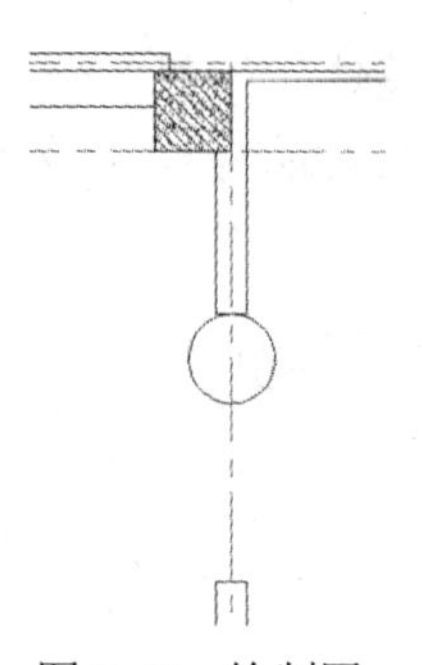
图 7-48　绘制圆

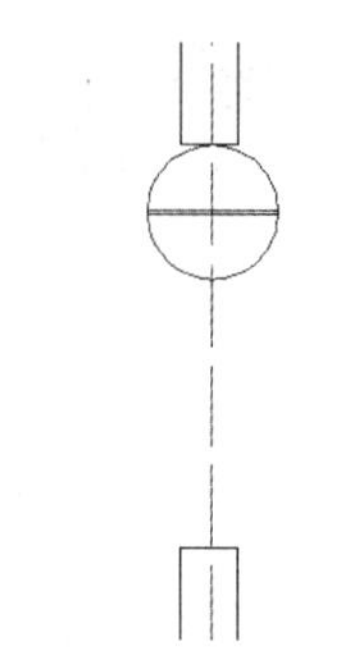
图 7-49　绘制直线

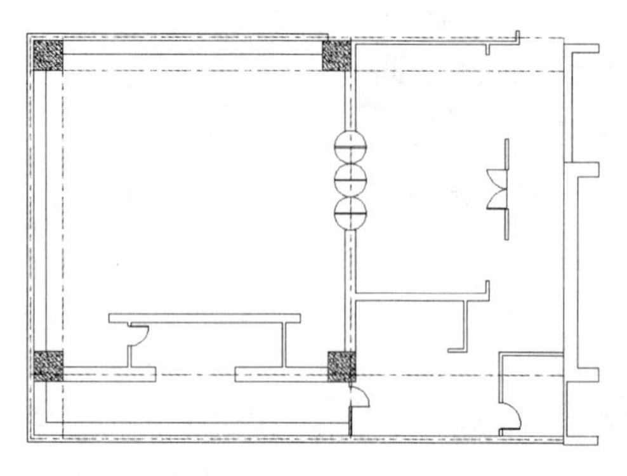
图 7-50　复制圆图形

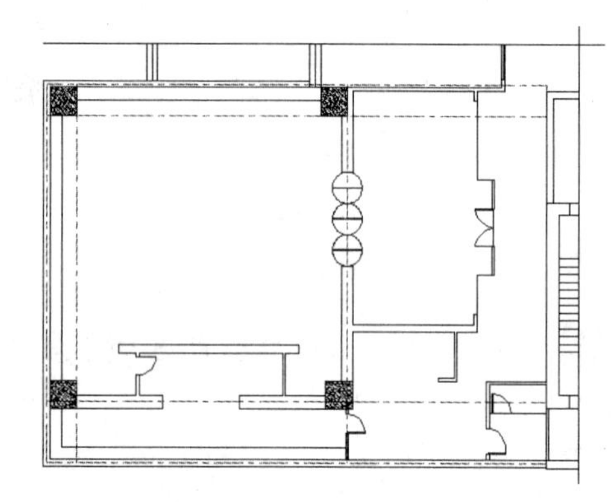
图 7-51　绘制直线

Step 16 单击“默认”选项卡“绘图”面板中的“图案填充”按钮，打开“图案填充创建”选项卡，选择 “ANSI31”图案，将“比例”设置为 40，单击“确定”按钮，结果如图 7-52 所示。

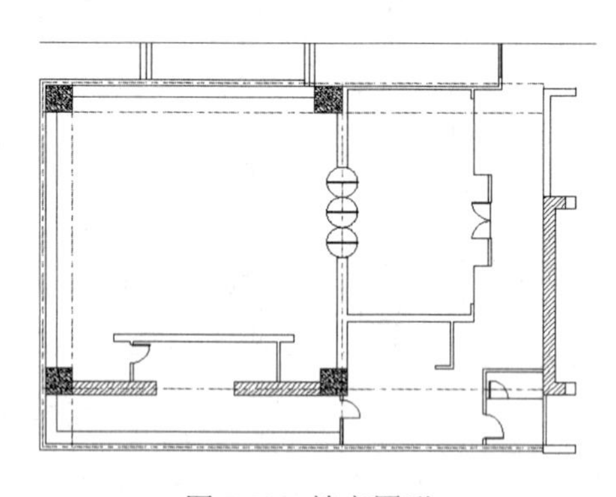
图 7-52　填充图形

7. 绘制楼梯

绘制楼梯时需要了解以下参数：

（1）楼梯形式（单跑、双跑、直行、弧形等）。

（2）楼梯各部位长、宽、高 3 个方向的尺寸，包括楼梯总宽、总长、楼梯宽度、踏步宽度、踏步高度、平台宽度等。

（3）楼梯的安装位置。

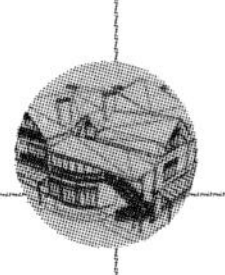

Step 01　新建“楼梯”图层，颜色为“蓝色”，其余属性为默认，并将楼梯层设为当前图层，如图 7-53 所示。

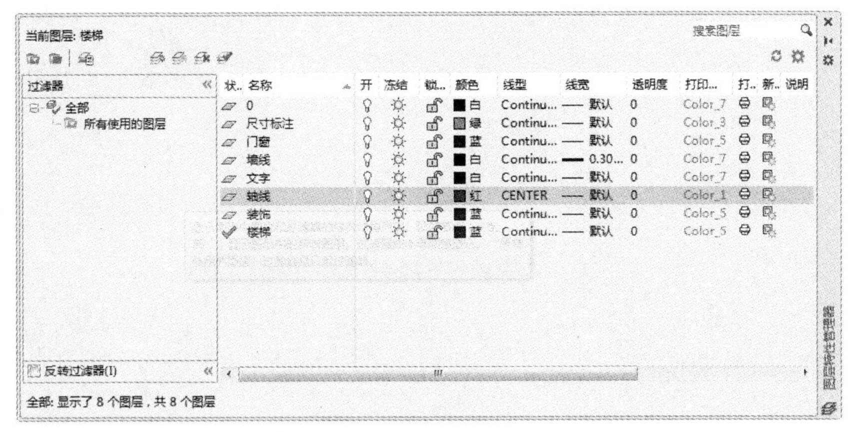

图 7-53　设置当前图层

Step 02　单击“默认”选项卡“绘图”面板中的“直线”按钮，绘制一条水平直线作为楼梯的梯断线，如图 7-54 所示。

Step 03　单击“默认”选项卡“修改”面板中的“偏移”按钮，选取上一步绘制的楼梯梯断线，分别向上下偏移 6 次，偏移距离为 250，如图 7-55 所示。

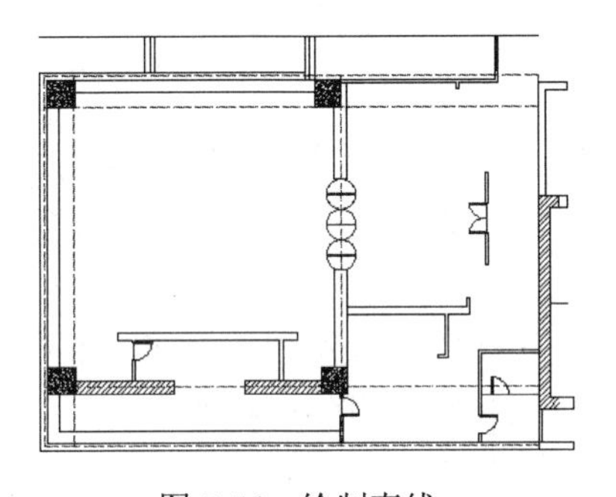

图 7-54　绘制直线

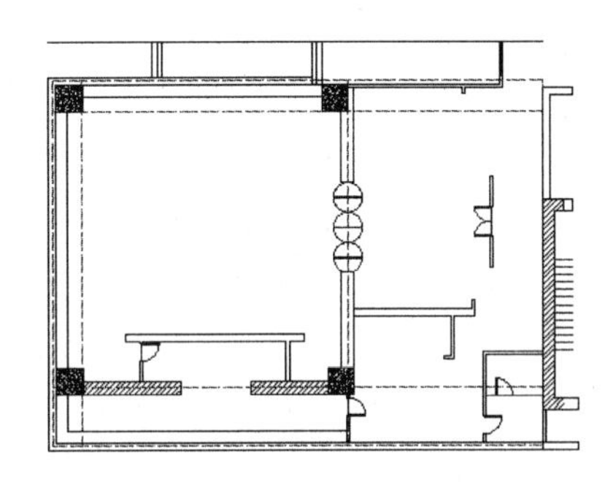

图 7-55　偏移梯断线

Step 04　单击“默认”选项卡“绘图”面板中的“直线”按钮，绘制折弯线；单击“默认”选项卡“修改”面板中的“修剪”按钮，修剪折弯线，如图 7-56 所示。

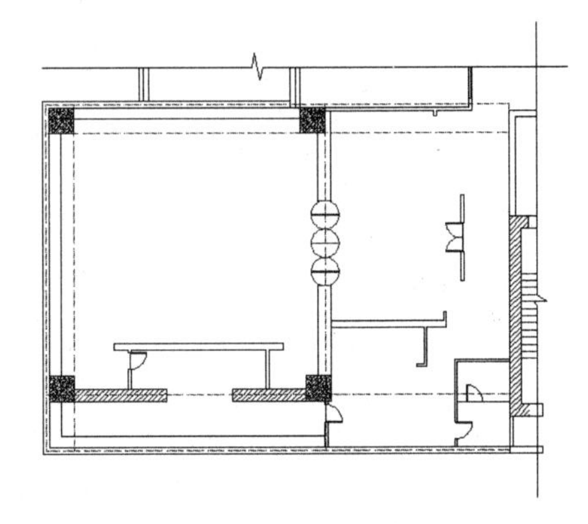

图 7-56　绘制折弯线

7.2.2 拓展实例——公司接待室建筑平面图

读者可以利用上面所学的相关知识完成公司接待室建筑平面图的绘制，如图 7-57 所示。

Step 01 单击“默认”选项卡“绘图”面板中的“直线”按钮和“修改”面板中的“偏移”按钮，绘制轴线，如图 7-58 所示。

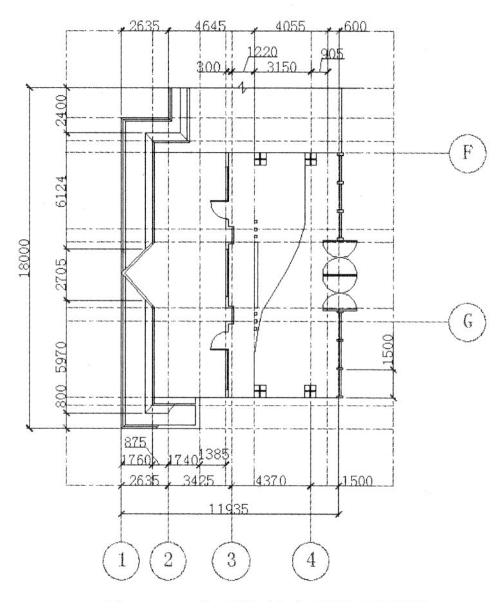

图 7-57　公司接待室建筑平面图

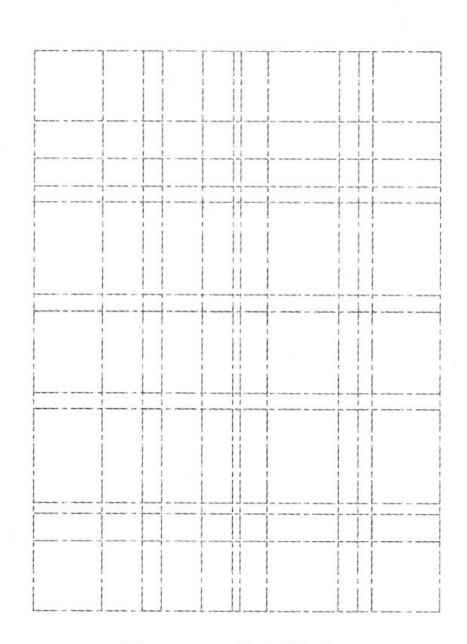

图 7-58　绘制轴线

Step 02 单击“默认”选项卡“绘图”面板中的“圆”按钮和“注释”面板中的“多行文字”按钮，为图形添加轴号，如图 7-59 所示。

Step 03 单击“默认”选项卡“绘图”面板中的“矩形”按钮、“图案填充”按钮和“修改”面板中的“复制”按钮、“移动”按钮，绘制柱子，如图 7-60 所示。

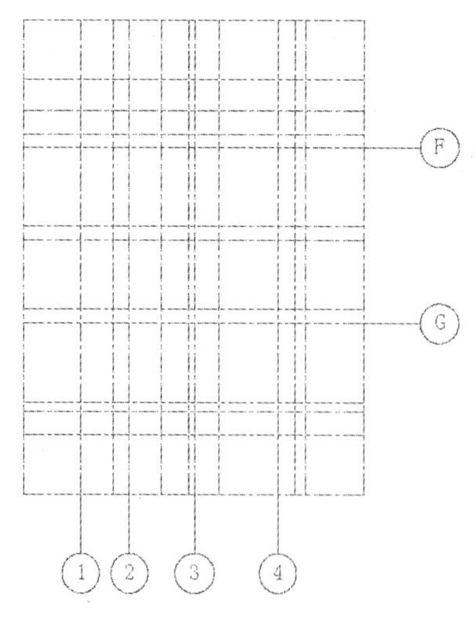

图 7-59　标注轴号

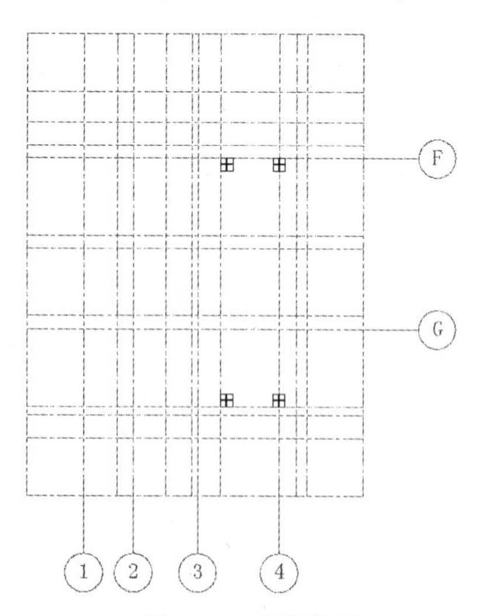

图 7-60　布置柱子

Step 04 单击“默认”选项卡“绘图”面板中的“多段线”按钮和“修改”面板中的“修剪”

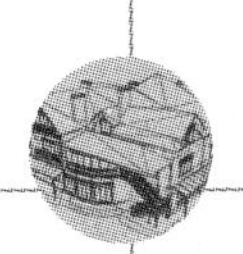

按钮、“分解”按钮，绘制墙线，如图 7-61 所示。

Step 05 单击“默认”选项卡“绘图”面板中的“直线”按钮、“圆”按钮和“修改”面板中的“修剪”按钮，完成门窗的绘制，如图 7-62 所示。

Step 06 单击“默认”选项卡“绘图”面板中的“圆”按钮和“注释”面板中的“多行文字”按钮A，绘制立面符号，如图 7-63 所示。

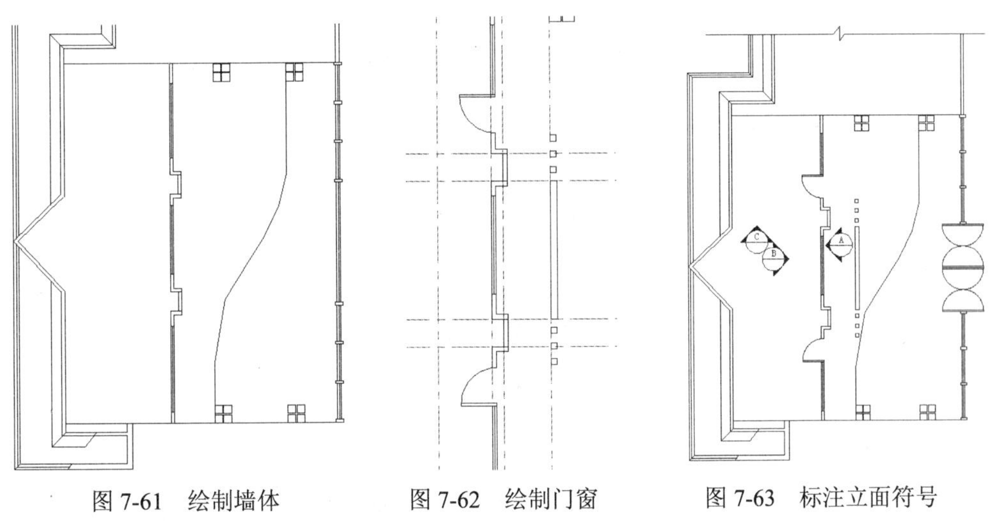

图 7-61　绘制墙体　　图 7-62　绘制门窗　　图 7-63　标注立面符号

Step 07 单击“默认”选项卡“注释”面板中的“线性”按钮和“连续”按钮，完成图形标注，如图 7-57 所示。

7.3　办公空间室内装饰平面图绘制实例——董事长办公室室内装饰平面图

董事长办公室室内装饰平面图最终结果如图 7-64 所示。

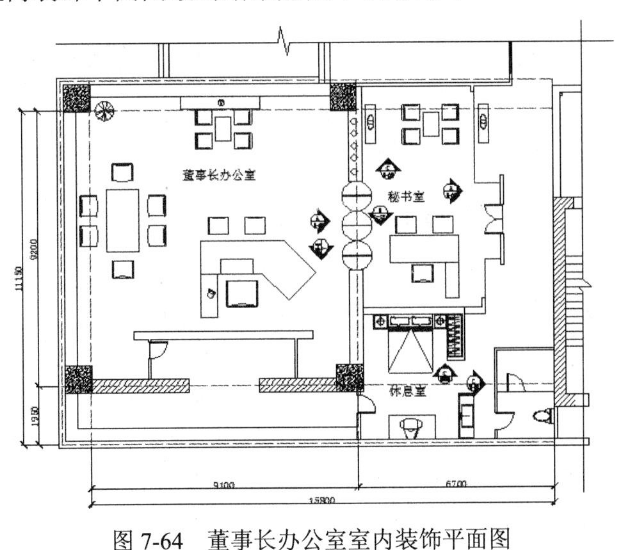

图 7-64　董事长办公室室内装饰平面图

7.3.1 操作步骤

1．绘制沙发茶几组合

Step 01 打开“源文件/第 7 章/董事长办公室平面图”，选择“装饰”图层为当前层，如图 7-65 所示。

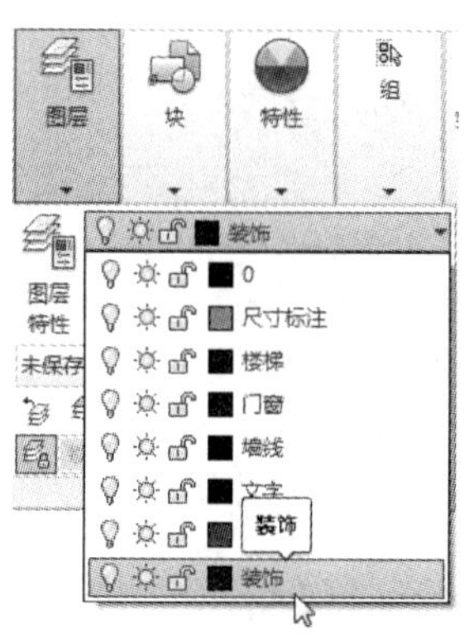

图 7-65　设置当前图层

Step 02 单击“默认”选项卡“绘图”面板中的“矩形”按钮，在空白处绘制边长为 600×550 的矩形，如图 7-66 所示。

Step 03 单击“默认”选项卡“绘图”面板中的“矩形”按钮，在上一步绘制的矩形内绘制 3 个 480×50 的矩形，如图 7-67 所示。

Step 04 单击“默认”选项卡“修改”面板中的“修剪”按钮，修剪上一步绘制的矩形，如图 7-68 所示。

图 7-66　绘制矩形

图 7-67　绘制 3 个矩形

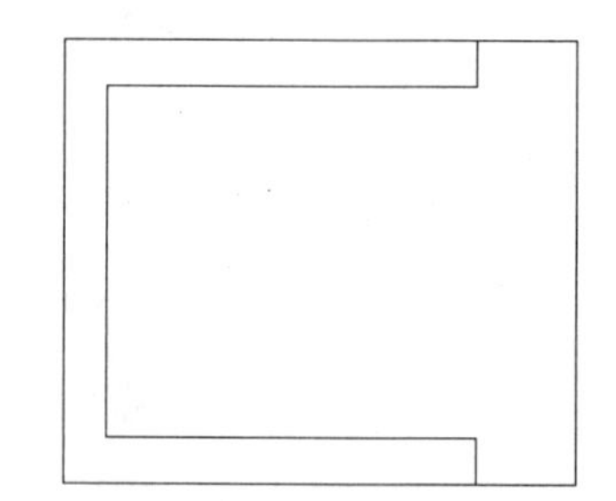

图 7-68　修剪矩形

Step 05 单击“默认”选项卡“修改”面板中的“分解”按钮，选择上一步绘制的矩形，按 Enter 键确认，完成分解。

Step 06 单击“默认”选项卡“修改”面板中的“圆角”按钮，对矩形两短边进行圆角处理，圆角半径为 50，如图 7-69 所示。

Step 07 单击“默认”选项卡“绘图”面板中的“矩形”按钮，在图形内再绘制一个矩形，如图 7-70 所示。

Step 08 单击“默认”选项卡“修改”面板中的“分解”按钮，选取上一步绘制的矩形，按 Enter 键确认，分解矩形。

Step 09 单击“默认”选项卡“修改”面板中的“圆角”按钮，对矩形的四条边进行圆角处

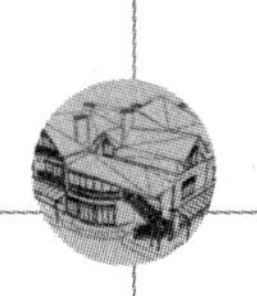

理，圆角半径为 30，如图 7-71 所示。

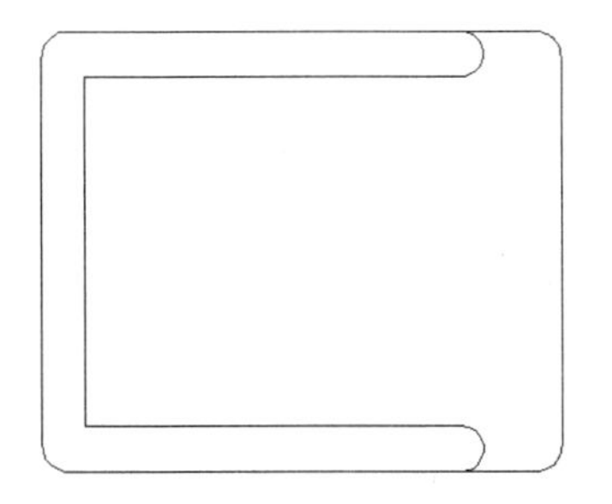

图 7-69　圆角处理

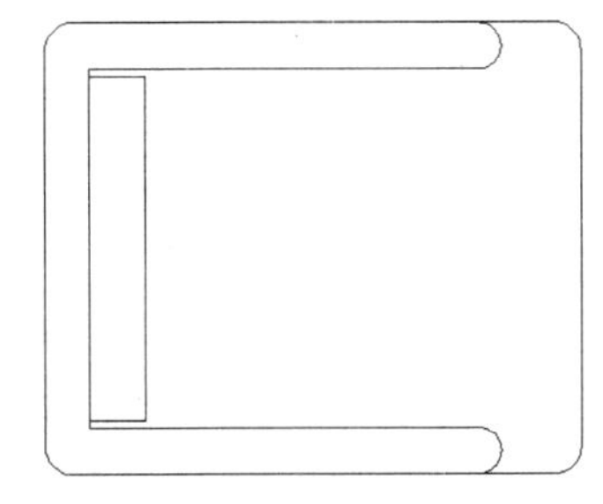

图 7-70　绘制矩形

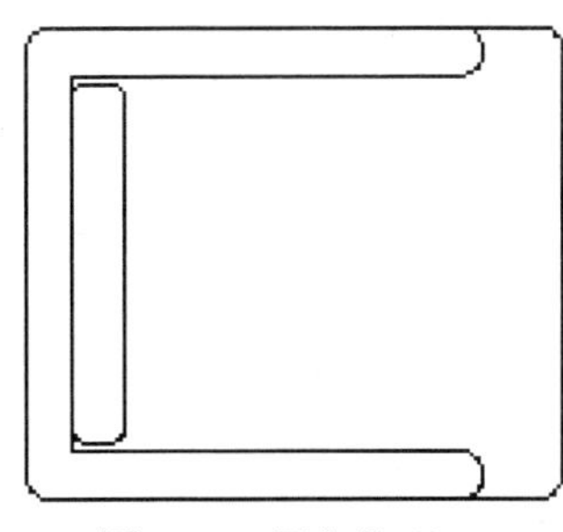

图 7-71　圆角处理

Step 10 单击“默认”选项卡“绘图”面板中的“矩形”按钮，在绘制的椅子前方绘制一个 520×800 的矩形，如图 7-72 所示。

Step 11 单击“默认”选项卡“修改”面板中的“镜像”按钮，以矩形的长边中点为镜像轴，镜像椅子图形，如图 7-73 所示。

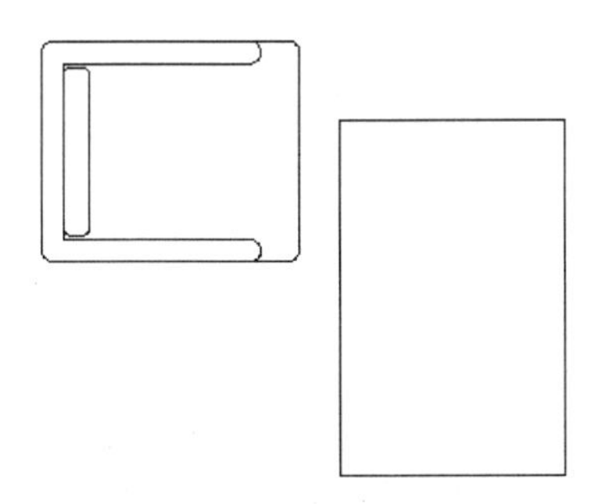

图 7-72　绘制矩形

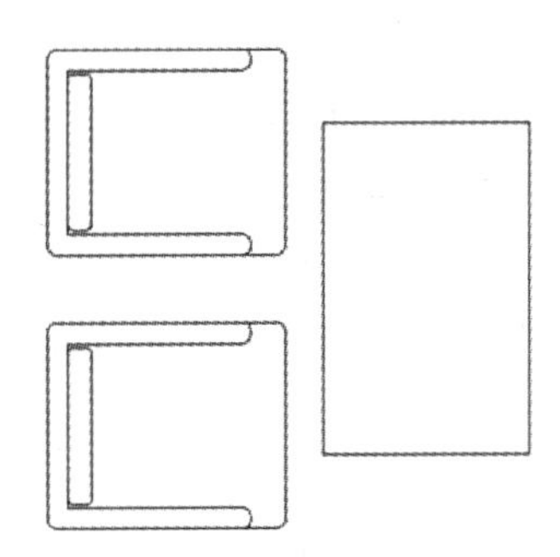

图 7-73　镜像椅子

Step 12 单击“默认”选项卡“修改”面板中的“镜像”按钮，选择上一步的两个椅子图形，以矩形短边中点为镜像轴，进行镜像，如图 7-74 所示。

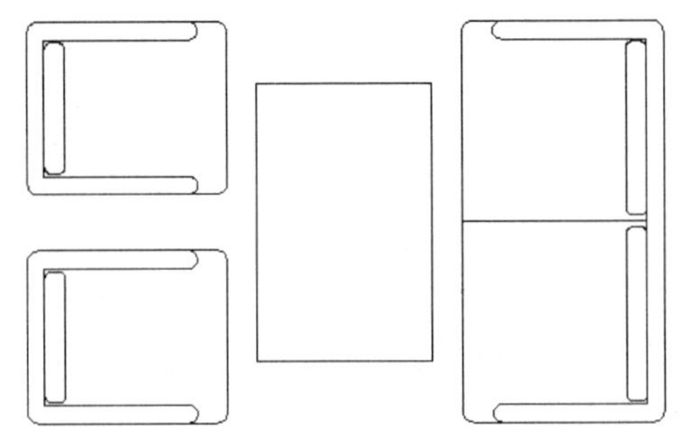

图 7-74　绘制沙发茶几组合

2．绘制餐桌椅组合

Step 01 单击“默认”选项卡“绘图”面板中的“直线”按钮，绘制连续线段，如图 7-75 所示。

Step 02 单击“默认”选项卡“绘图”面板中的“圆弧”按钮，绘制两段圆弧，如图 7-76 所示。命令行中提示与操作如下：

```
命令：_arc
指定圆弧的起点或 [圆心(C)]：(选取左端内侧竖直直线下断点)
```

```
指定圆弧的第二个点或 [圆心(C)/端点(E)]: _e
指定圆弧的端点:(选取右侧内部竖直直线下端点)
指定圆弧的圆心或 [角度(A)/方向(D)/半径(R)]: _a 指定包含角: a
需要有效的数值角度或第二点。
指定包含角:90
```

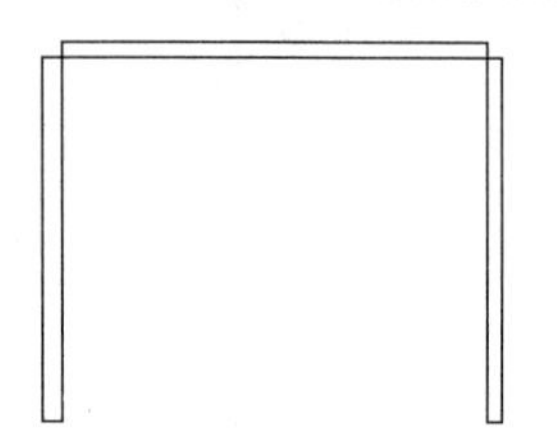

图 7-75　绘制连续线段

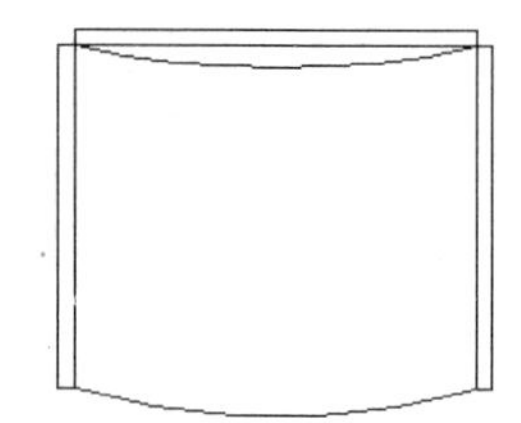

图 7-76　绘制圆弧

Step 03 单击“默认”选项卡“绘图”面板中的“矩形”按钮，在椅子前方任选一点为起始点，绘制一个矩形，如图 7-77 所示。

Step 04 单击“默认”选项卡“修改”面板中的“复制”按钮，选取椅子图形并任选一点为复制基点，向下复制椅子。

Step 05 单击“默认”选项卡“修改”面板中的“旋转”按钮，选取椅子底部圆弧中点为旋转基点，将椅子图形旋转 90°。

Step 06 单击“默认”选项卡“修改”面板中的“镜像”按钮，分别以矩形长边和短边中点为镜像点，对椅子进行镜像，结果如图 7-78 所示。

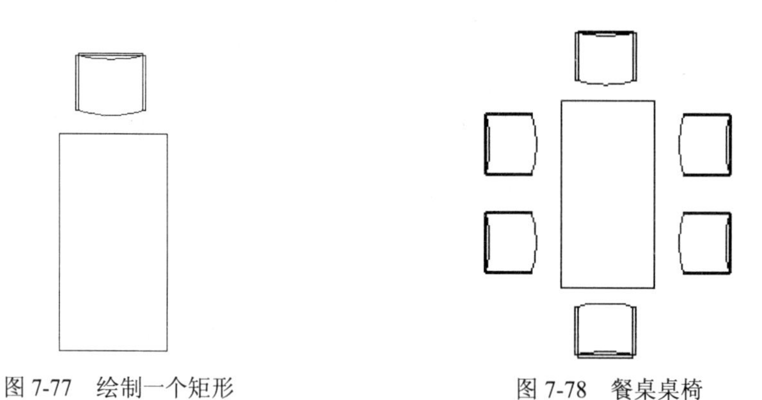

图 7-77　绘制一个矩形　　　图 7-78　餐桌桌椅

3. 绘制床和床头柜组合

Step 01 单击“默认”选项卡“绘图”面板中的“矩形”按钮，绘制一个 2000×1500 的矩形，如图 7-79 所示。

Step 02 单击“默认”选项卡“绘图”面板中的“样条曲线拟合”按钮，绘制枕头图形的外部轮廓，然后单击“默认”选项卡“绘图”面板中的“直线”按钮，绘制枕头图形内部的细节线条。

Step 03 单击“默认”选项卡“修改”面板中的“复制”按钮，选取上一步绘制的枕头图形并向右复制，如图 7-80 所示。

Step 04 单击“默认”选项卡“绘图”面板中的“直线”按钮，在枕头图形下方绘制一条直线，如图 7-81 所示。

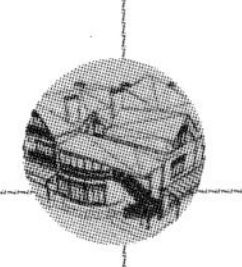

图 7-79　绘制矩形

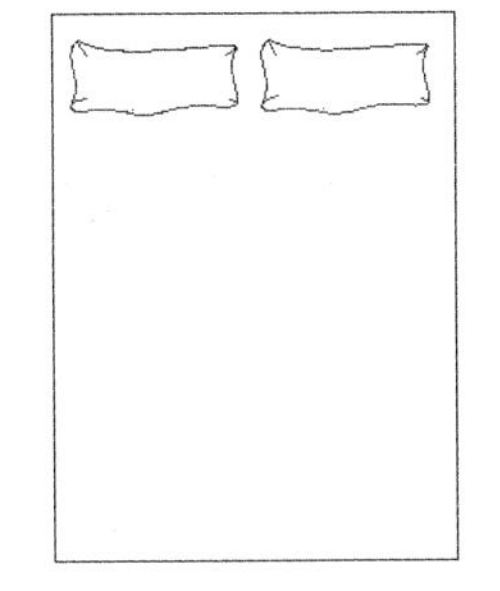

图 7-80　绘制枕头

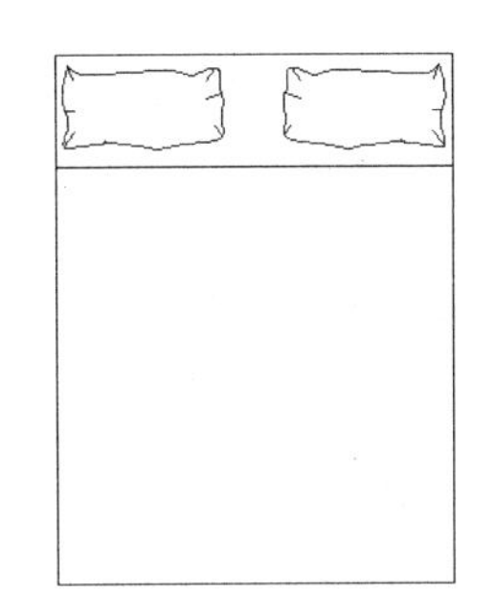

图 7-81　绘制直线

Step 05 单击“默认”选项卡“修改”面板中的“偏移”按钮，选择上一步绘制的直线并连续向下偏移，偏移距离分别为 60、30、30、30，如图 7-82 所示。

Step 06 单击“默认”选项卡“修改”面板中的“圆角”按钮，对矩形底边进行圆角处理，圆角半径为 100，如图 7-83 所示。

Step 07 单击“默认”选项卡“绘图”面板中的“直线”按钮，绘制矩形底边对角线，如图 7-84 所示。

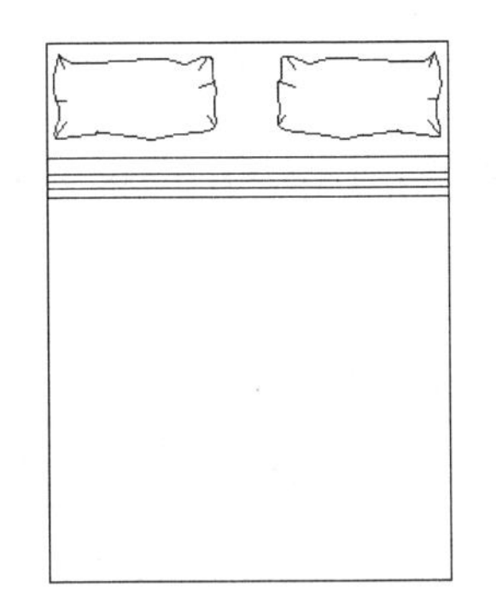

图 7-82　偏移直线

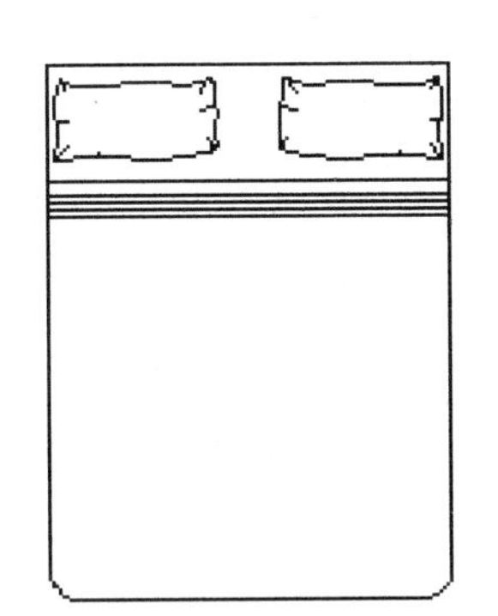

图 7-83　圆角处理

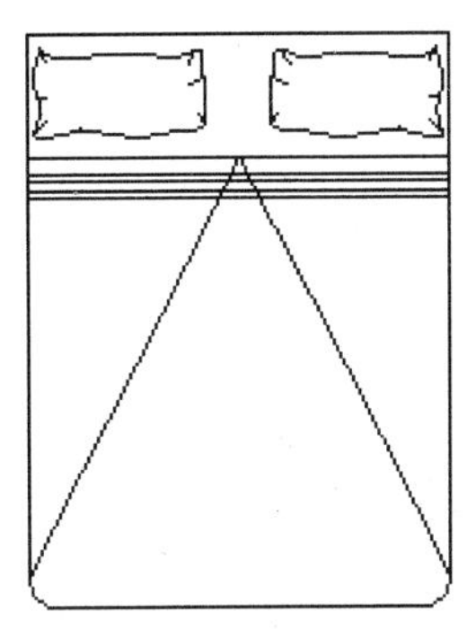

图 7-84　绘制对角线

Step 08 单击“默认”选项卡“修改”面板中的“修剪”按钮，对上一步绘制的对角线与水平直线相交部分的多余线段进行修剪，如图 7-85 所示。

Step 09 单击“默认”选项卡“绘图”面板中的“矩形”按钮，以床图形外部矩形上端点为起点，绘制一个 500×500 的矩形，如图 7-86 所示。

Step 10 单击“默认”选项卡“修改”面板中的“偏移”按钮，选取矩形并向内偏移，偏移距离为 50，如图 7-87 所示。

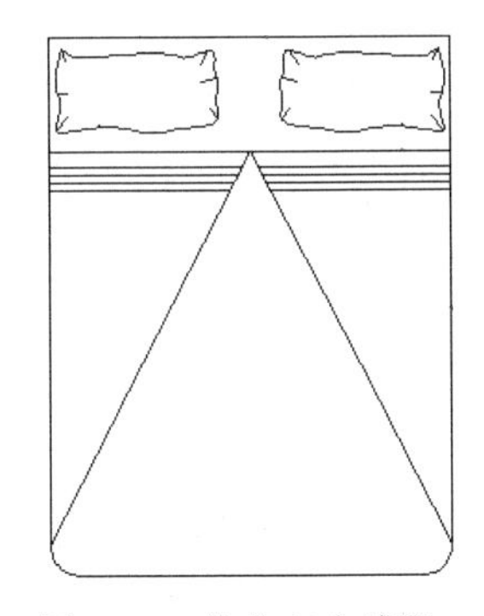

图 7-85　修剪多余线段

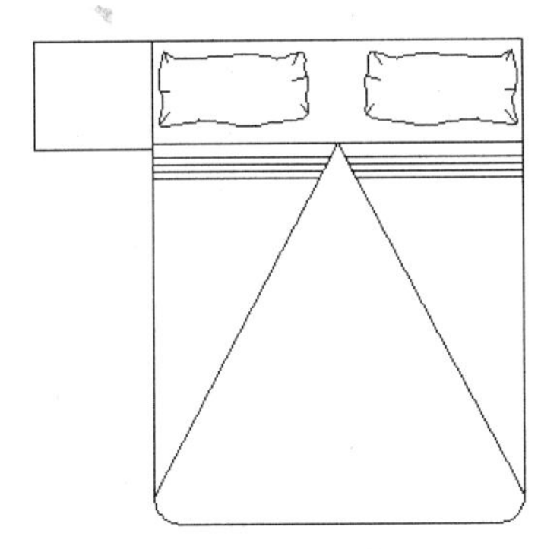

图 7-86　绘制一个矩形

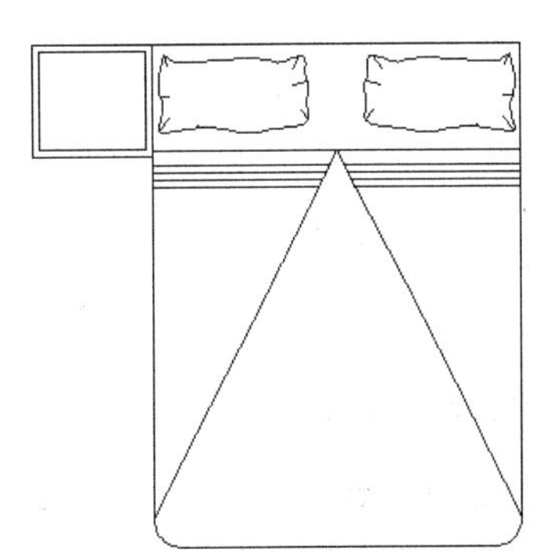

图 7-87　偏移矩形

Step 11 单击“默认”选项卡“绘图”面板中的“直线”按钮，绘制矩形的水平中心线和垂直中心线，如图 7-88 所示。

Step 12 单击“默认”选项卡“绘图”面板中的“圆”按钮，以中心线交点为圆心，绘制一个半径为 100 的圆，如图 7-89 所示。

Step 13 单击“默认”选项卡“修改”面板中的“偏移”按钮，将圆向外偏移，偏移距离为 20，如图 7-90 所示。

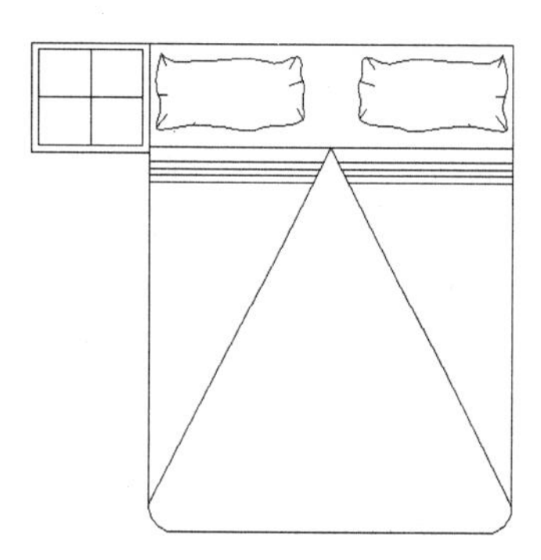
图 7-88 绘制中心线

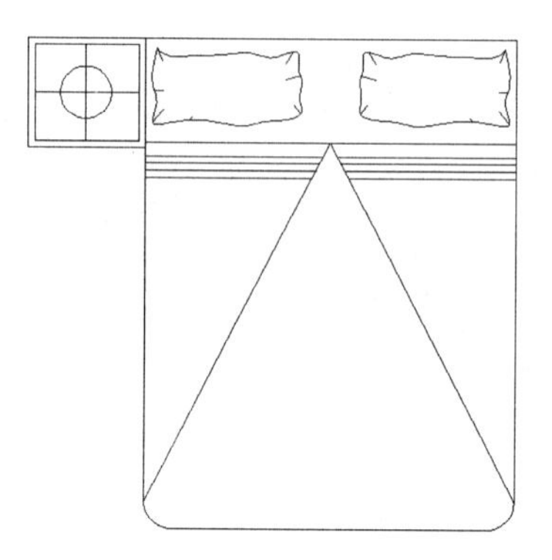
图 7-89 绘制圆

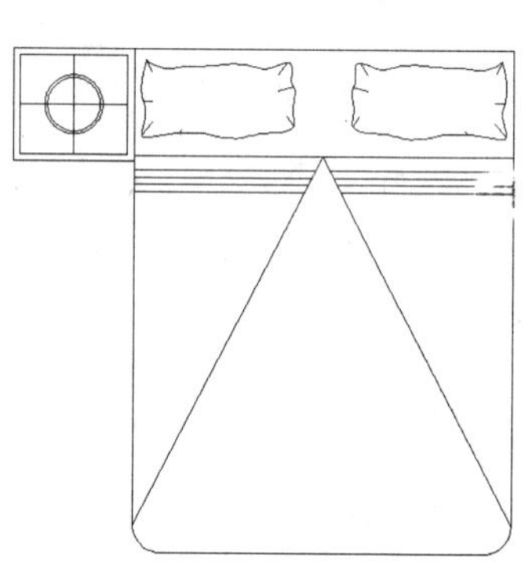
图 7-90 绘制圆

Step 14 单击“默认”选项卡“修改”面板中的“打断”按钮，将绘制的两条直线进行打断处理，如图 7-91 所示。

提 示

AutoCAD 会沿逆时针方向将圆上第一断点到第二断点之间的线段删除。

Step 15 单击“默认”选项卡“修改”面板中的“镜像”按钮，选取已经绘制完的床头图形，以绘制的床外边矩形中点为镜像线，完成右侧床头柜图形的绘制，如图 7-92 所示。

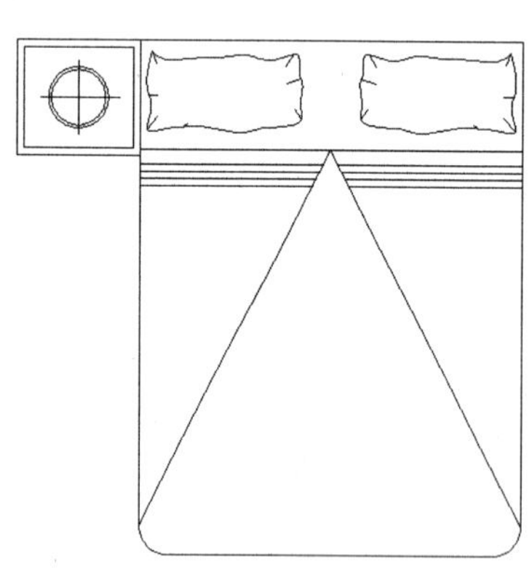
图 7-91 打断线段

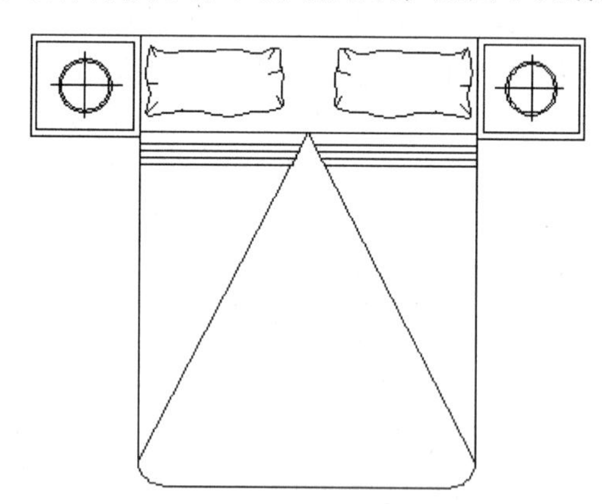
图 7-92 镜像图形

4. 绘制衣柜

Step 01 单击“默认”选项卡“绘图”面板中的“矩形”按钮，绘制一个 520×1460 的矩形，如图 7-93 所示。

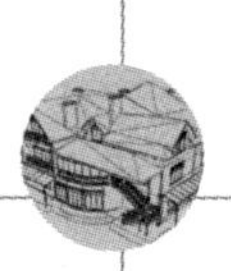

Step 02　单击“默认”选项卡“修改”面板中的“偏移”按钮，选取上一步绘制的矩形并向内偏移，偏移距离为 30，如图 7-94 所示。

Step 03　单击“默认”选项卡“绘图”面板中的“矩形”按钮和“修改”面板中的“旋转”按钮，完成衣柜内部图形的绘制，如图 7-95 所示。

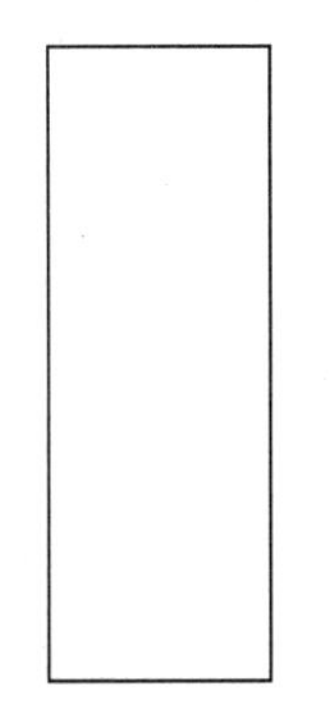

图 7-93　绘制矩形

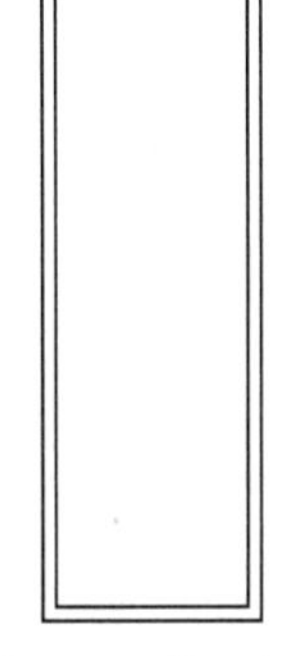

图 7-94　偏移矩形

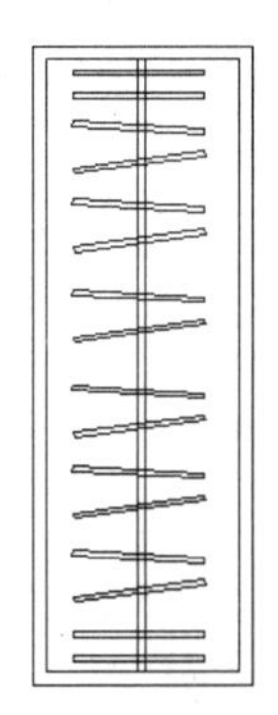

图 7-95　绘制内部线段

5. 绘制电视柜

Step 01　单击“默认”选项卡“绘图”面板中的“矩形”按钮，绘制一个 1550×800 的矩形，如图 7-96 所示。

Step 02　单击“默认”选项卡“绘图”面板中的“多段线”按钮，指定起点宽度和端点宽度均为 5，绘制一段连续线段；单击“默认”选项卡“修改”面板中的“镜像”按钮，镜像左侧图形，如图 7-97 所示。

图 7-96　绘制矩形

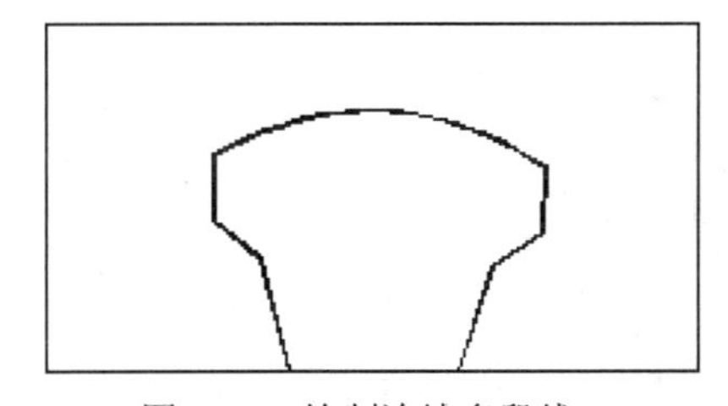

图 7-97　绘制连续多段线

Step 03　单击“默认”选项卡“绘图”面板中的“直线”按钮，在多段线内绘制连续直线，如图 7-98 所示。

Step 04　单击“默认”选项卡“绘图”面板中的“圆弧”按钮，以上一步绘制的连续直线左端点为起点，右端点为终点，绘制一段圆弧，如图 7-99 所示。

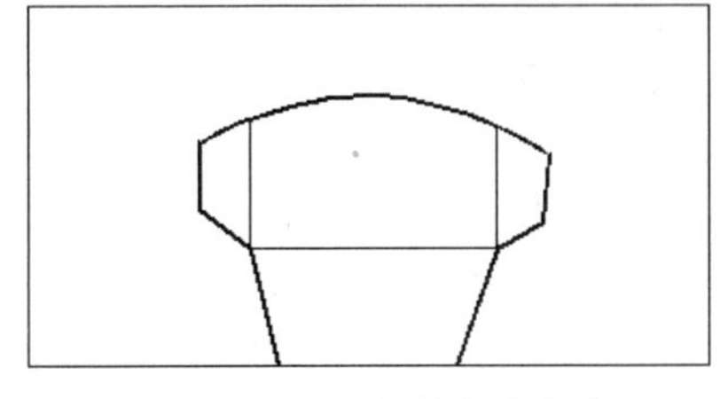

图 7-98　绘制连续直线

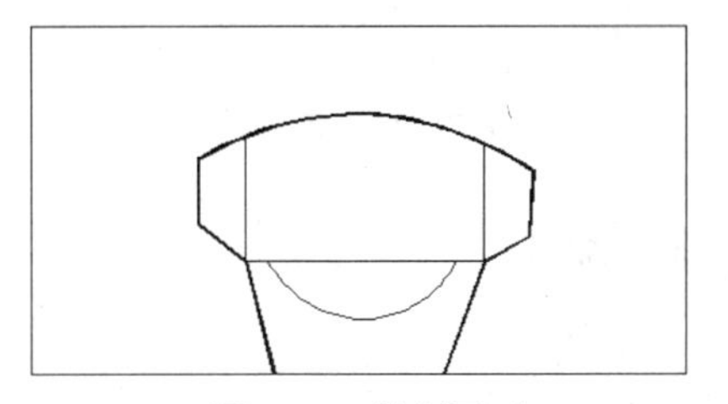

图 7-99　绘制圆弧

6. 绘制洗手盆

Step 01 单击“默认”选项卡“绘图”面板中的“矩形”按钮，绘制一个730×420的矩形，如图7-100所示。

Step 02 单击“默认”选项卡“修改”面板中的“偏移”按钮，选取上一步绘制的矩形并向内偏移，偏移距离为15，如图7-101所示。

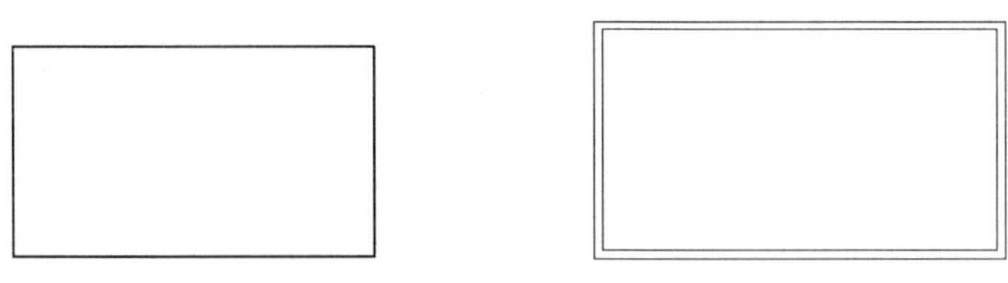

图7-100 绘制矩形　　图7-101 偏移矩形

Step 03 单击“默认”选项卡“绘图”面板中的“圆”按钮，在矩形上方适当位置绘制两个半径为30的圆，如图7-102所示。

Step 04 单击“默认”选项卡“绘图”面板中的“矩形”按钮，在上一步绘制的两个圆之间绘制一个35×280的矩形，如图7-103所示。

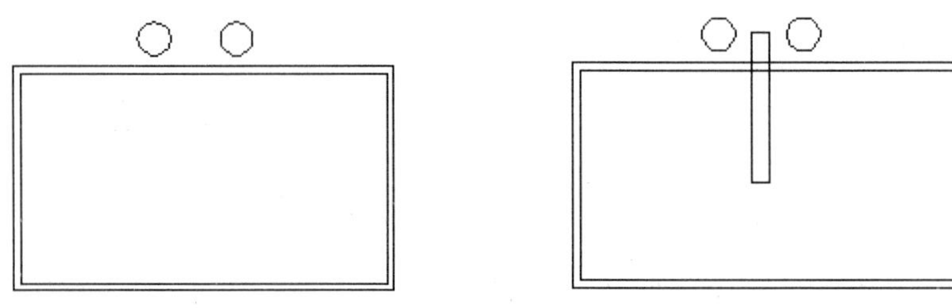

图7-102 绘制圆　　图7-103 绘制矩形

Step 05 单击“默认”选项卡“修改”面板中的“修剪”按钮，修剪矩形和矩形相交线段，如图7-104所示。

Step 06 单击“默认”选项卡“绘图”面板中的“圆”按钮，在矩形下方适当位置绘制一个半径为16圆，如图7-105所示。

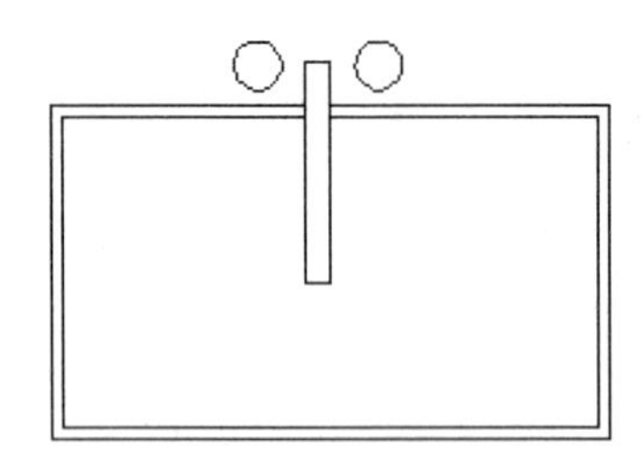

图7-104 修剪图形

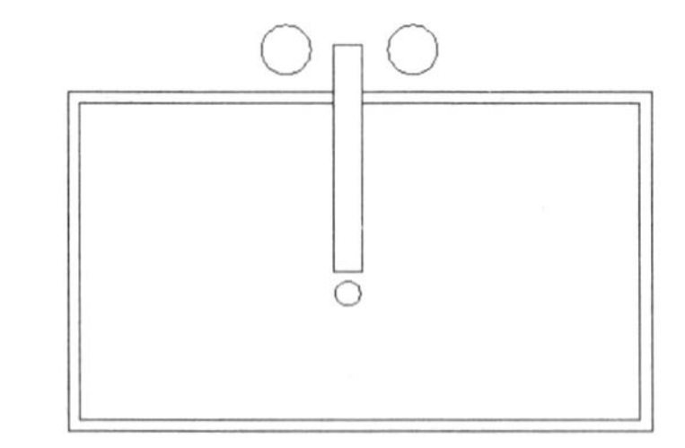

图7-105 绘制圆图形

7. 绘制座便器

Step 01 单击“默认”选项卡“绘图”面板中的“多段线”按钮，绘制一段连续线段，指定起点宽度和端点宽度均为0，如图7-106所示。

Step 02 单击“默认”选项卡“修改”面板中的“偏移”按钮，选取上一步绘制的多段线并

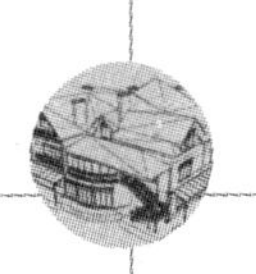

向内偏移，偏移距离为 10，如图 7-107 所示。

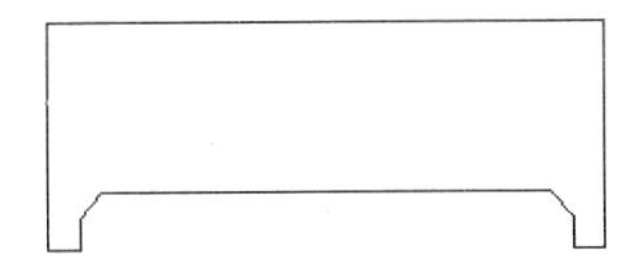

图 7-106　绘制连续多段线

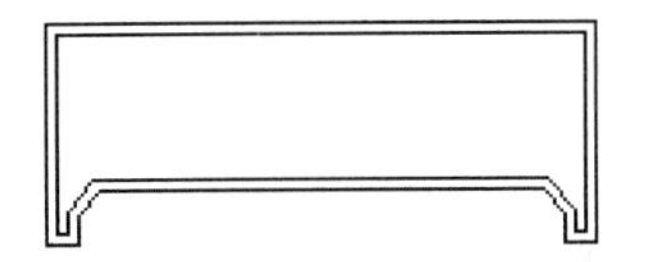

图 7-107　偏移多段线

Step 03　单击“默认”选项卡“绘图”面板中的“椭圆”按钮，指定适当起点和端点，并指定适当半轴长度，绘制一个椭圆图形。命令行中提示与操作如下：

```
命令: _ellipse
指定椭圆的轴端点或 [圆弧(A)/中心点(C)]:
指定轴的另一个端点:
指定另一条半轴长度或 [旋转(R)]:
如图 7-108 所示
```

Step 04　单击“默认”选项卡“修改”面板中的“偏移”按钮，选取上一步绘制的椭圆并向内偏移，偏移距离为 10，如图 7-109 所示。

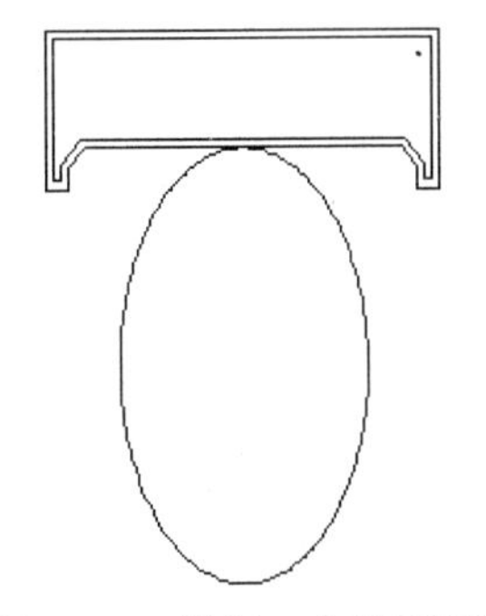

图 7-108　绘制一个椭圆图形

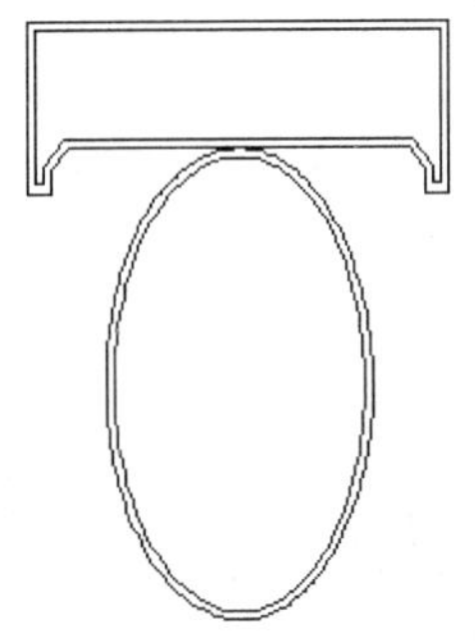

图 7-109　偏移椭圆图形

Step 05　单击“默认”选项卡“绘图”面板中的“圆弧”按钮，绘制一段圆弧连接绘制的两图形，如图 7-110 所示。

Step 06　单击“默认”选项卡“修改”面板中的“镜像”按钮，选取上一步绘制的圆弧，将其镜像到另外一侧，如图 7-111 所示。

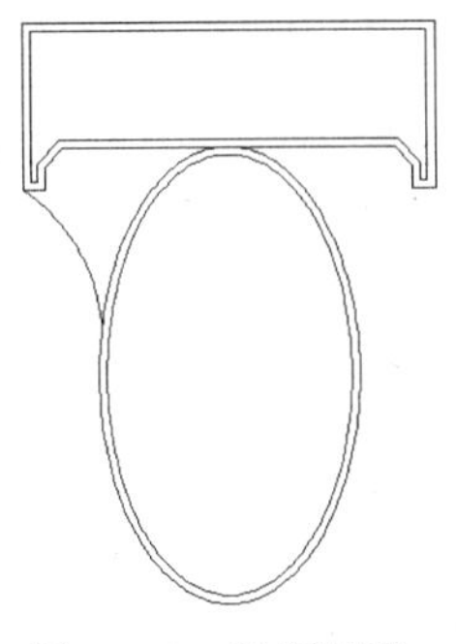

图 7-110　绘制圆弧

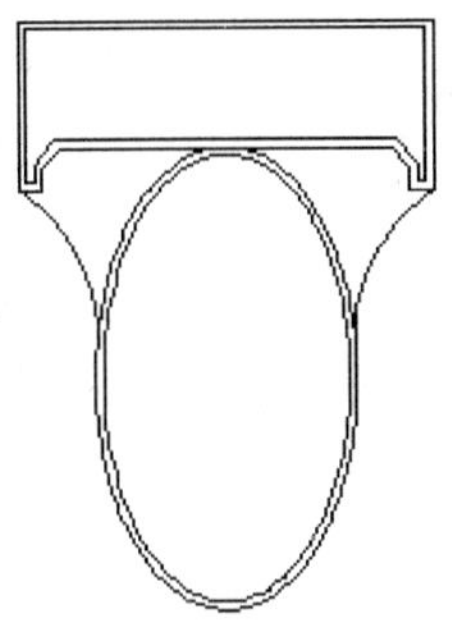

图 7-111　镜像圆弧

Step 07　单击“默认”选项卡“修改”面板中的“移动”按钮和“复制”按钮，选取已经绘制好的图形为复制对象，将其布置到室内平面图中，如图 7-112 所示。

Step 08 利用同样的方法，绘制平面图中剩余的基本设施模块，如图 7-113 所示。

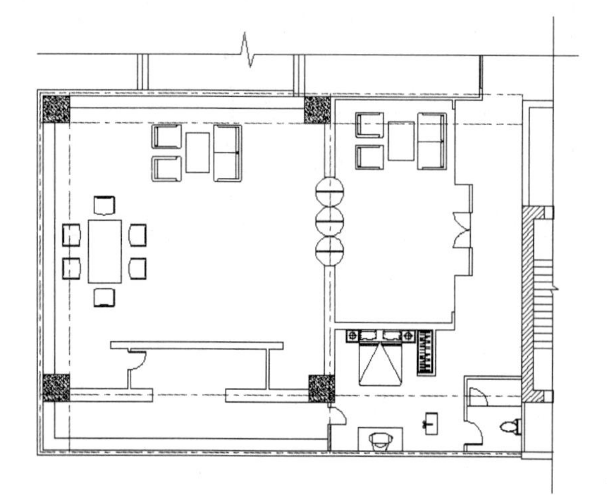

图 7-112　布置图例

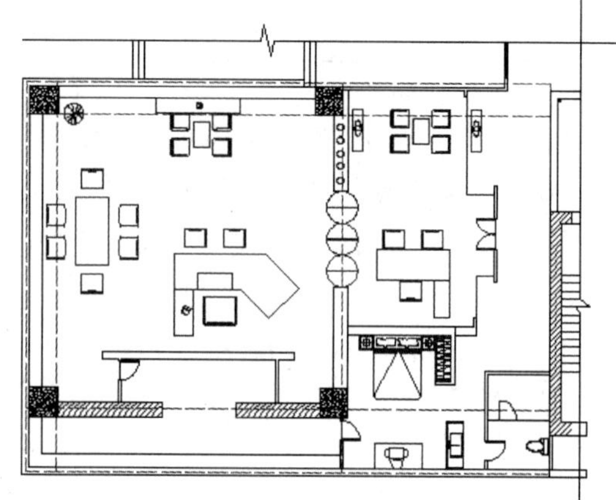

图 7-113　布置图例

8．尺寸标注

Step 01 选择“尺寸标注”图层为当前层，如图 7-114 所示。

Step 02 单击“默认”选项卡“注释”面板中的“标注样式”按钮，弹出“标注样式管理器”对话框，如图 7-115 所示。

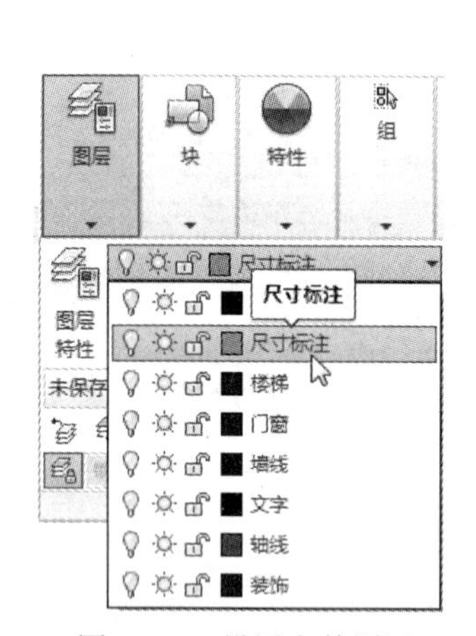

图 7-114　设置当前图层

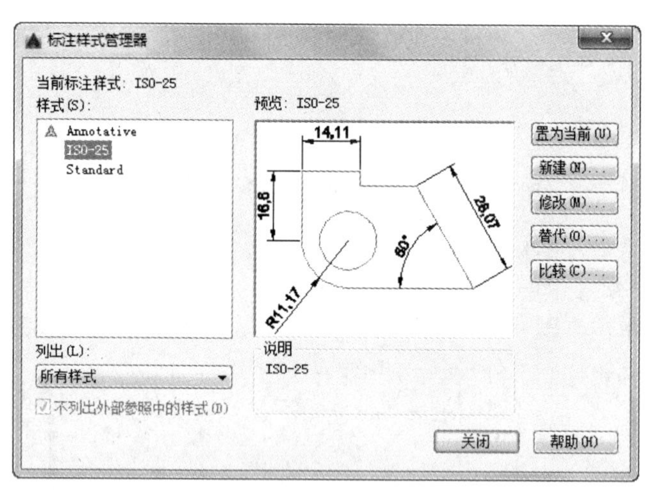

图 7-115　“标注样式管理器”对话框

Step 03 单击“修改”按钮，弹出“修改标注样式”对话框，单击“线”选项卡，如图 7-116 所示，按照图中的参数修改标注样式；单击“符号和箭头”选项卡，按照图 7-117 所示的设置进行修改，箭头“第一个”和“第二个”均选择为“建筑标记”，“箭头大小”修改为 150。在“文字”选项卡中设置“文字高度”为 150，“从尺寸线偏移”为 50，在“主单位”选项卡中设置“小数精度”为 0，“小数分割点”为“句点”，如图 7-118 和图 7-119 所示。

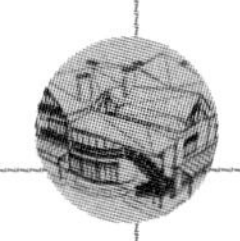

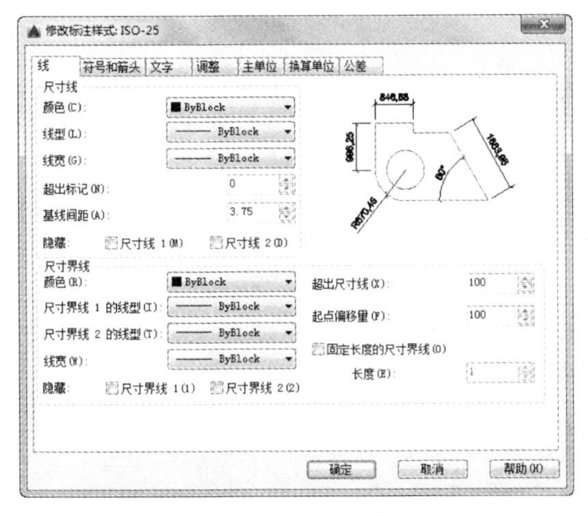

图 7-116　“线”选项卡

图 7-117　“符号和箭头”选项卡

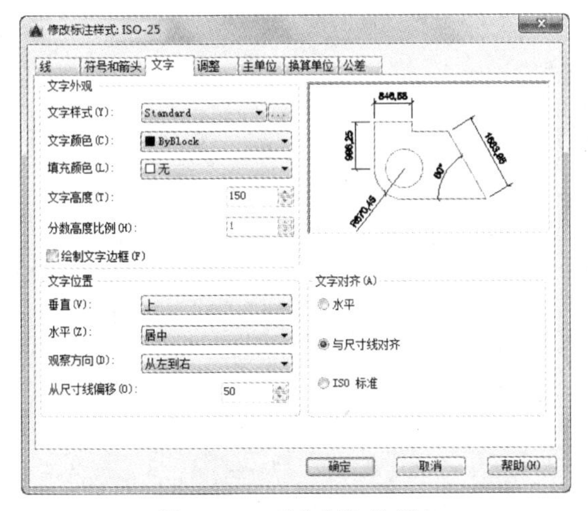

图 7-118　“文字”选项卡

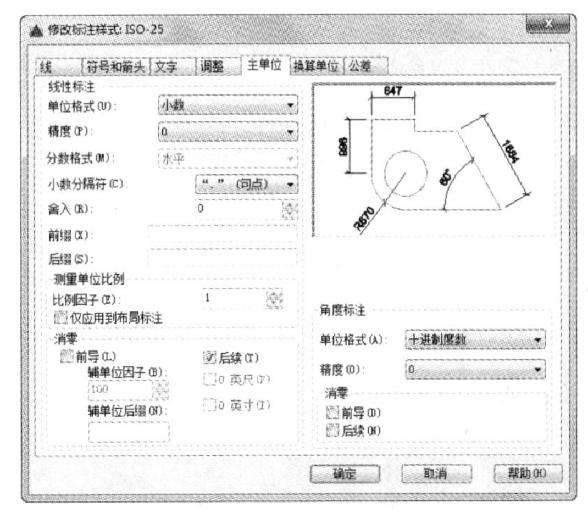

图 7-119　“主单位”选项卡

本例尺寸分为两道：第一道为轴线间距；第二道为总尺寸。本例不需要标注轴号。

Step 04 将“尺寸标注”图层设为当前层。单击“默认”选项卡“注释”面板中的“线性”按钮 和“连续”按钮 ，标注轴线间的距离。命令行中提示与操作如下：

```
命令：DIMLINEAR
指定第一个延伸线原点或 <选择对象>:
指定第二条延伸线原点： <正交 开>
指定尺寸线位置或
[多行文字(M)/文字(T)/角度(A)/水平(H)/垂直(V)/旋转(R)]:
标注文字:
如图 7-120 所示
```

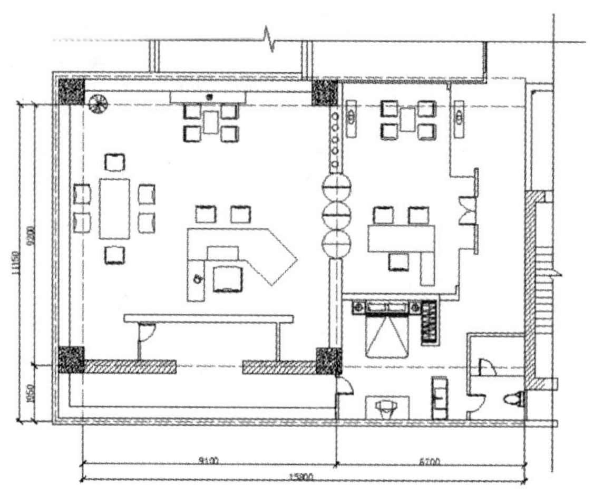

图 7-120　尺寸标注

9. 文字标注

Step 01 选择“文字”图层为当前层，如图 7-121 所示。

Step 02 单击“默认”选项卡“注释”面板中的“文字样式”按钮，弹出“文字样式”对话框，如图 7-122 所示。

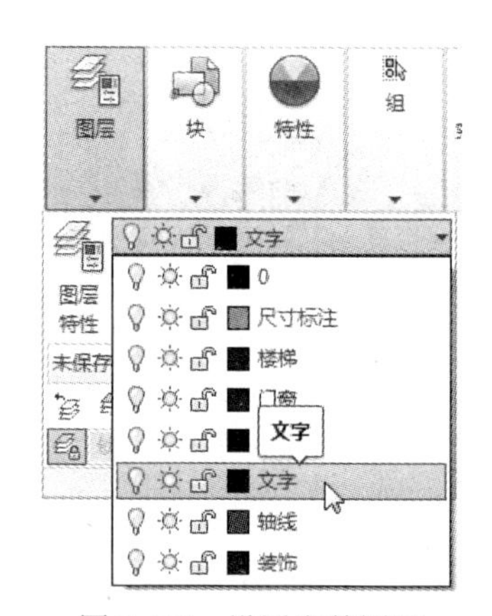

图 7-121　设置当前图层

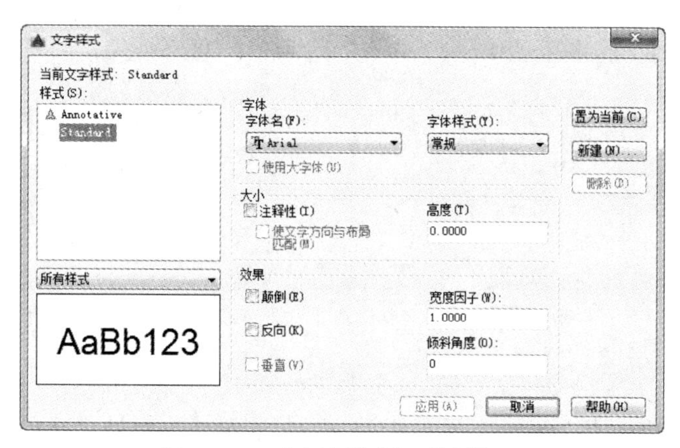

图 7-122　“文字样式”对话框

Step 03 单击“新建”按钮，弹出“新建文字样式”对话框，将文字样式命名为“说明”，如图 7-123 所示。

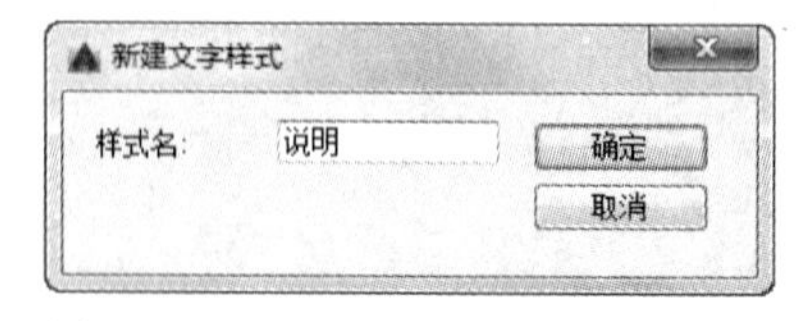

图 7-123　“新建文字样式”对话框

Step 04 单击“确定”按钮，在“文字样式”对话框中取消“使用大字体”复选框，然后在“字体名”下拉列表中选择“宋体”，将“高度”设置为 300，如图 7-124 所示。

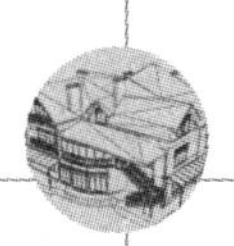

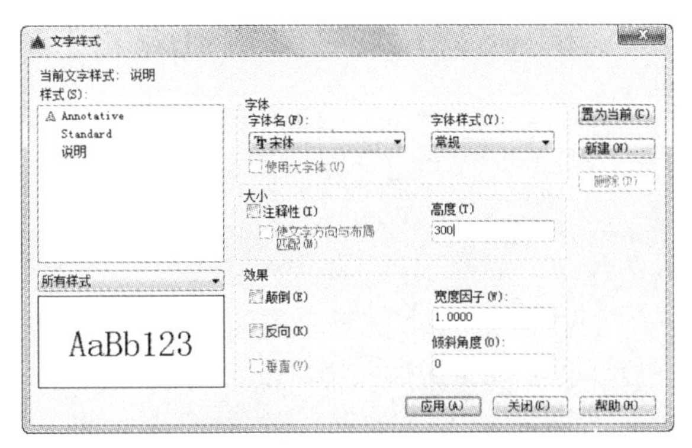

图 7-124　修改文字样式

在 CAD 中输入汉字时，可以选择不同的字体，在“字体名”下拉列表中有些字体前面有“@”标记，如“@仿宋_GB2312”，这说明该字体是为横向输入汉字用的，即输入的汉字逆时针旋转 90°。如果要输入正向的汉字，不能选择前面带“@”标记的字体。

Step 05　将“文字”图层设为当前层，在图中相应的位置输入需要标注的文字，结果如图 7-125 所示。

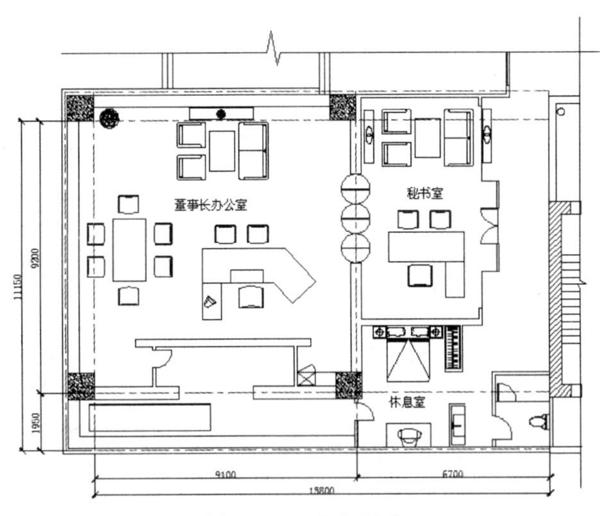

图 7-125　文字标注

10. 方向索引

Step 01　在绘制一组室内设计图纸时，为了统一室内方向标识，通常要在平面图中添加方向索引符号。

Step 02　单击“默认”选项卡“绘图”面板中的“矩形”按钮，绘制一个边长为 600 mm 的正方形，如图 7-126 所示。单击“默认”选项卡“修改”面板中的“旋转”按钮，将所绘制的正方形旋转 45°，如图 7-127 所示。单击“默认”选项卡“绘图”面板中的“直线”按钮，绘制正方形对角线，如图 7-128 所示。

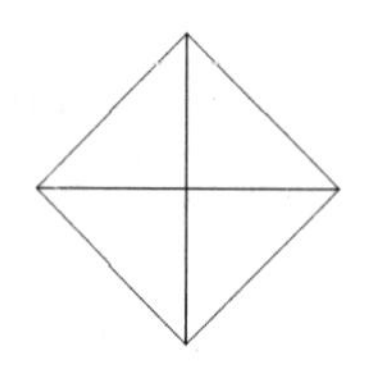

图 7-126　绘制正方形　　图 7-127　旋转 45°　　图 7-128　绘制对角线

Step 03 单击“默认”选项卡“绘图”面板中的“圆”按钮，以正方形对角线交点为圆心，绘制半径为 250 mm 的圆，该圆与正方形内切，如图 7-129 所示。

Step 04 单击“默认”选项卡“修改”面板中的“分解”按钮，将正方形进行分解，并删除正方形下半部的两条边和垂直方向的对角线，剩余图形为等腰直角三角形与圆；然后单击“默认”选项卡“修改”面板中的“修剪”按钮，结合已知圆，修剪正方形水平对角线，如图 7-130 所示。

Step 05 单击“默认”选项卡“绘图”面板中的“图案填充”按钮，选择填充图案为“SOLID”，对等腰三角形中未与圆重叠的部分进行填充，得到如图 7-131 所示的索引符号。

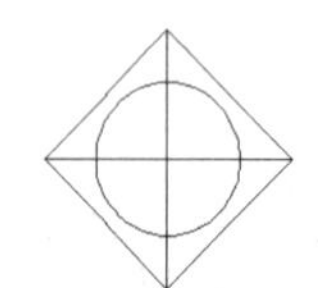

图 7-129　绘制圆

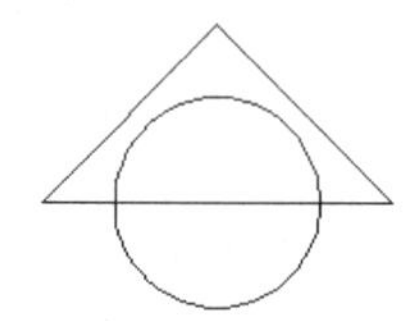

图 7-130　修剪图形

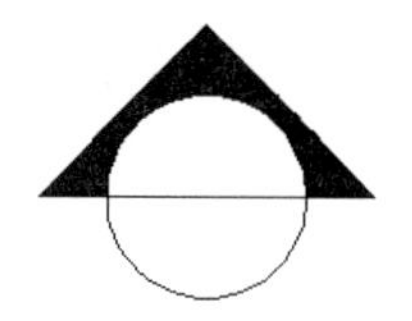

图 7-131　填充图案

Step 06 单击“默认”选项卡“绘图”面板中的“创建块”按钮，将所绘索引符号定义为图块，并命名为“室内索引符号”。

Step 07 单击“默认”选项卡“绘图”面板中的“插入块”按钮，在平面图中插入索引符号，并根据需要调整符号角度。

Step 08 单击“默认”选项卡“注释”面板中的“多行文字”按钮A，在索引符号的圆内添加字母或数字进行标识，如图 7-64 所示。

7.3.2　拓展实例——公司接待室装饰平面图

读者可以利用上面所学的相关知识完成公司接待室装饰平面图的绘制，如图 7-132 所示。

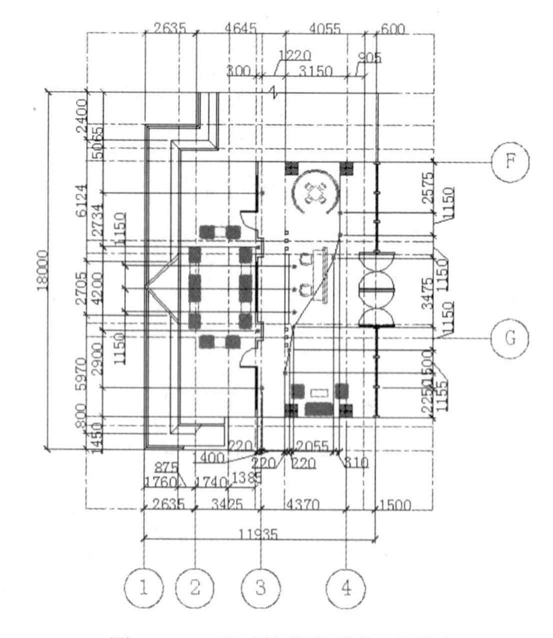

图 7-132　公司接待室装饰平面图

Step 01 单击“默认”选项卡“绘图”面板中的“直线”按钮、“矩形”按钮、“图案填充”按钮和“修改”面板中的“偏移”按钮、“分解”按钮、“镜像”按钮，绘制沙发和茶几，如图 7-133 所示。

Step 02 单击“默认”选项卡“绘图”面板中的“直线”按钮和“圆”按钮，绘制地灯，如图 7-134 所示。

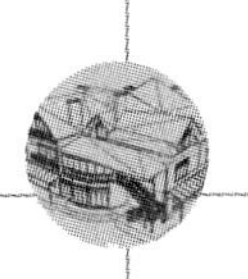

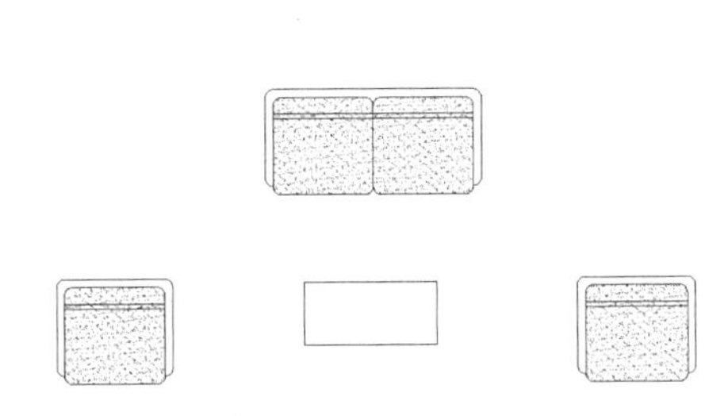

图 7-133　绘制沙发和茶几

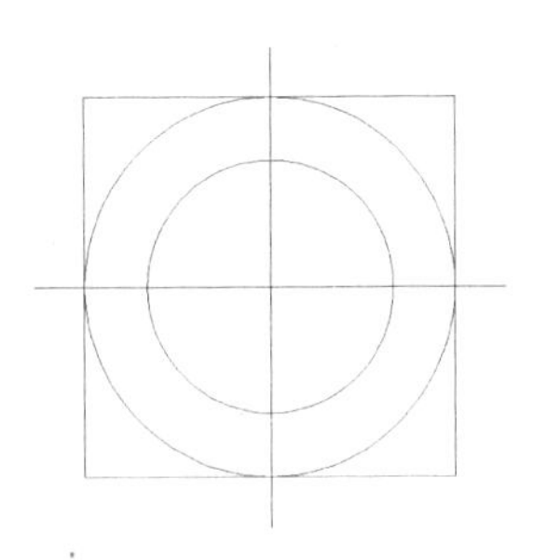

图 7-134　绘制地灯

Step 03 单击"默认"选项卡"绘图"面板中的"圆"按钮、"多边形"按钮和"修改"面板中的"偏移"按钮、"旋转"按钮，绘制圆形餐厅桌椅，如图 7-135 所示。

Step 04 单击"默认"选项卡"绘图"面板中的"直线"按钮、"矩形"按钮、"圆弧"按钮和"修改"面板中的"分解"按钮、"延伸"按钮，绘制吧台，如图 7-136 所示。

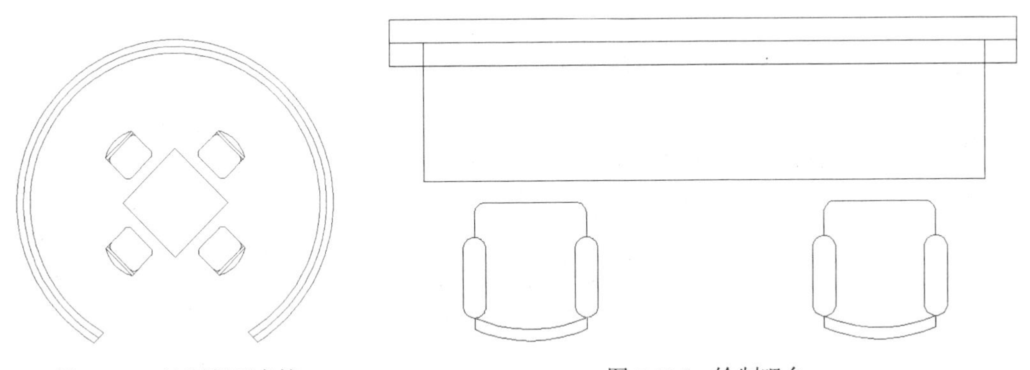

图 7-135　绘制餐厅桌椅

图 7-136　绘制吧台

Step 05 单击"默认"选项卡"注释"面板中的"线性"按钮和"连续"按钮，标注图形，如图 7-132 所示。

第 8 章

休闲娱乐空间室内设计综合实例——卡拉 OK 歌舞厅室内设计

知识导引

为了让读者进一步掌握 AutoCAD 中文版在室内制图中的应用，同时也借此机会让读者熟悉不同建筑类型的室内设计，本章将选取一个卡拉 OK 歌舞厅的室内制图作为范例，该歌舞厅包括酒吧、舞厅、KTV 包房、屋顶花园等几大部分，涉及面较广，比较典型。

本章在软件方面，除了进一步介绍各种绘图、编辑命令的使用外，还结合实例介绍“设计中心”“工具选项板”“图纸集管理器”的应用；在设计图方面，除了照常介绍平面图、立面图、顶棚图以外，还重点介绍各种详图的绘制。本章的知识点既是对前面各章节知识的深化，又是对各章节内容的收拢和总结。

内容要点

- 卡拉 OK 歌舞厅建筑平面图
- 卡拉 OK 歌舞厅室内顶棚图
- 卡拉 OK 歌舞厅入口立面图

8.1 休闲娱乐空间室内设计基本理论

卡拉 OK 歌舞厅是当今社会常见的一种公共娱乐场所，它集歌舞、酒吧、茶室、咖啡等功能于一身。卡拉 OK 歌舞厅的室内活动空间可以分为入口区、歌舞区及服务区三大部分，一般功能分区如图 8-1 所示。入口区往往设服务台、出纳结账和衣帽寄存等空间，有的歌舞厅设有门厅，并在门厅处布置休息区。歌舞区是卡拉 OK 歌舞厅中主要的活动场所，其中又包括舞池、舞台、坐席区、酒吧等部分，这几个部分相互临近、布置灵活，体现热情洋溢、生动活泼的气氛。较高级的歌舞厅还专门设置卡拉 OK 包房，它是演唱卡拉 OK 较私密性的空间。卡拉 OK 包房内常设沙发、茶几、卡拉 OK 设备，较大的包房还会提供一个小舞池。服务区一般设置声光控制室、化妆室、餐饮供应、卫生间、办公室等空间。声光控制室、化妆室一般要临近舞台。餐饮供应需要根据歌舞厅的大小及功能定位来确定，有的歌舞厅根据餐饮的需要设置专门的厨房。至于卫生间，应该男女分开，临近歌舞区、路程短。办公室的

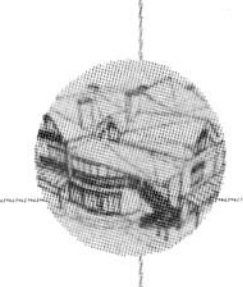

设置可以根据具体情况和业主的需要来确定。

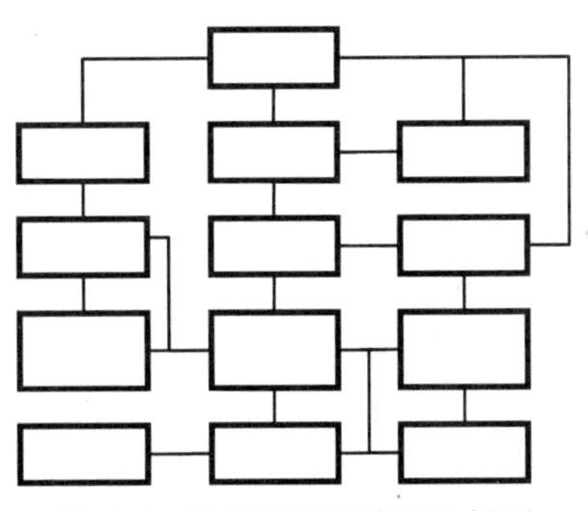

图 8-1　普通歌舞厅功能分析图

在塑造歌舞厅室内环境时，光环境、声环境的运用发挥着重要的作用。在歌舞区，舞台处的灯光应具有较高的照度，稍微降低各种光色的变化；在舞池区域，则要降低光的照度，增加各种光色的变化。常见做法是，采用成套的歌舞厅照明系统来创造流光四溢、扑朔迷离的光照环境。有的舞池地面采用架空的钢花玻璃，玻璃下设置各种反照灯光加倍渲染舞池气氛。在座席区和包房中多采用一般照明和局部照明相结合的方式来完成。至于吧台、服务台，应注意适当提高光照度和显色性，以便工作的需要。在这样的大前提下，设计师可以发挥自己的创造力，利用不同的灯具形式和照明方式来营造特定的歌舞厅光照气氛。此外，室内音响设计也是一个重要环节，采用较高品质的音响设备，配合合理的音响布置，有利于形成良好的声音环境。

材质的选择也非常重要。卡拉 OK 歌舞厅常用的室内装饰材料有木材、石材、玻璃、织物皮革、玻璃、墙纸、地毯等。木材使用广泛，地面、墙面、顶棚、家具陈设，不同木材形式可以用在不同的位置。石材主要指花岗石和大理石，多用于舞池地面、入口地面、墙面等位置。玻璃的使用也比较广泛，可用于地面、隔断、家具陈设等，各式玻璃配合光照形成特殊的艺术效果。织物和皮革具有装饰、吸声、隔声的作用，多用于舞厅、包房的墙面。墙纸多用于舞厅、包房的墙面。地毯多用于座席区地面、公共走道、包房的地面，它具有装饰、吸声、隔声、保暖等作用。

8.2　休闲娱乐空间建筑平面图设计实例——卡拉 OK 歌舞厅建筑平面图

在本节中，首先给出室内功能及交通流线分析图；然后讲解主要功能区平面图形的绘制，它们分别是入口区、酒吧、歌舞区、KTV 包房区、屋顶花园等几个部分；最后简单介绍一下尺寸、文字标注、插入图框的要点。下面以卡拉 OK 歌舞厅建筑平面图为例，讲解相关知识及其绘制方法与技巧，如图 8-2 所示。

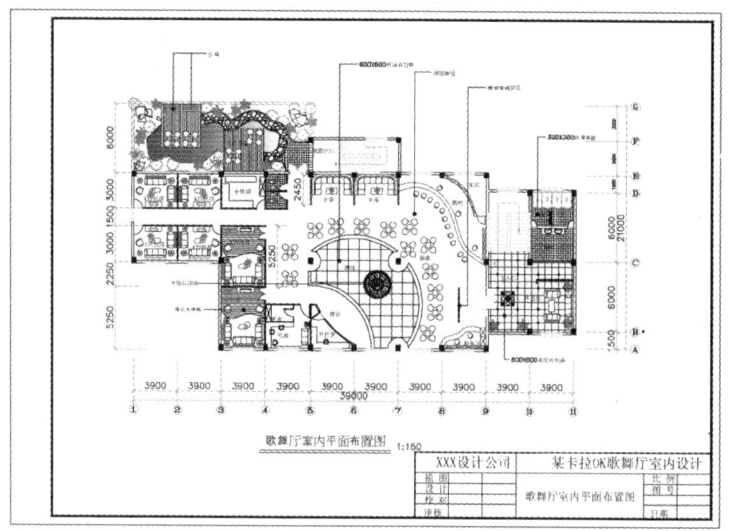

图 8-2　卡拉 OK 歌舞厅建筑平面图

8.2.1　操作步骤

1．平面功能及流线分析

该歌舞厅场地原为餐馆，现改为歌舞厅，因此其内部的所有隔墙及装饰层需要全部清除掉。为了把握歌舞厅室内各区域的分布情况，以便讲解图形的绘制，现给出该楼层平面功能及流线分析图，如图 8-3 所示。

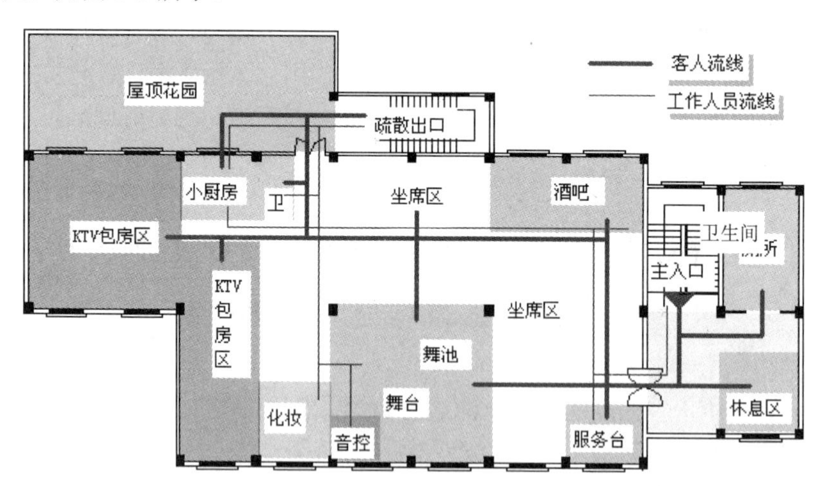

图 8-3　功能及流线分析图

2．绘图前的准备

打开光盘“源文件\第 8 章\建筑平面.dwg”文件，将其另存于刚才的文件夹内，命名为“歌舞厅室内设计.dwg”，结果如图 8-4 所示。

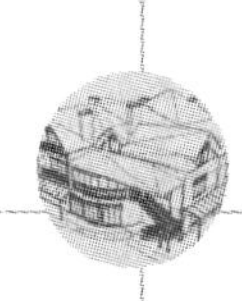

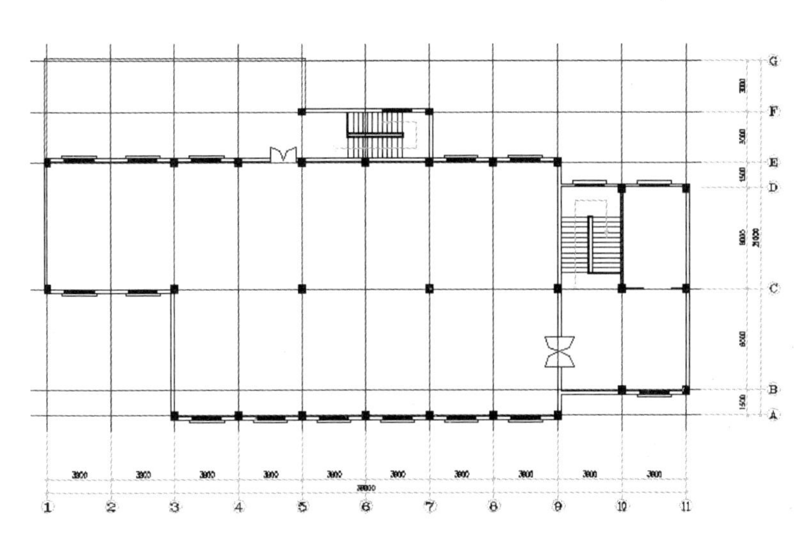

图 8-4　建筑平面图

读者可以看到该文件中包含了现有图形所需的图层、图块及文字、尺寸、标注等样式。在下面的绘制中，若需要增加新的图层，可以在“图层特性管理器”对话框中补充。

3. 入口区的绘制

入口区包括楼梯口处的门厅、休息区布置、服务台布置等内容。我们首先绘制隔墙、隔断，然后布置家具陈设，最后绘制地面材料图案。

（1）隔墙、隔断

①卫生间入口处的隔墙

Step 01　单击“默认”选项卡“修改”面板中的“偏移”按钮，由红色的 C 轴线向下偏移复制出一条轴线，偏移距离为 1500mm，结果如图 8-5 所示。

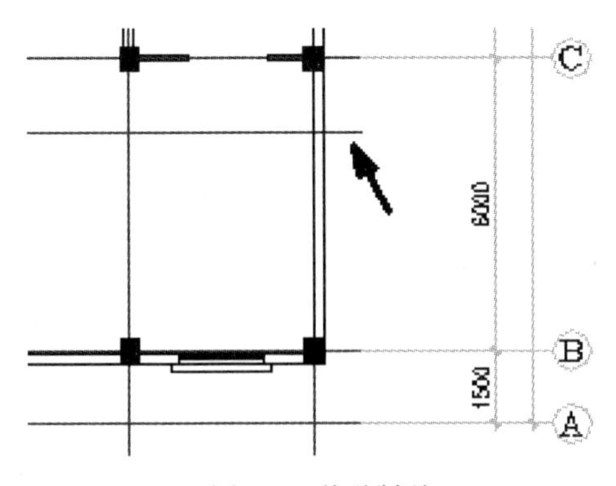

图 8-5　偏移轴线

Step 02　选择菜单栏中的“绘图”→“多线”命令，并将多线的对正方式设为无，比例设为 100，沿新增轴线从右向左绘制多线，绘制结果如图 8-6 所示。命令行中提示与操作如下：

```
命令:MLINE
当前设置: 对正 = 无，比例 = 100.00，样式 = MLSTYLE01
指定起点或 [对正(J)/比例(S)/样式(ST)]:
指定下一点: @-3000,0 (回车)
```

```
指定下一点或 [放弃(U)]: @0,-400 (回车)
指定下一点或 [闭合(C)/放弃(U)]: (回车)
```

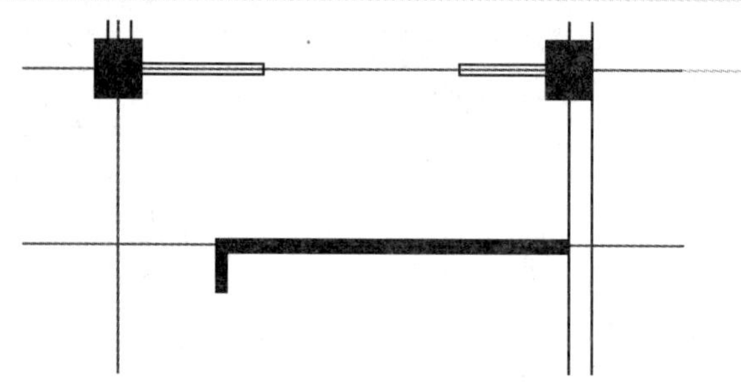

图 8-6　绘制隔墙

②入口屏风

Step 01 单击“默认”选项卡“修改”面板中的“偏移”按钮，由⑧轴线和前面新增的轴线分别向右和向下偏移复制出两条轴线，偏移距离分别为 1500mm、2250mm，结果如图 8-7 所示。这两条直线交于 A 点。

Step 02 选择菜单栏中的“绘图”→“多线”命令，以 A 点为起点，绘制一条长为 3000mm 的多线，然后单击“默认”选项卡“修改”面板中的“移动”按钮，将其向下移动，使其中点与 A 点重合，结果如图 8-8 所示。

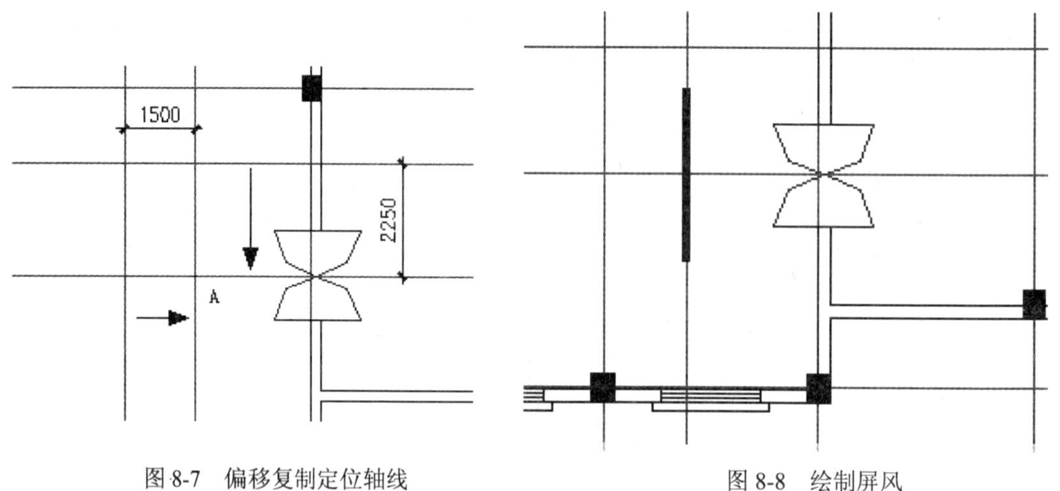

图 8-7　偏移复制定位轴线　　图 8-8　绘制屏风

（2）家具陈设布置

①休息区布置

Step 01 将“家具”层设置为当前层。单击“默认”选项卡“绘图”面板中的“插入块”按钮，弹出“插入”对话框，在该对话框中可以更改“插入点”“缩放比例”“旋转角度”等参数，单击“确定”按钮，将“歌舞厅沙发”插入到如图 8-9 所示的位置。

Step 02 将“植物”层置为当前层。从“工具”选项板中插入植物到茶几面上，结果如图 8-10 所示。

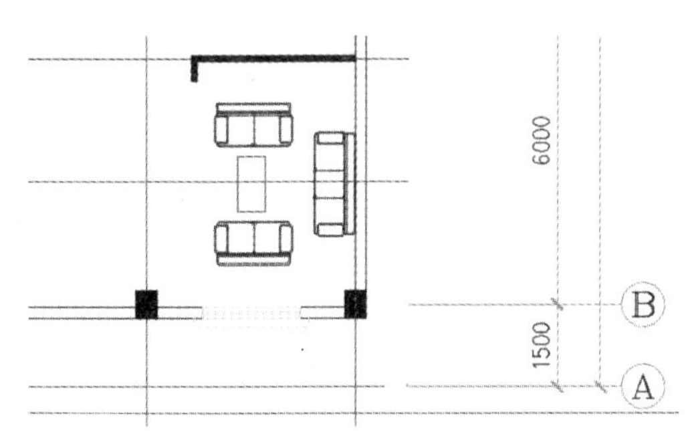

图 8-9　插入“歌舞厅沙发”到休息区

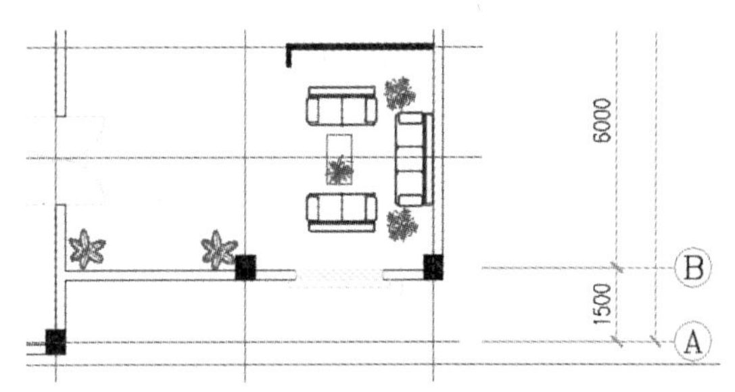

图 8-10　插入绿色植物

②服务台布置

Step 01　将“家具”图层置为当前层。单击“默认”选项卡“修改”面板中的“偏移”按钮，由 A 轴线向上偏移 1800mm，得到一条新轴线，如图 8-11 所示。单击“默认”选项卡“绘图”面板中的“矩形”按钮，以图中 C 点为起点，绘制一个 500mm×1550mm 的矩形作为衣柜的轮廓；重复“矩形”命令，分别以 A、B 点作为起点和终点绘制一个矩形作为陈列柜的轮廓。

Step 02　单击“默认”选项卡“绘图”面板中的“直线”按钮，在矩形内部作适当分隔，并将柜子轮廓的颜色设为蓝色，结果如图 8-12 所示。

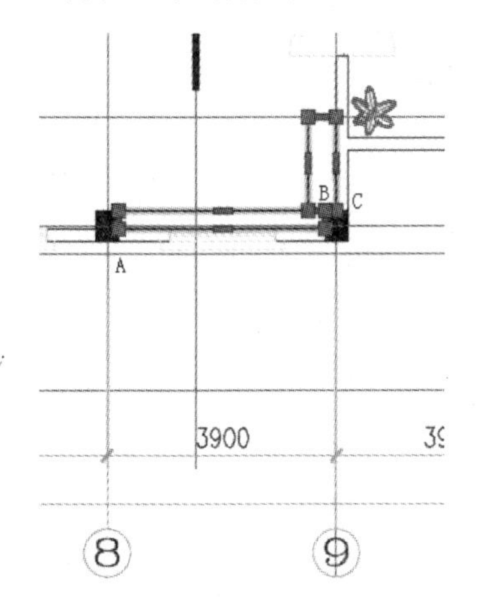

图 8-11　绘制服务台柜子

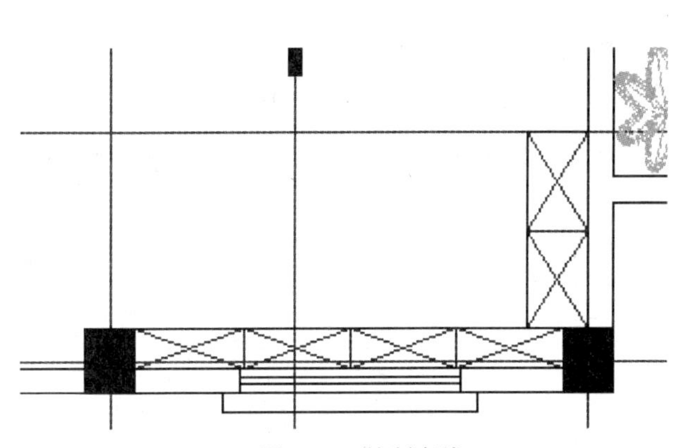

图 8-12　绘制直线

Step 03　单击“默认”选项卡“绘图”面板中的“样条曲线拟合”按钮，在柜子的前面绘制出台面的外边线，然后单击“默认”选项卡“修改”面板中的“偏移”按钮，将其向内偏移 400mm 得到内边线，最后将这两条样条曲线颜色设为蓝色，如图 8-13 所示。

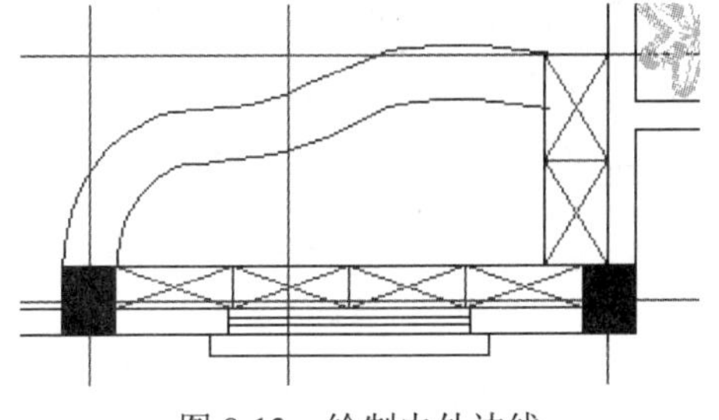

图 8-13　绘制内外边线

Step 04 采用前面讲述的方法从图库中找到吧台椅子图块，并将其插入到服务台前。单击“默认”选项卡“修改”面板中的“旋转”按钮和“复制”按钮，插入另外一把椅子，结果如图 8-14 所示。

Step 05 到此为止，服务台区的家具陈设平面图形基本绘制完成。

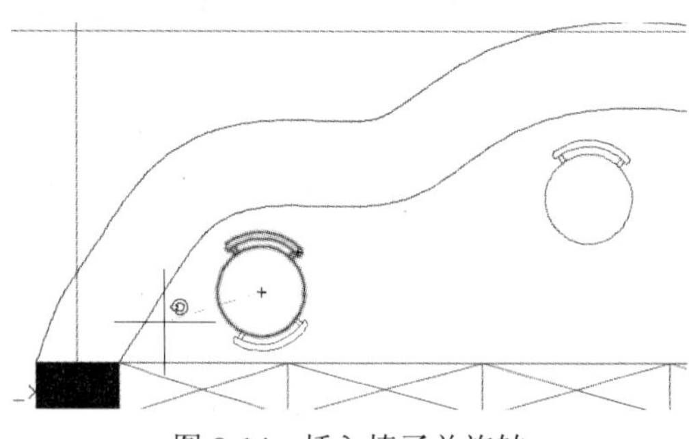

图 8-14 插入椅子并旋转

（3）地面图案

入口处的地面采用 600mm×600mm 的花岗岩铺地，门前地面上设计一个铺地拼花。

Step 01 从“设计中心”中拖入“地面材料”图层，或者新建该图层，并将其置为当前层。将“植物”“家具”层关闭，并将“轴线”层解锁。

Step 02 绘制网格。单击“默认”选项卡“修改”面板中的“偏移”按钮，由⑨轴线向右偏移 1950mm，得到一条辅助线，沿该辅助线在门厅区域内绘制一条直线。另外，以大门的中点为起点绘制一条水平直线，如图 8-15 所示。

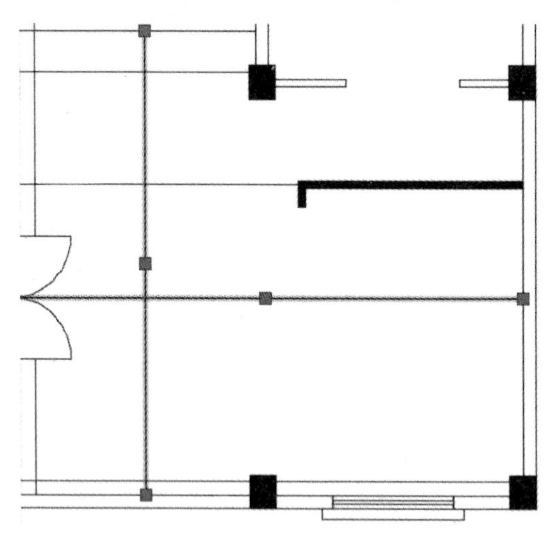

图 8-15 绘制地面图案的控制基线

Step 03 由这两条直线分别向两侧偏移 300mm，得到 4 条直线，如图 8-16 所示。然后分别由这 4 条直线向四周阵列得出铺地网格，阵列间距为 600mm，结果如图 8-17 所示。

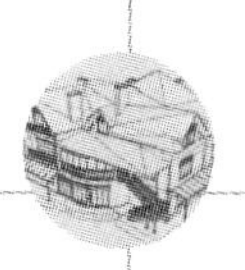

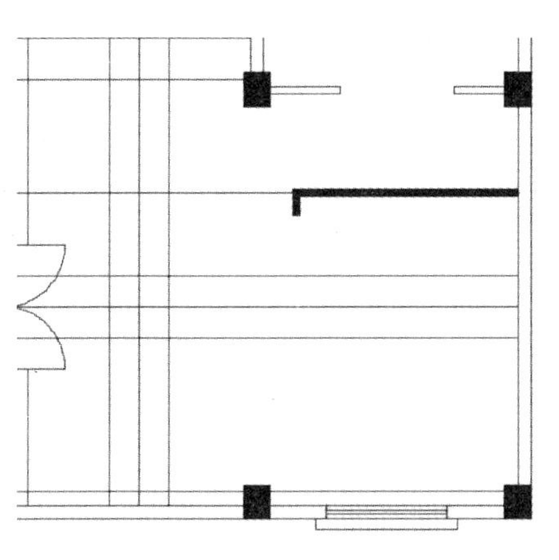

图 8-16　偏移线条

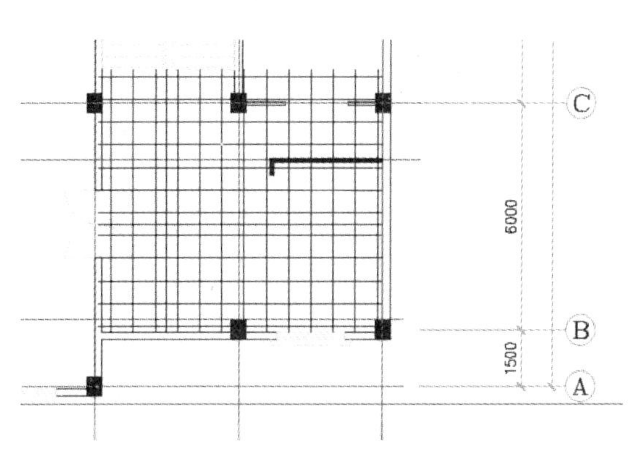

图 8-17　铺地网格

Step 04 绘制地面拼花。首先按图 8-18 所示的尺寸绘制一个正方形线条图案，然后在线框内填充色块。

Step 05 在这里，介绍一种填充图案的新方法。单击工具选项板“ISO 图案填充”中的一个色块，如图 8-19 所示，然后移动鼠标在图案线框内需要的位置上单击一下，即可完成一个区域的填充。重复执行“图案填充”命令，完成剩余色块的填充，结果如图 8-20 所示。

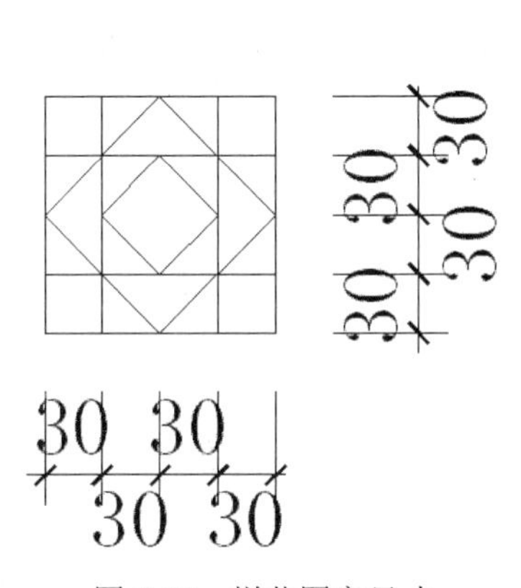

图 8-18　拼花图案尺寸

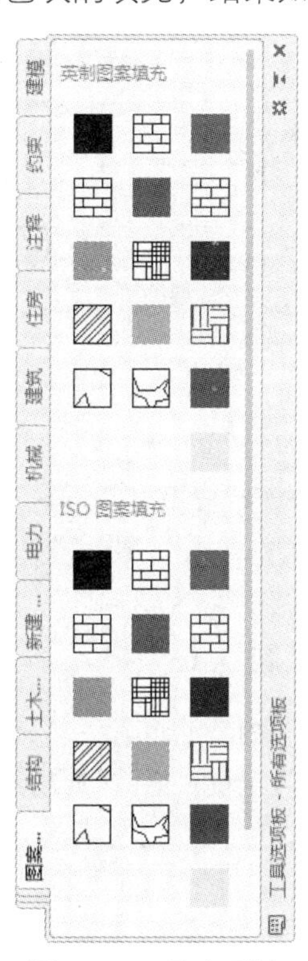

图 8-19　工具选项板

Step 06 最后，将图案移动到图中合适的位置，单击“默认”选项卡“修改”面板中的“缩放”按钮，将图形缩放到合适的大小，结果如图 8-21 所示。

图 8-20　填充后的拼花

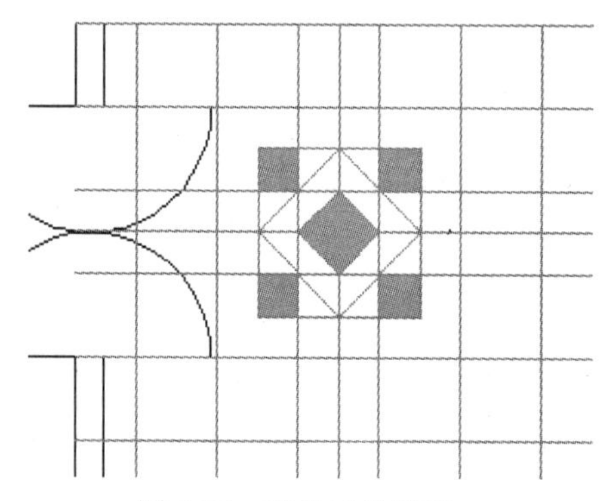

图 8-21　就位后的拼花

Step 07 修改地面图案。打开“家具”“植物”图层，将那些与家具重合的线条及不需要的线条修剪掉，结果如图 8-22 所示。

Step 08 地面图案补充。绘制一个边长为 150mm 的正方形，并将其旋转 45°，在其中填充相同的色块。将该色块布置到地面网格节点上去，结果如图 8-23 所示。

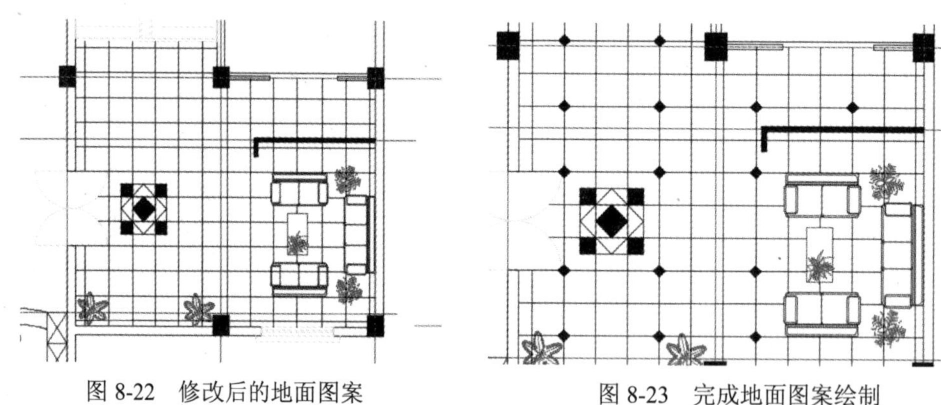

图 8-22　修改后的地面图案　　图 8-23　完成地面图案绘制

提示

服务台区域地面铺设地毯，采用文字说明，就可以不绘具体图案了。

4．酒吧的绘制

酒吧区的绘制内容包括吧台、酒柜、椅子等内容。将如图 8-24 所示的酒吧区域放大显示，将“家具”层置为当前层，下面开始绘制。

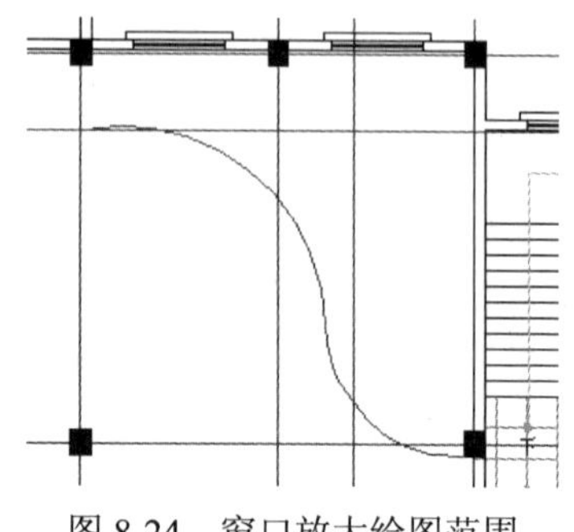

图 8-24　窗口放大绘图范围

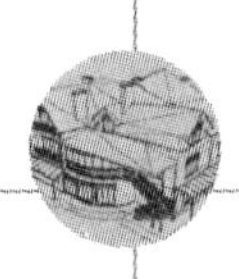

（1）吧台

Step 01 绘制吧台外轮廓。单击“默认”选项卡“绘图”面板中的“样条曲线拟合”按钮，绘制如图 8-24 所示的一条样条曲线。

提示：如果一次绘出的曲线形式不满意，可以利用鼠标将其选中，然后拖动其节点进行调整，如图 8-25 所示。调整时建议将“对象捕捉”功能关闭。

Step 02 单击“默认”选项卡“修改”面板中的“偏移”按钮，将吧台外轮廓向内偏移 500mm，完成吧台的绘制，并将吧台轮廓选中，设置颜色为蓝色，结果如图 8-26 所示。

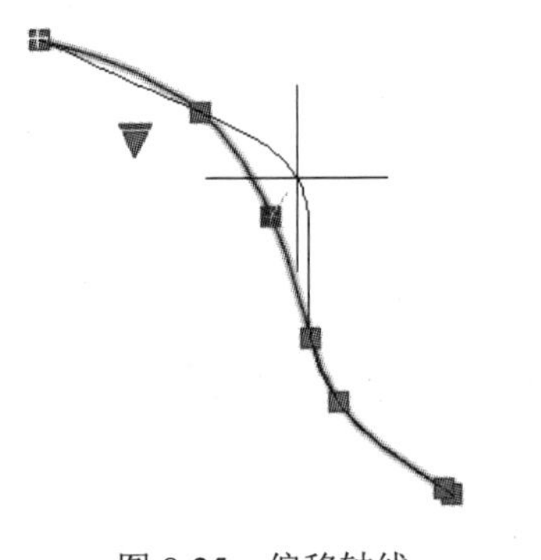

图 8-25　偏移轴线

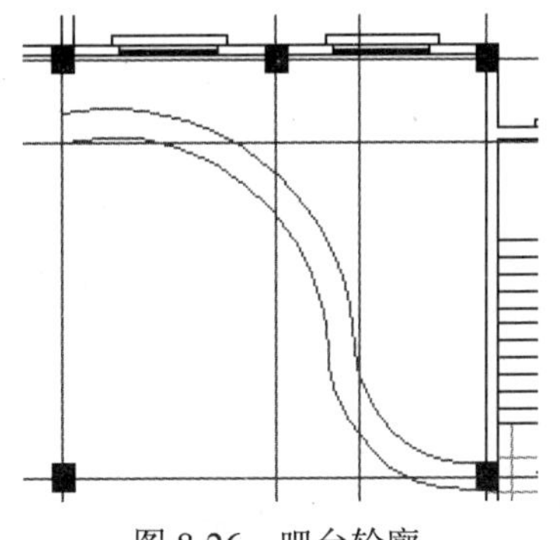

图 8-26　吧台轮廓

（2）酒柜

在吧台内部依吧台的弧线形式设计一个酒柜，酒柜内部墙角处作储藏用。在这里，直接给出酒柜的形式及尺寸，读者可以自己完成，结果如图 8-27 所示。

（3）布置椅子

单击“默认”选项卡“绘图”面板中的“插入块”按钮，在“图库”中找到吧台椅，将其插入吧台前；单击“默认”选项卡“修改”面板中的“旋转”按钮，旋转定位，结果如图 8-28 所示。

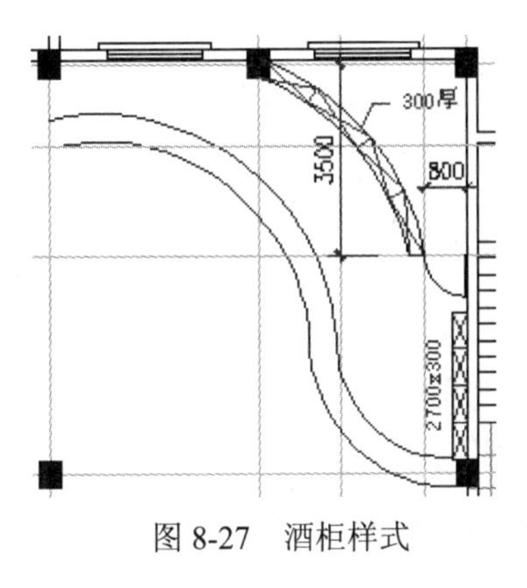

图 8-27　酒柜样式

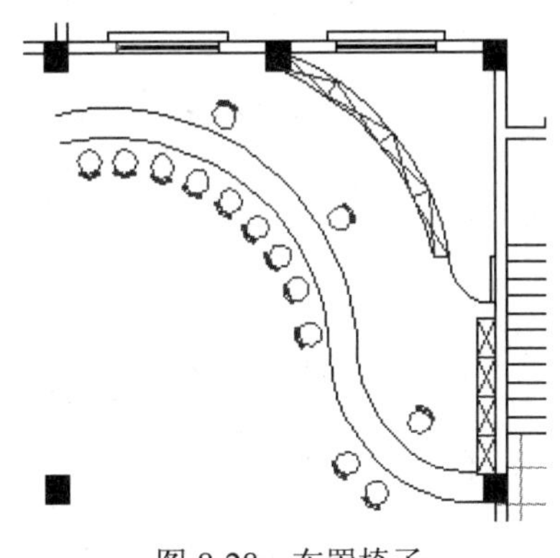

图 8-28　布置椅子

提示：至于地面图案，在此只采用文字说明。

5. 歌舞区的绘制

歌舞区绘制内容包括舞池、舞台、声光控制室、化妆室、座席等，下面逐一介绍。

（1）舞池、舞台

Step 01 绘制辅助定位线。将“轴线”层设置为当前层。选择菜单栏中的“绘图”→“射线”命令，以图 8-29 中的 A 点为起点、B 点为通过点，绘制一条射线。命令行提示等操作如下：

```
命令：_ray
指定起点：（用鼠标捕捉 A 点）
指定通过点：（用鼠标捕捉 B 点）
指定通过点：（回车或单击右键确定）
```

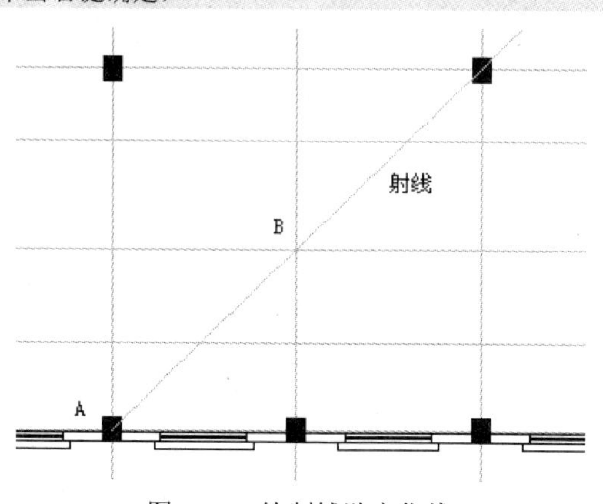

图 8-29　绘制辅助定位线

Step 02 绘制舞池、舞台。建立一个“舞池舞台”图层，参数设置如图 8-30 所示，并将其置为当前层。

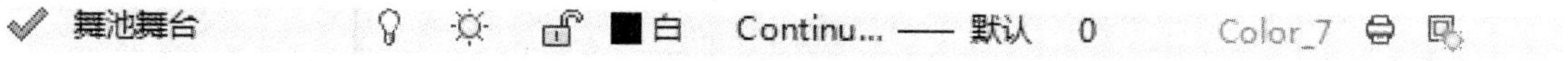

舞池舞台　白　Continu... —— 默认　0　Color_7

图 8-30　“舞池舞台”图层

Step 03 单击“默认”选项卡“绘图”面板中的“圆”按钮，依次在图中绘制 3 个圆，如图 8-31 所示。

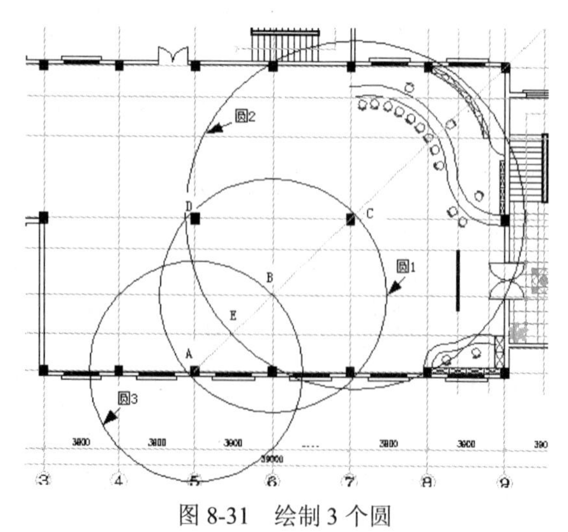

图 8-31　绘制 3 个圆

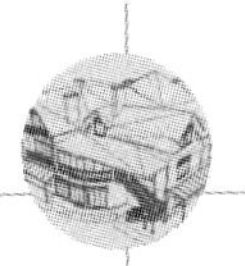

绘制参数如下：

- 圆 1：以点 B 为圆心，捕捉柱角 D 点确定半径；
- 圆 2：以点 C 为圆心，捕捉柱角 E 点确定半径；
- 圆 3：以点 A 为圆心，捕捉柱角 B 点确定半径。

Step 04 单击“默认”选项卡“修改”面板中的“修剪”按钮，对刚才绘制的 3 个圆进行修剪，结果如图 8-32 所示。然后利用“偏移”命令将两条大圆弧向外偏移 300mm，得到舞池台阶；单击“默认”选项卡“绘图”面板中的“直线”按钮，补充左端缺口，交接处多余线条利用“修剪”命令处理，结果如图 8-33 所示。

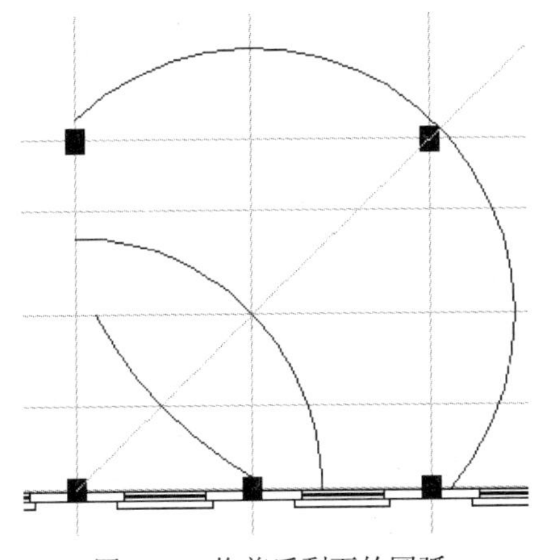

图 8-32　修剪后剩下的圆弧

图 8-33　偏移出舞池台阶

Step 05 为了把舞池周边的 3 根柱子排在舞池之外，在柱子周边绘制 3 个半径为 900mm 的小圆，如图 8-34 所示。然后利用“修剪”命令将不需要的部分修剪掉，结果如图 8-35 所示。

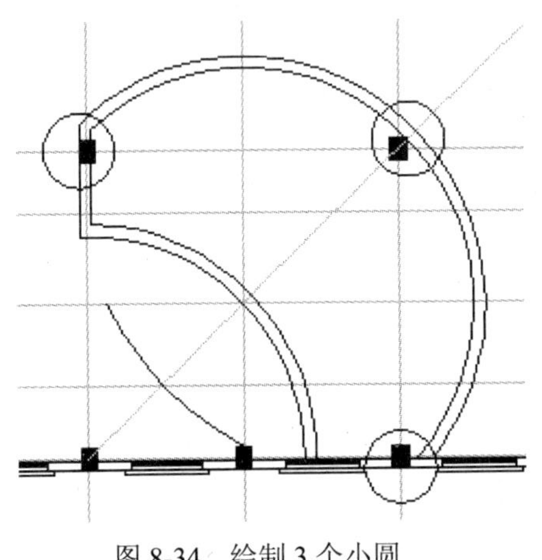

图 8-34　绘制 3 个小圆

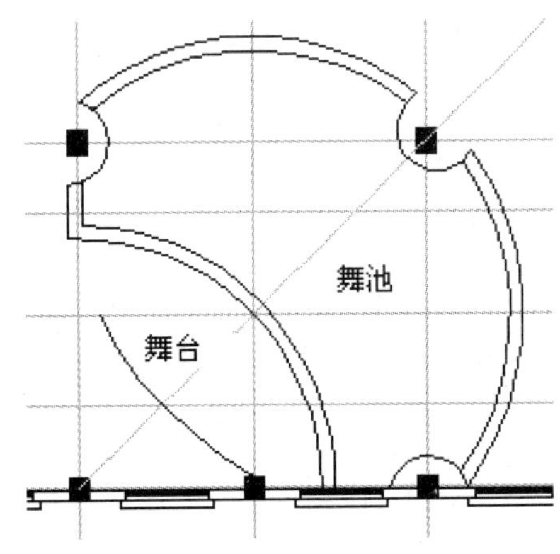

图 8-35　小圆修剪结果

（2）歌舞区隔墙、隔断

Step 01 将“墙体”图层置为当前层。将舞台后的圆弧置换到“轴线”图层。

Step 02 化妆室、声光控制室隔墙。选择菜单栏中的“绘图”→“多线”命令，首先绘制出化妆室隔墙，如图 8-36 所示。对于弧墙，不便利用“多线”命令绘制，因此单击“默认”选项卡“绘图”面板中的“多段线”按钮，沿图中 A、B、C、D 点绘制一条多段线，注意，BD 段设置为弧线。由这条线向两侧各偏移 50mm，得到弧墙，并将初始的多段线删除，结果如图 8-37 所示。

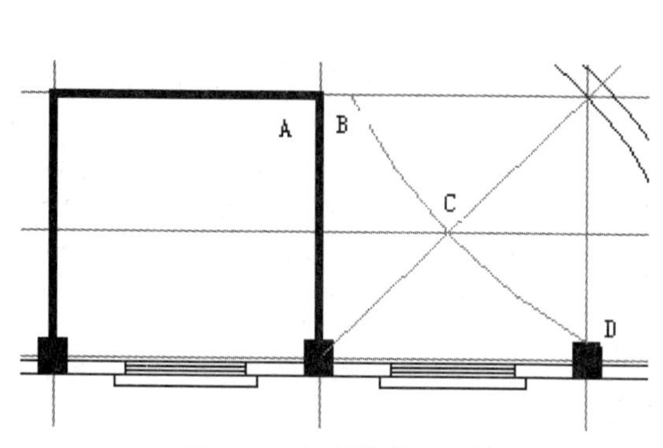

图 8-36　绘制化妆室隔墙

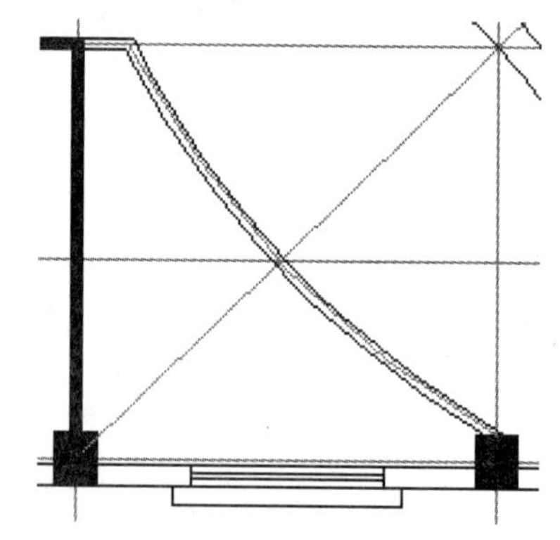

图 8-37　声光控制室弧墙

Step 03 利用“多线”命令绘制化妆室内更衣室隔墙，设置多线比例为 50，如图 8-38 所示。

Step 04 参照图 8-39 所示绘制平面门。首先单击“默认”选项卡“修改”面板中的“分解”按钮，将多线分解开；然后修剪出门洞；最后绘制一个门图案，也可以单击“默认”选项卡“绘图”面板中的“插入块”按钮，插入以前图样中的门图块。注意，将门图案置换到“门窗”图层中，便于管理。

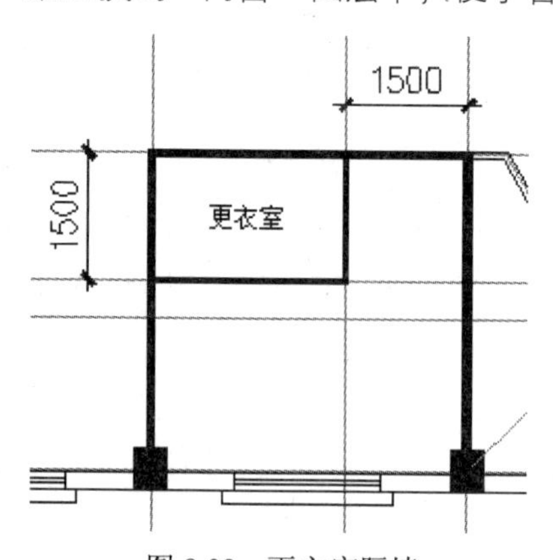

图 8-38　更衣室隔墙

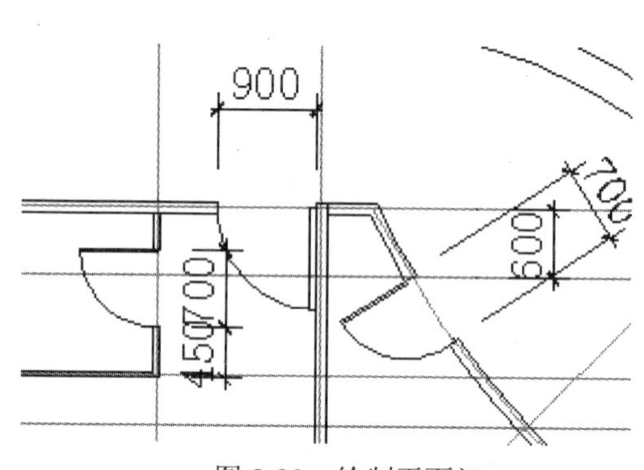

图 8-39　绘制平面门

Step 05 门绘制结束后，可以考虑将墙体涂黑。首先将“轴线”层关闭，并把待填充的区域放大显示。然后单击工具选项板“ISO 图案填充”选项中的黑色块，利用鼠标单击封闭的填充区域，如图 8-40 所示。

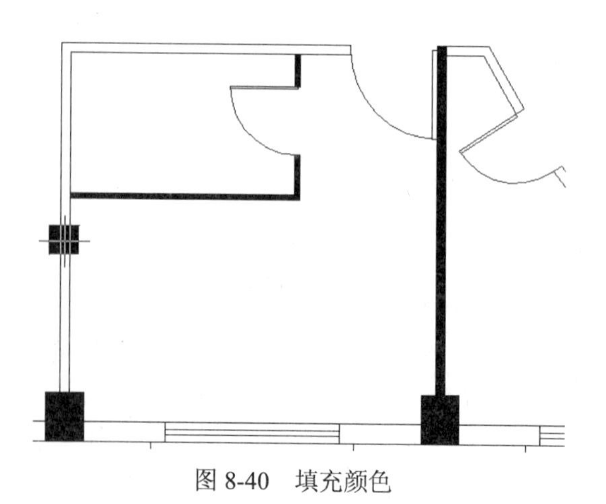

图 8-40　填充颜色

（3）座席区隔断

在如图 8-41 所示的区域设两组卡座，座席间用隔断划分。

Step 01 选择菜单栏中的“格式”→“多线样式”命令，建立一个两端封闭、无填充的多

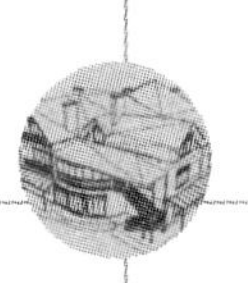

线样式。

Step 02 选择菜单栏中的“绘图”→“多线”命令，绘制如图 8-42 所示的隔断，将多线比例设为 100，长为 2400mm。

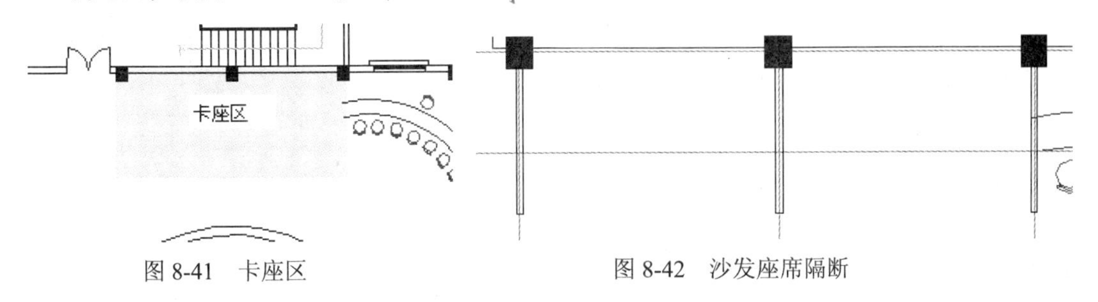

图 8-41　卡座区　　　　图 8-42　沙发座席隔断

（4）家具陈设布置

①声光控制室、化妆室布置。这些家具布置操作比较简单，结果如图 8-43 所示，其操作要点如下：

- 绘制转折型柜子、操作台时，建议利用“多段线”命令绘制轮廓，这样轮廓形成一个整体，便于更换颜色。

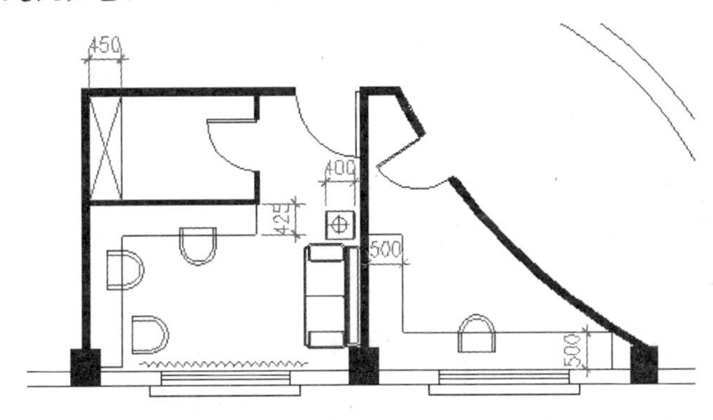

图 8-43　声光控制室、化妆室布置

- 插入图块的方式有多种，读者可以根据自己的喜好选择，也可以选择自己所需的其他图块。本章中的有关图块放在“源文件\图库中。
- 窗帘的绘制方法是：首先绘制一条直线，然后将其线型设置为“ZIGZAG”。

②座席区布置。沙发、桌子从工具选项板中插入，结果如图 8-44 所示。

（5）地面图案

在这里主要表示舞池地面图案。舞池地面铺设 600mm×600mm 的花岗石，中心设计一个圆形拼花图案。具体操作如下：

Step 01 将“地面材料”图层置为当前层。将舞池区全部在屏幕上显示出来。

Step 02 单击“默认”选项卡“绘图”面板中的“图案填充”按钮，填充图案为“NET”，比例为 180，选取填充区域，然后完成填充，结果如图 8-45 所示。

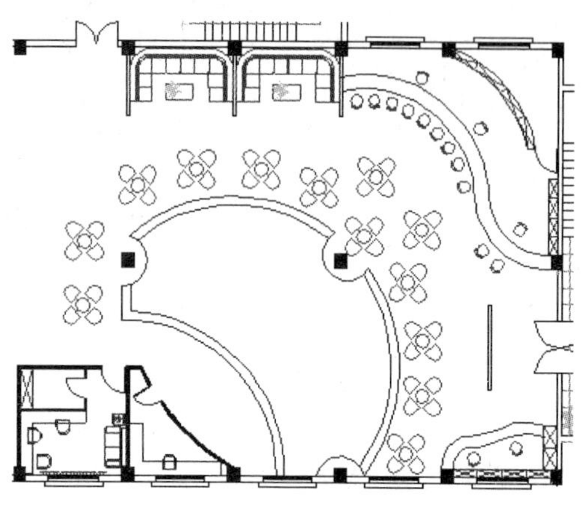

图 8-44 座席区布置

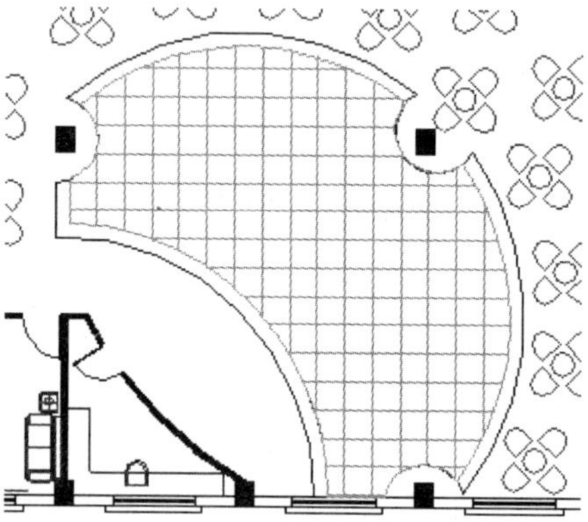

图 8-45 舞池地面图案填充

Step 03 单击“默认”选项卡“绘图”面板中的“插入块”按钮，将“地面拼花”图块插入到图中合适的位置，最后将被拼花覆盖的网格修剪掉。

6. 包房区的绘制

包房区包括两部分：I 区和 II 区。I 区设 4 个小包房，II 区设 2 个大包房。I 区中间设置1500mm 宽的过道（轴线距离），隔墙均采用 100mm 厚的金属骨架，包房内设置沙发、茶几、电视机等卡拉 OK 设备。I 区包房地面铺设地毯，II 区包房内先铺设木地板，再局部铺设地毯。

（1）隔墙绘制

如图 8-46 所示，先将包房区隔墙（包括厨房及两个小卫生间）绘制出来；然后将厨房外墙删除，绘制一道卷帘门；最后在走道尽头的横墙上开一扇窗。

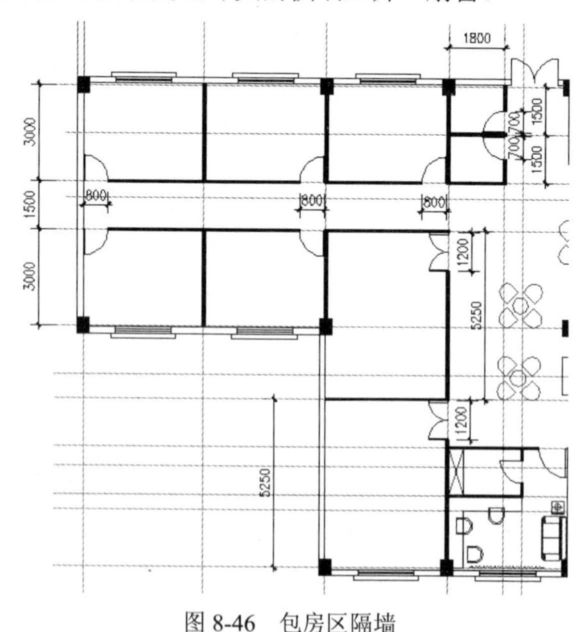

图 8-46 包房区隔墙

下面介绍一下如何利用“多段线”和“特性”功能绘制卷帘门线条。

Step 01 单击“默认”选项卡“绘图”面板中的“多段线”按钮，绘制一条直线。

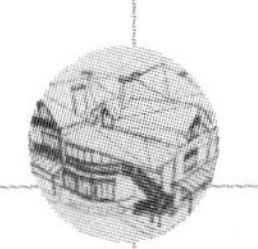

Step 02 将直线选中，单击“特性”按钮，弹出“特性”窗口。

Step 03 将“线型”改为虚线，“线型比例”改为 40，“全局宽度”改为 20。这样，刚才绘制的多段线即变成粗虚线，如图 8-47 所示。

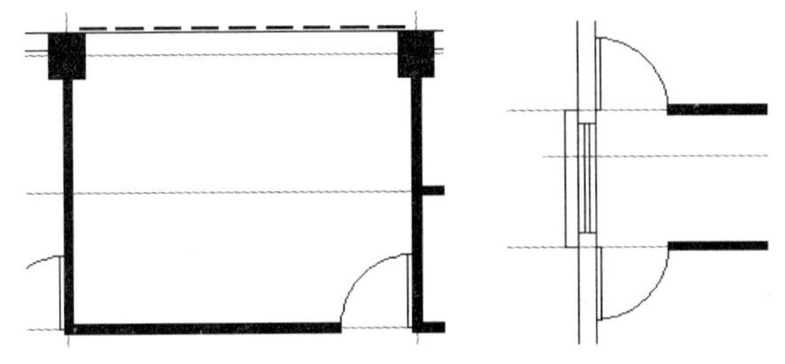

图 8-47　卷帘门及新增窗

（2）家具陈设布置

总体思路是先布置出一个房间，然后单击“默认”选项卡“修改”面板中的“复制”按钮和“镜像”按钮来布置其他房间。

①小包房布置。小包房的布置结果如图 8-48 所示，其绘制要点如下：

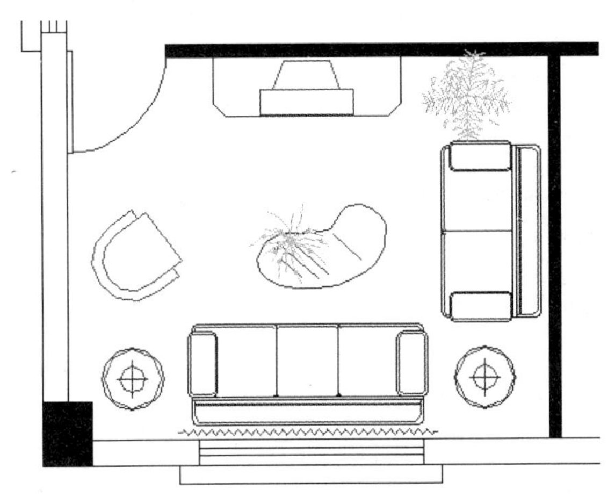

图 8-48　小包房布置

- 沙发椅、双人沙发、三人沙发、电视机、植物均由“工具选项板”插入。
- 电视柜矩形尺寸为 1500mm × 500mm，倒角为 100mm；圆形茶几直径为 500mm；异型玻璃面茶几采用样条曲线绘制。
- 窗帘图案的绘制方法与化妆室窗帘的绘制方法相同。

②对于大包房的布置，将小包房布置复制到大包房中，进行调整即可，结果如图 8-49 所示。

③将大小包房的布局分布到其他包房中，结果如图 8-50 所示。在分布时，可以考虑先将“墙体”“柱”“门窗”等图层锁定，这样在选取家具陈设时，即使将墙体、柱、门窗的图线选在内，也不会产生影响。

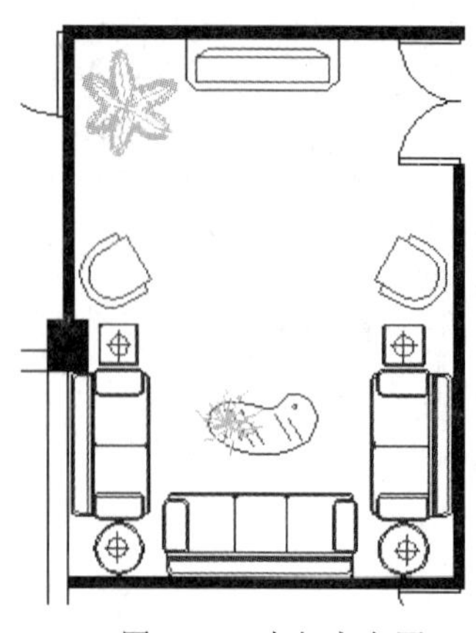

图 8-49　大包房布置

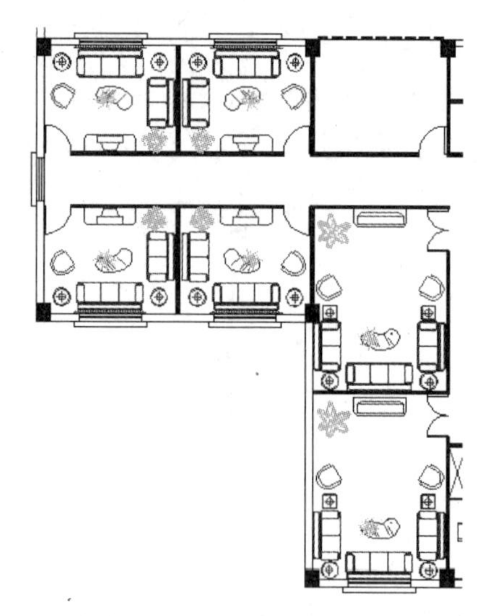

图 8-50　包房家具陈设布置

（3）地面图案

这里仅绘制大包房地面材料图案，操作步骤如下：

Step 01　在包房地面中部绘制一条样条曲线作为木地面与地毯的交接线，如图 8-51 所示。注意将样条曲线两端与墙线相交。

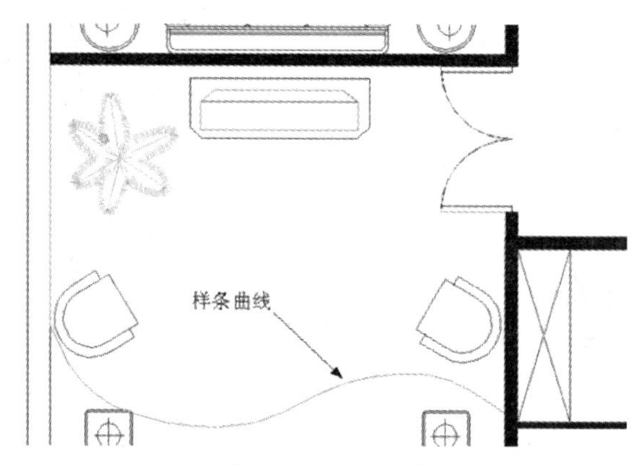

图 8-51　样条曲线

Step 02　将接近门的一端填充木地面图案。为了便于系统分析填充条件，请将如图 8-51 所示的绘图区放大显示。

Step 03　单击“默认”选项卡“绘图”面板中的“图案填充”按钮，打开“图案填充创建”选项卡，设置填充图案为“LINE”，比例为 60，选择填充区域并填充图案，结果如图 8-52 所示。

Step 04　将完成的地面图案复制到另一个大包房。

提示

关于地毯部分，这里只采用文字说明。

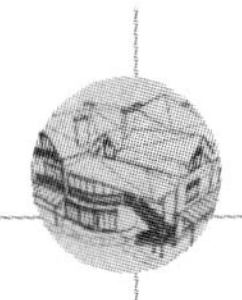

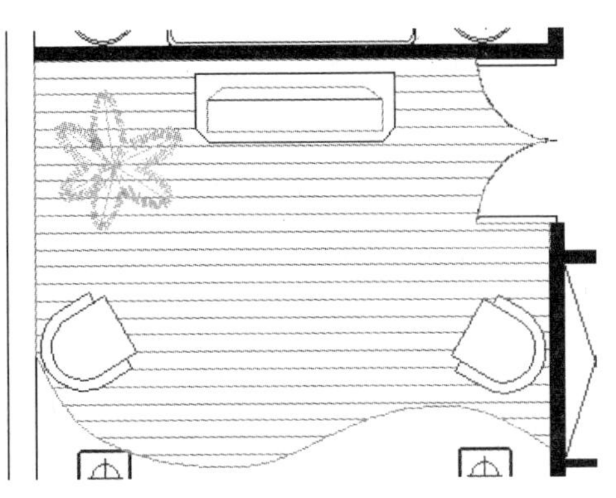

图 8-52　木地面填充效果

7. 屋顶花园绘制

该屋顶花园内包含水池、花坛、山石、小径、茶座等内容，下面介绍其绘制步骤。

（1）水池

首先采用样条曲线绘制水池轮廓，然后在其中填充水的图案。

Step 01 建立一个“花园”图层，参数设置如图 8-53 所示，并将其置为当前层。

✔ 花园　　■ 白　Continu... —— 默认　0　Color_7

图 8-53　“花园”图层参数

Step 02 单击“默认”选项卡“绘图”面板中的“样条曲线拟合”按钮，绘制一个水池轮廓，然后向外侧偏移 100mm，如图 8-54 所示。

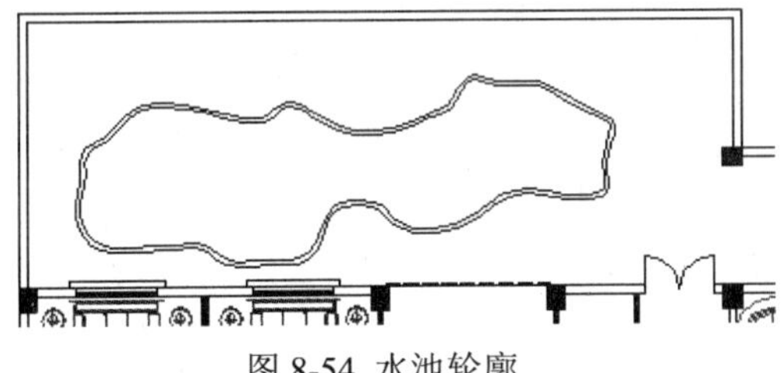

图 8-54 水池轮廓

（2）平台、小径、花坛

Step 01 绘制如图 8-55 所示的两个矩形作为临水平台。

Step 02 由水池外轮廓偏移出小径，偏移间距为 800mm、100mm，结果如图 8-56 所示。

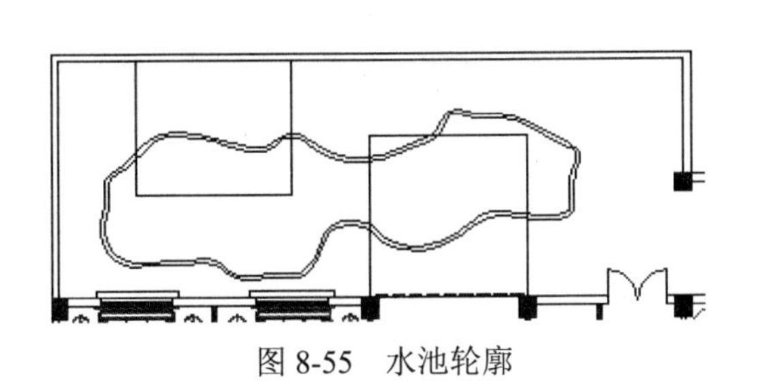

图 8-55　水池轮廓

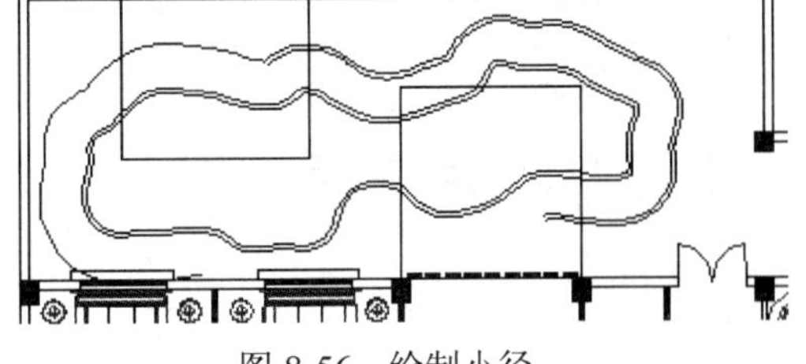

图 8-56　绘制小径

Step 03 综合利用修改命令，将花园调整为如图 8-57 所示的样式。进一步将图线补充并修改为如图 8-58 所示的样式。

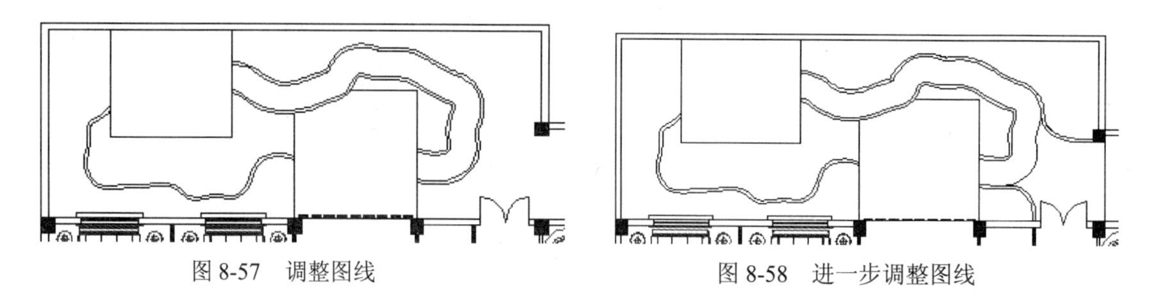

图 8-57　调整图线　　　　图 8-58　进一步调整图线

（3）家具布置

在平台上布置茶座和长椅。

（4）图案填充

对各部分进行图案填充，结果如图 8-59 所示。填充参数如下：

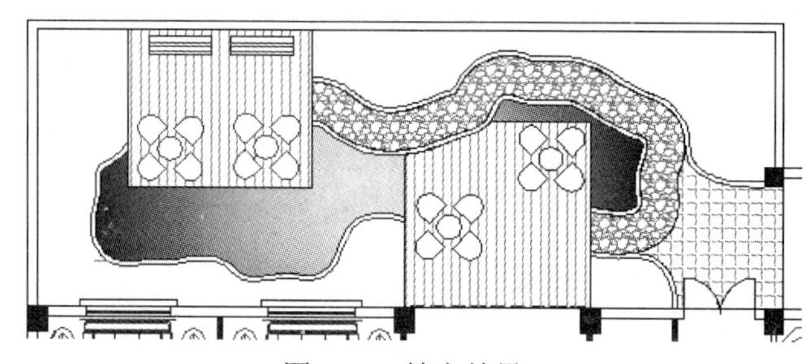

图 8-59　填充结果

- 水池：采用渐变填充，颜色为蓝色，参数如图 8-60 所示。

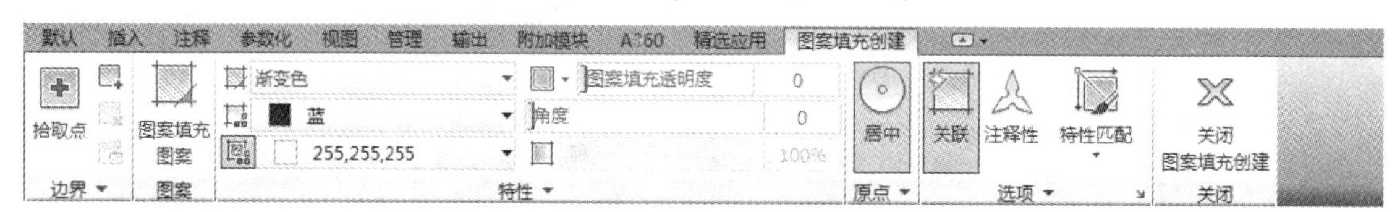

图 8-60　水池填充参数

- 平台：参数如图 8-61 所示。

图 8-61　平台填充参数

- 小径：参数如图 8-62 所示。

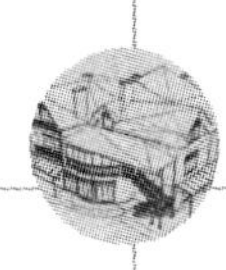

图 8-62 小径填充参数

- 门口地面：参数如图 8-63 所示。

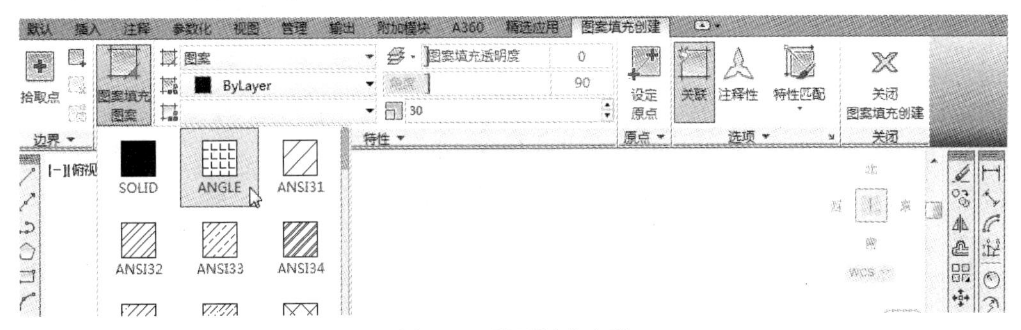

图 8-63 地面填充参数

（5）绿化布置

首先将“植物”层设置为当前层，单击“默认”选项卡“绘图”面板中的“插入块”按钮，插入各种绿色植物到花坛中；然后单击“默认”选项卡“绘图”面板中的“直线”按钮或“多段线”按钮，绘制山石图样；最后单击“默认”选项卡“绘图”面板中的“多点”按钮，在花坛内的空白处绘制一些点作为草坪，结果如图 8-64 所示。

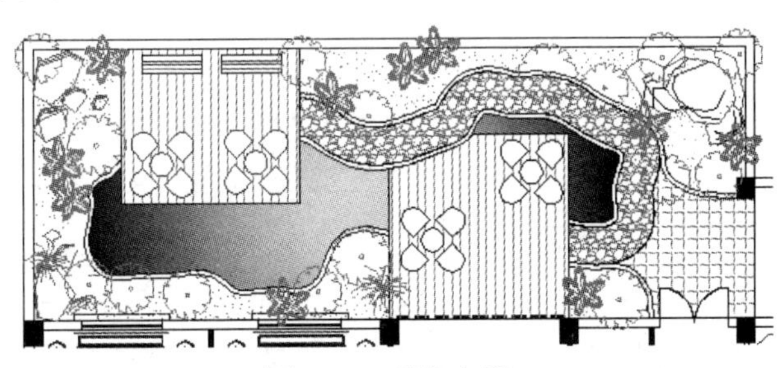

图 8-64 绿化布置

到此为止，屋顶花园部分的图形基本绘制完毕。该实例中厨房、厕所部分与前面雷同较多，在此不赘述。

8．文字、尺寸标注及符号标注

由于后面我们将会多次用到“室内平面图.dwg”，所以这里暂时将该图另存为“图 1.dwg”，然后在图 1 中完成以下操作。

（1）比例调整

该平面图绘制时以 1:100 的比例绘制，先将其改为 1:150 的比例。

（2）标注

单击“默认”选项卡“注释”面板中的“多行文字”按钮，在图中标注文字说明。考虑到酒吧、舞池、包房设详图来表示，本图标注得比较简单，如图 8-65 所示。

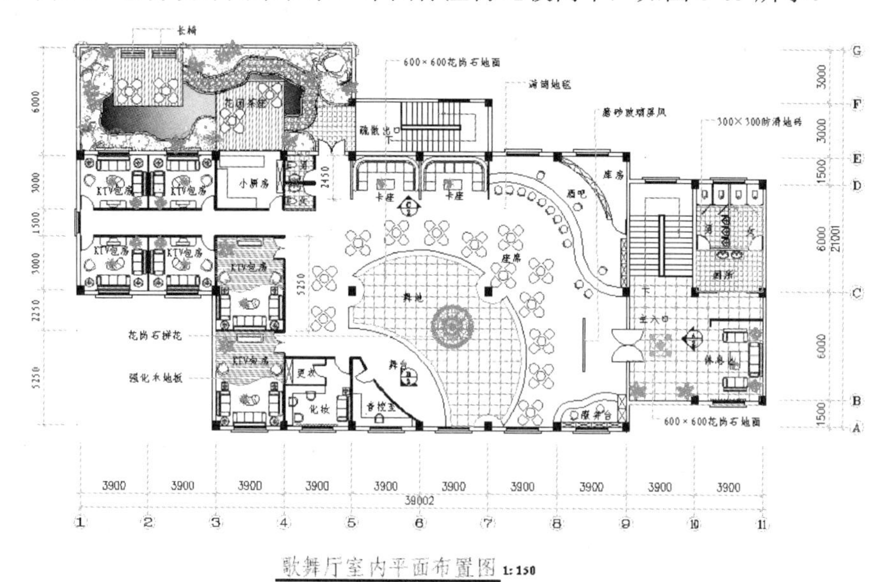

图 8-65　标注后的平面图

（3）插入图框

插入图框的方法有很多种，在这里，将做好的图框以图块的方式插入到模型空间中。具体操作是：单击“默认”选项卡“绘图”面板中的“插入块”按钮，找到光盘图库中的“A3 横式.dwg”文件，设置插入比例 100，将其插入到模型空间中，最后将图标中的文字作相应的修改，如图 8-66 所示。

XXX设计公司			某卡拉OK歌舞厅室内设计		
描 图			歌舞厅室内平面布置图	比 例	
设 计				图 号	
校 对					
审 核				日 期	

图 8-66　图标文字修改

提 示

也可以通过“插入”→“布局”→“创建布局向导”的方式来插入图框，请读者自己尝试。

8.2.2 拓展实例——咖啡吧建筑平面图

读者可以利用上面所学的相关知识完成咖啡吧建筑平面图的绘制，如图 8-67 所示。

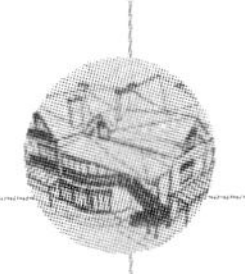

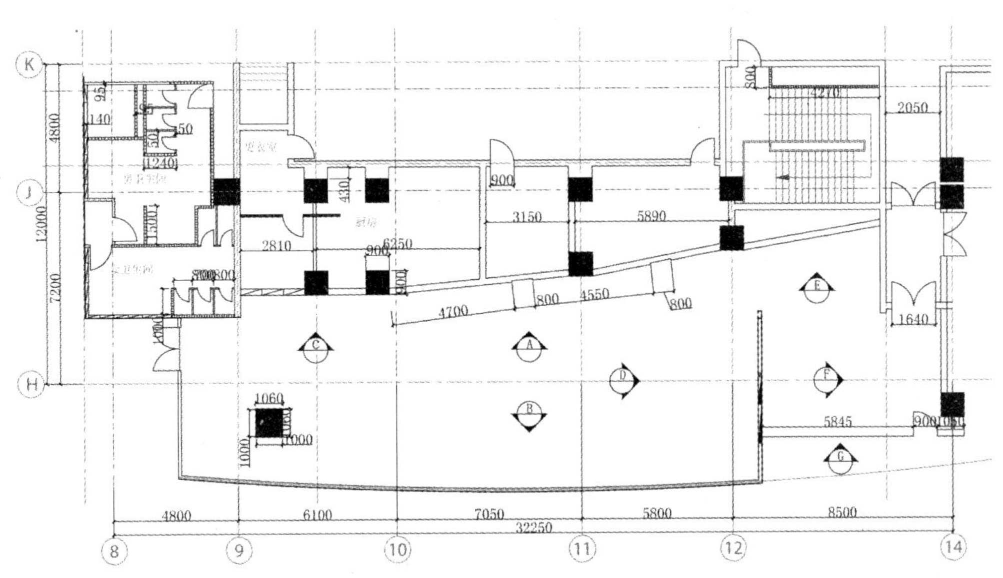

图 8-67　咖啡吧建筑平面图

Step 01　设置绘图环境。

Step 02　新建图层，如图 8-68 所示。

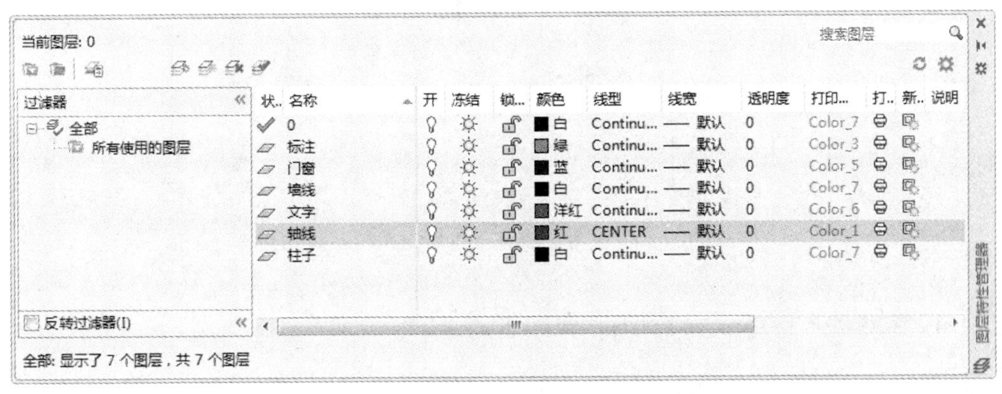

图 8-68　“图层特性管理器”对话框

Step 03　单击“默认”选项卡“绘图”面板中的“直线”按钮和“修改”面板中的“偏移”按钮、“修剪”按钮，绘制轴线，如图 8-69 所示。

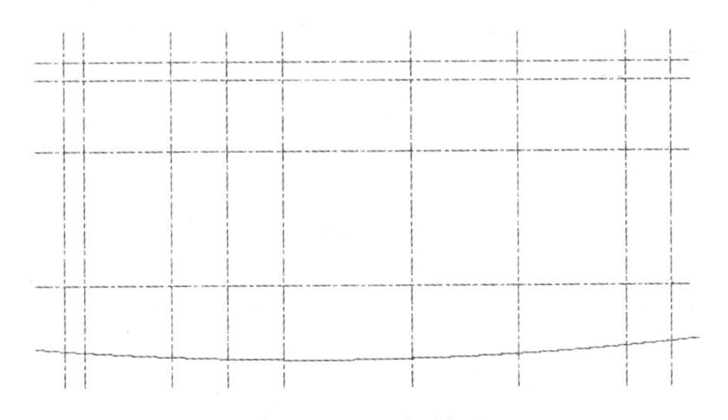

图 8-69　添加轴网

Step 04　单击“默认”选项卡“绘图”面板中的“圆”按钮和“注释”面板中的“多行文字”

按钮A，为图形添加轴号，如图 8-70 所示。

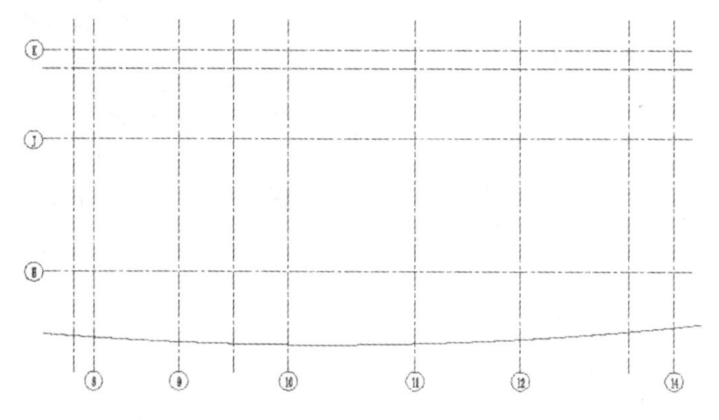

图 8-70　标注轴号

Step 05　单击“默认”选项卡“绘图”面板中的“矩形”按钮和“图案填充”按钮，添加柱子，如图 8-71 所示。

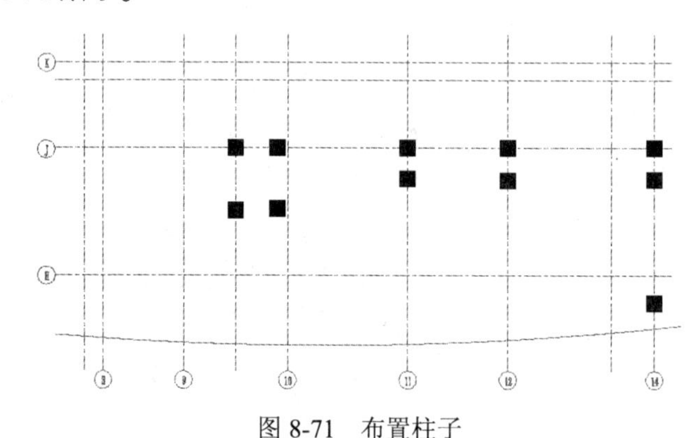

图 8-71　布置柱子

Step 06　利用“多段线”命令绘制墙体线，如图 8-72 所示。

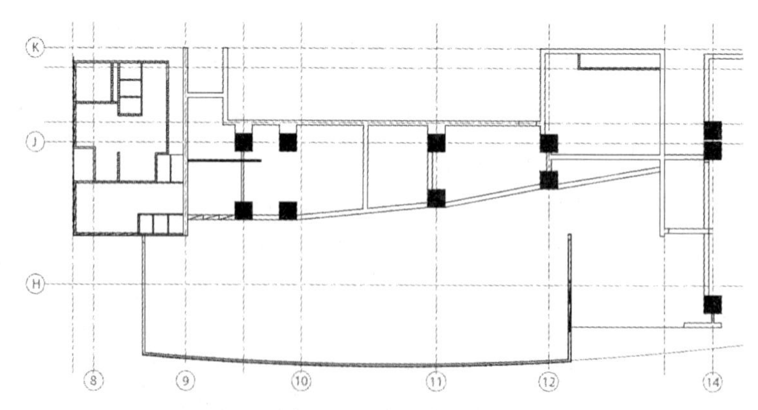

图 8-72　绘制墙体线

Step 07　单击“默认”选项卡“绘图”面板中的“直线”按钮、“圆弧”按钮和“修改”面板中的“偏移”按钮、“修剪”按钮，完成门窗的绘制，如图 8-73 所示。

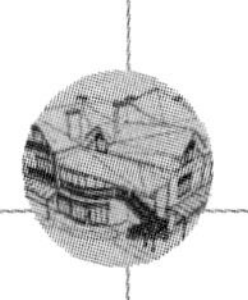

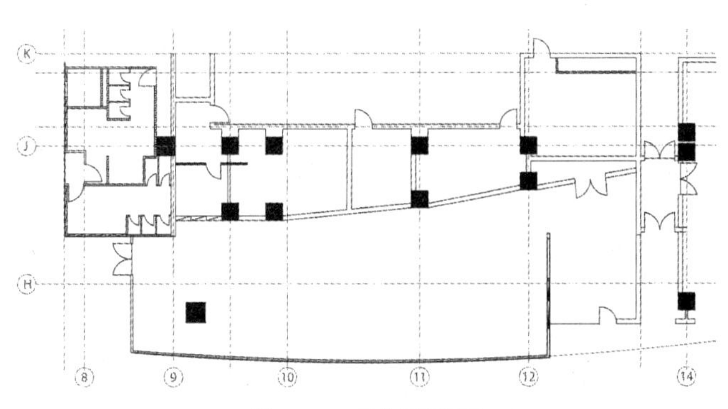

图 8-73　绘制双扇门

Step 08　单击“默认”选项卡“绘图”面板中的“直线”按钮和“修改”面板中的“偏移”按钮、“修剪”按钮，绘制楼梯，如图 8-74 所示。

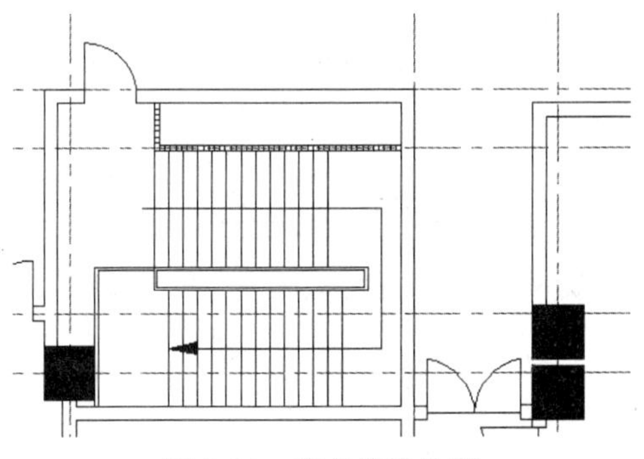

图 8-74　完成楼梯绘制

Step 09　单击“默认”选项卡“绘图”面板中的“直线”按钮和“修改”面板中的“修剪”按钮，绘制装饰凹槽，如图 8-75 所示。

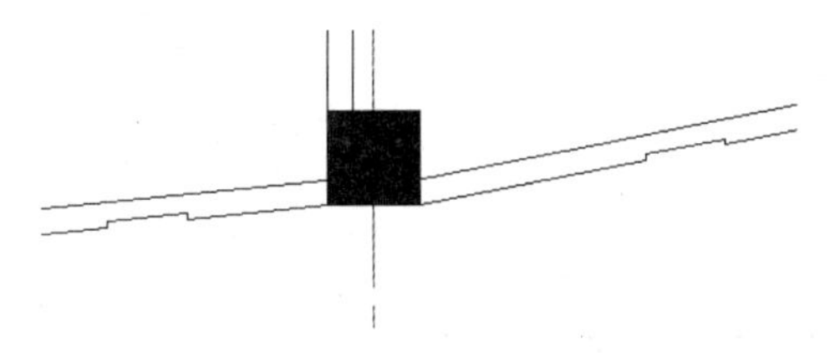

图 8-75　修剪装饰凹槽

Step 10　单击“默认”选项卡“注释”面板中的“线性”按钮和“连续”按钮，为图形添加标注，如图 8-67 所示。

8.3　休闲娱乐空间建筑平面图设计实例——卡拉 OK 歌舞厅室内顶棚图

该歌舞厅顶棚图的绘制思路及步骤与前面章节的顶棚图绘制部分是基本相同的，因此，其基本图线绘制操作不作重点讲解。下面以卡拉 OK 歌舞厅室内顶棚图为例，讲解相关知识及其绘制方法与技巧，如图 8-76 所示。

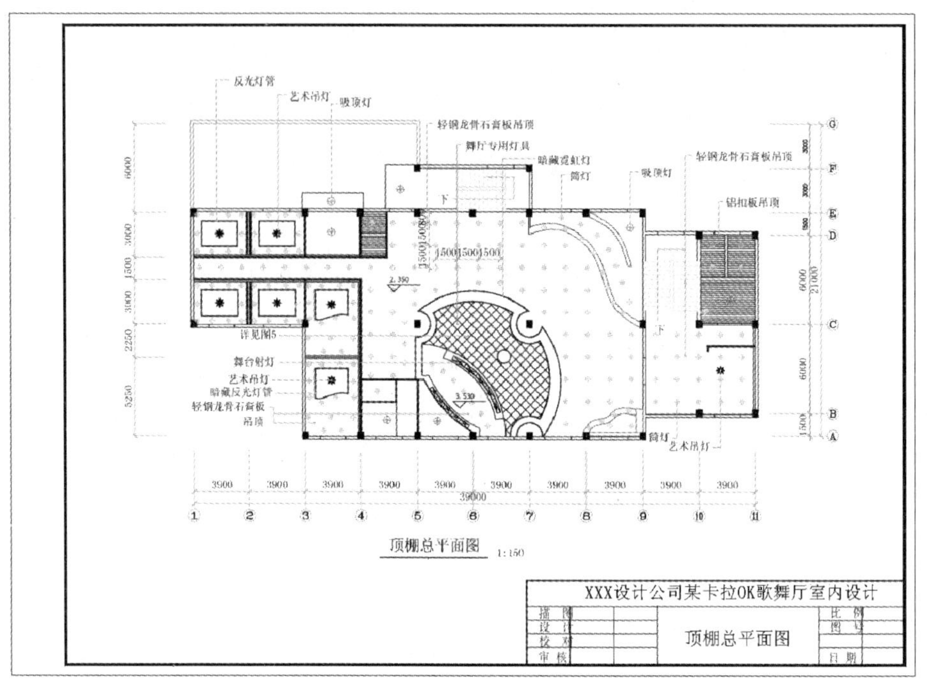

图 8-76　卡拉 OK 歌舞厅室内顶棚图

8.3.1　操作步骤

该歌舞厅室内顶棚图绘制结果如图 8-77 所示，下面简述其步骤：

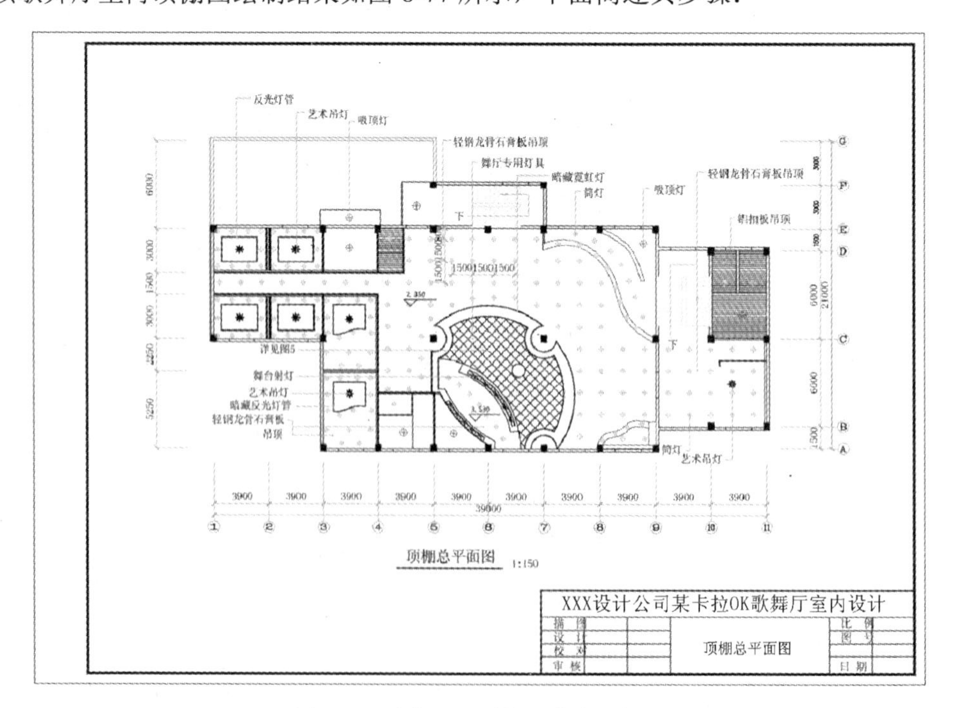

图 8-77　卡拉 OK 歌舞厅室内顶棚图

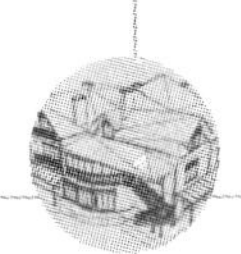

（1）将“歌舞厅室内平面图.dwg”另存为“歌舞厅室内顶棚图.dwg”，将“门窗”“地面材料”“花园”“植物”“山石”等不需要的图层关闭，然后分别建立“顶棚”“灯具”图层。

（2）删除不需要的家具平面图，修整剩下的图线，使其符合顶棚图的要求。

（3）按设计要求绘制顶棚图线。

（4）最后进行标注、插入图框等操作。

在本例中，舞池、KTV 包房及酒吧部分均可以采用详图的方式来进一步详细表达。下面以舞池、舞台及周边区域为例来介绍，KTV 包房及酒吧部分由读者参照完成，结果如图 8-78 所示。

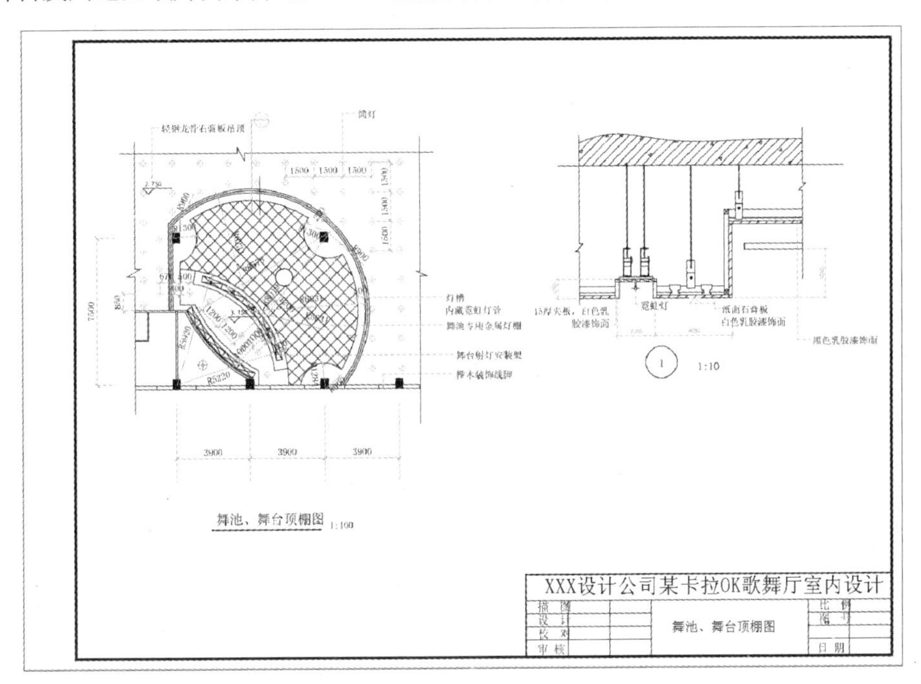

图 8-78　详图

（1）绘图前的准备

Step 01　将“歌舞厅室内顶棚图.dwg”另存为“详图.dwg”。

Step 02　删除舞池、舞台周边不需要的各种图形，整理结果如图 8-79 所示，然后将其整体比例放大 1.5 倍，即还原为 1:100 的比例。比例缩放时，注意将“轴线”层同时缩放。

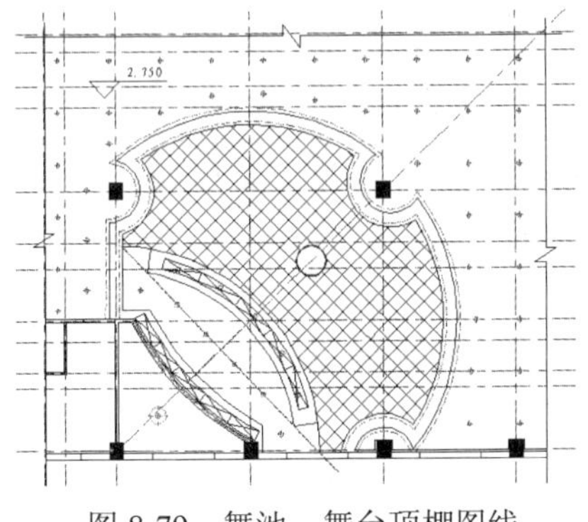

图 8-79　舞池、舞台顶棚图线

（2）尺寸、标高、符号、文字标注

接下来，对舞池、舞台顶棚图线进行尺寸、标高、符号、文字标注，结果如图 8-80 所示。

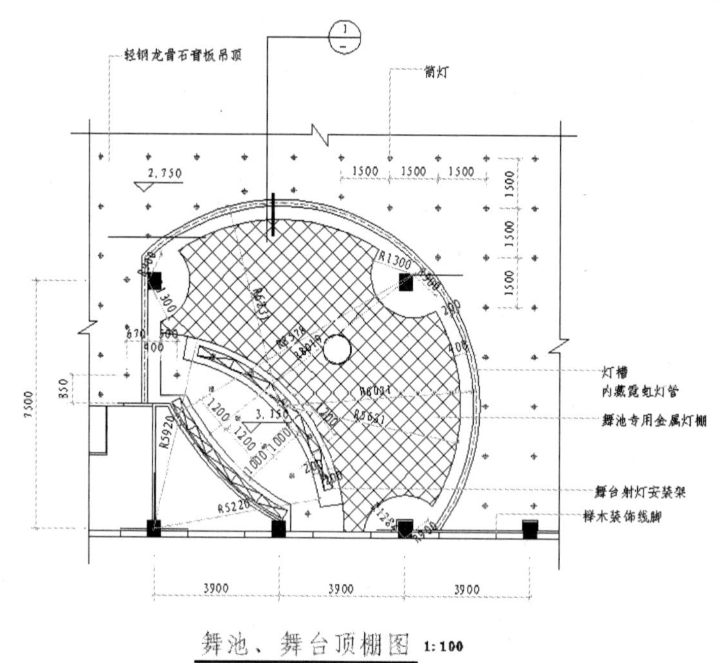

图 8-80　舞池、舞台顶棚图线标注

（3）详图 1 绘制

如图 8-80 所示，剖面详图 1 剖切到座席区吊顶和舞池区吊顶的交接位置，因此，图中需要表示出不同的吊顶做法及交接处理，绘制结果如图 8-81 所示。该详图的图面比例为 1：10，所以，图线绘制完后，放大 10 倍，标注样式中的“测量比例因子”设为 0.1。

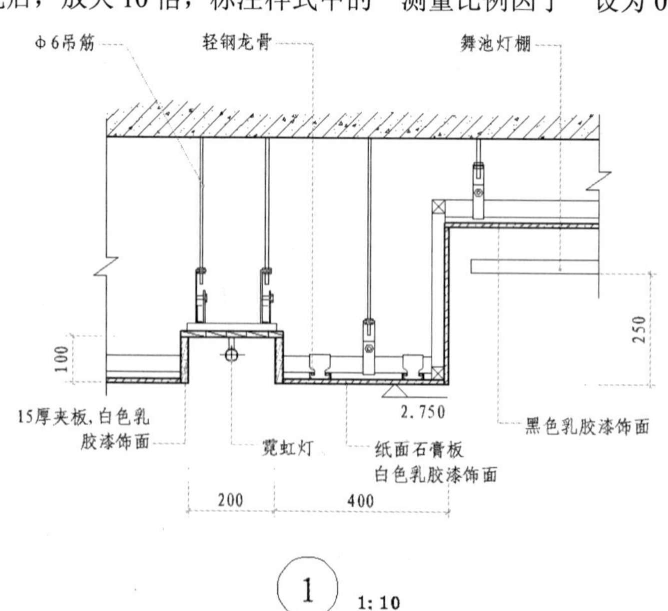

图 8-81　详图 1

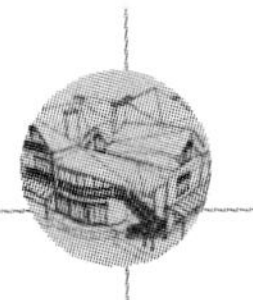

（4）布图

将舞台、舞池顶棚图和详图 1 放在一张 A3 图纸中，图标填写如图 8-82 所示。

XXX设计公司			某卡拉OK歌舞厅室内设计		
描 图			舞台、舞池顶棚图	比 例	
设 计				图 号	
校 对					
审核				日期	

图 8-82 布图的图标

8.3.2 拓展实例——咖啡吧顶棚平面图

读者可以利用上面所学的相关知识完成咖啡吧顶棚平面图的绘制，如图 8-83 所示。

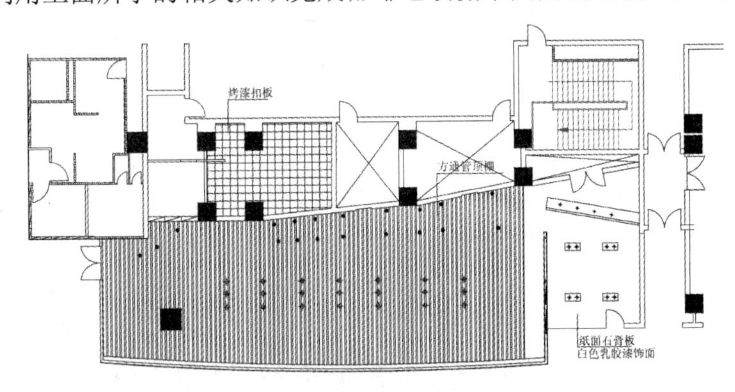

图 8-83 咖啡吧顶棚平面图

Step 01 单击“默认”选项卡“绘图”面板中的“矩形”按钮、“圆弧”按钮和“修改”面板中的“偏移”按钮、“修剪”按钮，绘制四人座桌椅，如图 8-84 所示。

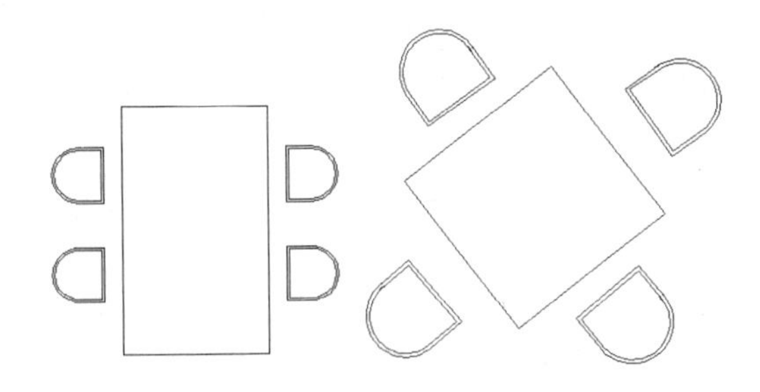

图 8-84 绘制四人座桌椅

Step 02 单击“默认”选项卡“绘图”面板中的“矩形”按钮和“修改”面板中的“偏移”按钮、“圆角”按钮、“分解”按钮、“复制”按钮，完成卡座沙发的绘制，如图 8-85 所示。

Step 03 单击“默认”选项卡“绘图”面板中的“矩形”按钮和“修改”面板中的“偏移”按钮、“圆角”按钮、“分解”按钮、“镜像”按钮，完成双人沙发的绘制，如图 8-86 所示。

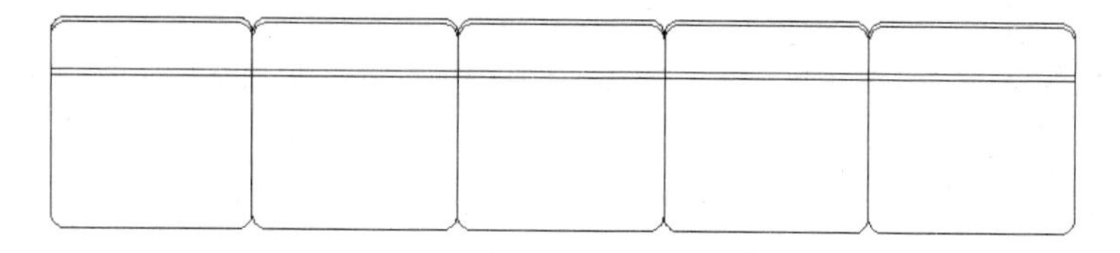

图 8-85　卡座沙发

Step 04 单击“默认”选项卡“绘图”面板中的“直线”按钮、“圆”按钮和“修改”面板中的“偏移”按钮、“修剪”按钮，完成吧台椅的绘制，如图 8-87 所示。

Step 05 单击“默认”选项卡“绘图”面板中的“矩形”按钮、“椭圆”按钮、“圆弧”按钮和“修改”面板中的“偏移”按钮，完成坐便器的绘制，如图 8-88 所示。

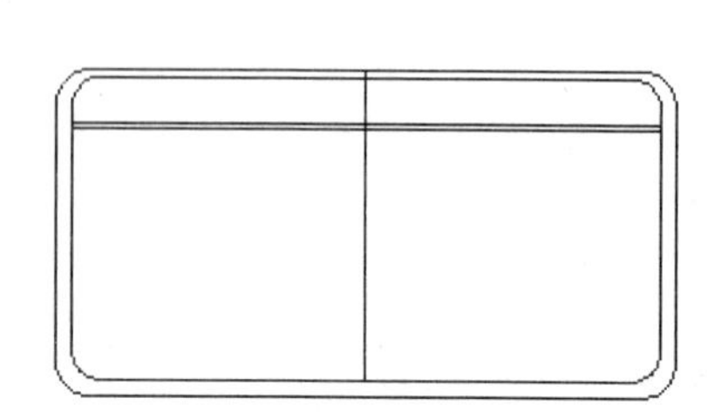

图 8-86　绘制双人沙发

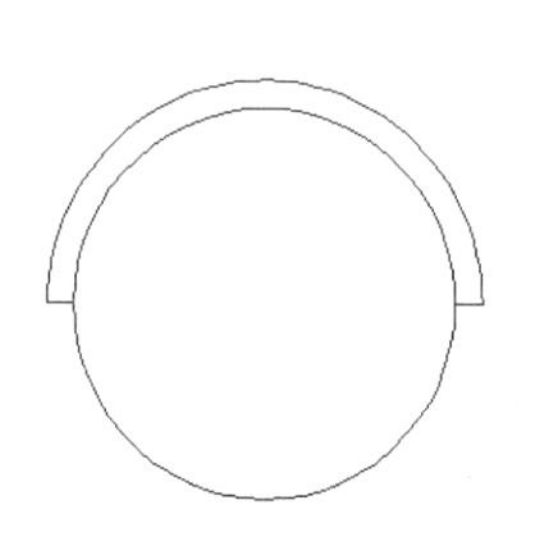

图 8-87　绘制吧台椅

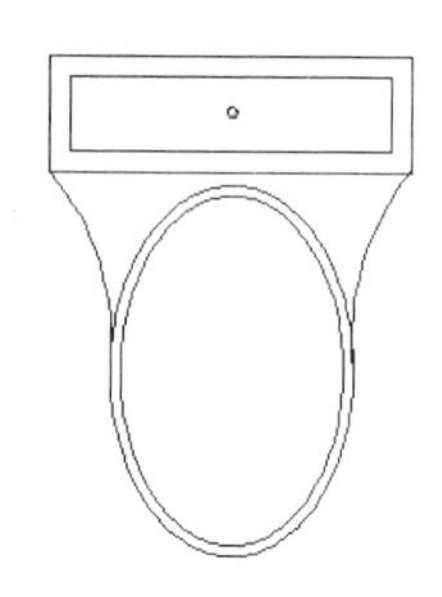

图 8-88　绘制坐便器

Step 06 单击“默认”选项卡“修改”面板中的“移动”按钮和“复制”按钮，完成咖啡吧的布置，如图 8-83 所示。

8.4　休闲娱乐空间建筑平面图设计实例——卡拉 OK 歌舞厅入口立面图

下面以卡拉 OK 歌舞厅入口立面图为例，讲解相关知识及其绘制方法与技巧，如图 8-89 所示。

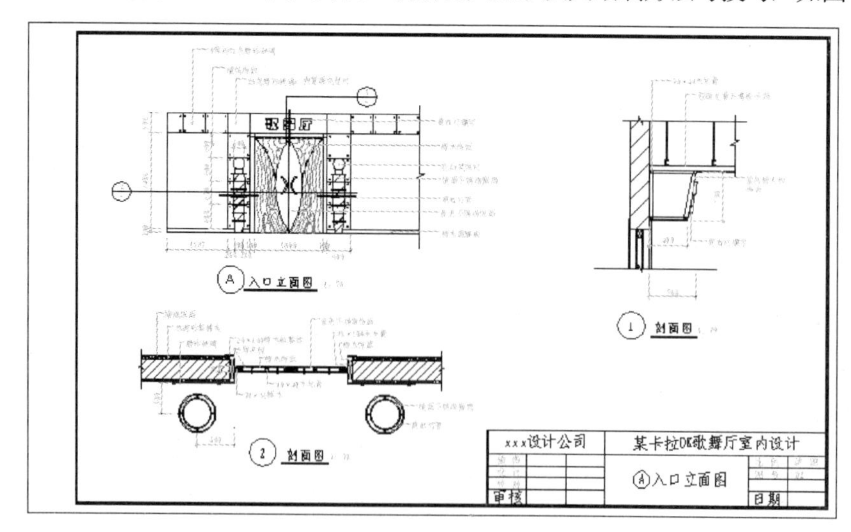

图 8-89　卡拉 OK 歌舞厅入口立面图

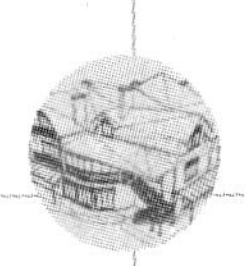

8.4.1 操作步骤

1．绘图前的准备

绘图之前，可以以光盘图库中的“A3 图框.dwt”作为样板来新建一个文件，也可以将前面绘制好的“室内平面图.dwg”另存为一张新图。然后建立一个“立面”图层，用来放置主要的立面图线。绘制时比例采用 1:100，绘制好图线后再调整比例。

2．入口立面图的绘制

（1）A 立面图

入口处的装修既要体现歌舞厅的特征，又要能够吸引宾客，加深宾客对歌舞厅的印象。如图 8-90 所示，入口立面图包括大门、墙面装饰、霓虹灯柱、招牌字样等内容。其绘制要点如下：

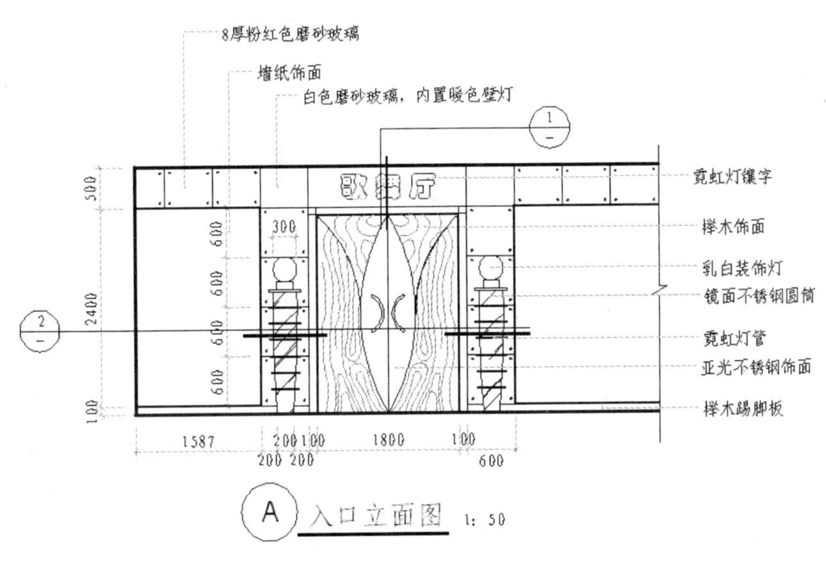

图 8-90 A 立面图

①绘制上下轮廓线，然后确定大门的宽度及高度。

②绘制门的细部，木纹采用样条曲线绘制。

③绘制出 600mm×600mm 的磨砂玻璃砖方块，然后在四边绘制小圆圈作为安装钮。

④在大门上方输入“歌舞厅”字样。

⑤霓虹灯柱的尺寸如图 8-91 所示。

⑥图线绘制结束后，可以先不进行标注。下面以立面图尺寸作为参照来绘制详图 1、2。

（2）详图 1、2

为了进一步说明入口构造及其关系，在 A 立面图的基础上绘制两个详图，如图 8-92 和图 8-93 所示。

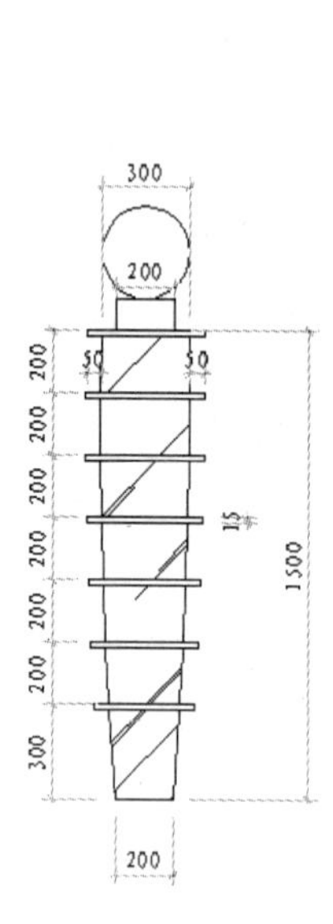

图 8-91　霓虹灯柱

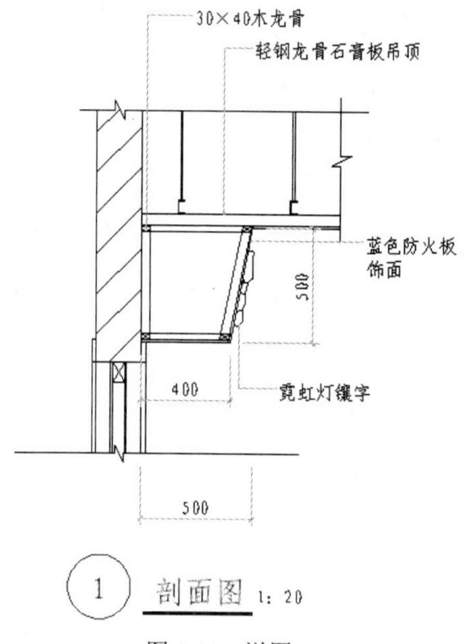

图 8-92　详图 1

要点说明如下：

①以立面图作为水平参照（详图 1）和竖直参照（详图 2）绘制详图。

②绘制详图时，要细心、仔细，多借助辅助线来确定尺寸。

③图 8-92 和图 8-93 所示的详图比较简单，在实际工程中，需根据具体情况作必要的调整和补充。如果这些详图仍不足以表达设计意图，可以进一步利用详图来表达。

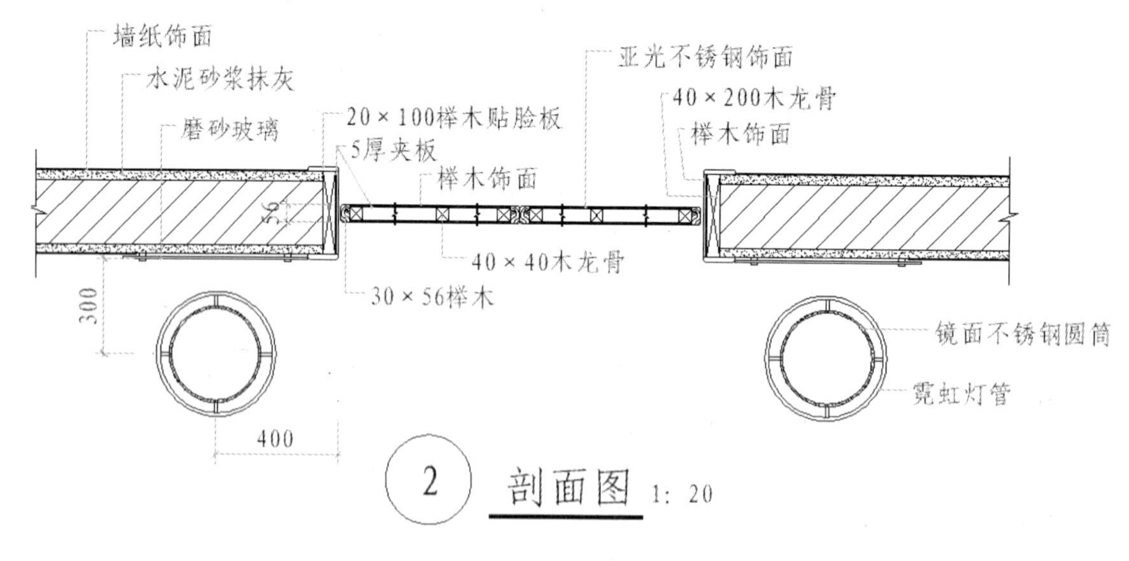

图 8-93　详图 2

（3）图面调整、标注及布图

要点说明如下：

①由于需要将立面图、详图比例放大，所以先将这 3 个图之间拉开一些距离。

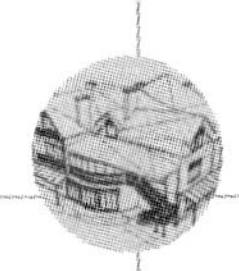

②立面图的图面比例采用 1:50，所以将其比例放大 2 倍；详图的图面比例采用 1:20，所以将其放大 5 倍。

③下面进行标注。在标注样式设置中，对于 1：50 的图样，样式中的测量比例因子设置为 0.5；对于 1：20 的图样，样式中的测量比例因子设置为 0.2。

④标注结束后，插入图框，结果如图 8-94 所示。

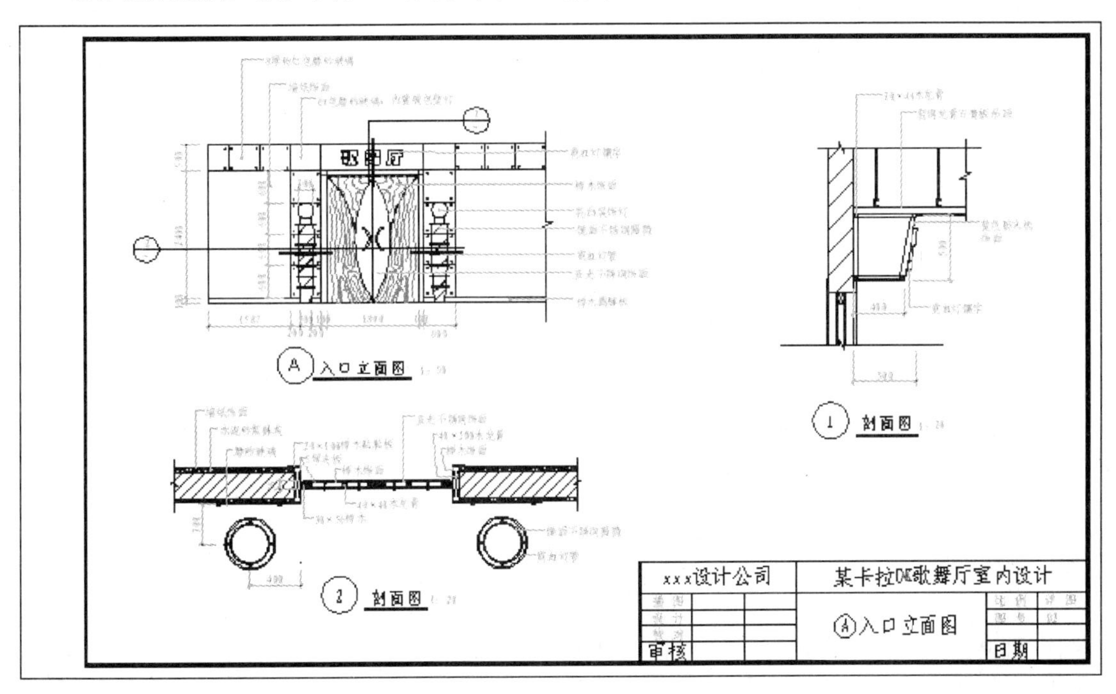

图 8-94　入口立面图效果

⑤也可以直接在原图上标注，然后插入图框，并调整图框的大小，完成入口立面的绘制。

8.4.2　拓展实例——咖啡吧 A 立面图

读者可以利用上面所学的相关知识完成咖啡吧 A 立面图的绘制，如图 8-95 所示。

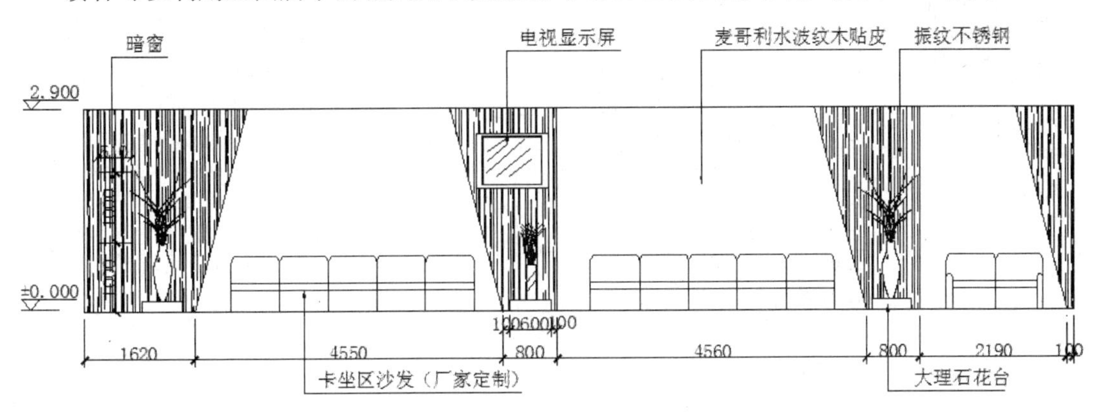

图 8-95　咖啡吧 A 立面图

Step 01 新建立面图层，如图 8-96 所示。

✔ 立面 Continu... —— 默认 0 Color_7

图 8-96 “立面”图层设置

Step 02 单击“默认”选项卡“绘图”面板中的“矩形”按钮、“图案填充”按钮和“修改”面板中的“分解”按钮、“偏移”按钮、“旋转”按钮，绘制立面基本轮廓，如图 8-97 所示。

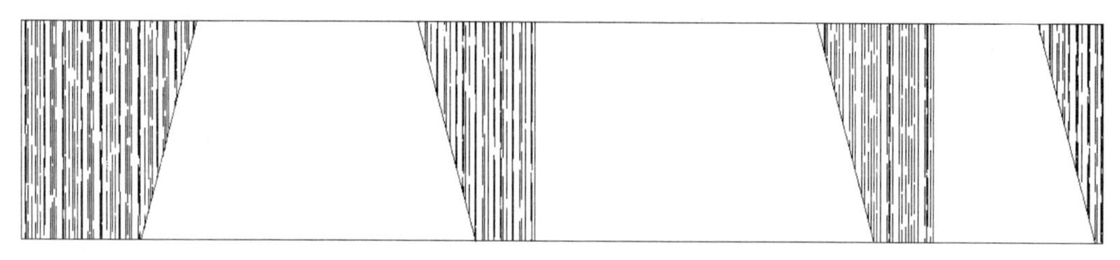

图 8-97 绘制立面基本轮廓

Step 03 单击“默认”选项卡“绘图”面板中的“矩形”按钮和“修改”面板中的“分解”按钮、“偏移”按钮、“复制”按钮、“圆角”按钮，绘制沙发立面，如图 8-98 所示。

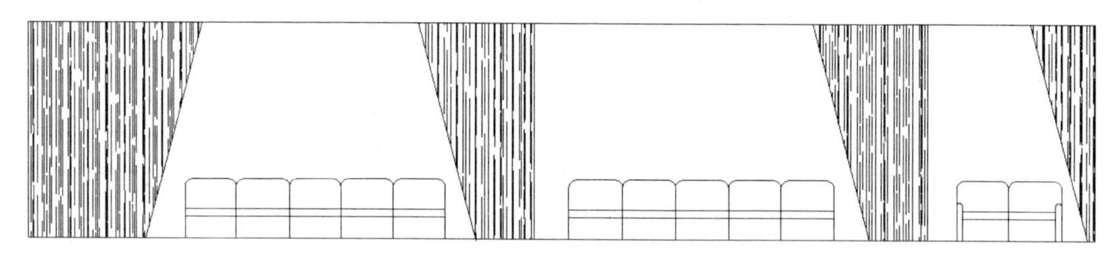

图 8-98 绘制沙发立面

Step 04 单击“默认”选项卡“绘图”面板中的“直线”按钮、“插入块”按钮和“修改”面板中的“分解”按钮、“修剪”按钮，绘制花台及花瓶，如图 8-99 所示。

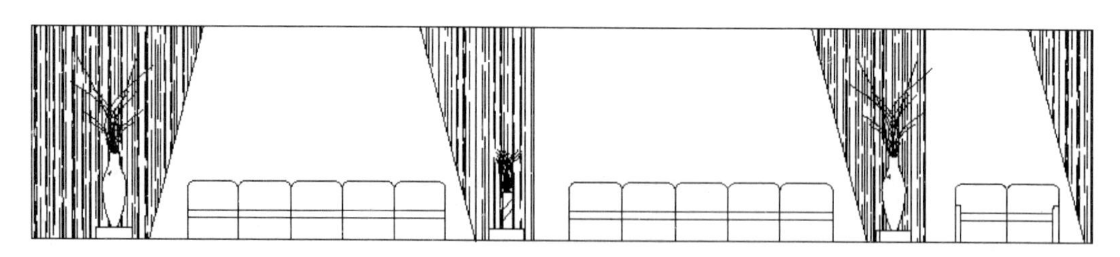

图 8-99 绘制花台及花瓶

Step 05 单击“默认”选项卡“绘图”面板中的“矩形”按钮和“图案填充”按钮，完成暗窗的绘制，如图 8-100 所示。

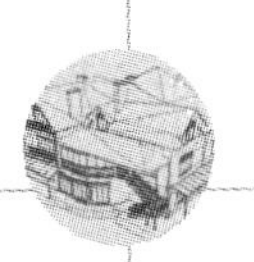

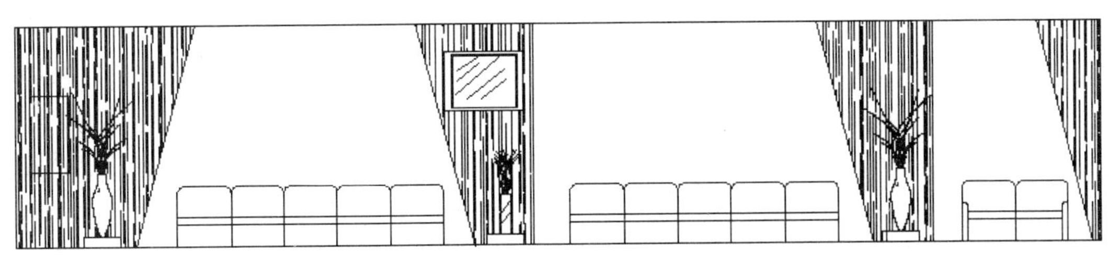

图 8-100　绘制暗窗

Step 06 单击“默认”选项卡“注释”面板中的“线性”按钮和“连续”按钮，标注图形，如图 8-95 所示。